国家电网
STATE GRID

（2024年版）

国网西藏电力有限公司配电网工程

通用设计

配电站房分册

国网西藏电力有限公司　国网河北省电力有限公司　组编

中国电力出版社
CHINA ELECTRIC POWER PRESS

内容提要

为进一步统一西藏地区配电网建设标准、统一设备规范、统一设计标准、方便招标及维护，提高整体效率，根据国网西藏电力有限公司设备部工作安排，开展《国网西藏电力有限公司配电网工程通用设计（2024 年版）》（共 4 个分册）修订完善工作。

本分册为《国网西藏电力有限公司配电网工程通用设计　配电站房分册（2024 年版）》，分为两篇 13 章，第一篇是总论，包括概述、通用设计工作过程、通用设计依据，第二篇是配电站房通用设计，包括设计技术原则、10kV 开关站通用设计、10kV 环网室通用设计、10kV 环网箱通用设计、10kV 配电室通用设计、10kV 箱式变电站通用设计、10kV 配电变台通用设计、用户专变通用设计、35kV 简易变通用设计和 35kV 直降变通用设计。

本书可供电力系统各设计单位，以及从事电力建设工程规划、管理、施工、安装、生产运行等专业人员使用，也可供大专院校有关专业的师生参考。

图书在版编目（CIP）数据

国网西藏电力有限公司配电网工程通用设计. 配电站
房分册：2024 年版 / 国网西藏电力有限公司，国网河北
省电力有限公司组编. -- 北京 ：中国电力出版社，
2025. 6. -- ISBN 978-7-5198-9763-5

Ⅰ. TM727

中国国家版本馆 CIP 数据核字第 2025LS5113 号

出版发行：中国电力出版社
地　　址：北京市东城区北京站西街 19 号
邮政编码：100005
网　　址：http://www.cepp.sgcc.com.cn
责任编辑：罗　艳（010-63412315）　高　芬
责任校对：黄　蓓　常燕昆　王海南
装帧设计：张俊霞
责任印制：石　雷

印　　刷：三河市航远印刷有限公司
版　　次：2025 年 6 月第一版
印　　次：2025 年 6 月北京第一次印刷
开　　本：880 毫米×1230 毫米　横 16 开本
印　　张：23.25
字　　数：829 千字
印　　数：0001—1100 册
定　　价：320.00 元

《国网西藏电力有限公司配电网工程通用设计　配电站房分册（2024年版）》
编　委　会

主　任	龚东昌											
副主任	刘文泉	陈　波	赵多青	李永斌	周爱国							
委　员	肖方勇	周文博	顾　琦	金欣明	邓春灿	赵保华	巴桑次仁	陈贵亮	张智远	高　志	覃文继	厉　瑜	华　明
	廖晓初	周勤哲	刘志宏	尹俊强	冯喜春	岳　嵩	益西措姆	陈云瑶	葛朝晖	邵　华	邢　琳	刘　超	刘伟豪
	王晓庆	宁首先	肖　征	车小春	胡秋阳	达瓦珠久	关　巍	刑田伟	沈宏亮	董俊虎	朱　斌	吴耀华	段　昕
	邱　振	曾　凯	刘文安	杨德山	尼玛泽旺	李军阔	黄爱军	李　坚	马成斌	蔡　明	李　博	杨　超	沈玉萍
	赵玉兴	唐　洲	马　文	杜宁刚	刘长宇	许伟强	姚　亮	陈玉州	廖清溪	王　骞	尼玛石达	王大飞	潘如海
编写组	宁首先	肖　征	车小春	胡秋阳	达瓦珠久	关　巍	刑田伟	沈宏亮	董俊虎	朱　斌	吴耀华	段　昕	邱　振
	曾　凯	刘文安	杨德山	尼玛泽旺	李军阔	赵春明	黄爱军	李　坚	马成斌	蔡　明	李　博	杨　超	沈玉萍
	赵玉兴	唐　洲	马　文	杜宁刚	刘长宇	许伟强	姚　亮	文　钰	尼玛石达	王大飞	杨宏伟	张　骥	张红梅
	吴海亮	郑紫尧	张戌晨	张　帅	李亮玉	陈玉州	安有斌	扎西多吉	土邓曲培	王　鑫	廖清溪	尼玛普珍	姚银朋
	白世峰	梁永翠	刘思源	贾振宏	周元强	朱东升	钱　康	王　旗	晏　阳	周　冰	张　翠	戴　炜	马亚林
	赵　阳	何梦雪	鹿峪宁	徐雄峰	张　钧	蔡博戎	陈　淳	贾瑞杰	徐志鸿	朱伟俊	周鹏程	杨斯维	杨　典
	曾　植	黄兴政	李　中	韩　斐	屈彦明	施　莉	谢兴利	孙凯航	高　硕	张绍光	石　超	黄代飞	熊珍林
	蓝　建	广峻男	胥　健	刘海龙	代鸿丞	纪佳钰	达娃普赤	杨胜浩	赵洪邦	邓欲锋	顿　珠	格桑加央	吴　鹏

《国网西藏电力有限公司配电网工程通用设计　配电站房分册（2024 年版）》
工　作　组

牵头单位　国网西藏电力有限公司
　　　　　　国网河北省电力有限公司

成员单位　国网西藏电力有限公司经济技术研究院
　　　　　　国网河北省电力有限公司经济技术研究院
　　　　　　国网西藏电力有限公司电力科学研究院
　　　　　　国网西藏电力设计咨询有限公司
　　　　　　中国电建集团河北省电力勘测设计研究院有限公司
　　　　　　四川华煜电力设计咨询有限公司
　　　　　　中国能源建设集团江苏省电力设计院有限公司
　　　　　　中国能源建设集团湖南省电力设计院有限公司

《国网西藏电力有限公司配电网工程通用设计　配电站房分册（2024 年版）》
编　制　人　员

第一篇　总论

第 1 章　概述

编制单位　国网河北省电力有限公司经济技术研究院

审核　宁首先　杨宏伟　张　骥　文　钰

设计总工程师　吴　鹏

校核　张红梅　吴海亮　郑紫尧

编写　张戊晨　张　帅　李亮玉

第 2 章　通用设计工作过程

编制单位　国网河北省电力有限公司经济技术研究院

审核　肖　征　杨宏伟　张　骥

设计总工程师　吴　鹏

校核　张红梅　吴海亮　郑紫尧

编写　张戊晨　张　帅　李亮玉

第 3 章　通用设计依据

编制单位　国网西藏电力有限公司经济技术研究院

审核　陈玉州　安有斌

设计总工程师　扎西多吉　土邓曲培

校核　王　鑫　廖清溪　尼玛普珍　姚银明

编写　白世峰　梁永翠　刘思源　土邓曲培

第二篇　配电站房通用设计

第 4 章　设计技术原则

编制单位　国网西藏电力设计咨询有限公司

审核　陈玉州　安有斌

设计总工程师　扎西多吉　土邓曲培

校核　王　鑫　廖清溪　尼玛普珍　姚银明

编写　白世峰　梁永翠　刘思源　土邓曲培

第 5 章　10kV 开关站通用设计

编制单位　中国能源建设集团江苏省电力设计院有限公司

审核　贾振宏　周元强　朱东升　钱　康　达瓦珠久

设计总工程师　王　旗

校核　晏　阳　周　冰　张　曌

编写　戴　炜　马亚林　赵　阳

第6章　10kV 环网室通用设计

编制单位　中国能源建设集团江苏省电力设计院有限公司

审核　贾振宏　周元强　朱东升　钱　康　邓欲锋　刑田伟

设计总工程师　王　旗

校核　晏　阳　周　冰　张　甦

编写　戴　炜　徐雄峰　张　钧

第7章　10kV 环网箱通用设计

编制单位　中国能源建设集团江苏省电力设计院有限公司

审核　贾振宏　周元强　朱东升　钱　康　关　巍

设计总工程师　王　旗

校核　晏　阳　周　冰　张　甦

编写　戴　炜　徐雄峰　张　钧

第8章　10kV 配电室通用设计

编制单位　中国能源建设集团江苏省电力设计院有限公司

审核　贾振宏　周元强　朱东升　钱　康　沈宏亮

设计总工程师　王　旗

校核　晏　阳　周　冰　张　甦

编写　戴　炜　马亚林　赵　阳

第9章　10kV 箱式变电站通用设计

编制单位　四川华煜电力设计咨询有限公司

审核　文　钰　廖清溪　尼玛普珍

设计总工程师　黄代飞

校核　熊珍林　蓝　建

编写　广峻男　胥　健

第10章　10kV 配电变台通用设计

编制单位　四川华煜电力设计咨询有限公司

审核　刘文安　朱　斌　吴耀华　段　昕

设计总工程师　黄代飞

校核　熊珍林　蓝　建

编写　广峻男　胥　健

第11章　用户专变通用设计

编制单位　中国电建集团河北省电力勘测设计研究院有限公司

审核　蓝　建　广峻男　董俊虎

设计总工程师　韩　斐

校核　屈彦明　施　莉　谢兴利

编写　孙凯航　高　硕　张绍光

第12章　35kV 简易变通用设计

编制单位　四川华煜电力设计咨询有限公司

审核　石　超　顿珠　邱　振　曾　凯

设计总工程师　黄代飞

校核　　熊珍林　蓝　建

编写　　广峻男　胥　健

第 13 章　35kV 直降变通用设计

编制单位　四川华煜电力设计咨询有限公司

审核　　石　超　格桑加央　刘文安　王国波

设计总工程师　黄代飞

校核　　熊珍林　蓝　建

编写　　广峻男　胥　健

前　　言

　　《国网西藏电力有限公司配电网工程通用设计　配电站房分册（2024年版）》是国网西藏电力有限公司标准化建设成果体系的重要组成部分。在省公司领导的关心指导下、在公司各职能部门的大力支持下，国网西藏电力有限公司设备部牵头组织相关科研单位和设计院，在广泛调研的基础上，经专题研究和专家论证，历时一年编制完成《国网西藏电力有限公司配电网工程通用设计　配电站房分册（2024年版）》。

　　本书涵盖了国网西藏电力有限公司供电范围内的10kV开关站、10kV环网室、10kV环网箱、10kV配电室、10kV箱式变电站、10kV配电变台、用户专变、35kV简易变、35kV直降变通用设计，该研究成果具有安全可靠、技术先进、经济适用、协调统一等显著特点，是国网西藏电力有限公司标准化体系建设的又一重大研究成果，对指导西藏自治区配电网工程建设、提高电网建设的质量和效率都将发挥积极推动和技术引领作用。

　　本书在编制过程中得到了国网西藏电力有限公司相关部门的大力支持，在此谨表感谢。

　　由于编者水平有限，书中难免存在不足之处，敬请广大读者给予指正。

编　者

二〇二五年二月

目　　录

总　　论

第1章　概　　述

为进一步深化西藏地区配电网建设标准、统一设备规范、统一设计标准、方便招标及维护，提高整体效率，2023年国网西藏电力有限公司设备部结合西藏地区配电网建设需要和规程规范调整，在现行通用设计基础上，组织编制了《国网西藏电力有限公司配电网工程通用设计（2024年版）》，提高西藏配电网工程设计建设质量、技术水平。

1.1　编制内容

《国网西藏电力有限公司配电网工程通用设计（2024年版）》（简称本通用设计）是在《国家电网公司配电网工程典型设计（2016年版）》《国家电网公司220/380V配电网工程典型设计（2018年版）》典型设计方案基础上，针对西藏地区特殊的高海拔地理环境、高寒条件下施工安全和工艺质量等特点，结合西藏地区配电网现状及城网配电自动化、简易变、用户专变模块、线路大档距等设计需求，进行精细化（深化）设计，编制完成国网西藏电力有限公司配电网工程通用设计技术导则，力求贴近西藏地区配电网建设改造实际需求，具有更强的针对性和实用性。

《国网西藏电力有限公司配电网工程通用设计（2024版）》由《国网西藏电力有限公司配电网工程通用设计　架空线路分册（2024年版）》《国网西藏电力有限公司配电网工程通用设计　配电站房分册（2024年版）》《国网西藏电力有限公司配电网工程通用设计　电缆分册（2024年版）》和《国网西藏电力有限公司配电网工程通用设计　低压分册（2024年版）》四部分组成。

1.2　目的和意义

编制本通用设计的目的是贯彻实施国家电网有限公司品牌战略，深入贯彻集约化管理思想，一是统一建设标准，统一材料规范；二是规范设计程序，加快设计、评审、材料加工的进度，提高工作效率和工作质量；三是统一设备规范，方便物资招标，方便运行维护，控制工程造价，提高投资效益；四是降低建设和运行成本，发挥规模优势，提高整体效益。

1.3　编制原则

按照国家电网有限公司配电网标准化建设目标、顺应智能配电网建设和发展的要求，编制配电网工程通用设计应遵循安全可靠、坚固耐用、先进适用、标准统一、覆盖面广以及提高效率、注重环保、节约资源、降低造价的原则，做到统一性与适用性、可靠性、先进性、经济性和灵活性的协调统一。

（1）统一性。通用设计基本方案统一，设计原则统一，建设标准统一。

（2）适用性。通用设计应综合考虑西藏地区实际情况，具有广泛的适用性，并能在一定时间内，对不同规模、不同形式、不同外部条件均能基本适用。

（3）可靠性。以实现坚固耐用为目标，保证模块设计安全可靠，通过模块拼接得到的技术方案安全可靠。

（4）先进性。推广应用成熟适用的新技术、新设备和新材料，符合电网技术发展趋势，通用设计各项技术经济指标先进。

（5）经济性。按照全寿命周期设计理念和方法，在保证高可靠性的前提下，进行技术经济综合分析，实现工程全寿命周期内功能匹配、寿命协调、费用平衡。

（6）灵活性。通用设计模块划分合理，组合方案多样，工程应用灵活方便。

1.4 工作方式

按照"统一组织、统筹规划、充分调研、严格把关"的原则，加强协调、团结合作、控制进度、按期完成；本通用设计以应用为重点，以工程设计为核心，采用模块化设计手段，推进标准化设计，不断更新、补充和完善通用设计。

（1）统一组织，分工负责。本通用设计工作由国网西藏电力有限公司设备部统筹指导，国网西藏经研院、国网河北经研院牵头组织，中国能源建设集团湖南省电力设计院有限公司、中国电建集团河北省电力勘测设计研究院有限公司、中国能源建设集团江苏省电力设计院有限公司、四川华煜电力设计咨询有限公司等单位共同参加编写。国网西藏电力有限公司设备部提出统一的配电网工程通用设计指导性意见，统一协调进度安排，统一组织推广应用，统一组织滚动修订。

（2）广泛调研，征求意见。国网西藏电力有限公司设备部统一组织，结合西藏地区配电网发展实际状况，采用实地考察、印发调研函、召开座谈会等方式，组织开展调研工作。在国网通用设计的基础上，结合西藏配电网应用情况，优化确定技术方案组合，并征求各市公司意见。

（3）严格把关，保证质量。国网西藏电力有限公司设备部牵头成立工作组，把控工作进度，分阶段开展通用设计成果方案审查，确保工作质量，保证按期完成。

第2章　通用设计工作过程

2023 年 7 月，根据国网西藏电力有限公司设备部工作安排，为进一步深化西藏配电网标准化建设成果，提出开展《国网西藏电力有限公司配电网工程通用设计（2024 年版）》修编工作。在《国家电网公司配电网工程典型设计（2016 年版）》《国家电网公司 380/220V 配电网工程通用设计（2018 年版）》通用设计方案基础上，深入调研，总结西藏配电网典型设计应用经验，保持技术原则的连续性，保留应用成熟的设计方案和技术条件，精简安全风险高、运维困难、可替代设计方案，合并技术参数差别较小的方案，将部分应用率高、适用面广的方案纳入增补方案。

本通用设计修编工作共分为需求调研、技术原则编制、通用设计方案编制三个阶段。

2023 年 7 月，国网西藏电力有限公司设备部启动《国网西藏电力有限公司配电网工程通用设计（2024 年版）》修编工作，开展配电网设计需求调研工作。

2023 年 10 月，召开通用设计修订讨论会，确定配电网通用设计系列要求及技术方案，明确设计分工及进度要求。

2023 年 12 月，完成通用设计技术导则及设计方案编制工作初稿。

2023 年 12 月～2024 年 5 月，开展通用设计交叉互审、内部审查及修改完善工作。

2024 年 5 月，完成通用设计成果评审。

2024 年 7 月，完成通用设计成果统稿。

2.1　需求调研

2023 年 7 月，通过调研座谈会、现场调研方式调研国网西藏电力各市公司配电网通用设计方案应用需求，根据应用情况确定通用设计方案。

2023 年 9 月，向各市公司征求意见，经讨论后确定配电网通用设计各分册主要设备选型、布置方式、技术方案组合等主要技术条件。

2.2　技术原则编制

2023 年 10 月，各专业明确通用设计具体要求，统一主要设计原则，经国网西藏电力有限公司、设计单位的专家研讨和评审，完成配电网通用设计技术导则，确定了设计内容、深度要求，同时向各市公司征求修改意见。针对反馈意见，各专业进一步讨论确定主要设计原则，确保技术合理先进。

2.3　通用设计方案编制

2023 年 10～11 月，各参编单位根据通用设计编制大纲开展本通用设计编制工作。

2023 年 11 月 11～20 日，经编制单位内部校核、交叉互查、统稿，形成通用设计初稿。

2023 年 12 月，在河北石家庄召开第一阶段内审会，对通用设计进行集中审查。

2024 年 1～3 月，依据内审意见修改完善通用设计方案，完成校核、统稿。

2024 年 5 月，在四川成都召开通用设计评审会，编制组根据审查意见对通用设计内容再次进行修改、完善。

2024 年 7 月，完成国网西藏电力有限公司配电网通用设计成果。

第 3 章　通 用 设 计 依 据

3.1　设计依据性文件

设备配电〔2019〕41 号　《国网设备部关于印发〈国网西藏电力城市配电网标准化建设改造帮扶工作方案〉的通知》

苏电设备〔2019〕436 号　《国网江苏省电力有限公司关于印发〈帮扶西藏拉萨城市配电网标准化建设改造工作方案〉的通知》

国家电网设备〔2018〕979 号　《国家电网有限公司十八项电网重大反事故措施（修订版）》

《国家电网公司配电网工程典型设计 10kV 配电变台分册（2016 年版）》

《西藏农牧区配电网规划设计技术指导手册（2023 年版）》

《西藏城市配电网规划设计技术指导手册（2023 年版）》

3.2　主要设计标准、规程规范

GB/T 311.1　《绝缘配合　第 1 部分：定义、原则和规则》

GB/T 1094.1　《电力变压器　第 1 部分：总则》

GB/T 1984　《高压交流断路器》

GB 3096　《声环境质量标准》

GB/T 4208　《外壳防护等级（IP 代码）》

GB/T 4623　《环形混凝土电杆》

GB/T 11022　《高压开关设备和控制设备标准的共用技术要求》

GB/T 11032　《交流无间隙金属氧化物避雷器》

GB/T 12527　《额定电压 1kV 及以下架空绝缘电缆》

GB/T 14049　《额定电压 10kV 架空绝缘电缆》

GB/T 14597　《电工产品不同海拔的气候环境条件》

GB/T 20626.1　《特殊环境条件　高原电工电子产品　第 1 部分：通用技术要求》

GB/T 20626.2　《特殊环境条件　高原电工电子产品　第 2 部分：选型和检验规范》

GB/T 20626.3　《特殊环境条件　高原电工电子产品　第 3 部分　雷电、污秽、凝露的防护要求》

GB/T 20645　《特殊环境条件　高原用低压电器技术要求》

GB/T 22580　《特殊环境条件　高原电气设备技术要求　低压成套开关设备和控制设备》

GB 50052　《供配电系统设计规范》

GB 50053　《20kV 及以下变电所设计规范》

GB 50054　《低压配电设计规范》

GB 50060　《3～110kV 高压配电装置设计规范》

GB 50061　《66kV 及以下架空电力线路设计规范》

GB/T 50064　《交流电气装置的过电压保护和绝缘配合设计规范》

GB/T 50065　《交流电气装置的接地设计规范》

GB 50217　《电力工程电缆设计标准》

GB 50260　《电力设施抗震设计规范》

DL/T 448　《电能计量装置技术管理规程》

DL/T 599　《中低压配电网改造技术导则》

DL/T 601　《架空绝缘配电线路设计技术规程》

DL/T 620　《交流电气装置的过电压保护和绝缘配合》

DL/T 825　《电能计量装置安装接线规则》

DL/T 5131　《农村电网建设与改造技术导则》

DL/T 5220　《10kV 及以下架空配电线路设计规范》

DL/T 5222　《导体和电器选择设计规程》

JB/T 10088　《6kV～1000kV 级电力变压器声级》

JGJ 118　《冻土地区建筑地基基础设计规范》

Q/GDW 10514　《配电自动化终端/子站功能规范》

Q/GDW 10738　《配电网规划设计技术导则》

Q/GDW 1799.1　《电力安全工作规程　变电部分》

Q/GDW 1799.2　《国家电网公司电力安全工作规程　线路部分》

Q/GDW 1799.3　《国家电网公司电力安全工作规程　第 3 部分：水电厂动力部分》

Q/GDW 10370 《配电网技术导则》

Q/GDW 11008 《低压计量箱技术规范》

Q/GDW 11184 《配电自动化规划设计技术导则》

Q/GDW 13001 《高海拔外绝缘配置技术规范》

GB 1094.11 《电力变压器 第 11 部分：干式电力变压器》

GB/T 3804 《3.6kV～40.5kV 高压交流负荷开关》

GB/T 3906 《3.6kV～40.5kV 交流金属封闭开关设备和控制设备》

GB/T 10228 《干式电力变压器技术参数和要求》

GB/T 16926 《高压交流负荷开关 熔断器组合电器》

GB/T 22072 《干式非晶合金铁心配电变压器技术参数和要求》

GB/T 22582 《电力电容器 低压功率因数校正装置》

GB 26860 《电力安全工作规程 发电厂和变电站电气部分》

GB/T 50011 《建筑抗震设计规范（2024 年版）》

GB 50016 《建筑设计防火规范（2018 年版）》

GB 50057 《建筑物防雷设计规范》

DL/T 401 《高压电缆选用导则》

DL/T 404 《3.6kV～40.5kV 交流金属封闭开关设备和控制设备》

DL/T 537 《高压/低压预装式变电站》

第二篇

配电站房通用设计

第4章　设计技术原则

4.1　供电区域划分原则

根据国网西藏电力有限公司修订印发的《西藏城市配电网规划设计技术指导手册（2023年版）》和《西藏农牧区配电网规划设计技术指导手册（2023年版）》，供电区域按照行政级别及饱和负荷密度进行划分，国网西藏电力有限公司供电区域划分见表4-1。

表4-1　　　　　　　国网西藏电力有限公司供电区域划分

供电区域		划分范围（行政区域）	划分范围［饱和负荷密度σ（MW/km²）］
A		省会城市核心区（老城区）、国家经济开发区	$\sigma \geqslant 15$
B	B_1	省会城市中心区、其他城市核心区、国家经济开发区	$10 \leqslant \sigma < 15$、经济开发区 $\sigma \geqslant 15$
	B_2	省会城市一般市区、其他城市市区、省级经济开发区	$6 \leqslant \sigma < 10$、经济开发区 $6 \leqslant \sigma < 15$
C	C_1	省会城市郊区、其他城市郊区	$1 \leqslant \sigma < 6$
	C_2	城市中心城区以外市辖区	
	C_3	一般县城	$1 \leqslant \sigma < 6$
	C_4	边境乡镇	

续表

供电区域		划分范围（行政区域）	划分范围［饱和负荷密度σ（MW/km²）］
D	D_1	特色乡镇	$0.1 \leqslant \sigma < 1$
	D_2	一般乡镇、小型县城	
E		农区、林区、牧区	$\sigma < 0.1$

注　1. σ为供电区域的饱和负荷密度（MW/km²）。

2. 供电区域面积一般不大于5km²。

3. 计算负荷密度时，应扣除110kV专线负荷，以及高山、戈壁、荒漠、水域、森林等无效供电面积。

4.2　编号原则

4.2.1　方案编号原则

本通用设计方案编号原则为第一位代表类型，第二位代表户内、户外，第三位代表编码，方案编号原则见表4-2。

表4-2　　　　　　　　方案编号原则

类型		编号
第一位	柱上变压器	Z
	开关站	K
	环网室	H

类型		编号
第一位	环网箱	H
	配电室	P
	箱式变电站	X
第二位	户外	A
	户内	B

4.2.2 图纸编号原则

本通用设计图纸编号采用方案编号后缀 D1（电气一次）、D2（电气二次）、T（土建）和顺序编码，如 ZA-1-D1-01、KB-1-D1-01，KB-1-T-01。图纸排序为电气主接线图、柱上变压器杆型图、物料清单、接地体加工图、低压开关综合配电箱电气图，低压开关综合配电箱加工图等顺序。图纸编号及排序见表 4-3。

表 4-3　　　　　　　　图纸编号及排序

序号	图纸类型	图纸编号
1	电气主接线图	ZA-1-D1-01
2	柱上变压器杆型图	ZA-1-D1-02
3	物料清单	ZA1-D1-03
4	接地体加工图	ZA-1-D1-04
5	低压综合配电箱电气图	ZA1-D1-05
6	低压综合配电箱加工图	ZA1-D1-06
7	10kV 系统配置图	KB-1-D1-01
8	电气平面布置图	KB-1-D1-02
9	电气断面图	KB-1-D1-03
10	接地装置布置图	KB-1-D1-04
11	10kV 线路开关柜交直流回路图	KB-1-D2-01
12	10kV 线路开关柜控制回路图	KB-1-D2-02
13	10kV 线路开关柜信号回路图	KB-1-D2-03
14	建筑平面布置图	KB-1-T-01
15	建筑立面及剖面图	KB-1-T-02
16	设备基础平面图	KB-1-T-03

4.3 技术原则

4.3.1 设计对象

本通用设计 10kV 配电部分设计对象为国网西藏电力有限公司供电范围内的 10kV 开关站、10kV 环网室、10kV 环网箱、10kV 配电室、10kV 箱式变电站、10kV 配电变台、用户专变、35kV 简易变、35kV 直降变。

4.3.2 站房的运行管理模式

本通用设计方案按照无人值守设计。

4.3.3 配电自动化及保护配置原则

（1）应按《继电保护和安全自动装置技术规程》（GB/T 14285）的要求配置继电保护。

（2）配电自动化配置应遵循"标准化设计、差异化实施"原则。

（3）配电自动化终端配置应在一次网架设备的基础上，根据负荷水平和供电可靠性需求、地区需求合理配置集中或分散式站所终端，提高"二遥"自动化终端应用比重，力求功能实用、技术先进、运行可靠。

（4）根据区域特色及负荷特性，结合西藏地区实际情况，A 类供电区域及部分重要供电场所宜采用光纤通信等方式；其他供电区域通信方式以无线通信为主，以光纤通信、电力载波等为辅；对于信号较弱的地区，需采取信号增强措施。

（5）新（改）扩建工程应充分利用现有设备资源，因地制宜地做好通信配套建设，合理选择通信方式，改扩建工程通信方式应选用原方式。配电自动化终端与主站通信方式可选用无线公网、光纤等，具体通信建设设计方案应综合考虑施工难易、造价及运维成本等因素。

（6）配电变台按照低压侧配置配电变压器监测终端（TTU），实现对配电变压器的监测，实现双向有功、功率计算功能，设置于低压综合配电箱内。

（7）开关站、环网室、配电室宜配置组屏式站所终端，环网箱宜配置遮蔽立式站所终端；根据一次开关间隔总数量选择相应的站所终端容量。对于一二次集成度要求较高的场合，环网室、环网箱、配电室宜配置集中式，站所终端可配置基于公共单元和间隔单元组成的分散式站所终端。

（8）开关站选用测控保护一体化装置实现故障处理，装置应符合《继电保护和安全自动装置技术规程》（GB/T 14285）的要求，宜采用通信管理机与加密装置相结合的方式实现配电自动化。环网室、环网箱、配电室选用含保护功能的站所终端，实现配电自动化及过电流、速断、单相接地等保护功能，不单独配置继电保护装置。

（9）按照国家电网有限公司关于中低压配电网安全防护的相关规定，配电终端对于主站下发的遥控命令都应进行单向加密认证；同时，配电终端安全防护方案应满足配电自动化系统网络安全防护相关要求。

（10）继电保护设备、配电自动化设备、配电通信设备应与配电终端电源统一考虑，宜采用一体化配置。应根据站所内电源系统配置、开关操作机构电压等级等合理选择蓄电池作为后备电源，后备电源具有无缝投切的能力。当使用蓄电池作为后备电源时，应具有远程/定期活化功能，并可上传相关信息。

（11）"三遥"终端配置蓄电池应保证完成分—合—分操作，并维持配电终端及通信设备至少运行 4h，"二遥"终端配置蓄电池应保证维持配电终端及通信模块至少运行 30min。

（12）配电自动化站所终端功能、技术要求、后备电源配置、外部接口定义及接插件要求参见《配电自动化终端/子站功能规范》（Q/GDW 10514）、《配电自动化终端技术规范》（Q/GDW 11815）、《关于印发〈一二次融合柱上断路器及环网柜（箱）标准化设计方案〉的通知》（国家电网设备〔2021〕151 号）。

（13）配电自动化终端需满足线损统计需求。

（14）馈线自动化功能配置应参照《国网运检部关于印发〈配电线路故障指示器选型技术原则（试行）和就地型馈线自动化选型技术原则（试行）〉的通知》（运检三〔2016〕130 号）、《配电网规划设计技术导则》（Q/GDW 10738）和《国网设备部关于印发配电自动化实用化提升工作方案的通知》（设备配电〔2022〕131 号）。

4.3.4　设计深度

本通用设计的设计深度是电气一次专业施工图深度、电气二次专业初步设计深度、土建专业按照最大尺寸考虑做到初步设计深度。

4.3.5　环境条件

海拔：1000m＜H≤5000m。

环境温度：−40～+35℃。

最热月平均最高温度：15℃。

污秽等级：c、d 级。

日照强度（风速 0.5m/s）：0.118W/cm²。

地震烈度：按 8 度设计，地震加速度为 0.2g，地震特征周期为 0.45s。

洪涝水位：站址标高高于 50 年一遇洪水水位和历史最高内涝水位，不考

虑防洪措施。

设计土壤电阻率：不大于 100Ω/m。

相对湿度：在 10℃时，空气相对湿度不超过 90%。

地基：地基承载力特征值取 f_{ak}=150kPa，无地下水影响。

腐蚀：地基土及地下水对钢材、混凝土无腐蚀作用。

4.3.6　站室选址原则

站室的土建设计应满足抗震、防火、通风、防洪、防潮、防尘、防毒、防小动物和低噪声等各项要求，并应满足电气专业的各项技术要求，建筑设计应符合安全、经济、适用、美观，并与站室周边整体环境相协调的原则。

本通用设计户内站室典型方案均按独立的地上建筑设计，在繁华区和城市建设用地紧张地段，为减少占地、与周围建筑相协调，可结合建筑物共同建设。户内站室选址原则上应设置在地面以上，尤其是地势低洼、可能积水的场所，不应设置地下配电站室。

由于结合建筑物共同建设的各类站室，其电气主接线、进出线回路数、设备布置等与独立建设的站室相同，仅设备运输、通风、排水、接地等方面有区别，故结合建筑物共同建设站室的电气部分应严格按本通用设计执行，平面布置可参考对应典型方案的平面进行设计。

户内配电设施设计范围不包括建筑物本体，与公共建筑结合实施的配电站室，如受条件限制，配电站室必须设置于地下时，不应设在地下最底层，并应满足以下要求：环保气体绝缘开关柜气箱箱体采用 304 不锈钢，厚度不低于国家标准规定的 2mm，气箱结构设计应能适应设备由低海拔地区运输至 5000m 高海拔地区的压力差，不应发生箱体形变及漏气，并确保运行时的年泄漏率不大于 0.1%。气体压力表另应根据海拔进行零表压校准。

配电站室的净高度一般不小于 3.6m，若有管道通风设备、电缆桥架或电缆沟，还需增加通风管道及电缆沟的高度。

4.4　高海拔设备选型技术要求

（1）通用要求。本通用设计方案按 1000m＜H≤5000m 高海拔地区时，还应遵循以下内容：

当海拔 1000m＜H≤3000m 时，10kV 高压开关柜选用高原型空气绝缘、气体绝缘及固体绝缘开关柜；当海拔 3000m＜H≤5000m 时，10kV 高压开关柜宜采用高原型、全绝缘、全密封、免维护的固体绝缘开关柜或气体绝缘开关柜。

箱式变电站的设备应采用全绝缘、全封闭、防内部故障电弧外泄、防凝露等技术，外壳应具有耐候、防腐蚀等性能，并与周围环境相协调。

所有产品应选用通过国家或电力行业权威机构认证合格的，适用海拔5000m 的高原型产品，并在产品铭牌中标注产品海拔适应能力级别。

（2）修正设备外绝缘水平。配电设备一次元件采用加强型绝缘电器，外绝缘水平应按照海拔 5000m 高度，根据《高海拔外绝缘配置技术规范》（Q/GDW 13001）进行修正，修正系数应考虑空气密度和温湿度对设备的影响。

（3）修正设备空气间隙。应根据海拔 5000m 修正设备空气间隙，以保证设备具有足够的耐击穿能力。

（4）电晕。应选用具有防电晕措施的设备。

（5）局部放电。应选用具有对局部放电有相应防护措施的设备。

（6）动作特性。采用电子式脱扣器的元器件，其动作特性应不受海拔的影响，但应充分考虑电子元器件的散热问题。

（7）飞弧距离。应采取相应防护措施，使元器件飞弧距离符合常规型设备相应标准规定。

（8）密封。对具有密封要求的产品，应具有可靠的密封性。

（9）材料。户外使用的材料应具有较强的抗热辐射、抗紫外线能力，并应选用抗寒能力强、结构性能稳定的材料或采取必要防护措施。如加装遮阳板或选用耐强烈太阳辐射的耐候性塑料、粉末涂料等材料。

4.5 严寒、冻土地区的建（构）筑物设计要求

4.5.1 一般规定

在多年冻土地区建（构）筑物选址时，宜选择融区、基岩裸露及粗颗粒土分布地段。多年冻土用作建筑地基时，按《冻土地区建筑地基基础设计规范》（JGJ 118）进行设计。

4.5.2 基础的埋置深度

1. 季节性冻土地区

（1）对强冻胀性土、特强冻胀性土，基础的埋置深度宜大于设计冻深0.25m；对不冻胀、弱冻胀和冻胀性地基土，基础埋置深度不宜小于设计冻深，对深季节冻土，基础底面可埋置在设计冻深范围之内，基底允许冻土层最大厚度可按《冻土地区建筑地基基础设计规范》（JGJ 118）的规定进行冻胀力作用下基础的稳定性验算，并结合当地经验确定。

（2）基槽开挖完成后底部不宜留有冻土层（包括开槽前已形成的和开槽后新冻结的），当土质较均匀，且通过计算确认地基土融化、压缩的下沉总值在允许范围之内，或当地有成熟经验时，可在基底下存留一定厚度的冻土层。

2. 多年冻土

（1）在多年冻土地区构筑物地基设计中，应按《冻土地区建筑地基基础设计规范》（JGJ 118）的相关规定，对地基进行静力计算和热工计算。

（2）对不衔接的多年冻土地基，当构筑物热影响的稳定深度范围内地基土的稳定和变形都能满足要求时，应按季节冻土地基计算基础的埋深。

（3）对衔接的多年冻土地基，当按保持冻结状态利用多年冻土作地基时，基础埋置深度可通过热工计算确定，但不得小于建筑物地基多年冻土的稳定人为上限埋深。

4.5.3 防冻害措施

基础在冻胀、强冻胀、特强冻胀地基上，应采用下列防冻害措施：

（1）设置排水设施，避免因地基土浸水、含水率增加而造成冻害。

（2）对低洼场地，应加强排水并采用非冻胀性土填方，填土高度不应小于0.5m，其范围不应小于散水坡宽度加 1.5m。

（3）在基础外侧面可回填非冻胀性的中砂和粗砂，其厚度不应小于200mm；应对与冻胀性土接触的基础侧表面进行压平、抹光处理。

（4）可用强夯法消除土的冻胀性。

（5）基础结构应选钢筋混凝土基础，增强基础的整体刚度。

4.6 10kV 开关站通用设计技术方案

国网西藏电力有限公司 10kV 开关站通用设计共 1 个方案，技术方案组合见表 4-4。

表 4-4　　　　10kV 开关站通用设计技术方案组合

方案	电气主接线	10kV 进出线回路数	设备选型	适用范围
KB-1	单母线分段（两段独立的单母线）	2（4）回进线6～12 回出线	环网气体绝缘金属封闭式、金属铠装移开式	A、B、C

4.7 10kV 环网室通用设计技术方案

国网西藏电力有限公司 10kV 环网室通用设计共 2 个方案，技术方案组合

见表 4-5。

表 4-5　　　　　　　　10kV 环网室通用设计技术方案组合

方案	电气主接线	10kV 进出线回路数	设备选型	布置方式	适用范围
HB-1	单母线分段（两个独立单母线）	2（4）回进线 2～12 回出线	进线、出线选用断路器	户内单列布置	A、B、C、D
HB-2	单母线分段（两个独立单母线）	2（4）回进线 2～12 回出线	进线、出线选用断路器	户内双列布置	A、B、C、D

4.8　10kV 环网箱通用设计技术方案

国网西藏电力有限公司 10kV 环网箱通用设计共 1 个方案，技术方案组合见表 4-6。

表 4-6　　　　　　　　10kV 环网箱通用设计技术方案组合

方案	电气主接线	设备选型	适用范围
HA-1	单母线	进线、出线选用断路器	A、B、C、D

4.9　10kV 配电室通用设计技术方案

国网西藏电力有限公司 10kV 配电室通用设计共 3 个方案，技术方案组合见表 4-7。

表 4-7　　　　　　　10kV 配电室通用设计技术方案组合

方案	电气主接线	10kV 进出线回路数	变压器类型	适用范围
PB-1	单母线	2 回进线 2 回出线	干式 2×800	A、B、C、D
PB-2	两个独立单母线	2（4）回进线 2～12 回出线	干式 2×800	A、B、C
PB-3	单母线分段		干式 4×800	A

4.10　10kV 箱式变电站通用设计技术方案

国网西藏电力有限公司 10kV 箱式变电站通用设计共 2 个方案，技术方案

组合见表 4-8。

表 4-8　　　　　　　10kV 箱式变电站通用设计技术方案组合

方案	变压器容量（kVA）	电气主接线和进出线回路数	10kV 设备短路电流水平	无功补偿	主要设备选择
XA-1（紧凑型）	400、630（2 级能效及以上油浸式变压器）	高压侧：单母线接线方式、1～2 回进线，1 回馈线 低压侧：4 回馈线	不小于 20kA	可按 10%～15% 变压器容量补偿，并按无功需量自动投切	10kV 侧：断路器环网柜；变压器：2 级能效及以上油浸式；0.4kV 侧：不设进线主开关和出线隔离开关
XA-2（标准型）	400、630（2 级能效及以上油浸式变压器）	高压侧：单母线接线方式、1～2 回进线，1 回馈线 低压侧：4～6 回馈线	不小于 20kA	可按 10%～30% 变压器容量补偿，并按无功需量自动投切	10kV 侧：断路器环网柜；变压器：2 级能效及以上油浸式；0.4kV 侧：空气断路器

4.11　10kV 配电变台通用设计技术方案

国网西藏电力有限公司 10kV 配电变台通用设计共 4 个方案，技术方案组合见表 4-9。

表 4-9　　　　　　　10kV 配电变台通用设计技术方案组合

方案	变压器类型	主要设备安装要求	无功补偿	安装方式
ZA-1	50～400kVA 柱上变（2 级及以上节能型油浸式变压器）	变压器正装，10kV 侧采用架空绝缘线正面引下，低压综合配电箱采用悬挂式安装，进线采用低压电缆引入，出线采用低压电缆引出	无功补偿不配置或按以下原则配置：200～400kVA 变压器无功补偿不配置或按 124kvar 容量配置；200kVA 以下变压器无功补偿不配置或按 62kvar 容量配置。实现无功需量自动投切；低压综合配电箱按需配置应急电源接口和配电智能终端	双杆等高
ZA-2	线路调压器	全密封、油浸式调压变，容量为 1000～4000kVA；10kV 侧：一二次融合柱上断路器		台式
ZA-31	无功补偿装置	容量为 100kvar 及以下		单杆
ZA-32	无功补偿装置	容量为 100～600kvar		双杆

4.12　用户专变通用设计技术方案

国网西藏电力有限公司用户专变通用设计共 2 个方案，技术方案组合见表 4-10。

表 4-10　　　　　　　　用户专变通用设计技术方案组合

方案	名称	主要设备安装要求	无功补偿	安装方式
Y-ZA-1	200~400kVA 柱上变压器（2 级及以上节能型油浸式变压器）	变压器正装，10kV 侧采用架空绝缘线正面引下，低压综合配电箱采用悬挂式安装，进线采用低压电缆引入，出线采用低压电缆引出	无功补偿不配置或按以下原则配置：200~400kVA 变压器无功补偿不配置或按 124kvar 容量配置；实现无功需量自动投切；低压综合配电箱按需配置应急电源接口和配电智能终端	双杆等高
Y-XA-2	400~630kVA 箱式变压器（2 级及以上节能型油浸式变压器）	高压侧：线路变压器组接线方式；1~2 回进线；低压侧：4~6 回出线。高压侧：真空断路器；变压器：2 级能效及以上油浸式；低压侧：空气断路器	按 10%~30% 变压器容量补偿，按无功需量自动投切	台式

4.13　35kV 简易变通用设计技术方案

国网西藏电力有限公司 35kV 简易变通用设计共 1 个方案，技术方案组合见表 4-11。

表 4-11　　　　　　　　35kV 简易变通用设计技术方案组合

方案	名称	主要设备安装要求	设备选型	安装方式
/	35kV 简易变	35kV 侧采用绝缘导线引下至 35kV 一二次融合断路器，再引至水泥台上 35kV 变压器，10kV 侧采用电缆沿水泥台引入地下电缆通道，再上杆后架空送出	35kV 变压器采用低损耗、全密封、油浸式变压器，容量为 200~1000VA。35kV 高压断路器选用 35kV 一二次融合断路器。10kV 选用一二次融合真空断路器和 10kV 三相隔离开关	双杆等高+台式

注　35kV 简易变通用设计技术方案仅供参考，在使用过程中需根据实际情况和相关要求进行校核后开展设计。

4.14　35kV 直降变通用设计技术方案

国网西藏电力有限公司 35kV 直降变通用设计共 1 个方案，技术方案组合见表 4-12。

表 4-12　　　　　　　　35kV 直降变通用设计技术方案组合

方案	名称	主要设备安装要求	设备选型	安装方式
/	35kV 直降变	35kV 侧采用绝缘导线引下至 35kV 一二次融合断路器，再引至水泥台上 35kV 变压器，0.4kV 侧采用电缆沿水泥台引入地下电缆通道，再上杆后架空送出	35kV 变压器采用低损耗、全密封、油浸式变压器，容量为 200~400kVA。35kV 高压断路器选用 35kV 一二次融合断路器。0.4kV 选用 200、400kVA 综合配电箱	双杆等高+台式

注　35kV 直降变通用设计技术方案仅供参考，在使用过程中需根据实际情况和相关要求进行校核后开展设计。

第5章 10kV开关站通用设计

5.1 总体说明

5.1.1 技术原则概述

5.1.1.1 设计对象

10kV开关站通用设计的设计对象为国网西藏电力有限公司系统内10kV开关站。

5.1.1.2 运行管理模式

10kV开关站通用设计按无人值守设计。

5.1.1.3 设计范围

10kV开关站通用设计的设计范围是开关站内的电气设备、平面布置及建筑物基础结构，与开关站相关的防火、通风、防洪、防潮、防尘、防毒、防小动物和低噪声等设施。

本通用设计不涉及系统通信专业、系统远动专业的具体内容，在实际工程中，需要根据开关站系统情况具体设计，可预留扩展接口。

5.1.1.4 设计深度

10kV开关站通用设计的设计深度是电气一次专业施工图深度、电气二次专业和土建专业初步设计深度，可用于实际工程可行性研究、初步设计、施工图设计阶段。

5.1.1.5 假定条件

海拔：$1000\text{m} < H \leqslant 5000\text{m}$；

环境温度：$-40 \sim +35℃$；

最热月平均最高温度：$15℃$；

污秽等级：c、d级；

日照强度（风速0.5m/s）：0.118W/cm^2；

地震烈度：按8度设计，地震加速度为$0.2g$，地震特征周期为0.45s；

洪涝水位：站址标高高于50年一遇洪水水位和历史最高内涝水位，不考虑防洪措施；

设计土壤电阻率：不大于$100\Omega/\text{m}$；

相对湿度：在10℃时，空气相对湿度不超过90%；

地基：地基承载力特征值取$f_{ak} = 150\text{kPa}$，无地下水影响；

腐蚀：地基土及地下水对钢材、混凝土无腐蚀作用。

5.1.2 技术条件

10kV开关站通用设计方案一般适用于A、B、C类供电区域的负荷中心，电气主接线型式为单母线分段或两段独立的单母线。10kV开关站通用设计方案技术条件见表5-1。

表5-1　　　　10kV开关站通用设计技术条件

方案	电气主接线	10kV进出线回路数	设备选型	适用范围
KB-1	单母线分段（两段独立的单母线）	2（4）回进线 6～12回出线	环保气体绝缘金属封闭式、金属铠装移开式	A、B、C

10kV开关站通用设计方案按电气主接线、进出线回路数、主要电气设备选择进行划分。

1. 电气主接线

10kV部分：单母线分段或两段独立的单母线。

2. 进出线回路数

10kV开关站每段母线一般设1～2回进线、3～6回出线，并可适当增减进出线回路数，其中每段宜至少预留一回用于不停电作业。

3. 主要电气设备选择

10kV选用金属铠装移开式或环保气体绝缘金属封闭式开关柜，并参照国家电网公司及国网西藏电力有限公司《配电网工程建设改造标准物料目录》选取。

5.1.3 电气一次部分

5.1.3.1 电气主接线

10kV部分：单母线分段、两段独立的单母线。

5.1.3.2 进出线回路数

10kV开关站每段母线一般设1～2回进线、3～6回出线，并可适当增减进出线回路数，其中每段宜至少预留一回用于不停电作业。开关站方案中可配置配电变压器，具体可参照10kV配电室通用设计方案PB-2或PB-3的低压及变压器部分。

5.1.3.3　短路电流及主要电气设备、导体选择

（1）10kV 设备短路电流水平：不小于 25kA。

（2）主要电气设备选择：10kV 选用高原型环保气体绝缘金属封闭式开关柜或高原型金属铠装移开式，10kV 开关柜主要设备选择见表 5–2。

表 5–2　　　　　　10kV 开关柜主要设备选择

设备名称	型式及主要参数	备注
真空断路器	1250A，25kA	
电流互感器	进线及分段回路：600/5A；1200/5A 出线回路：400/5A 零序：100/5A	
电压互感器	（1）$10kV/\sqrt{3}$：$0.1kV/\sqrt{3}$：0.1kV/3 （2）$10kV/\sqrt{3}$：$0.1kV/\sqrt{3}$：0.1kV/3：0.1kV/3 （3）10kV/0.1kV/0.1kV	三种可选
避雷器	17/45kV	出线按需选配
主母线	1250A	
站用变	干式 30kVA，$10.5\pm5\%/0.4kV$，$U_k\%=4$	可选

（3）金属铠装移开式开关柜柜门关闭时，防护等级不应低于 IP41，柜门打开时，防护等级不应低于 IP2X。环保气体绝缘金属封闭开关柜整体防护等级不低于 IP4X，气室防护等级不低于 IP65。

（4）开关柜应具备"五防"闭锁功能。

（5）开关柜内选用优质真空断路器，操动机构一般采用动作性能稳定的弹簧储能机构，具备手动和电动操作功能，满足综合自动化接口要求。

（6）柜体应安装带电显示器，按要求配置二次核相孔。

（7）环保气体绝缘开关柜气箱箱体采用 304 不锈钢，公称厚度不低于国家标准规定的 2mm，气箱结构设计应能适应设备由低海拔地区运输至 5000m 高海拔地区的压力差，不应发生箱体形变及漏气，并确保运行时的年泄漏率不大于 0.1%。气体压力表另应根据海拔进行零表压校准。

（8）导体选择。根据短路电流水平，按发热及动稳定条件校验，10kV 主母线及进线间隔导体选 TMY–80×10。母线最大工作电流按 1250A 考虑。母线连接可采用电缆或母线桥。

5.1.3.4　电气平面布置

根据方案的建设规模，单母线分段或两段独立单母线可采用单列或双列布置。

5.1.3.5　绝缘配合、过电压保护及接地

1. 绝缘配合

（1）电气设备的绝缘配合参照《交流电气装置的过电压保护和绝缘配合设计规范》（GB/T 50064）确定的原则进行。

（2）氧化锌避雷器按《交流无间隙金属氧化物避雷器》（GB/T 11032）中的规定进行选择。

2. 过电压保护

过电压保护主要考虑侵入雷电波及操作过电压对配电装置的影响。因此，在 10kV 母线上装设氧化锌避雷器作为配电装置的保护。

3. 接地

开关站交流电气装置的接地应符合《交流电气装置的接地设计规范》（GB/T 50065）要求。接地体的截面和材料选择应考虑热稳定和腐蚀的要求。接地体一般采用镀锌钢，腐蚀性高的地区宜采用铜包钢或者石墨。

开关站接地电阻、跨步电压和接触电压应满足《交流电气装置的接地设计规范》（GB/T 50065）要求。开关站采用水平和垂直接地的混合接地网。具体工程中如接地电阻不能满足要求，则需要采取降阻措施。

5.1.3.6　站用电及照明

站用电、照明系统电源宜取自站用变压器，也可取自外部电源。

5.1.3.7　开关站友好型不停电作业设计原则

新建开关站每段 10kV 母线宜预留至少一个间隔供不停电作业使用。

5.1.4　电气二次部分

5.1.4.1　二次设备布置

1. 二次设备组屏原则

（1）开关站二次设备柜体结构、外形及颜色均应统一。

（2）10kV 保护装置采用保护测控一体化装置，安装于相应间隔内。

2. 二次设备布置方案

（1）二次设备尽可能避开强电磁场、强振动源和强噪声源的干扰，还应考虑防尘、防潮，并符合防火标准。

（2）二次设备接地系统应与开关站主接地网可靠连接。

5.1.4.2　电能计量

视情况选配专用计量柜或独立计量装置，计量绕组的精度达到 0.2S 级，若 10kV 侧设置电能计量装置，需按如下原则调整：

（1）电能计量装置选用及配置应满足《电能计量装置技术管理规程》（DL/T 448）规定。

（2）互感器采用专用计量二次绕组。

（3）计量二次回路不得接入与计量无关的设备。

5.1.4.3　直流系统

直流系统额定电压宜采用 DC 110V，配置单独直流屏，采用高频开关电源模块和阀控式铅酸蓄电池组，蓄电池容量按不小于 2h 事故放电时间考虑，且需满足开关柜断路器分合闸动作不少于 16 次，为保护、通信、远动等设备提供电源。

5.1.4.4　保护及配电自动装置配置原则

（1）配置继电保护装置的 10kV 开关站选用微机型保护测控一体化装置，并设有通信接口。装置功能及技术要求详见《10kV～110（66）kV 线路保护及辅助装置标准化设计规范》（Q/GDW 10766），其中对于接有分布式电源的线路，经评估计算后，对应开关站出线开关继电保护装置可配置方向保护。

（2）分段开关应配置具有备用电源自投功能和后加速保护跳闸功能装置。

（3）根据《国家电网公司配电网技术导则》（Q/GDW 10370）的规定，中性点不接地和消弧线圈接地系统中压线路发生永久性单相接地故障后，宜按快速就近隔离故障原则进行处理。配套保护自动化装置具备单相接地故障检测功能，与变电站内的消弧、选线设备相配合，实现就近快速判断和隔离永久性单相接地故障功能。

（4）站内通过配置远动通信装置实现各保护测控一体化装置信息的汇总上送，需配置通信传输设备，实现配电主站对站内中低压电网设备的各种远方监测、控制。

（5）应满足电力二次系统安全防护有关规定，当接入配电主站时，信息安全需满足配电自动化系统网络安全防护相关要求。

5.1.4.5　环境智能监控装置

可按需配置环境智能监控装置，对开关站内的溢水报警、风机、烟感、门禁、温湿度、噪声等信息进行监控。

5.1.5　土建部分

5.1.5.1　站址场地

（1）站址选择应接近负荷中心，利于用户接入。

（2）土建按最终规模设计。

5.1.5.2　标示及警示

在具体工程设计时，按照国家电网有限公司相关规定制作悬挂标示及警示牌。

5.1.5.3　主体建筑

1. 独立主体建筑

主体建筑设计要结合西藏地区建筑特色，建筑造型和立面色调要与周边人文地理环境协调统一；外观设计应简洁、实用。对于建筑物外立面避免使用较为特殊的装饰，如玻璃雨篷、修饰性栏栅、半圆形房间等。

2. 非独立主体建筑

建筑设计要结合西藏地区建筑特色，外观设计应简洁、实用。应注意设备运输及进出线通道，外观应与主体建筑相配合与协调。

5.1.5.4　总平面布置

1. 独立主体建筑

工程总平面布置应满足生产工艺、运输、防火、防爆、环境保护和施工等方面的要求，应统筹安排，合理布置，工艺流程顺畅，并考虑机械作业通道和空间，方便检修维护，有利于施工。

2. 非独立主体建筑

除满足独立主体建筑要求外，还应满足以下要求：① 当开关站设于建筑物本体内时，应设在地上一层，并应留有设备运输通道；② 不应设置在卫生间、浴室或其他经常积水场所的下方。

5.1.5.5　排水、消防、通风、防潮除湿、环境保护

1. 排水

土建基础设计应充分考虑防洪、排水等措施。宜采用自流式有组织排水，设置集水井汇集雨水，经地下设置的排水暗管，有组织将水排至附近市政雨水管网中。

2. 消防

采用化学灭火方式，应加装烟雾报警装置。

3. 通风

宜采用自然通风，应设事故排风装置。

环保气体绝缘金属封闭开关柜如采用 C4、C5 等气体应装设强力通风装置。

4. 防潮除湿

可根据站址环境，在湿度较高的地区选择配置空调、工业级除湿机等防潮除湿装置。

5. 环境保护

噪声对周围环境影响应符合《声环境质量标准》（GB 3096）的规定和要求。

5.2 KB-1 方案说明

5.2.1 设计说明

5.2.1.1 总的部分

根据西藏地区适用场景，确定 KB-1 方案主要技术原则为采用单母线分段或两段独立母线，10kV 进线 2（4）回、出线 12 回，采用环保气体绝缘金属封闭式开关柜或金属铠装移开式开关柜，采用电缆进出线。

KB-1 方案分为 A、B 两个子方案：KB-1-A 为单母线分段，2 回进线、12 回出线，采用环保气体绝缘金属封闭式开关柜；KB-1-B 为两段独立母线，4 回进线，12 回出线，采用金属铠装移开式。

1. 适用范围

（1）适用于 A、B、C 类供电区域。

（2）站址选择应接近负荷中心，利于用户接入，并充分考虑防潮、防洪、防污秽等要求。

2. 方案技术条件

KB-1 方案根据总体说明中确定的预定条件开展设计，KB-1 方案技术条件表见表 5-3。

表 5-3　　　　　KB-1 方案技术条件表

序号	项目	内容
1	10kV 进出线回路数	10kV 进线 2（4）回、出线 12 回，全部采用电缆进出线
2	电气主接线	单母线分段或两段独立单母线
3	设备短路电流水平	不小于 25kA

续表

序号	项目	内容
4	主要设备选型	10kV 开关柜选用环保气体绝缘金属封闭式或金属铠装移开式。 进出线间隔配置三相电流互感器和零序电流互感器。 进线及母线间隔各配置 1 组金属氧化物避雷器，出线可根据情况选配
5	布置方式	户内单列布置
6	土建部分	基础砖混结构
7	排气通风	采用自然通风，设事故排风装置。环保气体绝缘金属封闭开关柜如采用 C4、C5 等气体应装设强力通风装置
8	消防	配置化学灭火器
9	站址基本条件	按地震动峰值加速度 0.2g，设计风速 30m/s，地基承载力特征值 $f_{ak}=150\text{kPa}$，地下水无影响，非采暖区设计，假设场地为同一标高。按海拔 5000m 及以下，国标 c、d 级污秽区设计

5.2.1.2 电力系统部分

本通用设计按照给定的规模进行设计，在实际工程中，需要根据开关站所处系统情况具体设计。

本通用设计不涉及系统通信专业、系统远动专业的具体内容，在实际工程中，需要根据开关站系统情况具体设计。

5.2.1.3 电气一次部分

1. 电气主接线

10kV 部分：单母线分段接线或两段独立单母线。

2. 短路电流及主要电气设备、导体选择

（1）10kV 设备短路电流水平：不小于 25kA。

（2）主要电气设备选择。

1）10kV 开关柜：10kV 选用环保气体绝缘金属封闭式开关柜或金属铠装移开式。主要设备选择见表 5-4。

表 5-4　　　　　KB-1 方案 10kV 开关柜主要设备选择

设备名称	型式及主要参数	备注
真空断路器	1250A，25kA	
电流互感器	进线及分段回路：600/5A；1200/5A 出线回路：400/5A 零序：100/5A	

设备名称	型式及主要参数	备注
电压互感器	(1) $10kV/\sqrt{3}:0.1kV/\sqrt{3}:0.1kV/3$ (2) $10kV/\sqrt{3}:0.1kV/\sqrt{3}:0.1kV/3:0.1kV/3$ (3) $10kV/0.1kV/0.1kV$	三种可选
避雷器	$17/45kV$	
主母线	$1250A$	
站用变	干式 $30kVA$，$10.5\pm5\%/0.4kV$，$U_k\%=4$	可选

2）导体选择：根据短路电流水平，10kV 主母线及进线间隔导体载流量不小于 1250A。

3）电缆选择：10kV 进出线电缆应满足动热稳定要求；10kV 出线间隔电缆截面按接入变压器容量、饱和负荷状况、用户负荷发展水平、线路全寿命周期综合选择。

3. 绝缘配合、过电压保护及接地

（1）绝缘配合。

1）电气设备的绝缘配合参照《交流电气装置的过电压保护和绝缘配合设计规范》（GB/T 50064）确定的原则进行。

2）氧化锌避雷器按《交流无间隙金属氧化物避雷器》（GB/T 11032）中的规定进行选择。

（2）过电压保护。过电压保护主要是考虑侵入雷电波及操作过电压对配电装置的影响，在 10kV 母线上应装设氧化锌避雷器作为配电装置的保护。

（3）接地。开关站交流电气装置的接地应符合《交流电气装置的接地设计规范》（GB/T 50065）要求。接地体的截面和材料选择应考虑热稳定和腐蚀的要求。接地体一般采用镀锌钢，腐蚀性高的地区宜采用铜包钢或者石墨。

开关站接地电阻、跨步电压和接触电压应满足《交流电气装置的接地设计规范》（GB/T 50065）要求。开关站采用水平和垂直接地的混合接地网。具体工程中如接地电阻不能满足要求，则需要采取降阻措施。

4. 电气平面布置

开关站宜为单层建筑，下设电缆沟或电缆夹层。根据 KB-1 方案的建设规模，采用双列布置，进出线采用电缆方式。

5. 站用电及照明

（1）站用电。站用变压器应配置 2 台，两路电源经 ATS 双电源切换装置接入。

（2）照明。工作照明采用荧光灯、LED 灯、节能灯，事故照明采用应急灯。

6. 电缆设施及防护措施

电缆敷设通道应满足电缆转弯半径要求。

电缆敷设采用支架上敷设、穿管敷设方式，并满足防火要求；在柜下方及电缆沟进出口采用耐火材料封堵，电缆进出室内外，需考虑防水封堵措施。

5.2.1.4 电气二次部分

1. 二次设备布置

（1）二次设备组屏原则。

1）开关站二次设备柜体结构、外形及颜色均应统一。

2）10kV 保护装置采用保护测控一体化装置，安装于相应间隔内。

（2）二次设备布置方案。二次设备应尽可能避开强电磁场、强振动源和强噪声源的干扰，还应考虑防尘、防潮，并符合防火标准。

2. 电能计量

视情况选配专用计量柜或独立计量装置，计量绕组的精度达到 0.2S 级，若 10kV 侧设置电能计量装置，需按如下原则调整：

（1）电能计量装置选用及配置应满足《电能计量装置技术管理规程》（DL/T 448）和《电力装置电测量仪表装置设计规范》（GB/T 50063）规定。

（2）互感器采用专用计量二次绕组。

（3）计量二次回路不得接入与计量无关的设备。

3. 直流系统

开关站内保护及分、合闸操作电压采用 DC 110V，设置直流电源柜 1～2 面（含蓄电池、充电整流设备等），参考尺寸 800mm×600mm×2260mm，采用高频开关电源模块和阀控式铅酸蓄电池组，蓄电池容量按不小于 2h 事故放电时间考虑且需满足开关柜断路器分合闸动作不少于 16 次，为保护、通信、远动、五防等设备提供电源。二次设备接地系统应与开关站主接地网可靠连接。

4. 保护及配电自动化配置原则

（1）保护配置原则。KB-1 方案中 10kV 馈线及分段柜配置保护，进线根据需要配置保护。选用微机型保护测控一体化装置，并设有通信接口。装置功能及技术要求详见《10kV～110（66）kV 线路保护及辅助装置标准化设计规范》（Q/GDW 10766），其中对于接有分布式电源的线路，经评估计算后，对应开关站出线开关继电保护装置可配置方向保护。保护装置具备单相接地故障检测功能，与变电站内的消弧、选线设备相配合，实现就近快速判断和隔离永久性单相接地故障功能。

（2）远动通信装置配置原则。站内通过配置远动通信装置实现各保护测控一体化装置信息的汇总上送，需配置调度数据网设备、通信传输设备，实现配电主站对站内中低压电网设备的各种远方监测、控制。

设置独立屏柜放置安装远动通信装置。远动通信屏柜参考尺寸800mm×600mm×2260mm。

5. 二次回路电气参数

二次回路设备元件的电气参数按以下标准选用：直流电压采用 DC 110V；电流互感器二次电流采用 5A；电压互感器二次线电压采用 100V。

6. 环境智能监控装置

可按需配置环境智能监控装置，对开关站内的溢水报警、风机、烟感、门禁、温湿度、噪声等信息进行监控。

5.2.1.5 土建部分

1. 概述

（1）站址场地概述。

1）站址应接近负荷中心，利于用户接入。

2）土建按最终规模设计。

3）设定场地设计为同一标高。

4）洪涝水位：站址标高高于 50 年一遇洪水水位和历史最高内涝水位，不考虑防洪措施。

（2）设计的原始资料。站区地震动峰值加速度按 0.2g 考虑，地震作用按 8 度抗震设防烈度进行设计，地震特征周期为 0.45s，设计风速 30m/s，地基承载力特征值 $f_{ak} = 150kPa$；地基土及地下水对钢材、混凝土无腐蚀作用；海拔 5000m 及以下。

（3）主要建筑材料。

1）现浇或预制钢筋混凝土结构。混凝土：C25、C30 用于一般现浇或预制钢筋混凝土结构及基础；C15 用于混凝土垫层。钢筋：HPB300 级、HRB335 级、HRB400 级。

2）钢材：Q235、Q345。螺栓：4.8 级、6.8 级、8.8 级。

2. 建筑设计

（1）在具体工程设计时，按照国家电网有限公司相关规定制作悬挂标示及警示牌。

（2）独立主体建筑：主体建筑设计要结合西藏地区建筑特色，建筑造型和立面色调要与周边人文地理环境协调统一；外观设计应简洁、稳重、实用。对于建筑物外立面避免使用较为特殊的装饰，如玻璃雨篷、通体玻璃幕墙、修饰性栏栅、半圆形房间等。

（3）非独立主体建筑：建筑设计要满足现代工业建筑要求，外观设计应简洁、稳重、实用。应注意设备运输及进出线通道，外观等应与主体建相协调。

3. 总平面布置

（1）独立主体建筑：本站总平面布置根据生产工艺、运输、防火、防爆、环境保护和施工等方面要求，按最终规模对站区的建筑物、管线及道路进行统筹安排，合理布置，工艺流程顺畅，考虑机械作业通道和空间，检修维护方便，有利于施工，便于扩建。同时要考虑有效的防水、排水、通风、防潮、防小动物与隔声等措施。

（2）非独立主体建筑：除满足（1）外还应满足以下要求：① 当开关站设于建筑物本体内时，应设在地上一层，并应留有设备运输通道；② 不应设置在卫生间、浴室或其他经常积水场所的下方。

4. 结构设计

建筑物的抗震设防类别按《建筑抗震设计规范》（GB 50011）及《电力设施抗震设计规范》（GB 50260）设计。安全等级采用二级，结构重要性系数为 1.0。

设计基本加速度为 0.2g，按 8 度抗震设防烈度进行设计，地震特征周期为 0.45s。

主要建构筑物、基础采用框架或砖混结构。混凝土强度等级采用 C25，钢材采用 HPB235、HRB335 级钢。

根据假定地质条件，建筑物采用条形基础。

5. 排水、消防、通风、防潮除湿、环境保护

（1）排水。宜采用自流式有组织排水，设置集水井汇集雨水，经地下设置的排水暗管，有组织将水排至附近市政雨水管网中。

（2）消防。采用化学灭火方式。

（3）通风。采用自然进风，自然排风，应设事故排风装置。

环保气体绝缘金属封闭开关柜如采用 C4、C5 等气体应装设强力通风装置。

（4）防潮除湿。可根据站址环境，在湿度较高的地区选择配置空调、工业级除湿机等防潮除湿装置。

（5）环境保护。噪声对周围环境影响应符合《声环境质量标准》（GB 3096）的规定和要求。

5.2.2 主要设备及材料清册

KB－1－A 方案主要设备材料表见表 5－5。

表 5－5　　　　　　　　　　KB－1－A 方案主要设备材料表

序号	名称	型号及规格	单位	数量	备注
1	10kV 进线柜	环保气体绝缘金属封闭开关柜，1250A，25kA，真空	面	2	含保护测控装置
2	10kV 出线柜	环保气体绝缘金属封闭开关柜，1250A，25kA，真空	面	12	含保护测控装置
3	10kV 站用变出线柜	环保气体绝缘金属封闭开关柜，1250A，25kA，真空	面	2	含保护测控装置
4	10kV 母线设备柜	环保气体绝缘金属封闭开关柜，1250A	面	2	
5	10kV 分段柜	环保气体绝缘金属封闭开关柜，1250A，25kA，真空	面	1	含保护测控装置
6	10kV 分段隔离柜	环保气体绝缘金属封闭开关柜，1250A	面	1	
7	10kV 站用变压器柜		面	2	
8	热镀锌角钢	L50mm×5mm，*L*=2500mm	根	6	
9	热镀锌扁钢	—50mm×5mm	m	300	水平接地体及引上线
10	远动通信柜		面	1	含交换机、远动通信装置、纵向加密认证装置
11	直流电源系统	DC 110V	套	2	

KB－1－B 方案主要设备材料表见表 5－6。

表 5－6　　　　　　　　　　KB－1－B 方案主要设备材料表

序号	名称	型号及规格	单位	数量	备注
1	10kV 进线柜	金属铠装移开式，1250A，25kA，真空	面	4	含保护测控装置，在二次室预留计量装置安装位置
2	10kV 出线柜	金属铠装移开式，630（1250）A，25kA，真空	面	12	含保护测控装置，在二次室预留计量装置安装位置
3	10kV 母线设备柜	金属铠装移开式，1250A，630A	面	2	
4	10kV 站用变压器柜		面	2	
5	热镀锌角钢	L50mm×5mm，*L*=2500mm	根	6	
6	热镀锌扁钢	—50mm×5mm	m	300	水平接地体及引上线
7	远动通信柜		面	1	含交换机、远动通信装置、纵向加密认证装置
8	直流电源系统	DC 110V	套	2	

5.2.3 使用说明

5.2.3.1 概述

在使用本通用设计时，应根据实际情况，在安全可靠、投资合理、标准统一、运行高效的设计原则下，将通用设计中的模块合理地组合应用，形成符合实际要求的 10kV 户内开关站。

KB－1 方案主要内容为 10kV 采用单母线分段接线或两段独立母线；10kV 采用环保气体绝缘金属封闭式开关柜或金属铠装移开式开关柜。将 KB－1 分为 A、B 两个子方案，KB－1－A 为单母线分段，2 回进线、12 回出线，环保气体绝缘金属封闭式开关柜；KB－1－B 为两段独立母线，4 回进线，12 回出线，金属铠装移开式开关柜。

5.2.3.2 电气一次部分

1. 电气主接线

10kV 采用单母线分段或两段独立单母线，进线 2（4）回、出线 12 回；在实际工程中，按照出线规模及建设标准确定。

2. 主设备选择

KB-1 方案 10kV 开关柜选用通过国家或电力行业权威机构认证合格的海拔 5000m 高原型产品，采用环保气体绝缘金属封闭式开关柜或金属铠装移开式开关柜。设备的短路电流水平、额定电流等电气参数按照预定的边界条件进行计算选择，具体工程按实际情况进行计算选择。

3. 电气平面布置

10kV 采用环保气体绝缘金属封闭式开关柜或金属铠装移开式开关柜，采用户内双列布置，两段母线间采用铜排连接。

KB-1 方案电气平面根据设备预定尺寸布置，在实际工程中，应根据供货厂家提供的设备尺寸，结合远期建设规模，参照通用设计布局，按照《20kV 及以下变电所设计规范》（GB 50053）的规定进行布置。

5.2.3.3 土建部分

1. 边界条件

站区地震动峰值加速度按 0.2g 考虑，地震作用按 8 度抗震设防烈度进行设计，地震特征周期为 0.45s，设计风速 30m/s，地基承载力特征值 $f_{ak}=150$kPa；地基土及地下水对钢材、混凝土无腐蚀作用；当具体工程实际情况有所变化时，应对有关项目做相应的调整。

KB-1 方案按海拔小于 5000m，国标 c、d 级污秽区，环境温度 -40～+35℃设计；当超过该边界条件，应按《导体和电器选择设计规程》（DL/T 5222）和《3～110kV 高压配电装置设计规程》（GB 50060）及《国家电网公司物资采购标准 高海拔外绝缘配置技术规范》（Q/GDW 13001）的有关规定进行修正。

2. 标高

KB-1 方案以室内地坪高度为 ±0.00m，取相对标高。站内外高差 1m，站内净高不应低于 3.6m，采用电缆夹层，高度不大于 2.2m。工程实际中，也可采用电缆沟，高度不应低于 1m，为便于敷设电缆，应设置与中低压开关柜等长的平行电缆沟。

3. 采暖、通风

一般低温环境下，无需配置采暖装置；极低温特殊环境下，可考虑装设低温自启动的电采暖装置，确保二次设备正常运行。

独立建筑开关站宜采用自然通风，并设事故排风装置，环保气体绝缘金属封闭开关柜如采用 C4、C5 等气体应装设强力通风装置。

5.2.4 设计图

KB-1-A 方案设计图清单见表 5-7，图中标高单位为 m，尺寸未注明单位者均为 mm。

表 5-7　　　　　　　　KB-1-A 方案设计图清单

图序	图名	图纸编号
图 5-1	10kV 系统配置图	KB-1-D1-01-A
图 5-2	电气平面布置图	KB-1-D1-02-A
图 5-3	电气断面图	KB-1-D1-03-A
图 5-4	接地装置布置图	KB-1-D1-04-A
图 5-5	10kV 线路开关柜交直流回路图	KB-1-D2-01-A
图 5-6	10kV 线路开关柜控制回路图	KB-1-D2-02-A
图 5-7	10kV 线路开关柜信号回路图	KB-1-D2-03-A
图 5-8	10kV 分段开关柜交直流回路图	KB-1-D2-04-A
图 5-9	10kV 分段开关柜控制回路图	KB-1-D2-05-A
图 5-10	10kV 分段开关柜信号回路图	KB-1-D2-06-A
图 5-11	10kV 分段隔离柜二次原理图	KB-1-D2-07-A
图 5-12	10kV 分段自切二次原理图	KB-1-D2-08-A
图 5-13	10kV 母线电压互感器二次原理图	KB-1-D2-09-A
图 5-14	10kV 开关柜小母线布置图	KB-1-D2-10-A
图 5-15	10kV 开关站远动通信示意图	KB-1-D2-11-A
图 5-16	直流电源系统原理图	KB-1-D2-12-A
图 5-17	建筑平面布置图	KB-1-T-01-A
图 5-18	建筑立面及剖面图	KB-1-T-02-A
图 5-19	设备基础平面图	KB-1-T-03-A
图 5-20	照明布置图	KB-1-T-04-A
图 5-21	照明配电箱电气主接线图	KB-1-T-05-A

KB-1-B 方案设计图清单见表 5-8,图中标高单位为 m,尺寸未注明单位者均为 mm。

表 5-8　　　　　　　　　　**KB-1-B 方案设计图清单**

图序	图名	图纸编号
图 5-22	10kV 系统配置图	KB-1-D1-01-B
图 5-23	电气平面布置图	KB-1-D1-02-B
图 5-24	电气断面图	KB-1-D1-03-B
图 5-25	接地装置布置图	KB-1-D1-04-B
图 5-26	10kV 线路开关柜交直流回路图	KB-1-D2-01-B
图 5-27	10kV 线路开关柜控制回路图	KB-1-D2-02-B
图 5-28	10kV 线路开关柜信号回路图	KB-1-D2-03-B
图 5-29	10kV 线路开关柜端子排图	KB-1-D2-04-B
图 5-30	10kV 站用变开关柜二次原理图	KB-1-D2-05-B

续表

图序	图名	图纸编号
图 5-31	10kV 母线电压互感器柜二次原理图	KB-1-D2-06-B
图 5-32	10kV 母线电压互感器柜端子排图	KB-1-D2-07-B
图 5-33	10kV 开关柜小母线布置图	KB-1-D2-08-B
图 5-34	10kV 开关站远动通信示意图	KB-1-D2-09-B
图 5-35	直流电源系统原理图	KB-1-D2-10-B
图 5-36	建筑平面布置图	KB-1-T-01-B
图 5-37	建筑立面及剖面图	KB-1-T-02-B
图 5-38	设备基础平面图	KB-1-T-03-B
图 5-39	照明布置图	KB-1-T-04-B
图 5-40	照明配电箱电气主接线图	KB-1-T-05-B

10kV 开关柜　Ⅰ段 … Ⅱ段

	G1	G2	G3	G4	G5	G6	G7	G8	G9	G10	G11	G12	G13	G14	G15	G16	G17	G18	G19	G20
柜编号	G1	G2	G3	G4	G5	G6	G7	G8	G9	G10	G11	G12	G13	G14	G15	G16	G17	G18	G19	G20
柜名称	馈1	馈2	馈3	馈4	馈5	馈6	母线设备柜	站用变出线	进线1	分段开关	分段隔离	进线2	站用变出线	母线设备柜	馈6	馈5	馈4	馈3	馈2	馈1
主母线	1250A	1250A	1250A	1250A	1250A	1250A	1250A	1250A	1250A	1250A	1250A	1250A	1250A	1250A	1250A	1250A	1250A	1250A	1250A	1250A
引下线	630A	630A	630A	630A	630A	630A	630A	1250A	1250A	1250A	1250A	1250A	630A	630A	630A	630A	630A	630A	630A	630A
三位置开关							1		1	1	1			1						1
真空断路器	1250A/25kA	1250A/25kA	1250A/25kA	1250A/25kA	1250A/25kA	1250A/25kA		1250A/25kA	1250A/25kA	1250A/25kA	1250A/25kA	1250A/25kA	1250A/25kA		1250A/25kA	1250A/25kA	1250A/25kA	1250A/25kA	1250A/25kA	1250A/25kA
电流互感器 0.2S/0.5/5P20	400/5	400/5	400/5	400/5	400/5	400/5		400/5	600/5	1200/5		600/5	400/5		400/5	400/5	400/5	400/5	400/5	400/5
零序电流互感器10P5	100/5	100/5	100/5	100/5	100/5	100/5		100/5	100/5			100/5	100/5		100/5	100/5	100/5	100/5	100/5	100/5
电压互感器							$\frac{10}{\sqrt{3}}/\frac{0.1}{\sqrt{3}}/\frac{0.1}{3}$							$\frac{10}{\sqrt{3}}/\frac{0.1}{\sqrt{3}}/\frac{0.1}{3}$						
熔断器							1A							1A						
避雷器	1	1	1	1	1	1	1	1	1	1	1	1	1	1	1	1	1	1	1	1
带电显示仪	1	1	1	1	1	1	1	1	1	1	1	1	1	1	1	1	1	1	1	1
气体压力显示器	1	1	1	1	1	1	1	1	1	1	1	1	1	1	1	1	1	1	1	1
柜体尺寸（宽×深×高）(mm)	600×1225×2250	600×1225×2250	600×1225×2250	600×1225×2250	600×1225×2250	600×1225×2250	600×1225×2250	600×1225×2250	600×1225×2250	600×1225×2250	600×1225×2250	600×1225×2250	600×1225×2250	600×1225×2250	600×1225×2250	600×1225×2250	600×1225×2250	600×1225×2250	600×1225×2250	600×1225×2250

说明：1. 10kV 开关柜采用环保气体绝缘金属封闭开关柜整体防护等级达到不低于 IP4X，气室防护等级不低于 IP65。

2. 柜内开关配电动操作机构（本方案操作电压选用 DC110V）、辅助触点（另增 6 对动断、动合触点），满足配电网自动化要求。

3. 柜内电流互感器一次电流应根据具体工程的实际需求配置。

4. 本方案采用单母线分段，母排连接。

图 5-1　10kV 系统配置图　KB-1-D1-01-A

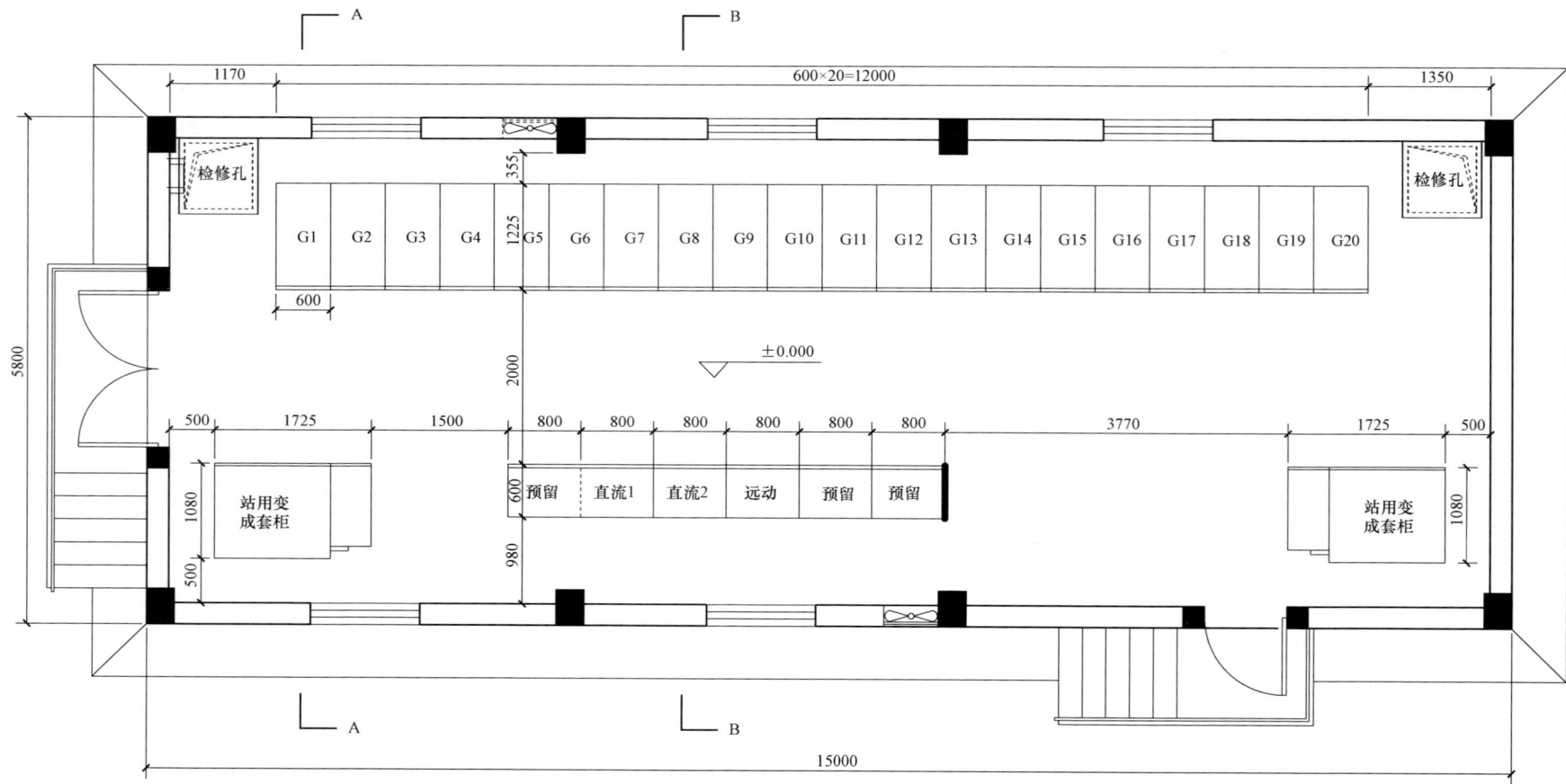

图 5-2 电气平面布置图 KB-1-D1-02-A

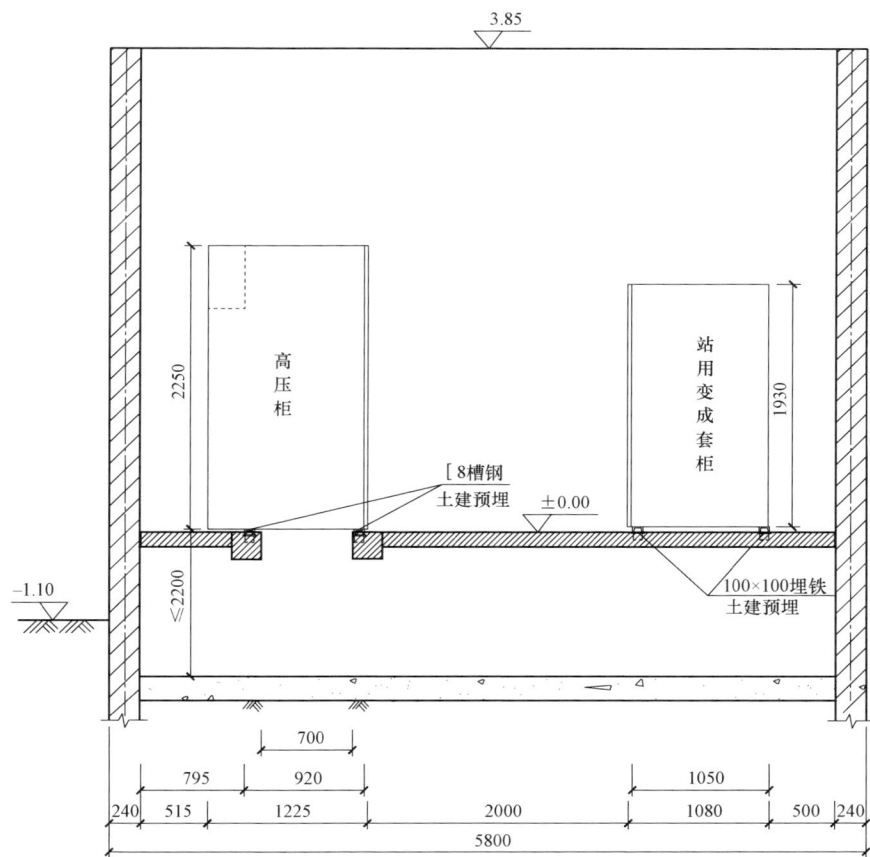

A—A 剖面图

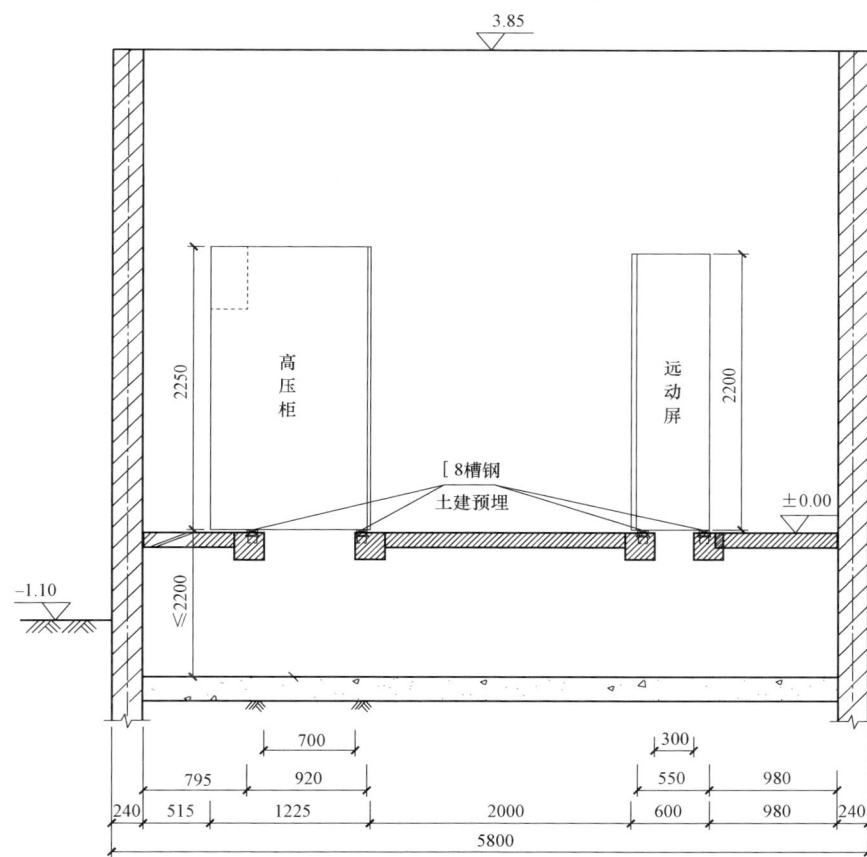

B—B 剖面图

图 5-3 电气断面图 KB-1-D1-03-A

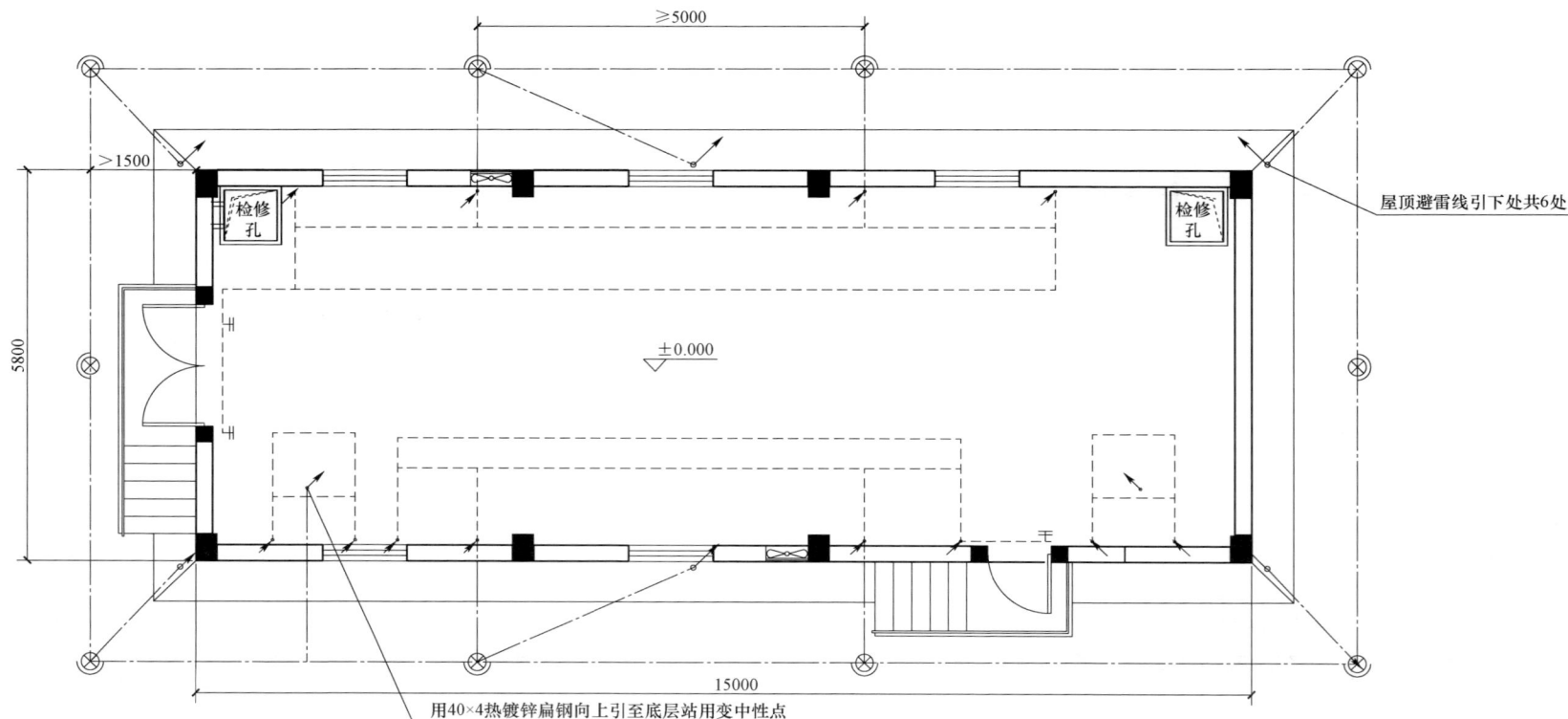

图例：

⊗ 垂直接地极

―――― 新敷95mm²裸铜线，敷设于户外地下0.8米深

------- 新敷40×4热镀锌扁钢，敷设于户内地坪下

干 临时接地夹子

↗ 接地线 由下引来(电缆层)

↗ 接地线 由此引上（屋顶避雷带）

图中标注：≥5000、≥1500、5800、15000、检修孔、±0.000、屋顶避雷线引下处共6处、用40×4热镀锌扁钢向上引至底层站用变中性点

说明：1. 水平接地采用一50mm×5mm 镀锌扁钢，垂直接地极采用 L50mm×5mm 的镀锌角钢，长度约 2.5m。

2. 接地装置的接地电阻应≤4Ω，对于土壤电阻率高的地区，如电阻实测值不满足要求，应增加垂直接地极及水平接地体的长度，直到符合要求为止。如开关站采用建筑物的基础做接地极且主体建筑接地电阻＜1Ω，可不另设人工接地。

3. 户外接地线必须在地下进入户内，不得暴露在户外。

4. 接地装置的施工应满足《电气装置安装工程接地装置施工及验收规范》（GB 50169）的规定。

5. 所有电气设备和金属构件均应与接地线可靠连接，电气设备及金属构件接地均从接地母线支接，所有网门等铁构件，配电装置室、控制室内所有柜、屏、端子箱等，槽钢基础应不少于两点与主接地网连接，保证可靠连接，所有门与接地母线用 35mm² 带护套多股软铜线连接。

6. 站用变中心点需采用 40×4 热镀锌扁钢与户外接地线可靠连接。

7. 临时接地夹子可按运行需要安装，本图所示仅作参考。

8. 接地网、电缆支架、预埋钢管等所有铁件均需作镀锌处理，若在高腐蚀性地区接地体材料可选用铜镀钢。

9. 套建在建筑物内时，配电站接地网应与主接地网可靠连接，达到接地电阻值的要求。

序号	名称	规格	单位	数量	图例
1	裸铜线	95mm²	m	90	――――
2	户内接地线（地下）	40×4 热镀锌扁钢	m	80	-------
3	镀锌角钢	L50mm×5mm，L=2500mm	根	10	⊗
4	临时接地夹子		副	3	干

图 5－4　接地装置布置图　KB－1－D1－04－A

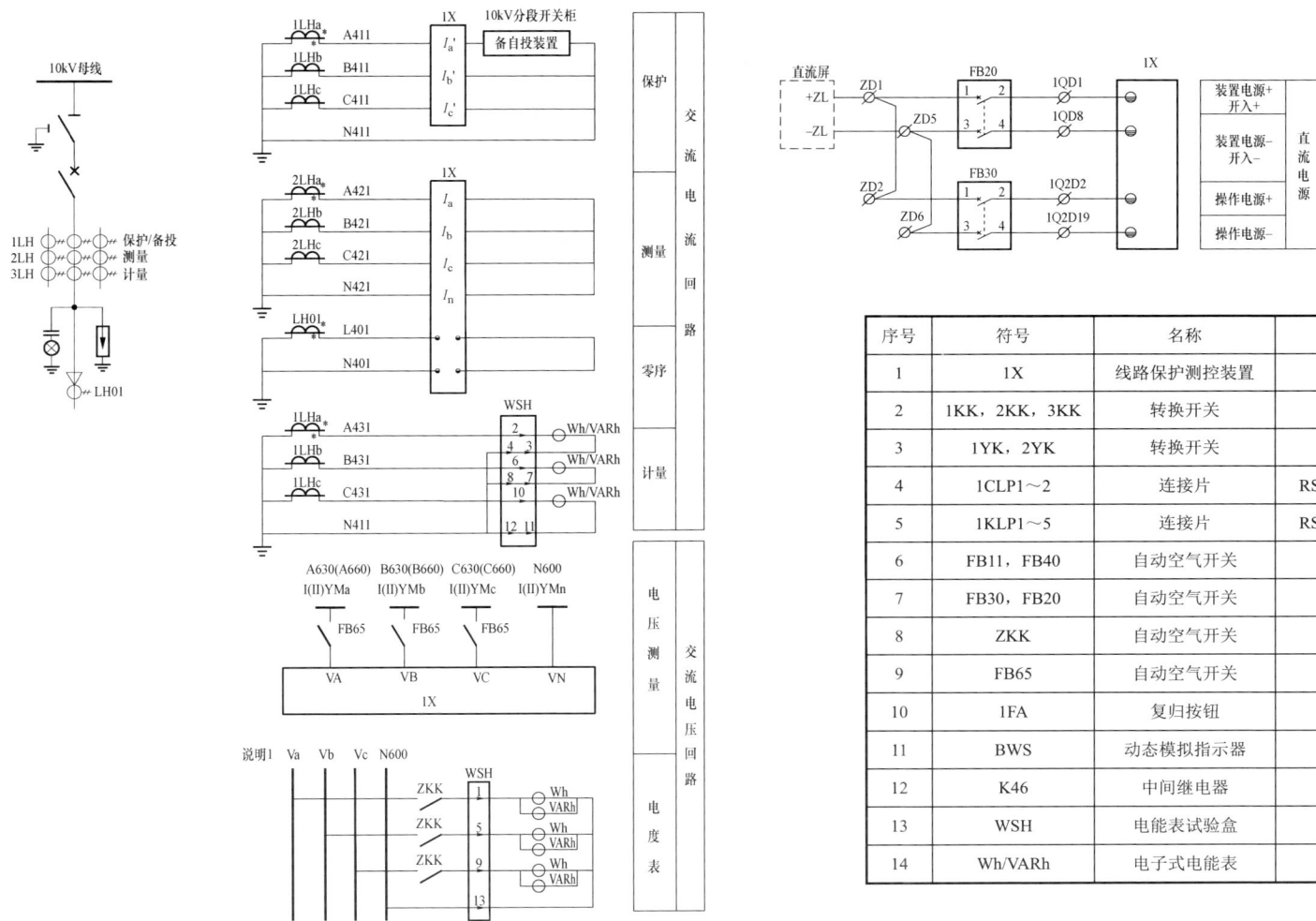

表格：

序号	符号	名称	规格	数量
1	1X	线路保护测控装置		1
2	1KK，2KK，3KK	转换开关		3
3	1YK，2YK	转换开关		2
4	1CLP1～2	连接片	RSH2.5－2A_米红	2
5	1KLP1～5	连接片	RSH2.5－2A_米黄	5
6	FB11，FB40	自动空气开关	直流 2P/3A	2
7	FB30，FB20	自动空气开关	直流 2P/6A	2
8	ZKK	自动空气开关	交流 3P/3A	1
9	FB65	自动空气开关	交流 3P/3A	1
10	1FA	复归按钮		1
11	BWS	动态模拟指示器		1
12	K46	中间继电器		1
13	WSH	电能表试验盒	PJ 型	1
14	Wh/VARh	电子式电能表	三相四线	1

说明：1. 当用于 10kV I 段压变时，Va，Vb，Vc 为：WA630.WB630.WC630；当用于 10kV II 段压变时，Va，Vb，Vc 为：WA660.WB660.WC660。

2. 站用变出线柜原理同线路出线。

图 5－5 10kV 线路开关柜交直流回路图 KB－1－D2－01－A

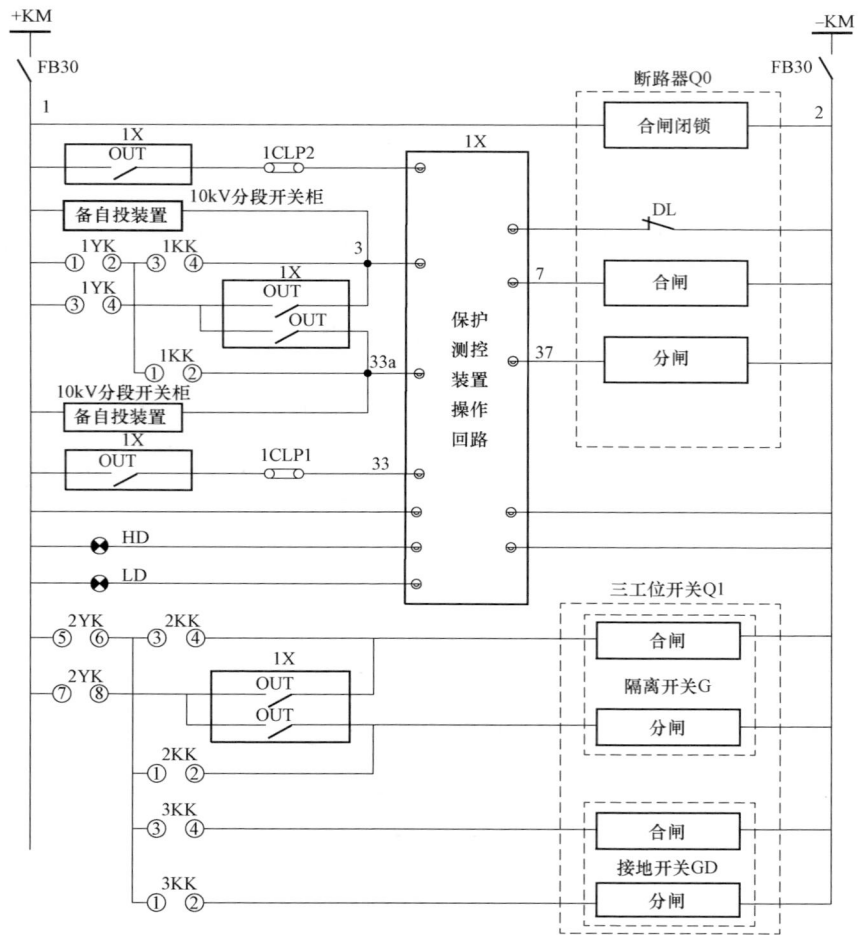

控制小母线		
空气开关		
合闸闭锁	断	
重合闸		
备投合闸	路	
跳位监视		
就地合闸	器	
遥控合闸		
遥控分闸	控	
就地分闸		
备投跳闸	制	
保护跳闸		
操作电源	回	
合位指示		
分位指示	路	
就地合闸	隔离开关	三工位开关控制回路
遥控合闸		
遥控分闸		
就地分闸		
就地合闸	接地开关	
就地分闸		

YK接点位置表

运行方式＼触点	1–2 5–6	3–4 7–8
远方	↑ ×	—
就地	← —	×

KK接点位置表

运行方式＼触点	1–2 5–6	3–4 7–8
预合 合后	↑	× —
合	↗ ×	×
预分 分后	←	— —
分	↙ —	×

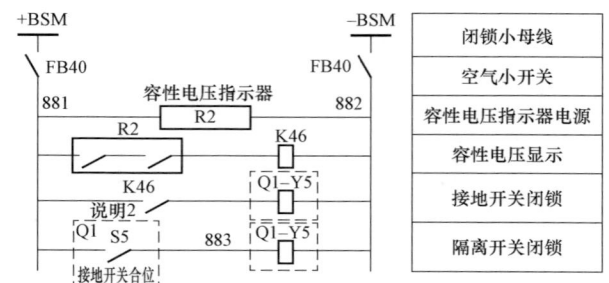

模拟显示回路

| 闭锁小母线 |
| 空气小开关 |
| 容性电压指示器电源 |
| 容性电压显示 |
| 接地开关闭锁 |
| 隔离开关闭锁 |

说明：1. 10kV开关柜内部电气及机械五防闭锁由开关柜厂家实现，本图不做示意。

2. 当用于Ⅰ段出线时，接点引自分段隔离柜；当用于Ⅱ段出线时，接点引自分段开关柜。

3. 备自投跳闸、合闸回路只存在于进线开关柜中。

图 5-6   10kV 线路开关柜控制回路图   KB-1-D2-02-A

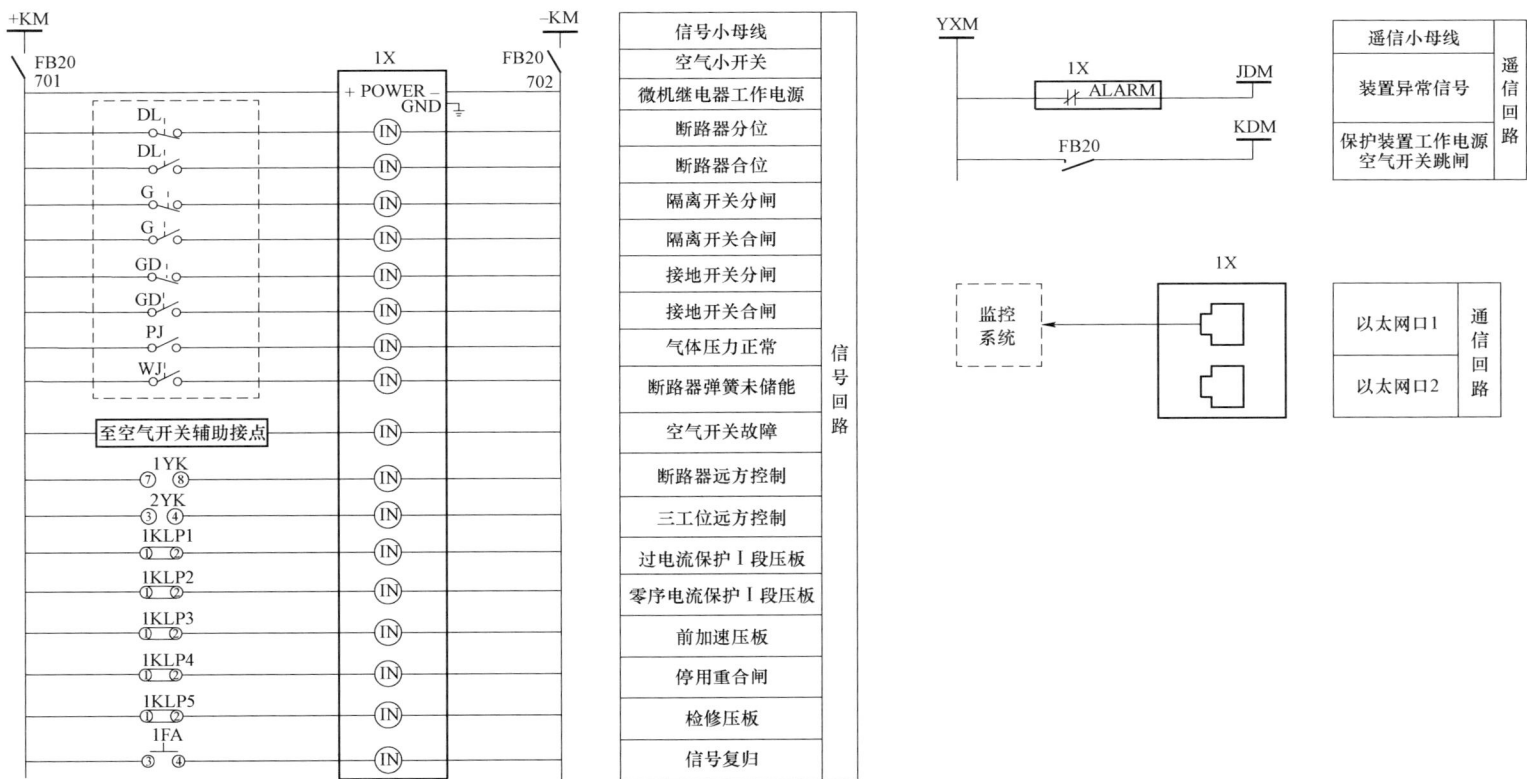

图 5 - 7　10kV 线路开关柜信号回路图　KB - 1 - D2 - 03 - A

信号小母线

空气小开关

微机继电器工作电源

断路器分位

断路器合位

隔离开关分闸

隔离开关合闸

接地开关分闸

接地开关合闸

气体压力正常

断路器弹簧未储能

空气开关故障

断路器远方控制

三工位远方控制

过电流保护 I 段压板

零序电流保护 I 段压板

前加速压板

停用重合闸

检修压板

信号复归

信号回路

遥信小母线

装置异常信号

保护装置工作电源空气开关跳闸

遥信回路

以太网口1

以太网口2

通信回路

监控系统

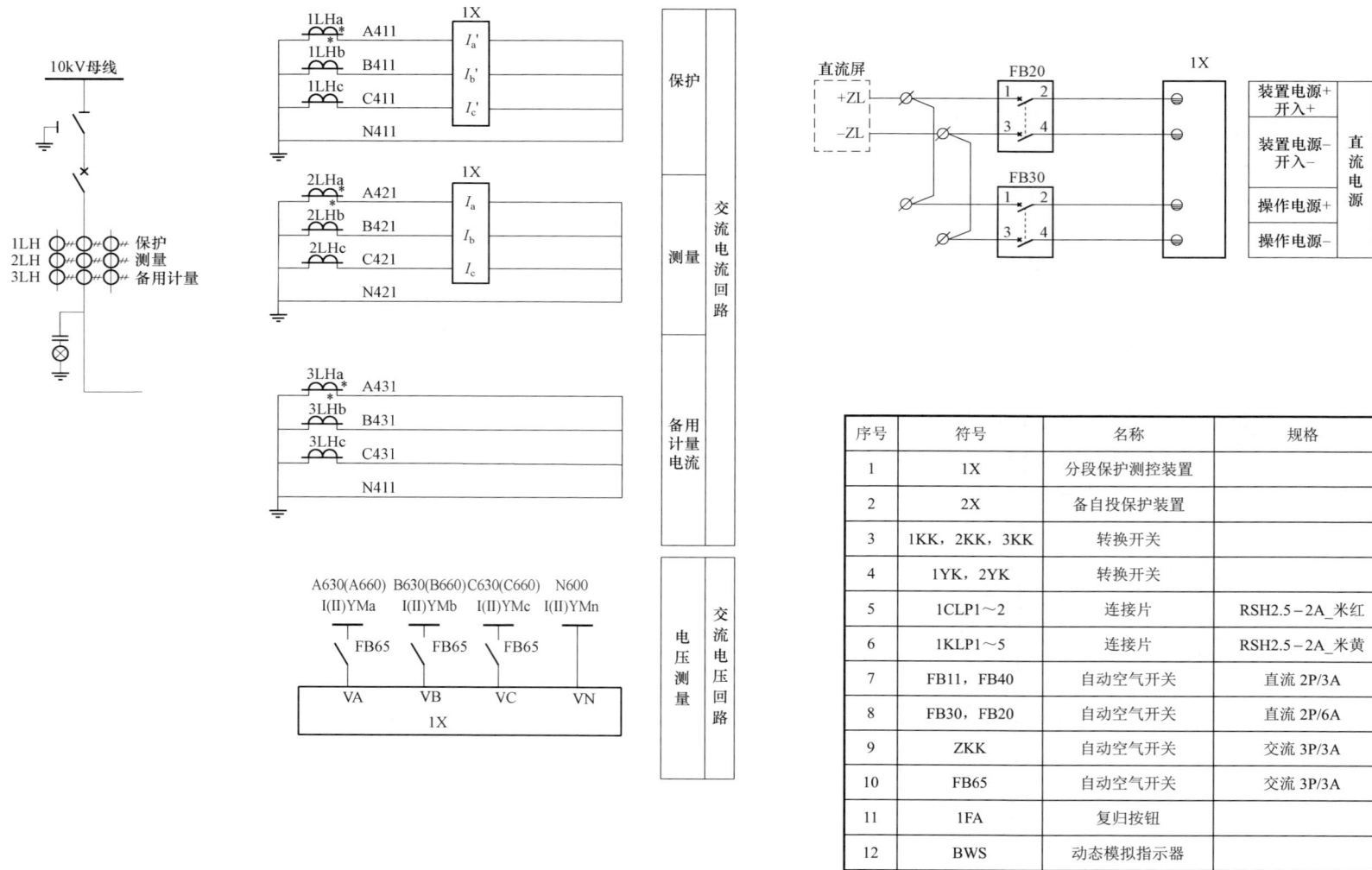

表格内容如下：

序号	符号	名称	规格	数量
1	1X	分段保护测控装置		1
2	2X	备自投保护装置		1
3	1KK，2KK，3KK	转换开关		3
4	1YK，2YK	转换开关		2
5	1CLP1～2	连接片	RSH2.5-2A_米红	2
6	1KLP1～5	连接片	RSH2.5-2A_米黄	5
7	FB11，FB40	自动空气开关	直流 2P/3A	2
8	FB30，FB20	自动空气开关	直流 2P/6A	2
9	ZKK	自动空气开关	交流 3P/3A	1
10	FB65	自动空气开关	交流 3P/3A	3
11	1FA	复归按钮		1
12	BWS	动态模拟指示器		1

图 5-8   10kV 分段开关柜交直流回路图   KB-1-D2-04-A

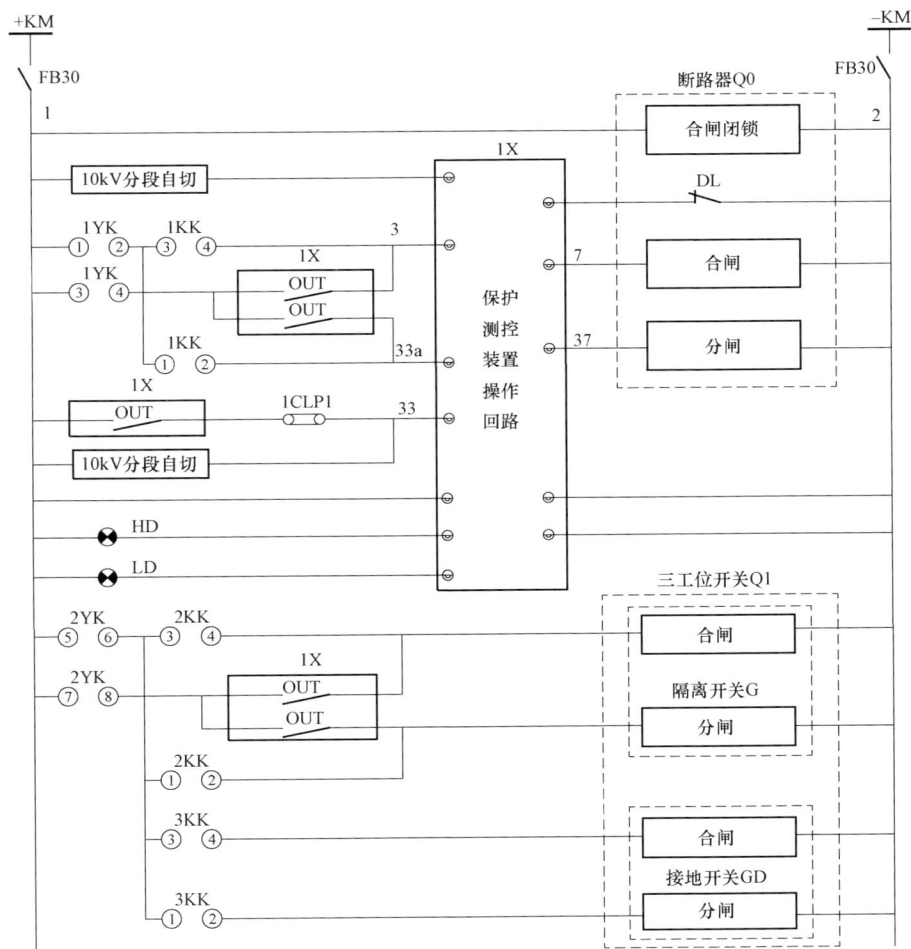
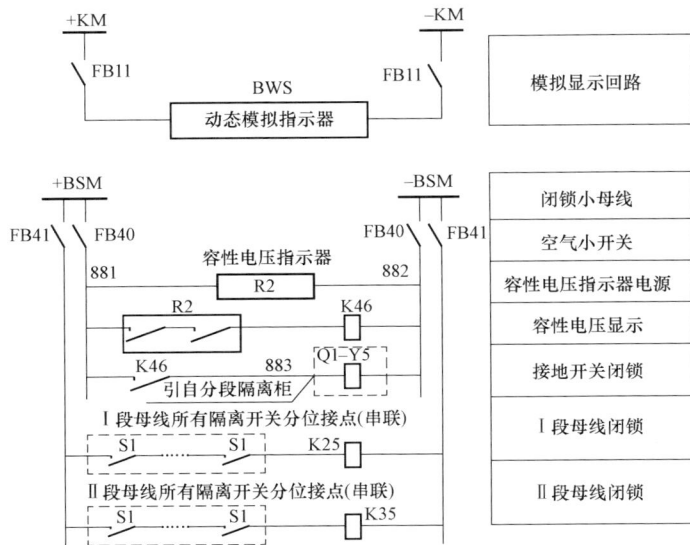

YK接点位置表

运行方式＼触点	1–2 5–6	3–4 7–8
远方	↑	×	—
就地	←	—	×

KK接点位置表

运行方式＼触点	1–2 5–6	3–4 7–8
预合 合后	↑	—	—
合	↗	×	—
预分 分后	↖	—	—
分	↙	—	×

控制小母线
空气开关
合闸闭锁
自切合闸
跳位监视
就地合闸
遥控合闸
遥控分闸
就地分闸
保护跳闸
自切跳闸
操作电源
合位指示
分位指示 — 断路器控制回路

就地合闸
遥控合闸
遥控分闸
就地分闸 — 隔离开关
就地合闸
就地分闸 — 接地开关 — 三工位开关控制回路

模拟显示回路

闭锁小母线
空气小开关
容性电压指示器电源
容性电压显示
接地开关闭锁
I段母线闭锁
II段母线闭锁

说明：10kV开关柜内部电气及机械五防闭锁由开关柜厂家实现，本图不做示意。

图 5－9　10kV 分段开关柜控制回路图　KB－1－D2－05－A

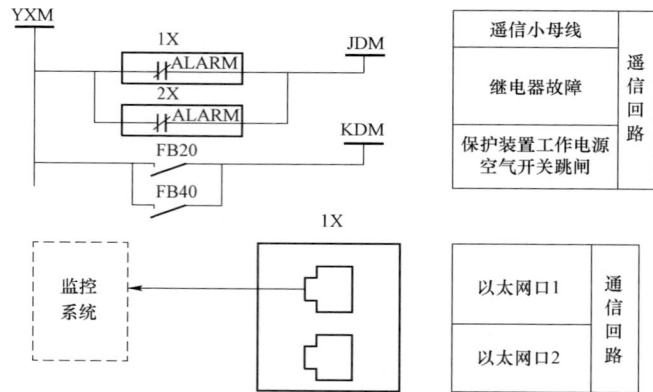

图 5-10　10kV 分段开关柜信号回路图　KB-1-D2-06-A

10kV母线

+KM　　　　　　　　　　　　　　　　　　　　　　　　　　　-KM

FB30　　　　　　　　　　　　　三工位开关Q1　　　　　　　FB30

| 控制小母线 | |
| 空气开关 | |

1　3YK　　4KK　　　　　　　　　　　　　　　2　2

⑤ ⑥　③ ④　　　　　合闸

1X　　　隔离开关G

OUT

⑦ ⑧　　OUT　　　分闸

4KK

① ②

5KK

③ ④　　　　　合闸

接地开关GD

5KK

① ②　　　　　分闸

就地合闸	隔离开关	三工位开关控制回路
遥控合闸		
遥控分闸		
就地分闸		
就地合闸	接地开关	
就地分闸		

+KM　　　　　DC110V　　　　-KM

FB11　　　　　　　　　　　　　FB11

BWS

动态模拟指示器

| 模拟显示回路 |

+BSM　　　　　DC110V　　　　-BSM

FB50　　　　　　　　　　　　　FB50

881　　容性电压指示器　　　882

R2　　　　　　R2

K46　　　K46

K46　　　　883　　Q1-Y5

引自分段柜

断路器分位接点

Q0 S1　　　　　Q1-Y1

引自分段柜

| 闭锁小母线 |
| 空气小开关 |
| 容性电压指示器电源 |
| 容性电压显示 |
| 接地开关闭锁 |
| 隔离开关闭锁 |

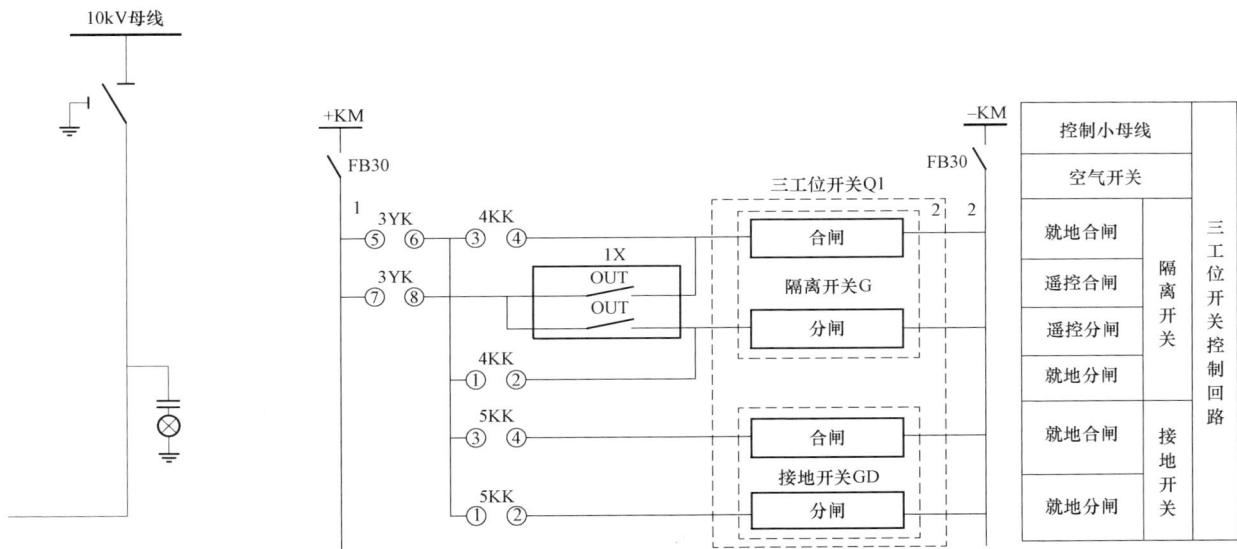

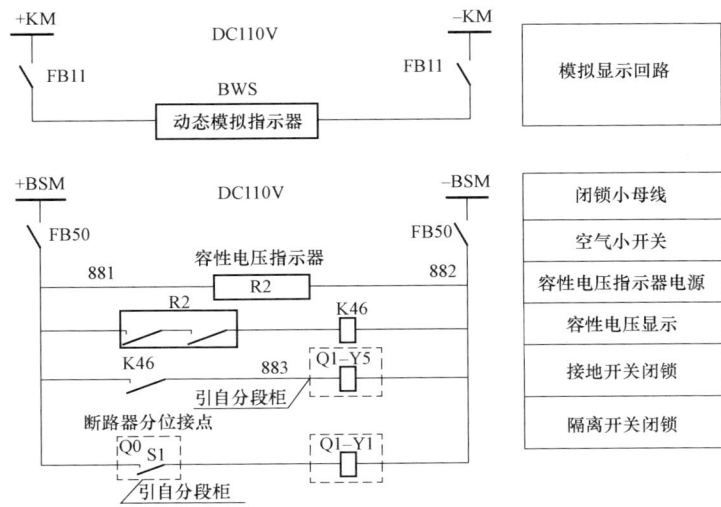

序号	符号	名称	规格	数量
1	1X	分段保护测控装置		1
2	4KK，5KK	转换开关		2
3	3YK	转换开关		1
4	FB11，FB50	自动空气开关	直流 2P/3A	2
5	FB30	自动空气开关	直流 2P/6A	1
6	BWS	动态模拟指示器		1

图 5－11　10kV 分段隔离柜二次原理图　KB－1－D2－07－A

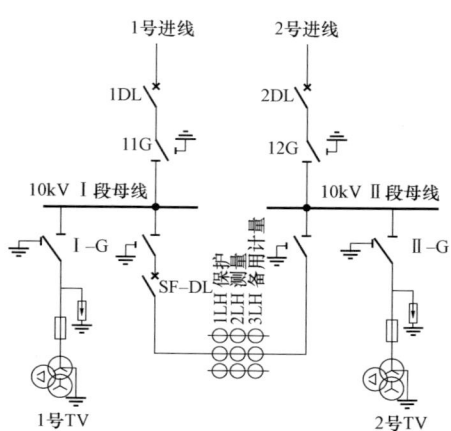

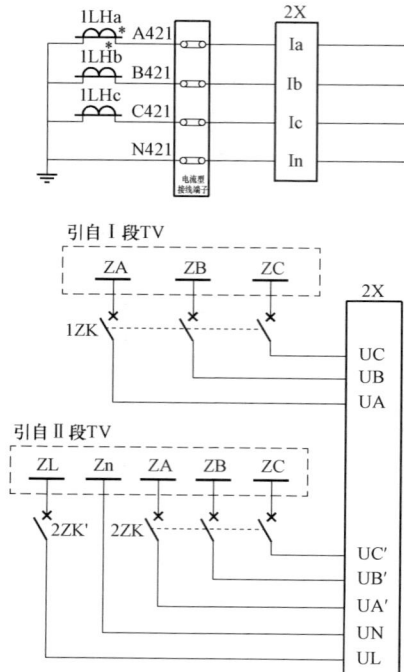

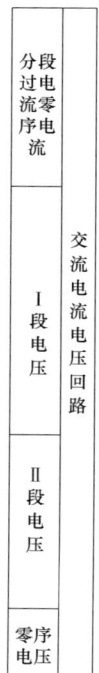

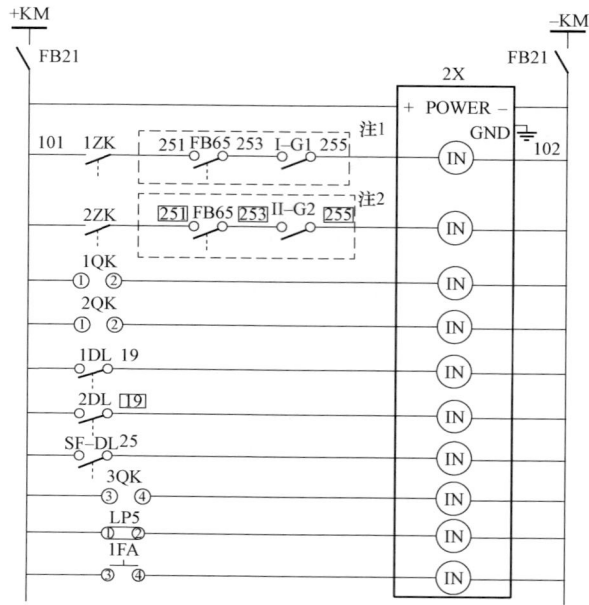

图 5－12　10kV 分段自切二次原理图　KB－1－D2－08－A

说明: 1. Ⅰ－ZKK 指Ⅰ母 TV 二次自动空气开关主接点，1ZK 指Ⅰ母自切电压二次自动空气开关主接点；
　　　　 Ⅰ－G 指Ⅰ母 TV 隔离刀位置辅助接点。

　　　 2. Ⅱ－ZKK 指Ⅱ母 TV 二次自动空气开关主接点，2ZK 指Ⅱ母自切电压二次自动空气开关主接点；
　　　　 Ⅱ－G 指Ⅱ母 TV 隔离刀位置辅助接点。

序号	符号	名称	规格	数量
1	2X	备自投保护装置		1
2	1QK，2QK	转换开关		2
3	3QK	转换开关		1
4	FB21	自动空气开关	直流 2P/6A	1
5	1ZK，2ZK	自动空气开关	交流 3P/3A	2
6	2ZK'	自动空气开关	交流 1P/3A	1
7	LP1－4	连接片	JL1－2.5/2	4

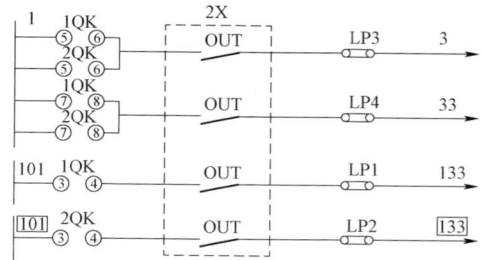

图中文字标注：

10kV I（II）段母线
I-G
10 / 0.1 / 0.1 / √3 √3 √3
0.5/3P 50/50VA
1(2)号TV

FB63
WA630(WA660)
WB630(WB660)
WC630(WC660)
N600
出线电能表

V
1 5 9   3 7 11
SS61
10 6 8 2 4 12
FB61

(2)YMA (2)YMB (2)YMC (2)YMN (2)YML

A   I（II）YH   I（II）YHa   A6101(A6301)   FB60   A630(A660)
B   I（II）YHb   B6101(B6301)   B630(B660)
C   I（II）YHc   C6101(C6301)   C630(C660)
N600

I（II）YHa'   L6101(L6301)   说明1 FB66   L630 (L640)
I（II）YHb'   R
I（II）YHc'   JYJ   说明1
N600   说明2

253
FB65   SP
① ③ ⑤ ⑦
SS62
② ④ ⑥ ⑧
同期回路   FB64
电压遥测
A B C N L
SD1 SD2 SD3 SD4 SD5
电压试验端子

ZA630(ZA660) ZB630(ZB660) ZC630(ZC660) 251 255
10kV自切

A660(A630) B660(B630) C660(C630) L660(L630)
至II（I）段母线压变

说明：1. 仅用于二段压变。
2. 站内电压母线的N600在10kV二段母线压变柜内一点接地。

+KM   -KM   控制小母线   +YXM   隔离开关合位
FB30   FB30   空气开关   801 G   隔离开关分位
三工位开关Q1   就地合闸   G   接地开关合位
1   2KK   2   合闸   隔离开关   就地分闸   隔离   GD   接地开关分位
③ ④   隔离开关G   三工位开关控制回路   GD   至公共测控装置   SF₆气压低
① ②   分闸   就地合闸   接地开关   GD   零序过电压信号
3KK   合闸   就地分闸   PJ   信号回路
③ ④   接地开关GD   JYJ   LP1   空气开关跳闸
① ②   分闸   FB20   KDM

序号	符号	名称	规格	数量
1	2KK，3KK	转换开关		2
2	FB30	自动空气开关	直流 2P/6A	1
3	FB60	自动空气开关	交流 3P/10A	1
4	FB66	自动空气开关	交流 1P/6A	1
5	FB63	自动空气开关	交流 3P/6A	1
6	FB61，FB64	自动空气开关	交流 3P/3A	2
7	FB65	自动空气开关	交流 3P/6A	2
8	LP1	连接片	JL1-2.5/2	1
9	SS62	转换开关	CA10-A326-G001	1
10	SS61	转换开关	CA10-A007-G001	1
11	V	电压表	KLY-T96	1
12	JYJ	电压继电器	BA9054	1

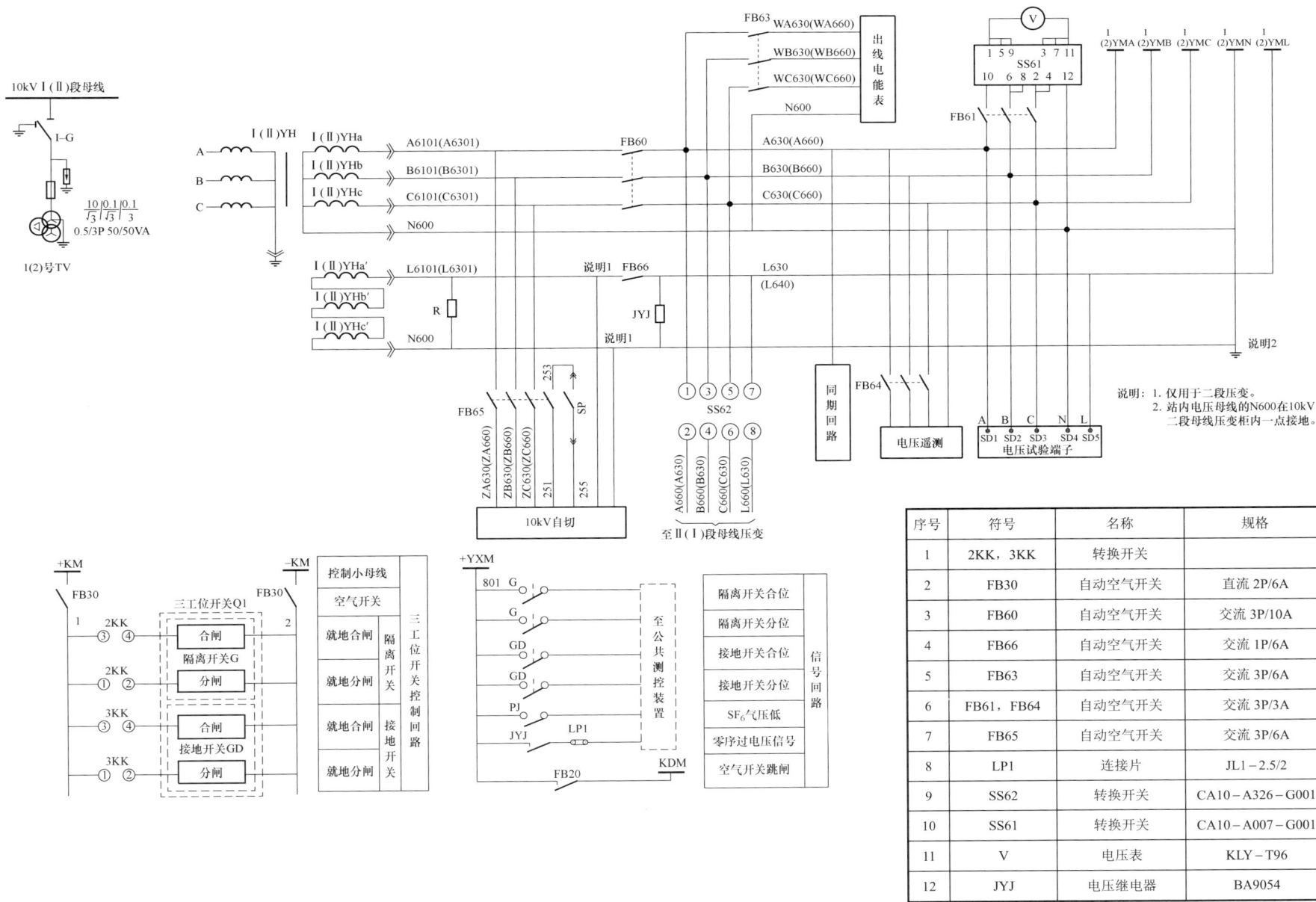

图 5-13　10kV 母线电压互感器二次原理图　KB-1-D2-09-A

	柜名		馈11–馈16	10kV一段压变/避雷器	站用变	1号进线	分段开关	分段隔离	2号进线	站用变	10kV二段压变/避雷器	馈26–馈21
	柜号		G1–G6	G7	G8	G9	G10	G11	G12	G13	G14	G15–G20
1	控制+	+KM										
2	控制−	−KM						FB302				
3	遥信+	YXM										
4	继电器故障	JDM										
5	空气开关故障	KDM										
6	压变A	YM$_A$										
7	压变B	YM$_B$										
8	压变C	YM$_C$										
9	压变N	YM$_N$										
10	压变L	YM$_L$										
11	加热照明电源	DYMΦ										
12	加热照明电源	DYMn						FB902				
13	储能	DMΦ										
14	储能	DMn						FB102				
15	闭锁+	+BSM						FB502				
16	闭锁−	−BSM										

空气开关符号：G9柱：FB901、FB301、FB101、FB501；G12柱：FB901、FB301、FB101、FB501；1K

底部引出标注：
ZX-111 4×2.5 至自动化屏
117DC-01 2×4 至交流屏
101Z-01 2×6 至直流屏
101DC-01 2×4 至交流屏
109DC-01A 4×2.5 至交流屏
120Z-01 2×4 至直流屏
118DC-01 2×4 至交流屏
102Z-01 2×6 至直流屏
102DC-01 2×4 至交流屏
109DC-01B 4×2.5 至交流屏
ZX-112 4×2.5 至自动化屏

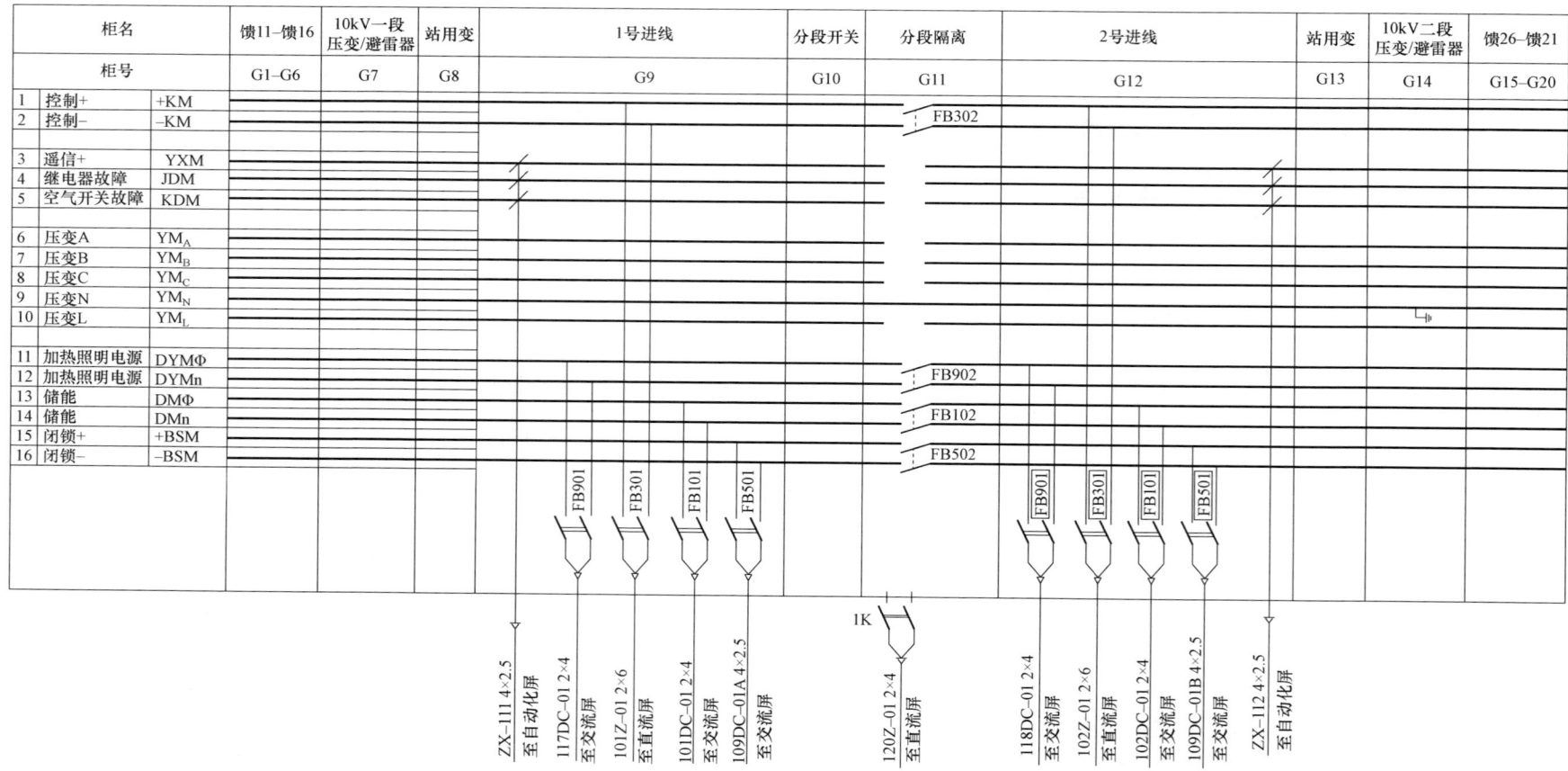

序号	符号	名称	规格	数量
1	FB101，FB901，FB101，FB901，FB101，FB901	空气开关	S202−C16	6
2	FB301，FB501，FB301，FB501	空气开关	S202M−C16	4
3	FB302，FB502	隔离开关	IS−40/2	2
4	1K	空气开关	S202M−C16	1

图 5−14　10kV 开关柜小母线布置图　KB−1−D2−10−A

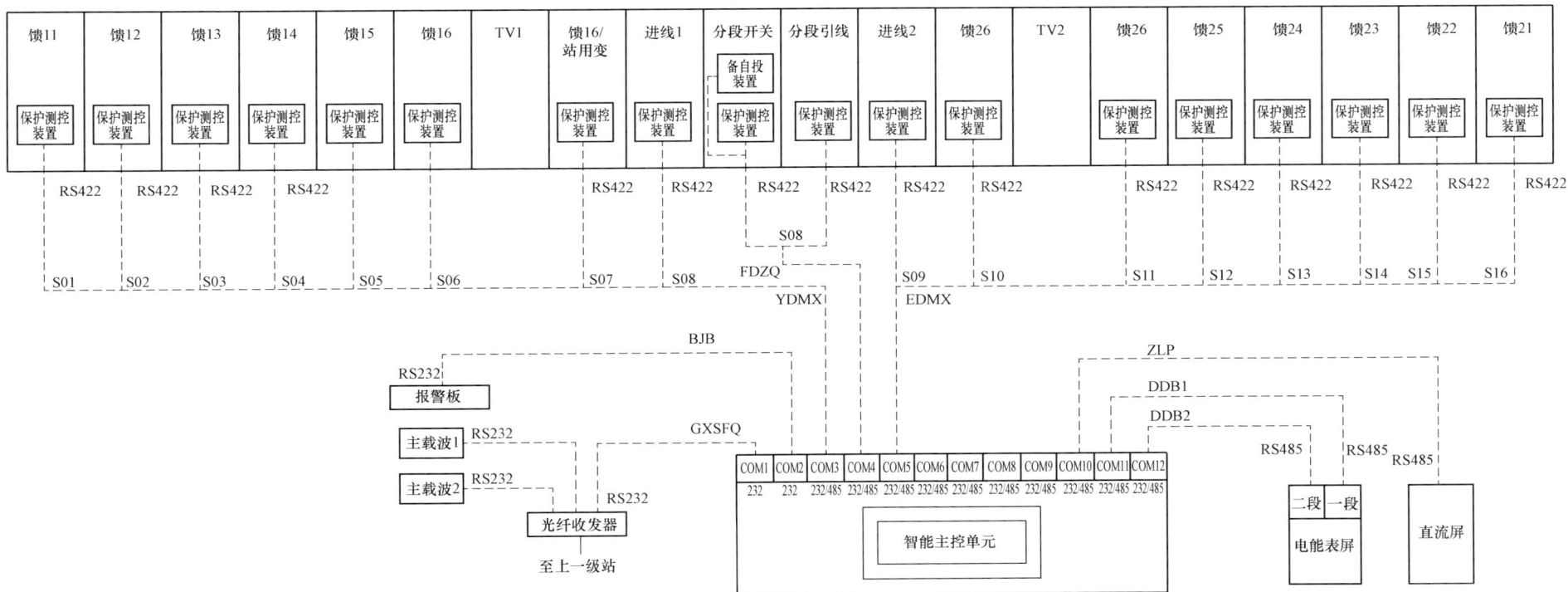

图 5－15　10kV 开关站远动通信示意图　KB－1－D2－11－A

说明：1. －－－－－ 为实时通信链路。

　　2. 电缆编号如图，两边编号相同；S 开头的为柜间通信线编号；通信电缆采用 8 芯屏蔽双绞线。

　　3. 电力载波机的通信 232 串口接线为 2（收）、3（发）、5（地）。

　　4. 远动通信柜尺寸按宽 800×深 600×高 2360。

交流屏

交流屏

至综合自动化屏

至综合自动化屏

A B C N

A B C N

装置故障接点

数据接口

100Ah-110/110程控免维护电池直流屏

控制　　　110V

80%U

+KM　-KM　+KM　-KM　+KM　-KM　+KM　-KM　+KM　-KM　+KM　-KM　+KM　-KM　+KM　-KM　+KM　-KM　+KM　-KM　+KM　-KM　+KM　-KM　+KM　-KM

至10kVI段配电装置

至10kVII段配电装置

仅装于一段

至电能表屏

至综合自动化屏

备用

备用

备用

备用

备用

备用

备用

备用

至站用电屏

至10kV配电装置室

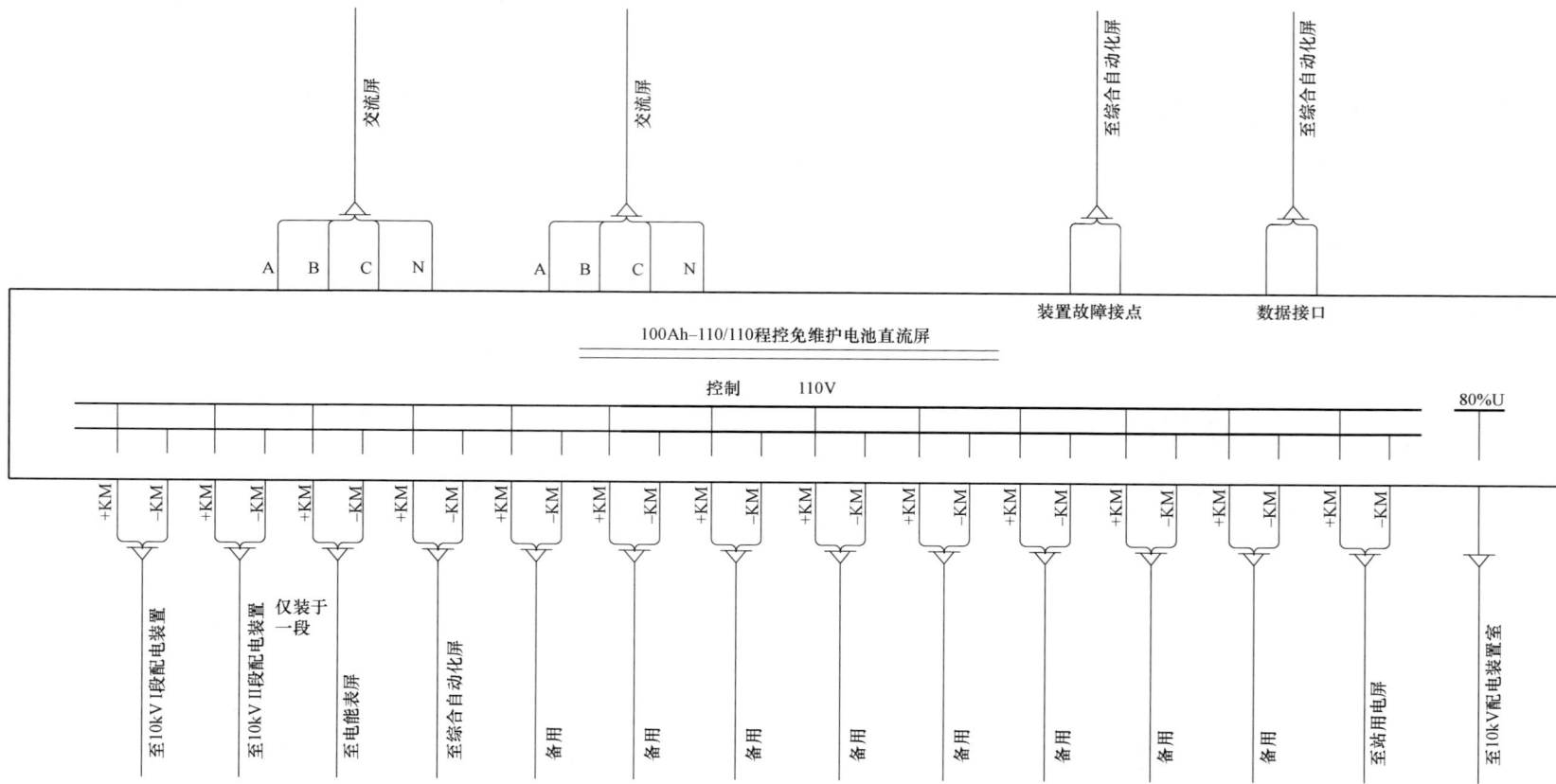

图 5-16　直流电源系统原理图　KB-1-D2-12-A

北

1650 1200 1200 450 1500 1200 1500 1650 1200 2150 750 250

$\phi 600$风机孔
中心标高3.300,0.600,-0.550

B

200

1100

1800

250 750

1800 2400 -0.020

±0.000

1800 1300

下6级

$\phi 600$风机孔
中心标高3.300,0.600,-0.550

A

100

750

1100

200

下6级 -0.020

1300 1500

1650 1200 1650 1500 1200 1500 450 2323 900 2327

150 4500 4200 6000 150

15000

① ② ③ ④

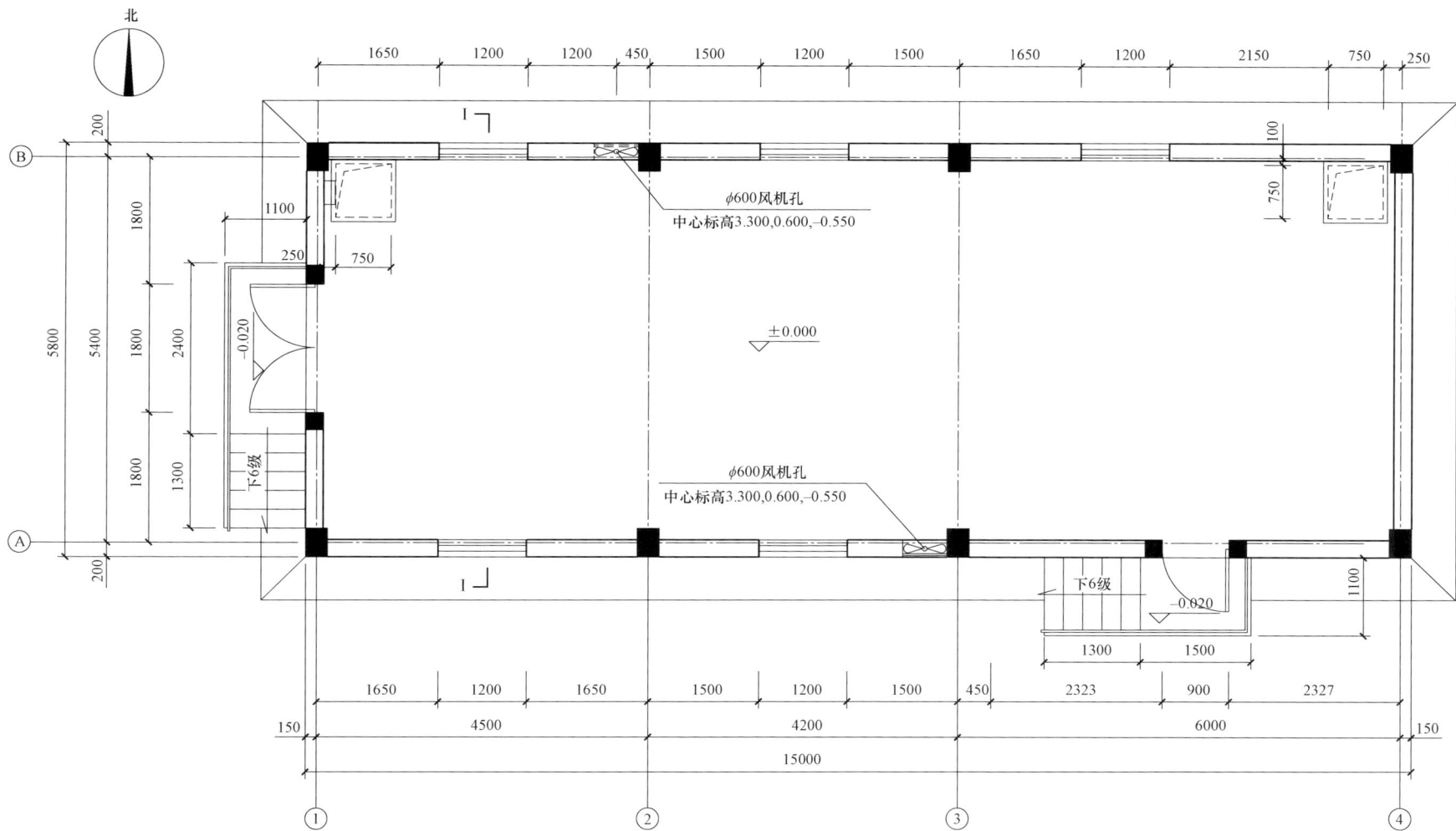

图 5-17　建筑平面布置图　KB-1-T-01-A

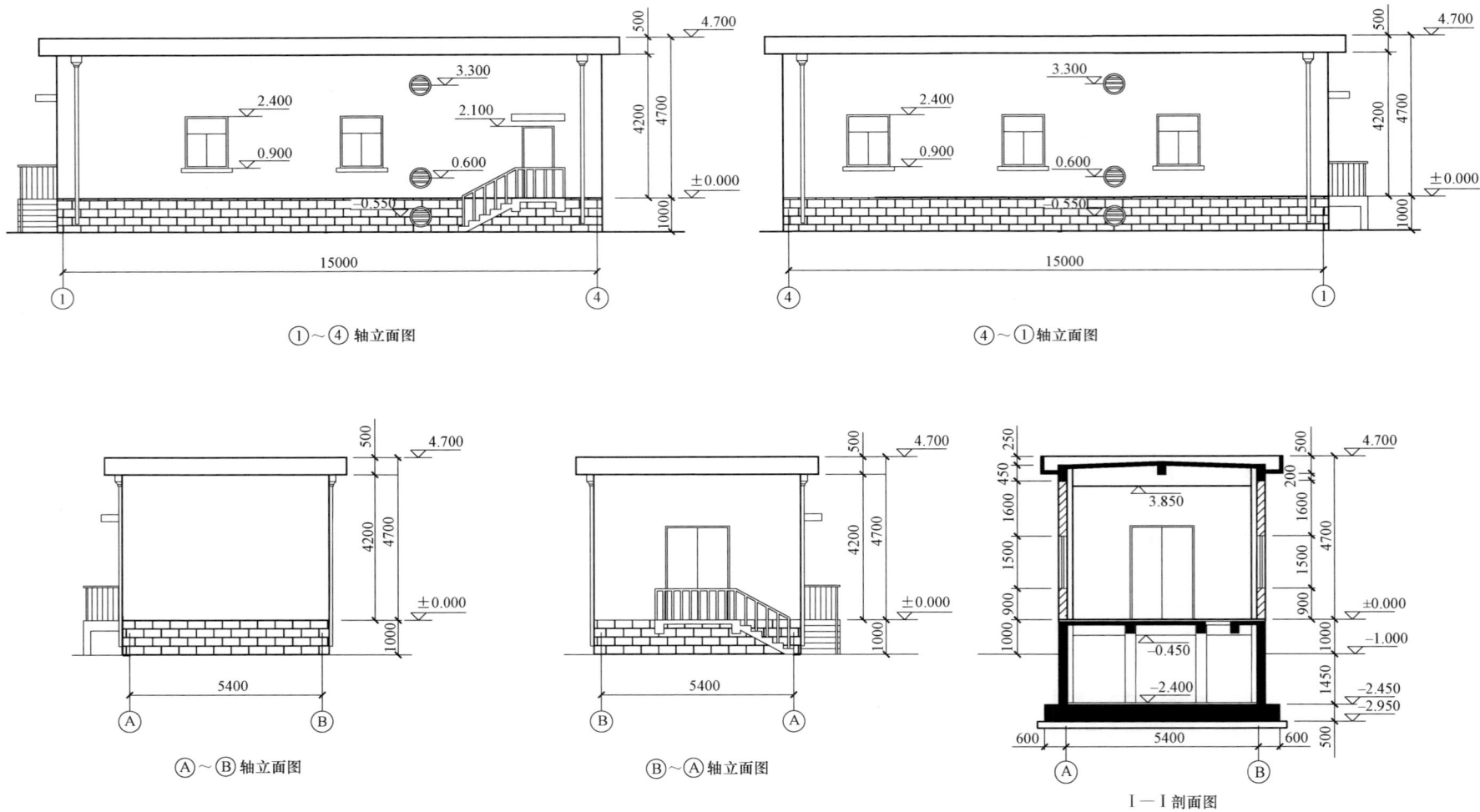

①~④轴立面图

④~①轴立面图

Ⓐ~Ⓑ轴立面图

Ⓑ~Ⓐ轴立面图

Ⅰ—Ⅰ剖面图

图 5－18　建筑立面及剖面图　KB－1－T－02－A

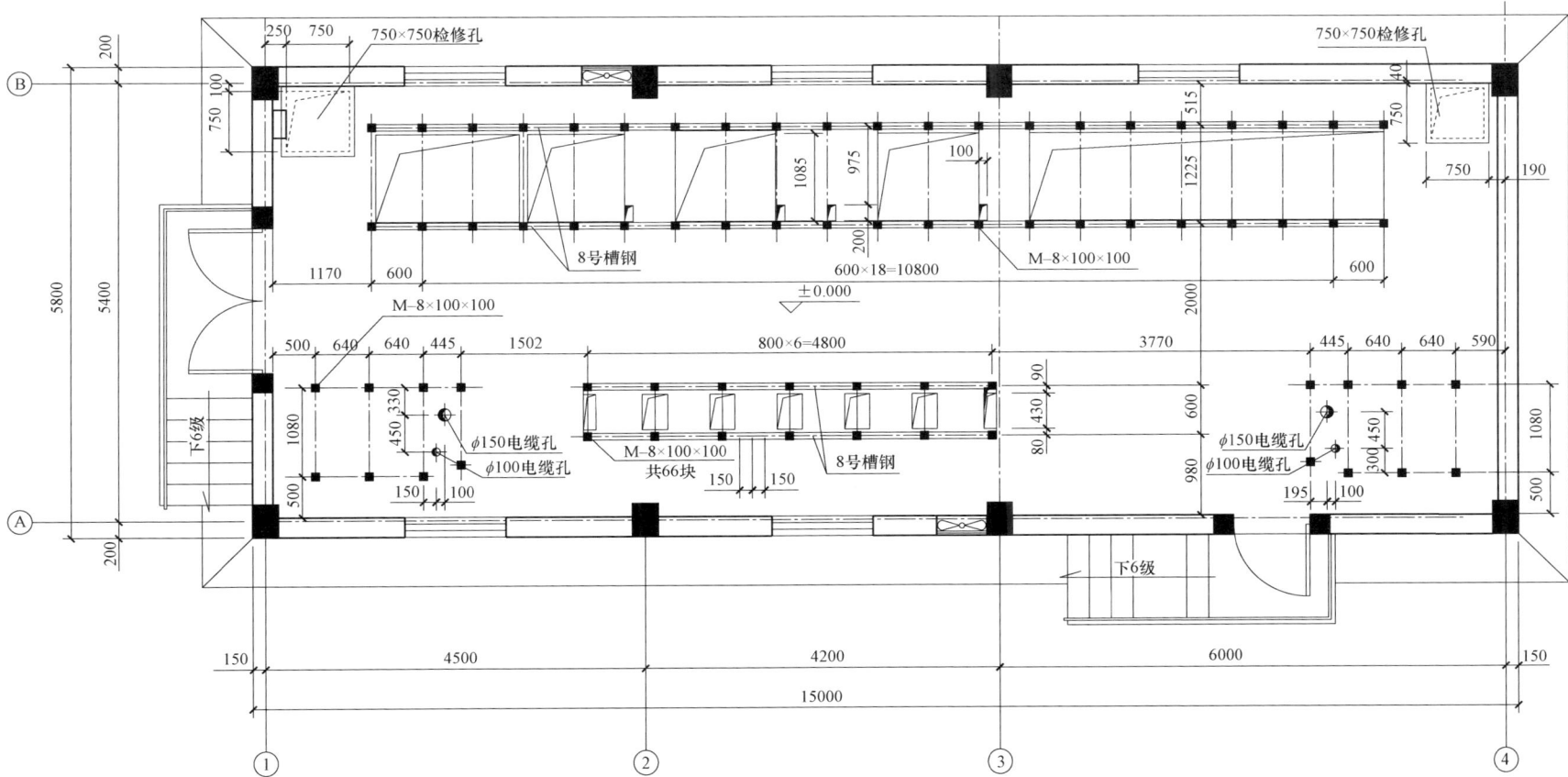

图 5-19 设备基础平面图 KB-1-T-03-A

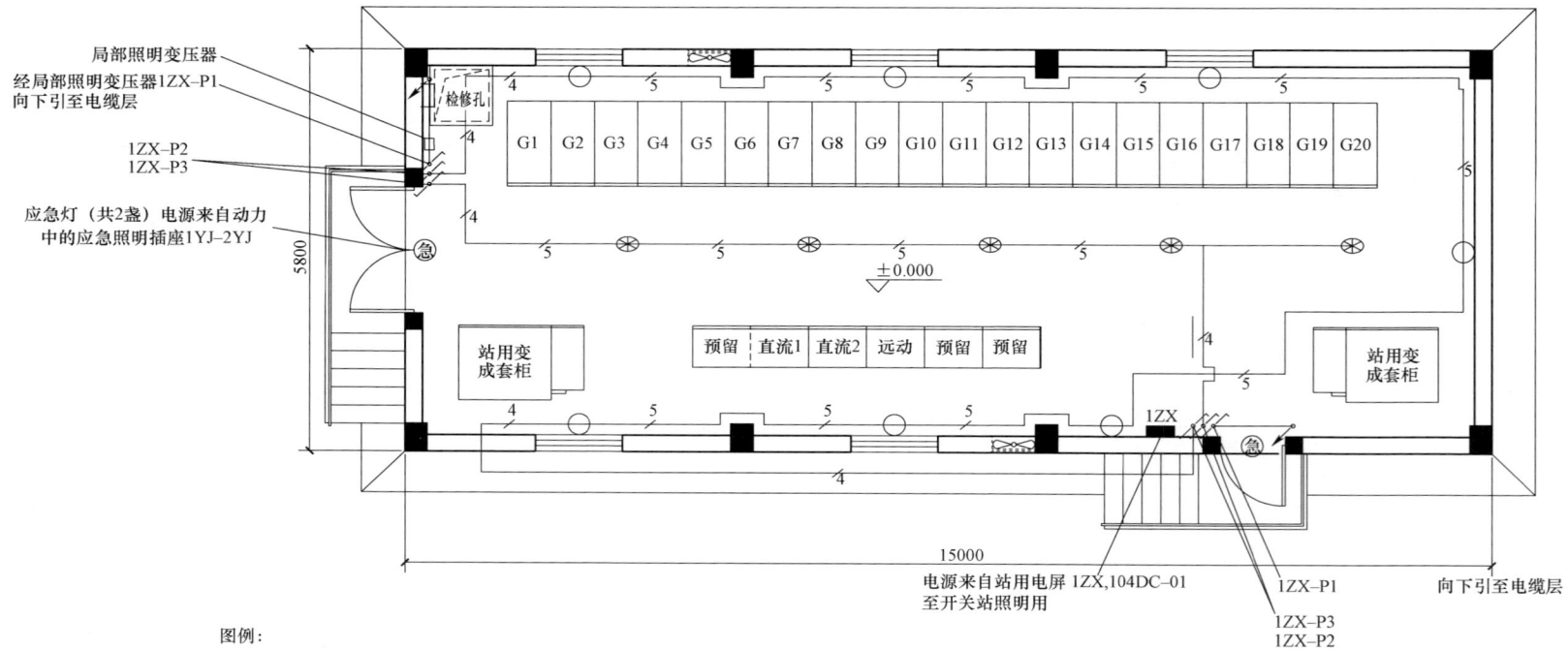

图例:

↗	由此引下
⊗	防眩通路灯（节能灯）
○	圆球型工厂灯（节能灯）
急	应急照明灯
↗	单相暗式双联开关
■	照明配电箱

图中标注:
- 局部照明变压器
- 经局部照明变压器1ZX-P1向下引至电缆层
- 1ZX-P2 1ZX-P3
- 应急灯（共2盏）电源来自动力中的应急照明插座1YJ-2YJ
- 检修孔
- G1 G2 G3 G4 G5 G6 G7 G8 G9 G10 G11 G12 G13 G14 G15 G16 G17 G18 G19 G20
- ±0.000
- 预留 直流1 直流2 远动 预留 预留
- 站用变成套柜
- 1ZX
- 5800
- 15000
- 电源来自站用电屏 1ZX,104DC-01 至开关站照明用
- 1ZX-P1
- 1ZX-P3 1ZX-P2
- 向下引至电缆层

序号	名称	规格	单位	数量	备注
1	防眩通路灯（吊）	NSC9720 60W（节能灯）	只	5	⊗
2	圆球型工厂灯（壁）	GC17-E，25W（节能灯）	只	7	○
3	单相暗式双联开关	250V 15A	只	6	↗
4	照明配电箱	PZ30	只	1	■
5	局部照明变压器	JBM-1.0 220/36V	台	1	□
6	PVC 管	φ32	m	20	估计
7	PVC 管	φ20	m	70	估计
8	单股塑胶线	BV-0.75 2.5	m	350	估计
9	应急照明灯	YJD-20	只	2	急

图 5-20　照明布置图　KB-1-T-04-A

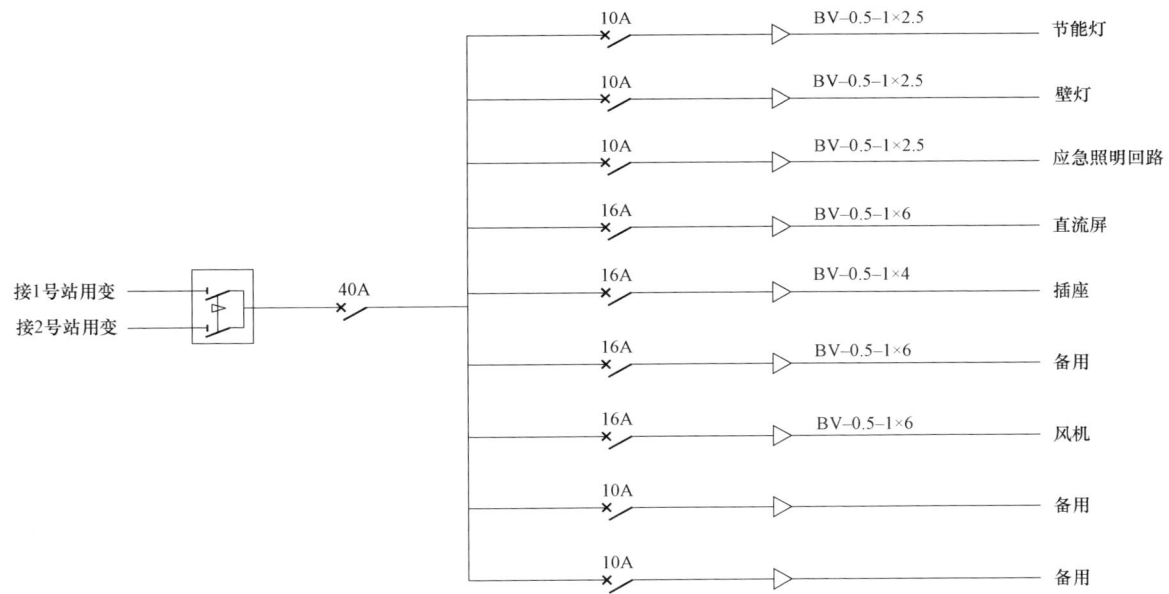

图 5-21 照明配电箱电气主接线图 KB-1-T-05-A

接1号站用变

接2号站用变

40A

10A	BV-0.5-1×2.5	节能灯
10A	BV-0.5-1×2.5	壁灯
10A	BV-0.5-1×2.5	应急照明回路
16A	BV-0.5-1×6	直流屏
16A	BV-0.5-1×4	插座
16A	BV-0.5-1×6	备用
16A	BV-0.5-1×6	风机
10A		备用
10A		备用

主母线(1250A)	10kV Ⅰ段母线 (TMY-80×10)					10kV Ⅱ段母线 (TMY-80×10)				
KYN□-12型开关柜接线图										
柜体尺寸（宽×深）(mm)	800×1500	800×1500	800×1500	800×1500	800×1500	800×1500	800×1500	800×1500	800×1500	800×1500
开关柜编号	G1~G6	G7	G8	G9	G10	G11	G12	G13	G14	G15~G20
开关柜名称	馈线柜	进线柜1	母线设备柜1	站用变柜1	进线柜2	进线柜3	站用变柜2	母线设备柜2	进线柜4	馈线柜
额定电流(A)	1250	1250	1250	1250	1250	1250	1250	1250	1250	1250
额定电压(kV)	12	12	12	12	12	12	12	12	12	12
电流互感器 0.2S/0.5/5P10	400/5A	600/5A			600/5A	600/5A			600/5A	400/5A
零序电流互感器 0.5/10P5	100/5A	100/5A			100/5A	100/5A			100/5A	100/5A
电压互感器0.2/0.5/3P			$\frac{10}{\sqrt{3}}\frac{0.1}{\sqrt{3}}\frac{0.1}{\sqrt{3}}\frac{0.1}{3}$kV, ≥20VA					$\frac{10}{\sqrt{3}}\frac{0.1}{\sqrt{3}}\frac{0.1}{\sqrt{3}}\frac{0.1}{3}$kV, ≥20VA		
电流表	600/5A	600/5A			600/5A	600/5A	600/5A		600/5A	
电压表			10/0.1kV					10/0.1kV		
电操机构	1副	1副		1副	1副	1副	1副		1副	1副
真空断路器/隔离手车	1250A,25kA	1250A,25kA		1250A,25kA	1250A,25kA	1250A,25kA	1250A,25kA		1250A,25kA	1250A,25kA
接地开关 JN15-12	1组	1组			1组		1组		1组	1组
站用变熔断器，低压侧塑壳断路器			12/3.15A,0.4/63A					12/3.15A,0.4/63A		
压变熔断器			1A					1A		
避雷器 YH5WZ-17/45	1组	1组	1组	1组	1组	1组	1组		1组	1组
带电显示器	1组	1组	1组	1组	1组	1组	1组	1组	1组	1组
消谐器 LXQ-10			1组					1组		
2级能效及以上的干式变压器				30kVA D,yn11 10.5±5%/0.4kV						30kVA D,yn11 10.5±5%/0.4kV
微机保护测控装置	1套	1套			1套	1套	1套		1套	

（主要设备元件）

说明：1. 10kV 开关柜采用金属铠装移开式开关柜，应具备五防闭锁功能，外壳防护等级不低于 IP41。

2. 柜内开关配电动操作机构（本方案操作电压选用 DC110V）、辅助触点（另增 6 对动断、动合触点），满足配电网自动化要求。

3. 进线柜线路侧电压互感器可根据工程实际需要选配。

4. 对 A 类供区，10kV 开关柜内可配置包含温度测量等功能在内的在线监测装置。

图 5-22 10kV 系统配置图 KB-1-D1-01-B

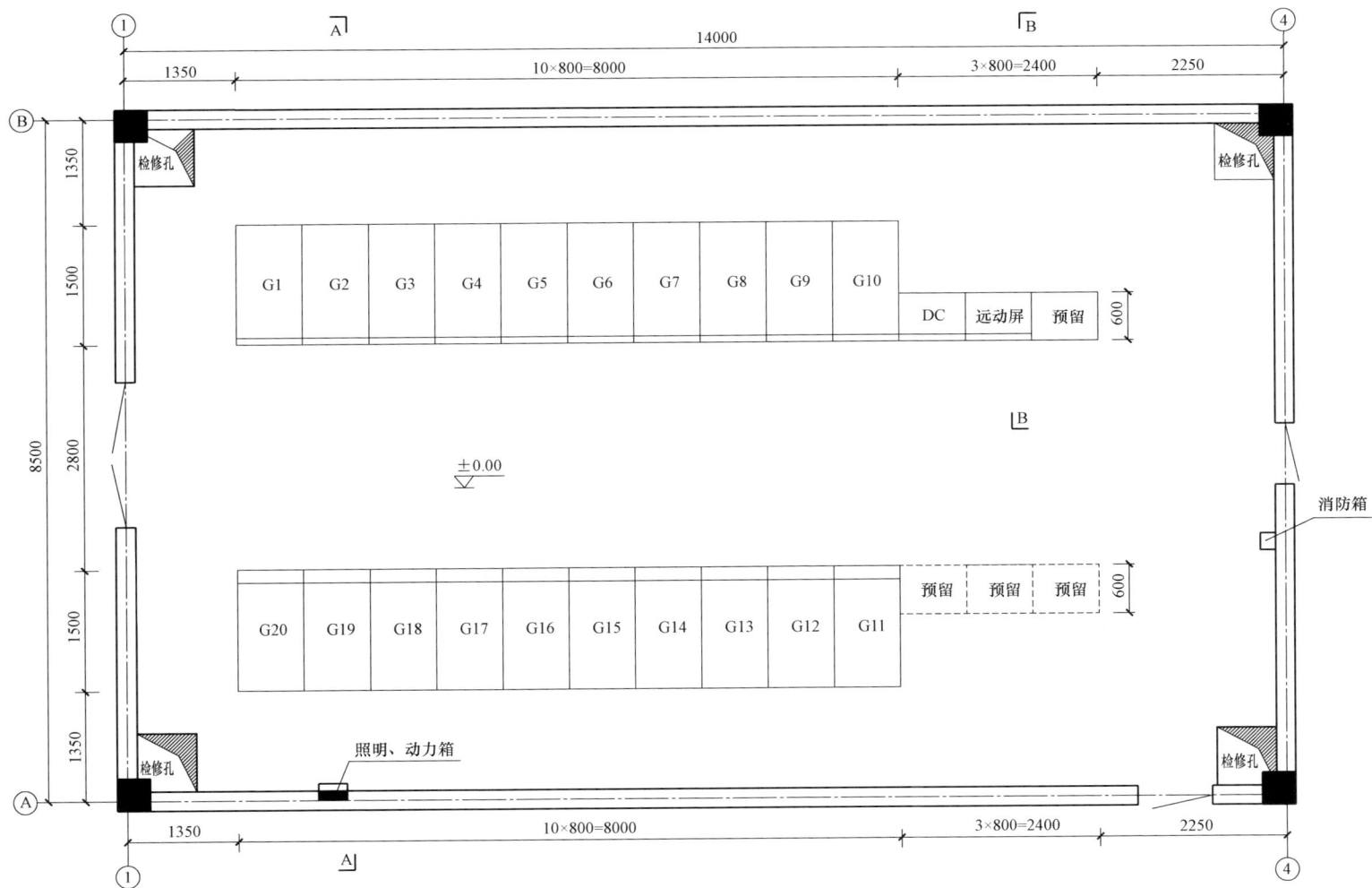

图 5-23 电气平面布置图 KB-1-D1-02-B

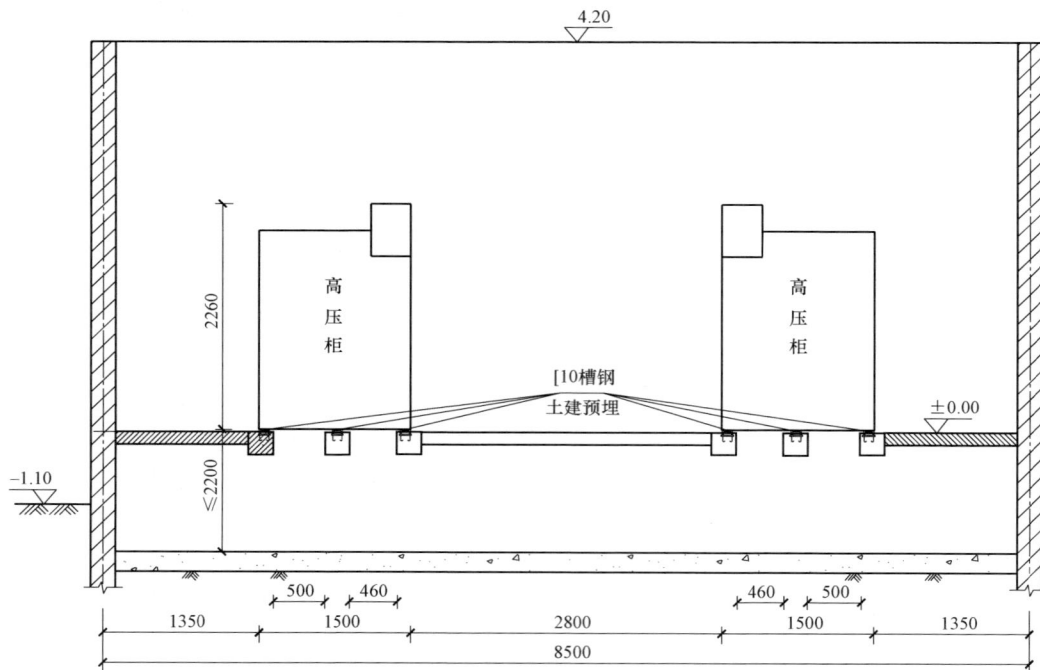

A—A剖面图

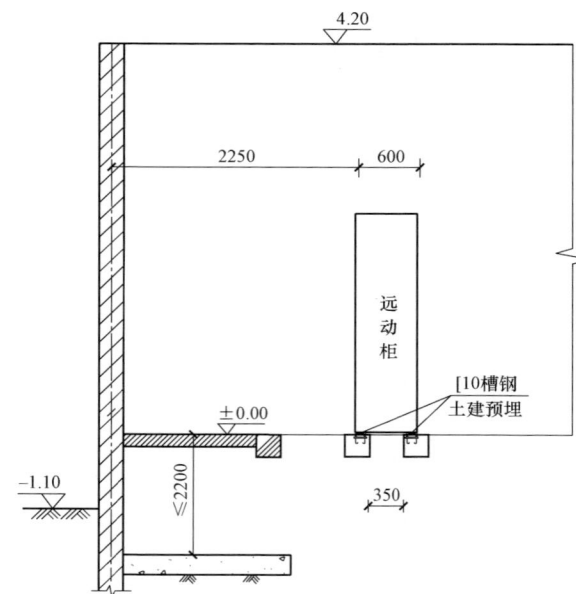

B—B剖面图

图 5-24　电气断面图　KB-1-D1-03-B

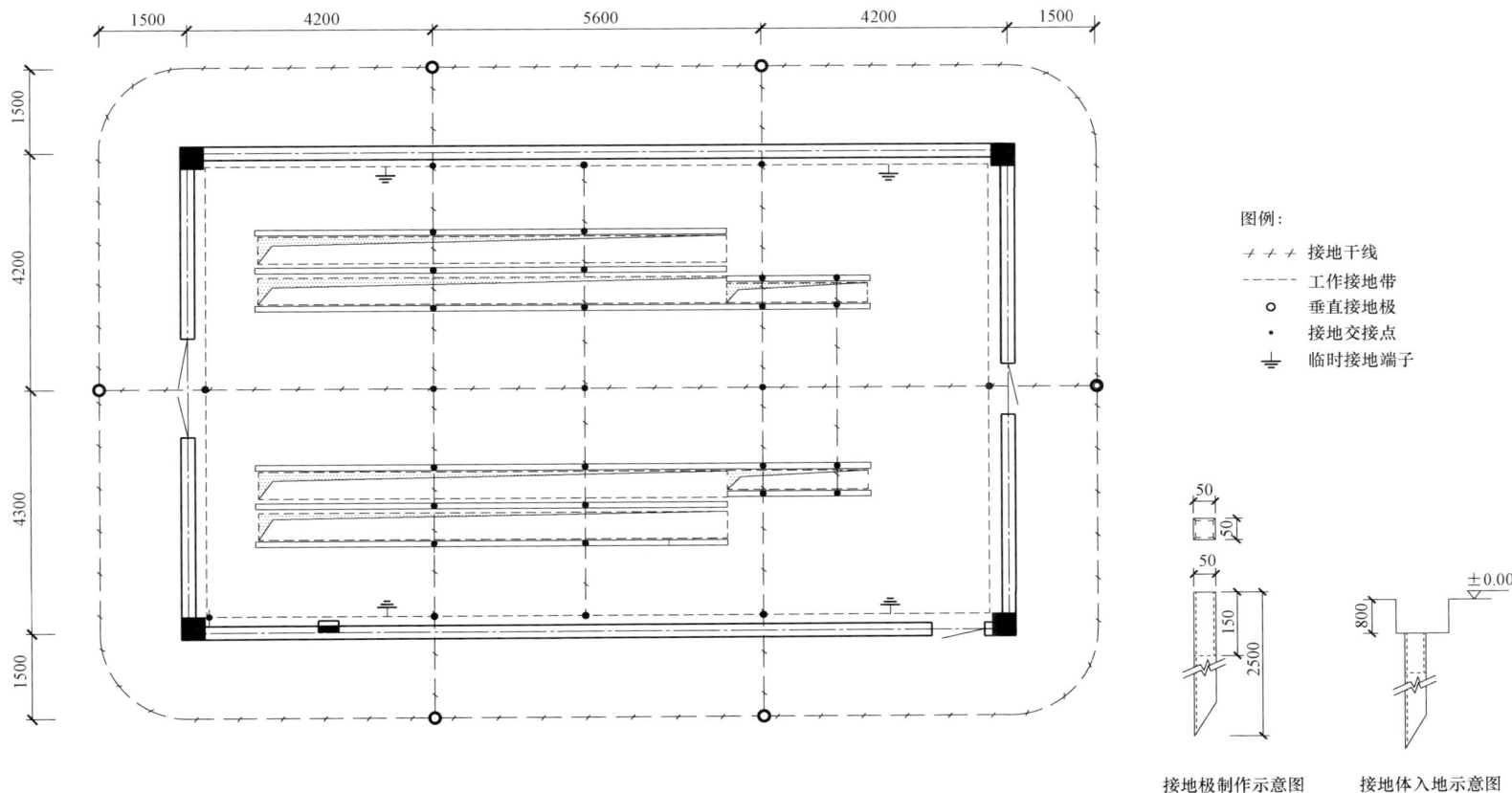

图例：
- ＋ ＋ ＋ 接地干线
- - - - - 工作接地带
- ○ 垂直接地极
- • 接地交接点
- ⏚ 临时接地端子

接地极制作示意图　　　接地体入地示意图

说明：1. 水平接地采用—50mm×5mm 镀锌扁钢，长约 220m。

2. 垂直接地极采用∠50mm×5mm 镀锌角钢制成，长度为 2.5m。

3. 配电装置室内工作接地带采用—50mm×5mm 镀锌扁钢沿墙明敷 1 圈，距室内地坪 +300mm，离墙间隙 20mm，过门入地暗敷两头上跷与沿墙明敷接地连接。

4. 接地装置的接地电阻应≤4Ω，对于土壤电阻率高的地区，如电阻实测值不满足要求，应增加垂直接地极及水平接地体的长度，直到符合要求为止。如开关站采用建筑物的基础做接地极且主体建筑接地电阻<1Ω，可不另设人工接地。

5. 接地装置的施工应满足《电气装置安装工程接地装置施工及验收规范》（GB 50169）的规定。

6. 接地网、电缆支架、预埋钢管等所有铁件均需作镀锌处理，若在高腐蚀性地区接地体材料可选用铜镀钢。

7. 开关柜基础槽钢应不少于两点与主接地网连接。

8. 套建在建筑物内时，接地网应与主接地网可靠连接。

主 要 材 料 表

序号	名称	规格	单位	数量	备注
1	镀锌角钢	L50mm×5mm，$L=2500$mm	根	6	
2	镀锌扁钢	—50mm×5mm	m	300	
3	接地端子		个	4	

图 5－25　接地装置布置图　KB－1－D1－04－B

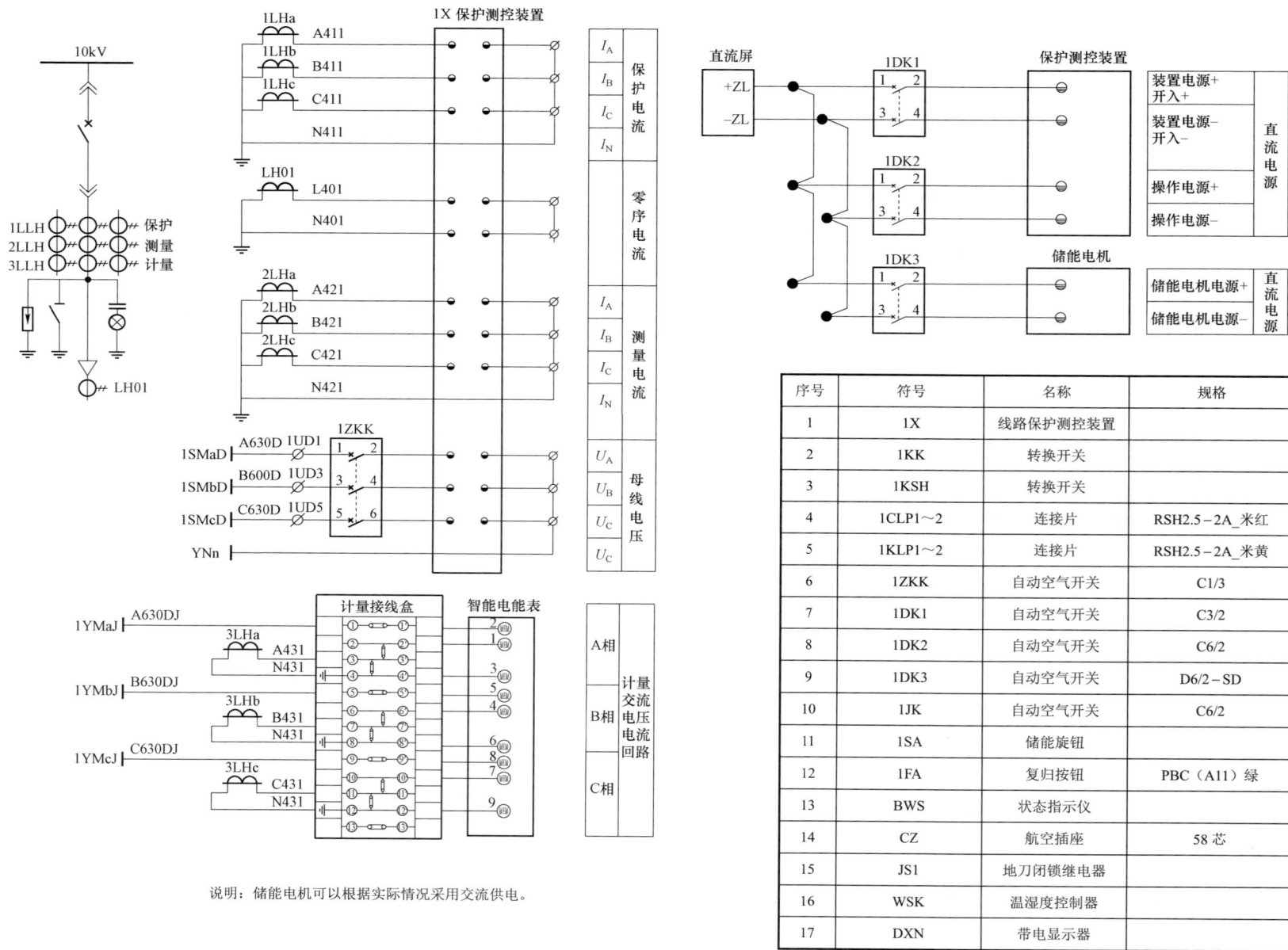

序号	符号	名称	规格	数量
1	1X	线路保护测控装置		1
2	1KK	转换开关		1
3	1KSH	转换开关		1
4	1CLP1~2	连接片	RSH2.5-2A_米红	2
5	1KLP1~2	连接片	RSH2.5-2A_米黄	2
6	1ZKK	自动空气开关	C1/3	1
7	1DK1	自动空气开关	C3/2	1
8	1DK2	自动空气开关	C6/2	1
9	1DK3	自动空气开关	D6/2-SD	1
10	1JK	自动空气开关	C6/2	1
11	1SA	储能旋钮		1
12	1FA	复归按钮	PBC（A11）绿	1
13	BWS	状态指示仪		1
14	CZ	航空插座	58芯	1
15	JS1	地刀闭锁继电器		1
16	WSK	温湿度控制器		1
17	DXN	带电显示器		1

说明：储能电机可以根据实际情况采用交流供电。

图 5-26　10kV 线路开关柜交直流回路图　KB-1-D2-01-B

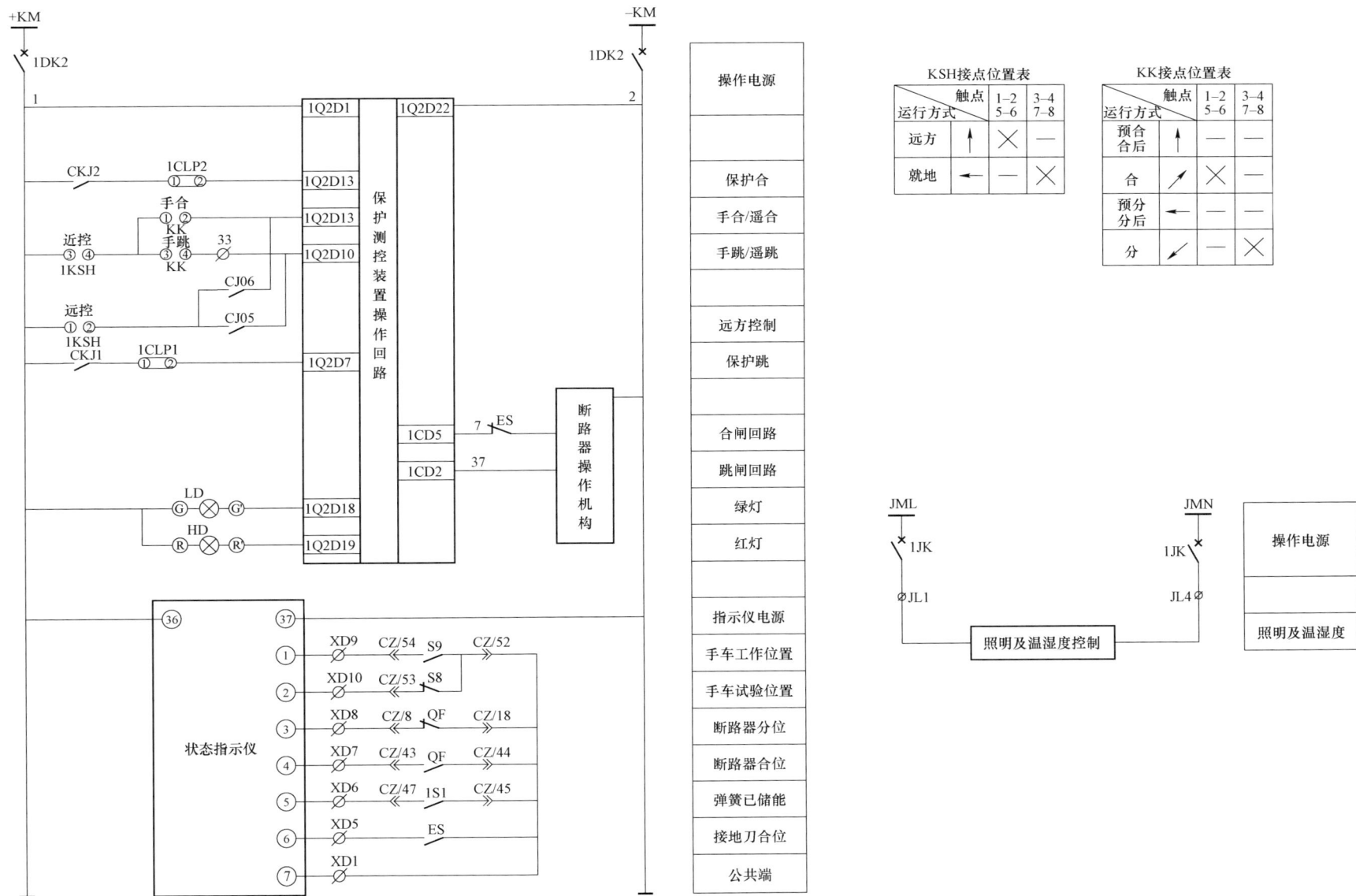

图 5-27 10kV 线路开关柜控制回路图 KB-1-D2-02-B

操作电源

保护合
手合/遥合
手跳/遥跳

远方控制
保护跳

合闸回路
跳闸回路

绿灯
红灯

指示仪电源
手车工作位置
手车试验位置
断路器分位
断路器合位
弹簧已储能
接地刀合位
公共端

KSH接点位置表

运行方式	触点	1-2 5-6	3-4 7-8
远方	↑	×	—
就地	←	—	×

KK接点位置表

运行方式	触点	1-2 5-6	3-4 7-8
预合 合后	↑	—	—
合	↗	×	—
预分 分后	←	—	—
分	↗	—	×

照明及温湿度控制

操作电源

照明及温湿度

说明:10kV 开关柜内部电气及机械五防闭锁由开关柜厂家实现,本图不做示意。

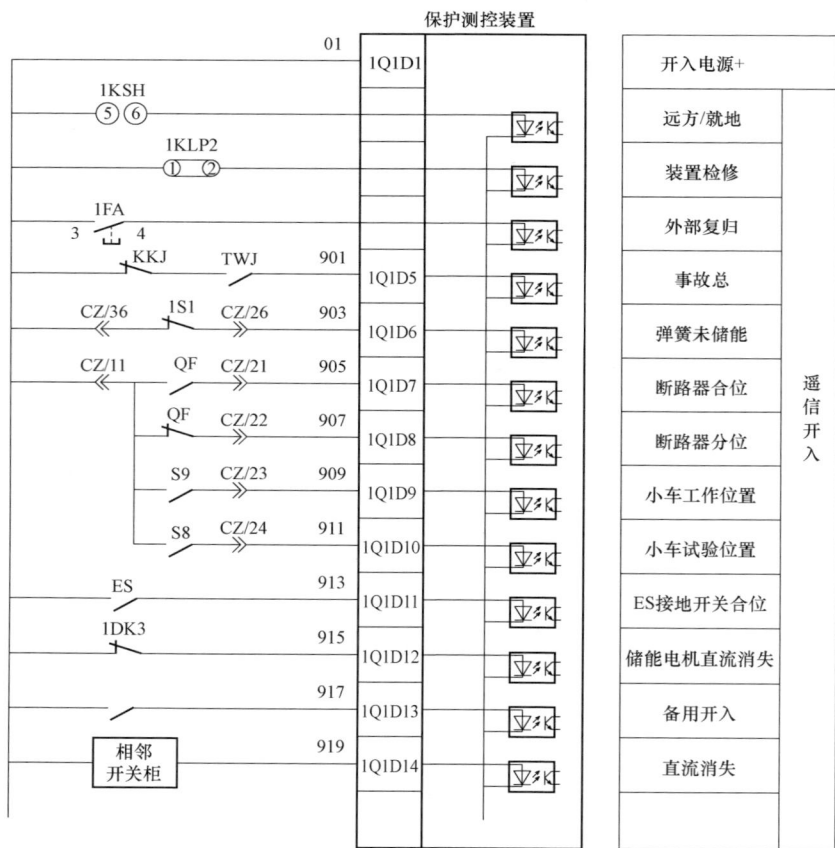

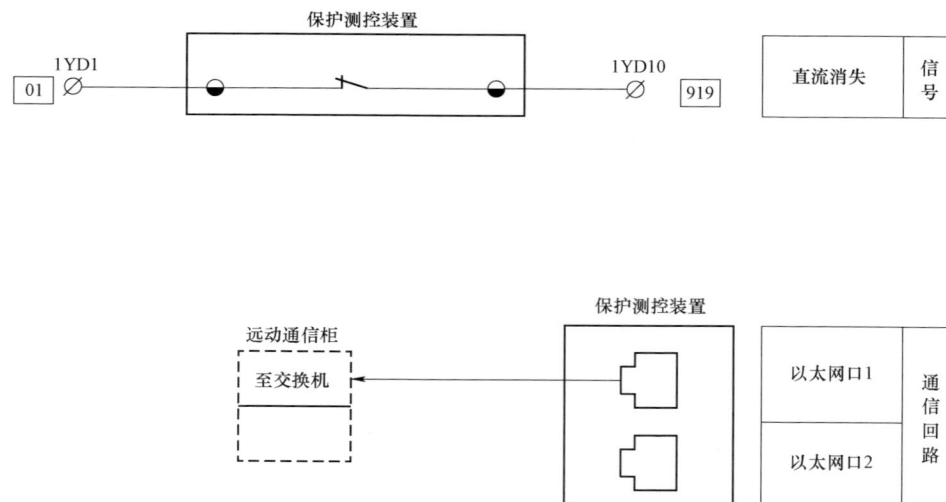

图 5-28　10kV 线路开关柜信号回路图　KB-1-D2-03-B

图 5-29 10kV 线路开关柜端子排图 KB-1-D2-04-B

1UD 交流电压

端子号	标识	名称	回路号
1	1ZKK-1	U_{ab}	A630D
2			
3	1ZKK-3	U_{bn}	B600D
4			
5	1ZKK-5	U_{cb}	C630D
6			
7		U'_x	
8		U_x	
9			
10			

1ID 交流电流

端子号	名称	回路号
1	I_a	A411
2	I_b	B411
3	I_c	C411
4	I'_b	N411
5	I'_c	
6	I_0	
7	I'_0	
8		
9		
10	$I_a测$	A421
11	$I_b测$	B421
12	$I_c测$	C421
13		N421
14	$I'_b测$	
15	$I'_c测$	

ZD 直流电源

端子号	标识	名称	回路号
1	1DK1-1	1	ZL+
2	1DK2-1		
3			
4			
5	1DK1-3	2	ZL-
6	1DK2-3		1DK3-3
7			
8			

XD 状态指示与辅助接点

端子号	标识	名称	回路号
1号	BWS-7	公共端	CZ/45
2号	CZ/44		CZ/18
3号	CZ/52		ES
4号			
5	BWS-6	接地开关信号	ES
6	BWS-5	已储能信号	CZ/47
7	BWS-4	断路器合位	CZ/43
8	BWS-3	断路器跳位	CZ/8
9	BWS-1	小车工作位置	CZ/54
10	BWS-2	小车试验位置	CZ/53
11		辅助接点(常闭)	CZ/33
12		辅助接点(常闭)	CZ/23
13		辅助接点(常闭)	CZ/38
14		辅助接点(常闭)	CZ/28
15		辅助接点(常开)	CZ/12
16		辅助接点(常开)	CZ/46
17		辅助接点(常开)	CZ/19
18			CZ/9
19			CZ/42
20			CZ/32
21			CZ/17
22			CZ/7

JL 交流电源

端子号	标识	名称	回路号
1	1JK-2		L
2			
3			
4	1JK-4		N
5			

1Q1D 强电开入

端子号	标识	名称	回路号
01	1DK1-2	+ZL	
2			
3			
4			
5		事故总	901
6		弹簧未储能	903
7		断路器合位	905
8		断路器分位	907
9		小车工作位置	909
10		小车试验位置	911
11		ES接地刀合位	913
12		储能电机直流消失	915
13		开入九	917
14		装置失电	919
15		开入十一	921
16		开入十二	923
17		开入十三	925
18		开入十四	927
19		开入十五	929
20		开入十六	931
21			
22		-ZL	
23	1DK1-4		
24			
25			

1Q2D 操作回路

端子号	标识	名称	回路号
1	1DK2-2	+KM	1
2			
3			
4	1KSH-1	保护跳	
5	1KSH-3		
6			
7		手跳	
8	1CLP1-1		
9			
10		手合	
11	1KK-4		
12			
13	1KK-2	保护合	
14			
15	1CLP2-1	绿灯	
16			
17		红灯	
18	1KK-G'	-KM	1KK-G'
19	1KK-R'		1KK-R'
20	1DK2-4		2
21			
22			
23			

1CD

端子号	名称	回路号
1	出口 合位监视	37
2	至操作机构跳闸	
3	跳位监视	
4	至操作机构合闸	
5	串接地开关分位接点	
6	遥信	7

1YD 交流电源

端子号	名称
1	公共端
2	
3	
4	
5	保护动作
6	重合闸回路断线
7	控制回路告警
8	直流消失
9	事故总
10	

BD

端子号
1
2
3
4
5
6
7
8
9
10

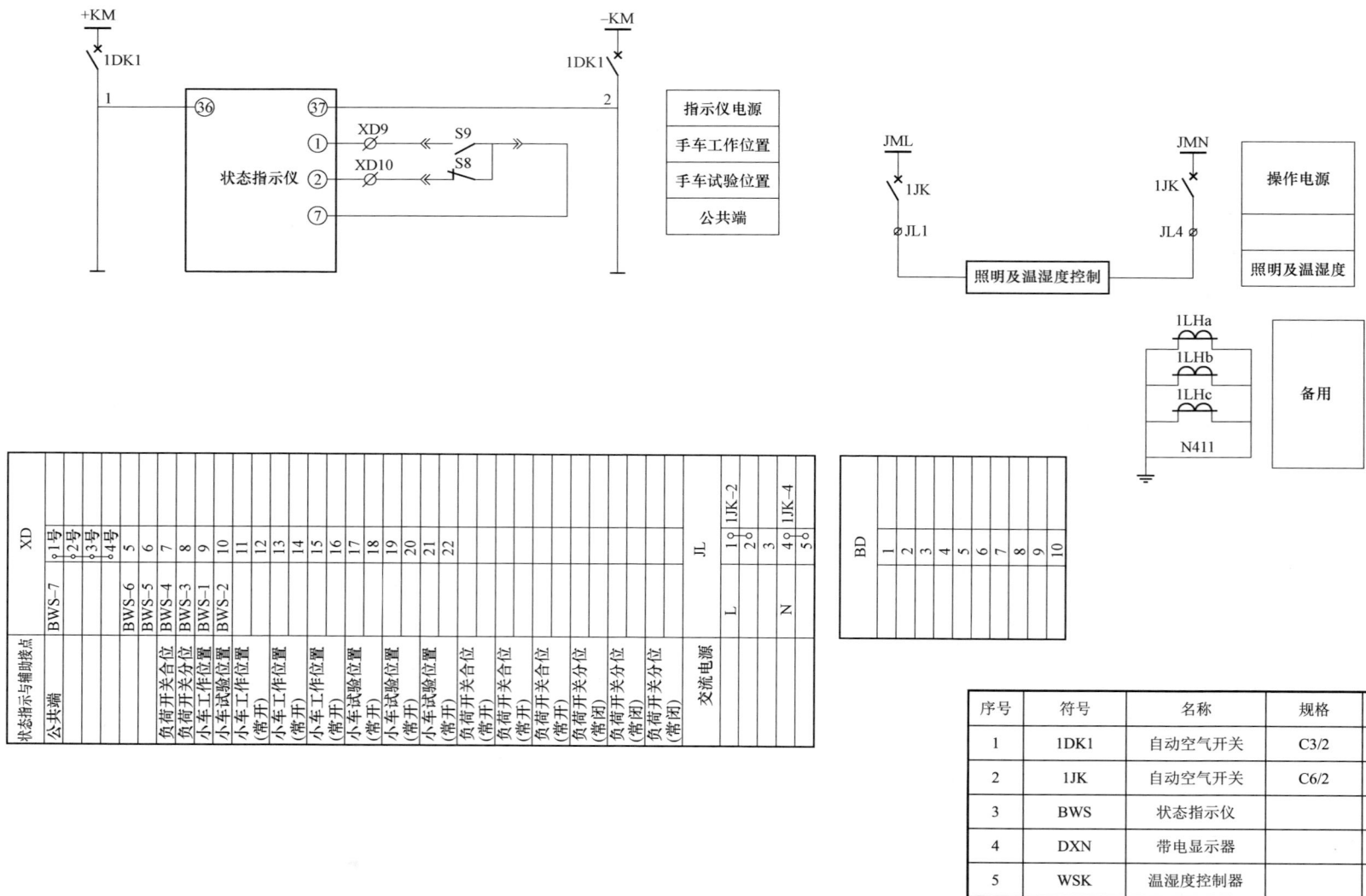

图 5 – 30 10kV 站用变开关柜二次原理图 KB－1－D2－05－B

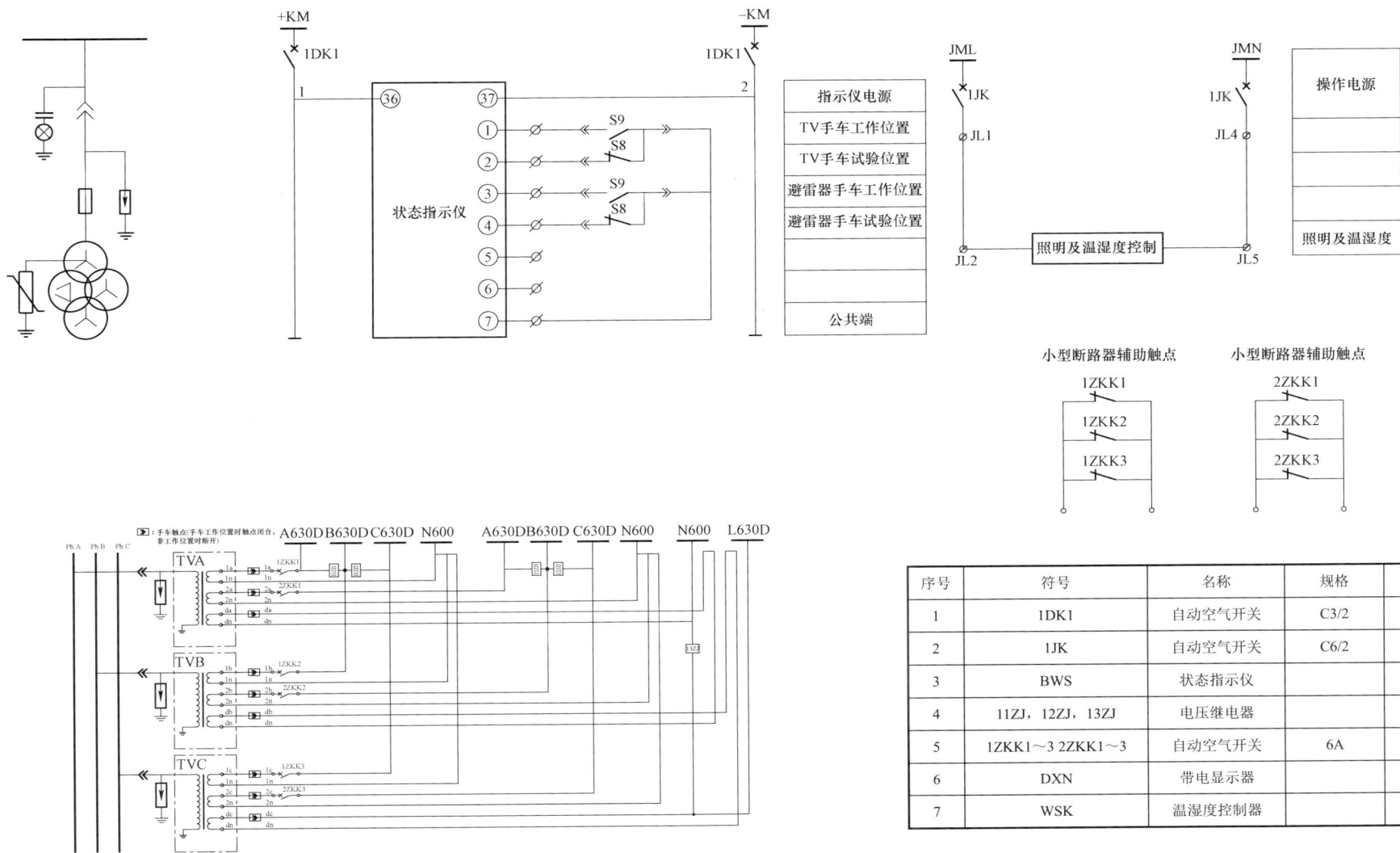

图 5-31　10kV 母线电压互感器柜二次原理图　KB-1-D2-06-B

序号	符号	名称	规格	数量
1	1DK1	自动空气开关	C3/2	1
2	1JK	自动空气开关	C6/2	1
3	BWS	状态指示仪		1
4	11ZJ，12ZJ，13ZJ	电压继电器		5
5	1ZKK1～3 2ZKK1～3	自动空气开关	6A	6
6	DXN	带电显示器		1
7	WSK	温湿度控制器		1

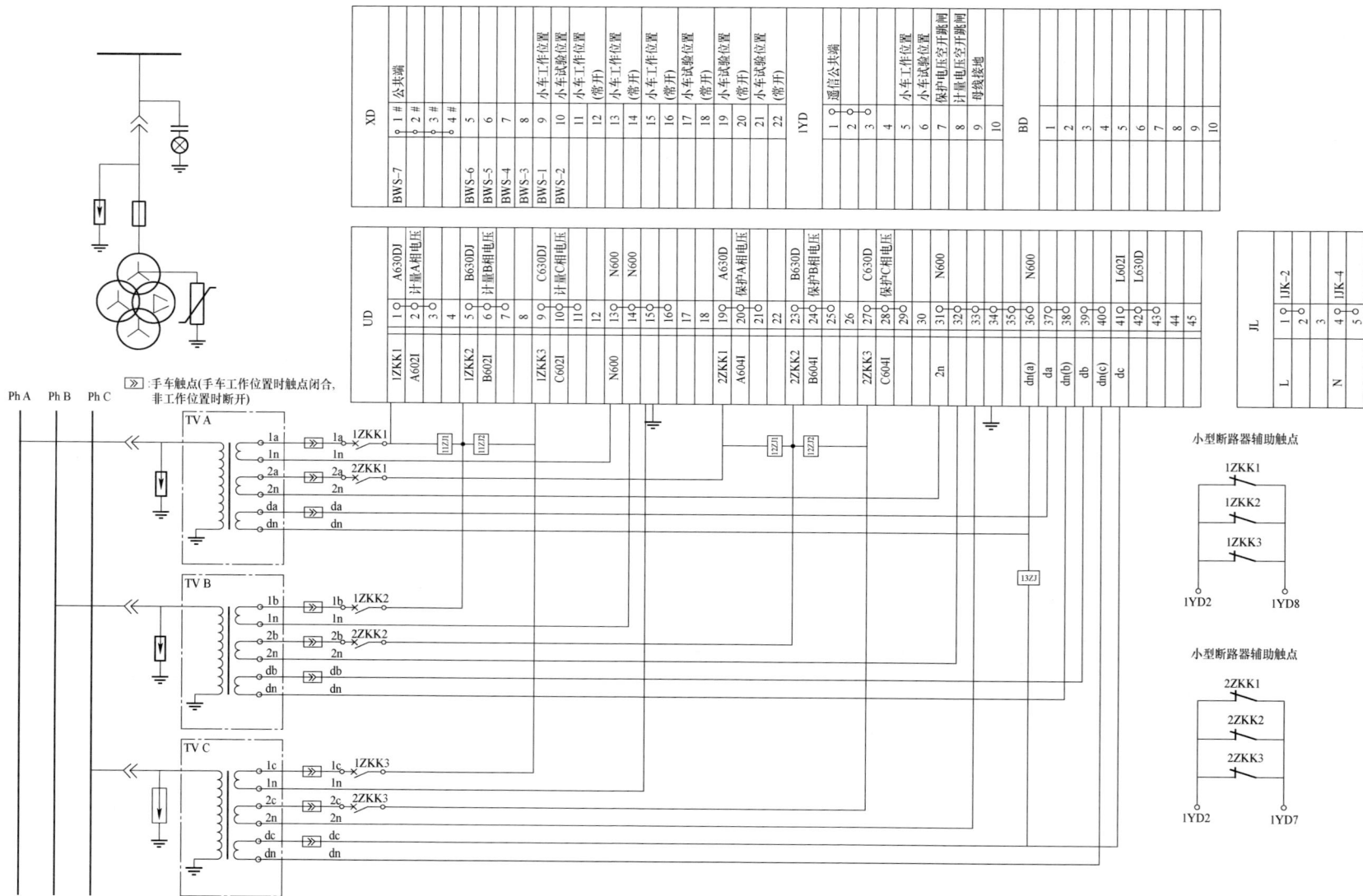

10kV 母线电压互感器柜端子排图

小型断路器辅助触点
1ZKK1
1ZKK2
1ZKK3
1YD2 — 1YD8

小型断路器辅助触点
2ZKK1
2ZKK2
2ZKK3
1YD2 — 1YD7

手车触点(手车工作位置时触点闭合，非工作位置时触点断开)

PhA PhB PhC

说明：1. 本图按 I 母 TV 柜绘制，当用于 II 母 TV 柜时，电压回路编号 I 改为 II，630 改成 640。

2. 10kV 电压互感器二次回路空开可以采用三极开关。

3. 10kV 电压互感器 0.2 级计量绕组根据实际情况选配。

图 5-32　10kV 母线电压互感器柜端子排图　KB-1-D2-07-B

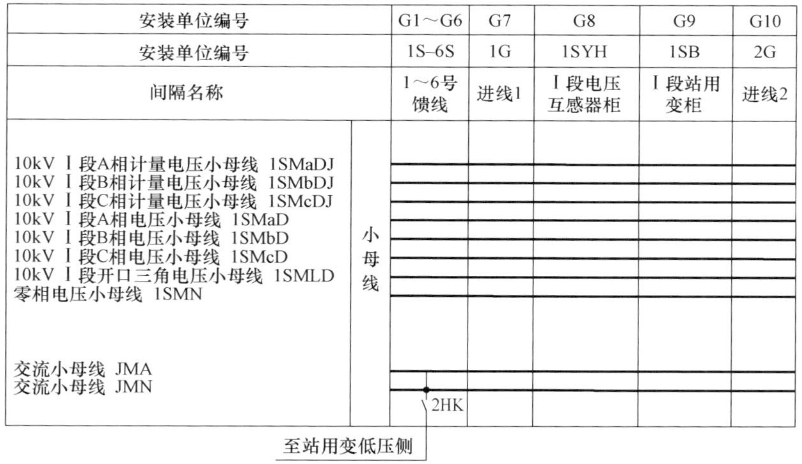

安装单位编号	G1~G6	G7	G8	G9	G10
安装单位编号	1S–6S	1G	1SYH	1SB	2G
间隔名称	1~6号馈线	进线1	Ⅰ段电压互感器柜	Ⅰ段站用变柜	进线2

10kV Ⅰ段A相计量电压小母线 1SMaDJ
10kV Ⅰ段B相计量电压小母线 1SMbDJ
10kV Ⅰ段C相计量电压小母线 1SMcDJ
10kV Ⅰ段A相电压小母线 1SMaD
10kV Ⅰ段B相电压小母线 1SMbD
10kV Ⅰ段C相电压小母线 1SMcD
10kV Ⅰ段开口三角电压小母线 1SMLD
零相电压小母线 1SMN
交流小母线 JMA
交流小母线 JMN
小母线
2HK
至站用变低压侧

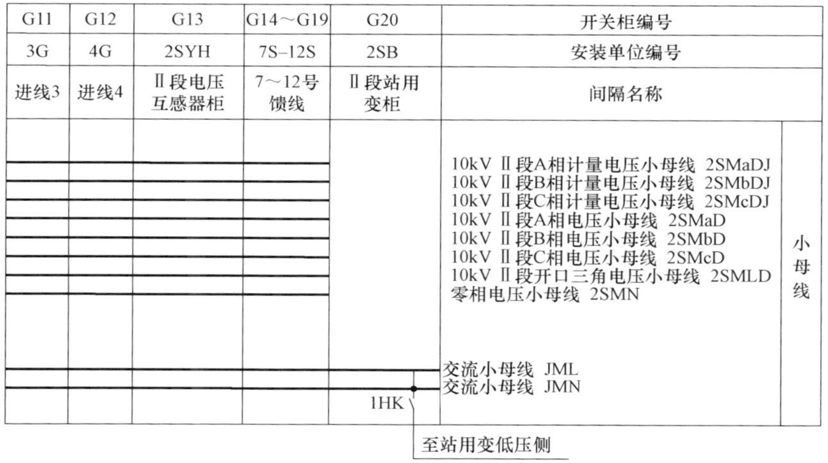

G11	G12	G13	G14~G19	G20	开关柜编号
3G	4G	2SYH	7S–12S	2SB	安装单位编号
进线3	进线4	Ⅱ段电压互感器柜	7~12号馈线	Ⅱ段站用变柜	间隔名称

10kV Ⅱ段A相计量电压小母线 2SMaDJ
10kV Ⅱ段B相计量电压小母线 2SMbDJ
10kV Ⅱ段C相计量电压小母线 2SMcDJ
10kV Ⅱ段A相电压小母线 2SMaD
10kV Ⅱ段B相电压小母线 2SMbD
10kV Ⅱ段C相电压小母线 2SMcD
10kV Ⅱ段开口三角电压小母线 2SMLD
零相电压小母线 2SMN
交流小母线 JML
交流小母线 JMN
小母线
1HK
至站用变低压侧

序号	符号	名称	规格	数量
1	1HK、2HK	自动空气开关		2
2	柜顶小母线	$\phi 6$		

图 5－33　10kV 开关柜小母线布置图　KB－1－D2－08－B

至配电自动化主站

纵向加密认证装置

远动通信装置 —— 485通信 —— 直流系统

交换机组网

| 保护测控装置 | 保护测控装置 | 保护测控装置 | ... | 保护测控装置 | 公用测控装置 |
| 进线1开关柜 | 进线2开关柜 | 线路1开关柜 | | 线路14开关柜 | 远动柜 |

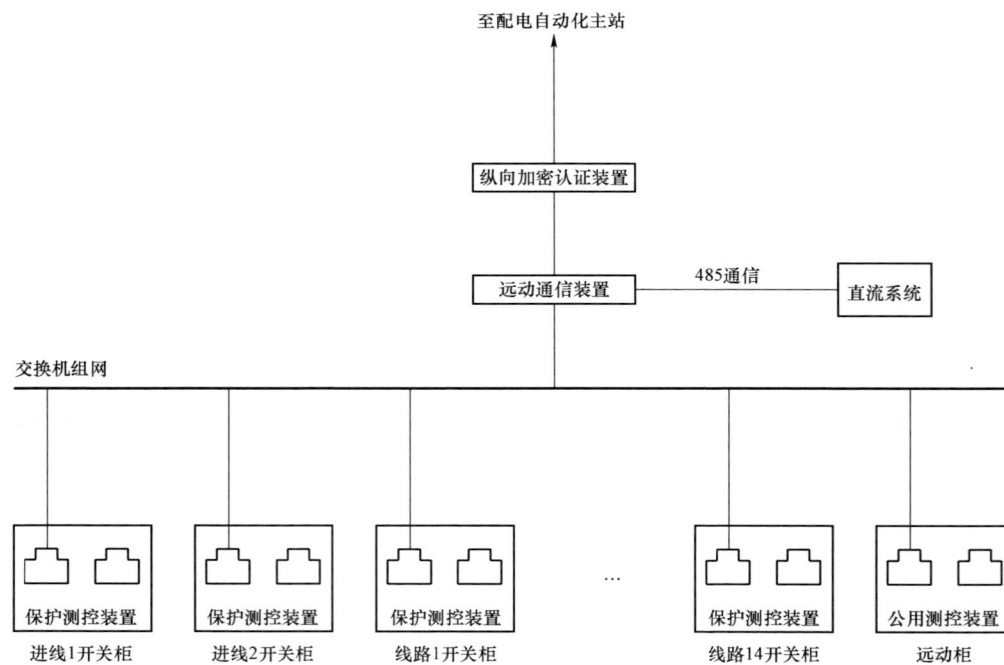

图 5－34　10kV 开关站远动通信示意图　KB－1－D2－09－B

电缆截面(mm²)	2×4	2×4	2×4	2×4	2×4	2×4		2×4
电缆型式	ZR–VV22–0.6/1.0	ZR–VV22–0.6/1.0	ZR–VV22–0.6/1.0	ZR–VV22–0.6/1.0	ZR–VV22–0.6/1.0	ZR–VV22–0.6/1.0		ZR–VV22–0.6/1.0
自动空气开关(C极)	双极直流自动空开	双极直流自动空开	双极直流自动空开	双极直流自动空开	双极直流自动空开	双极直流自动空开	...	双极直流自动空开
脱扣器额定电流(A)	20	20	20	20	20	20		20
馈线的额定电流(A)								
馈线编号	01Z	02Z	03Z	04Z	05Z	06Z		24Z

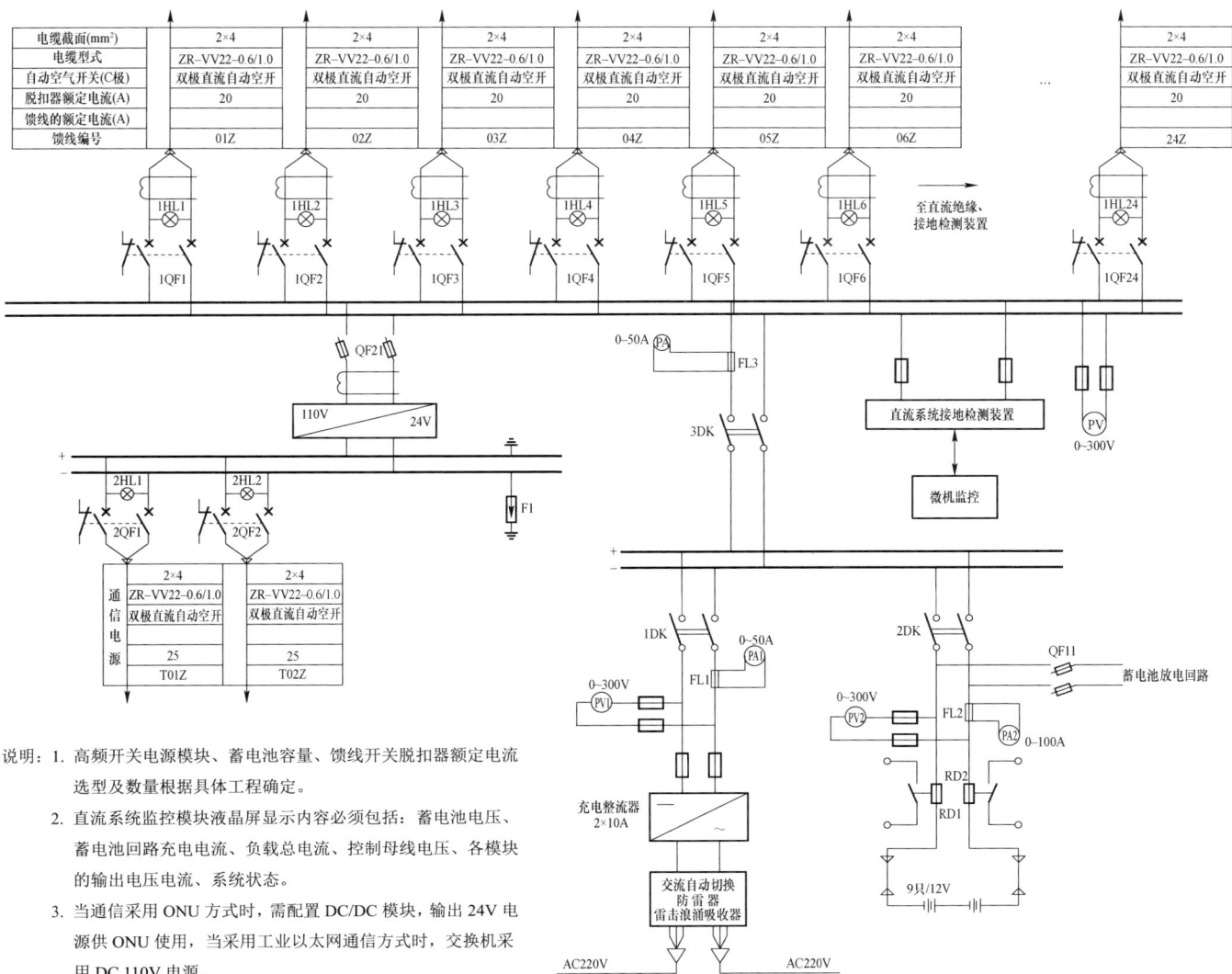

说明：1. 高频开关电源模块、蓄电池容量、馈线开关脱扣器额定电流
选型及数量根据具体工程确定。

2. 直流系统监控模块液晶屏显示内容必须包括：蓄电池电压、
蓄电池回路充电电流、负载总电流、控制母线电压、各模块
的输出电压电流、系统状态。

3. 当通信采用 ONU 方式时，需配置 DC/DC 模块，输出 24V 电
源供 ONU 使用，当采用工业以太网通信方式时，交换机采
用 DC 110V 电源。

4. 直流电源柜尺寸按宽 800×深 600×高 2260。

图 5–35　直流电源系统原理图　KB–1–D2–10–B

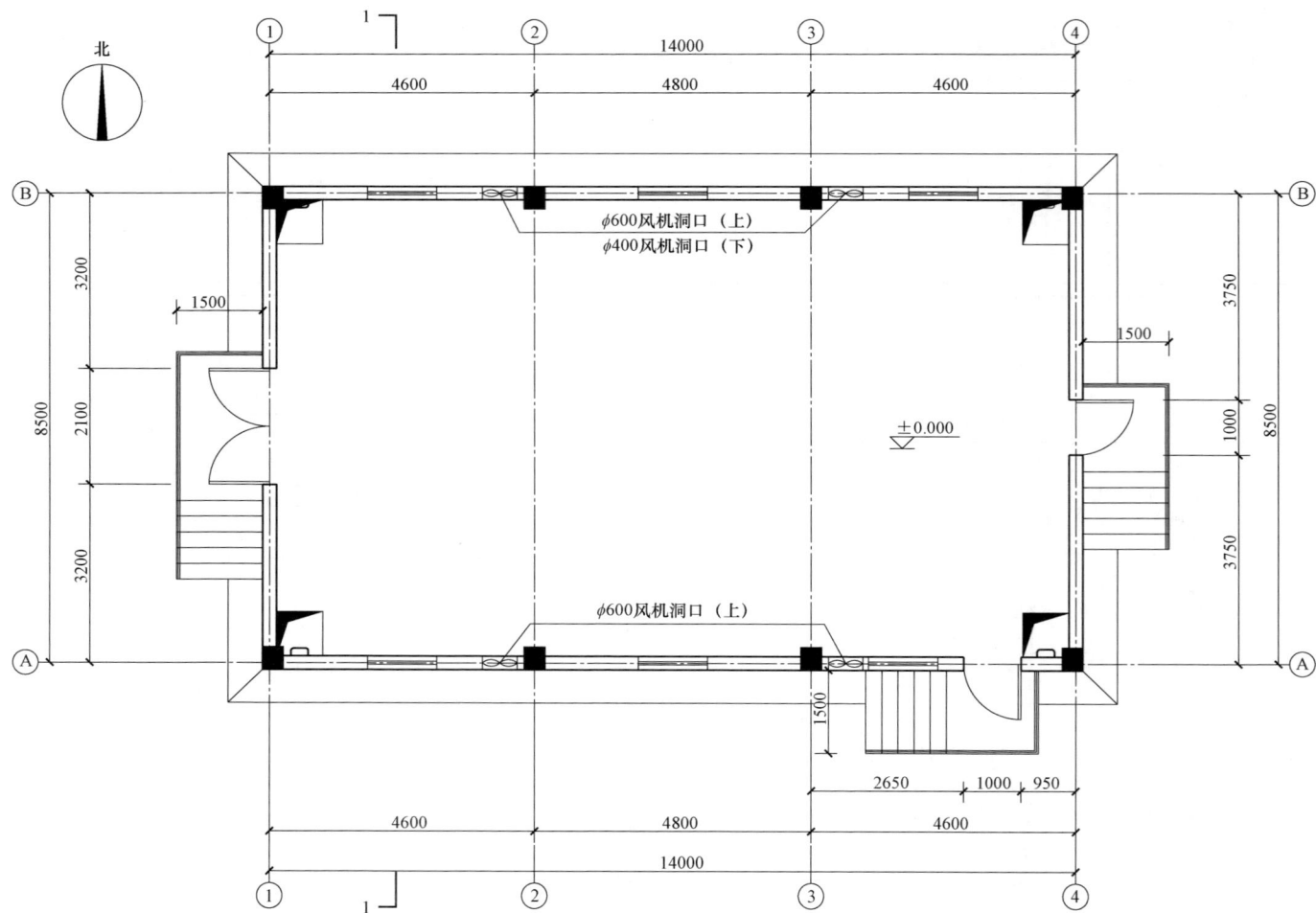

图 5-36 建筑平面布置图 KB-1-T-01-B

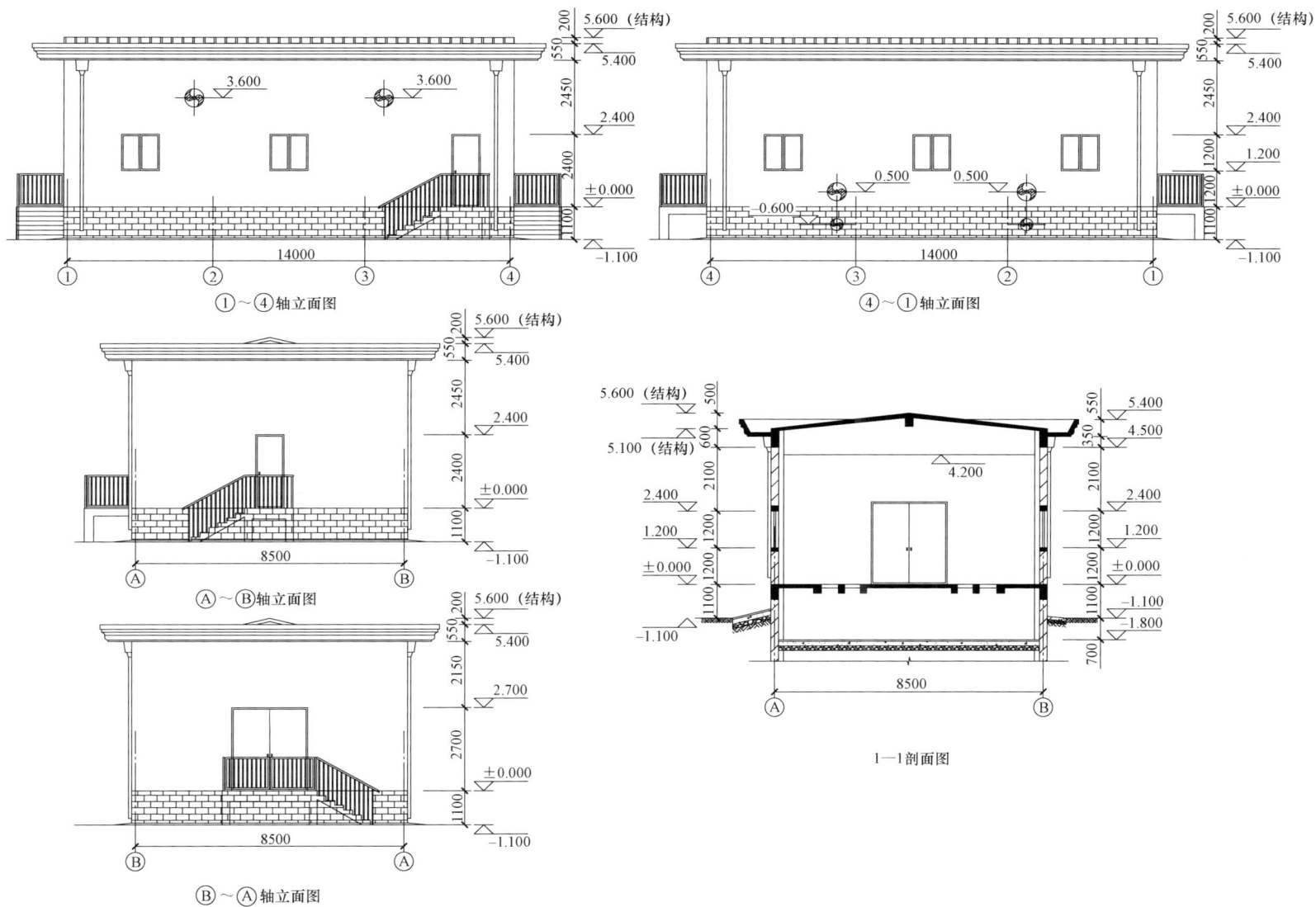

①～④轴立面图

④～①轴立面图

Ⓐ～Ⓑ轴立面图

Ⓑ～Ⓐ轴立面图

1—1剖面图

图 5－37　建筑立面及剖面图　KB－1－T－02－B

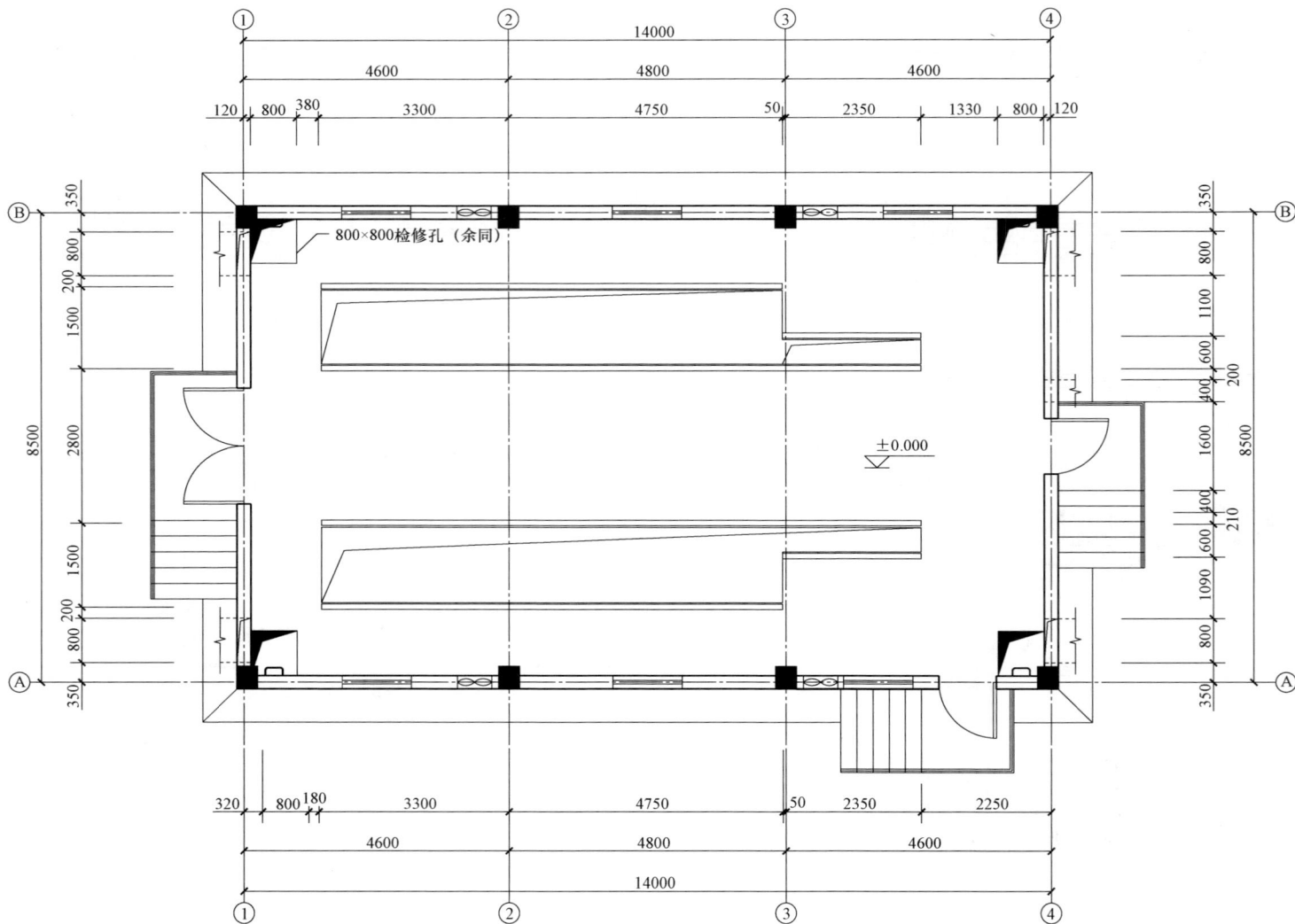

说明：本图按照电缆夹层方案设计，亦可采用电缆沟方案。

图 5-38 设备基础平面图 KB-1-T-03-B

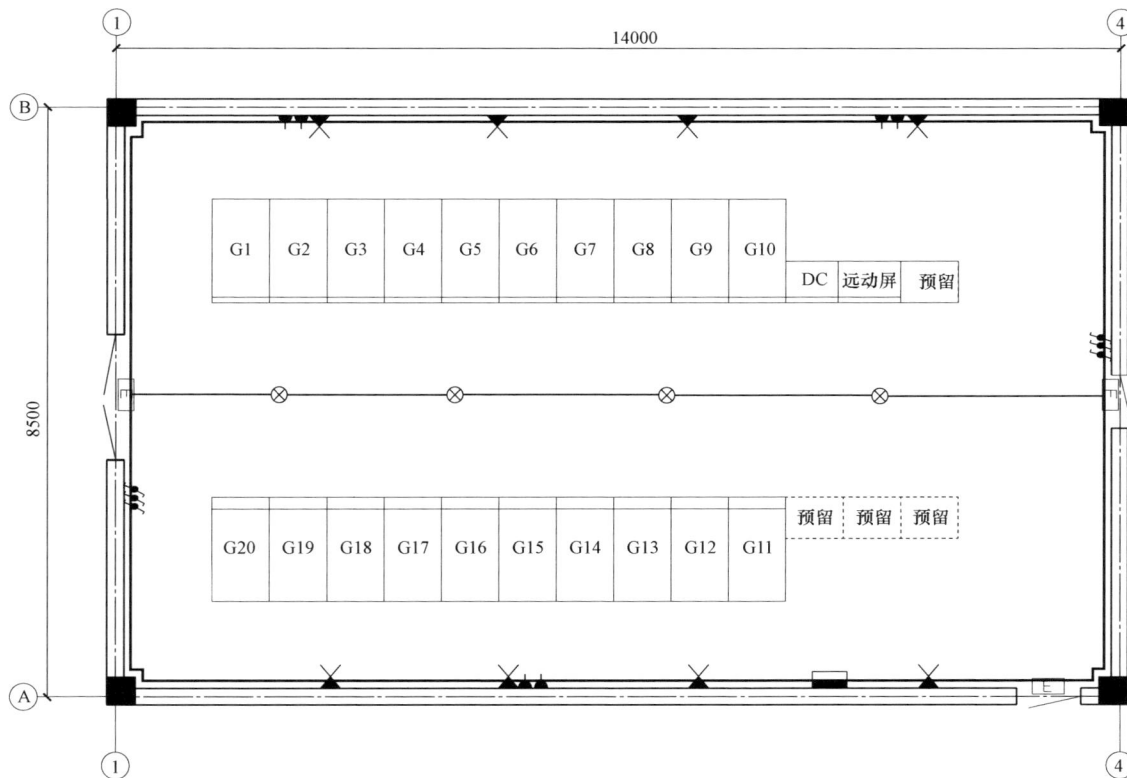

照 明 设 备 表

符号	名称	规格	数量	单位	备注
E	安全出口标志灯		3	套	
	壁开关（双联）	250V 15A	6	只	型号自选
⊗	节能灯	250V 18W	4	套	优先选用节能灯
✕	壁灯	250V 18W	8	只	优先选用节能灯管
	单相插座	250V 16A	3	套	型号自选
	单相（带接地）插座	250V 16A	3	套	型号自选
	照明端子箱		1	只	
	铜塑线	BV－0.5 6	200	m	以实际测量为准
	铜塑线	BV－0.5 4	200	m	以实际测量为准
	铜塑线	BV－0.5 2.5	300	m	以实际测量为准

说明： 1. 灯座中心离地 2.5m，节能灯安装于顶部。

　　　 2. 插座中心离地 0.5m，安全出口标志灯离门 0.2m。

图 5－39 照明布置图 KB－1－T－04－B

10A	BV–0.5–1×2.5	节能灯
10A	BV–0.5–1×2.5	壁灯
10A	BV–0.5–1×2.5	安全出口标志灯
16A	BV–0.5–1×6	直流屏
16A	BV–0.5–1×4	插座
16A	BV–0.5–1×6	环境智能监控装置
16A		备用
10A		备用
10A		备用

接1号站用变

接2号站用变

40A

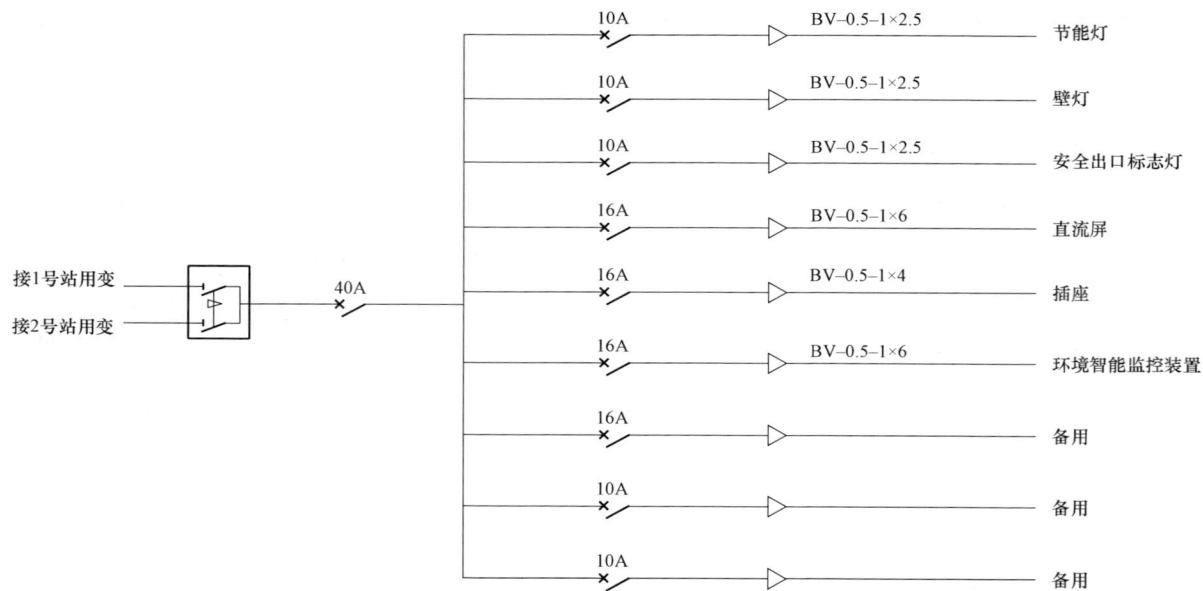

说明：风机电源引自插座。

图 5–40　照明配电箱电气主接线图　KB–1–T–05–B

第 6 章　10kV 环网室通用设计

6.1　总体说明

6.1.1　技术原则概述

6.1.1.1　设计对象

10kV 环网室通用设计的设计对象为国网西藏电力有限公司系统内 10kV 环网室。

6.1.1.2　运行管理模式

10kV 环网室通用设计按无人值守设计。

6.1.1.3　设计范围

10kV 环网室通用设计的设计范围是环网室内的电气设备、电气二次部分、平面布置及建筑物基础结构，与环网室相关的防火、通风、防洪、防潮、防尘、防毒、防小动物和低噪声等设施。

6.1.1.4　设计深度

10kV 环网室通用设计的设计深度是电气一次专业施工图深度、电气二次专业和土建专业初步设计深度，可用于实际工程可行性研究、初步设计、施工图设计阶段。

6.1.1.5　假定条件

海拔：1000m＜H≤5000m；

环境温度：－40～＋35℃；

最热月平均最高温度：15℃；

污秽等级：c、d 级；

日照强度（风速 0.5m/s）：0.118W/cm²；

地震烈度：按 8 度设计，地震加速度为 0.2g，地震特征周期为 0.45s；

洪涝水位：站址标高高于 50 年一遇洪水水位和历史最高内涝水位，不考虑防洪措施；

设计土壤电阻率：不大于 100Ω/m；

相对湿度：在 10℃时，空气相对湿度不超过 90%；

地基：地基承载力特征值取 f_{ak}＝150kPa，无地下水影响；

腐蚀：地基土及地下水对钢材、混凝土无腐蚀作用。

6.1.2　技术条件

10kV 环网室通用设计一般适用于 A、B、C、D 类供电区域，宜建于负荷中心区。通用设计共 2 个方案，10kV 环网室通用设计方案技术条件见表 6－1。

表 6－1　　　　　10kV 环网室通用设计技术条件

方案	电气主接线	10kV 进出线回路数	设备选型	布置方式	适用范围
HB－1	单母线分段（两个独立单母线）	2（4）进线 2～12 回出线	进线、出线选用断路器	户内单列布置	A、B、C、D
HB－2	单母线分段（两个独立单母线）	2（4）进线 2～12 回出线	进线、出线选用断路器	户内双列布置	A、B、C、D

10kV 环网室通用设计方案分类按电气主接线、进出线回路数、主要电气设备选择进行划分。

1. 电气主接线

10kV 部分：单母线分段、两个独立的单母线。

2. 进出线回路数

10kV 环网室一般设 2 或 4 回进线，2～12 回出线。

3. 主要电气设备选择

10kV 选用环网柜。环网柜进出线柜选用断路器柜，根据绝缘介质，可选用环保气体绝缘环网柜、固体绝缘环网柜。

6.1.3　电气一次部分

6.1.3.1　电气主接线

（1）电气主接线可分为单母线分段、两个独立的单母线。一般设 2 或 4 回进线，2～12 回出线。

（2）进线、出线选用断路器。

6.1.3.2　短路电流及主要电气设备、导体选择

（1）10kV 设备短路电流水平：不小于 20kA。

（2）主要电气设备选择：10kV 选用环网柜，进出线柜选用断路器柜，根

据绝缘介质，可选用环保气体绝缘环网柜、固体绝缘环网柜。

10kV 断路器柜主要设备选择见表 6-2。

表 6-2   10kV 断路器柜主要设备选择

设备名称	型式及主要参数	备注
断路器	630A, 20kA	
电流互感器	进出线：600/1A, 0.5S（5P10） 零序：100/1A, 0.5（10P5）	
避雷器	17/45kV	
主母线	630A	

（3）环网柜柜门关闭时防护等级应在 IP41 或以上，柜门打开时防护等级达到 IP2X 或以上，电动操作机构及二次回路封闭装置的防护等级不应低于 IP55。

（4）环网柜应具备"五防"闭锁功能，出线侧带电显示装置宜与接地刀闸实行联锁。

（5）环保气体绝缘断路器柜。

1）环保气体绝缘断路器柜内选用真空断路器，操动机构一般采用动作性能稳定的弹簧储能机构。

2）柜体都应安装带电显示器，要求带二次核相孔。

3）环保气体绝缘断路器柜宜采用单元柜型。

4）气箱箱体选用 304 不锈钢，公称厚度不低于国家标准规定的 2mm，年泄漏率小于等于 0.1%。

（6）固体绝缘断路器柜。

1）固体绝缘断路器柜内选用优质真空断路器，操动机构一般选用动作性能稳定的弹簧储能机构。

2）所有开关柜体都应安装带电显示器，要求带二次核相孔。

3）电缆头选择 630A 及以下电缆头，并应满足热稳定要求。

6.1.3.3 电气平面布置

根据方案的建设规模，选用单列或双列布置。

6.1.3.4 绝缘配合及接地

1. 绝缘配合

（1）电气设备的绝缘配合参照《交流电气装置的过电压保护和绝缘配合设

计规范》（GB/T 50064）确定的原则进行。

（2）氧化锌避雷器按《交流无间隙金属氧化物避雷器》（GB/T 11032）中的规定进行选择。

2. 接地

环网室交流电气装置的接地应符合《交流电气装置的接地设计规范》（GB/T 50065）要求。接地体的截面和材料选择应考虑热稳定和腐蚀的要求。接地体一般采用镀锌钢，腐蚀性高的地区宜采用铜包钢或者石墨。

环网室接地电阻、跨步电压和接触电压应满足《交流电气装置的接地设计规范》（GB/T 50065）要求。采用水平和垂直接地的混合接地网。具体工程中如接地电阻不能满足要求，则需要采取降阻措施。

6.1.3.5 站用电及照明

站用电、照明系统电源可由站用变低压侧、就近系统 0.4kV 电源或电压互感器提供，其中对于站内设备取电可靠性要求高、有空调等大功率设备应用的环网室优先取自站用变低压侧。

6.1.4 电气二次部分

6.1.4.1 二次设备布置

（1）有配电自动化需求的环网室，应配置配电自动化远方终端（DTU 装置）或预留其安装位置，统一布置于环网室内。

（2）满足防污秽、防凝露的要求，可安装温湿度控制器及除湿装置。

6.1.4.2 电能计量

视情况选配专用计量柜或独立计量装置，计量绕组的精度达到 0.2S 级，若 10kV 侧设置电能计量装置，需按如下原则调整：

（1）电能计量装置选用及配置应满足《电能计量装置技术管理规程》（DL/T 448）规定。

（2）互感器选用专用计量二次绕组。

（3）计量二次回路不得接入与计量无关的设备。

6.1.4.3 保护及配电自动化配置原则

（1）选用能实现继电保护功能的站所终端，不单独配置继电保护装置。

（2）选用能实现就地隔离故障的站所终端，应实现过电流、电流速断、单相接地等保护功能。

（3）当环进环出线间隔的继电保护整定定值无法实现本级环网室与上下级环网室（箱）或变电站级的保护级差配合时，环进环出线的继电保护功能退出运行。

（4）采用无线方式与主站通信时，通信设备由站所终端集成；采用其他通信方式可单独配置通信箱。

（5）站所终端外部接口一般采用航空插头；环网箱采用国家电网有限公司配电网设备标准化设计定制方案时，站所终端外部接口应采用矩形连接器。

（6）站所终端为通信设备提供 DC 24V 工作电源，为电动 DC 48V 操作电源，并布置在终端柜内。站所终端宜配置免维护阀控铅酸蓄电池，并可为站内保护等设备提供后备电源。

（7）站所终端需满足线损统计需求。

6.1.5　土建部分

6.1.5.1　站址场地

（1）站址选择应接近负荷中心，利于用户接入。

（2）土建按最终规模设计。

6.1.5.2　标示及警示

在具体工程设计时，按照国家电网有限公司相关规定制作悬挂标示及警示牌。

6.1.5.3　主体建筑

1. 独立主体建筑

主体建筑设计要结合西藏地区建筑特色，建筑造型和立面色调要与周边人文地理环境协调统一；外观设计应简洁、稳重、实用。对于建筑物外立面避免使用较为特殊的装饰，如玻璃雨篷、修饰性栏栅、半圆形房间等。

2. 非独立主体建筑

建筑设计要结合西藏地区建筑特色，外观设计应简洁、稳重、实用。应注意设备运输及进出线通道，外观应与主体建筑相配合与协调。

6.1.5.4　总平面布置

1. 独立主体建筑

工程总平面布置应满足生产工艺、运输、防火、防爆、环境保护和施工等方面的要求，应统筹安排，合理布置，工艺流程顺畅，并考虑机械作业通道和空间，方便检修维护，有利于施工。同时要考虑有效的防水、排水、通风、防潮与隔声等措施。

2. 非独立主体建筑

除满足独立主体建筑外，还应满足以下要求：① 当环网室设于建筑物本体内时，应设在地上一层，并应留有设备运输通道；② 不宜设置在卫生间、浴室或其他经常积水场所的下方。

6.1.5.5　排水、消防、通风、防潮除湿、环境保护

1. 排水

宜采用自流式有组织排水，设置集水井汇集雨水，经地下设置的排水暗管，有组织将水排至附近市政雨水管网中。

2. 消防

采用化学灭火方式。

3. 通风

宜采用自然通风，应设事故排风装置。

环保气体绝缘金属封闭开关柜如采用 C4、C5 等气体应装设强力通风装置。

4. 防潮除湿

可根据站址环境，在湿度较高的地区选择配置空调、工业级除湿机等防潮除湿装置。

5. 环境保护

噪声对周围环境影响应符合《声环境质量标准》（GB 3096）的规定和要求。

6.2　HB－1 方案说明

6.2.1　设计说明

6.2.1.1　总的部分

HB－1 方案主要技术原则为单母线分段接线，10kV 进线 2 回、出线 12 回，进线、出线选用断路器柜，户内单列布置，采用电缆进出线。

1. 适用范围

（1）适用于 A、B、C、D 区域。

（2）站址选择应接近负荷中心，利于用户接入，并充分考虑防潮、防洪、防污秽等要求。

2. 方案技术条件

HB－1 方案根据总体说明中确定的预定条件开展设计，HB－1 方案技术条件表见表 6－3。

表 6-3 **HB-1 方案技术条件表**

序号	项目	内容
1	10kV 进出线回路数	10kV 进线 2 回、出线 12 回，全部采用电缆进出线
2	电气主接线	单母线分段
3	设备短路电流水平	不小于 20kA
4	主要设备选型	10kV 进线、出线选用断路器柜。 进出线柜选用三相电流互感器和零序电流互感器。 进线间隔配置 1 组金属氧化物避雷器，出线根据实际情况选配
5	布置方式	户内单列布置
6	土建部分	基础砖混结构
7	排气通风	宜采用自然通风，设事故排风装置
8	消防	配置化学灭火器
9	站址基本条件	按地震动峰值加速度 0.2g，设计风速 30m/s，地基承载力特征值 $f_{ak}=150\text{kPa}$，地下水无影响，非采暖区设计，假设场地为同一标高。按海拔 5000m 及以下，国标 c、d 级污秽区设计；当海拔超过 5000m，按国家有关规范进行修正

6.2.1.2 电力系统部分

本通用设计按照给定的规模进行设计，在实际工程中，需要根据环网室所处系统情况具体设计。

6.2.1.3 电气一次部分

1. 电气主接线

10kV 部分：单母线分段接线。

2. 短路电流及主要电气设备、导体选择

（1）10kV 设备短路电流水平：不小于 20kA。

（2）主要电气设备选择。

1）10kV 环网柜。进出线柜选用断路器柜。

HB-1 方案 10kV 断路器柜主要设备选择见表 6-4。

表 6-4 **HB-1 方案 10kV 断路器柜主要设备选择**

设备名称	型式及主要参数	备注
断路器	630A，20kA	
电流互感器	进出线：600/1A，0.5S（5P10） 零序：100/1A，0.5（10P5）	
避雷器	17/45kV	
主母线	630A	

2）导体选择。根据短路电流水平为 20kA，按发热及动稳定条件校验，10kV 主母线导体最大工作电流按 630A 考虑。

3）电缆选择。10kV 进出线电缆应满足动热稳定要求；10kV 出线间隔电缆截面按接入变压器容量或用户负荷选择。

3. 绝缘配合及接地

（1）绝缘配合。

1）电气设备的绝缘配合参照《交流电气装置的过电压保护和绝缘配合设计规范》（GB/T 50064）确定的原则进行。

2）氧化锌避雷器按《交流无间隙金属氧化物避雷器》（GB/T 11032）中的规定进行选择。

（2）接地。环网室交流电气装置的接地应符合《交流电气装置的接地设计规范》（GB/T 50065）要求。接地体的截面和材料选择应考虑热稳定和腐蚀的要求。接地体一般采用镀锌钢，腐蚀性高的地区宜采用铜包钢或者石墨。

环网室接地电阻、跨步电压和接触电压应满足《交流电气装置的接地设计规范》（GB/T 50065）要求。采用水平和垂直接地的混合接地网。具体工程中如接地电阻不能满足要求，则需要采取降阻措施。

4. 电气平面布置

电气平面布置紧凑合理，出线方便，减少占地面积，节省投资，根据 HB-1 方案的建设规模，采用单列布置，进出线采用电缆。

5. 站用电及照明

（1）站用电。站用电、照明系统电源可由站用变低压侧、就近系统 0.4kV 电源或电压互感器提供，其中对于站内设备取电可靠性要求高、有空调等大功率设备应用的环网室优先取自站用变低压侧。

（2）照明。工作照明采用荧光灯、LED 灯、节能灯，事故照明采用应急灯。

6. 电缆设施及防护措施

电缆敷设通道应满足电缆转弯半径要求。

电缆敷设采用支架上敷设、穿管敷设方式，并满足防火要求；在柜下方及电缆沟进出口采用耐火材料封堵，电缆进出室内外，需考虑防水封堵措施。

6.2.1.4 电气二次部分

1. 二次设备布置

（1）有配电自动化需求的环网室，应配置配电自动化远方终端（DTU 装置）或预留其安装位置，统一布置于环网室内。

（2）满足防污秽、防凝露的要求，可安装温湿度控制器及除湿装置。

2. 电能计量

视情况选配专用计量柜或独立计量装置，计量绕组的精度达到 0.2S 级，若 10kV 侧设置电能计量装置，需按如下原则调整：

（1）电能计量装置选用及配置应满足《电能计量装置技术管理规程》（DL/T 448）规定。

（2）互感器采用专用计量二次绕组。

（3）计量二次回路不得接入与计量无关的设备。

3. 保护及配电自动化配置原则

（1）选用能实现继电保护功能的站所终端，不单独配置继电保护装置。

（2）选用能实现就地隔离故障的站所终端，应实现过电流、电流速断、单相接地等保护功能。

（3）当环进环出线间隔的继电保护整定定值无法实现本级环网室与上下级环网室（箱）或变电站级的保护级差配合时，环进环出线的继电保护功能退出运行。

（4）采用无线方式与主站通信时，通信设备由站所终端集成；采用其他通信方式可单独配置通信箱。

（5）站所终端外部接口一般采用航空插头；环网箱采用国家电网有限公司配电网设备标准化设计定制方案时，站所终端外部接口应采用矩形连接器。

（6）站所终端为通信设备提供 DC 24V 工作电源，为电动 DC 48V 操作电源，并布置在终端柜内。站所终端宜配置免维护阀控铅酸蓄电池，并可为站内保护等设备提供后备电源。

（7）站所终端需满足线损统计需求。

6.2.1.5 土建部分

1. 概述

（1）站址场地。

1）站址应接近负荷中心，满足低压供电半径要求。

2）土建按最终规模设计。

3）设定场地设计为同一标高。

4）洪涝水位：站址标高高于 50 年一遇洪水水位和历史最高内涝水位，不考虑防洪措施。

（2）设计的原始资料。站区地震动峰值加速度按 0.2g 考虑，地震作用按 8 度抗震设防烈度进行设计，地震特征周期为 0.45s，设计风速 30m/s，地基承载力特征值 $f_{ak} = 150$kPa；地基土及地下水对钢材、混凝土无腐蚀作用；海拔 5000m 及以下。

（3）主要建筑材料。

1）现浇或预制钢筋混凝土结构。混凝土：C25、C30 用于一般现浇或预制钢筋混凝土结构及基础；C15 用于混凝土垫层。钢筋：HPB300 级、HRB335 级、HRB400 级。

2）钢材：Q235、Q345。螺栓：4.8 级、6.8 级、6.1.8 级。

2. 建筑设计

（1）在具体工程设计时，按照国家电网有限公司相关规定制作悬挂标示及警示牌。

（2）独立主体建筑：主体建筑设计要结合西藏地区建筑特色，建筑造型和立面色调要与周边人文地理环境协调统一；外观设计应简洁、稳重、实用。对于建筑物外立面避免使用较为特殊的装饰，如玻璃雨篷、通体玻璃幕墙、修饰性栏栅、半圆形房间等。

（3）非独立主体建筑：建筑设计要结合西藏地区建筑特色，外观设计应简洁、稳重、实用。应注意设备运输及进出线通道，外观应与主体建筑相配合与协调。

3. 总平面布置

（1）独立主体建筑：本站总平面布置根据生产工艺、运输、防火、防爆、环境保护和施工等方面要求，按最终规模对站区的建构筑物、管线及道路进行统筹安排，合理布置，工艺流程顺畅，考虑机械作业通道和空间，检修维护方便，有利于施工，便于扩建。同时要考虑有效的防水、排水、通风、防潮、防小动物与隔声等措施。

（2）非独立主体建筑：除满足（1）外还应满足以下要求，当环网室设于建筑本体内时，应设在地上一层，并应留有设备运输通道。不宜设置在卫生间、浴室或其他经常积水场所的下方。

4. 结构设计

建筑物的抗震设防类别按《建筑抗震设计规范》（GB 50011）及《电力设施抗震设计规范》（GB 50260）设计。安全等级采用二级，结构重要性系数为 1.0。

设计基本加速度为 0.2g，按 8 度抗震设防烈度进行设计，地震特征周期为 0.35s。

主要建构筑物、基础采用框架或砖混结构。混凝土强度等级采用 C25，钢材采用 HPB235、HRB335 级钢。

根据假定地质条件，建筑物采用条形基础。

5. 排水、消防、通风、防潮除湿、环境保护

（1）排水。宜采用自流式有组织排水，设置集水井汇集雨水，经地下设置的排水暗管，有组织将水排至附近市政雨水管网中。

（2）消防。采用化学灭火方式。

（3）通风。宜采用自然通风，应设事故排风装置。

环保气体绝缘金属封闭开关柜如采用 C4、C5 等气体应装设强力通风装置。

（4）防潮除湿。可根据站址环境，在湿度较高的地区选择配置空调、工业级除湿机等防潮除湿装置。

（5）环境保护。噪声对周围环境影响应符合《声环境质量标准》（GB 3096）的规定和要求。

6.2.2 主要设备及材料清册

HB－1 方案主要设备材料表见表 6－5。

表 6－5　　　　　　　　HB－1 方案主要设备材料表

序号	名称	型号及规格	单位	数量	备注
1	10kV 进线柜	环保气体绝缘断路器柜	面	2	以环保气体绝缘开关柜为例
2	10kV 出线柜	环保气体绝缘断路器柜	面	12	
3	10kV 分段柜	环保气体绝缘断路器柜	面	2	
4	电压互感器柜		面	2	
5	公共单元柜		面	1	
6	直流屏		面	1	可选

6.2.3 使用说明

6.2.3.1 概述

在使用本通用设计时，应根据实际情况，在安全可靠、投资合理、标准统

一、运行高效的设计原则下，将通用设计中的模块合理地组合应用，形成符合实际要求的 10kV 户内环网室。

HB－1 方案主要内容为单母线分段接线，10kV 进线、出线选用断路器柜，二次部分采用分散式站所终端。

10kV 采用单母线分段接线，进线 2 回，出线 12 回，预留配电自动化设备位置；10kV 进线、出线选用断路器柜。

站用电控制箱设置具备照明、检修维护、预留配电自动化设备不停电电源等功能，电源引自本站或邻近不同低压电源，具备低压互投功能的组合方案。

6.2.3.2 电气一次部分

1. 电气主接线

10kV 采用单母线分段接线，进线 2 回、出线 12 回；在实际工程中，按照出线规模及建设标准确定。

2. 主设备选择

HB－1 方案 10kV 进线、出线选用断路器柜。设备的短路水平、额定电流等电气参数是按照预定的边界条件进行计算选择，具体工程按实际情况进行计算选择。

3. 电气平面布置

采用户内单列布置。

6.2.3.3 土建部分

1. 边界条件

站区地震动峰值加速度按 0.2g 考虑，地震作用按 8 度抗震设防烈度进行设计，地震特征周期为 0.45s，设计风速 30m/s，地基承载力特征值 $f_{ak}=150$kPa；地基土及地下水对钢材、混凝土无腐蚀作用；当具体工程实际情况有所变化时，应对有关项目做相应的调整。

HB－1 方案按海拔小于 5000m，国标 c、d 级污秽区设计；当海拔超过 5000m 时，按《导体和电器选择设计技术规定》（DL/T 5222）和《3～110kV 高压配电装置设计规范》（GB 50060）的有关规定进行修正。

HB－1 方案按环境温度为 −40～+35℃ 设计，当实际环境温度超过上述范围时，按《导体和电器选择设计技术规定》（DL/T 5222）的有关规定进行修正。

2. 采暖、通风

本通用设计按非采暖区设计。当具体工程实际情况有所变化时，应对有关项目做相应的调整。

环保气体绝缘环网柜如采用 C4、C5 等气体应装设强力通风装置。

6.2.4 设计图

HB-1 方案设计图清单见表 6-6，图中标高单位为 m，尺寸未注明单位者均为 mm。

表 6-6   **HB-1 方案设计图清单**

图序	图名	图纸编号
图 6-1	10kV 系统配置图	HB-1-D1-01
图 6-2	电气平面布置图	HB-1-D1-02
图 6-3	电气断面图	HB-1-D1-03
图 6-4	接地装置布置图	HB-1-D1-04
图 6-5	DTU 柜交直流电源原理图	HB-1-D2-01
图 6-6	10kV 断路器柜二次图	HB-1-D2-02

续表

图序	图名	图纸编号
图 6-7	10kV 电压互感器柜二次图	HB-1-D2-03
图 6-8	DTU 柜外形尺寸图	HB-1-D2-04
图 6-9	航空插接线定义图	HB-1-D2-05
图 6-10	柜内通信联络图	HB-1-D2-06
图 6-11	DTU 柜控制回路图	HB-1-D2-07
图 6-12	建筑平面布置图	HB-1-T-01
图 6-13	建筑立面及剖面图	HB-1-T-02
图 6-14	设备基础平面图	HB-1-T-03
图 6-15	照明布置图	HB-1-T-04
图 6-16	照明配电箱电气主接线图	HB-1-T-05

一次主接线	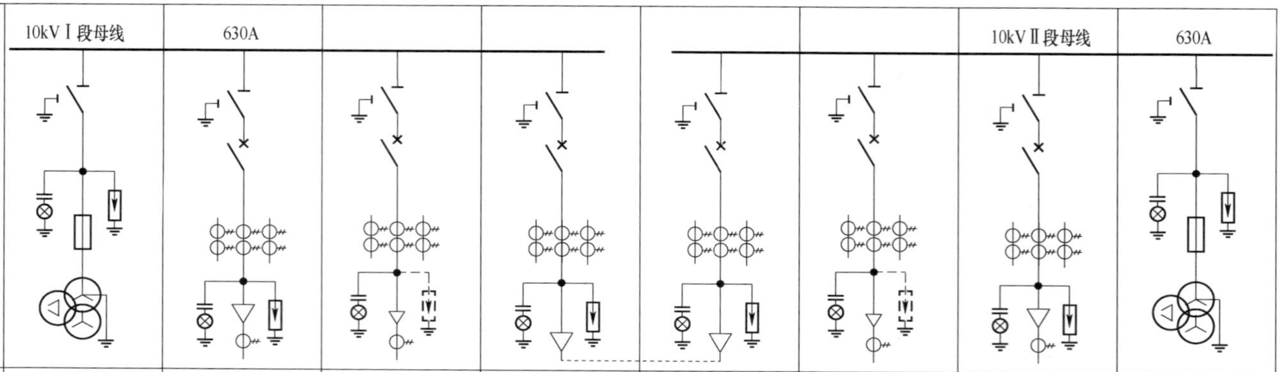 10kV Ⅰ段母线	630A					10kV Ⅱ段母线	630A
开关柜编号	G1	G2	G3~8	G9	G10	G11~16	G17	G18
开关柜名称	电压互感器柜1	进线柜1	出线柜1~6	分段柜1	分段柜2	出线柜7~12	进线柜2	电压互感器柜2
额定电流 (A)	630	630	630	630	630	630	630	630
额定电压 (kV)	12	12	12	12	12	12	12	12
断路器		630A,20kA	630A,20kA	630A,20kA	630A,20kA	630A,20kA	630A,20kA	
隔离/接地开关	1组	1组	1组	1组	1组	1组	1组	1组
熔断器	1A							1A
电压互感器0.5(3P)	$\frac{10}{\sqrt{3}}\|\frac{0.1}{\sqrt{3}}\|\frac{0.22}{3}\|\frac{0.1}{3}$ 0.5/3/3P, 30/300/50VA							$\frac{10}{\sqrt{3}}\|\frac{0.1}{\sqrt{3}}\|\frac{0.22}{3}\|\frac{0.1}{3}$ 0.5/3/3P, 30/300/50VA
电流互感器 0.5S/5P10		600/1	600/1	600/1	600/1	600/1	600/1	
零序电流互感器0.5/10P5		100/1	100/1			100/1	100/1	
避雷器YH5WZ-17/45	1组	1组	1组	1组	1组	1组	1组	1组
带电显示器	1组	1组	1组	1组	1组	1组	1组	1组
电操机构		1套	1套	1套	1套	1套	1套	
数显表	1只	1只	1只	1只	1只	1只	1只	1只
柜体尺寸（宽×深×高）(mm)	600×850×2000	420×850×2000	420×850×2000	420×850×2000	420×850×2000	420×850×2000	420×850×2000	600×850×2000

说明： 1. 本方案柜型选用环保气体绝缘金属封闭环网柜。环网柜的防护等级不低于 IP41。

2. 柜内开关配电动操作机构（操作电压建议选用 DC48V）、辅助触点（另增 6 对动断、动合触点），满足配电网自动化要求。

3. TA 选择零序加三相。

4. 站用电、照明系统优先取自 0.4kV 电源。

图 6-1　10kV 系统配置图　HB-1-D1-01

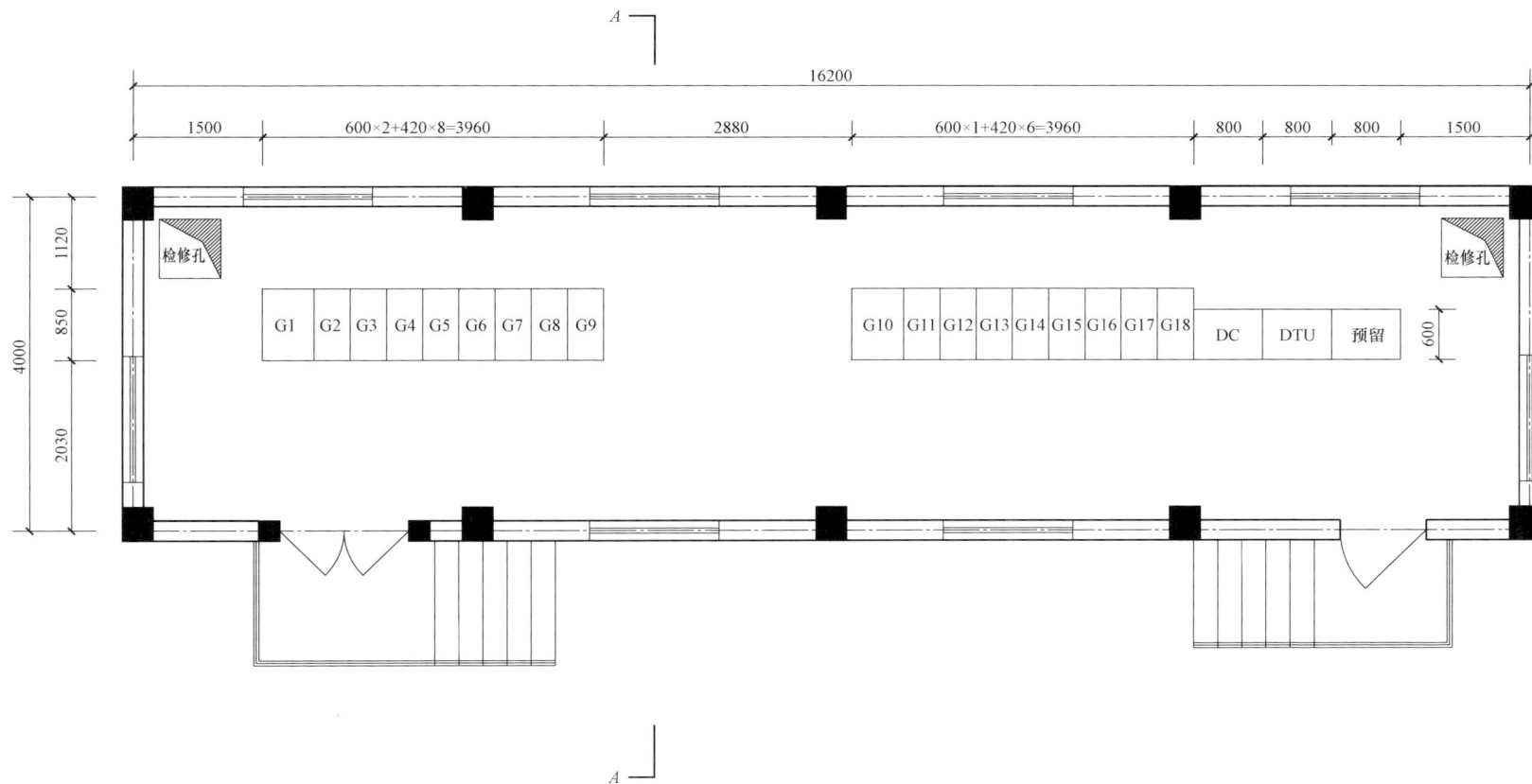

图 6-2 电气平面布置图 HB-1-D1-02

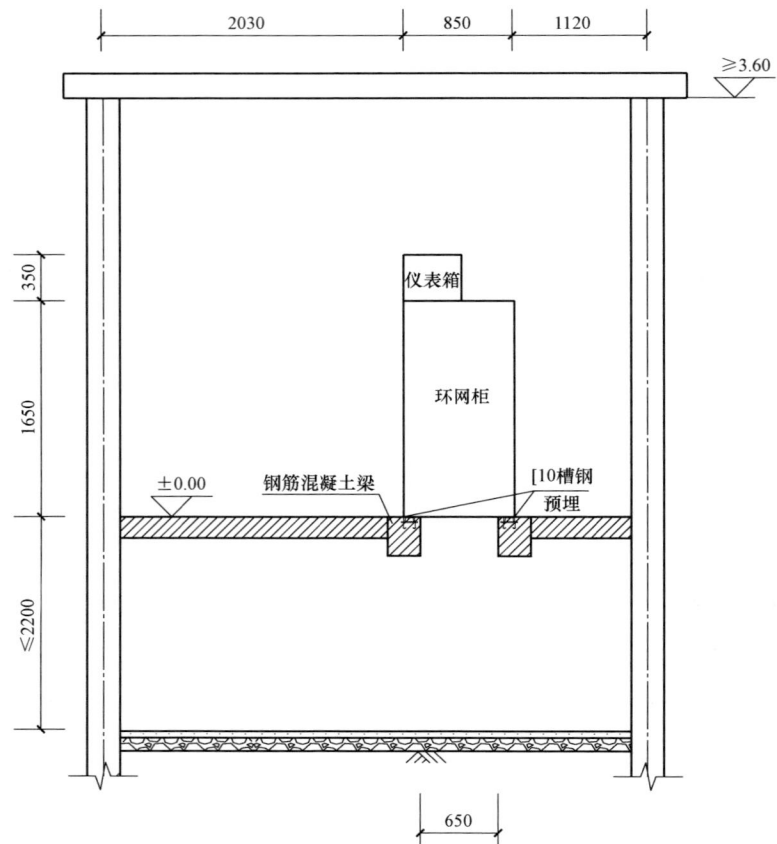

2030　850　1120

≥3.60

350

1650

仪表箱

环网柜

±0.00　　钢筋混凝土梁　　[10槽钢
预埋

≤2200

650

A—A断面图

图 6-3　电气断面图　　HB-1-D1-03

图例：
━━━━━ 接地干线
┄┄┄┄┄ 工作接地带
○ 垂直接地极
● 接地交接点
⏚ 临时接地端子

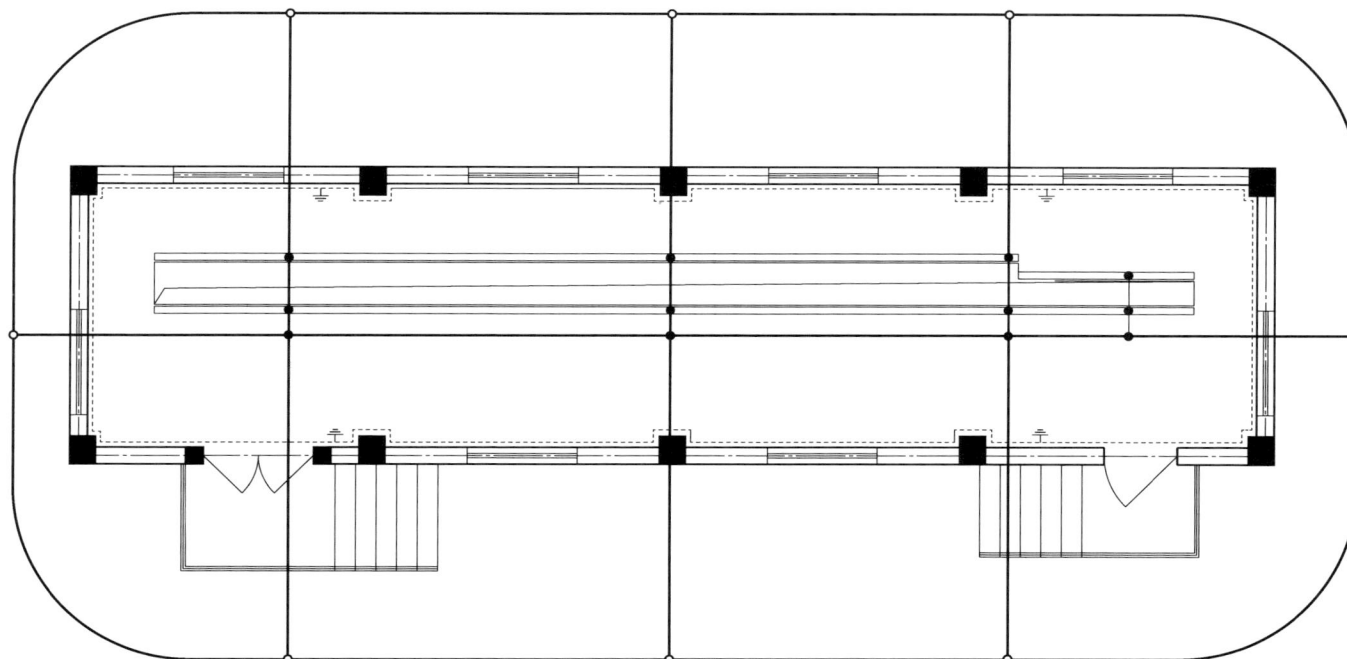

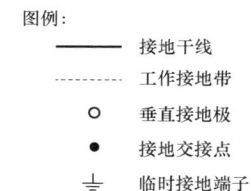

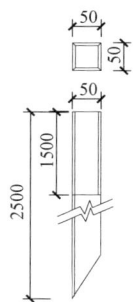

接地极制作示意图

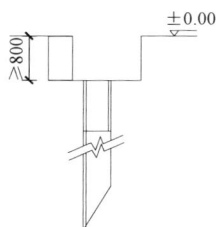

接地体入地示意图

说明：1. 水平接地采用—50mm×5mm 镀锌扁钢。

2. 垂直接地极采用 L50mm×5mm 镀锌角钢制成，长度为 2.5m。

3. 配电装置室内工作接地带采用—50mm×5mm 镀锌扁钢沿墙明敷一圈，距室内地坪＋300mm，离墙间隙 20mm，过门入地暗敷两头上跷与沿墙明敷接地连接。

4. 接地装置的接地电阻应≤4Ω，对于土壤电阻率高的地区，如电阻实测值不满足要求，应增加垂直接地极及水平接地体的长度，直到符合要求为止。如环网室采用建筑物的基础做接地极且主体建筑接地电阻＜1Ω，可不另设人工接地。

5. 接地装置的施工应满足《电气装置安装工程接地装置施工及验收规范》（GB 50169）的规定。

6. 接地网、电缆支架、预埋钢管等所有铁件均需做镀锌处理，若在高腐蚀性地区接地体材料可选用铜镀锌。

7. 环网柜基础槽钢应不少于两点与主接地网连接。

8. 当套建于建筑物内时，接地网应与主接地网可靠连接。

图 6－4　接地装置布置图　HB－1－D1－04

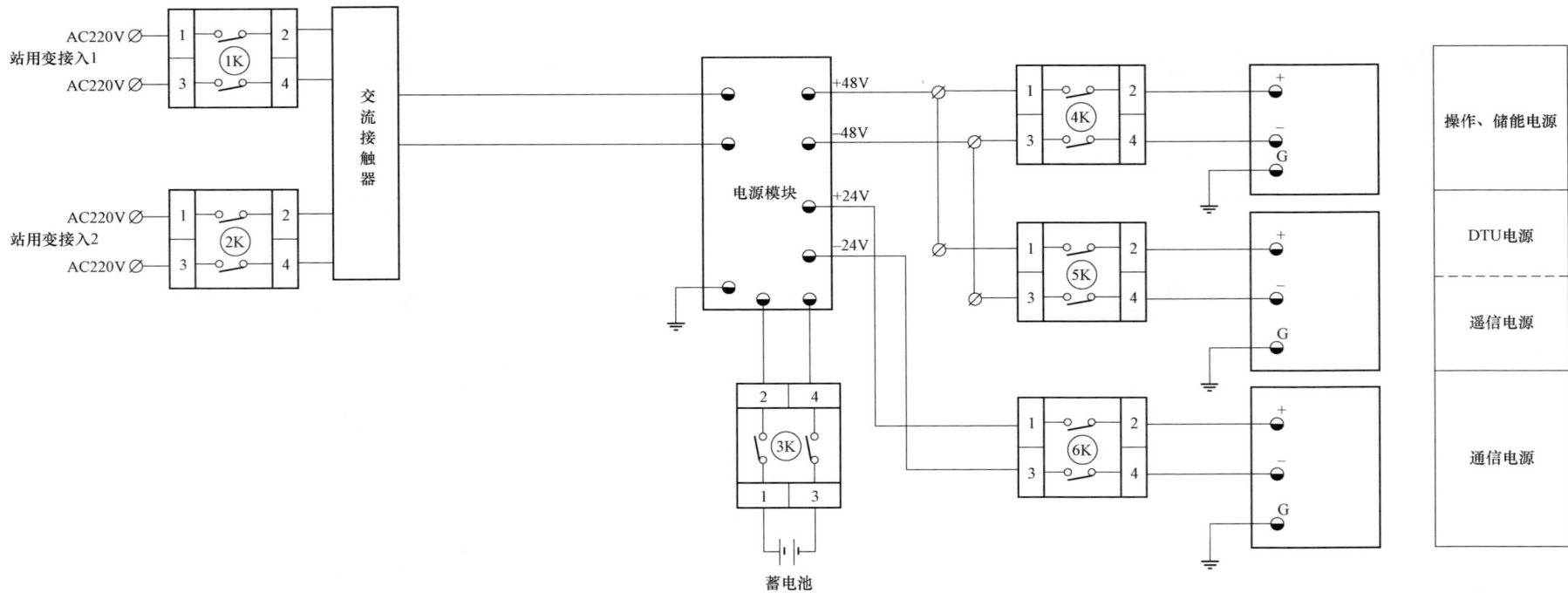

AC220V ⊘
站用变接入1
AC220V ⊘

AC220V ⊘
站用变接入2
AC220V ⊘

交流接触器

电源模块

+48V
-48V
+24V
-24V

蓄电池

操作、储能电源

DTU电源

遥信电源

通信电源

说明: 1. 对于二遥 DTU 操作电源可不提供。

     2. 蓄电池采用浮充方式运行。

图 6-5　DTU 柜交直流电源原理图　HB-1-D2-01

10kV断路器柜

1LH 保护
2LH 测量

+48V

+48V

开关柜转换开关

保护合闸 1LP

QK HA 3 机构合闸回路
1K1
QK 1 1K2
QK TA 33 机构分闸回路

保护跳闸 2LP

XK M
操作机构

直流电源
保护合闸回路
开关柜内手动合闸
DTU远方/就地合闸
DTU远方/就地跳闸
开关柜内手动跳闸
保护跳闸回路
开关储能回路

1LHa A411
1LHb B411
1LHc C411
N411
DTU

1LH0 L401
N401

A相	
B相	电流回路
C相	
N相	
零序	

断路器柜

801
803
805
807
809
811
813

DTU间隔单元

遥信公共端	
合位	
分位（可选）	
远方/当地（可选）	信号回路
接地开关位置（可选）	
未储能位（可选）	
隔离开关位置	

2LHa A421
2LHb B421
2LHc C421
测量表计 DTU
N421

A相	
B相	电流回路
C相	
N相	

说明：DTU采用空接点控制开关分合闸。

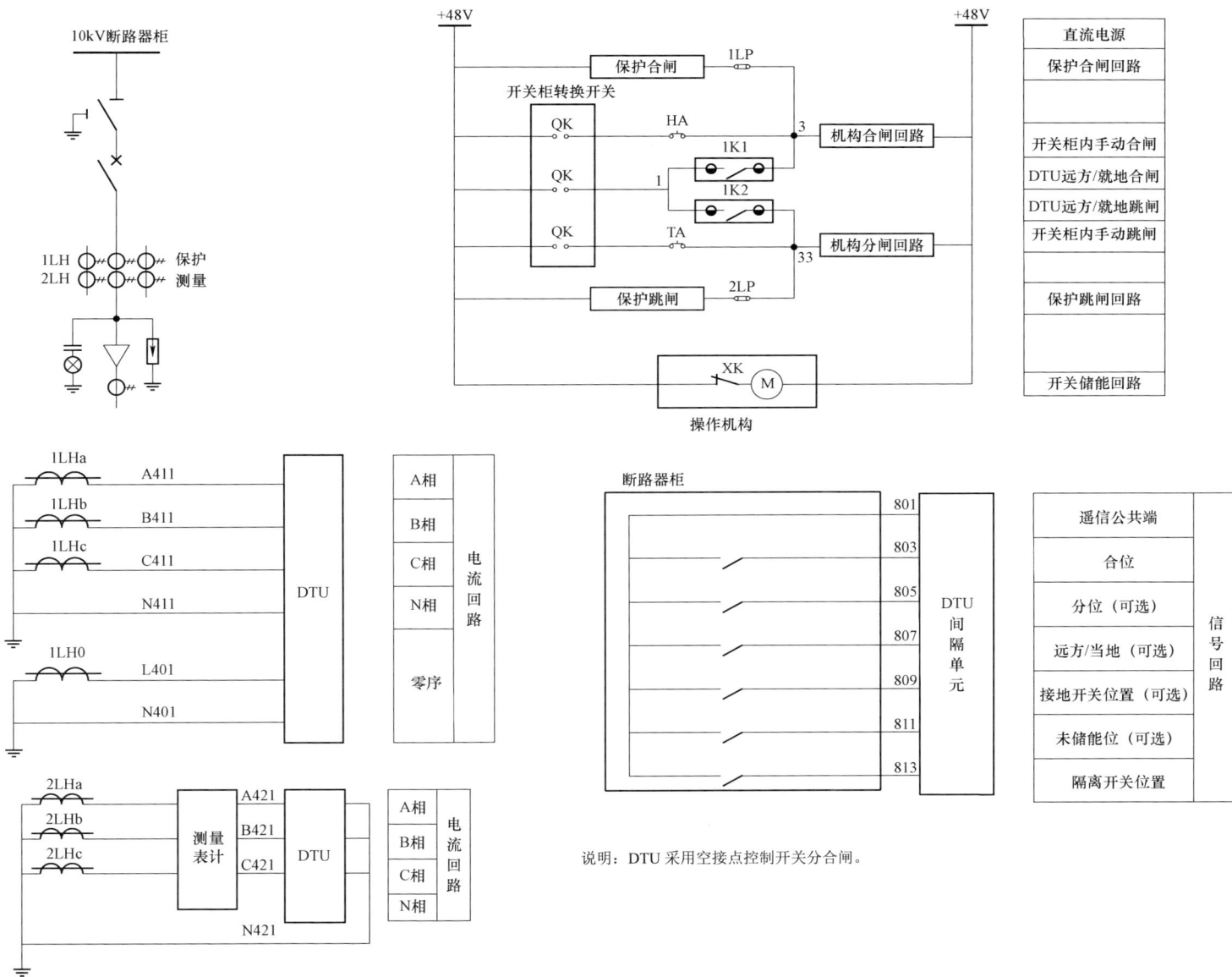

图 6-6 10kV 断路器柜二次图   HB-1-D2-02

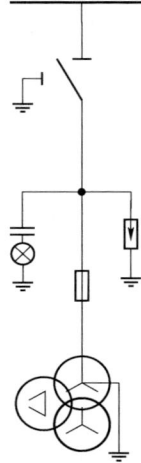

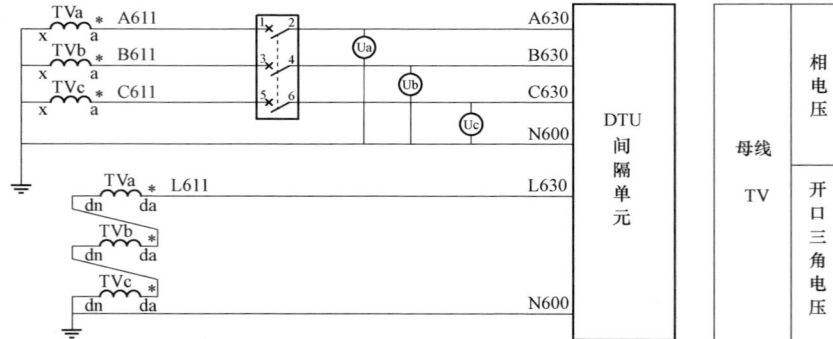

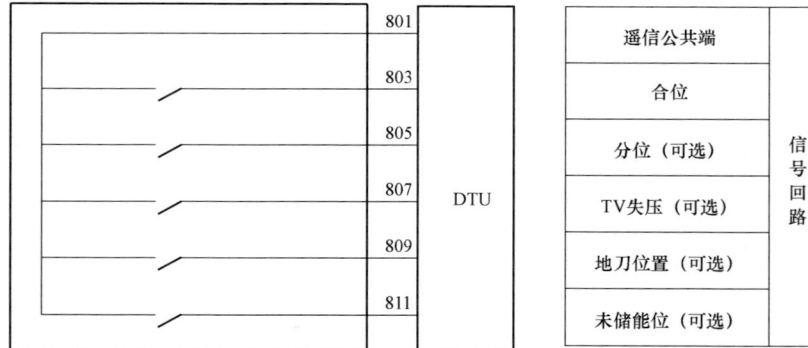

图 6-7　10kV 电压互感器柜二次图　HB-1-D2-03

配电自动化终端

图 6－8　DTU 柜外形尺寸图　HB－1－D2－04

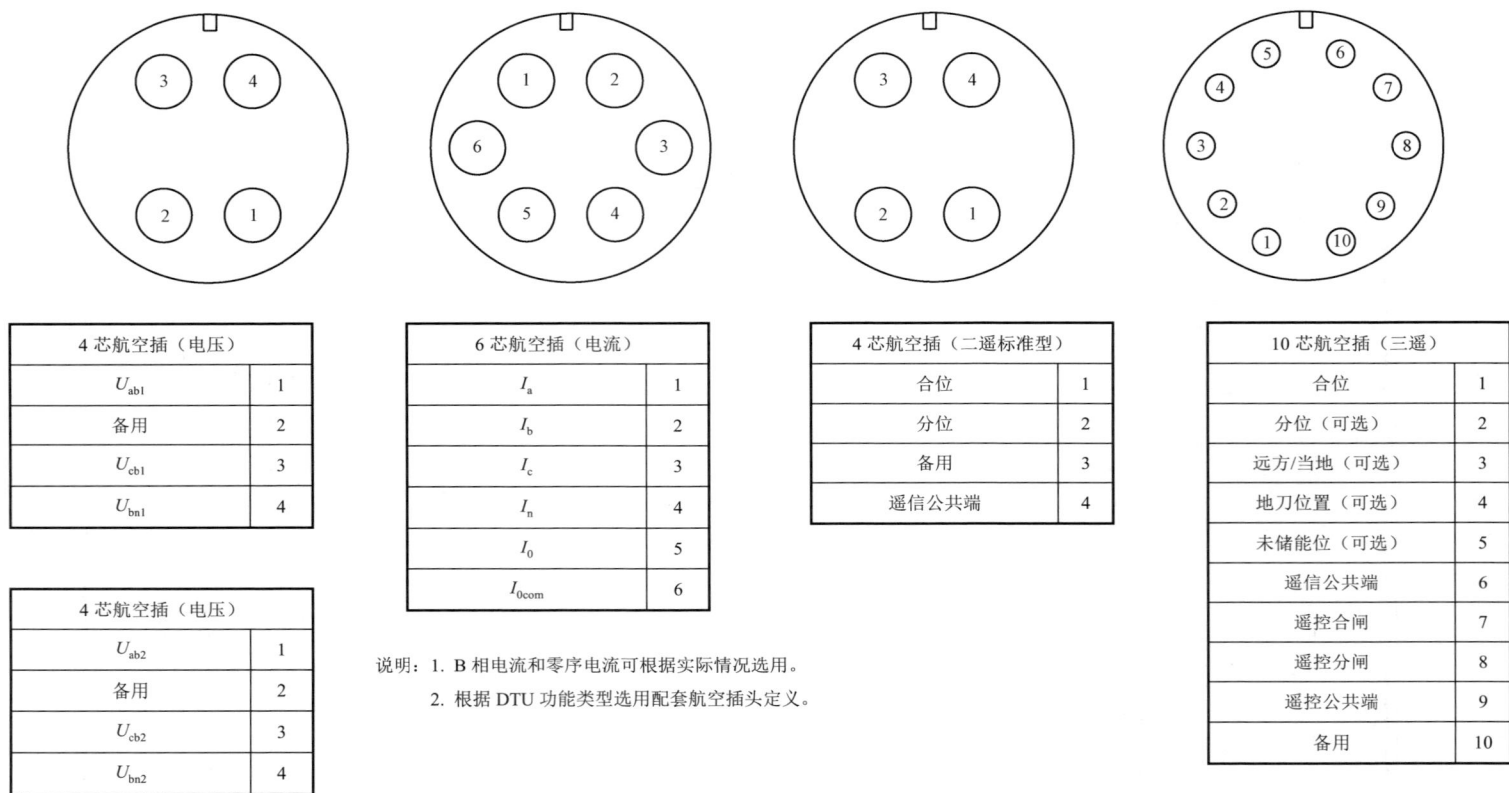

4芯航空插（电压）	
U_{ab1}	1
备用	2
U_{cb1}	3
U_{bn1}	4

4芯航空插（电压）	
U_{ab2}	1
备用	2
U_{cb2}	3
U_{bn2}	4

6芯航空插（电流）	
I_a	1
I_b	2
I_c	3
I_n	4
I_0	5
I_{0com}	6

说明：1. B相电流和零序电流可根据实际情况选用。

2. 根据 DTU 功能类型选用配套航空插头定义。

4芯航空插（二遥标准型）	
合位	1
分位	2
备用	3
遥信公共端	4

10芯航空插（三遥）	
合位	1
分位（可选）	2
远方/当地（可选）	3
地刀位置（可选）	4
未储能位（可选）	5
遥信公共端	6
遥控合闸	7
遥控分闸	8
遥控公共端	9
备用	10

图 6-9　航空插接线定义图　HB-1-D2-05

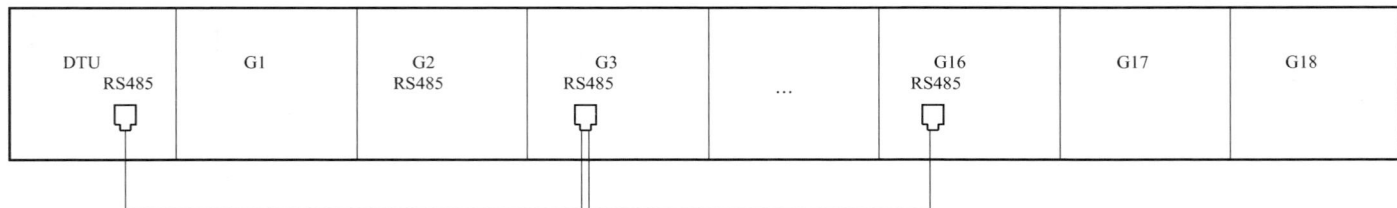

说明：馈线断路器保护信号上传至 DTU，也可选择上传装置信息。

图 6-10　柜内通信联络图　HB-1-D2-06

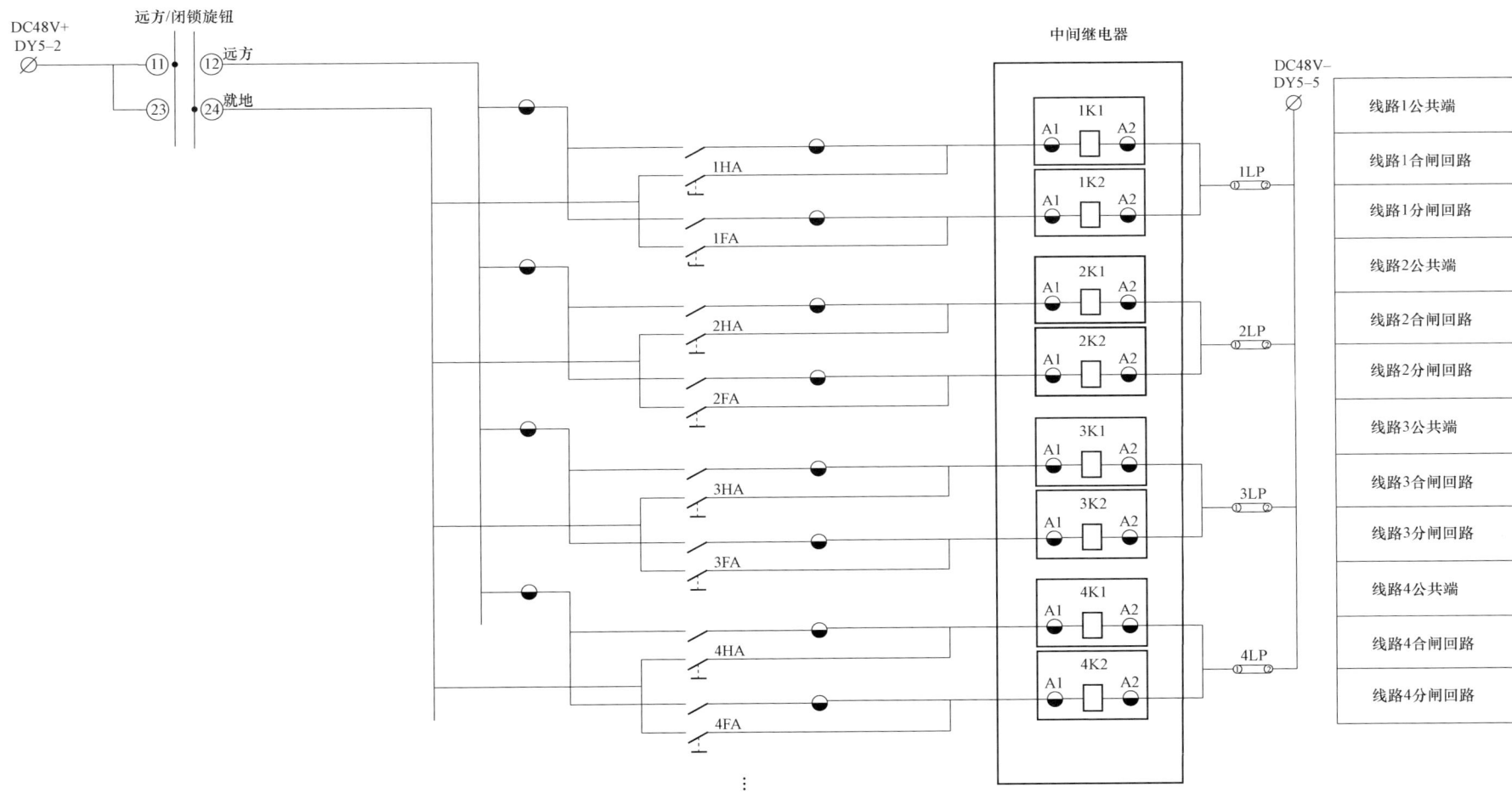

图 6-11　DTU 柜控制回路图　HB-1-D2-07

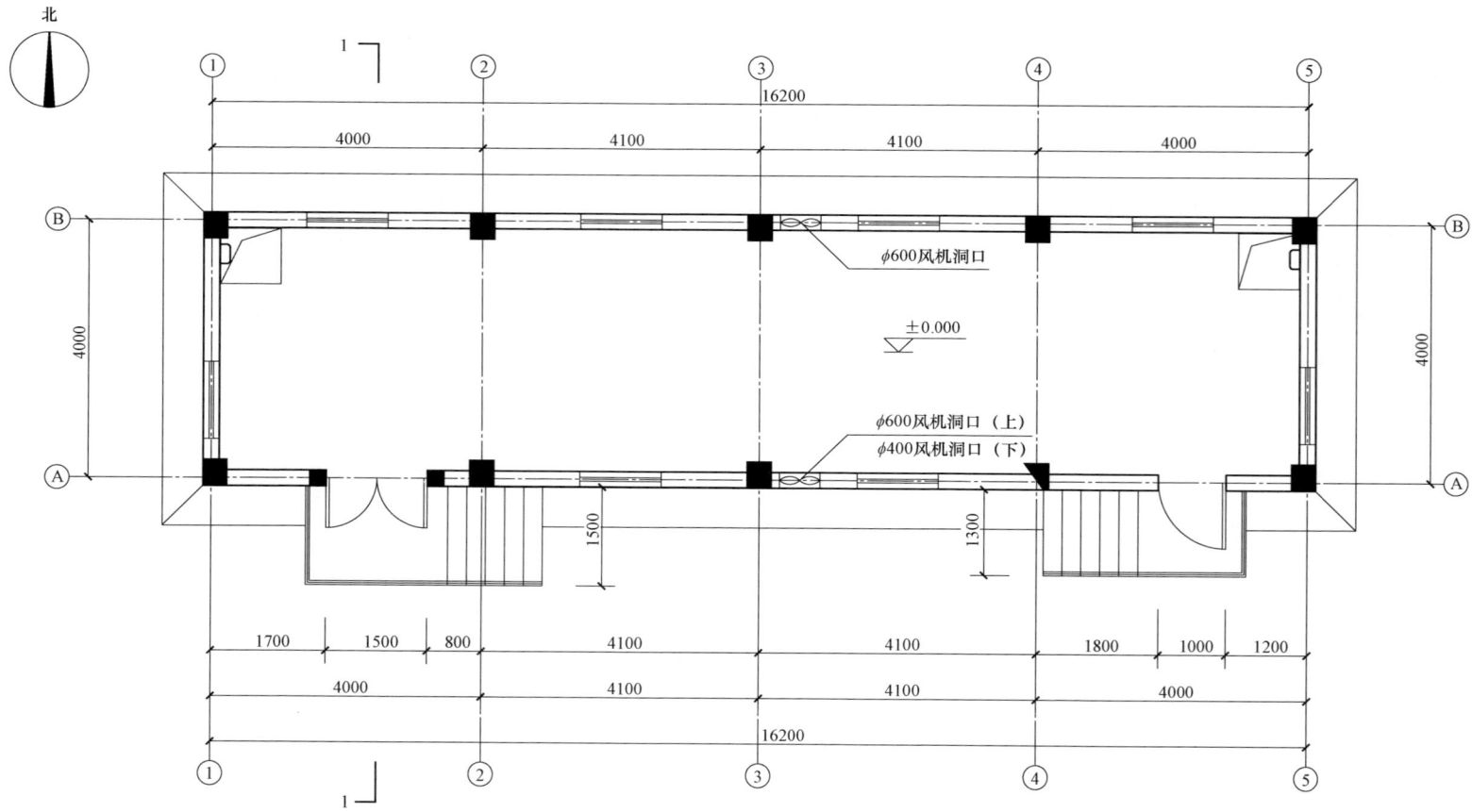

图 6-12　建筑平面布置图　HB-1-T-01

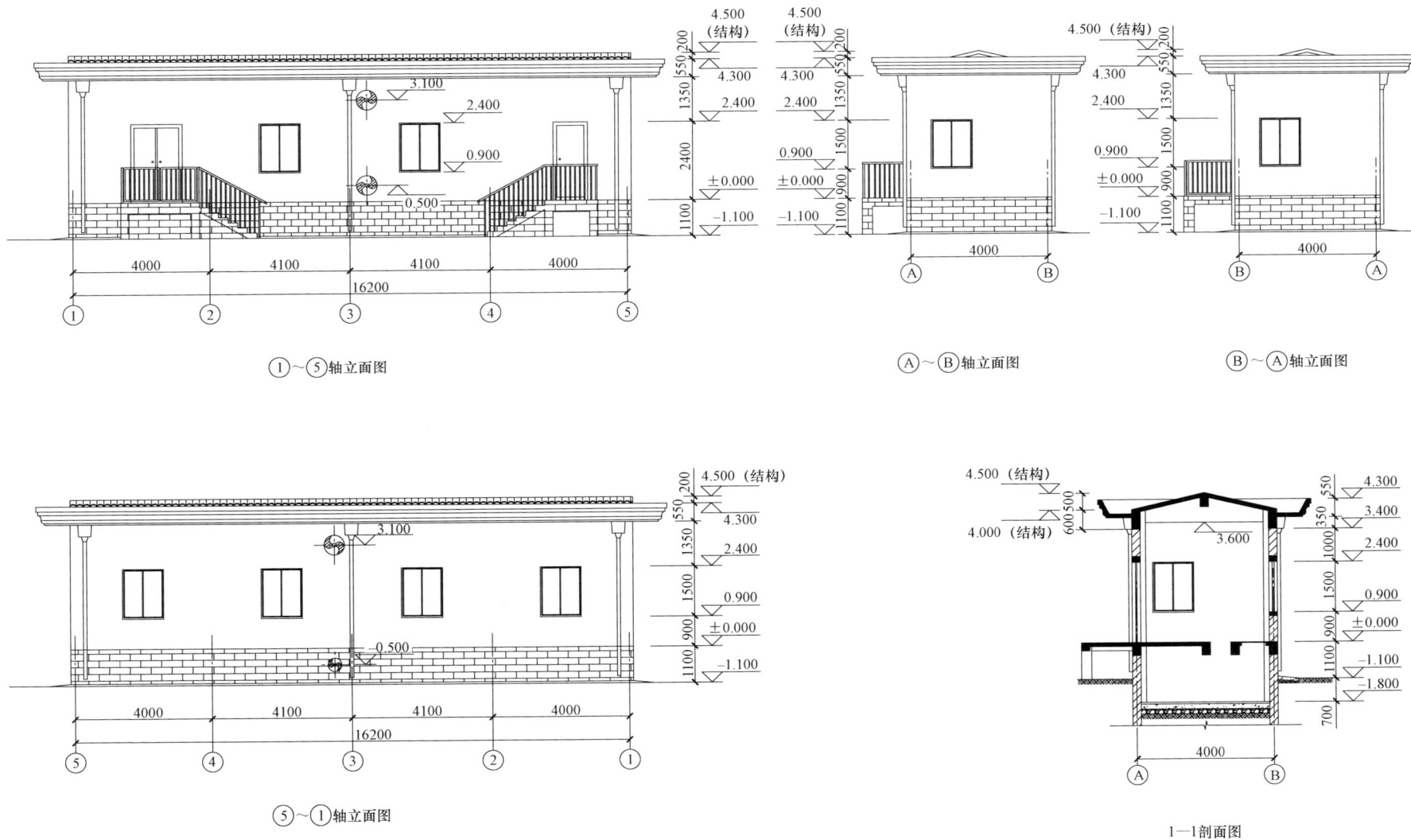

①～⑤轴立面图

A～B轴立面图

B～A轴立面图

⑤～①轴立面图

1—1剖面图

图 6-13　建筑立面及剖面图　HB-1-T-02

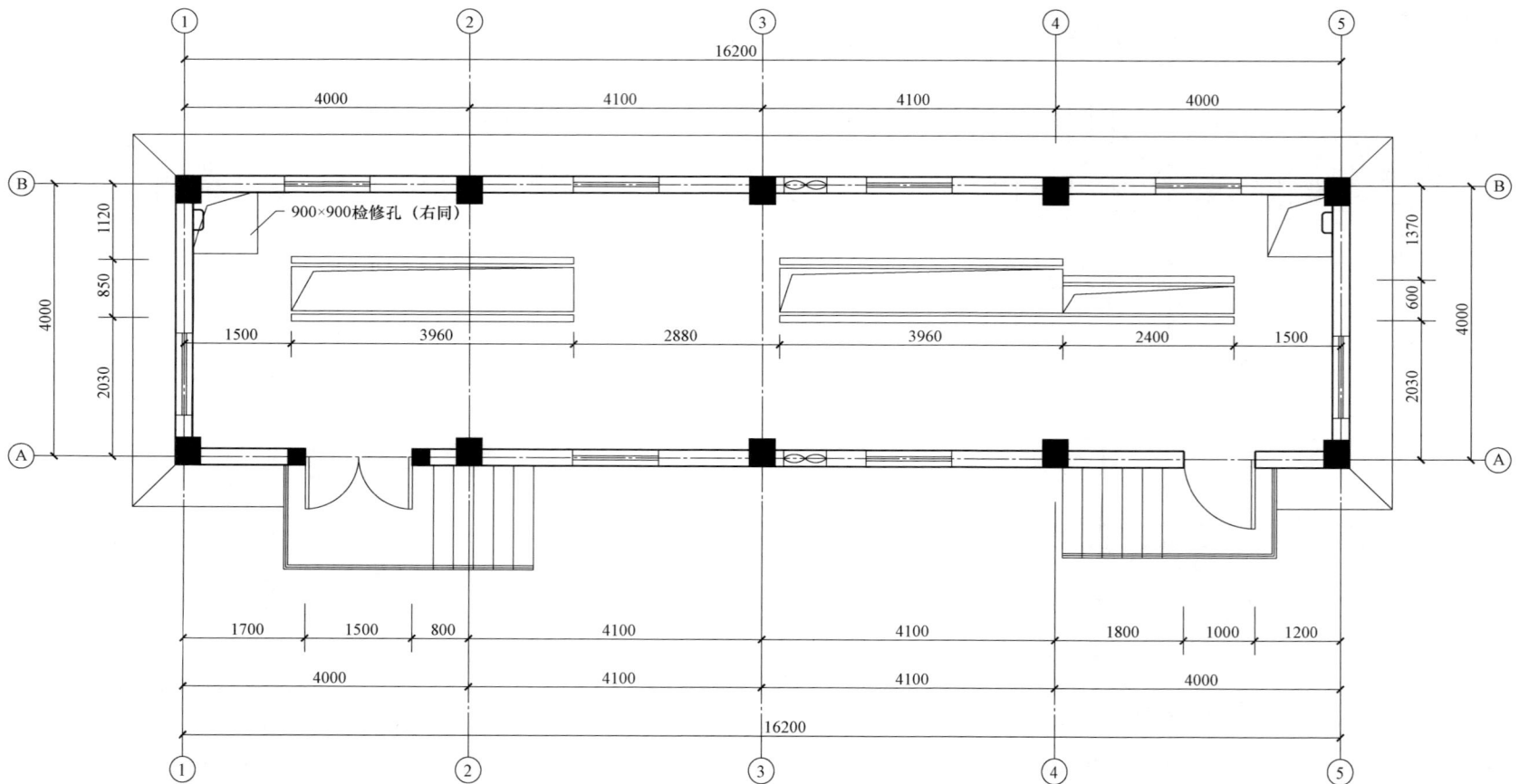

说明：本图按照电缆夹层方案设计，亦可采用电缆沟方案。

图 6-14 设备基础平面图 HB-1-T-03

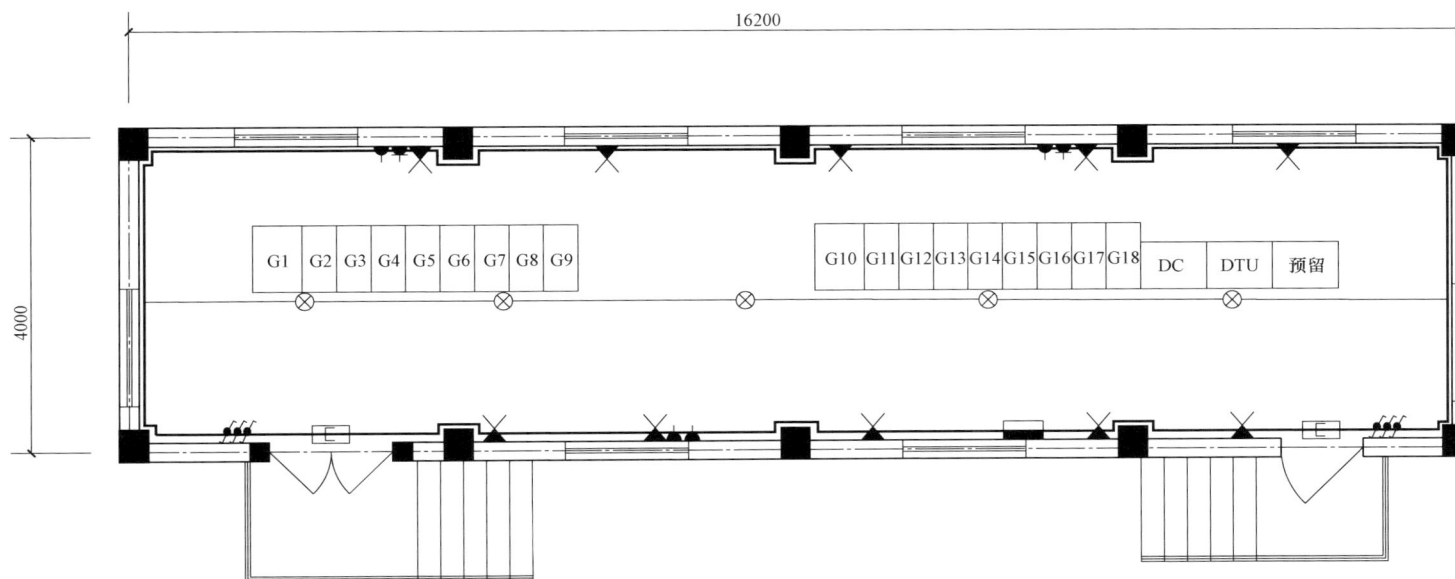

G1	G2	G3	G4	G5	G6	G7	G8	G9

G10	G11	G12	G13	G14	G15	G16	G17	G18	DC	DTU	预留

照 明 设 备 表

符号	名称	规格	数量	单位	备注
E	安全出口标志灯		2	套	
	壁开关（双联）	250V 15A	6	只	型号自选
⊗	节能灯	250V 18W	5	套	优先选用节能灯
	壁灯	250V 18W	6	只	优先选用节能灯管
	单相插座	250V 16A	3	套	型号自选
	单相（带接地）插座	250V 16A	3	套	型号自选
	照明端子箱		1	只	
	铜塑线	BV－0.5　6	200	m	以实际测量为准
	铜塑线	BV－0.5　4	200	m	以实际测量为准
	铜塑线	BV－0.5　2.5	300	m	以实际测量为准

说明：1. 灯座中心离地 2.5m，节能灯安装于顶部。

2. 插座中心离地 0.5m，安全出口标志灯离门 0.2m。

图 6－15　照明布置图　HB－1－T－04

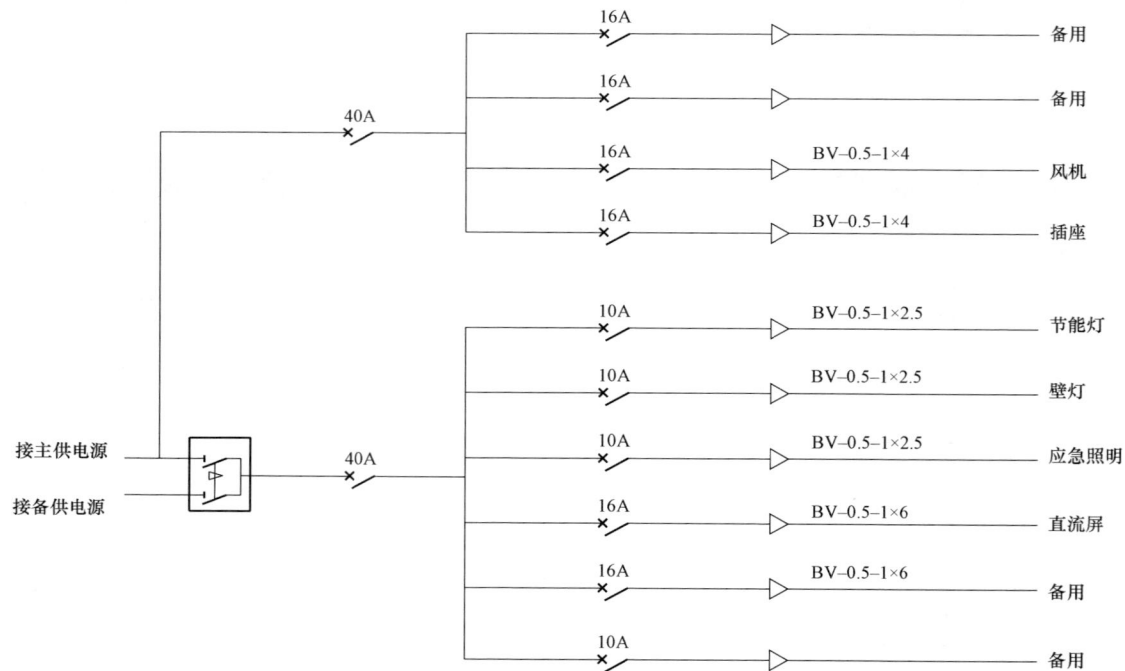

	16A		备用
	16A		备用
40A	16A	BV–0.5–1×4	风机
	16A	BV–0.5–1×4	插座

接主供电源
接备供电源

	10A	BV–0.5–1×2.5	节能灯
	10A	BV–0.5–1×2.5	壁灯
40A	10A	BV–0.5–1×2.5	应急照明
	16A	BV–0.5–1×6	直流屏
	16A	BV–0.5–1×6	备用
	10A		备用

说明：主供电源优先取自就近 0.4kV 电源或电压互感器柜。

图 6–16　照明配电箱电气主接线图　HB–1–T–05

6.3 HB-2方案说明

6.3.1 设计说明

6.3.1.1 总的部分

HB-2方案主要技术原则为两个独立的单母线，10kV进线4回、出线12回，进、出线选用断路器柜，户内双列布置，采用电缆进出线。

1. 适用范围

（1）适用于A、B、C、D类区域。

（2）站址选择应接近负荷中心，利于用户接入，并充分考虑防潮、防洪、防污秽等要求。

2. 方案技术条件

HB-2方案根据总体说明中确定的预定条件开展设计，HB-2方案技术条件表见表6-7。

表6-7　　　　　　　　　HB-2方案技术条件表

序号	项目	内容
1	10kV进出线回路数	10kV进线4回、出线12回，全部采用电缆进出线
2	电气主接线	两个独立的单母线
3	设备短路电流水平	不小于20kA
4	主要设备选型	10kV进线、出线选用断路器。 进出线柜配置三相电流互感器和零序互感器。 进线间隔配置1组金属氧化物避雷器，出线根据实际情况选配
5	布置方式	户内双列布置
6	土建部分	基础砖混结构
7	排气通风	宜采用自然通风，设事故排风装置。若环保气体绝缘金属封闭开关柜如采用C4、C5等气体应装设强力通风装置
8	消防	配置化学灭火器
9	站址基本条件	按地震动峰值加速度 0.2g，设计风速 30m/s，地基承载力特征值 $f_{ak}=150$kPa，地下水无影响，非采暖区设计，假设场地为同一标高。按海拔5000m及以下，国标c、d级污秽区设计；当海拔超过5000m时，按国家有关规范进行修正

6.3.1.2 电力系统部分

本通用设计按照给定的规模进行设计，在实际工程中，需要根据环网室所处系统情况具体设计。

6.3.1.3 电气一次部分

1. 电气主接线

10kV部分：两个独立单母线接线。

2. 短路电流及主要电气设备、导体选择

（1）10kV设备短路电流水平：不小于20kA。

（2）主要电气设备选择：

1）10kV环网柜。进出线柜选用断路器柜。

HB-2方案10kV断路器柜主要设备选择见表6-8。

表6-8　　　　HB-2方案10kV断路器柜主要设备选择

设备名称	型式及主要参数	备注
断路器	630A，20kA	
电流互感器	进出线：600/1A，0.5S（5P10） 零序：100/1A，0.5（10P5）	
避雷器	17/45kV	
主母线	630A	

2）导体选择。根据短路电流水平为20kA，按发热及动稳定条件校验，10kV主母线导体最大工作电流按630A考虑。

3）电缆选择。10kV进出线电缆应满足动热稳定要求；10kV出线间隔电缆截面按接入变压器容量或用户负荷选择。

3. 绝缘配合及接地

（1）绝缘配合。

1）电气设备的绝缘配合参照《交流电气装置的过电压保护和绝缘配合设计规范》（GB/T 50064）确定的原则进行。

2）氧化锌避雷器按《交流无间隙金属氧化物避雷器》（GB/T 11032）中的规定进行选择。

（2）接地。环网室交流电气装置的接地应符合《交流电气装置的接地设计规范》（GB/T 50065）要求。接地体的截面和材料选择应考虑热稳定和腐蚀的要求。接地体一般采用镀锌钢，腐蚀性高的地区宜采用铜包钢或者石墨。

环网室接地电阻、跨步电压和接触电压应满足有关《交流电气装置的接地设计规范》（GB/T 50065）要求。采用水平和垂直接地的混合接地网。具体工程中如接地电阻不能满足要求，则需要采取降阻措施。

4. 电气平面布置

根据 HB-2 方案的建设规模，采用双列布置，进出线采用电缆方式。

5. 站用电及照明

（1）站用电。站用电、照明系统电源可由站用变低压侧、就近系统 0.4 kV 电源或电压互感器提供，其中对于站内设备取电可靠性要求高、有空调等大功率设备应用的环网室优先取自站用变低压侧。

（2）照明。工作照明采用荧光灯、LED 灯、节能灯，事故照明采用应急灯。

6. 电缆设施及防护措施

电缆敷设通道应满足电缆转弯半径要求。

电缆敷设采用支架上敷设、穿管敷设方式，并满足防火要求；在柜下方及电缆沟进出口采用耐火材料封堵，电缆进出室内外，需考虑防水封堵措施。

6.3.1.4 电气二次部分

1. 二次设备布置

（1）有配电自动化需求的环网室，应配置配电自动化远方终端（DTU 装置）或预留其安装位置，统一布置于环网室内。

（2）满足防污秽、防凝露的要求，可安装温湿度控制器及除湿装置。

2. 电能计量

视情况选配专用计量柜或独立计量装置，计量绕组的精度达到 0.2S 级，若 10kV 侧设置电能计量装置，需按如下原则调整：

（1）电能计量装置选用及配置应满足《电能计量装置技术管理规程》（DL/T 448）规定。

（2）互感器采用专用计量二次绕组。

（3）计量二次回路不得接入与计量无关的设备。

3. 保护及配电自动化配置原则

（1）选用能实现继电保护功能的站所终端，不单独配置继电保护装置。

（2）选用能实现就地隔离故障的站所终端，应实现过电流、电流速断、单相接地等保护功能。

（3）当环进环出线间隔的继电保护整定定值无法实现本级环网室与上下级环网室（箱）或变电站级的保护级差配合时，环进环出线的继电保护功能退

出运行。

（4）采用无线方式与主站通信时，通信设备由站所终端集成；采用其他通信方式可单独配置通信箱。

（5）站所终端外部接口一般采用航空插头；环网箱采用国家电网有限公司配电网设备标准化设计定制方案时，站所终端外部接口应采用矩形连接器。

（6）站所终端为通信设备提供 DC 24V 工作电源，为电动 DC 48V 操作电源，并布置在终端柜内。站所终端宜配置免维护阀控铅酸蓄电池，并可为站内保护等设备提供后备电源。

（7）站所终端需满足线损统计需求。

6.3.1.5 土建部分

1. 概述

（1）站址场地。

1）站址应接近负荷中心，满足低压供电半径要求。

2）土建按最终规模设计。

3）设定场地设计为同一标高。

4）洪涝水位：站址标高高于 50 年一遇洪水水位和历史最高内涝水位，不考虑防洪措施。

（2）设计的原始资料。站区地震动峰值加速度按 0.2g 考虑，地震作用按 8 度抗震设防烈度进行设计，地震特征周期为 0.45s，设计风速 30m/s，地基承载力特征值 f_{ak} = 150kPa；地基土及地下水对钢材、混凝土无腐蚀作用；海拔 5000m 及以下。

（3）主要建筑材料。

1）现浇或预制钢筋混凝土结构。混凝土：C25、C30 用于一般现浇或预制钢筋混凝土结构及基础；C15 用于混凝土垫层。钢筋：HPB300 级、HRB335 级、HRB400 级。

2）钢材：Q235、Q345。螺栓：4.8 级、6.8 级、6.1.8 级。

2. 建筑设计

（1）在具体工程设计时，按照国家电网有限公司相关规定制作悬挂标示及警示牌。

（2）独立主体建筑：主体建筑设计要结合西藏地区建筑特色，建筑造型和立面色调要与周边人文地理环境协调统一；外观设计应简洁、稳重、实用。对

于建筑物外立面避免使用较为特殊的装饰，如玻璃雨篷、通体玻璃幕墙、修饰性栏栅、半圆形房间等。

（3）非独立主体建筑：建筑设计要结合西藏地区建筑特色，外观设计应简洁、稳重、实用。应注意设备运输及进出线通道，外观应与主体建筑相配合与协调。

3. 总平面布置

（1）独立主体建筑：本站总平面布置根据生产工艺、运输、防火、防爆、环境保护和施工等方面要求，按最终规模对站区的建构筑物、管线及道路进行统筹安排，合理布置，工艺流程顺畅，考虑机械作业通道和空间，检修维护方便，有利于施工，便于扩建。同时要考虑有效的防水、排水、通风、防潮、防小动物与隔声等措施。

（2）非独立主体建筑：除满足（1）外还应满足以下要求，当环网室设于建筑本体内时，应设在地上一层，并应留有设备运输通道。不宜设置在卫生间、浴室或其他经常积水场所的下方。

4. 结构设计

建筑物的抗震设防类别按《建筑抗震设计规范》（GB 50011）及《电力设施抗震设计规范》（GB 50260）设计。安全等级采用二级，结构重要性系数为1.0。设计基本加速度为 0.2g，按 8 度抗震设防烈度进行设计，地震特征周期为 0.35s。

主要建构筑物、基础采用框架或砖混结构。混凝土强度等级采用 C25，钢材采用 HPB235、HRB335 级钢。

根据假定地质条件，建筑物采用条形基础。

5. 排水、消防、通风、防潮除湿、环境保护

（1）排水。宜采用自流式有组织排水，设置集水井汇集雨水，经地下设置的排水暗管，有组织将水排至附近市政雨水管网中。

（2）消防。采用化学灭火方式。

（3）通风。宜采用自然通风，应设事故排风装置。

环保气体绝缘金属封闭开关柜如采用 C4、C5 等气体应装设强力通风装置。

（4）防潮除湿。可根据站址环境，在湿度较高的地区选择配置空调、工业级除湿机等防潮除湿装置。

（5）环境保护。噪声对周围环境影响应符合《声环境质量标准》（GB 3096）的规定和要求。

6.3.2 主要设备及材料清册

HB-2 方案主要设备材料表见表 6-9。

表 6-9   HB-2 方案主要设备材料表

序号	名称	型号及规格	单位	数量	备注
1	10kV 进线柜	环保气体断路器柜	面	4	以环保气体绝缘断路器柜为例
2	10kV 出线柜	环保气体断路器柜	面	12	
3	电压互感器柜		面	2	
4	DTU 屏		面	1	
5	直流屏		面	1	可选

6.3.3 使用说明

6.3.3.1 概述

在使用本通用设计时，应根据实际情况，在安全可靠、投资合理、标准统一、运行高效的设计原则下，将通用设计中的模块合理地组合应用，形成符合实际要求的 10kV 户内环网室。

HB-2 方案主要内容为两个独立单母线接线，进出线柜选用断路器柜。

10kV 采用两个独立的单母线，进线 4 回、出线 12 回，预留配电自动化设备位置；10kV 进线、出线选用断路器柜。

站用电控制箱设置具备照明、检修维护、预留配电自动化设备不停电电源等功能，电源引自本站或邻近不同低压电源，具备低压互投功能的组合方案。

6.3.3.2 电气一次部分

1. 电气主接线

10kV 采用两个独立的单母线，进线 4 回、出线 12 回；在实际工程中，按照出线规模及建设标准确定。

2. 主设备选择

HB-2 方案 10kV 进线、出线采用断路器柜。设备的短路水平、额定电流等电气参数是按照预定的边界条件进行计算选择，具体工程按实际情况进行计算选择。

3. 电气平面布置

采用户内双列布置。

6.3.3.3 土建部分

1. 边界条件

站区地震动峰值加速度按 0.2g 考虑，地震作用按 8 度抗震设防烈度进行设计，地震特征周期为 0.45s，设计风速 30m/s，地基承载力特征值 $f_{ak}=150$kPa；地基土及地下水对钢材、混凝土无腐蚀作用；当具体工程实际情况有所变化时，应对有关项目做相应的调整。

HB-2 方案以海拔小于 5000m，国标 c、d 级污秽区设计；当海拔超过 5000m 时，按《导体和电器选择设计技术规定》（DL/T 5222）和《3～110kV 高压配电装置设计规范》（GB 50060）的有关规定进行修正。

HB-2 方案按环境温度为 -40～+35℃ 设计，当实际环境温度超过上述范围时，按《导体和电器选择设计技术规定》（DL/T 5222）的有关规定进行修正。

2. 采暖、通风

本通用设计按非采暖区设计。当具体工程实际情况有所变化时，应对有关项目做相应的调整。

环保气体绝缘环网柜如采用 C4、C5 等气体应装设强力通风装置。

6.3.4 设计图

HB-2 方案设计图清单见表 6-10，图中标高单位为 m，尺寸未注明单位者均为 mm。

表 6-10　　　　　　　　　　HB-2 方案设计图清单

图序	图名	图纸编号
图 6-17	10kV 系统配置图	HB-2-D1-01
图 6-18	电气平面布置图	HB-2-D1-02
图 6-19	电气断面图	HB-2-D1-03
图 6-20	接地装置布置图	HB-2-D1-04
图 6-21	DTU 柜交直流电源原理图	HB-2-D2-01
图 6-22	10kV 断路器柜二次图	HB-2-D2-02
图 6-23	10kV 电压互感器柜二次图	HB-2-D2-03
图 6-24	DTU 柜外形尺寸图	HB-2-D2-04
图 6-25	航空插接线定义图	HB-2-D2-05
图 6-26	柜内通信联络图	HB-2-D2-06
图 6-27	DTU 柜控制回路图	HB-2-D2-07
图 6-28	建筑平面布置图	HB-2-T-01
图 6-29	建筑立面及剖面图	HB-2-T-02
图 6-30	设备基础平面图	HB-2-T-03
图 6-31	照明布置图	HB-2-T-04
图 6-32	照明配电箱电气主接线图	HB-2-T-05

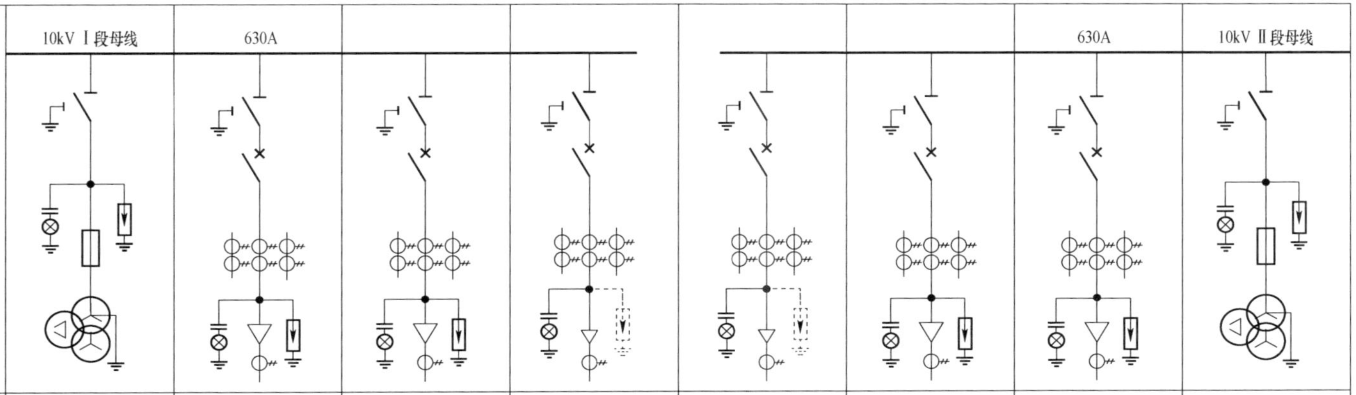

一次主接线	10kV Ⅰ段母线	630A					630A	10kV Ⅱ段母线
开关柜编号	G1	G2	G3	G4~G9	G10~G15	G16	G17	G18
开关柜名称	电压互感器柜1	进线柜1	进线柜2	馈线柜1~6	馈线柜7~12	进线柜3	进线柜4	电压互感器柜2
额定电流(A)	630	630	630	630	630	630	630	630
额定电压(kV)	12	12	12	12	12	12	12	12
断路器		630A,20kA	630A,20kA	630A,20kA	630A,20kA	630A,20kA	630A,20kA	
隔离/接地开关	1组	1组	1组	1组	1组	1组	1组	1组
熔断器	1A							1A
电压互感器0.5（3P）	$\frac{10}{\sqrt{3}}/\frac{0.1}{\sqrt{3}}/\frac{0.22}{3}/\frac{0.1}{3}$ 0.5/3/3P，30/300/50VA							$\frac{10}{\sqrt{3}}/\frac{0.1}{\sqrt{3}}/\frac{0.22}{3}/\frac{0.1}{3}$ 0.5/3/3P，30/300/50VA
电流互感器 0.5S/5P10		600/1	600/1	600/1	600/1	600/1	600/1	
零序电流互感器 0.5/10P5		100/1	100/1	100/1	100/1	100/1	100/1	
避雷器YH5WZ–17/45	1组	1组	1组	1组	1组	1组	1组	1组
带电显示器	1组	1组	1组	1组	1组	1组	1组	1组
电操机构		1套	1套	1套	1套	1套	1套	
数显表	1只	1只	1只	1只	1只	1只	1只	1只
柜体尺寸（宽×深×高）(mm)	600×850×2000	420×850×2000	420×850×2000	420×850×2000	420×850×2000	420×850×2000	420×850×2000	600×850×2000

说明：1. 本方案柜型选用环保气体绝缘开关柜，开关柜的防护等级不低于 IP41。

2. 柜内开关配电动操作机构（操作电压建议选用 DC48V）、辅助触点（另增 6 对动断、动合触点），满足配电网自动化要求。

3. TA 选择零序加三相，电缆线径按需配置。

4. 站用电、照明系统就近取自系统 0.4kV 电。

图 6–17　10kV 系统配置图　HB–2–D1–01

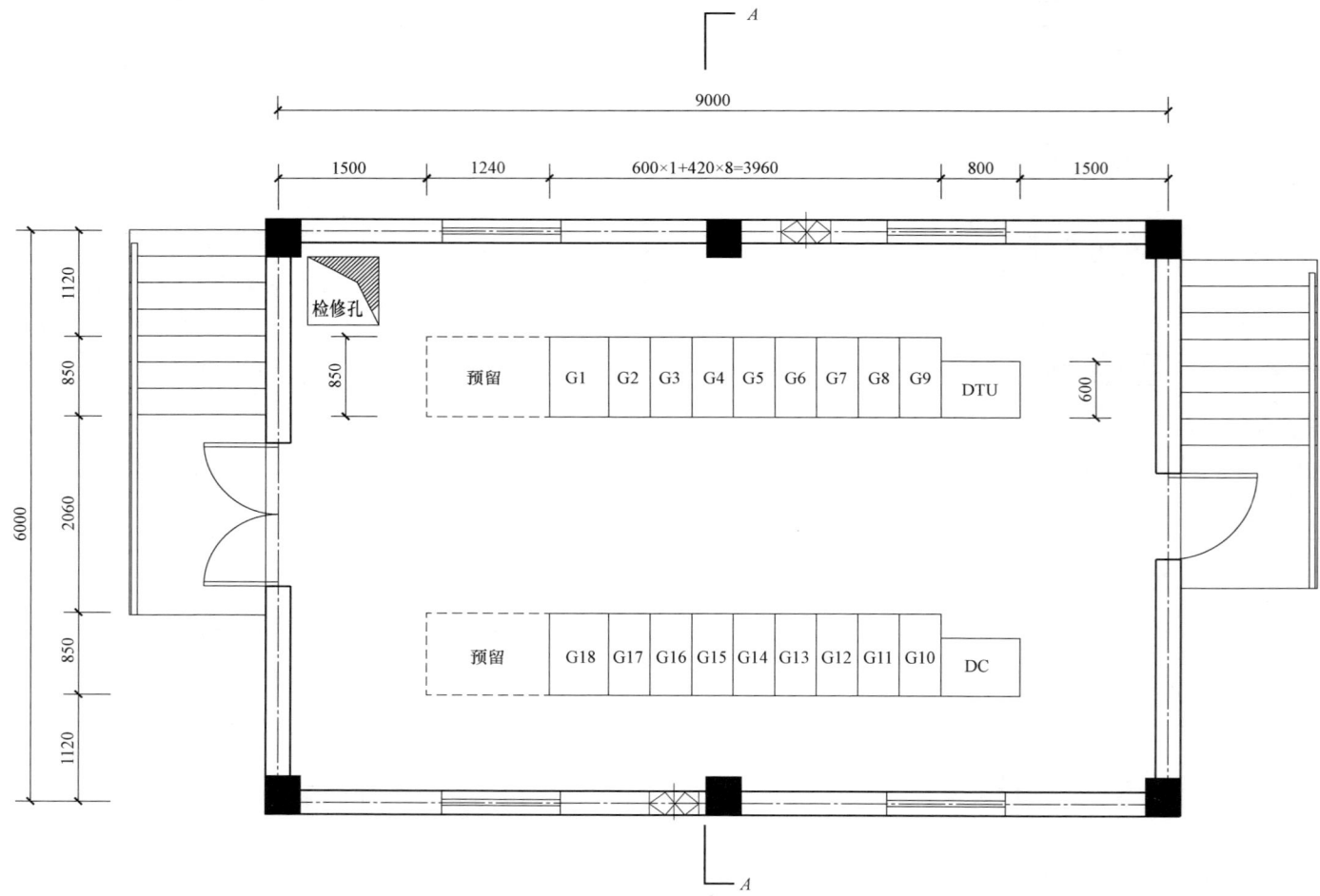

图 6−18 电气平面布置图 HB−2−D1−02

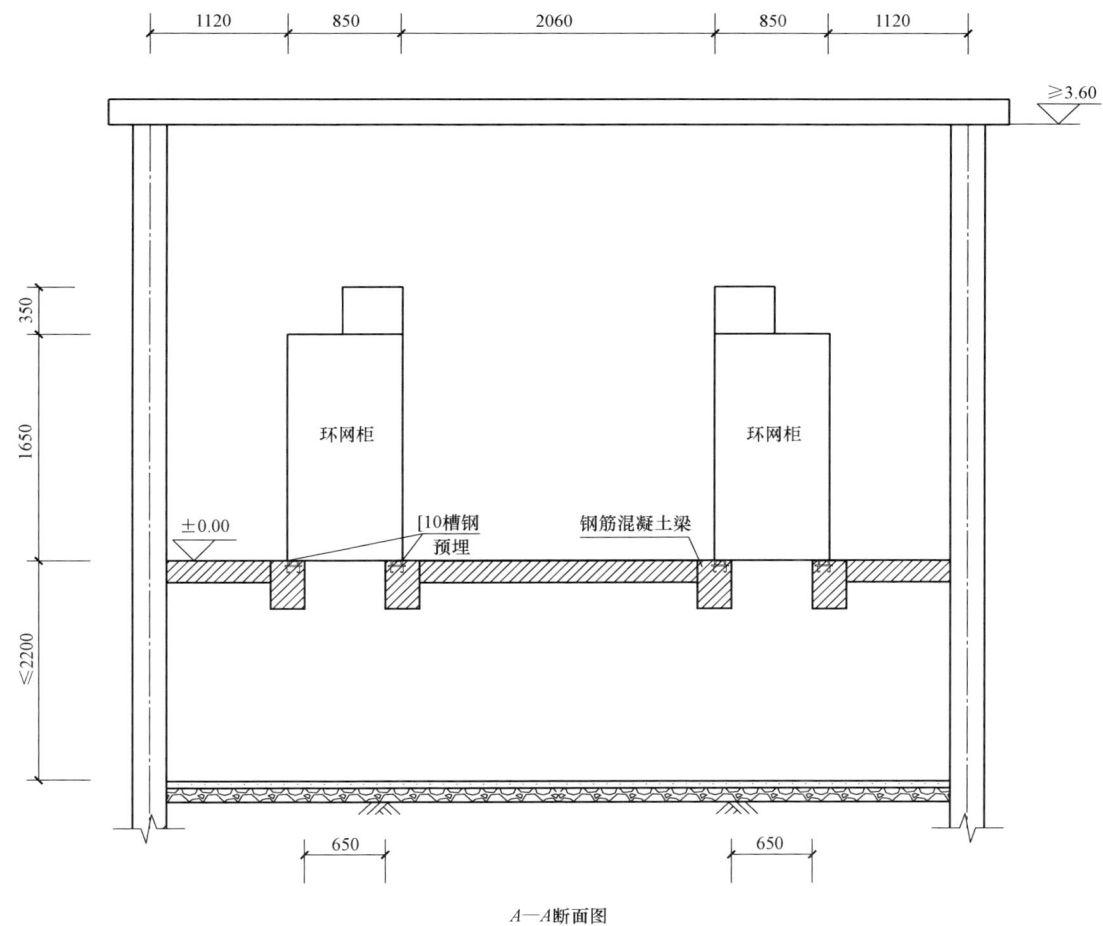

图6-19　电气断面图　HB-2-D1-03

图例:
—————— 接地干线
------------ 工作接地带
○ 垂直接地极
• 接地交接点
⏚ 临时接地端子

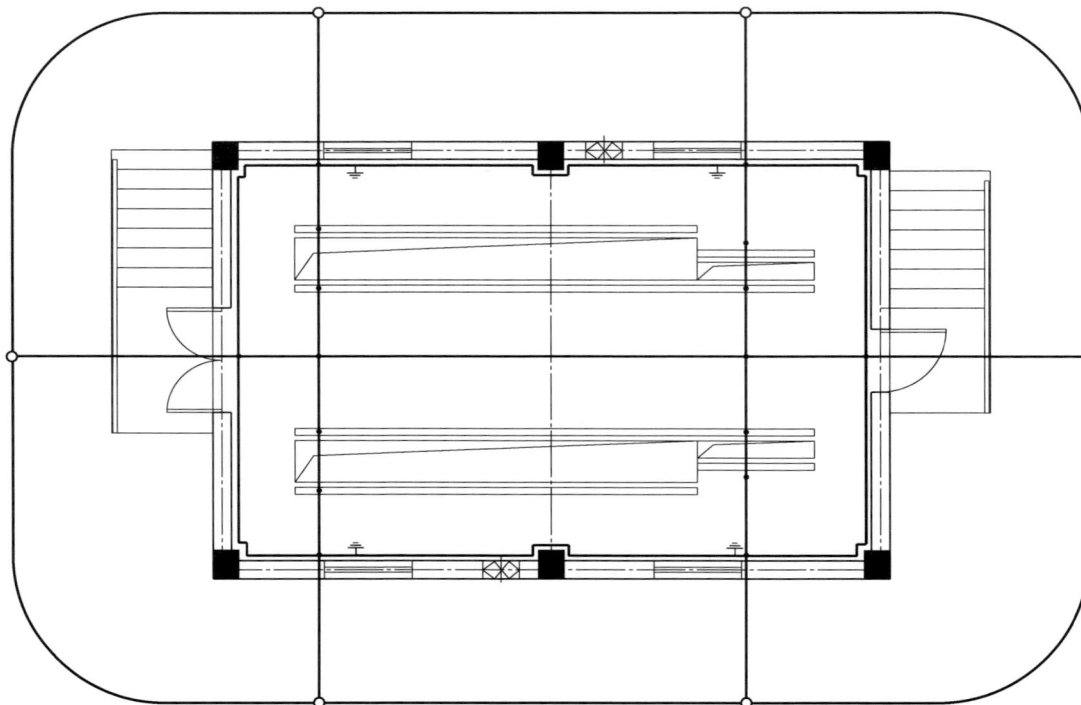

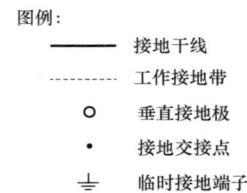

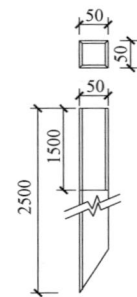

接地极制作示意图　　接地体入地示意图

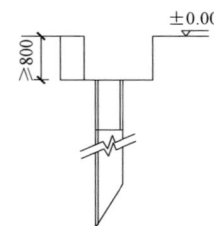

说明：1. 水平接地采用—50mm×5mm 镀锌扁钢。

2. 垂直接地极采用 L50mm×5mm 镀锌角钢制成，长度为 2.5m。

3. 配电装置室内工作接地带采用—50mm×5mm 镀锌扁钢沿墙明敷一圈，距室内地坪+300mm，离墙间隙 20mm，过门入地暗敷两头上跷与沿墙明敷接地连接。

4. 接地装置的接地电阻应≤4Ω，对于土壤电阻率高的地区，如电阻实测值不满足要求，应增加垂直接地极及水平接地体的长度，直到符合要求为止。如环网室采用建筑物的基础做接地极
且主体建筑接地电阻<1Ω，可不另设人工接地。

5. 接地装置的施工应满足《电气装置安装工程接地装置施工及验收规范》（GB 50169）的规定。

6. 接地网、电缆支架、预埋钢管等所有铁件均需做镀锌处理，若在高腐蚀性地区接地体材料可选用铜镀钢。

7. 环网柜基础槽钢应不少于两点与主接地网连接。

8. 当套建于建筑物内时，接地网应与主接地网可靠连接。

图 6-20　接地装置布置图　HB-2-D1-04

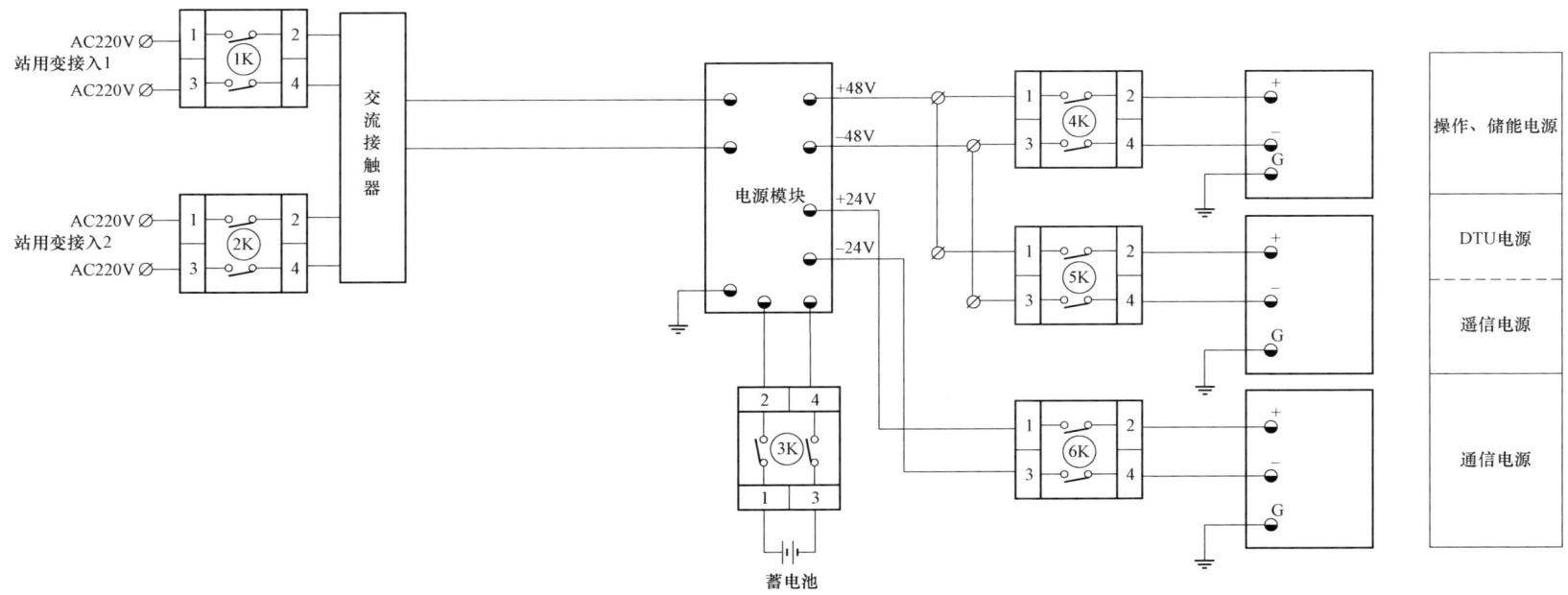

说明: 1. 对于二遥 DTU 操作电源可不提供。

       2. 蓄电池采用浮充方式运行。

图 6 – 21　DTU 柜交直流电源原理图　HB – 2 – D2 – 01

10kV断路器柜

+48V   +48V

保护合闸 1LP   直流电源

开关柜转换开关   保护合闸回路

QK   HA   3 机构合闸回路

1K1   开关柜内手动合闸

QK   1   DTU远方/就地合闸
1K2   DTU远方/就地跳闸

QK   TA   开关柜内手动跳闸
33 机构分闸回路

保护跳闸 2LP   保护跳闸回路

1LH 保护
2LH 测量

XK M   开关储能回路

操作机构

1LHa A411   A相
                              电
1LHb B411   B相 流
                              回
1LHc C411   DTU   C相 路

N411   N相

1LH0 L401   零序

N401

断路器柜

801 遥信公共端

803 合位

805 分位（可选）

807 远方/当地（可选） 信
DTU   号
间 接地开关位置（可选） 回
隔   路
单 未储能位（可选）
元
813 隔离开关位置

2LHa A421   A相
                    电
2LHb 测量 B421 DTU B相 流
     表计   回
2LHc C421   C相 路

N421   N相

说明：DTU采用空接点控制开关分合闸。

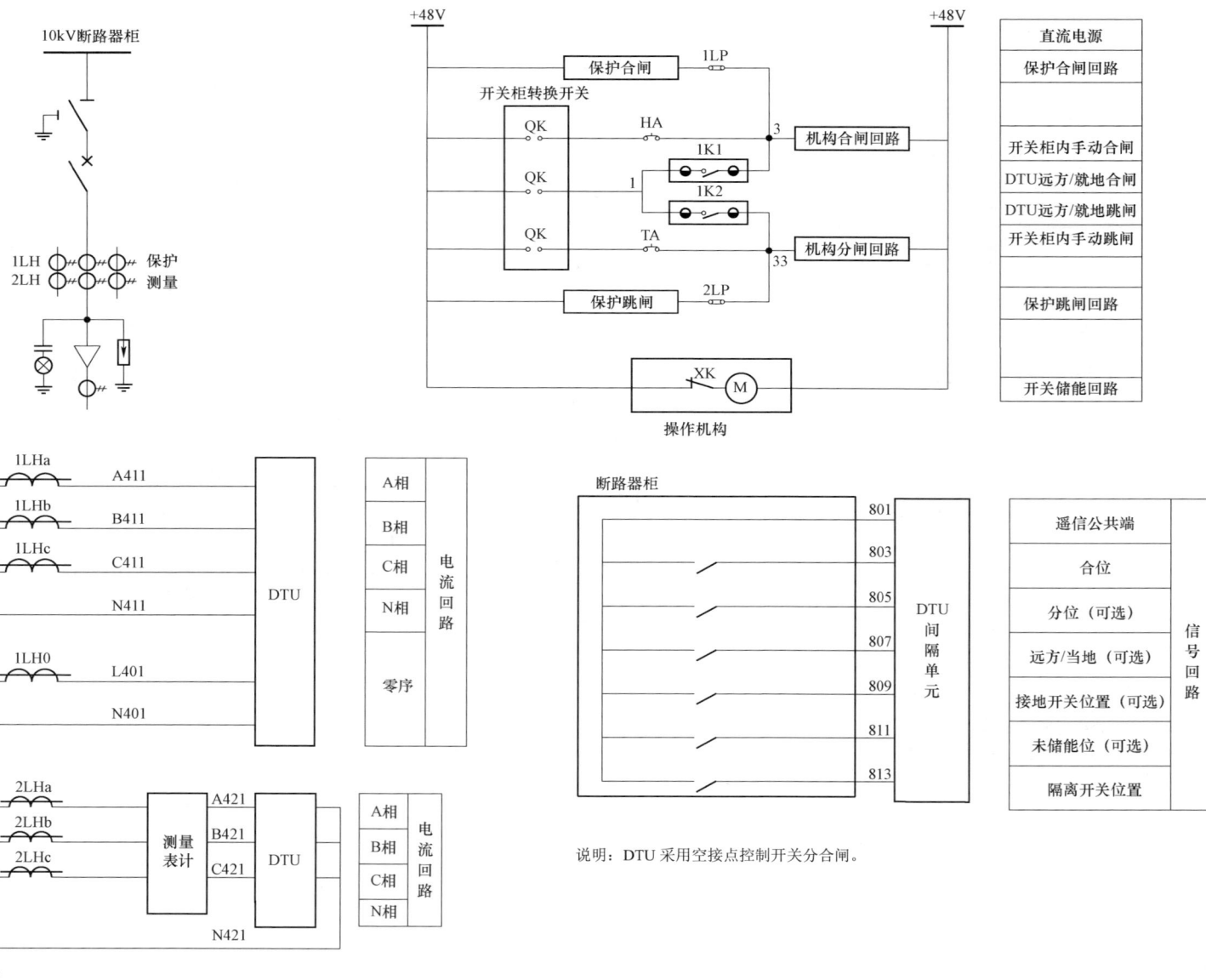

图6-22　10kV断路器柜二次图　HB-2-D2-02

图 6 − 23 10kV 电压互感器柜二次图 HB − 2 − D2 − 03

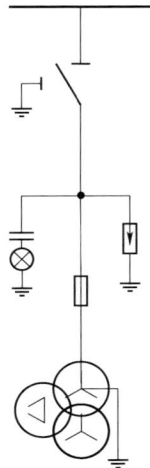

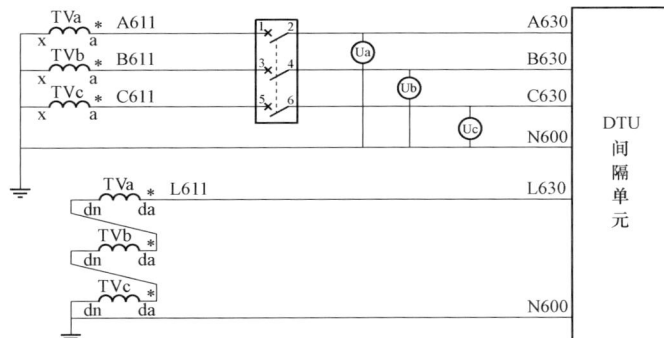

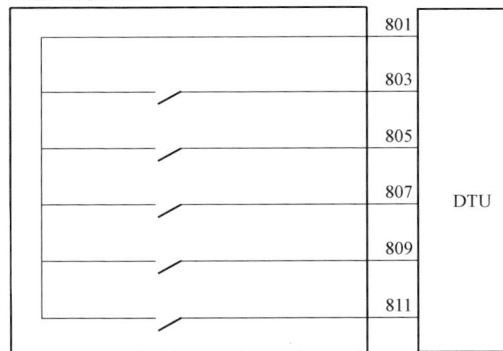

图 6-24　DTU 柜外形尺寸图　HB-2-D2-04

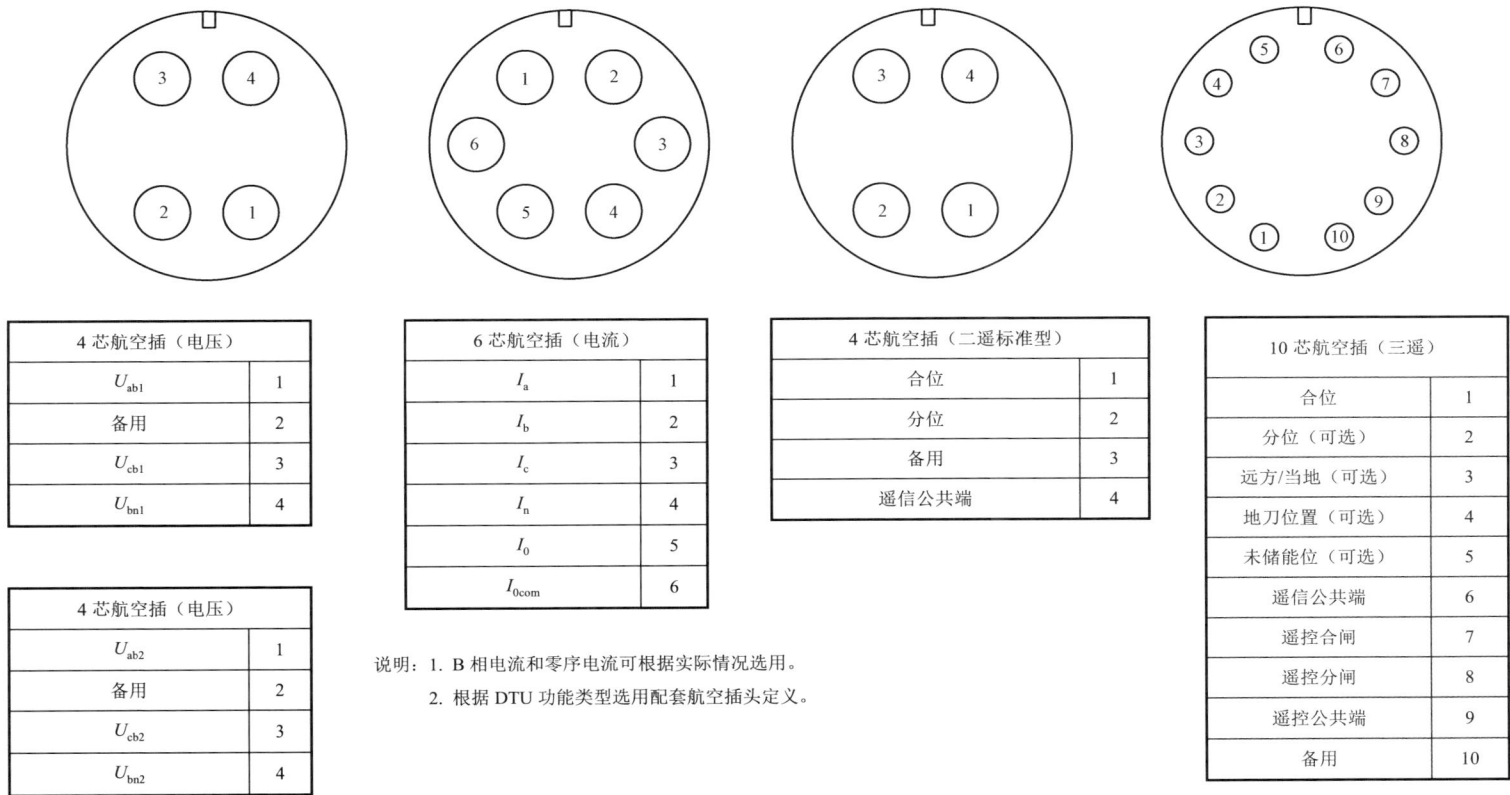

4 芯航空插（电压）	
U_{ab1}	1
备用	2
U_{cb1}	3
U_{bn1}	4

6 芯航空插（电流）	
I_a	1
I_b	2
I_c	3
I_n	4
I_0	5
I_{0com}	6

4 芯航空插（二遥标准型）	
合位	1
分位	2
备用	3
遥信公共端	4

10 芯航空插（三遥）	
合位	1
分位（可选）	2
远方/当地（可选）	3
地刀位置（可选）	4
未储能位（可选）	5
遥信公共端	6
遥控合闸	7
遥控分闸	8
遥控公共端	9
备用	10

4 芯航空插（电压）	
U_{ab2}	1
备用	2
U_{cb2}	3
U_{bn2}	4

说明：1. B 相电流和零序电流可根据实际情况选用。
　　　2. 根据 DTU 功能类型选用配套航空插头定义。

图 6－25　航空插接线定义图　HB－2－D2－05

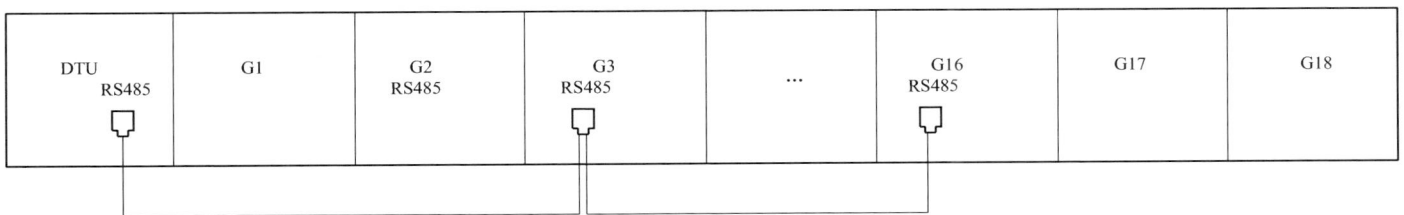

说明：馈线断路器保护信号上传至 DTU，也可选择上传装置信息。

图 6－26　柜内通信联络图　HB－2－D2－06

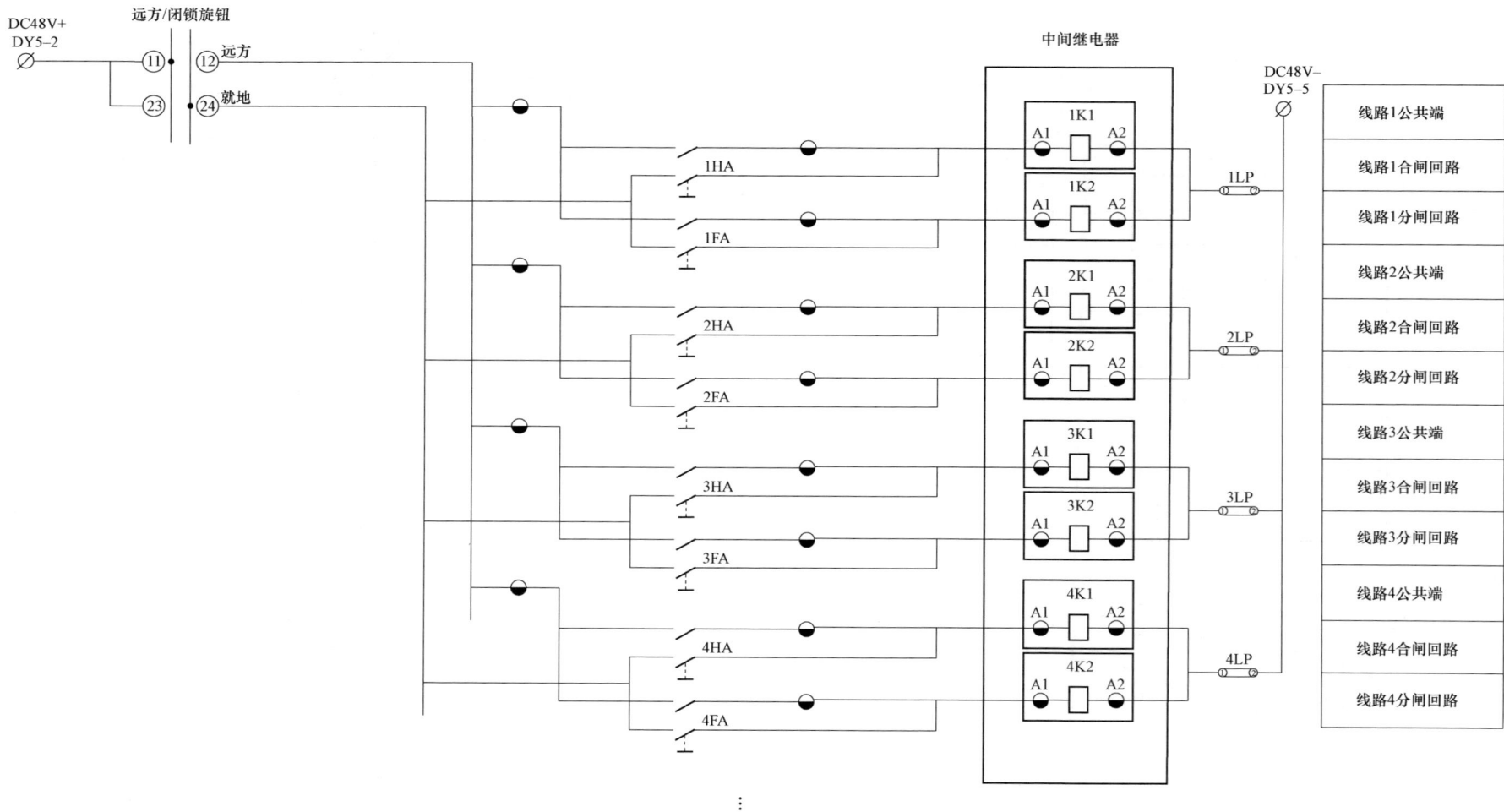

图 6-27　DTU 柜控制回路图　HB-2-D2-07

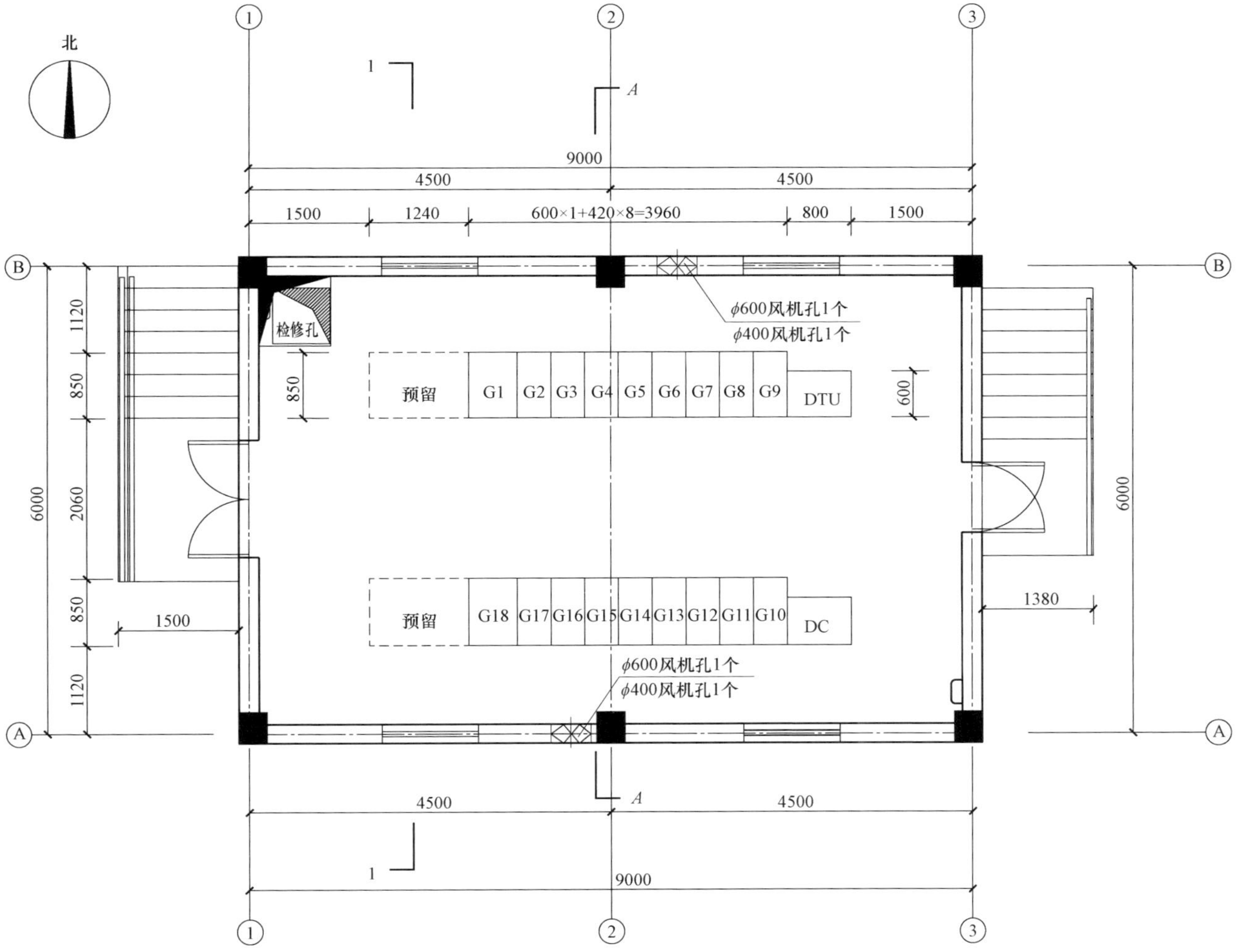

北

9000

4500   4500

1500   1240   600×1+420×8=3960   800   1500

B   B

$\phi600$风机孔1个
$\phi400$风机孔1个

1120

850   检修孔

850

预留   G1 G2 G3 G4 G5 G6 G7 G8 G9   DTU   600

2060   6000   6000

850   预留   G18 G17 G16 G15 G14 G13 G12 G11 G10   DC

1380

1120   1500

$\phi600$风机孔1个
$\phi400$风机孔1个

A   A

4500   4500

9000

图 6-28　建筑平面布置图　HB-2-T-01

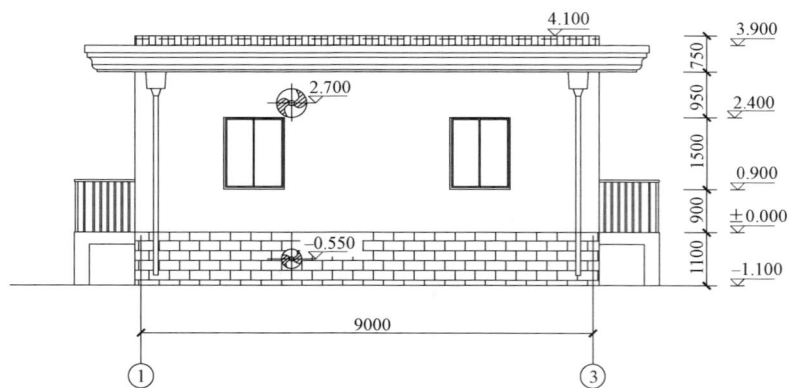

①～③轴立面图

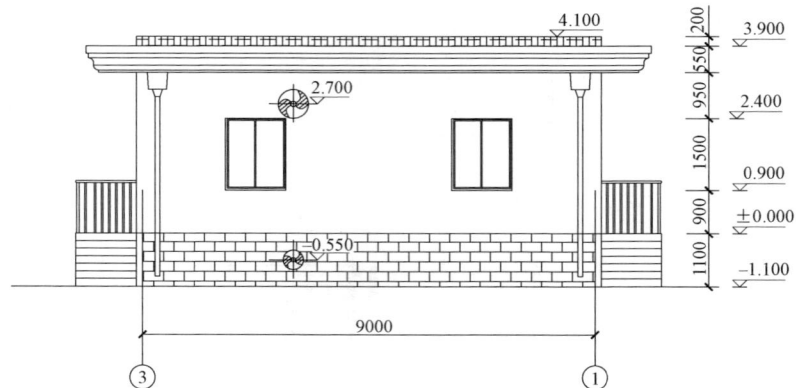

③～①轴立面图

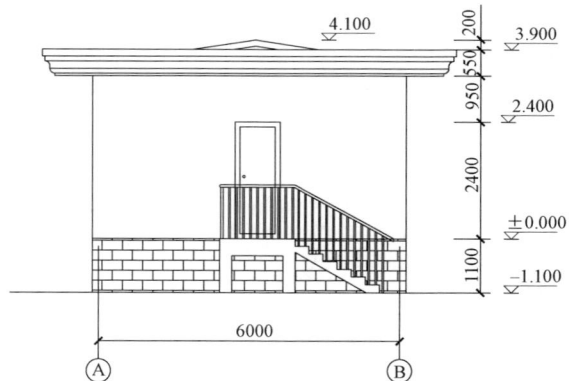

Ⓐ～Ⓑ轴立面图

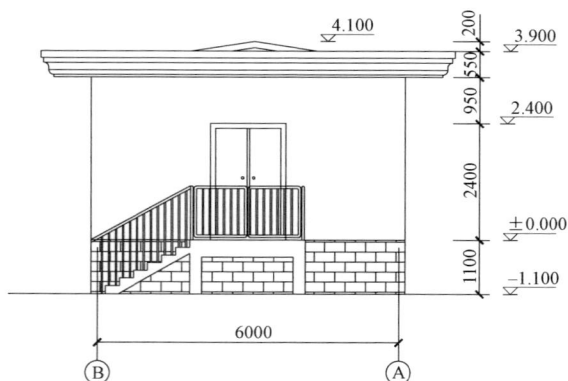

Ⓑ～Ⓐ轴立面图

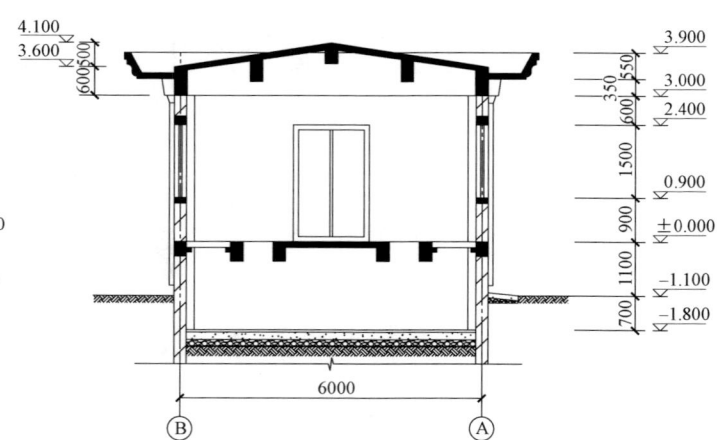

1—1剖面图

图 6－29　建筑立面及剖面图　HB－2－T－02

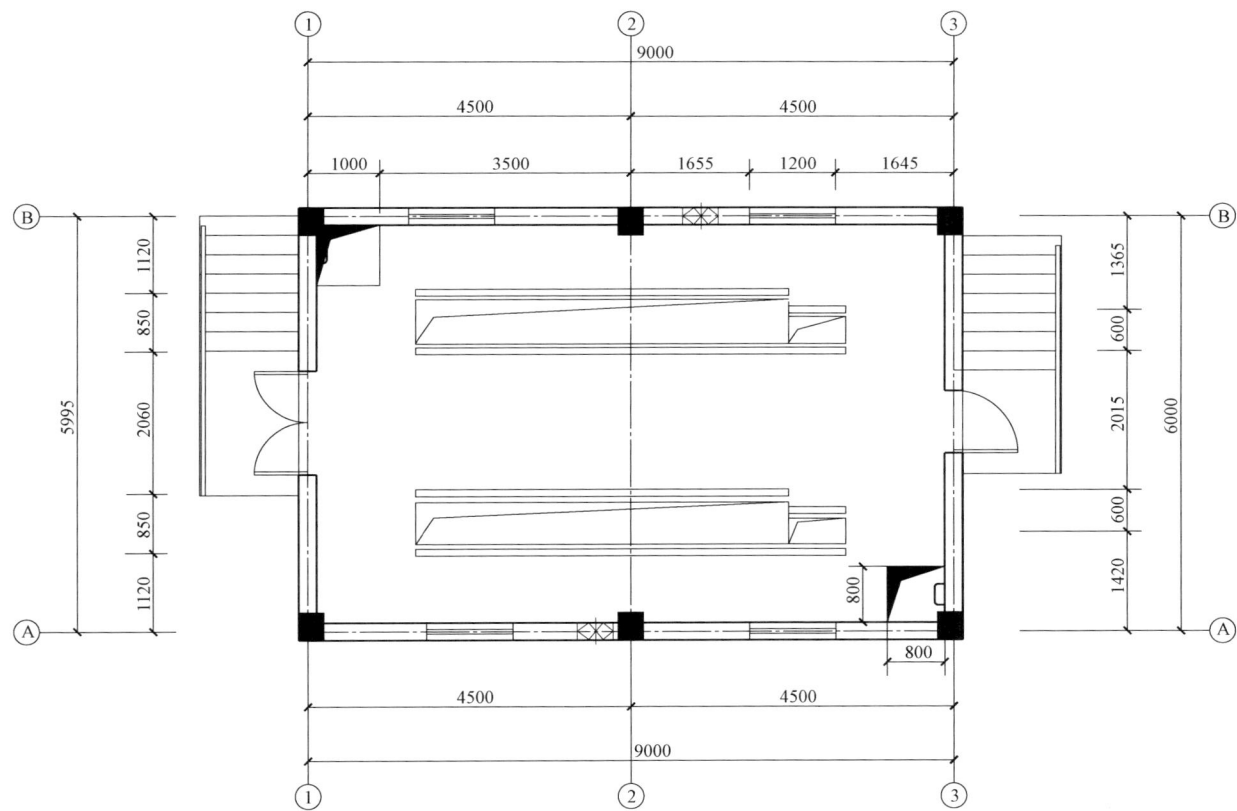

说明：本图按照电缆夹层方案设计，亦可采用电缆沟方案。

图 6-30　设备基础平面图　HB-2-T-03

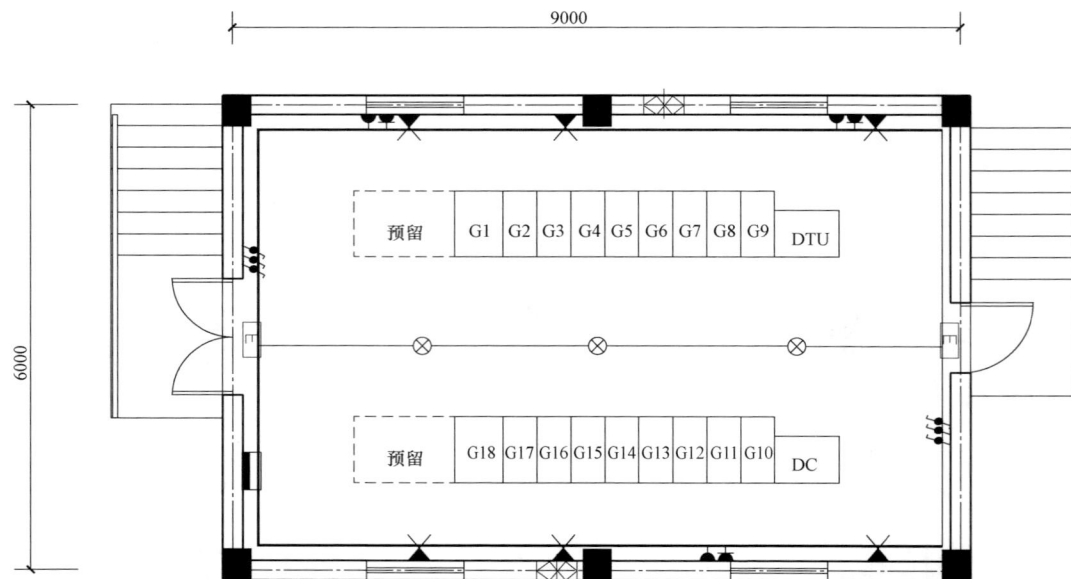

照 明 设 备 表

符号	名称	规格	数量	单位	备注
E	安全出口标志灯		2	套	
↗	壁开关（双联）	250V 15A	6	只	型号自选
⊗	节能灯	250V 18W	3	套	优先选用节能灯
✕	壁灯	250V 18W	6	只	优先选用节能灯管
▲	单相插座	250V 16A	3	套	型号自选
▲	单相（带接地）插座	250V 16A	3	套	型号自选
▬	照明端子箱		1	只	
—	铜塑线	BV-0.5 4	200	m	以实际测量为准
—	铜塑线	BV-0.5 2.5	300	m	以实际测量为准

说明：1. 灯座中心离地 2.5m，节能灯安装于顶部。

2. 插座中心离地 0.5m，安全出口标志灯离门 0.2m。

图 6-31　照明布置图　HB-2-T-04

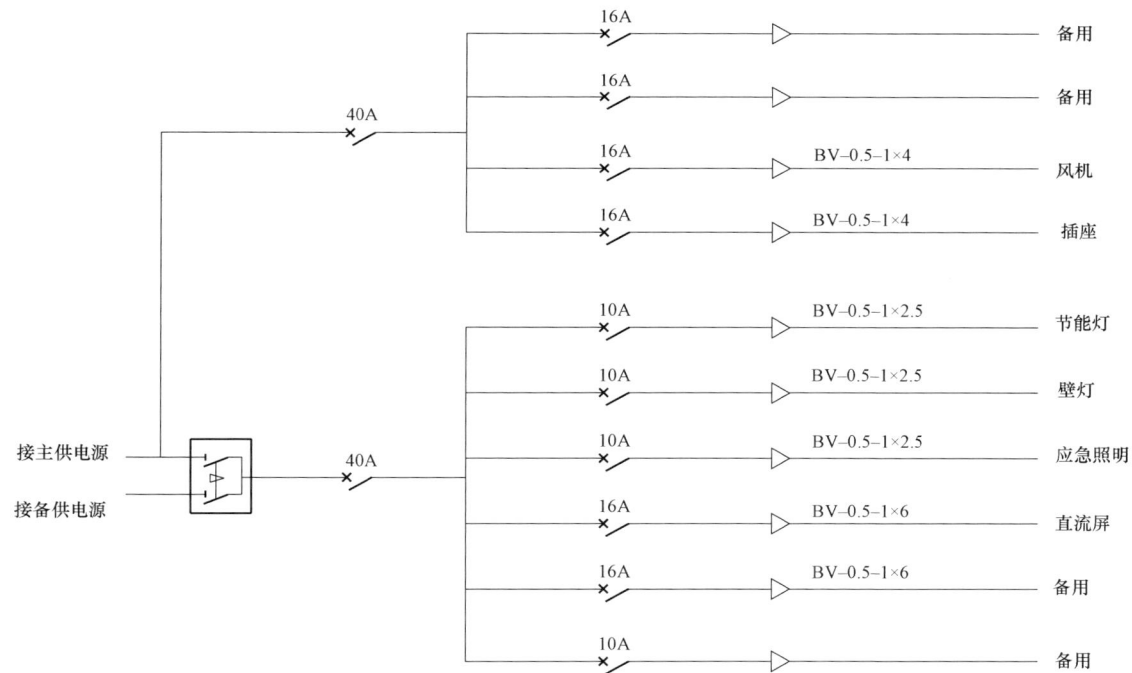

16A		备用
16A		备用
16A	BV–0.5–1×4	风机
16A	BV–0.5–1×4	插座

40A

10A	BV–0.5–1×2.5	节能灯
10A	BV–0.5–1×2.5	壁灯
10A	BV–0.5–1×2.5	应急照明
16A	BV–0.5–1×6	直流屏
16A	BV–0.5–1×6	备用
10A		备用

40A

接主供电源

接备供电源

说明：主供电源优先采用就近 0.4kV 电源或母线设备柜。

图 6–32 照明配电箱电气主接线图 HB–2–T–05

第7章 10kV环网箱通用设计

7.1 总体说明

7.1.1 技术原则概述

7.1.1.1 设计对象

10kV 环网箱通用设计的设计对象为国网西藏电力有限公司系统内 10kV 环网箱。

7.1.1.2 运行管理模式

10kV 环网箱通用设计按无人值守设计。

7.1.1.3 设计范围

10kV 环网箱通用设计的设计范围是环网箱内的电气一次、电气二次、平面布置及建筑物基础结构；与环网箱相关的防火、通风、防洪、防潮、防尘、防毒、防小动物和低噪声等设施。

7.1.1.4 设计深度

10kV 环网箱通用设计的设计深度是施工图深度，可用于实际工程可行性研究、初步设计、施工图设计阶段。

7.1.1.5 假定条件

海拔：$1000\text{m} < H \leq 5000\text{m}$；

环境温度：$-40 \sim +35℃$；

最热月平均最高温度：$15℃$；

污秽等级：c、d 级；

日照强度（风速 0.5m/s）：0.118W/cm^2；

地震烈度：按 8 度设计，地震加速度为 $0.2g$，地震特征周期为 0.45s；

洪涝水位：站址标高高于 50 年一遇洪水水位和历史最高内涝水位，不考虑防洪措施；

设计土壤电阻率：不大于 $100\Omega/\text{m}$；

相对湿度：在 $10℃$ 时，空气相对湿度不超过 90%；

地基：地基承载力特征值取 $f_{ak} = 150\text{kPa}$，无地下水影响；

腐蚀：地基土及地下水对钢材、混凝土无腐蚀作用。

7.1.2 技术条件

10kV 环网箱通用设计方案一般适用于 A、B、C、D 类供电区域，宜建于负荷中心区。10kV 环网箱通用设计共 1 个方案，技术条件见表 7-1。

表 7-1 10kV 环网箱通用设计技术条件

方案	电气主接线	设备类型	适用范围
HA-1	单母线	进线、出线选用断路器	A、B、C、D

10kV 环网箱通用设计方案分类按电气主接线、进出线回路数、主要电气设备选择、电气平面布置方式进行划分。

1. 电气主接线

10kV 部分：单母线接线。

2. 进出线回路数

10kV 环网箱一般设 2 回进线、2 回或 4 回出线。本通用设计按照 6 间隔绘制，设计人员可根据实际情况选用 4 间隔。

3. 主要电气设备选择

选用高原型环网柜，进、出线柜均选用断路器柜，根据绝缘介质，可选用环保气体绝缘柜、固体绝缘柜。

4. 电气平面布置方式

采用共箱型环网柜，单列布置于箱体内。

7.1.3 电气一次部分

7.1.3.1 电气主接线

10kV 为单母线接线，一般设 2 回进线、2 回或 4 回出线。

7.1.3.2 短路电流及主要电气设备、导体选择

（1）10kV 设备短路电流水平：不小于 20kA。

（2）主要电气设备选择：选用断路器柜，根据绝缘介质，可选用环保气体绝缘、固体绝缘柜，10kV 断路器柜主要设备选择见表 7-2。

表7-2

表7-2 **10kV断路器柜主要设备选择**

设备名称	型式及主要参数	备注
断路器	630A，20kA	
电流互感器	进出线：600/1A，0.5S（5P10） 零序：100/1A，0.5（10P5）	
避雷器	17/45kV	
主母线	630A	

（3）环网箱外壳防护等级不低于IP43，隔室之间的防护等级不低于IP2X。二次回路封闭装置的防护等级不低于IP55。

（4）环网柜应具备"五防"闭锁功能，出线侧带电显示装置宜与接地刀闸实行联锁。

（5）环保气体绝缘断路器柜。

1）环保气体绝缘断路器柜内选用真空断路器。针对同一结构方案，统一环网柜外形尺寸、扩展母线位置及连接型式、地脚尺寸等，满足不同厂家设备通用互换。

2）柜体都应安装带电显示器，要求带二次核相孔。

3）环保气体绝缘断路器柜可采用共箱型或单元组合柜型。

4）气箱箱体采用304不锈钢，公称厚度不低于国家标准规定的2mm，气箱结构设计应能适应设备由低海拔地区运输至5000m高海拔地区的压力差，不应发生箱体形变及漏气，并确保运行时的年泄漏率小于等于0.1%。

5）电缆附件选择630A，接口布置应满足海拔5000m外绝缘修正要求，并应满足热稳定要求。

（6）固体绝缘断路器柜。

1）固体绝缘断路器柜内选用优质真空断路器，操动机构一般采用动作性能稳定的弹簧储能机构。

2）环网柜体都应安装带电显示器，要求带二次核相孔。

3）固体绝缘断路器柜采用单元组合柜型。

4）电缆头选择630A及以下电缆头，接口布置应满足海拔5000m外绝缘修正要求，并应满足热稳定要求。

7.1.3.3 绝缘配合及接地

1. 绝缘配合

（1）电气设备的绝缘配合参照《交流电气装置的过电压保护和绝缘配合设

计规范》（GB/T 50064）确定的原则进行。

（2）氧化锌避雷器按《交流无间隙金属氧化物避雷器》（GB/T 11032）中的规定进行选择。

2. 接地

环网箱交流电气装置的接地应符合《交流电气装置的接地设计规范》（GB/T 50065）要求。接地体的截面和材料选择应考虑热稳定和腐蚀的要求。接地体一般采用镀锌钢，腐蚀性高的地区宜采用铜包钢或者石墨。

环网箱接地电阻、跨步电压和接触电压应满足《交流电气装置的接地设计规范》（GB/T 50065）要求。采用水平和垂直接地的混合接地网。具体工程中如接地电阻不能满足要求，则需要采取降阻措施。

7.1.3.4 电气平面布置

环网箱采用户外单列布置。环网箱的设备应采用全绝缘、全封闭、防内部故障电弧外泄、防凝露等技术，外壳具有耐候、防腐蚀等性能，并与周围环境相协调。

7.1.4 电气二次部分

7.1.4.1 二次设备布置

（1）采用集中式站所终端时，站所终端参考尺寸600mm×400mm×1700mm（宽×深×高）。

（2）采用集中式站所终端时，站所终端采用组屏式结构。

（3）应满足防污秽、防凝露的要求。

7.1.4.2 保护及配电自动化配置原则

（1）选用能实现继电保护功能的站所终端，不单独配置继电保护装置。

（2）选用能实现就地隔离故障的站所终端，应实现过电流、速断、单相接地等保护功能。

（3）当环进环出线间隔的继电保护整定值无法实现本级环网箱与上下级环网室（箱）或变电站级的保护级差配合时，环进环出的继电保护功能退出运行。

（4）采用无线方式与主站通信时，通信设备由站所终端集成，采用其他通信方式时可单独配置通信箱。

（5）站所终端外部接口一般采用航空插头，环网箱采用国家电网有限公司配电网设备标准化设计定制方案时，站所终端外部接口应采用矩形连接器。

（6）站所终端为通信设备提供方DC 24V工作电源，为电动操作机构提供DC 48V操作电源，并布置在终端柜内。站所终端宜配置免维护阀控铅酸蓄电池，并可为站内保护等设备提供后备电源。

（7）站所终端需满足线损统计要求。

7.1.5 土建部分

7.1.5.1 站址场地

（1）站址选择应接近负荷中心，利于用户接入。

（2）土建按最终规模设计。

7.1.5.2 标示及警示

在具体工程设计时，按照国家电网有限公司相关规定制作悬挂标示及警示牌。

7.1.5.3 总平面布置

工程总平面布置应满足生产工艺、运输、防火、防爆、环境保护和施工等方面的要求，应统筹安排，合理布置，工艺流程顺畅，并考虑机械作业通道和空间，方便检修维护，有利于施工。同时要考虑有效的防水、排水、通风、防潮与隔声等措施。

7.1.5.4 排水、消防、通风、防潮除湿、环境保护

1. 排水

宜采用自流式有组织排水，设置集水井汇集雨水，经地下设置的排水暗管至窨井，然后有组织将水排至附近市政雨水管网中。

2. 消防

采用化学灭火方式。

3. 通风

采用自然通风。

4. 防潮除湿

可根据站址情况，土建基础设计应充分考虑防潮措施，在湿度较高的地区选择防潮除湿装置。底部电缆进出线孔洞需做好防潮气进入措施，必要时可采用阻水封堵模块，减少箱体内凝露量。

5. 环境保护

噪声对周围环境影响应符合《声环境质量标准》（GB 3096）的规定和要求。

7.2 HA-1方案说明

7.2.1 设计说明

7.2.1.1 总的部分

HA-1方案主要技术原则为采用单母线接线，进出线选用断路器柜。

1. 适用范围

（1）适用A、B、C、D类供电区域电缆网区域。

（2）适用于地势狭小、设置环网室选址困难区域。

（3）适用于电缆线路环网节点，周边供电用户数较少，有一定用电容量需求的供电区域。

2. 方案技术条件

HA-1方案根据总体说明中确定的预定条件开展设计，HA-1方案技术条件见表7-3。

表7-3　　　　　HA-1方案技术条件表

序号	项目	内容
1	10kV进出线回路数	10kV进线2回、出线4回，全部采用电缆进出线
2	电气主接线	单母线接线
3	设备短路电流水平	不小于20kA
4	主要设备选型	10kV进出线选用断路器，电动操作机构。进出线柜配置三相电流互感器和零序互感器。根据需要安装金属氧化物避雷器，根据中性点运行方式确定其参数。
5	布置方式	单列布置于箱体内，站所终端（DTU）采用集中式安装
6	土建部分	钢筋混凝土结构
7	通风	自然通风
8	站址基本条件	按地震动峰值加速度0.2g，设计风速30m/s，地基承载力特征值$f_{ak}=150$kPa，地下水无影响，非采暖区设计，假设场地为同一标高；按海拔5000m及以下，国标c、d级污秽区设计；当海拔超过5000m时，按国家有关规范进行修正

7.2.1.2 电力系统部分

本通用设计按照给定的规模及用户接入情况进行设计，在实际工程中根据系统情况具体设计。

7.2.1.3 电气一次部分

1. 电气主接线

10kV部分：单母线接线。

2. 短路电流及主要设备选择

（1）主要电气设备选择按照可用寿命期内综合优化原则：选择高原型专用、免检修、少维护的电气设备，其性能应能满足高可靠性、技术先进、易扩

展、模块化的要求。

（2）10kV 设备短路电流水平：不小于 20kA。

（3）主要电气设备选择：10kV 进出线柜选用断路器柜（电动操作机构）。

HA－1 方案 10kV 断路器柜主要设备选择见表 7－4。

表 7－4　　　　HA－1 方案 10kV 断路器柜主要设备选择

设备名称	型式及主要参数	备注
断路器	进线回路：630A，20kA	
电流互感器	进出线：600/1A，0.5S（5P10） 零序：100/1A，0.5（10P5）	
避雷器	17/45kV	
主母线	630A	

3. 绝缘配合及接地

（1）绝缘配合。

1）电气设备的绝缘配合参照《交流电气装置的过电压保护和绝缘配合设计规范》（GB/T 50064）确定的原则进行。

2）氧化锌避雷器按《交流无间隙金属氧化物避雷器》（GB/T 11032）中的规定进行选择。

（2）接地。环网箱交流电气装置的接地应符合《交流电气装置的接地设计规范》（GB/T 50065）要求。接地体的截面和材料选择应考虑热稳定和腐蚀的要求。接地体一般采用镀锌钢，腐蚀性高的地区宜采用铜包钢或者石墨。

环网箱接地电阻、跨步电压和接触电压应满足《交流电气装置的接地设计规范》（GB/T 50065）要求。采用水平和垂直接地的混合接地网。具体工程中如接地电阻不能满足要求，则需要采取降阻措施。

4. 电气设备布置

采用共箱型环网柜，单列布置于箱体内。

5. 电缆设施及防护措施

电缆敷设通道应满足电缆转弯半径要求。

电缆敷设满足防火要求，在柜下方及电缆沟进出口采用耐火材料封堵。

7.2.1.4　电气二次部分

1. 二次设备布置

（1）采用集中式站所终端时，站所终端参考尺寸 600mm×400mm×1700mm

（宽×深×高）。

（2）采用集中式站所终端时，站所终端采用组屏式结构。

（3）应满足防污秽、防凝露的要求。

2. 保护及配电自动化配置原则

（1）选用能实现继电保护功能的站所终端，不单独配置继电保护装置。

（2）选用能实现就地隔离故障的站所终端，应实现过电流、速断、单相接地等保护功能。

（3）当环进环出线间隔的继电保护整定值无法实现本级环网箱与上下级环网室（箱）或变电站级的保护级差配合时，环进环出的继电保护功能退出运行。

（4）采用无线方式与主站通信时，通信设备由站所终端集成，采用其他通信方式时可单独配置通信箱。

（5）站所终端外部接口一般采用航空插头，环网箱采用国家电网有限公司配电网设备标准化设计定制方案时，站所终端外部接口应采用矩形连接器。

（6）站所终端为通信设备提供方 DC 24V 工作电源，为电动操作机构提供 DC 48V 操作电源，并布置在终端柜内。站所终端宜配置免维护阀控铅酸蓄电池，并可为站内保护等设备提供后备电源。

（7）站所终端需满足线损统计要求。

7.2.1.5　土建部分

1. 概述

（1）站址场地。

1）站址应接近负荷中心，满足低压供电半径要求。

2）采用建筑坐标系方向宜按正北方向布置。

3）毗邻运输道路。

4）满足水文气象条件和防火规范要求。

5）与区域规划和景观相协调。

6）场地标高为相对建筑标高。

7）洪涝水位：站址标高高于 50 年一遇洪水水位和历史最高内涝水位，不考虑防洪措施。

8）基础一般高于地平面 600mm。

（2）设计的原始资料。站区抗震设计地震动峰值加速度为 0.2g，按 8 度抗震设防烈度设计，地震特征周期为 0.45s，假设条件地基承载力特征值取

$f_{ak}=150\text{kPa}$，设计风速 30m/s，地下水对混凝土及钢筋无腐蚀性，海拔 5000m 及以下。

（3）主要建筑材料。

1）现浇钢筋混凝土结构。混凝土：C25、C20、C15。钢筋：HPB300 级、HRB335 级。

2）钢结构。钢材：Q235B（3 号钢）、Q345B（16Mn 钢）。螺栓：4.8 级、6.8 级。

2. 箱体要求

（1）在具体工程设计时，按照国家电网有限公司相关规定制作悬挂标示及警示牌。

（2）箱体外观：箱体外观要结合西藏地区建筑特色，造型和立面色调要与周边人文地理环境协调统一；外观设计应简洁、稳重、实用。

（3）箱体外壳的材料可采用金属、非金属或者两者的组合，并能耐受一定的机械力作用，若外壳采用非金属的，应是耐老化阻燃材料，并应采用静电屏蔽或加大电气距离等方法，以防止产生危险的静电荷。外壳应有足够的机械强度，在起吊、运输和安装时不应变形或损伤。

3. 结构

站区抗震设计地震动峰值加速度为 0.2g，按 8 度抗震设防烈度设计，地震特征周期为 0.45s。

主要建构筑物基础采用素混凝土结构。

4. 排水、消防、通风、防潮除湿、环境保护

（1）排水。宜采用自流式渗流或有组织排水。

（2）消防。环网箱与其他建筑物距离应满足防火规范要求。

（3）通风。采用自然通风。

（4）防潮除湿。可根据站址情况，土建基础设计应充分考虑防潮措施，在湿度较高的地区选择防潮除湿装置。底部电缆进出线孔洞需做好防潮气进入措施，必要时可采用阻水封堵模块，减少箱体内凝露量。

（5）环境保护。噪声对周围环境影响应符合《声环境质量标准》（GB 3096）的规定和要求。

7.2.2 主要设备材料清册

HA－1 方案主要设备材料表见表 7－5。

表 7－5　　　　　　　　HA－1 方案主要设备材料表

序号	名称	型号及规格	单位	数量	备注
1	两进四出环网箱	一二次融合成套环网箱，AC10kV，630A，环保气体	座	1	高原型
（1）	10kV 进线柜	断路器柜	间隔	2	手动电动一体化操作机构
（2）	10kV 出线柜	断路器柜	间隔	4	手动电动一体化操作机构
（3）	10kV 电压互感器柜		面	1	
2	热镀锌角钢	L50mm×5mm，$L=2500$mm	根	10	
3	热镀锌扁钢	—50mm×5mm	m	33	水平接地体及引上线
4	站所终端		台	1	集中式

7.2.3　使用说明

7.2.3.1　概述

在使用本通用设计时，应根据实际情况，在安全可靠、投资合理、标准统一、运行高效的设计原则下，形成符合实际要求的 10kV 环网箱。

10kV 采用单母线接线，10kV 进线 2 回、出线 4 回，进出线采用断路器柜。站所终端采用集中式安装。

7.2.3.2　电气一次部分

1. 电气主接线

10kV 采用单母线接线，进线 2 回、出线 2 回或 4 回；在实际工程中，按照出线规模及建设标准确定。

2. 主要设备选择

10kV 进出线采用断路器柜。设备短路电流水平、额定电流等电气参数按照规定的边界条件进行计算选择。

7.2.3.3　电气二次部分

（1）选用能实现继电保护功能的站所终端，不单独配置继电保护装置。

（2）选用能实现就地隔离故障的站所终端，应实现过电流、速断、单相接地等保护功能。

（3）采用集中式站所终端时，站所终端采用组屏式结构。

7.2.3.4　土建部分

站区地震动峰值加速度按 0.2g 考虑，地震作用按 8 度抗震设防烈度进行

设计，地震特征周期为 0.45s，设计风速 30m/s，地基承载力特征值 $f_{ak}=150kPa$；地基土及地下水对钢材、混凝土无腐蚀作用；海拔 5000m 及以下；非采暖区设计。

7.2.3.5 其他

（1）HA－1 方案以海拔小于 5000m，国标 c、d 级污秽区设计；当海拔超过时，按《导体和电器选择设计技术规定》（DL/T 5222）和《3～110kV 高压配电装置设计规范》（GB 50060）的有关规定进行修正。气体绝缘断路器柜还需调整柜内气压。

（2）HA－1 方案以地基承载力特征值 $f_{ak}=150kPa$、地下水无影响、非采暖区设计，当具体工程中实际情况有所变化时，应对有关项目做相应的调整。

（3）各地的内涝水位、水文气象条件、设防标准不同，应按工程所在地工况条件修正。

（4）若环网箱所在区域地下潮气较大时，可参考本方案土建防凝露设计图纸。

（5）根据设备选型和制造安装工艺的不同，环网箱箱体外形尺寸和基础可相应适度调整。

7.2.4 设计图

HA－1 方案设计图清单见表 7－6，图中标高单位为 m，尺寸未注明单位者均为 mm。

表 7－6 HA－1 方案设计图清单

图序	图名	图纸编号
图 7－1	10kV 系统配置图	HA－1－D1－01
图 7－2	电气平断面布置图	HA－1－D1－02
图 7－3	接地装置布置图	HA－1－D1－03
图 7－4	DTU 柜交直流电源原理图	HA－1－D2－01
图 7－5	10kV 断路器柜二次图	HA－1－D2－02
图 7－6	10kV 电压互感器柜二次图	HA－1－D2－03
图 7－7	DTU 柜外形尺寸图	HA－1－D2－04
图 7－8	航空插接线定义图	HA－1－D2－05
图 7－9	柜内通信联络图	HA－1－D2－06
图 7－10	DTU 柜控制回路图	HA－1－D2－07
图 7－11	设备基础平面图	HA－1－T－01
图 7－12	设备基础剖面图	HA－1－T－02

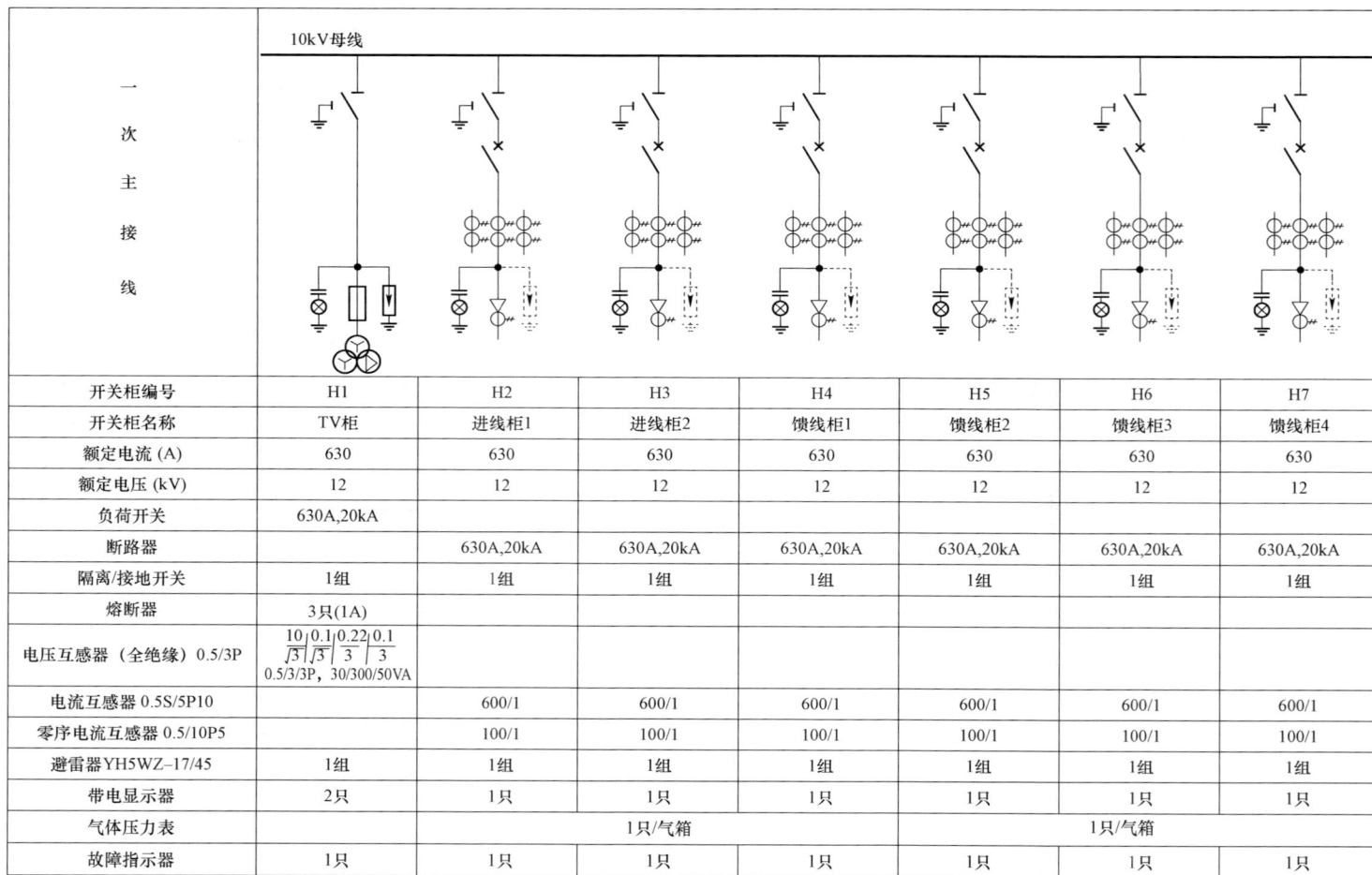

一次主接线	10kV母线						
开关柜编号	H1	H2	H3	H4	H5	H6	H7
开关柜名称	TV柜	进线柜1	进线柜2	馈线柜1	馈线柜2	馈线柜3	馈线柜4
额定电流 (A)	630	630	630	630	630	630	630
额定电压 (kV)	12	12	12	12	12	12	12
负荷开关	630A,20kA						
断路器		630A,20kA	630A,20kA	630A,20kA	630A,20kA	630A,20kA	630A,20kA
隔离/接地开关	1组	1组	1组	1组	1组	1组	1组
熔断器	3只(1A)						
电压互感器（全绝缘）0.5/3P	$\frac{10}{\sqrt{3}} \Big/ \frac{0.1}{\sqrt{3}} \Big/ \frac{0.22}{3} \Big/ \frac{0.1}{3}$ 0.5/3/3P，30/300/50VA						
电流互感器 0.5S/5P10		600/1	600/1	600/1	600/1	600/1	600/1
零序电流互感器 0.5/10P5		100/1	100/1	100/1	100/1	100/1	100/1
避雷器YH5WZ–17/45	1组	1组	1组	1组	1组	1组	1组
带电显示器	2只	1只	1只	1只	1只	1只	1只
气体压力表		1只/气箱			1只/气箱		
故障指示器	1只	1只	1只	1只	1只	1只	1只

说明：1. 本方案 10kV 环网箱选用环保气体绝缘环网柜，环网柜的防护等级不低于 IP43，隔室之间的防护等级不低于 IP2X，二次回路封闭装置的防护等级不低于 IP55。

2. 柜内开关配电动操作机构（采用 DC48V）、辅助触点（另增 6 对动断、动合触点），满足配电网自动化需求。

3. 气体压力表预留接点供配电网自动化使用。

图 7–1　10kV 系统配置图　HA–1–D1–01

通风口

通风口

| H1 | H2 | H3 | H4 | H5 | H6 | H7 | DTU |

≤2300

L

正视图

≤2300

1150

侧视图

L

| H1 | H2 | H3 | H4 | H5 | H6 | H7 | DTU |

1150

平面布置图

尺　寸

序号	间隔数	箱体长度（L）
1	4	3200mm
2	6	4000mm

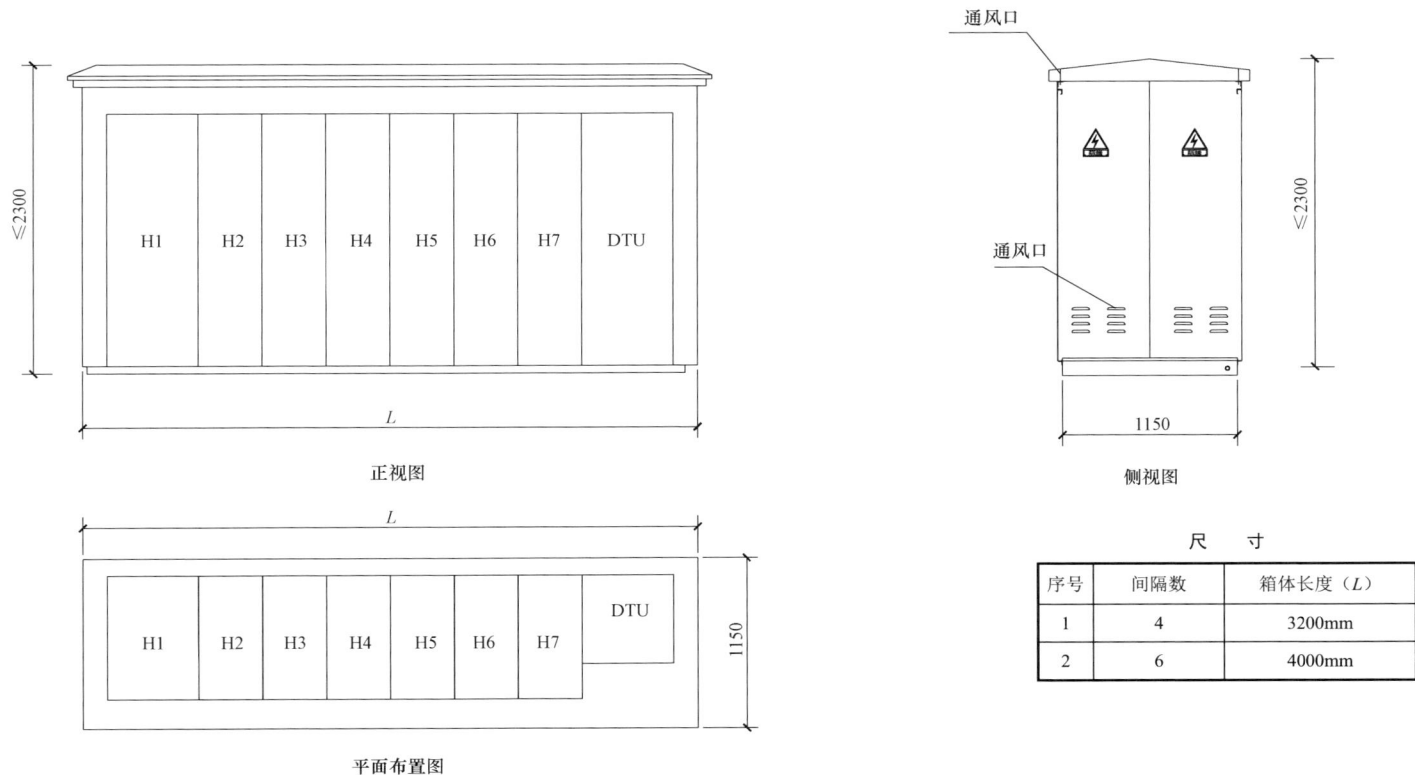

说明：1. 本方案采用环保气体绝缘环网柜（共箱式），TV间隔和DTU屏给定宽度为600mm，间隔宽度为420mm。本方案根据《10kV环网柜（箱）标准化设计方案》绘制。

2. 柜体关门时箱体外壳防护等级不低于IP43，外箱体应采用公称厚度不低于2mm厚，性能不低于S304不锈钢或GRC材料等材料，颜色与所处周边环境相协调，不锈钢材质宜选用国网绿。

3. 箱体外壳要求形成自下而上的空气对流，进风口需设在箱门板下端，并加装可拆卸式的防尘过滤网，顶盖坡度不少于3°排水倾角，排气通道设在外壳檐边下面。

4. 箱体柜门应配置斜加强筋，并设限位拉钩定位装置。门锁为防水防盗型可加挂锁结构。

5. 面板上"国家电网"标识应根据国家电网公司要求比例制作。

图7－2　电气平断面布置图　HA－1－D1－02

正反两面上下全部焊满

150

水平接地体与水平接地体的连接

800

垂直接地体 水平接地体

接地体的埋入深度

正反两面上下全部焊满 接地引上线

水平接地体 150 此处将引上线折弯

水平接地体与引上线的连接

正反两面上下全部焊满

垂直接地体与水平接地体的连接

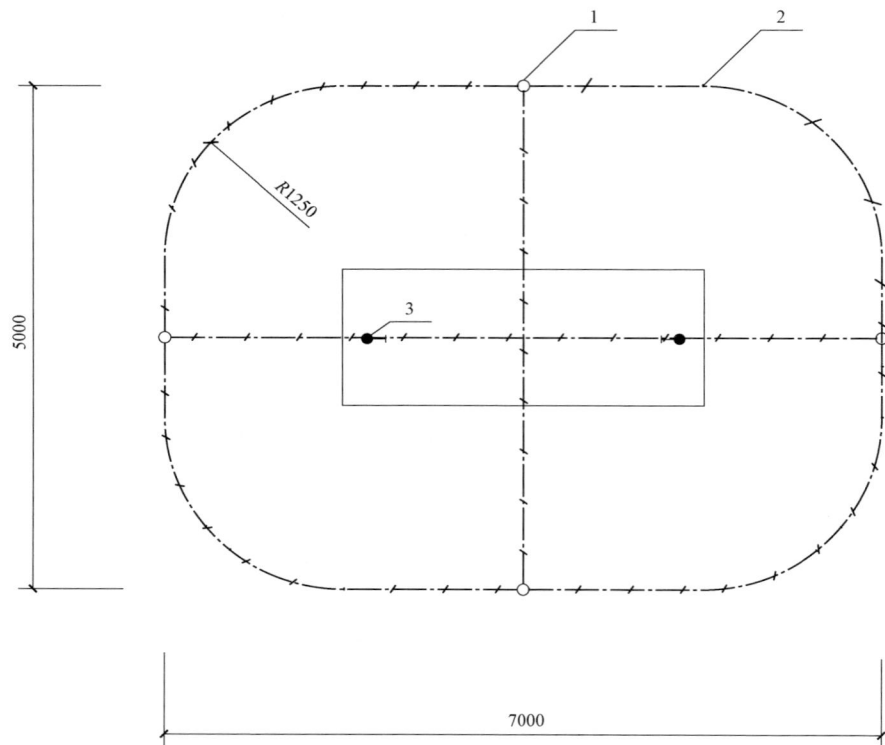

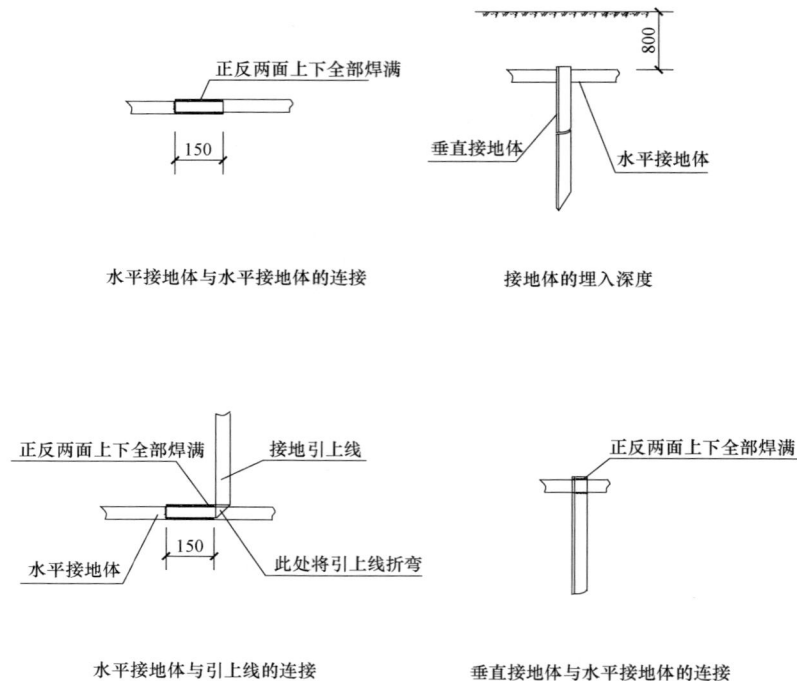

说明：1. 环网箱采用水平和垂直接地的混合接地网，接地体长 2.5m，接地体间距按大于 5m 布置，接地网埋深在冻土层以下，接地体从冻土层以下垂直打入地中。若不能确定冻土层深度时，接地网埋深至少应在地下 0.8m 处。

2. 接地网建成后应实测接地电阻，接地电阻应小于 4Ω，经测试达不到要求的，则应补打接地极或延长接地连线，或采用降阻剂，使接地电阻满足规程要求。

3. 接地装置的施工应满足《电气装置安装工程接地装置施工及验收规范》（GB 50169）的规定。

4. 接地网、电缆支架、预埋钢管等所有铁件均需作镀锌处理，若在高腐蚀性地区接地体材料可选用铜镀钢。

5. 箱内所有电气设备外壳、铁件应用—50×5mm 热镀锌扁钢与接地网可靠连接，接地连线应与箱体下面的槽钢焊接牢固，接地连线应与接地极焊接牢固，凡焊接处均应刷防腐剂。

设 备 材 料 表

序号	名称	技术规范	单位	数量	备注
1	接地体	∟50mm×5mm，L=2500mm	根	4	
2	接地连线	—50mm×5mm 镀锌扁钢	m	40	
3	临时接地接线柱	M10×30mm 镀锌螺栓	只	2	

图 7 - 3 接地装置布置图 HA - 1 - D1 - 03

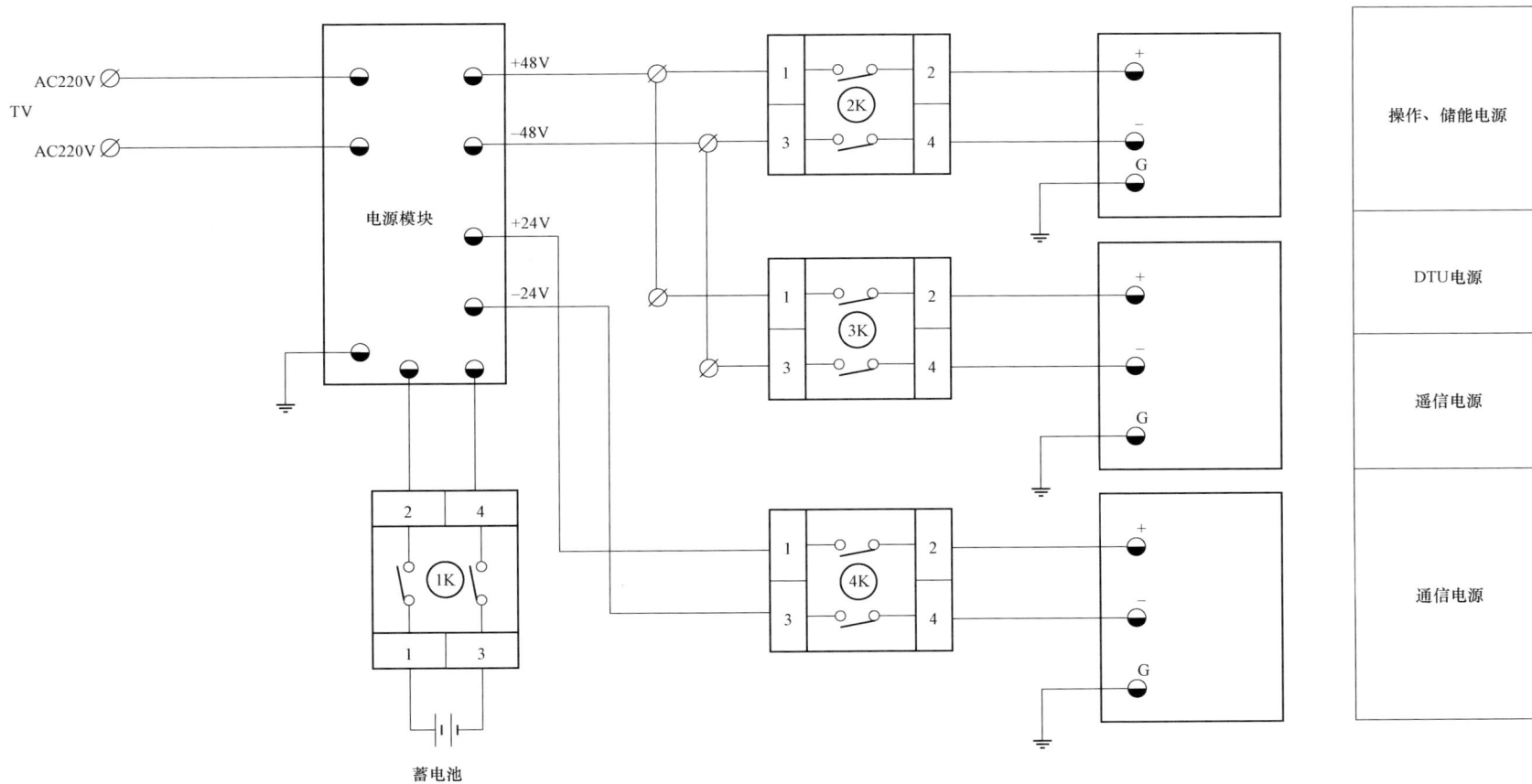

图 7-4 DTU 柜交直流电源原理图 HA-1-D2-01

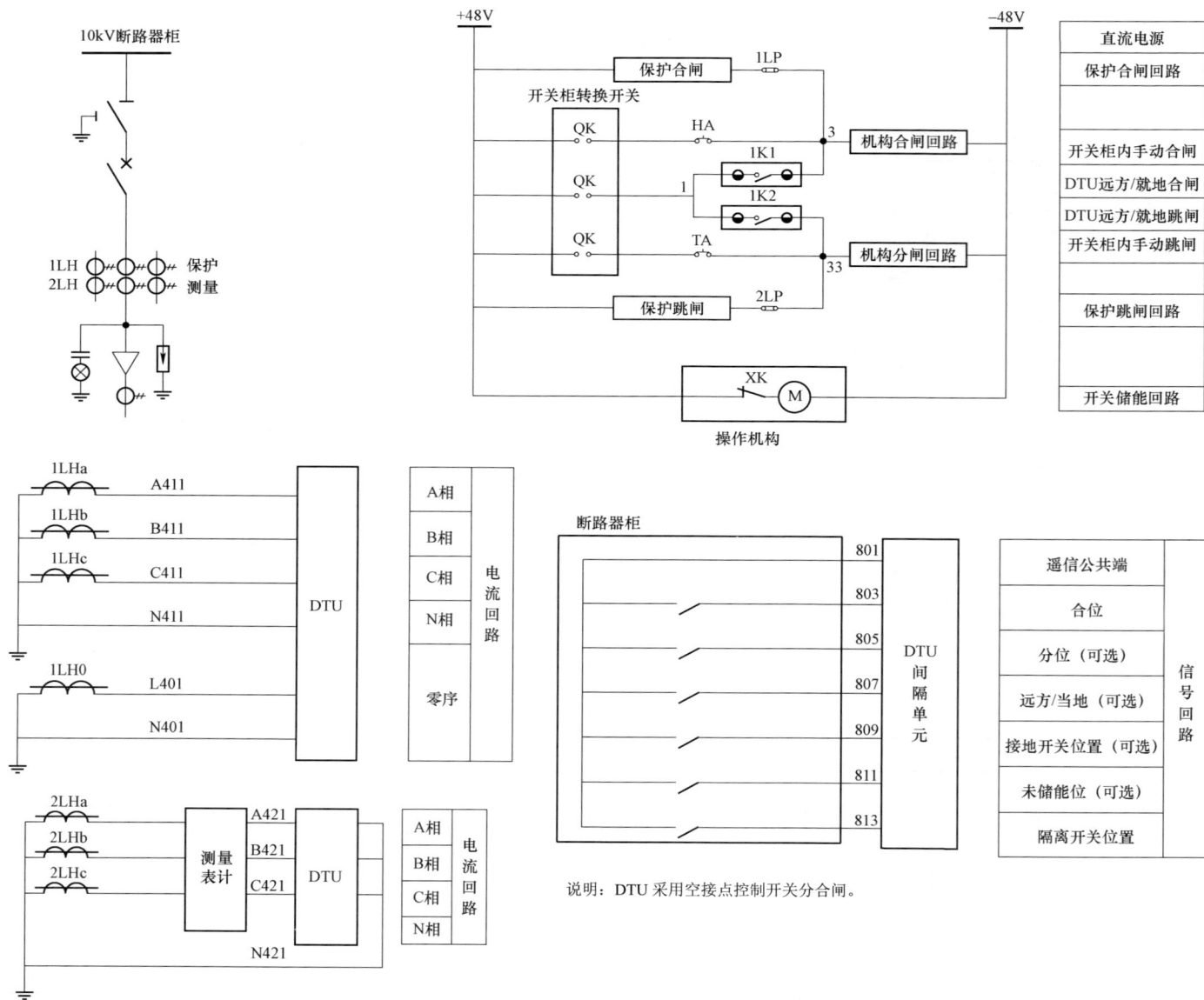

图 7-5 10kV 断路器柜二次图 HA-1-D2-02

10kV电压互感器柜

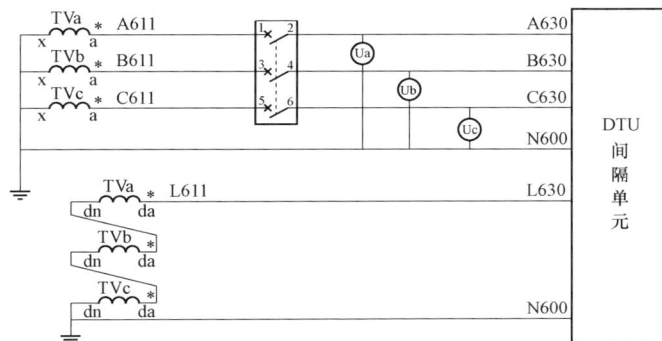

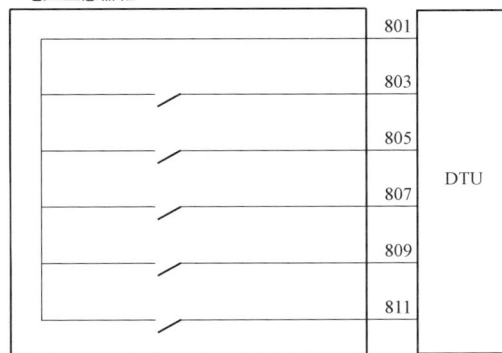

TVa	* A611				A630			相
x a		1×2		Ua				电
TVb	* B611				B630			压
x a		3×4		Ub				
TVc	* C611				C630			
x a		5×6		Uc		N600	DTU 间隔单元	母线 TV
TVa	* L611				L630			开
dn da								口
TVb	*							三
dn da								角
TVc	*							电
dn da						N600		压

电压互感器柜

回路	信号回路
801	遥信公共端
803	隔离开关位置
805	备用
807	TV失压（可选）
809	接地开关位置（可选）
811	未储能位（可选）

图 7-6　10kV 电压互感器柜二次图　HA-1-D2-03

600

400

1300

参数铭牌

正视图

400

2-φ51

85

50

DTU柜前门

160 105

8-φ51

105

60

侧视图

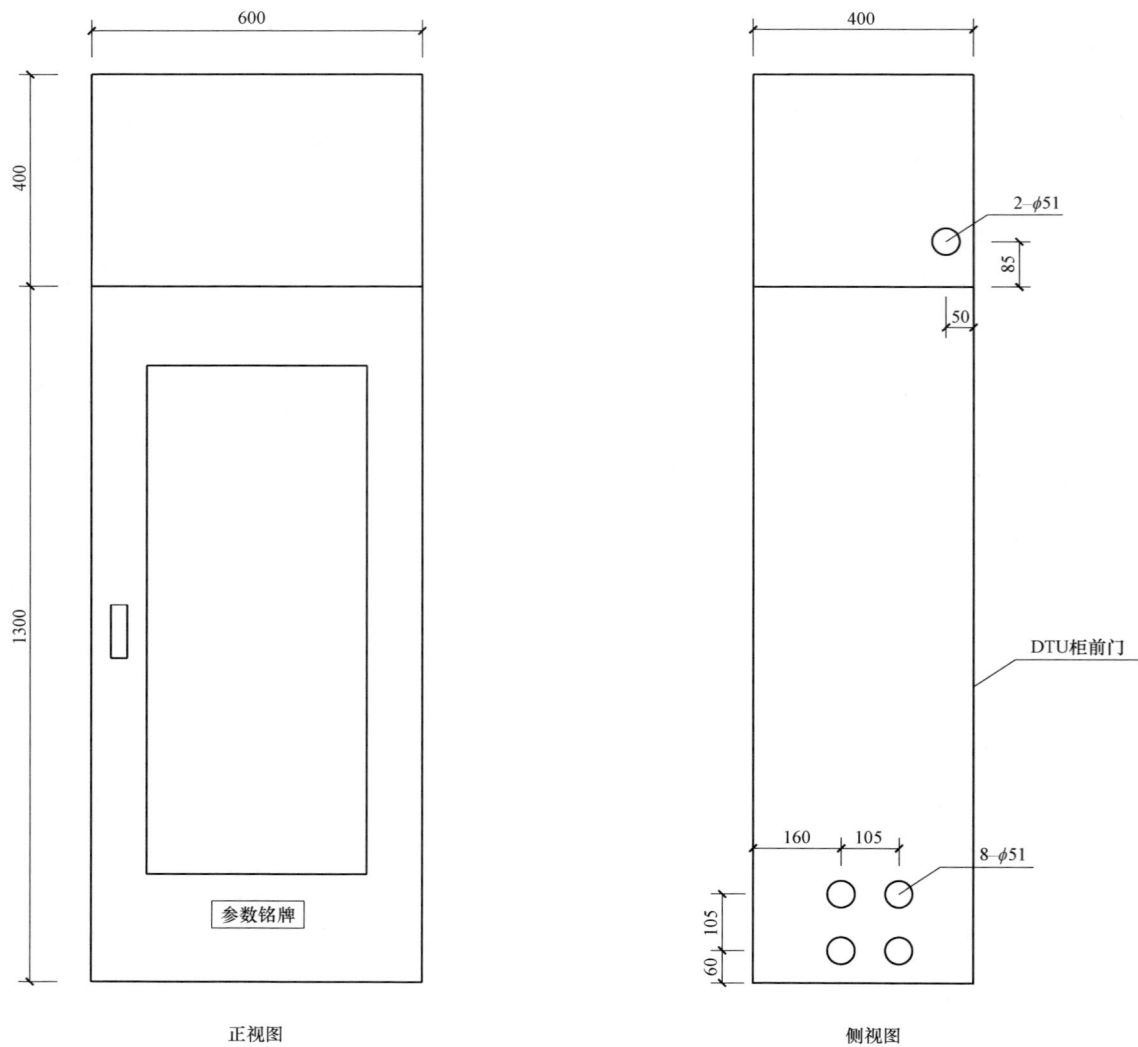

图 7-7 DTU 柜外形尺寸图 HA-1-D2-04

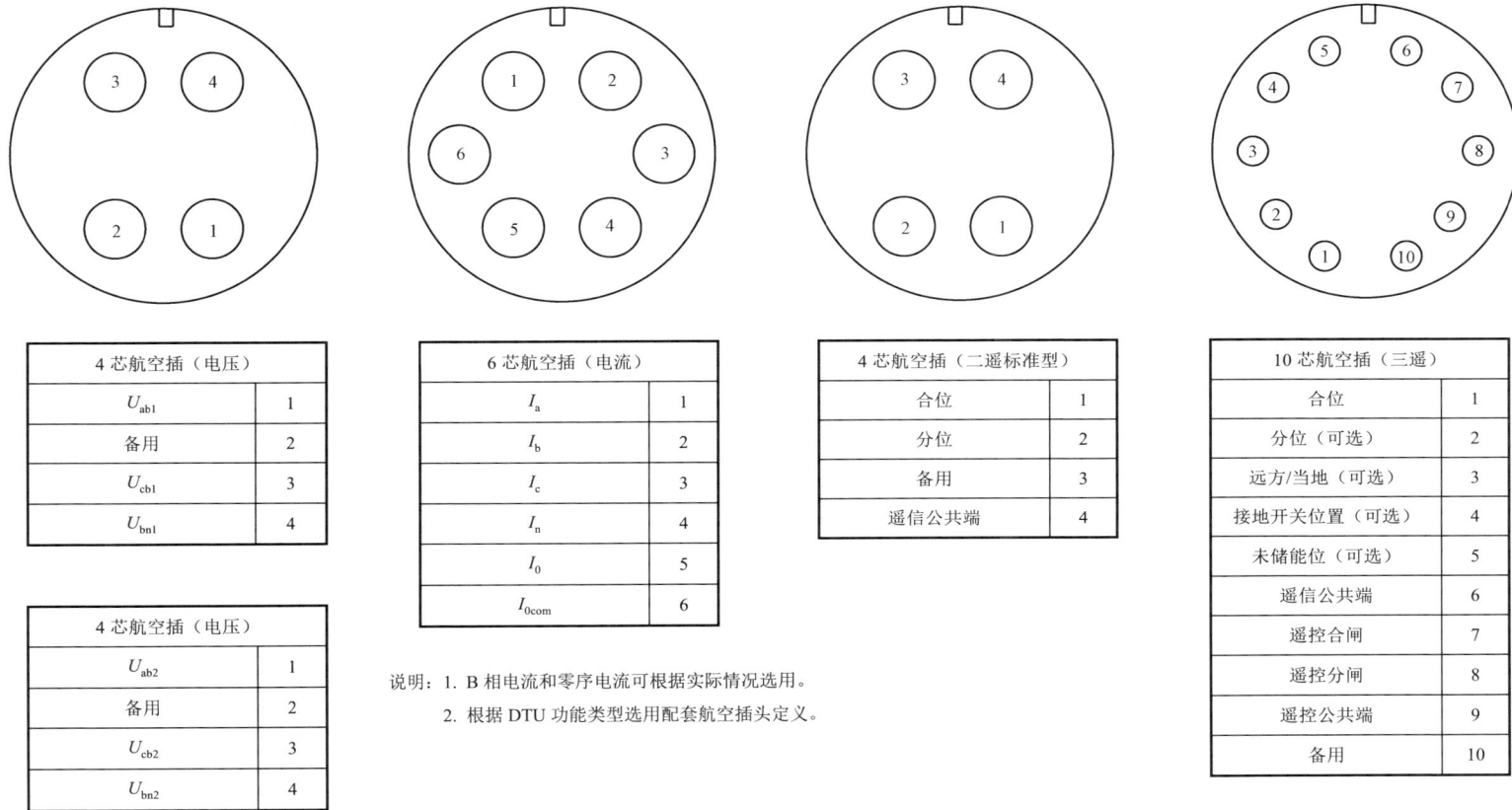

4 芯航空插（电压）	
U_{ab1}	1
备用	2
U_{cb1}	3
U_{bn1}	4

6 芯航空插（电流）	
I_a	1
I_b	2
I_c	3
I_n	4
I_0	5
I_{0com}	6

4 芯航空插（二遥标准型）	
合位	1
分位	2
备用	3
遥信公共端	4

10 芯航空插（三遥）	
合位	1
分位（可选）	2
远方/当地（可选）	3
接地开关位置（可选）	4
未储能位（可选）	5
遥信公共端	6
遥控合闸	7
遥控分闸	8
遥控公共端	9
备用	10

4 芯航空插（电压）	
U_{ab2}	1
备用	2
U_{cb2}	3
U_{bn2}	4

说明：1. B 相电流和零序电流可根据实际情况选用。

2. 根据 DTU 功能类型选用配套航空插头定义。

图 7－8　航空插接线定义图　HA－1－D2－05

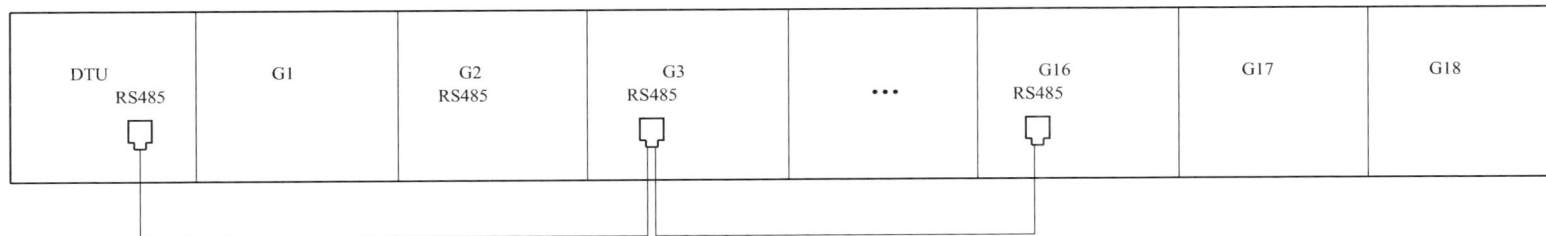

说明：馈线断路器保护信号上传至 DTU，也可选择上传装置信息。

图 7－9　柜内通信联络图　HA－1－D2－06

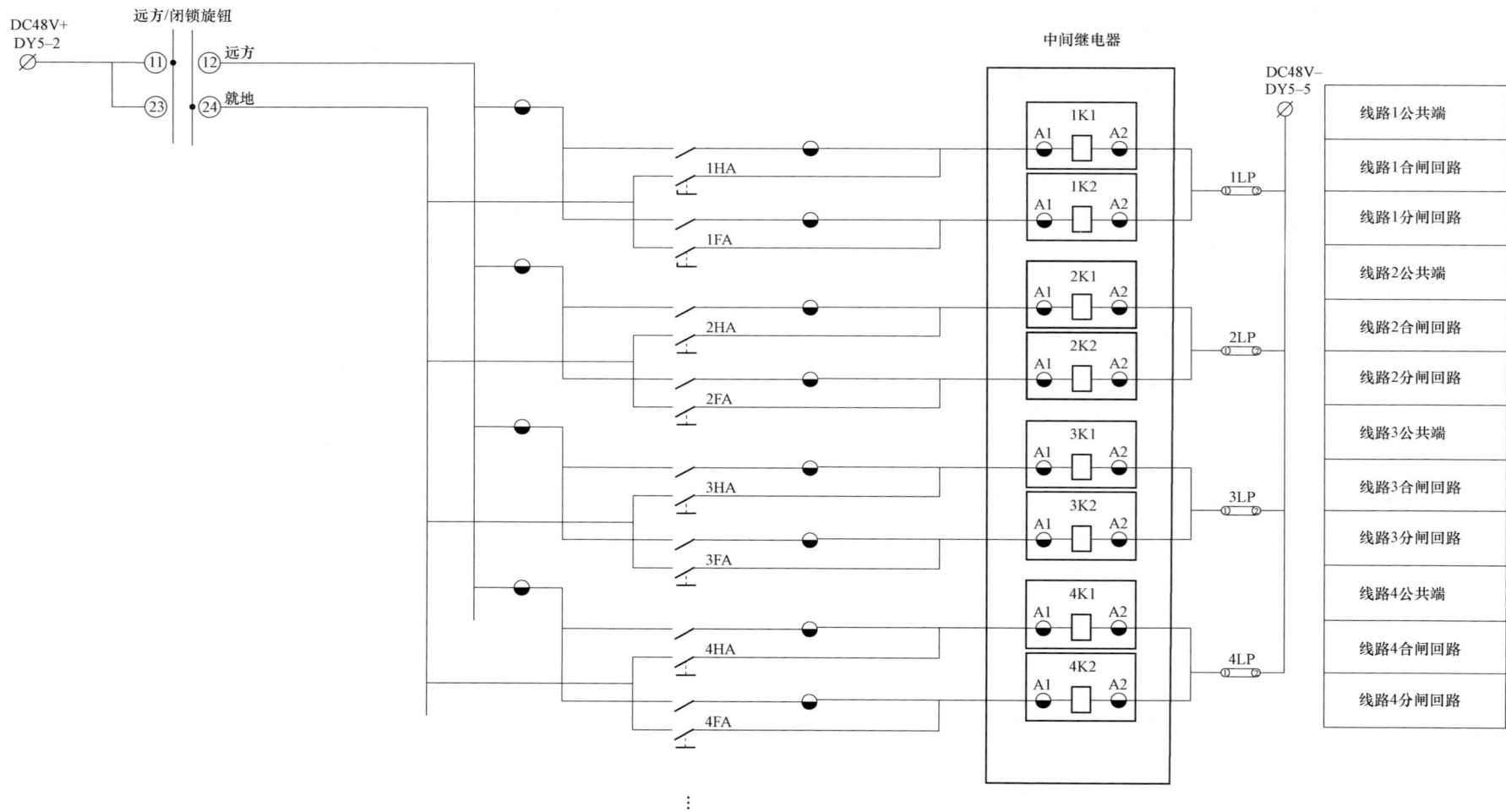

图 7-10 DTU 柜控制回路图 HA-1-D2-07

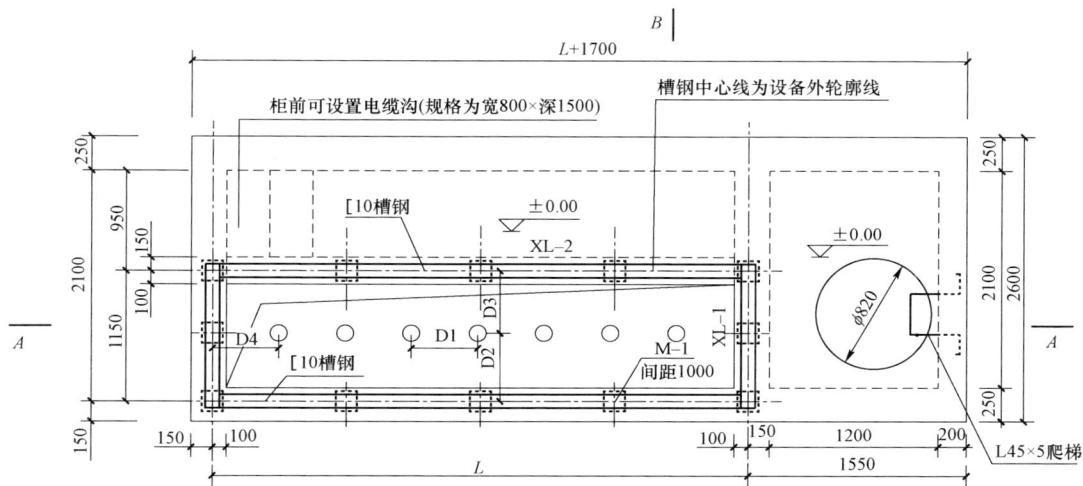

基础平面图

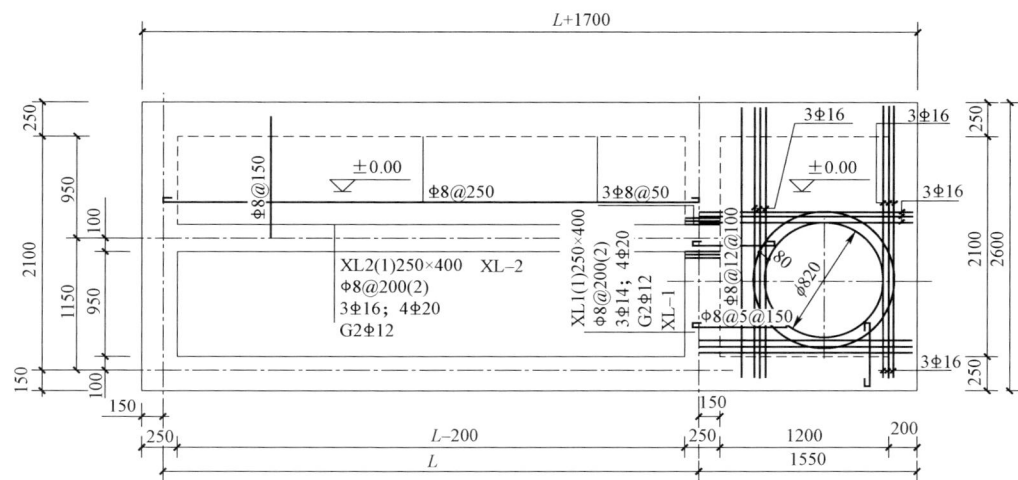

M—1

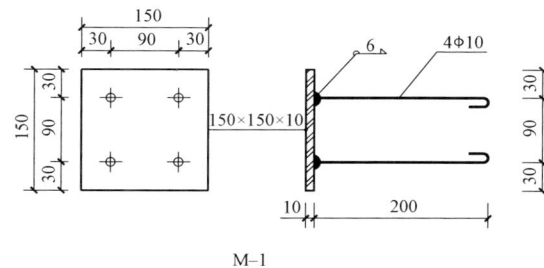

结构平面图

说明：1. 结构混凝土强度等级为 C25，基础垫层混凝土强度等级为 C15（厚度 150mm）。外露部
位贴瓷砖，规格、颜色与箱体配合协调。

2. 地基处理按实际情况采取措施。

3. 箱体尺寸 L×B（长×宽）以供货厂家提供的尺寸为准。

4. 电缆进出线埋管方向和数量应按实际情况确定。

5. 爬梯位置应根据供货厂家提供的活动底板位置确定，钢爬梯涂刷红丹两道、面漆两道。

6. 通风窗采用百叶窗。

7. 所有线管穿混凝土结构处设置防水套管，套管与线管间填充沥青麻丝、防水材料密封。

8. 宜装设防护围栏，围栏距设备距离需满足相关要求。

9. 柜前设置电缆沟时，基础宽度应做相应调整。

10. 基础采用钢筋混凝土隔板进行防凝露；图中 D1/D2/D3/D4 需要与环网箱出线孔距对应。
钢筋混凝土隔板上开孔处可预埋套管，采用密封件止水；或采用防水胶泥待电缆就位
后进行封堵等措施。

序号	间隔数	设备长度 L（mm）	基础长度（L+1700）（mm）
1	4	3200	4900
2	6	4000	5700

图 7—11 设备基础平面图 HA—1—T—01

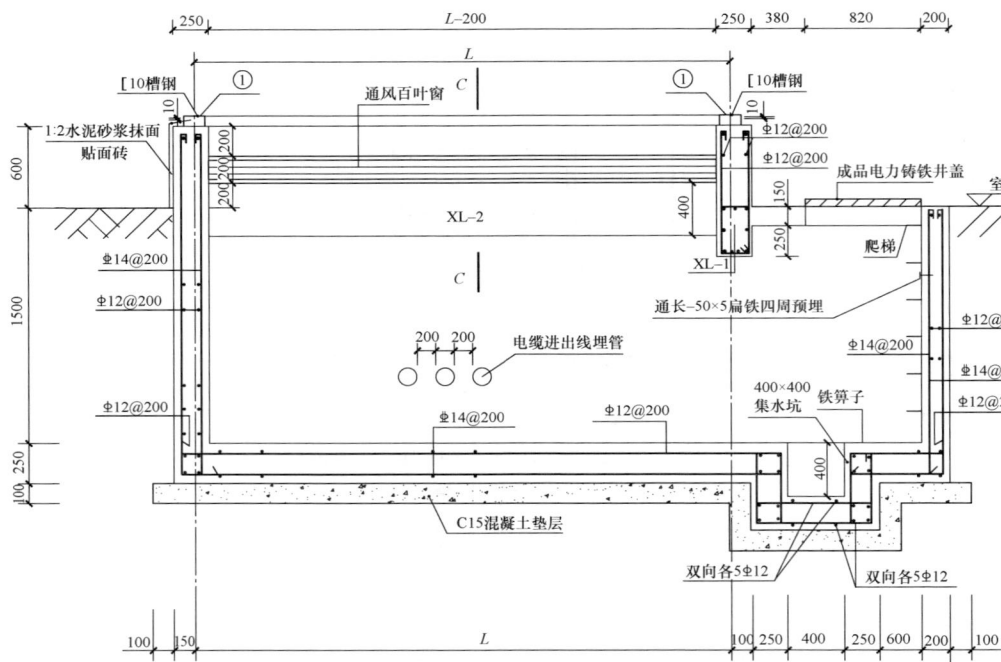

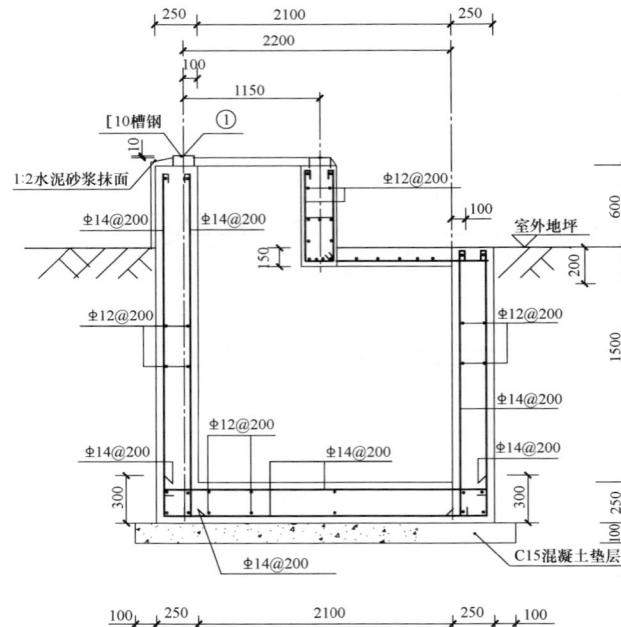

A—A

B—B

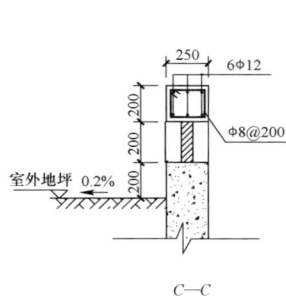

C—C

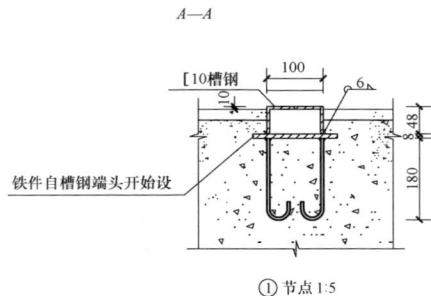

① 节点 1:5

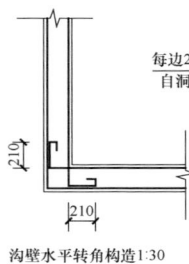

沟壁水平转角构造 1:30

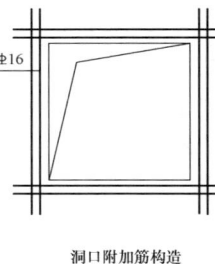

洞口附加筋构造

序号	间隔数	设备长度 L（mm）	基础长度（L+1700）（mm）
1	4	3200	4900
2	6	4000	5700

图 7-12 设备基础剖面图 HA-1-T-02

第8章 10kV配电室通用设计

8.1 总体说明

8.1.1 技术原则概述

8.1.1.1 设计对象

10kV 配电室通用设计的设计对象为国网西藏电力有限公司系统内 10kV 户内配电室。

8.1.1.2 运行管理模式

10kV 配电室通用设计按无人值守设计。

8.1.1.3 设计范围

10kV 配电室通用设计的设计范围是配电室内的电气设备、平面布置及建筑物基础结构，与配电室相关的防火、通风、防洪、防潮、防尘、防毒、防小动物和低噪声等设施。

本通用设计不涉及系统通信专业、系统远动专业的具体内容，在实际工程中，需要根据配电室系统情况具体设计，可预留扩展接口。

8.1.1.4 设计深度

10kV 配电室通用设计的设计深度是电气一次专业施工图深度、电气二次专业和土建专业初步设计深度，可用于实际工程可行性研究、初步设计、施工图设计阶段。

8.1.1.5 假定条件

海拔：1000m＜H≤5000m；

环境温度：−40～+35℃；

最热月平均最高温度：15℃；

污秽等级：c、d 级；

日照强度（风速 0.5m/s）：0.118W/cm²；

地震烈度：按 8 度设计，地震加速度为 0.2g，地震特征周期为 0.45s；

洪涝水位：站址标高高于 50 年一遇洪水水位和历史最高内涝水位，不考虑防洪措施；

设计土壤电阻率：不大于 100Ω/m；

相对湿度：在 10℃时，空气相对湿度不超过 90%；

地基：地基承载力特征值取 f_{ak}＝150kPa，无地下水影响；

腐蚀：地基土及地下水对钢材、混凝土无腐蚀作用。

8.1.2 技术条件和设计分工

10kV 配电室通用设计共 3 个方案，技术条件见表 8−1。

表 8−1　　　　　10kV 配电室通用设计技术方案组合

方案	电气主接线	10kV 进出线回路数	变压器类型	适用范围
PB−1	单母线	2 回进线 2 回出线	干式 2×800	A、B、C、D
PB−2	两个独立单母线	2（4）回进线 2～12 回出线	干式 2×800	A、B、C
PB−3	单母线分段		干式 4×800	A

注　表中变压器的容量干式可选 1250kVA 及以下。土建须按照 2 台或者 4 台变压器的最终规模建设，变压器可分期安装投运。

10kV 配电室通用设计方案按电气主接线、进出线回路数、主要电气设备选择进行划分。

1. 电气主接线

10kV 部分：采用单母线、单母线分段或两个独立的单母线接线。

0.4kV 部分：采用单母线分段。

2. 进出线回路数

10kV 每段母线进线为 1～2 回、出线 1～6 回，其中每段至少预留一回用于不停电作业。

PB−1、PB−2 方案提供 2 回出线典型方案，PB−3 方案提供 4 回出线典型方案，若配电室采用多回出线用于 10kV 电缆线路环进环出及分接负荷，可参照环网室通用设计方案执行。

3. 主要电气设备选择

选用高原型专用产品。

（1）10kV 侧选用断路器环网柜。根据绝缘介质，可选用环保气体绝缘环网柜、固体绝缘环网柜。

（2）0.4kV 侧可选用抽屉式开关柜、固定分隔式开关柜。

（3）变压器应选用二级能效及以上的干式变压器。

8.1.3 电气一次部分

8.1.3.1 电气主接线

（1）10kV 配电室的电气主接线应根据配电室的规划容量，线路、变压器连接元件总数，设备选型等条件确定。

（2）10kV 采用单母线、单母线分段或两个独立的单母线接线。

（3）0.4kV 采用单母分段接线。

8.1.3.2 短路电流及主要电气设备、导体选择

1. 10kV 环网柜

（1）10kV 设备短路电流水平：不小于 20kA。

（2）主要电气设备选择：10kV 侧选用断路器环网柜。根据绝缘介质，可选用环保气体绝缘环网柜、固体绝缘环网柜。

10kV 断路器柜主要设备选择见表 8－2。

表 8－2　　　　10kV 断路器柜主要设备选择

设备名称	型式及主要参数	备注
断路器	630A，20kA	
电流互感器	进线回路：600/1A，0.5S（5P10） 变压器回路：150/1A，0.5S 出线回路：300/1A，0.5S（5P10） 零序：100/1A，0.5S（10P5）	
避雷器	17/45kV	
主母线	630A	

（3）环网柜柜门关闭时防护等级不低于 IP4X，柜门打开时防护等级不低于 IP2X，二次回路封闭装置的防护等级不应低于 IP55。

（4）环网柜应具备"五防"闭锁功能，出线侧带电显示装置宜与接地刀闸实行联锁。

（5）环保气体绝缘断路器柜。环保气体绝缘断路器柜应选用真空断路器，操动机构一般采用动作性能稳定的弹簧储能机构。针对同一结构方案，统一环网柜外形尺寸、扩展母线位置及连接型式、地脚尺寸等，满足不同厂家设备通用互换。

柜体都应安装带电显示器，要求带二次核相孔。

环保气体绝缘断路器柜宜采用单元柜型。

电缆头选择 630A 及以下电缆头，接口布置应满足海拔 5000m 外绝缘修正要求，并应满足热稳定要求。

气箱箱体采用 304 不锈钢，公称厚度不低于国家标准规定的 2mm，年泄漏率小于等于 0.1%。

（6）固体绝缘断路器柜。固体绝缘断路器柜内应选用优质真空断路器，操动机构一般采用动作性能稳定的弹簧储能机构。

所有开关柜体都应安装带电显示器，要求带二次核相孔。

电缆头选择 630A 及以下电缆头，接口布置应满足海拔 5000m 外绝缘修正要求，并应满足热稳定要求。

2. 变压器

（1）选用高原型干式变压器，绝缘水平根据《电力变压器　第 3 部分：绝缘水平、绝缘试验和外绝缘空气间隙》（GB 1094.3）及《高海拔外绝缘配置技术规范》（Q/GDW 13001）进行修正。应选用二级能效及以上的干式变压器，额定变比采用 10（10.5）kV±5（2×2.5）%/0.4kV，接线组别宜采用 Dyn11。

（2）单台干式变压器容量不宜超过 1250kVA。

（3）非独立式配电室，可考虑在变压器下面加装减震装置，变压器出线处加装软铜排，以减少低频噪声。

（4）变压器应具备抗突发短路能力，能够通过突发短路试验。

3. 0.4kV 部分

（1）低压可选用高原型抽屉式低压成套柜，应满足《特殊环境条件　高原电气设备技术要求　低压成套开关设备和控制设备》（GB/T 22580）的相关要求。

（2）低压进线和联络开关应选用框架断路器，宜选用瞬时脱扣、短延时脱扣、长延时脱扣三段保护，宜采用分励脱扣器，一般不设置失压脱扣。出线开关选用框架断路器或塑壳断路器。

（3）低压配电进线总柜（箱）应配置 T1 级电涌保护器，宜预留通信接口。

4. 无功补偿电容器柜

（1）采用高原型专用电容器柜，应满足《特殊环境条件　高原电气设备技术要求　低压成套开关设备和控制设备》（GB/T 22580）的相关要求。

（2）无功补偿电容器柜应采用自动补偿方式。

（3）配电室内电容器组的容量可为变压器容量的 10%～30%。

（4）无功补偿电容器可按三相、单相混合补偿配置。

（5）低压电力电容器采用自愈式干式电容器，要求免维护、无污染、环保。

5. 导体选择

根据短路电流水平，按发热及动稳定条件校验，10kV 主母线及进线间隔导体选 630A 及以下。10kV 环网柜与变压器高压侧连接电缆须按发热及动稳定条件校验选用。低压母线最大工作电流按变压器容量、发热及动热稳定条件计算决定。

8.1.3.3　电气平面布置

配电室宜为单层建筑，下设电缆沟或电缆夹层。10kV 和 0.4kV 设备一般按照单列布置，干式变压器与中低压开关柜共室。

8.1.3.4　绝缘配合、过电压保护及接地

1. 绝缘配合

（1）电气设备的绝缘配合参照《交流电气装置的过电压保护和绝缘配合设计规范》（GB/T 50064）确定的原则进行。

（2）氧化锌避雷器按《交流无间隙金属氧化物避雷器》（GB/T 11032）中的规定进行选择。采用交流无间隙金属氧化物避雷器进行过电压保护。

2. 过电压保护

防雷设计应满足《建筑物防雷设计规范》（GB 50057）的要求。过电压保护主要是考虑侵入雷电波及操作过电压对配电装置的影响。因此，在 10kV 母线上分别装设氧化锌避雷器作为配电装置的保护。

3. 接地

配电室交流电气装置的接地应符合《交流电气装置的接地设计规范》（GB/T 50065）要求。接地体的截面和材料选择应考虑热稳定和腐蚀的要求。接地体一般采用镀锌钢，腐蚀性高的地区宜采用铜包钢或者石墨。

配电室接地电阻、跨步电压和接触电压应满足《交流电气装置的接地设计规范》（GB/T 50065）要求。采用水平和垂直接地的混合接地网。具体工程中如接地电阻不能满足要求，则需要采取降阻措施。

8.1.3.5　站用电及照明

1. 站用电

站用电、照明系统电源可由本站配电变压器低压侧或电压互感器提供，配电室站用电优先取自本站配电变压器低压侧。

2. 照明

工作照明采用荧光灯、LED 灯、节能灯，事故照明采用应急灯。

8.1.4　电气二次部分

8.1.4.1　二次设备布置

（1）采用集中式站所终端时，站所终端参考尺寸 600mm×400mm×1700mm（宽×深×高）。

（2）采用集中式站所终端时，站所终端采用组屏式结构。

（3）应满足防污秽、防凝露的要求。

8.1.4.2　电能计量

配电室可在 0.4kV 侧进线总柜加装计量装置和智能配电变压器终端，控制无功补偿，满足常规电参数采集和系统内线损计量考核。计量表计的装设执行国家电网有限公司计量规程规定，电能计量装置按以下原则配置：

（1）电能计量装置选用及配置应满足《电能计量装置技术管理规程》（DL/T 448）和《电力装置的电测量仪表装置设计规范》（GB/T 50063）规定。

（2）互感器采用专用计量二次绕组。

（3）计量二次回路不得接入与计量无关的设备。

8.1.4.3　保护及配电自动化配置原则

（1）选用能实现继电保护功能的站所终端，不单独配置继电保护装置。

（2）选用能实现就地隔离故障的站所终端，应实现过电流、速断、单相接地等保护功能。

（3）采用无线方式与主站通信时，通信设备由站所终端集成，采用其他通信方式时可单独配置通信箱。

（4）站所终端外部接口一般采用航空插头。

（5）站所终端为通信设备提供方 DC 24V 工作电源，为电动操作机构提供 DC 48V 操作电源，并布置在终端柜内。站所终端宜配置免维护阀控铅酸蓄电池，并可为站内保护等设备提供后备电源。

（6）站所终端需满足线损统计要求。

（7）配电室应预留智能终端及配套设备的安装位置，满足配变运行监测要求。

8.1.4.4　环境智能监控装置

可按需配置环境智能监控装置，对开关站内的溢水报警、风机、烟感、门禁、温湿度、噪声等信息进行监控。

8.1.5　土建部分

8.1.5.1　站址场地

（1）站址应接近负荷中心，应满足低压供电半径要求。

（2）土建按最终规模设计。

8.1.5.2　标示及警示

在具体工程设计时，按照国家电网有限公司相关规定制作悬挂标示及警示牌。

8.1.5.3　主体建筑

1. 独立主体建筑

主体建筑设计要结合西藏地区建筑特色，建筑造型和立面色调要与周边人文地理环境协调统一；外观设计应简洁、稳重、实用。对于建筑物外立面避免使用较为特殊的装饰，如玻璃雨篷、通体玻璃幕墙、修饰性栏栅、半圆形房间等。

2. 非独立主体建筑

建筑设计要结合西藏地区建筑特色，外观设计应简洁、稳重、实用。应注意设备运输、进出线通道、防雷、外观等与主体建筑的配合与协调。

8.1.5.4　总平面布置

1. 独立主体建筑

工程总平面布置应满足生产工艺、运输、防火、防爆、环境保护和施工等方面的要求，应统筹安排，合理布置，工艺流程顺畅，并考虑机械作业通道和空间，方便检修维护，有利于施工。同时要考虑有效的防水、排水、通风、防潮与隔声等措施。

2. 非独立主体建筑

对于设于建筑本体内时，应设在地上一层，并应留有设备运输通道。不应设置在卫生间、浴室或其他经常积水场所的下方。

8.1.5.5　排水、消防、通风、防潮除湿、环境保护

1. 排水

宜采用自流式有组织排水，设置集水井汇集雨水，经地下设置的排水暗管，有组织将水排至附近市政雨水管网中。

2. 消防

采用化学灭火方式，应加装烟雾报警装置。

3. 通风

宜采用自然通风，应设事故排风装置。

环保气体绝缘金属封闭开关柜如采用 C4、C5 等气体应装设强力通风装置。

4. 防潮除湿

可根据站址情况，土建基础设计应充分考虑防潮措施，在湿度较高的地区选择配置空调、工业级除湿机等防潮除湿装置。

5. 环境保护

噪声对周围环境影响应符合《声环境质量标准》（GB 3096）的规定和要求。

8.2　PB-1 方案说明

8.2.1　设计说明

8.2.1.1　总的部分

PB-1 方案主要技术原则为配电设备均选用高原型产品，10kV 选用环保气体绝缘断路器环网柜，采用电缆进出线，户内单列布置；0.4kV 低压柜选用抽屉式或固定分隔式，进线总柜配置框架式断路器，出线柜一般选用塑壳断路器；补偿容量可根据实际情况按变压器容量的10%～30%做调整，按三相、单相混合补偿方式；变压器选用二级能效及以上产品，根据所供区域的负荷情况选用 2 台干式变压器，容量为 1250kVA 及以下。

1. 适用范围

（1）适用于 A、B、C、D 类供电区域。

（2）城市普通住宅小区、小高层、普通公寓等。

（3）配电室的站址应接近负荷中心，应满足低压供电半径要求。

2. 方案技术条件

PB-1 方案根据总体说明中确定的预定条件开展设计，PB-1 方案技术条件表见表 8-3。

表 8-3　　　　　PB-1 方案技术条件表

序号	项目	内容
1	10kV 变压器	二级能效及以上干式变压器，容量为800kVA，本期 2 台
2	10kV 进出线回路数	10kV 进线 1～2 回、出线 2 回，全部采用电缆进出线
3	电气主接线	10kV 采用单母线接线，0.4kV 采用单母线分段接线
4	无功补偿	本方案 0.4kV 电容器容量按每台变压器容量的15%配置，可根据实际情况按变压器容量的10%～30%做调整；采用自动补偿方式，按三相、单相混合补偿方式，配置配变综合测控装置
5	设备短路电流水平	不小于 20kA

续表

序号	项目	内容
6	主要设备选型	10kV 选用环保气体绝缘断路器环网柜。 进出线柜配置三相干式电流互感器和零序电流互感器。 进线间隔配置 1 组金属氧化物避雷器，出线根据实际需要选配。 变压器按 "节能型、环保" 原则选用；变压器容量为 2×800kVA。 0.4kV 低压采用抽屉式；进线总柜配置框架式断路器，出线柜开关一般采用塑壳断路器
7	布置方式	10kV 采用户内单列布置，0.4kV 采用户内单列布置；出线间隔采用电缆引出至变压器；变压器低压引出采用铜排、密集型母线或封闭母线
8	土建部分	基础钢筋混凝土结构
9	通风	采用自然通风
10	消防	采用化学灭火装置
11	站址基本条件	按地震动峰值加速度 0.2g，设计风速 30m/s，地基承载力特征值 f_{ak}=150kPa，地下水无影响，非采暖区设计，假设场地为同一标高。按海拔 5000m 及以下，国标 c、d 级污秽区设计

8.2.1.2 电力系统部分

本通用设计按照给定的规模进行设计，在实际工程中，需要根据配电室所处系统情况具体设计。

本通用设计不涉及系统继电保护专业、系统通信专业、系统远动专业的具体内容，在实际工程中，需要根据配电室系统情况具体设计。

8.2.1.3 电气一次部分

1. 电气主接线

（1）10kV 部分：单母线接线。

（2）0.4kV 部分：单母线分段接线。

2. 短路电流及主要电气设备、导体选择

（1）10kV 设备短路电流水平：不小于 20kA。

（2）主要电气设备选择。

1）10kV 环网柜：10kV 环网柜选用环保气体绝缘环网柜。PB－1 方案 10kV 环网柜主要设备选择见表 8－4。

表 8－4　　　PB－1 方案 10kV 环网柜主要设备选择

设备名称	型式及主要参数	备注
断路器	进线、出线回路：630A，20kA	
电流互感器	进线回路：600/1A，0.5S（5P10） 变压器回路：150/1A，0.5S 出线回路：300/1A，0.5S（5P10） 零序：100/1A，0.5（10P5）	
避雷器	17/45kV	
主母线	630A	

2）变压器：变压器采用二级能效及以上的干式变压器。规格如下：

容量：800kVA；

接线组别：Dyn11；

电压额定变比：10（10.5）±2×2.5%/0.4kV；

阻抗电压：U_k%=6。

0.4kV：0.4kV 低压柜采用抽屉式。

3）无功补偿电容器柜：采用自动补偿形式，低压电力电容器采用干式自愈式、免维护、无污染、环保型。补偿容量按变压器容量的 15%配置，可根据实际情况按变压器容量的 10%～30%做调整。

4）导体选择：根据短路电流水平为 20kA，按发热及动稳定条件校验，10kV 主母线及进线间隔导体选择应满足额定电流需求；10kV 环网柜与变压器高压侧连接电缆须按发热及动稳定条件校验选用；低压母线最大工作电流按 2500A 考虑。

3. 绝缘配合、过电压保护及接地

（1）绝缘配合。

1）电气设备的绝缘配合参照《交流电气装置的过电压保护和绝缘配合设计规范》（GB/T 50064）确定的原则进行。

2）氧化锌避雷器按《交流无间隙金属氧化物避雷器》（GB/T 11032）中的规定进行选择。采用交流无间隙金属氧化物避雷器进行过电压保护。

（2）过电压保护。防雷设计应满足《建筑物防雷设计规范》（GB 50057）的要求。过电压保护主要是考虑侵入雷电波及操作过电压对配电装置的影响。因此，在 10kV 母线上分别装设氧化锌避雷器作为配电装置的保护。

（3）接地。配电室交流电气装置的接地应符合《交流电气装置的接地设计规范》（GB/T 50065）要求。接地体的截面和材料选择应考虑热稳定和腐蚀的要求。接地体一般采用镀锌钢，腐蚀性高的地区宜采用铜包钢或者石墨。

配电室接地电阻、跨步电压和接触电压应满足有关《交流电气装置的接地设计规范》（GB/T 50065）要求。采用水平和垂直接地的混合接地网。具体工程中如接地电阻不能满足要求，则需要采取降阻措施。

4. 电气设备布置

户内单列布置，干式变压器与高低压柜共室。

5. 站用电及照明

（1）站用电。由于 PB-1 方案 10kV 配电装置规模较小，故不设站用电柜，站用电源分别取自本站的两个不同低压母线。

（2）照明。工作照明采用荧光灯、LED 灯、节能灯，事故照明采用应急灯。

6. 电缆设施及防护措施

电缆敷设通道应满足电缆转弯半径要求。

电缆敷设采用支架上敷设、穿管敷设方式，并满足防火要求；在柜下方及电缆沟进出口采用耐火材料封堵，电缆进出室内外，需考虑防水封堵措施。

7. 10kV 配电室友好型不停电作业设计原则

（1）配电室每段 10kV 母线宜预留至少一个间隔供不停电作业使用。

（2）新建配电室低压进线柜应预留不停电作业接口，如是地下配电室需将低压不停电作业接口引至地面不停电作业接口箱，不停电作业接口箱应设置在应急电源车 50m 范围内，方便不停电作业开展。

（3）配电室环网柜存量改造优先利用原预留间隔或增加出线间隔，如不具备上述条件的，可更换带不停电作业接口的 TV 柜。

8.2.1.4 电气二次部分

1. 二次设备布置

（1）采用集中式站所终端时，站所终端参考尺寸 600mm×400mm×1700mm（宽×深×高）。

（2）采用集中式站所终端时，站所终端采用组屏式结构。

（3）应满足防污秽、防凝露的要求。

2. 电能计量

配电室可在 0.4kV 侧进线总柜加装计量装置和智能配电变压器终端，控制无功补偿，满足常规电参数采集和系统内线损计量考核。计量表计的装设执行国家电网有限公司计量规程规定，电能计量装置按以下原则配置：

（1）电能计量装置选用及配置应满足《电能计量装置技术管理规程》（DL/T 448）和《电力装置的电测量仪表装置设计规范》（GB/T 50063）规定。

（2）互感器采用专用计量二次绕组。

（3）计量二次回路不得接入与计量无关的设备。

3. 保护及配电自动化配置原则

（1）选用能实现继电保护功能的站所终端，不单独配置继电保护装置。

（2）选用能实现就地隔离故障的站所终端，应实现过电流、速断、单相接地等保护功能。

（3）采用无线方式与主站通信时，通信设备由站所终端集成，采用其他通信方式时可单独配置通信箱。

（4）站所终端外部接口一般采用航空插头。

（5）站所终端为通信设备提供方 DC 24V 工作电源，为电动操作机构提供 DC 48V 操作电源，并布置在终端柜内。站所终端宜配置免维护阀控铅酸蓄电池，并可为站内保护等设备提供后备电源。

（6）站所终端需满足线损统计要求。

（7）应预留智能终端及配套设备的安装位置，满足配变运行监测要求。

4. 环境智能监控装置

可按需配置环境智能监控装置，对开关站内的溢水报警、风机、烟感、门禁、温湿度、噪声等信息进行监控。

8.2.1.5 土建部分

1. 站址场地概述

（1）站址应接近负荷中心，应满足低压供电半径要求。

（2）土建按最终规模设计。

2. 标示及警示

在具体工程设计时，按照国家电网有限公司相关规定制作悬挂标示及警示牌。

3. 主体建筑

（1）独立主体建筑。主体建筑设计要结合西藏地区建筑特色，建筑造型和立面色调要与周边人文地理环境协调统一；外观设计应简洁、稳重、实用。对于建筑物外立面避免使用较为特殊的装饰，如玻璃雨篷、通体玻璃幕墙、修饰性栏栅、半圆形房间等。

（2）非独立主体建筑。建筑设计要结合西藏地区建筑特色，外观设计应简洁、稳重、实用。应注意设备运输、进出线通道、防雷、外观等与主体建筑的配合与协调。

4. 总平面布置

（1）独立主体建筑。工程总平面布置应满足生产工艺、运输、防火、防爆、环境保护和施工等方面的要求，应统筹安排，合理布置，工艺流程顺畅，并考虑机械作业通道和空间，方便检修维护，有利于施工。同时要考虑有效的防水、排水、通风、防潮与隔声等措施。

（2）非独立主体建筑。对于设于建筑本体内时，应设在地上一层，并应留有设备运输通道。不应设置在卫生间、浴室或其他经常积水场所的下方。

5. 排水、消防、通风、防潮除湿、环境保护

（1）排水。宜采用自流式有组织排水，设置集水井汇集雨水，经地下设置的排水暗管，有组织将水排至附近市政雨水管网中。

（2）消防。采用化学灭火方式。

（3）通风。宜采用自然通风，应设事故排风装置。

环保气体绝缘金属封闭开关柜如采用C4、C5等气体应装设强力通风装置。

（4）防潮除湿。可根据站址环境，在湿度较高的地区选择配置空调、工业级除湿机等防潮除湿装置。

（5）环境保护。噪声对周围环境影响应符合《声环境质量标准》（GB 3096）的规定和要求。

8.2.2　主要设备及材料清册

PB－1方案主要设备材料表见表8－5。

表8－5　　　　　　**PB－1方案主要设备材料表**

序号	名称	型号及规格	单位	数量	备注
1	10kV 进线柜	断路器柜	面	2	以环保气体绝缘断路器柜为例
2	10kV 出线柜	断路器柜	面	2	以环保气体绝缘断路器柜为例
3	10kV 变压器连接柜	断路器柜	面	1	以环保气体绝缘断路器柜为例
4	变压器	高原型，干式变，800kVA，Dyn11，$U_k\%=6$	台	2	
5	0.4kV 进线柜	高原型，抽屉式	面	2	

续表

序号	名称	型号及规格	单位	数量	备注
6	0.4kV 出线柜	高原型，抽屉式	面	4	
7	0.4kV 电容补偿柜	高原型，120kvar	面	2	
8	0.4kV 分段柜	高原型，抽屉式	面	1	
9	热镀锌角钢	L50mm×5mm，$L=2500$mm	根	6	用于接地极
10	热镀锌扁钢	－50mm×5mm	m	100	接地干线及引上线
11	临时接地柱		副	4	用于临时接地

8.2.3　使用说明

8.2.3.1　概述

PB－1方案以10kV配电室的10kV配电装置、主变压器、0.4kV配电装置为基本模块，以10kV出线间隔、10kV变压器、0.4kV出线间隔为子模块，按不同的规模和配置进行拼接，以便在具体工程设计时使用。

在使用本通用设计时，要根据实际情况，在安全可靠、投资合理、标准统一、运行高效的设计原则下，形成符合实际要求的10kV配电室。

PB－1方案主要对应内容为10kV采用单母线接线，0.4kV采用单母线分段接线，设置2台变压器规模；10kV环网柜选用环保气体绝缘环网柜（实际可按需选择），变压器选用干式，低压柜采用抽屉式成套柜的组合方案；电容柜补偿容量按变压器容量的15%配置，可按变压器容量的10%～30%做调整，根据系统实际情况选择。

8.2.3.2　电气一次部分

1. 电气主接线

10kV采用单母线接线，0.4kV采用单母线分段接线。

2. 主设备选择

10kV选用环保气体绝缘环网柜；变压器选用二级能效及以上的干式变压器；低压柜采用抽屉式成套柜；电容柜补偿容量按变压器容量的15%配置，可根据系统实际情况选择。

3. 电气平面布置

户内单列布置，干式变压器与高低压柜共室。

8.2.3.3 土建部分

1. 边界条件

站区地震动峰值加速度按 0.2g 考虑，地震作用按 8 度抗震设防烈度进行设计，地震特征周期为 0.45s，设计风速 30m/s，地基承载力特征值 f_{ak}＝150kPa；地基土及地下水对钢材、混凝土无腐蚀作用；当具体工程实际情况有所变化时，应对有关项目做相应的调整。

PB－1 方案以海拔小于 5000m，国标 c、d 级污秽区设计；当海拔超过 5000m 时，按《导体和电器选择设计技术规定》（DL/T 5222）和《3～110kV 高压配电装置设计规范》（GB 50060）的有关规定进行修正。

PB－1 方案按环境温度为－40～＋35℃设计，当实际环境温度超过上述范围时，按《导体和电器选择设计技术规定》（DL/T 5222）的有关规定进行修正。

2. 标高

PB－1 方案以室内地坪高度为±0.00m，取相对标高。站内外高差 1m，站内净高不应低于 3.6m，采用电缆夹层，高度不大于 2.2m。工程实际中，也可采用电缆沟，高度不应低于 1m，为便于敷设电缆，应设置与中低压开关柜等长的平行电缆沟。

3. 采暖、通风

一般低温环境下，不考虑采暖设施；极低温特殊情况下，可根据环境要求装设低温自启动的电采暖装置，确保二次设备正常运行。

采用自然通风，应设事故排风装置。

环保气体绝缘金属封闭开关柜如采用 C4、C5 等气体应装设强力通风装置

8.2.4 设计图

PB－1 方案设计图清单见表 8－6，图中标高单位为 m，尺寸未注明单位者均为 mm。

表 8－6　　　　　　　　　　　PB－1 方案设计图清单

图序	图名	图纸编号
图 8－1	电气主接线图	PB－1－D1－01
图 8－2	10kV 系统配置图	PB－1－D1－02
图 8－3	0.4kV 系统配置图	PB－1－D1－03
图 8－4	电气平面布置图	PB－1－D1－04
图 8－5	电气断面图	PB－1－D1－05
图 8－6	接地装置布置图	PB－1－D1－06
图 8－7	DTU 柜交直流电源原理图	PB－1－D2－01
图 8－8	10kV 断路器柜二次图	PB－1－D2－02
图 8－9	DTU 柜外形尺寸图	PB－1－D2－03
图 8－10	航空插接线定义图	PB－1－D2－04
图 8－11	柜内通信联络图	PB－1－D2－05
图 8－12	DTU 柜控制回路图	PB－1－D2－06
图 8－13	建筑平面布置图	PB－1－T－01
图 8－14	建筑立面及剖面图	PB－1－T－02
图 8－15	设备基础平面图	PB－1－T－03
图 8－16	照明布置图	PB－1－T－04
图 8－17	照明配电箱电气主接线图	PB－1－T－05

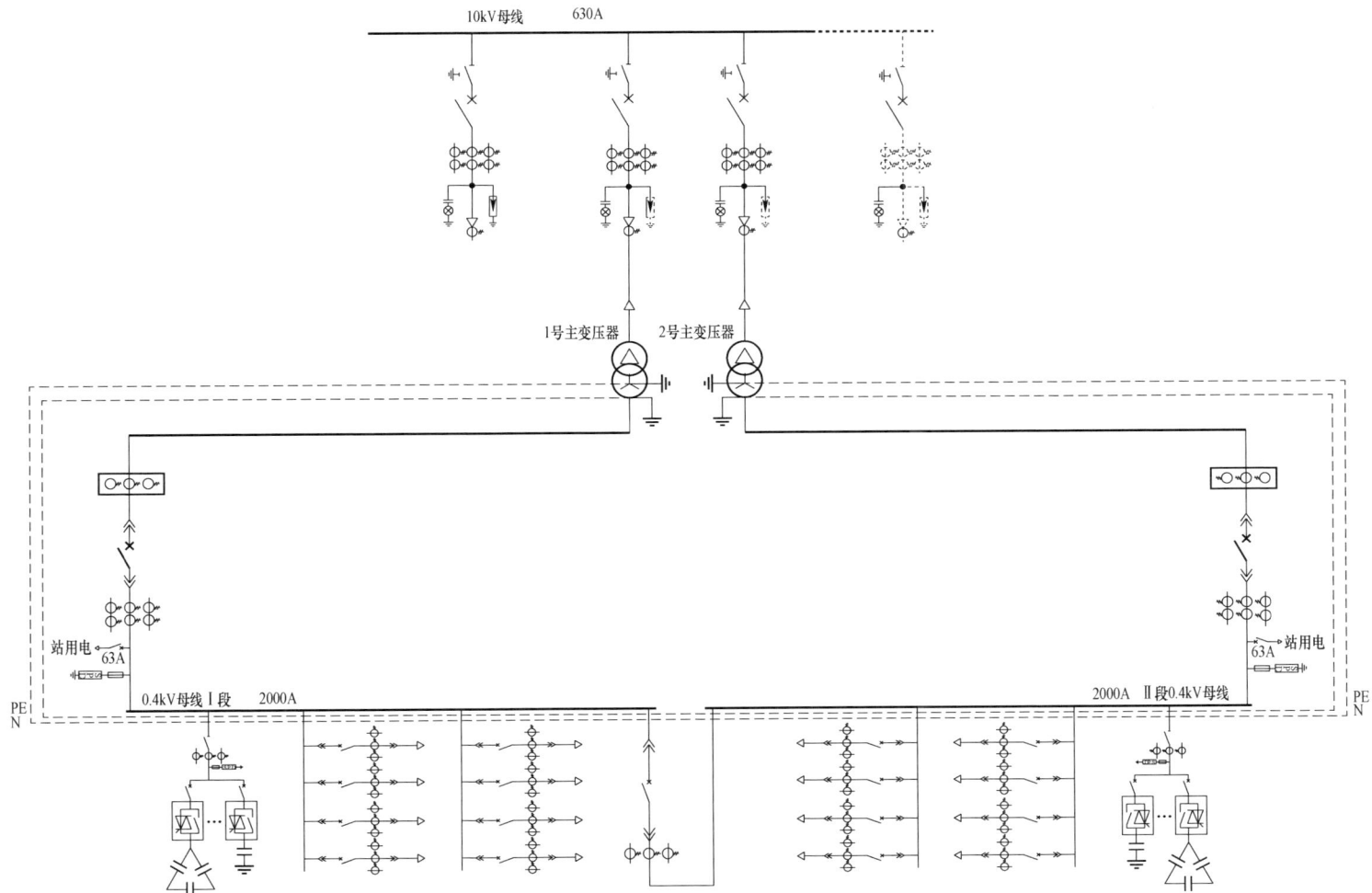

说明：1. 本设计方案 10kV 为环保气体绝缘断路器柜，单母线接线，800kVA 干式变压器，抽屉式低压柜的形式，实际可按固定分隔式低压柜。

2. 变压器中心点与 PE 排之间实现一点接地。

3. 0.4kV 进线侧预留计量 TA 位置，供负控终端用，由营销部门提供。

4. 两路低压进线总开关和母联开关采用三锁二钥匙闭锁装置。

图 8-1　电气主接线图　PB-1-D1-01

一次接线图	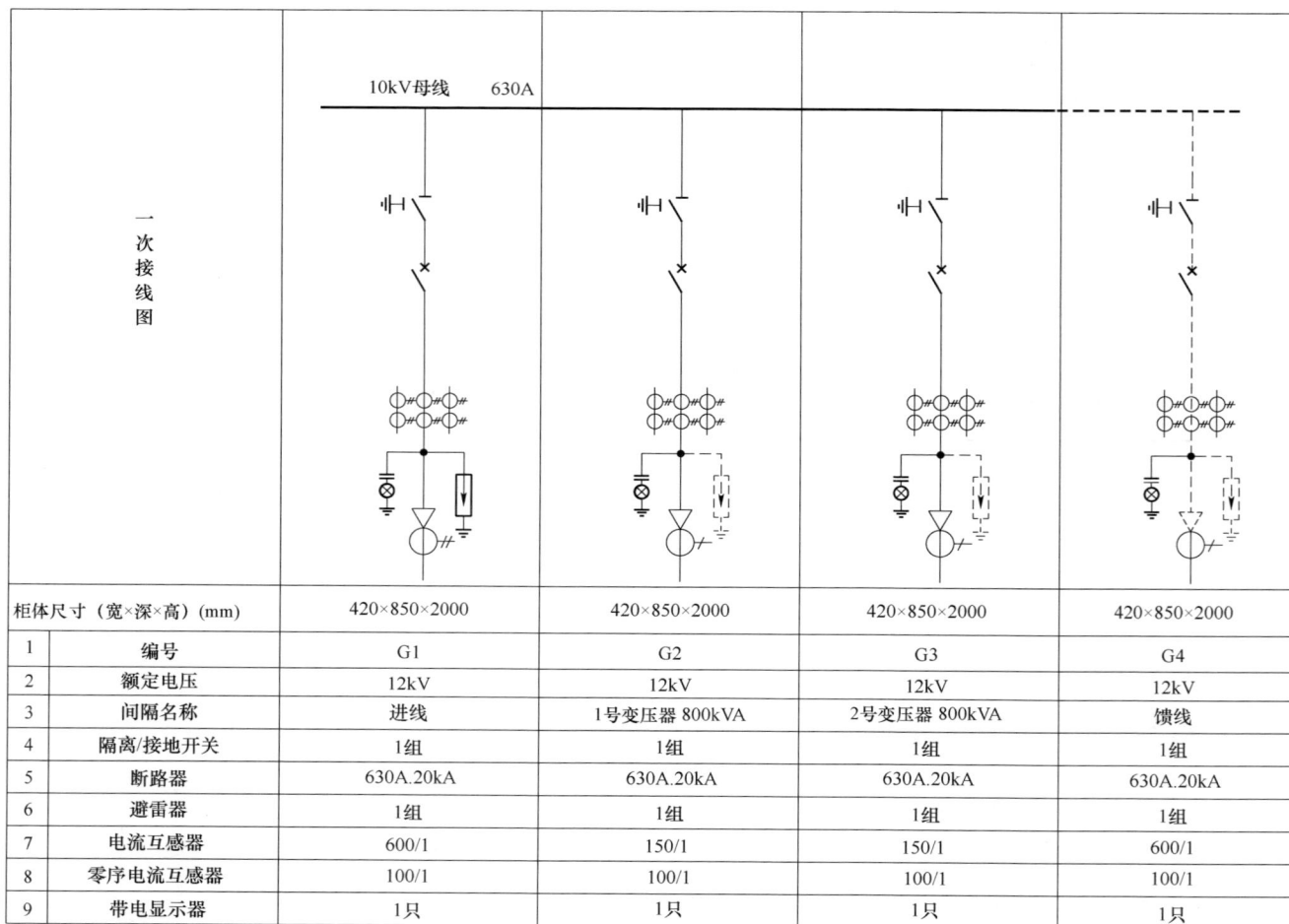			
柜体尺寸（宽×深×高）(mm)	420×850×2000	420×850×2000	420×850×2000	420×850×2000
1　编号	G1	G2	G3	G4
2　额定电压	12kV	12kV	12kV	12kV
3　间隔名称	进线	1号变压器 800kVA	2号变压器 800kVA	馈线
4　隔离/接地开关	1组	1组	1组	1组
5　断路器	630A.20kA	630A.20kA	630A.20kA	630A.20kA
6　避雷器	1组	1组	1组	1组
7　电流互感器	600/1	150/1	150/1	600/1
8　零序电流互感器	100/1	100/1	100/1	100/1
9　带电显示器	1只	1只	1只	1只

说明：1. 本方案 10kV 环网箱选用环保气体绝缘环网柜，环网柜的防护等级不低于 IP4X，隔室之间的防护等级不低于 IP2X，二次回路封闭装置的防护等级不低于 IP55。

　　　　2. 柜内开关配电动操作机构（采用 DC 48V）、辅助触点（另增 6 对动断、动合触点），满足配电网自动化需求。

图 8-2　10kV 系统配置图　PB-1-D1-02

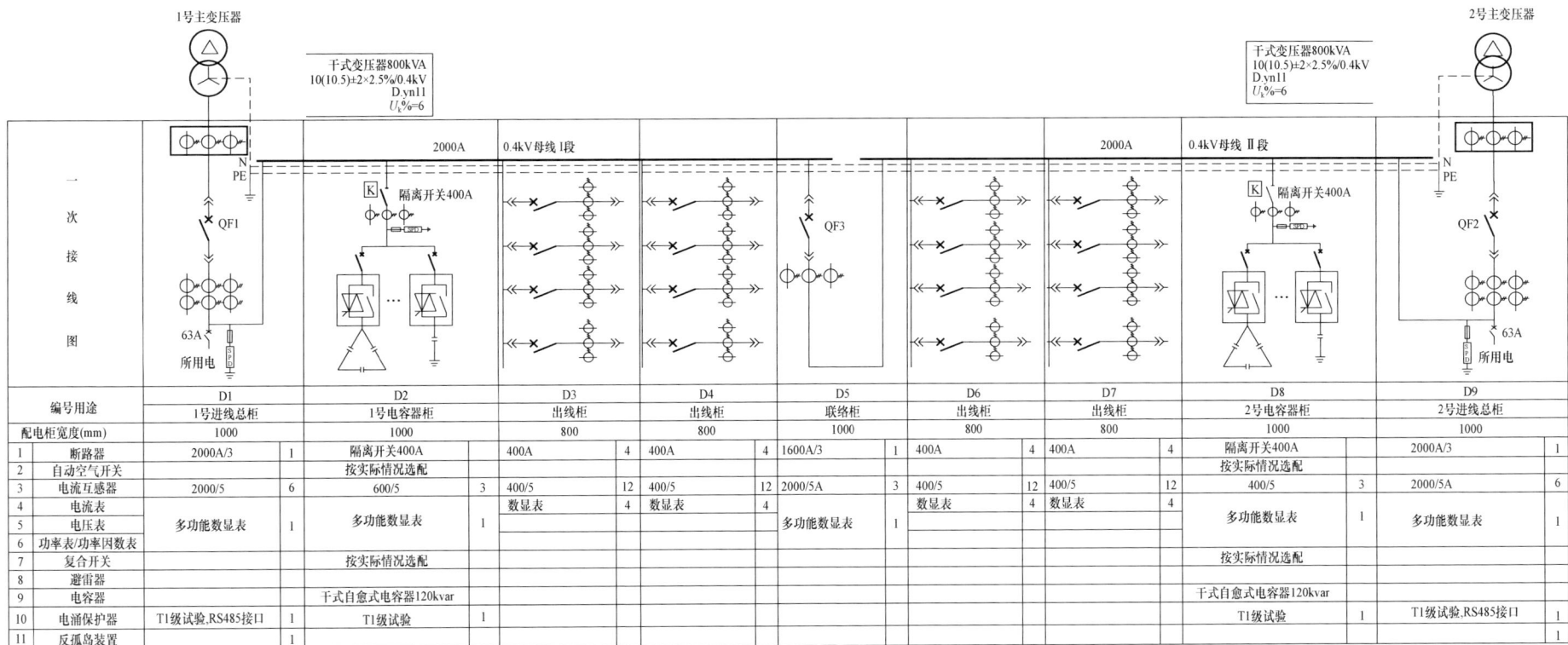

1号主变压器

干式变压器800kVA
10(10.5)±2×2.5%/0.4kV
D,yn11
U_k%=6

2号主变压器

干式变压器800kVA
10(10.5)±2×2.5%/0.4kV
D,yn11
U_k%=6

一次接线图

2000A　0.4kV母线Ⅰ段

2000A　0.4kV母线Ⅱ段

N
PE

QF1

K　隔离开关400A

QF3

K　隔离开关400A

QF2

63A
所用电

63A
所用电

编号用途		D1	D2		D3		D4		D5		D6		D7		D8		D9	
		1号进线总柜	1号电容器柜		出线柜		出线柜		联络柜		出线柜		出线柜		2号电容器柜		2号进线总柜	
配电柜宽度(mm)		1000	1000		800		800		1000		800		800		1000		1000	
1	断路器	2000A/3	1	隔离开关400A	400A	4	400A	4	1600A/3	1	400A	4	400A	4	隔离开关400A		2000A/3	1
2	自动空气开关			按实际情况选配											按实际情况选配			
3	电流互感器	2000/5	6	600/5	3	400/5	12	400/5	12	2000/5A	3	400/5	12	400/5	12	400/5	3	2000/5A	6
4	电流表	多功能数显表	1	多功能数显表	1	数显表	4	数显表	4	多功能数显表		数显表	4	数显表	4	多功能数显表	1	多功能数显表	1
5	电压表																		
6	功率表/功率因数表																		
7	复合开关			按实际情况选配											按实际情况选配			
8	避雷器																		
9	电容器			干式自愈式电容器120kvar											干式自愈式电容器120kvar			
10	电涌保护器	T1级试验,RS485接口	1	T1级试验	1										T1级试验	1	T1级试验,RS485接口	1
11	反孤岛装置		1															1

说明：1. 两路低压进线总开关和母联开关采用三锁二钥匙闭锁装置。

　　　2. 变压器中性点与 PE 排之间实现一点接。

　　　3. 本方案采用抽屉式低压柜固，实际可按需选择定分隔式低压柜。

　　　4. 0.4kV 进线侧预留计量 TA 位置，供负控终端用，由营销部门提供。

图 8-3　0.4kV 系统配置图　PB-1-D1-03

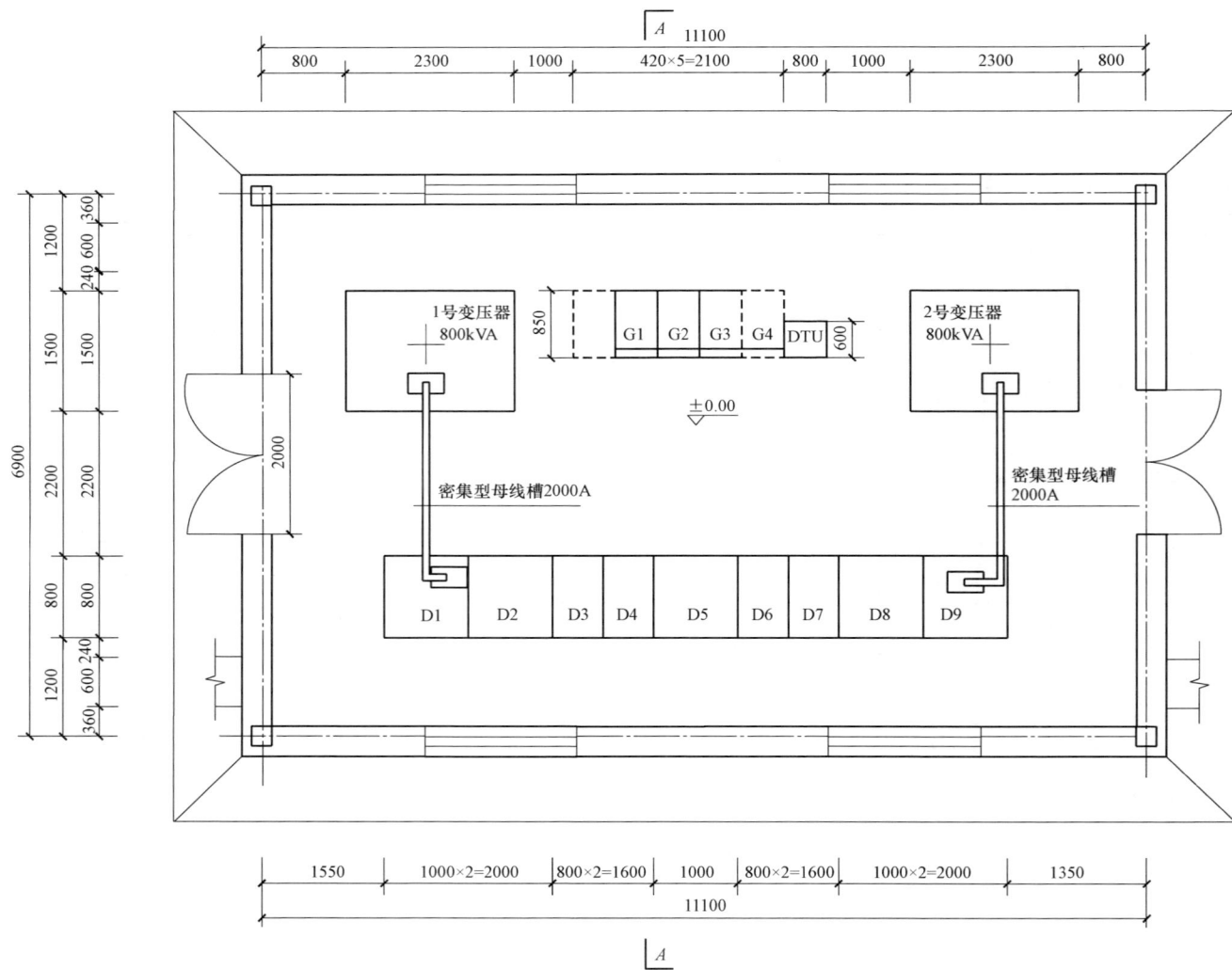

図中文字：

A 11100

800 2300 1000 420×5=2100 800 1000 2300 800

1200 360
240 600
1500 1500
2200 2200
800 800
1200 600 240
360

6900

2000

1号变压器
800kVA

G1 G2 G3 G4 DTU

850

600

2号变压器
800kVA

±0.00

密集型母线槽2000A

密集型母线槽
2000A

D1 D2 D3 D4 D5 D6 D7 D8 D9

1550 1000×2=2000 800×2=1600 1000 800×2=1600 1000×2=2000 1350

11100

A

图 8−4　电气平面布置图　PB−1−D1−04

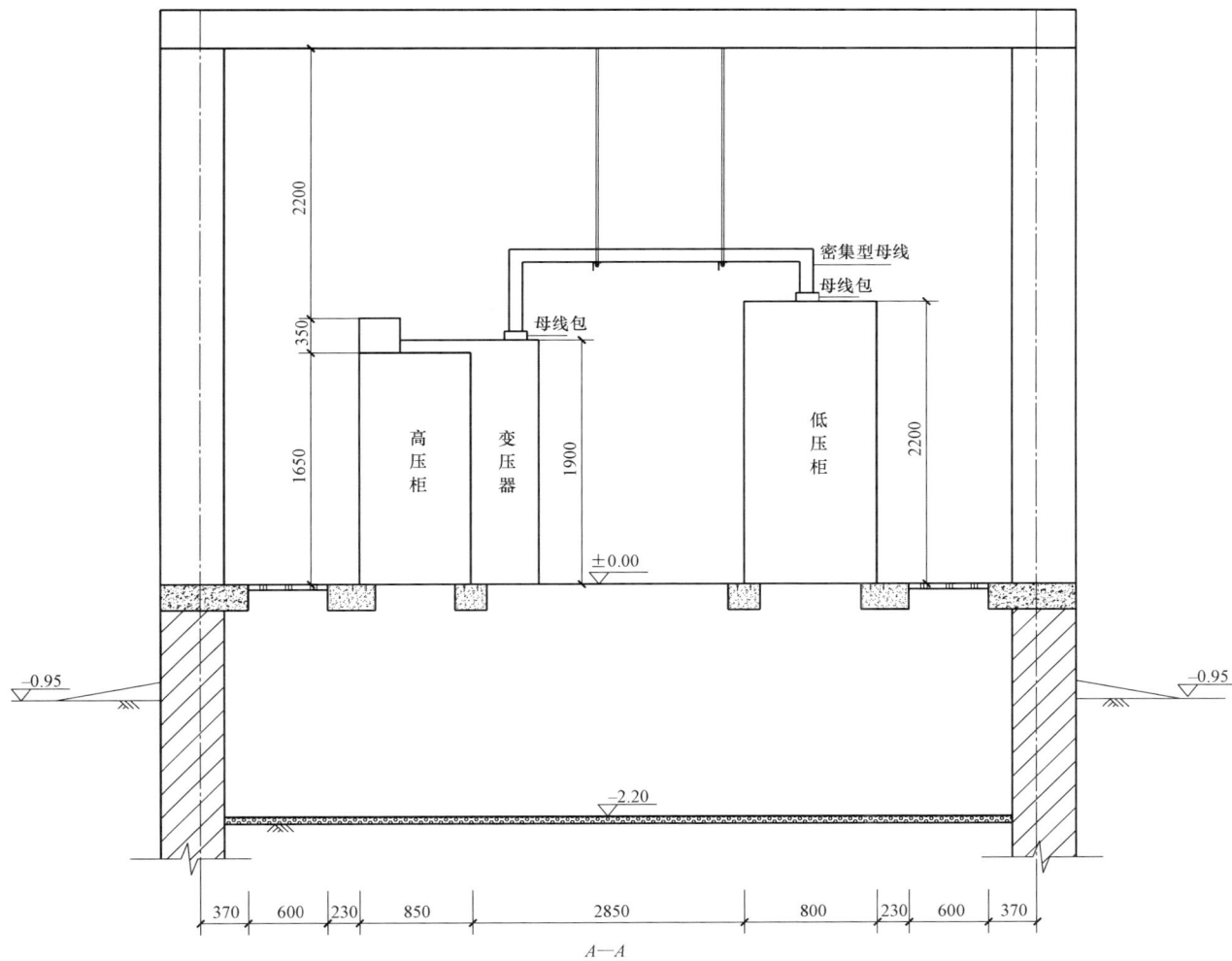

图 8-5 电气断面图 PB-1-D1-05

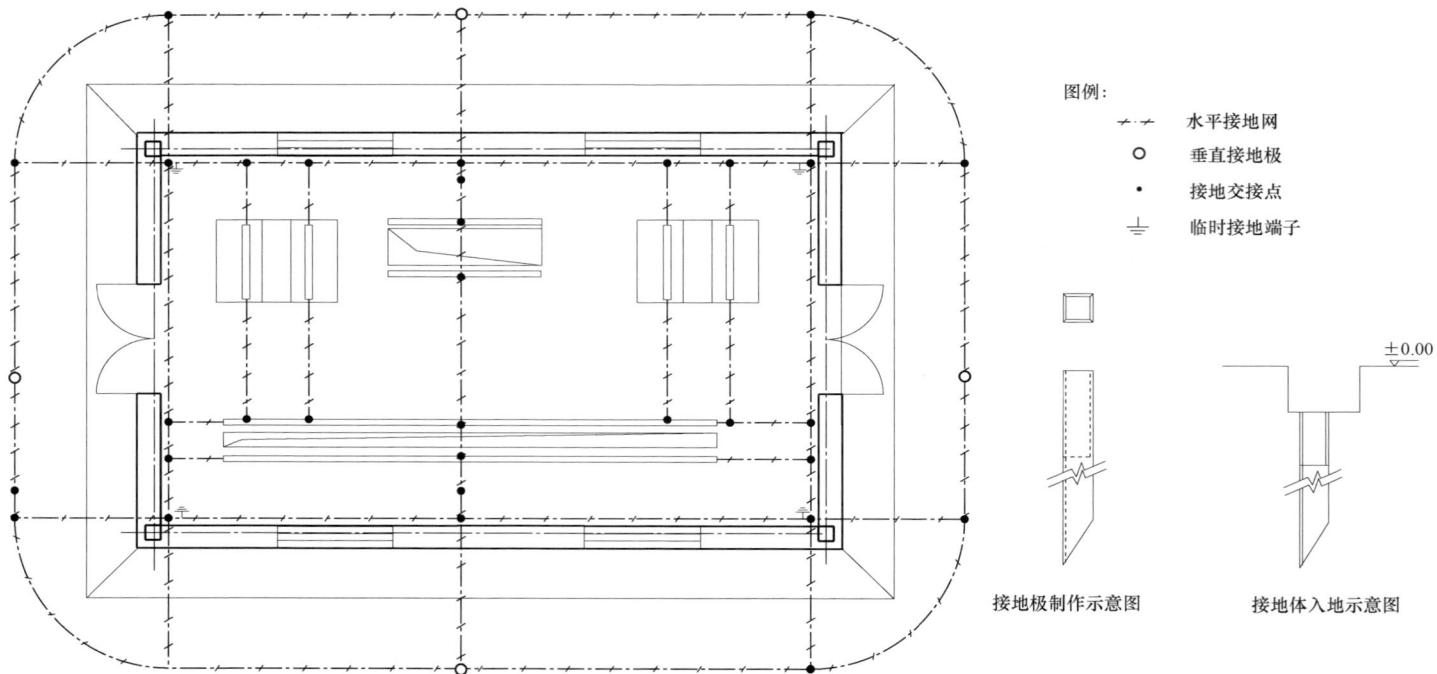

图例：
⊣⊢ 水平接地网
○   垂直接地极
•   接地交接点
⏚   临时接地端子

接地极制作示意图

±0.00

接地体入地示意图

说明：1. 水平接地采用—50mm×5mm 镀锌扁钢，长约 130m。

2. 电缆沟通长接地采用—50mm×5mm 镀锌扁钢，长约 50m。

3. 垂直接地极采用 L50mm×5mm 镀锌角钢制成，长度为 2.5m。

4. 配电装置室内工作接地带采用—50mm×5mm 镀锌扁钢沿墙明敷 1 圈，距室内地坪＋300mm，离墙间隙 20mm，过门入地暗敷两头上跷与沿墙明敷接地连接。

5. 接地装置的接地电阻应≤4Ω，对于土壤电阻率高的地区，如电阻实测值不满足要求，应增加垂直接地极及水平接地体的长度，直到符合要求为止。

   如配电室采用建筑物的基础做接地极且主体建筑接地电阻＜1Ω，可不另设人工接地。

6. 接地装置的施工应满足《电气装置安装工程 接地装置施工及验收规范》（GB 50169）的规定。

7. 接地网、电缆支架、预埋钢管等所有铁件均需做镀锌处理。

8. 开关柜基础槽钢应不少于两点与主接地网连接。

9. 配电室接地网应与建筑物主接地网可靠连接。

图 8-6 接地装置布置图 PB-1-D1-06

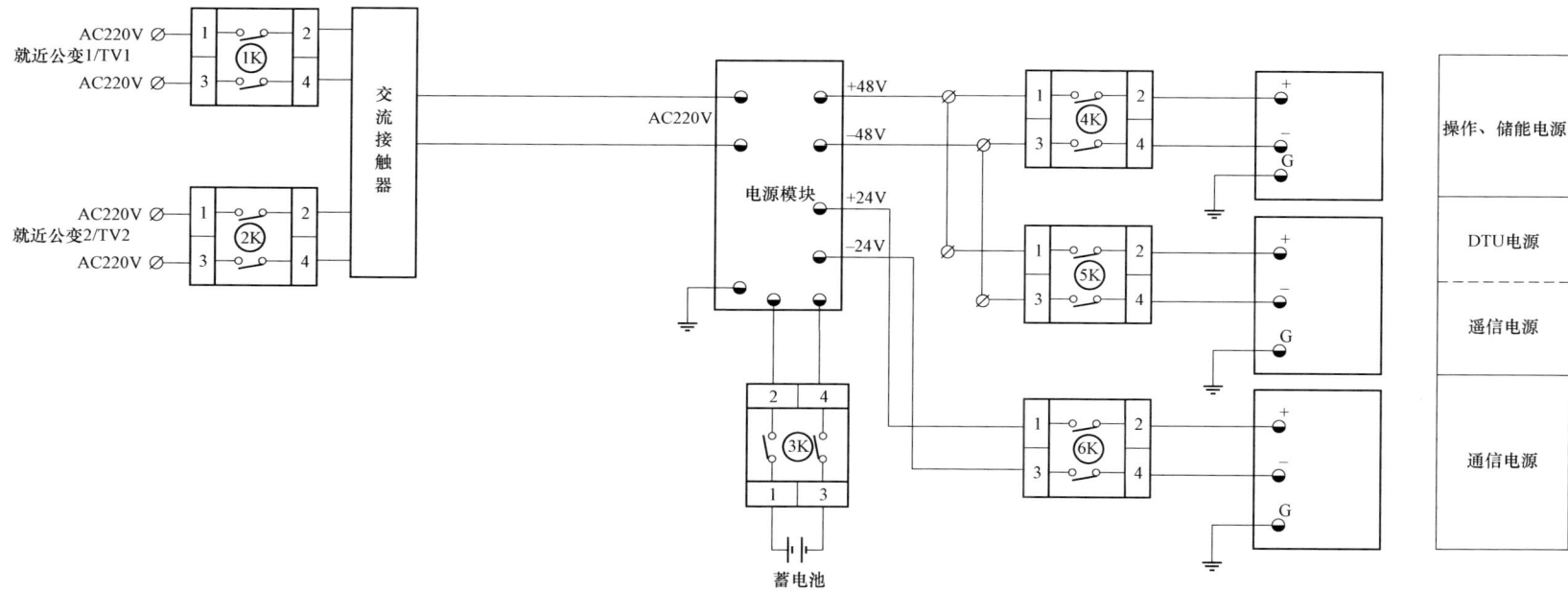

说明：1. 对于二遥 DTU 操作电源可不提供。

2. 蓄电池采用浮充方式运行。

图 8－7　DTU 柜交直流电源原理图　PB－1－D2－01

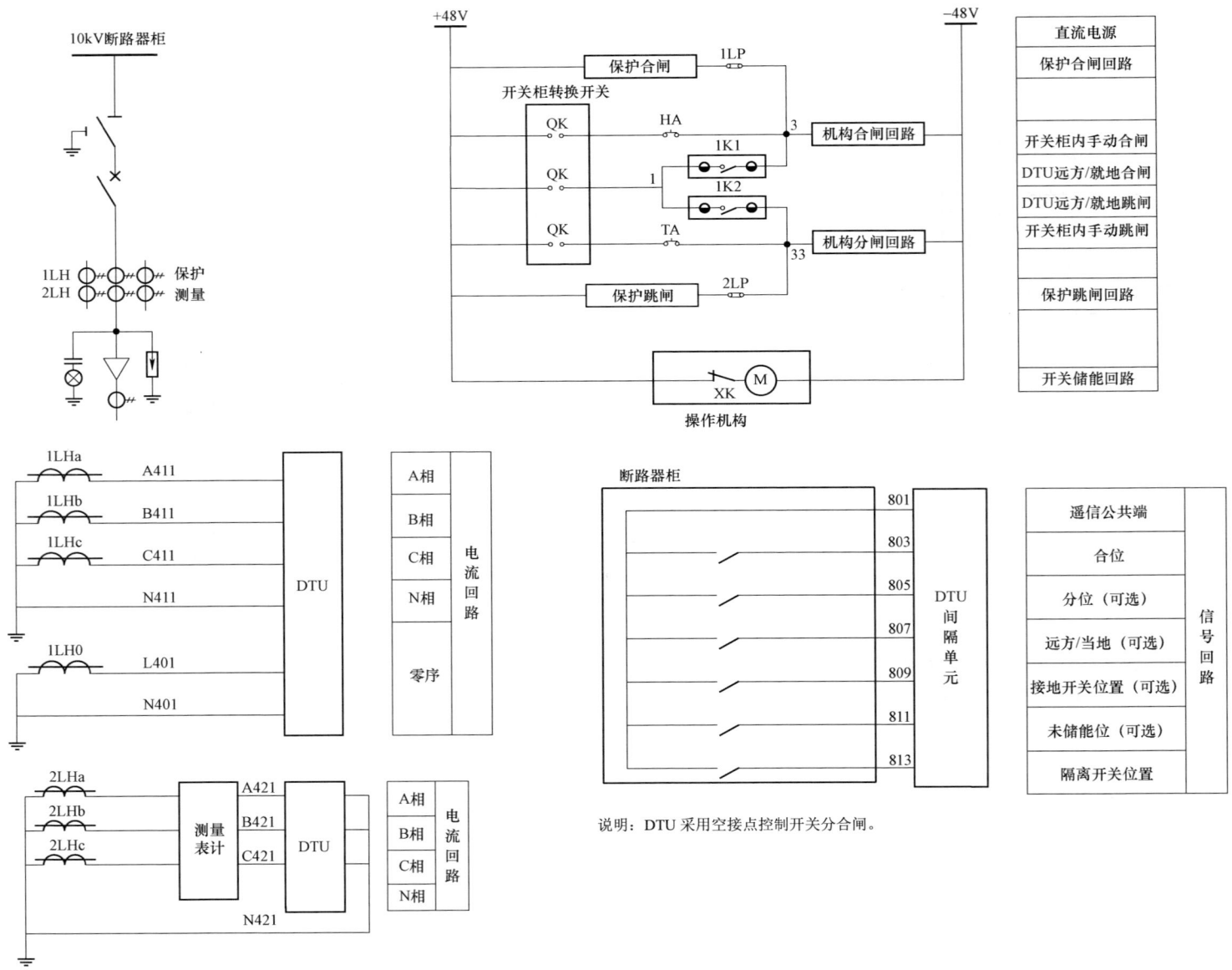

图 8-8　10kV 断路器柜二次图　PB-1-D2-02

10kV断路器柜

1LH 保护
2LH 测量

+48V　　　　　　　　　　　　　　　　　　　　　　　　　　　-48V

保护合闸　1LP

开关柜转换开关

QK　HA　3　机构合闸回路
QK　1K1
　　1K2
QK　1　
QK　TA　33　机构分闸回路

保护跳闸　2LP

操作机构
XK　M

直流电源
保护合闸回路
开关柜内手动合闸
DTU远方/就地合闸
DTU远方/就地跳闸
开关柜内手动跳闸
保护跳闸回路
开关储能回路

1LHa　A411
1LHb　B411
1LHc　C411
　　　N411
1LH0　L401
　　　N401

DTU

A相
B相
C相
N相
零序

电流回路

2LHa
2LHb
2LHc

测量表计

A421
B421
C421
N421

DTU

A相
B相
C相
N相

电流回路

断路器柜

801
803
805
807
809
811
813

DTU间隔单元

遥信公共端
合位
分位（可选）
远方/当地（可选）
接地开关位置（可选）
未储能位（可选）
隔离开关位置

信号回路

说明：DTU采用空接点控制开关分合闸。

图 8-8　10kV 断路器柜二次图　PB-1-D2-02

正视图 侧视图 后视图

800

2260

参数铭牌

40

792

592

600

16–8×12

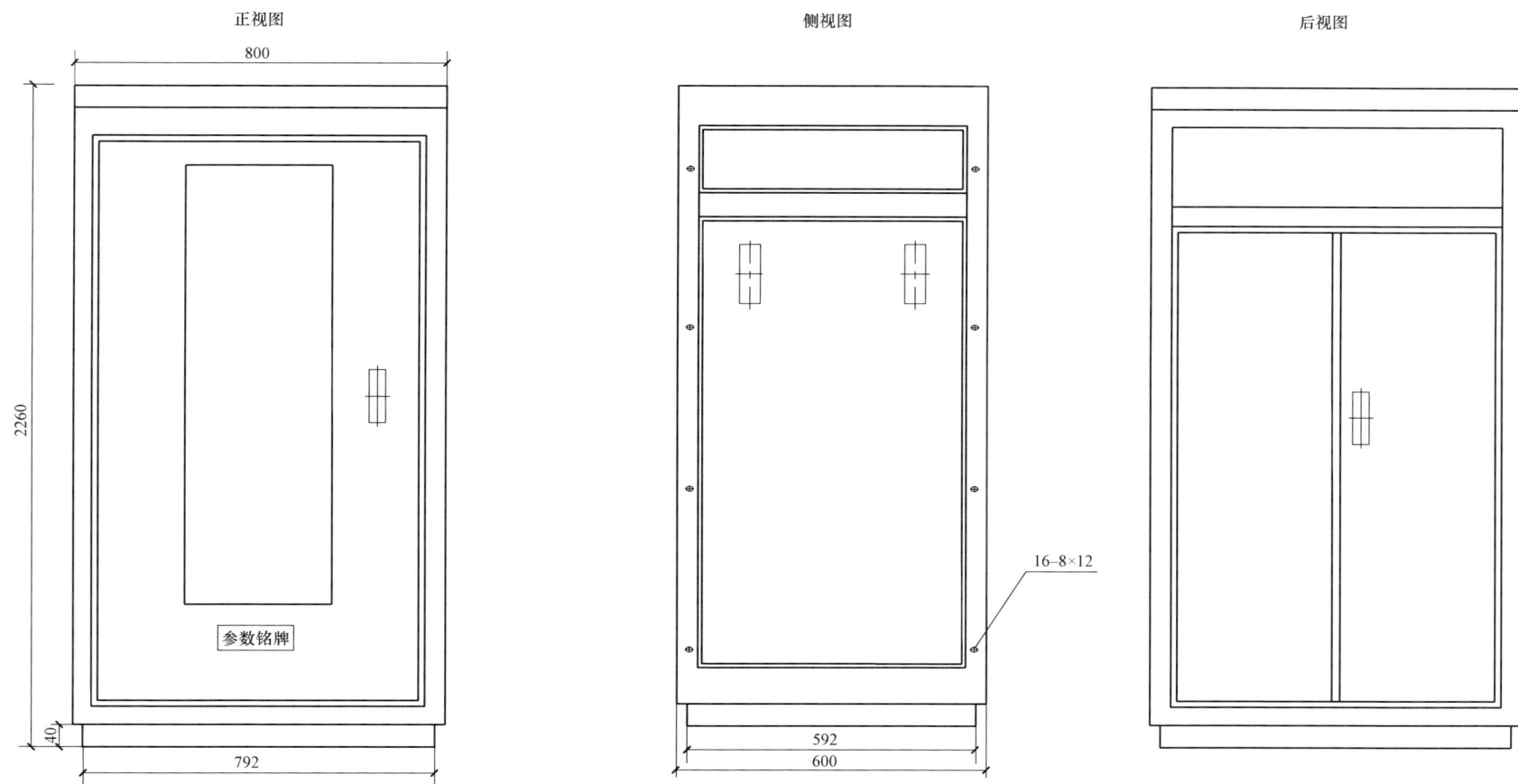

图 8 – 9 DTU 柜外形尺寸图 PB – 1 – D2 – 03

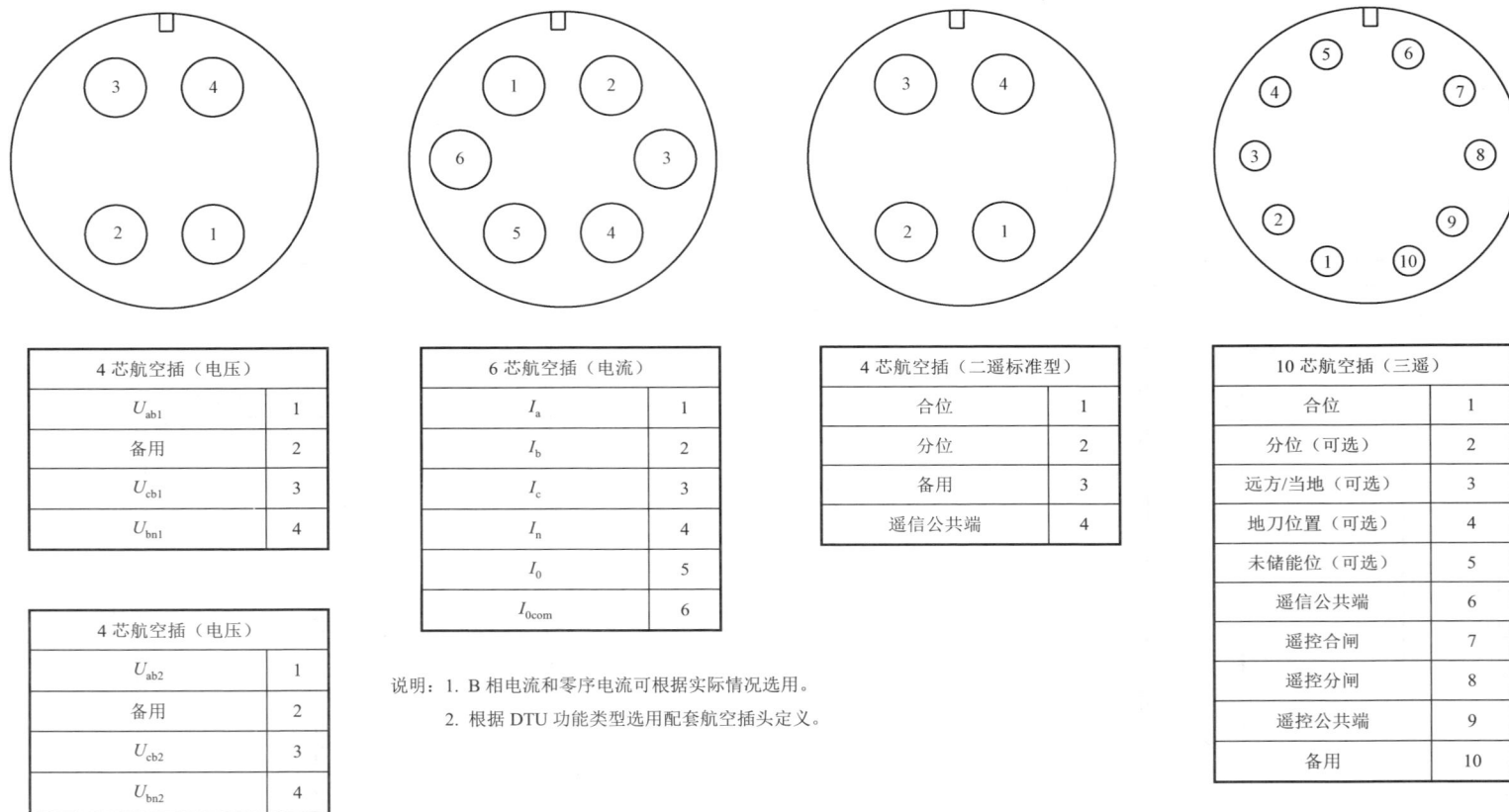

4芯航空插（电压）	
U_{ab1}	1
备用	2
U_{cb1}	3
U_{bn1}	4

6芯航空插（电流）	
I_a	1
I_b	2
I_c	3
I_n	4
I_0	5
I_{0com}	6

4芯航空插（二遥标准型）	
合位	1
分位	2
备用	3
遥信公共端	4

10芯航空插（三遥）	
合位	1
分位（可选）	2
远方/当地（可选）	3
地刀位置（可选）	4
未储能位（可选）	5
遥信公共端	6
遥控合闸	7
遥控分闸	8
遥控公共端	9
备用	10

4芯航空插（电压）	
U_{ab2}	1
备用	2
U_{cb2}	3
U_{bn2}	4

说明：1. B相电流和零序电流可根据实际情况选用。

2. 根据DTU功能类型选用配套航空插头定义。

图8-10 航空插接线定义图 PB-1-D2-04

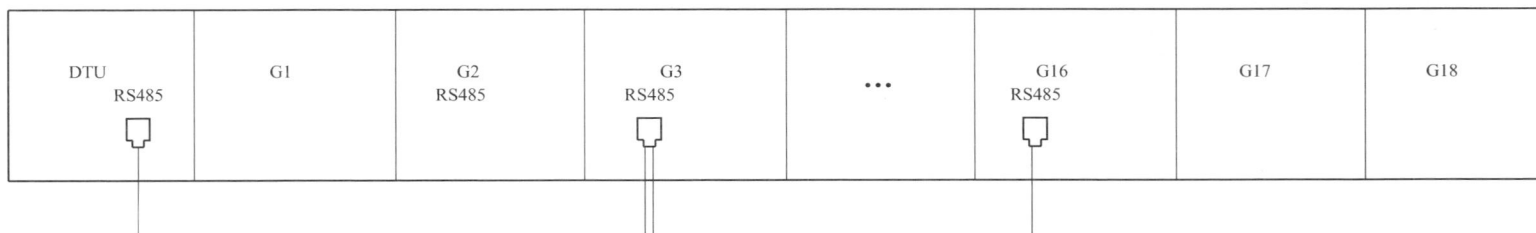

说明：馈线断路器保护信号上传至DTU，也可选择上传装置信息。

图8-11 柜内通信联络图 PB-1-D2-05

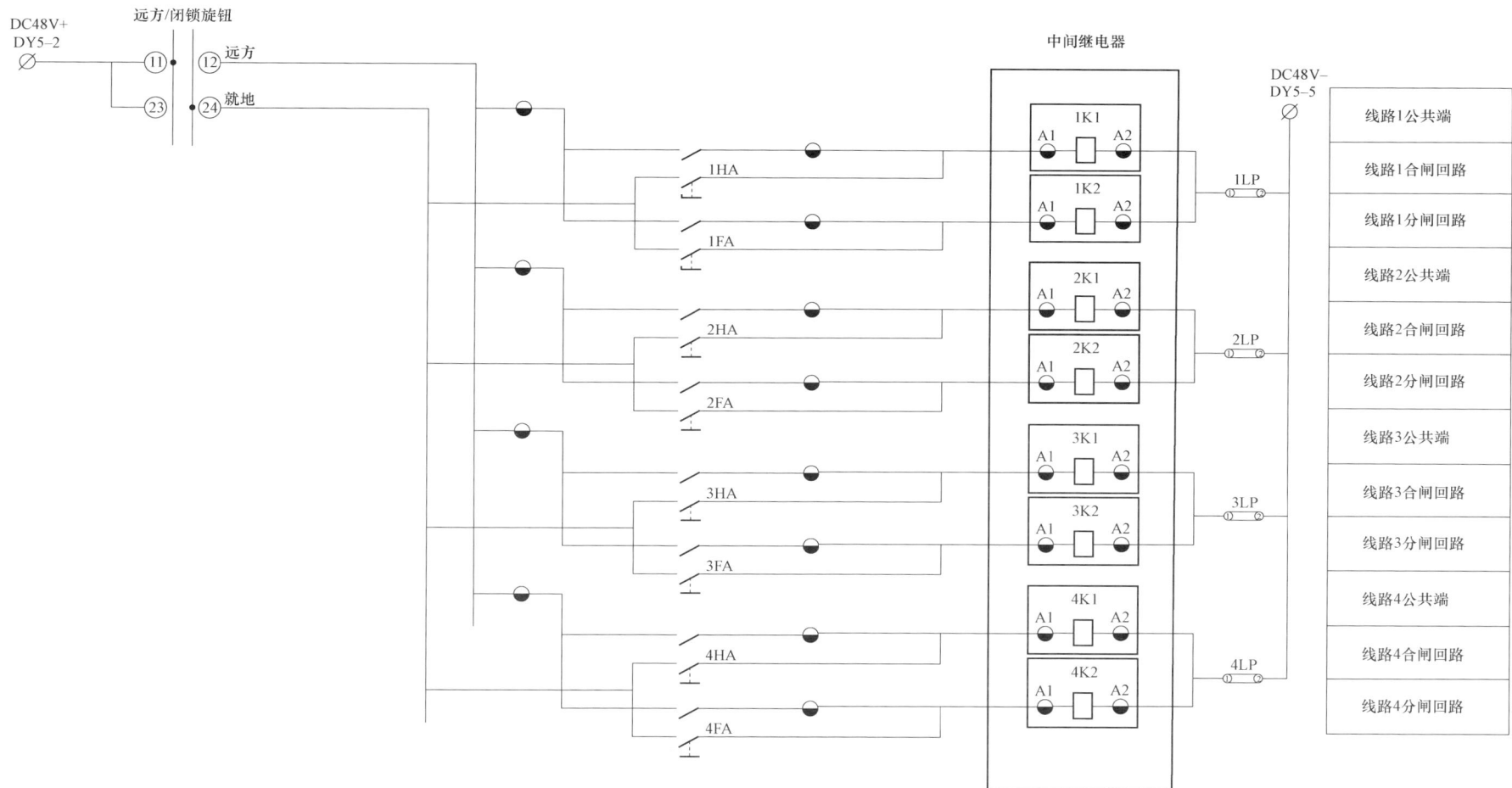

图 8－12　DTU 柜控制回路图　PB－1－D2－06

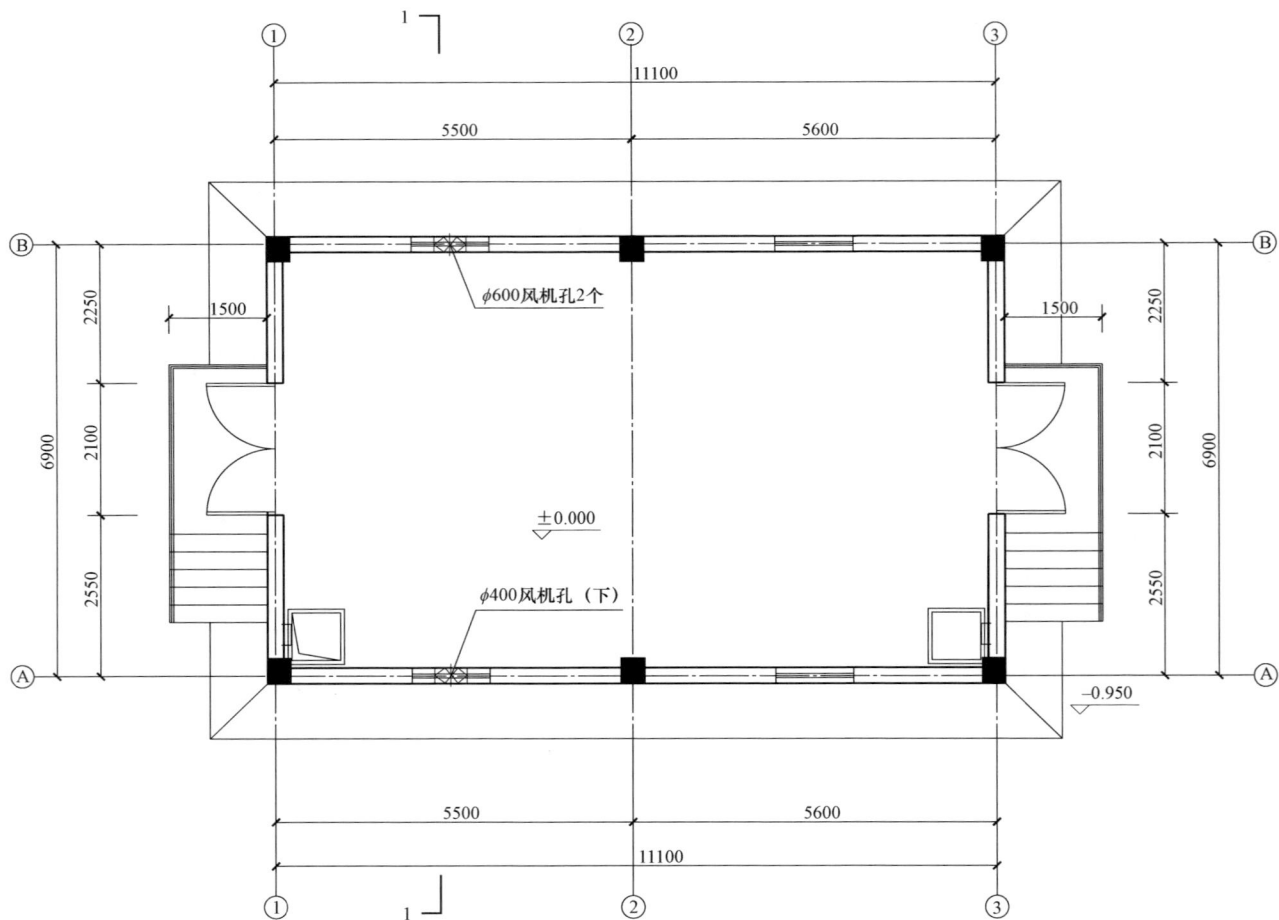

图 8-13　建筑平面布置图　PB-1-T-01

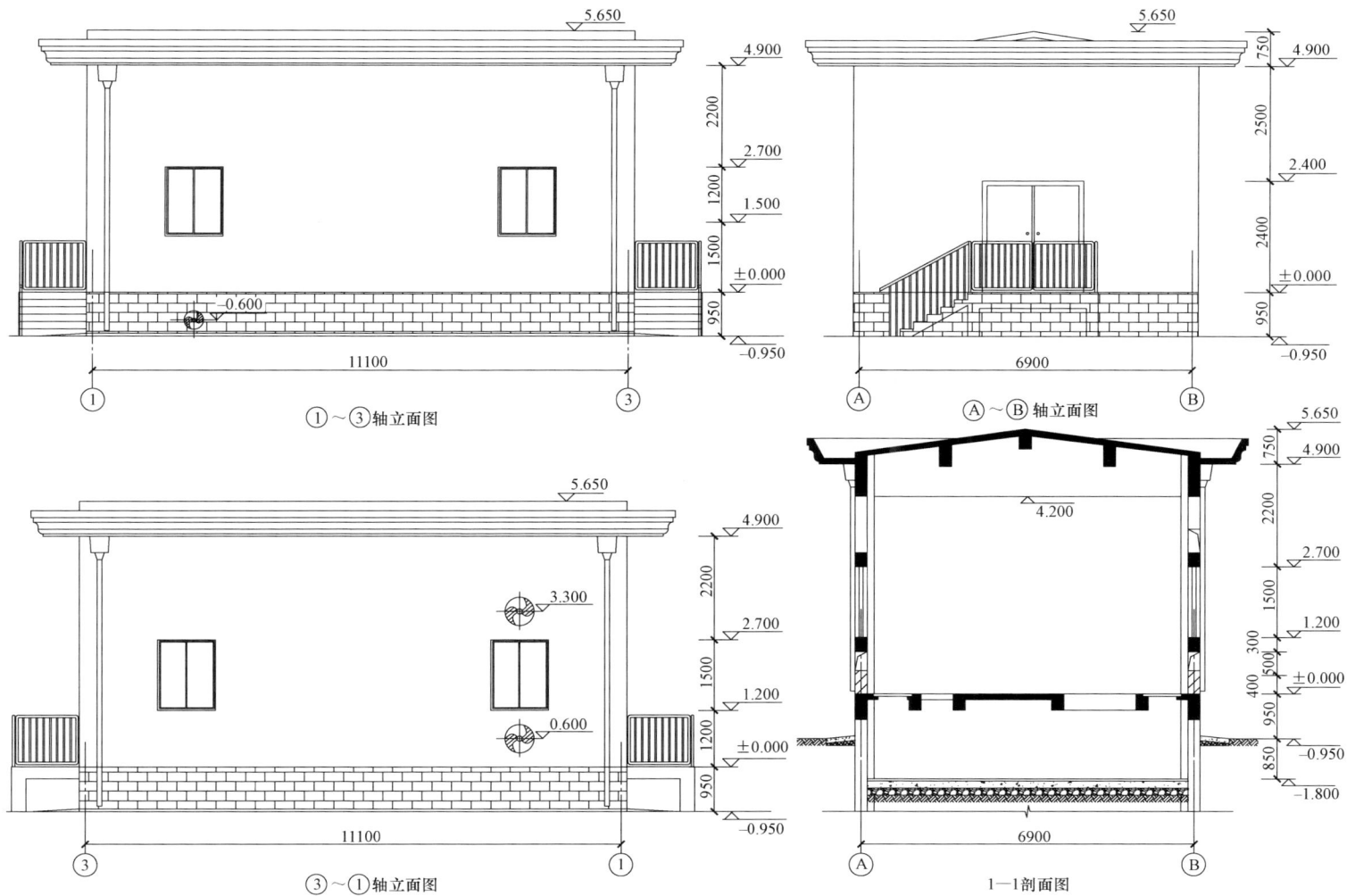

①~③轴立面图

③~①轴立面图

Ⓐ~Ⓑ轴立面图

1—1剖面图

图 8-14　建筑立面及剖面图　PB-1-T-02

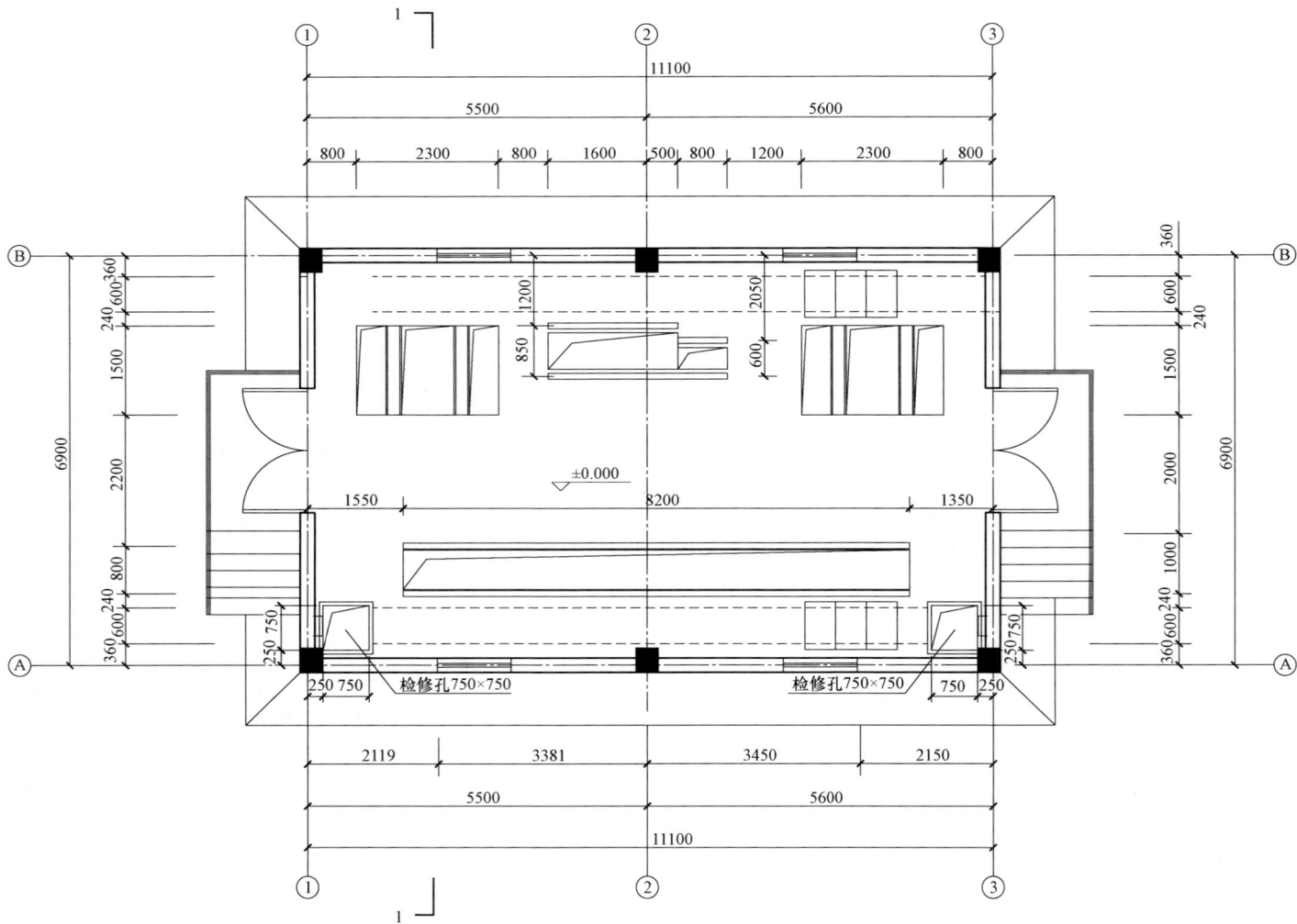

说明：本图按照电缆夹层方案设计，亦可采用电缆沟方案。

图 8－15　设备基础平面图　PB－1－T－03

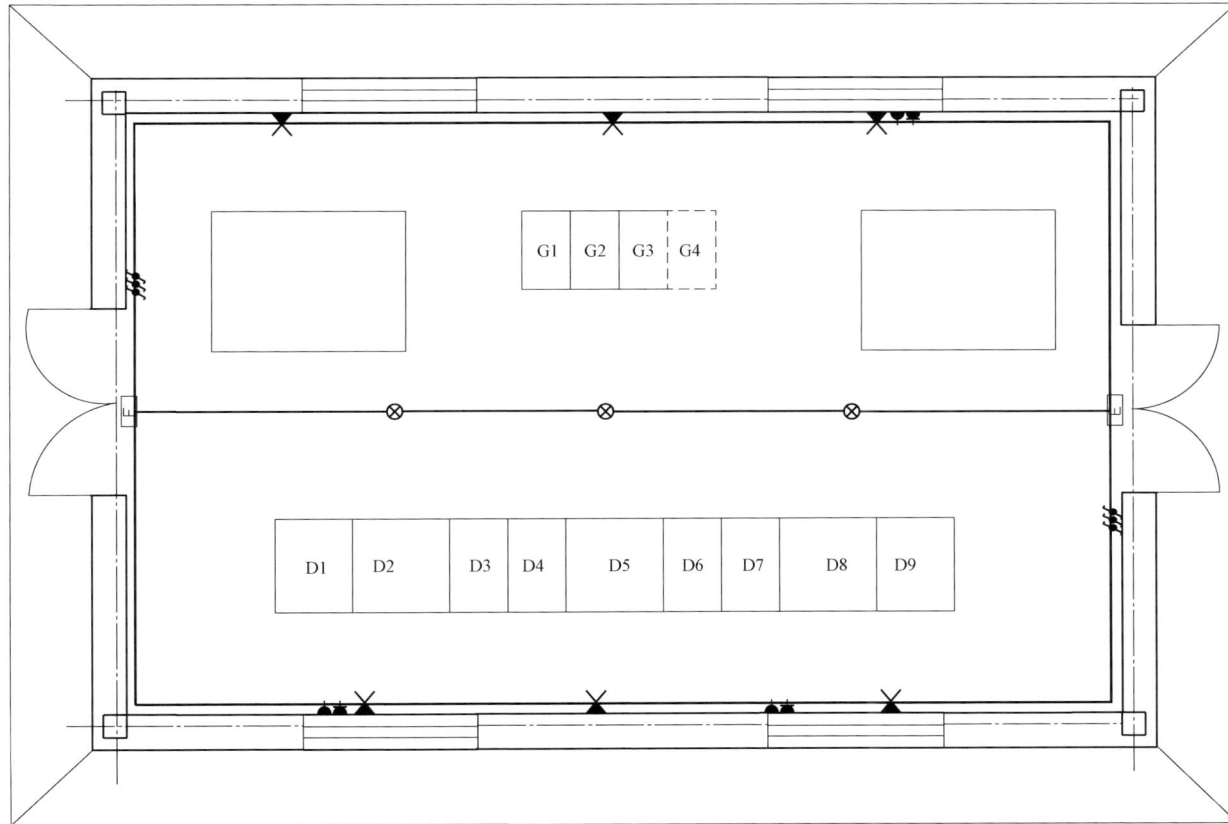

照 明 设 备 表

符号	名称	规格	数量	单位	备注
	安全出口标志灯		3	套	
	壁开关（双联）	250V 16A	10	只	型号自选
⊗	节能灯	250V 18W	6	套	优先选用节能灯
	壁灯	250V 18W	9	只	优先选用节能灯管
	单相插座	250V 16A	6	套	型号自选
	单相（带接地）插座	250V 16A	6	套	型号自选
	照明端子箱		1	只	
	铜塑线	BV-0.5 6	200	m	以实际测量为准
	铜塑线	BV-0.5 4	200	m	以实际测量为准
	铜塑线	BV-0.5 2.5	300	m	以实际测量为准

说明：1. 灯座中心离地 2.5m，节能灯安装于顶部。

2. 插座中心离地 0.5m，安全出口标志灯离门 0.2m。

图 8－16 照明布置图 PB－1－T－04

10A	BV–0.5–1×2.5	节能灯
10A	BV–0.5–1×2.5	壁灯
10A	BV–0.5–1×2.5	应急照明
16A	BV–0.5–1×6	风机
16A	BV–0.5–1×4	插座
16A	BV–0.5–1×4	备用
16A		备用
10A		备用
10A		备用

接配变1低压侧

接配变2低压侧

40A

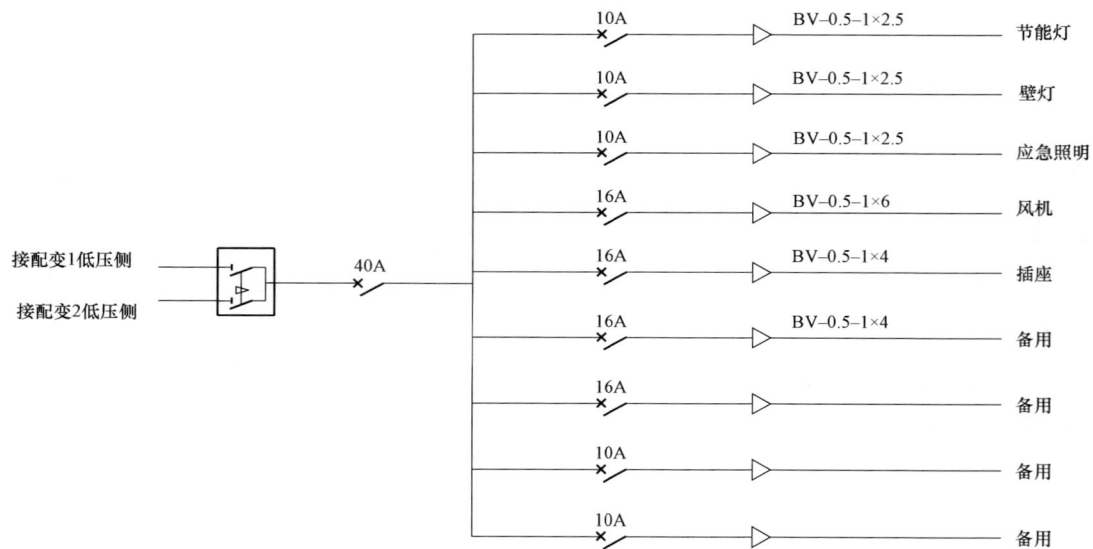

图 8-17 照明配电箱电气主接线图　PB–1–T–05

8.3 PB-2 方案说明

8.3.1 设计说明

8.3.1.1 总的部分

PB-2 方案主要技术原则为配电设备均选用高原型产品，10kV 选用环保气体绝缘环网柜，采用电缆进出线，户内单列布置；0.4kV 低压柜采用抽屉式或固定分隔式，进线总柜配置框架式断路器，出线柜一般采用塑壳断路器；0.4kV 低压无功补偿采用自动补偿方式，补偿容量可根据实际情况按变压器容量的 10%~30%做调整，按三相、单相混合补偿方式；变压器选用二级能效及以上产品，可根据所供区域的负荷情况选用 2 台干式变压器，容量为 1250kVA 及以下。

1. 适用范围

（1）优先适用于 A、B、C 类供电区域。

（2）城市普通住宅小区、小高层、普通公寓等。

（3）配电室的站址应接近负荷中心，应满足低压供电半径要求。

2. 方案技术条件

本方案根据总体说明中确定的预定条件开展设计，PB-2 方案技术条件表见表 8-7。

表 8-7   **PB-2 方案技术条件表**

序号	项目	内容
1	10kV 变压器	二级能效及以上的干式变压器，容量为 800kVA，本期 2 台
2	10kV 进出线回路数	10kV 进线 2（4）回、2 回出线，全部采用电缆进出线
3	电气主接线	10kV 采用两个独立的单母线接线。 0.4kV 采用单母线分段接线
4	无功补偿	本方案 0.4kV 电容器容量按每台变压器容量的 15%配置，可根据实际情况按变压器容量的 10%~30%做调整；采用自动补偿方式，按三相、单相混合补偿方式，配置配变综合测控装置
5	设备短路电流水平	不小于 20kA
6	主要设备选型	10kV 选用环保气体绝缘断路器环网柜。 进出线柜配置三相电流互感器和零序电流互感器。 进线间隔配置 1 组金属氧化物避雷器，出线根据实际需要选配。 变压器按"节能型、环保"原则选用；变压器容量为 2×800kVA。 0.4kV 低压采用抽屉式；进线总柜配置框架式断路器，出线柜开关一般采用塑壳断路器

续表

序号	项目	内容
7	布置方式	10kV 采用户内单列布置，0.4kV 采用户内单列布置；出线间隔采用电缆引出至变压器；变压器低压引出采用铜排、密集型母线或封闭母线
8	土建部分	基础钢筋混凝土结构
9	通风	采用自然通风
10	消防	采用化学灭火器装置
11	站址基本条件	按地震动峰值加速度 0.2g，设计风速 30m/s，地基承载力特征值 f_{ak}=150kPa，地下水无影响，非采暖区设计，假设场地为同一标高。按海拔 5000m 及以下，国标 c、d 级污秽区设计

8.3.1.2 电力系统部分

本通用设计按照给定的规模进行设计，在实际工程中，需要根据配电室所处系统情况具体设计。

本通用设计不涉及系统继电保护专业、系统通信专业、系统远动专业的具体内容，在实际工程中，需要根据配电室系统情况具体设计。

8.3.1.3 电气一次部分

1. 电气主接线

（1）10kV 部分：两个独立的单母线接线。

（2）0.4kV 部分：单母线分段接线。

2. 短路电流及主要电气设备、导体选择

（1）10kV 设备短路电流水平：不小于 20kA。

（2）主要电气设备选择。

1）10kV 环网柜：10kV 环网柜选用高原型产品，采用环保气体绝缘断路器环网柜。

PB-2 方案 10kV 环网柜主要设备选择见表 8-8。

表 8-8   **PB-2 方案 10kV 环网柜主要设备选择**

设备名称	型式及主要参数	备注
断路器	630A，20kA	
电流互感器	进线回路：600/1A，0.5S（5P10） 变压器回路：150/1A，0.5S 出线回路：300/1A，0.5S（5P10） 零序：100/1A，0.5（10P5）	
避雷器	17/45kV	
主母线	630A	

2）变压器：变压器采用二级能效及以上的干式变压器。规格如下：

容量：800kVA；

接线组别：Dyn11；

电压额定变比：10（10.5）±2×2.5%/0.4kV；

阻抗电压：$U_k\%=6$。

0.4kV：0.4kV 低压柜采用抽屉式或固定分隔式。

3）无功补偿电容器柜：无功补偿电容器柜采用自动补偿形式，低压电力电容器采用干式自愈式、免维护、无污染、环保型。补偿容量按变压器容量的15%配置，可根据实际情况按变压器容量的 10%～30%作调整。

4）导体选择：根据短路电流水平为20kA，按发热及动稳定条件校验，10kV 主母线及进线间隔导体选择应满足额定电流需求；10kV 与变压器高压侧连接电缆须按发热及动稳定条件校验选用；低压母线最大工作电流按 2000A 考虑。

3. 绝缘配合、过电压保护及接地

（1）绝缘配合。

1）电气设备的绝缘配合参照《交流电气装置的过电压保护和绝缘配合设计规范》（GB/T 50064）确定的原则进行。

2）氧化锌避雷器按《交流无间隙金属氧化物避雷器》（GB/T 11032）中的规定进行选择。采用交流无间隙金属氧化物避雷器进行过电压保护。

（2）过电压保护。防雷设计应满足《建筑物防雷设计规范》（GB 50057）的要求。过电压保护主要是考虑侵入雷电波及操作过电压对配电装置的影响。因此，在 10kV 母线上分别装设氧化锌避雷器作为配电装置的保护。

（3）接地。配电室交流电气装置的接地应符合《交流电气装置的接地设计规范》（GB/T 50065）要求。接地体的截面和材料选择应考虑热稳定和腐蚀的要求。接地体一般采用镀锌钢，腐蚀性高的地区宜采用铜包钢或者石墨。

配电室接地电阻、跨步电压和接触电压应满足《交流电气装置的接地设计规范》（GB/T 50065）要求。采用水平和垂直接地的混合接地网。具体工程中如接地电阻不能满足要求，则需要采取降阻措施。

4. 电气设备布置

采用户内单列布置方式，干式变压器与高低压柜共室。

5. 站用电及照明

（1）站用电。由于 PB－2 方案 10kV 配电装置规模较小，故不设站用电柜，站用电源宜分别取自本站的两个不同低压母线。

（2）照明。工作照明采用荧光灯、LED 灯、节能灯，事故照明采用应急灯。

6. 电缆设施及防护措施

电缆敷设通道应满足电缆转弯半径要求。

电缆敷设采用支架上敷设、穿管敷设方式，并满足防火要求；在柜下方及电缆沟进出口采用耐火材料封堵，电缆进出室内外，需考虑防水封堵措施。

7. 10kV 配电室友好型不停电作业设计原则

（1）配电室每段 10kV 母线宜预留至少一个间隔供不停电作业使用。

（2）新建配电室低压进线柜应预留不停电作业接口，如是地下配电室需将低压不停电作业接口引至地面不停电作业接口箱，不停电作业接口箱应设置在应急电源车 50m 范围内，方便不停电作业开展。

（3）配电室环网柜存量改造优先利用原预留间隔或增加出线间隔，如不具备上述条件的，可更换带不停电作业接口的母线设备柜。

8.3.1.4 电气二次部分

1. 二次设备布置

（1）采用集中式站所终端时，站所终端参考尺寸 600mm×400mm×1700mm（宽×深×高）。

（2）采用集中式站所终端时，站所终端采用组屏式结构。

（3）应满足防污秽、防凝露的要求。

2. 电能计量

配电室可在 0.4kV 侧进线总柜加装计量装置和智能配电变压器终端，控制无功补偿，满足常规电参数采集和系统内线损计量考核。计量表计的装设执行国家电网有限公司计量规程规定，电能计量装置按以下原则配置：

（1）电能计量装置选用及配置应满足《电能计量装置技术管理规程》（DL/T 448）和《电力装置的电测量仪表装置设计规范》（GB/T 50063）规定。

（2）互感器采用专用计量二次绕组。

（3）计量二次回路不得接入与计量无关的设备。

3. 保护及配电自动化配置原则

（1）选用能实现继电保护功能的站所终端，不单独配置继电保护装置。

（2）选用能实现就地隔离故障的站所终端，应实现过电流、速断、单相接地等保护功能。

（3）采用无线方式与主站通信时，通信设备由站所终端集成，采用其他通信方式时可单独配置通信箱。

（4）站所终端外部接口一般采用航空插头。

（5）站所终端为通信设备提供方 DC 24V 工作电源，为电动操作机构提供 DC 48V 操作电源，并布置在终端柜内。站所终端宜配置免维护阀控铅酸蓄电池，并可为站内保护等设备提供后备电源。

（6）站所终端需满足线损统计要求。

（7）应预留智能终端及配套设备的安装位置，满足配变运行监测要求。

4. 环境智能监控装置

可按需配置环境智能监控装置，对开关站内的溢水报警、风机、烟感、门禁、温湿度、噪声等信息进行监控。

8.3.1.5 土建部分

1. 站址场地概述

（1）站址应接近负荷中心，应满足低压供电半径要求。

（2）土建按最终规模设计。

2. 标示及警示

在具体工程设计时，按照国家电网有限公司相关规定制作悬挂标示及警示牌。

3. 主体建筑

（1）独立主体建筑。主体建筑设计要结合西藏地区建筑特色，建筑造型和立面色调要与周边人文地理环境协调统一；外观设计应简洁、稳重、实用。对于建筑物外立面避免用较为特殊的装饰，如玻璃雨篷、通体玻璃幕墙、修饰性栏栅、半圆形房间等。

（2）非独立主体建筑。建筑设计要结合西藏地区建筑特色，外观设计应简洁、稳重、实用。应注意设备运输、进出线通道、防雷、外观等与主体建筑的配合与协调。

4. 总平面布置

（1）独立主体建筑。工程总平面布置应满足生产工艺、运输、防火、防爆、环境保护和施工等方面的要求，应统筹安排，合理布置，工艺流程顺畅，并考虑机械作业通道和空间，方便检修维护，有利于施工。同时要考虑有效的防水、排水、通风、防潮与隔声等措施。

（2）非独立主体建筑。对于设于建筑本体内时，应设在地上一层，并应留有设备运输通道。不应设置在卫生间、浴室或其他经常积水场所的下方。

5. 排水、消防、通风、防潮除湿、环境保护

（1）排水。宜采用自流式有组织排水，设置集水井汇集雨水，经地下设置的排水暗管，有组织将水排至附近市政雨水管网中。

（2）消防。采用化学灭火方式。

（3）通风。宜采用自然通风，应设事故排风装置。

环保气体绝缘金属封闭开关柜如采用 C4、C5 等气体应装设强力通风装置

（4）防潮除湿。可根据站址环境，在湿度较高的地区选择配置空调、工业级除湿机等防潮除湿装置。

（5）环境保护。噪声对周围环境影响应符合《声环境质量标准》（GB 3096）的规定和要求。

8.3.2 主要设备及材料清册

PB-2 方案主要设备材料表见表 8-9。

表 8-9　　　　　　　　PB-2 方案主要设备材料表

序号	名称	型号及规格	单位	数量	备注
1	10kV 进线柜	断路器柜	面	2	以环保气体绝缘断路器柜为例
2	10kV 出线柜	断路器柜	面	2	以环保气体绝缘断路器柜为例
3	10kV 变压器连接柜	断路器柜	面	2	以环保气体绝缘断路器柜为例
4	变压器	高原型，干式变，800kVA，Dyn11，$U_{k\%}=6$	台	2	
5	0.4kV 进线柜	高原型，抽屉式	面	2	
6	0.4kV 出线柜	高原型，抽屉式	面	4	
7	0.4kV 电容补偿柜	高原型，120kvar	面	2	
8	0.4kV 分段柜	高原型，抽屉式	面	1	
9	热镀锌角钢	L50mm×5mm，$L=2500$mm	根	6	用于接地极
10	热镀锌扁钢	—50mm×5mm	m	100	接地干线及引上线
11	临时接地柱		副	4	用于临时接地

8.3.3 使用说明

8.3.3.1 概述

PB-2 方案以 10kV 配电室的 10kV 配电装置、主变压器、0.4kV 配电装置为基本模块，以 10kV 出线间隔、10kV 变压器、0.4kV 出线间隔为子模块，按不同的规模和配置进行拼接，以便在具体工程设计时使用。

在使用本通用设计时，要根据实际情况，在安全可靠、投资合理、标准统一、运行高效的设计原则下，形成符合实际要求的 10kV 配电室。

PB-2 方案主要对应内容为 10kV 采用两个独立的单母线接线，0.4kV 采用单母线分段接线，设置 2 台变压器规模，可根据负荷情况分期建设；10kV 选用环保气体绝缘环网柜（实际可按需选择），变压器选用干式，低压柜采用抽屉式成套柜的组合方案；电容柜补偿容量按变压器容量 15% 配置，可按变压器容量的 10%～30% 做调整，根据系统实际情况选择。

8.3.3.2　电气一次部分

1. 电气主接线

10kV 采用两个独立的单母线接线，0.4kV 采用单母线分段接线。

2. 主设备选择

选用高原型产品，实际工程中，应根据现场实际情况，选用海拔适应能力相匹配的设备。

10kV 选用环保气体绝缘断路器环网柜；变压器选用二级能效及以上的干式变压器；低压柜采用抽屉式成套柜；电容柜补偿容量按变压器容量的 15% 配置，可根据系统实际情况选择。

3. 电气平面布置

户内单列布置，干式变压器与高低压柜共室。

8.3.3.3　土建部分

1. 边界条件

站区地震动峰值加速度按 0.2g 考虑，地震作用按 8 度抗震设防烈度进行设计，地震特征周期为 0.45s，设计风速 30m/s，地基承载力特征值 f_{ak}＝150kPa；地基土及地下水对钢材、混凝土无腐蚀作用；当具体工程实际情况有所变化时，应对有关项目作相应的调整。

PB-2 方案以海拔小于 5000m，国标 c、d 级污秽区设计；当海拔超过 5000m 时，按《导体和电器选择设计技术规定》（DL/T 5222）和《3～110kV 高压配电装置设计规范》（GB 50060）的有关规定进行修正。

PB-2 方案按环境温度为 －40～＋35℃ 设计，当实际环境温度超过上述范围时，按《导体和电器选择设计技术规定》（DL/T 5222）的有关规定进行修正。

2. 标高

本方案以室内地坪高度为 ±0.00m，取相对标高。站内外高差 1m，站内净高不应低于 3.6m，采用电缆夹层，高度不大于 2.2m。工程实际中，也可采用

电缆沟，高度不应低于 1m，为便于敷设电缆，应设置与中低压开关柜等长的平行电缆沟。

3. 采暖、通风

一般低温环境下，不考虑采暖设施；极低温特殊情况下，可根据环境要求装设低温自启动的电采暖装置，确保二次设备正常运行。

采用自然通风，应设事故排风装置。

环保气体绝缘金属封闭开关柜如采用 C4、C5 等气体应装设强力通风装置。

8.3.4　设计图

PB-2 方案设计图清单见表 8-10，图中标高单位为 m，尺寸未注明单位者均为 mm。

表 8-10　　　　　PB-2 方案设计图清单

图序	图名	图纸编号
图 8-18	电气主接线图	PB-2-D1-01
图 8-19	10kV 系统配置图	PB-2-D1-02
图 8-20	0.4kV 系统配置图	PB-2-D1-03
图 8-21	电气平面布置图	PB-2-D1-04
图 8-22	电气断面图	PB-2-D1-05
图 8-23	接地装置布置图	PB-2-D1-06
图 8-24	DTU 柜交直流电源原理图	PB-2-D2-01
图 8-25	10kV 断路器柜二次图	PB-2-D2-02
图 8-26	DTU 柜外形尺寸图	PB-2-D2-03
图 8-27	航空插接线定义图	PB-2-D2-04
图 8-28	柜内通信联络图	PB-2-D2-05
图 8-29	DTU 柜控制回路图	PB-2-D2-06
图 8-30	建筑平面布置图	PB-2-T-01
图 8-31	建筑立面图	PB-2-T-02
图 8-32	建筑剖面图	PB-2-T-03
图 8-33	设备基础平面图	PB-2-T-04
图 8-34	照明布置图	PB-2-T-05
图 8-35	照明配电箱电气主接线图	PB-2-T-06

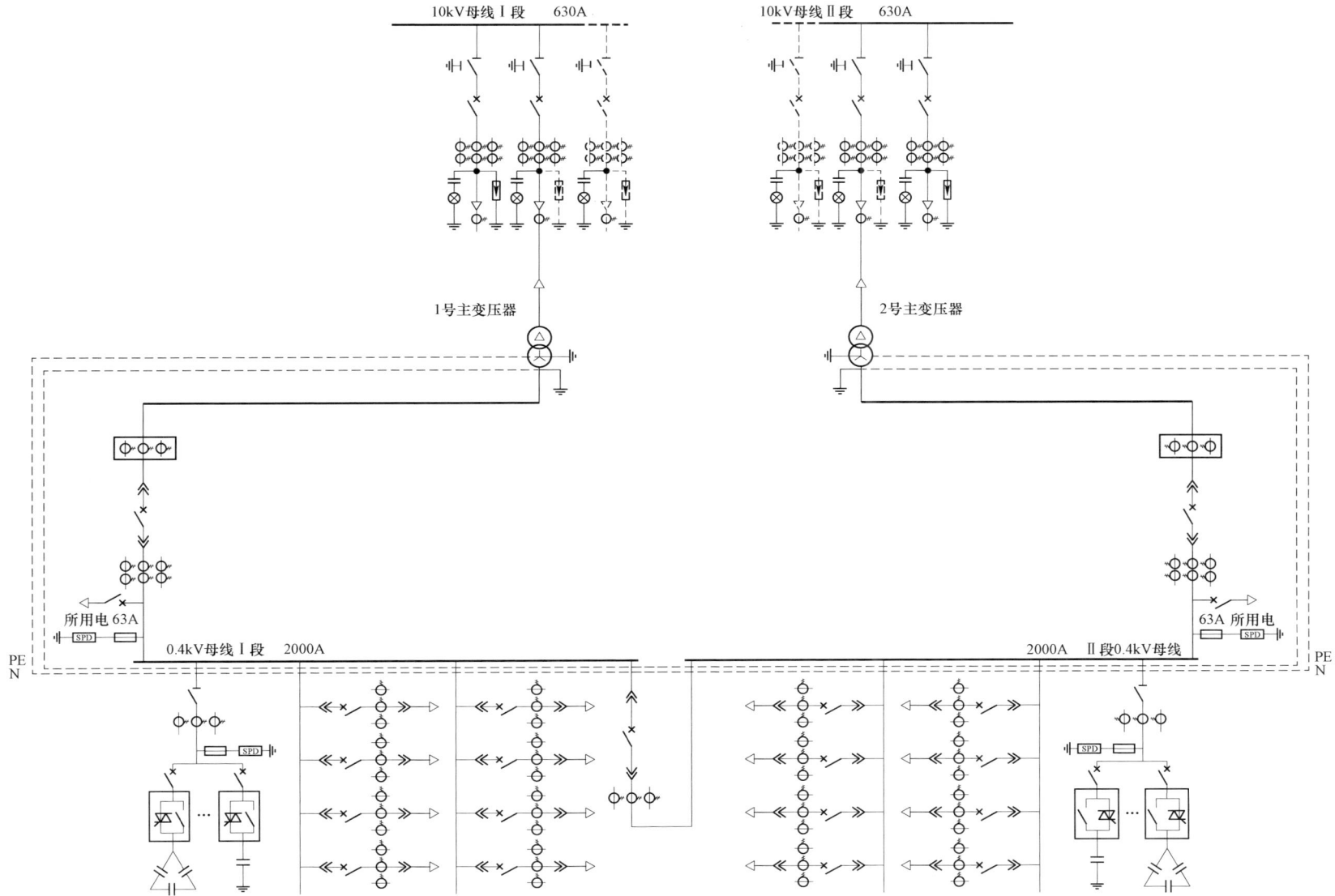

10kV母线Ⅰ段　630A

10kV母线Ⅱ段　630A

1号主变压器

2号主变压器

所用电 63A

63A 所用电

0.4kV母线Ⅰ段　2000A

2000A　Ⅱ段0.4kV母线

PE
N

PE
N

说明：1. 本设计方案 10kV 为环保气体绝缘断路器柜，2 个独立的单母线接线，800kVA 干式变压器，抽屉式低压柜的形式。

2. 变压器中心点与 PE 排之间实现一点接地。

3. 0.4kV 进线侧预留计量 TA 位置，供负控终端用，由营销部门提供。

4. 两路低压进线总开关和母联开关采用三锁二钥匙闭锁装置。

图 8-18　电气主接线图　PB-2-D1-01

主母线(630A)	10kV Ⅰ段母线			10kV Ⅱ段母线		
10kV 气体绝缘 断路器柜接线图	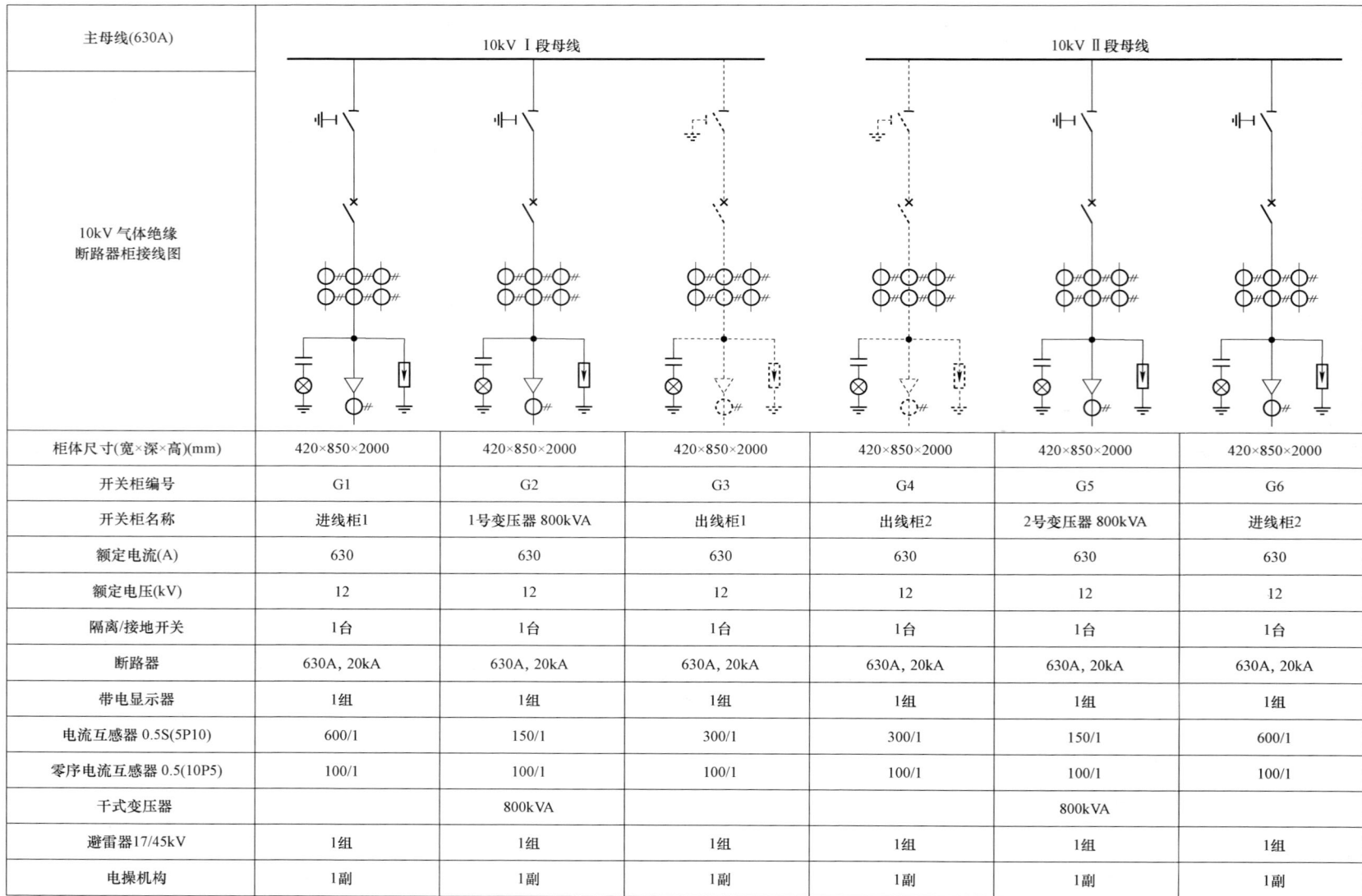					
柜体尺寸(宽×深×高)(mm)	420×850×2000	420×850×2000	420×850×2000	420×850×2000	420×850×2000	420×850×2000
开关柜编号	G1	G2	G3	G4	G5	G6
开关柜名称	进线柜1	1号变压器 800kVA	出线柜1	出线柜2	2号变压器 800kVA	进线柜2
额定电流(A)	630	630	630	630	630	630
额定电压(kV)	12	12	12	12	12	12
隔离/接地开关	1台	1台	1台	1台	1台	1台
断路器	630A, 20kA	630A, 20kA	630A, 20kA	630A, 20kA	630A, 20kA	630A, 20kA
带电显示器	1组	1组	1组	1组	1组	1组
电流互感器 0.5S(5P10)	600/1	150/1	300/1	300/1	150/1	600/1
零序电流互感器 0.5(10P5)	100/1	100/1	100/1	100/1	100/1	100/1
干式变压器		800kVA			800kVA	
避雷器17/45kV	1组	1组	1组	1组	1组	1组
电操机构	1副	1副	1副	1副	1副	1副

说明：1. 本方案 10kV 环网箱选用环保气体绝缘环网柜，环网柜的防护等级不低于 IP4X，隔室之间的防护等级不低于 IP2X，二次回路封闭装置的防护等级不低于 IP55。

2. 柜内开关配电动操作机构（采用 DC 48V）、辅助触点（另增 6 对动断、动合触点），满足配电网自动化需求。

图 8－19　10kV 系统配置图　PB－2－D1－02

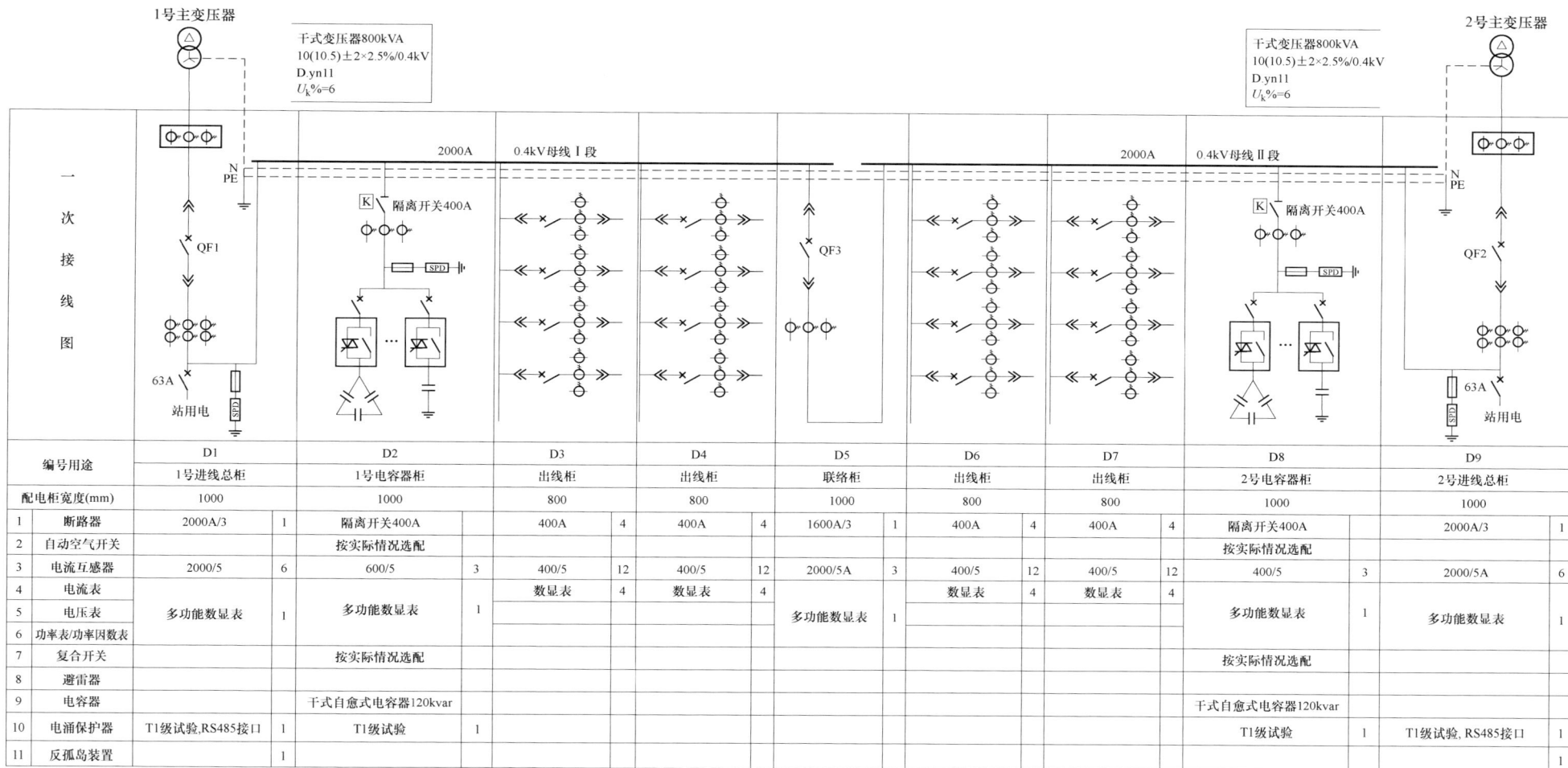

编号用途	D1		D2		D3		D4		D5		D6		D7		D8		D9	
	1号进线总柜		1号电容器柜		出线柜		出线柜		联络柜		出线柜		出线柜		2号电容器柜		2号进线总柜	
配电柜宽度(mm)	1000		1000		800		800		1000		800		800		1000		1000	
1	断路器	2000A/3	1	隔离开关400A		400A	4	400A	4	1600A/3	1	400A	4	400A	4	隔离开关400A		2000A/3	1
2	自动空气开关			按实际情况选配												按实际情况选配			
3	电流互感器	2000/5	6	600/5	3	400/5	12	400/5	12	2000/5A	3	400/5	12	400/5	12	400/5	3	2000/5A	6
4	电流表					数显表	4	数显表	4			数显表	4	数显表	4				
5	电压表	多功能数显表	1	多功能数显表	1					多功能数显表	1					多功能数显表	1	多功能数显表	1
6	功率表/功率因数表																		
7	复合开关			按实际情况选配												按实际情况选配			
8	避雷器																		
9	电容器			干式自愈式电容器120kvar												干式自愈式电容器120kvar			
10	电涌保护器	T1级试验,RS485接口	1	T1级试验	1											T1级试验	1	T1级试验,RS485接口	1
11	反孤岛装置		1																

说明: 1. 两路低压进线总开关和母联开关采用三锁二钥匙闭锁装置。

2. 变压器中性点与 PE 排之间实现一点接。

3. 本方案采用抽屉式低压柜,实际可按需选择固定分隔式低压柜。

4. 0.4kV 进线侧预留计量 TA 位置,供负控终端用,由营销部门提供。

图 8-20 0.4kV 系统配置图 PB-2-D1-03

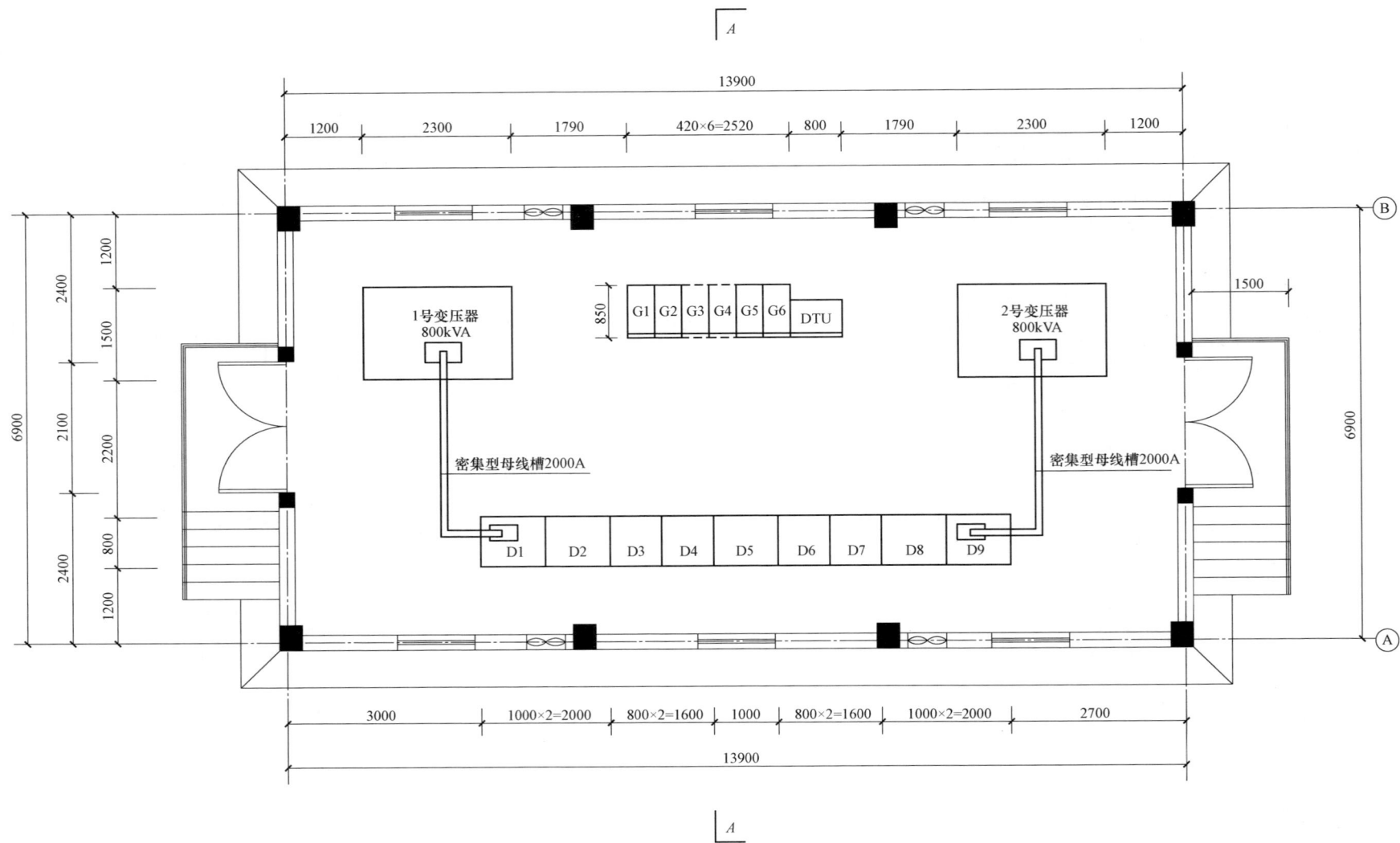

図の各部寸法・ラベル：

- 上部寸法線：13900
- 上部分割寸法：1200 / 2300 / 1790 / 420×6=2520 / 800 / 1790 / 2300 / 1200
- 左側寸法：6900、2400、1200、1500、2100、2200、2400、800、1200
- 右側寸法：1500
- 下部分割寸法：3000 / 1000×2=2000 / 800×2=1600 / 1000 / 800×2=1600 / 1000×2=2000 / 2700
- 下部寸法線：13900

軸ラベル：A、B、A

装置ラベル：
- 1号变压器 800kVA
- 2号变压器 800kVA
- G1 G2 G3 G4 G5 G6 DTU（850）
- D1 D2 D3 D4 D5 D6 D7 D8 D9
- 密集型母线槽2000A
- 密集型母线槽2000A

图 8-21　电气平面布置图　PB-2-D1-04

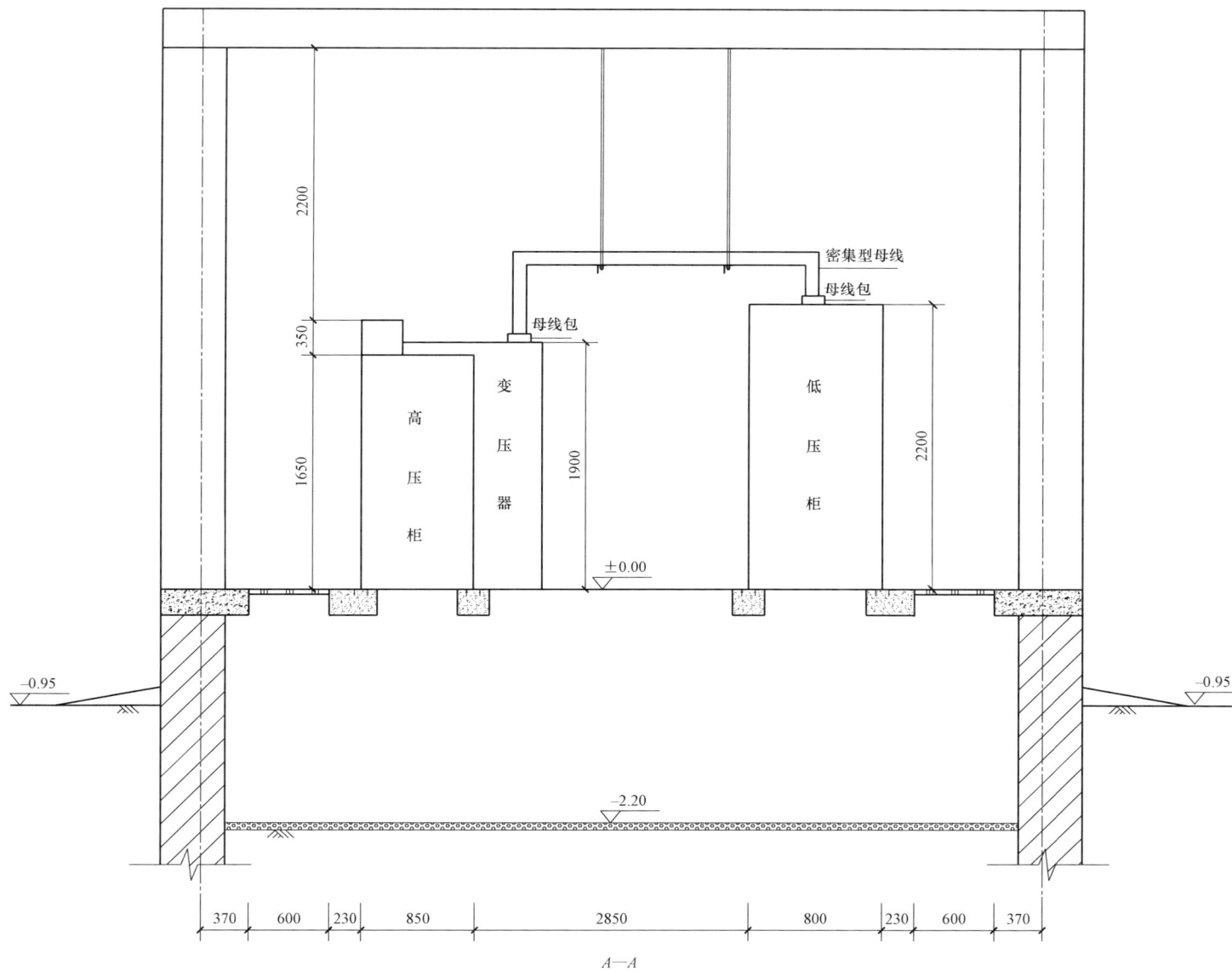

图 8-22　电气断面图　PB-2-D1-05

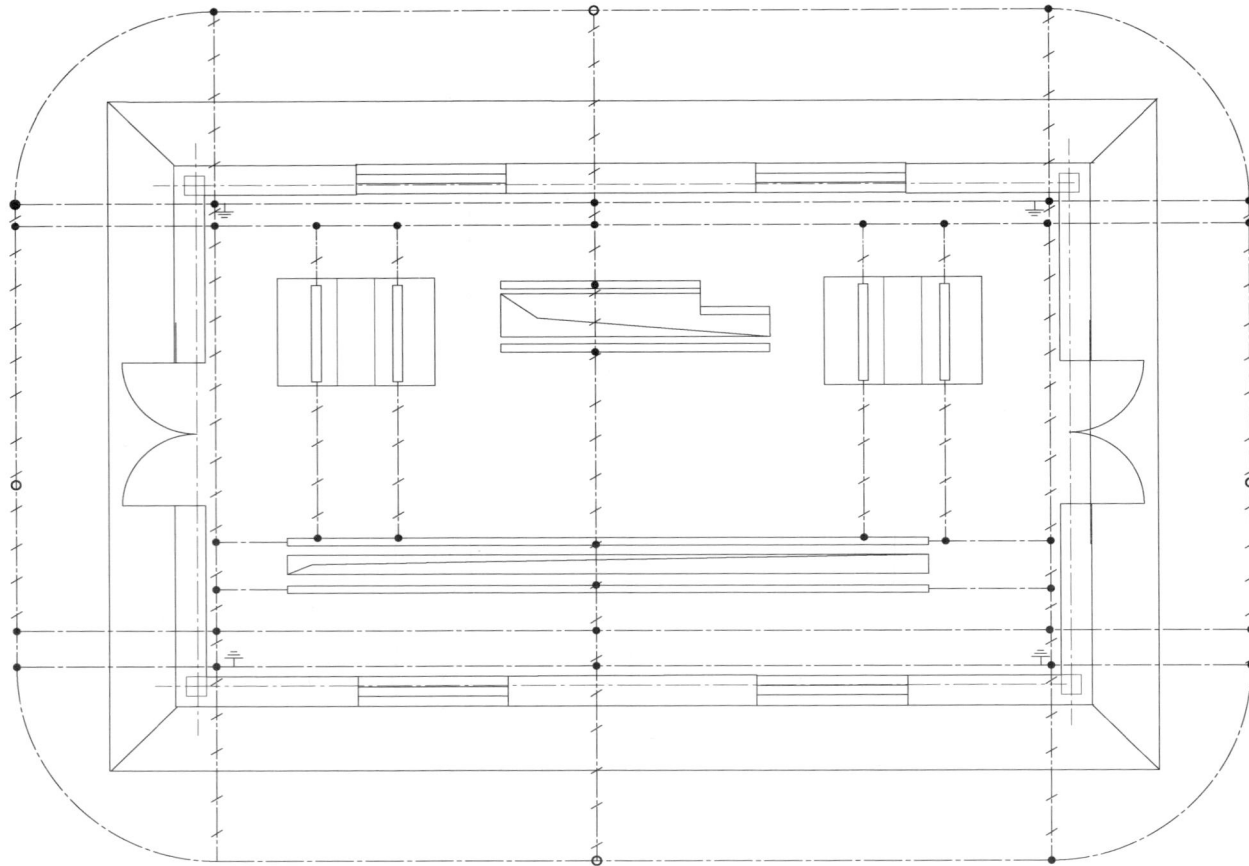

图例：

— ⊬ — 水平接地网

○　垂直接地极

●　接地交接点

⏚　临时接地端子

接地极制作示意图　　接地体入地示意图

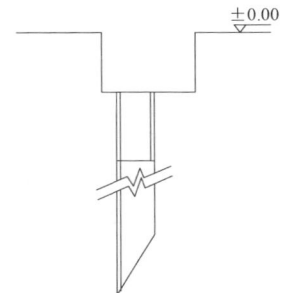

说明：1. 水平接地采用—50mm×5mm 镀锌扁钢，长约 130m。

2. 电缆沟通长接地采用—50mm×5mm 镀锌扁钢，长约 50m。

3. 垂直接地极采用 L50mm×5mm 镀锌角钢制成，长度为 2.5m。

4. 配电装置室内工作接地带采用—50mm×5mm 镀锌扁钢沿墙明敷 1 圈，距室内地坪 +300mm，离墙间隙 20mm，过门入地暗敷两头上跷与沿墙明敷接地连接。

5. 接地装置的接地电阻应≤4Ω，对于土壤电阻率高的地区，如电阻实测值不满足要求，应增加垂直接地极及水平接地体的长度，直到符合要求为止。如配电室采用建筑物的基础做接地极且主体建筑接地电阻＜1Ω，可不另设人工接地。

6. 接地装置的施工应满足《电气装置安装工程　接地装置施工及验收规范》（GB 50169）的规定。

7. 接地网、电缆支架、预埋钢管等所有铁件均需做镀锌处理。

8. 开关柜基础槽钢应不少于两点与主接地网连接。

9. 配电室接地网应与建筑物主接地网可靠连接。

图 8－23　接地装置布置图　PB－2－D1－06

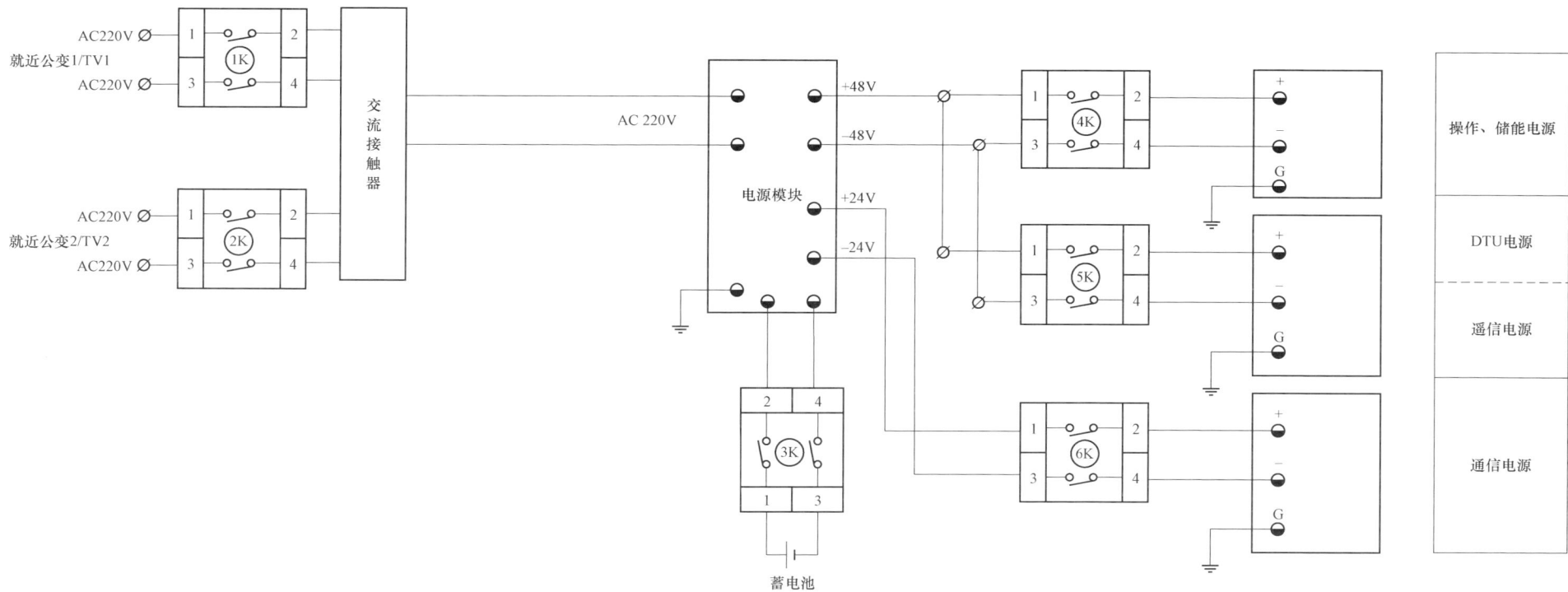

说明：1. 对于二遥 DTU 操作电源可不提供。

2. 蓄电池采用浮充方式运行。

图 8－24　DTU 柜交直流电源原理图　PB－2－D2－01

10kV 断路器柜

+48V   −48V   直流电源

保护合闸 1LP   保护合闸回路

开关柜转换开关
        QK   HA   开关柜内手动合闸
        QK   1K1   3   机构合闸回路
        QK   1   1K2   DTU 远方/就地合闸
        QK   TA   DTU 远方/就地跳闸
        QK   33   机构分闸回路   开关柜内手动跳闸

1LH 保护
2LH 测量

保护跳闸 2LP   保护跳闸回路

XK   M

操作机构   开关储能回路

1LHa   A411   A相
                                     B相   电
1LHb   B411   DTU   C相   流   断路器柜   801   遥信公共端
                                     N相   回   803   合位   信
1LHc   C411   路   805   分位(可选)
                                                        DTU   807   远方/当地(可选) 号
        N411   间隔   809   接地开关位置(可选)
                                     零序   单元   811   未储能位(可选) 回
1LH0   L401   813   隔离开关位置   路

        N401

2LHa   A421   A相
2LHb   测量   B421   B相   电
              表计   C相   流
2LHc   C421   N相   回
                         DTU   路
        N421   说明：DTU 采用空接点控制开关分合闸。

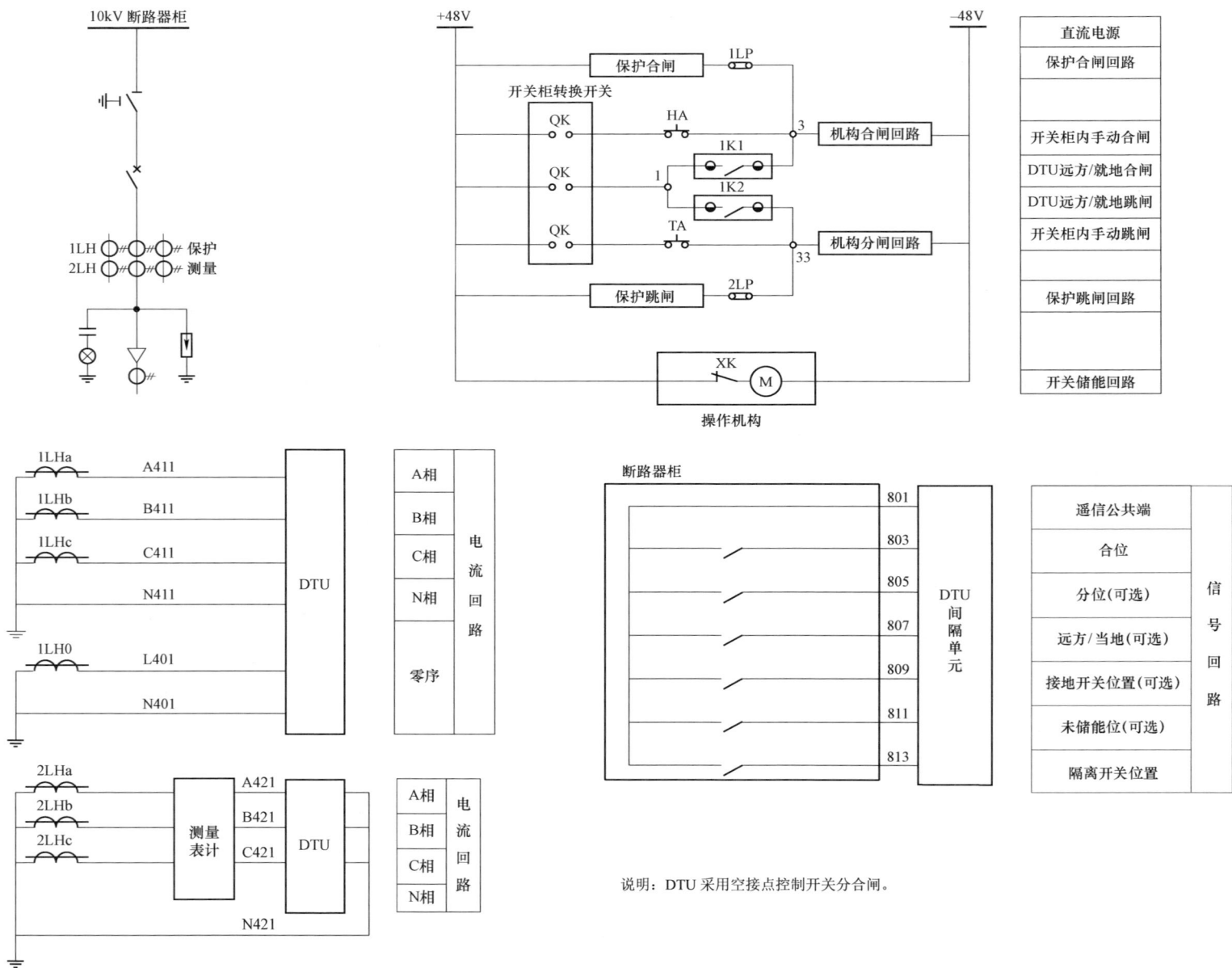

图 8−25 10kV 断路器柜二次图 PB−2−D2−02

正视图　　　　　　　　　　　　　侧视图　　　　　　　　　　　　　后视图

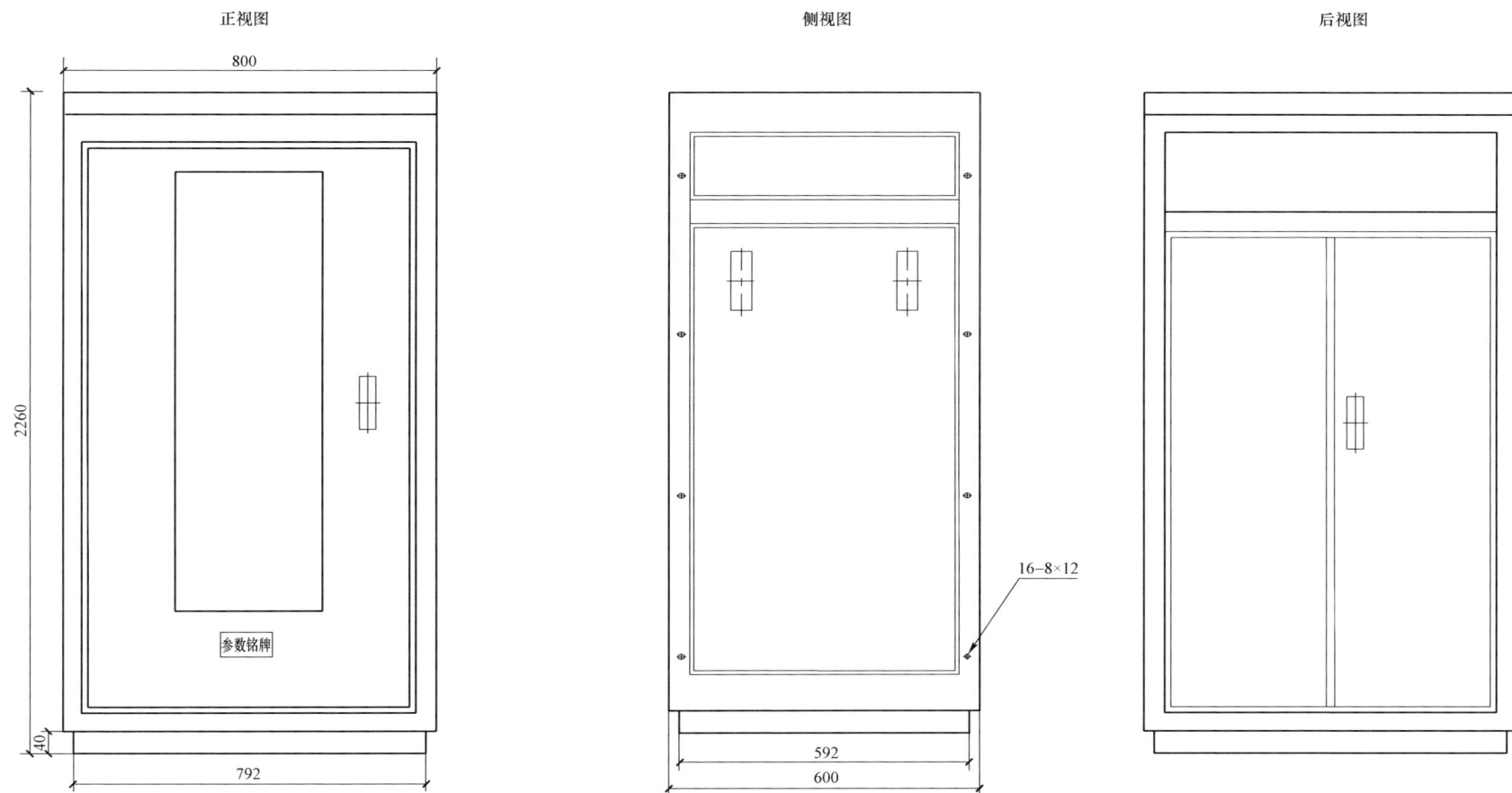

800

2260

40

792

592

600

16-8×12

参数铭牌

图 8-26　DTU 柜外形尺寸图　PB-2-D2-03

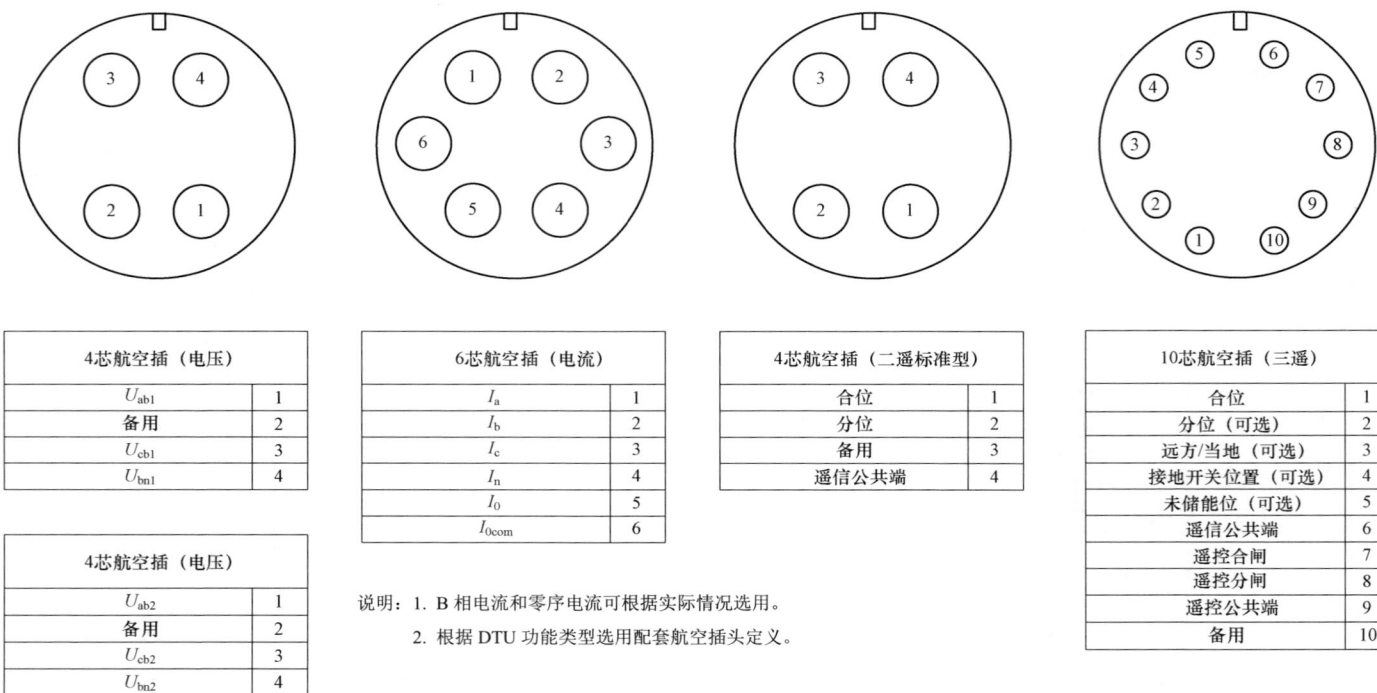

4芯航空插（电压）	
U_{ab1}	1
备用	2
U_{cb1}	3
U_{bn1}	4

6芯航空插（电流）	
I_a	1
I_b	2
I_c	3
I_n	4
I_0	5
I_{0com}	6

4芯航空插（二遥标准型）	
合位	1
分位	2
备用	3
遥信公共端	4

10芯航空插（三遥）	
合位	1
分位（可选）	2
远方/当地（可选）	3
接地开关位置（可选）	4
未储能位（可选）	5
遥信公共端	6
遥控合闸	7
遥控分闸	8
遥控公共端	9
备用	10

4芯航空插（电压）	
U_{ab2}	1
备用	2
U_{cb2}	3
U_{bn2}	4

说明：1. B 相电流和零序电流可根据实际情况选用。

2. 根据 DTU 功能类型选用配套航空插头定义。

图 8－27　航空插接线定义图　PB－2－D2－04

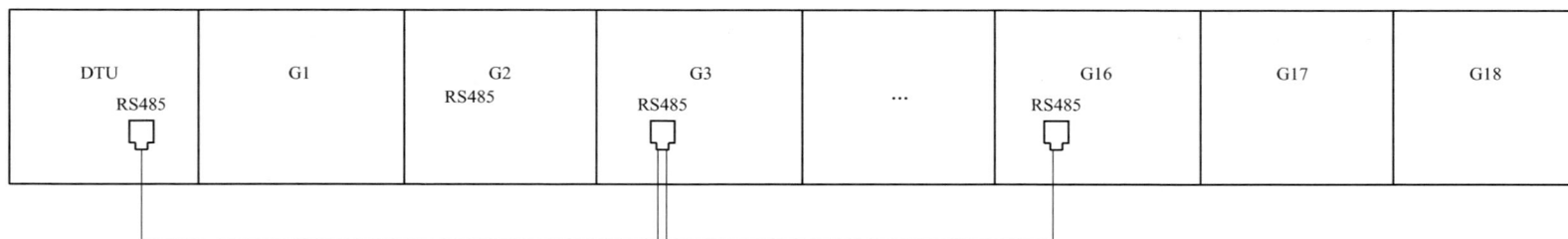

说明：馈线断路器保护信号上传至 DTU，也可选择上传装置信息。

图 8－28　柜内通信联络图　PB－2－D2－05

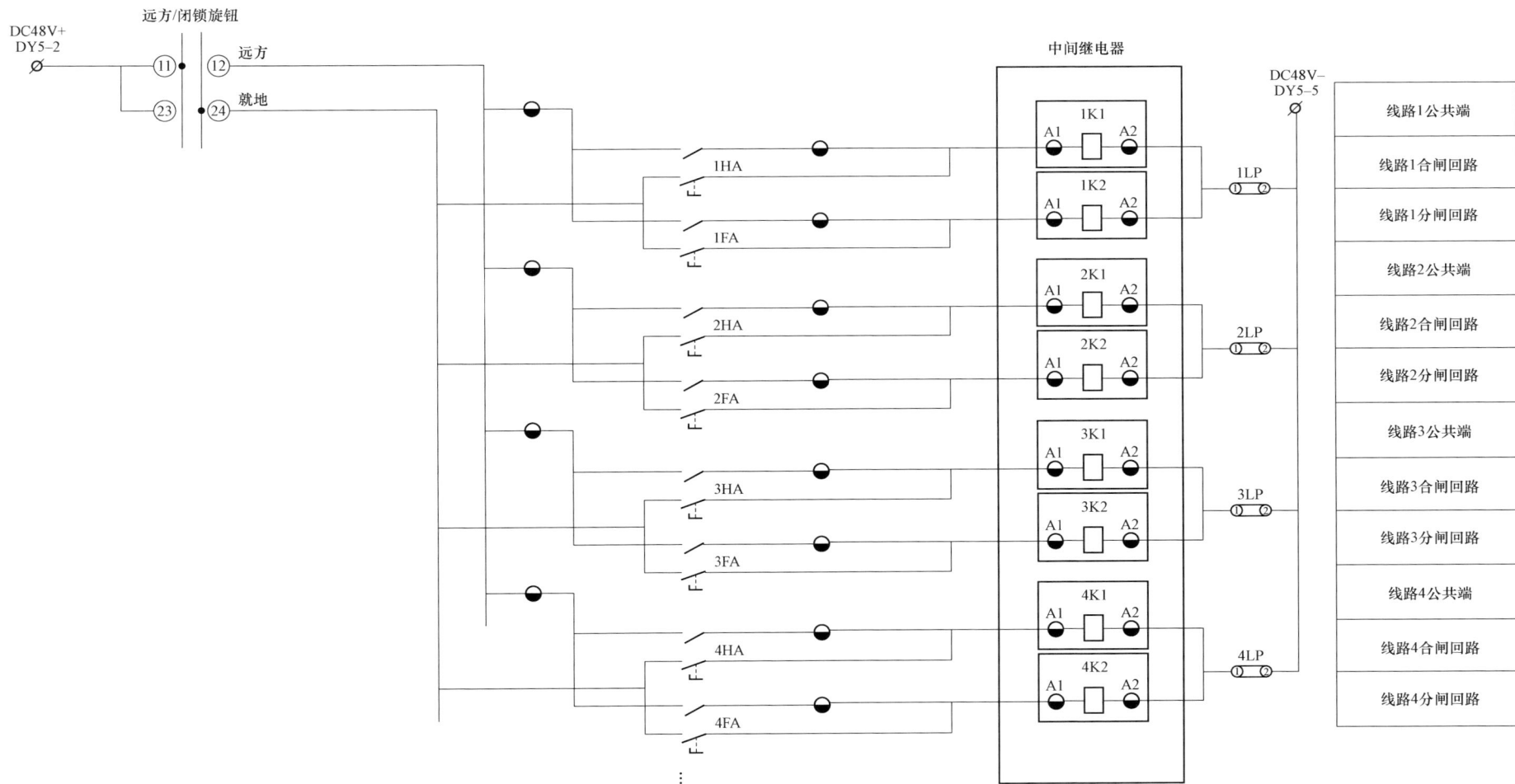

图 8－29　DTU 柜控制回路图　PB－2－D2－06

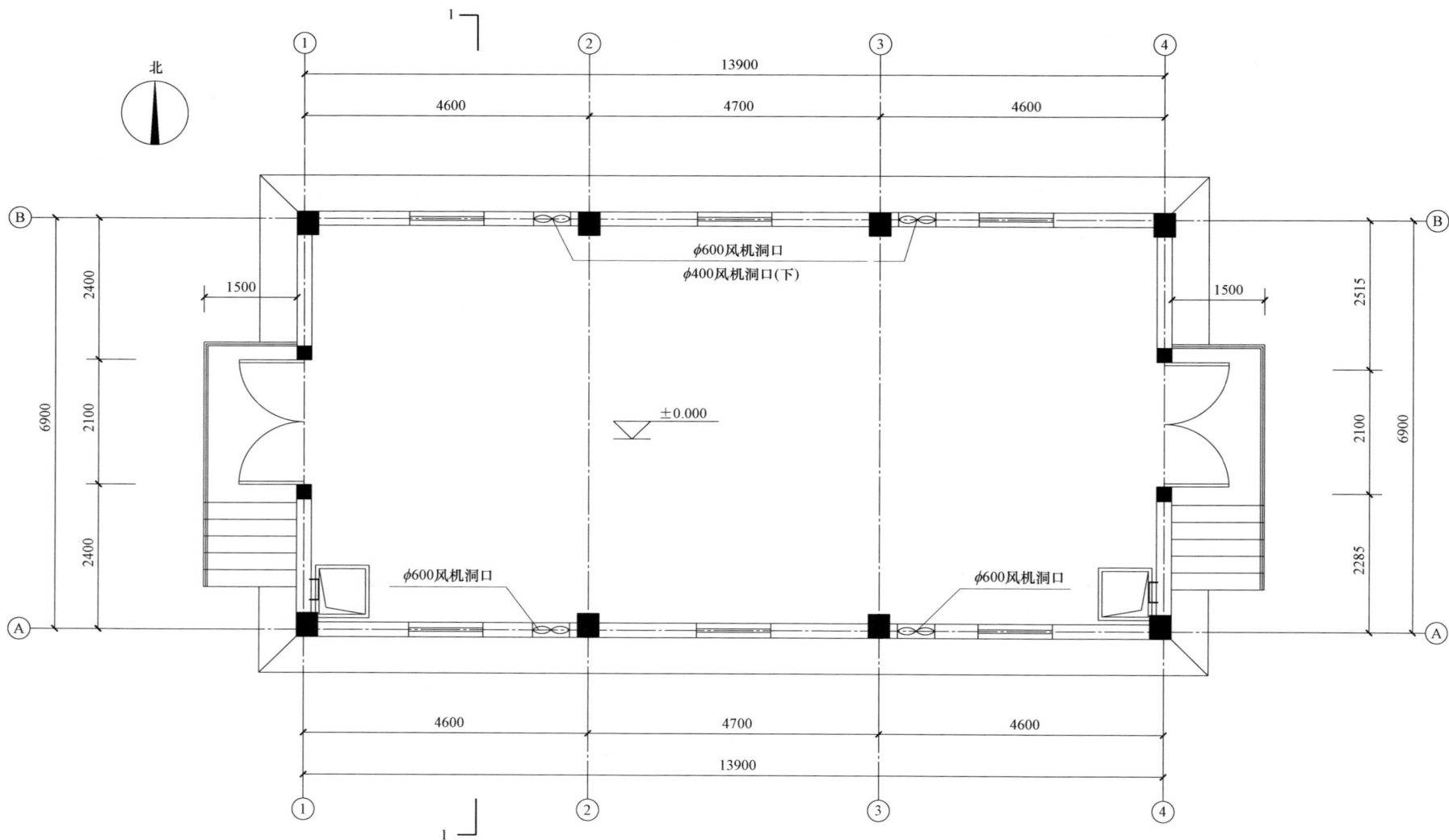

北

13900

4600　4700　4600

1500

2400

2100

2400

6900

φ600风机洞口
φ400风机洞口(下)

±0.000

φ600风机洞口

1500

2515

2100

2285

6900

φ600风机洞口

4600　4700　4600

13900

图 8-30　建筑平面布置图　PB-2-T-01

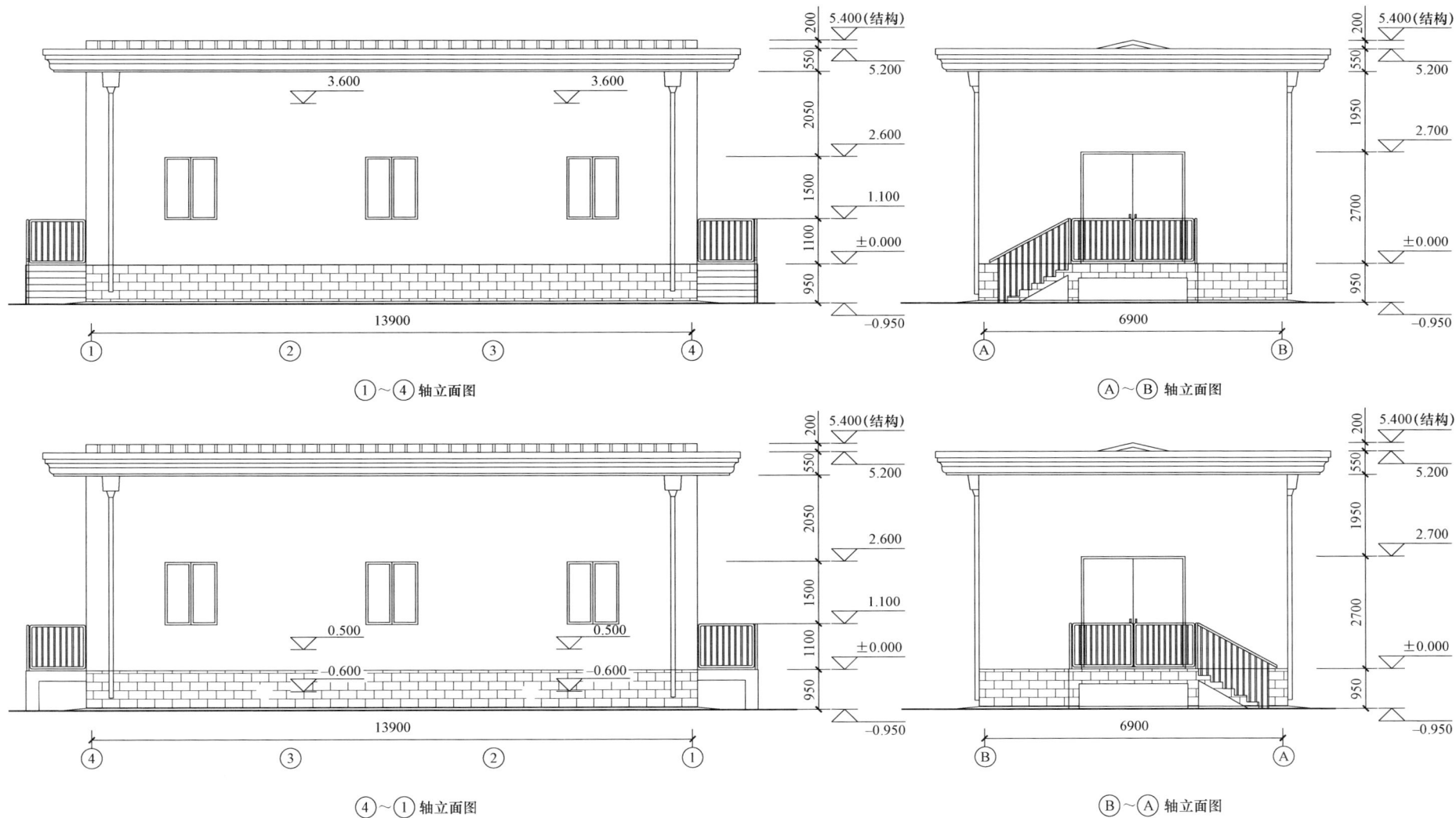

①～④轴立面图

A～B轴立面图

④～①轴立面图

B～A轴立面图

图 8−31　建筑立面图　PB−2−T−02

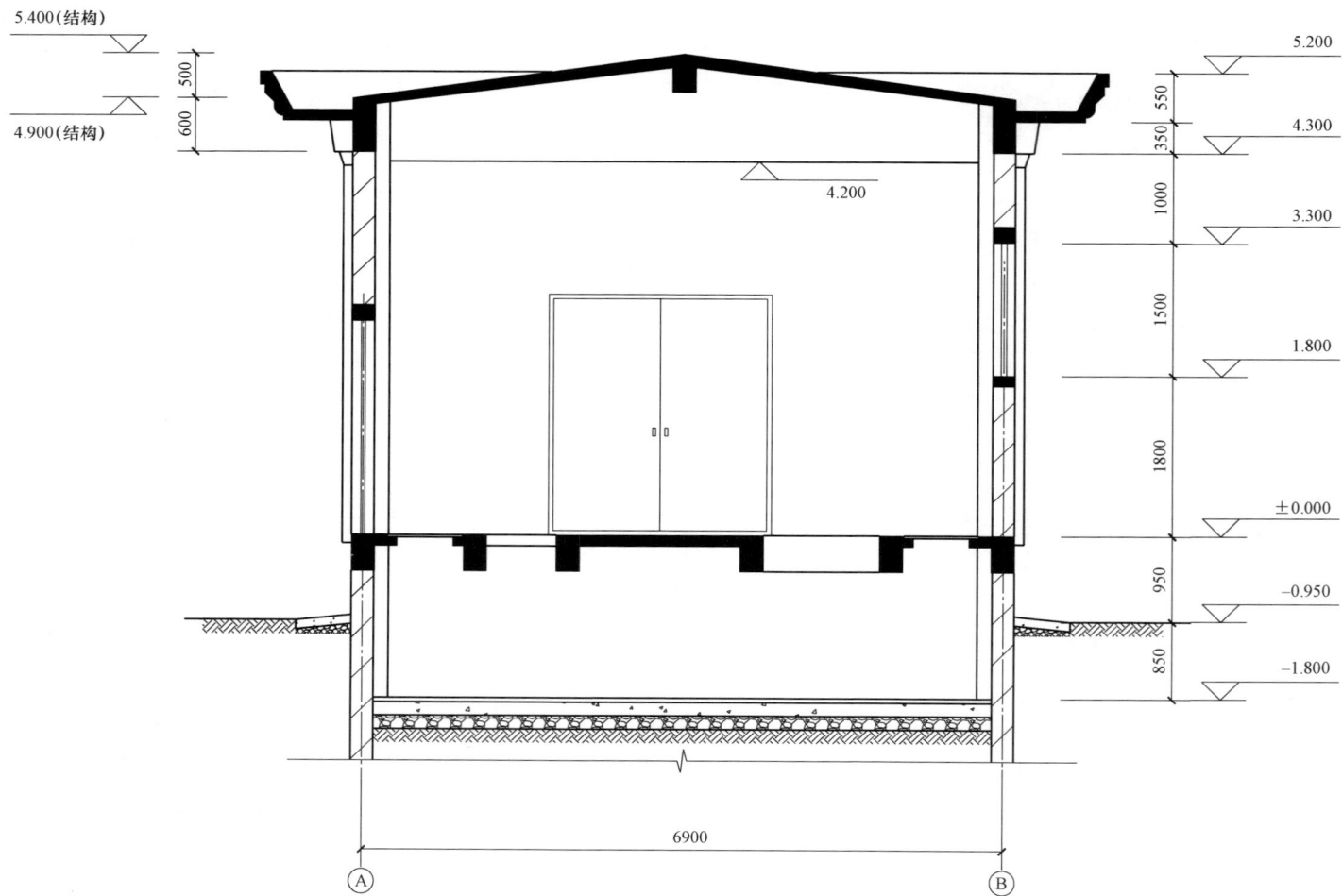

5.400(结构)

500

4.900(结构)

600

5.200

550

4.300

350

4.200

1000

3.300

1500

1.800

1800

±0.000

950

−0.950

850

−1.800

6900

Ⓐ   Ⓑ

1—1剖面图

图 8−32　建筑剖面图　PB−2−T−03

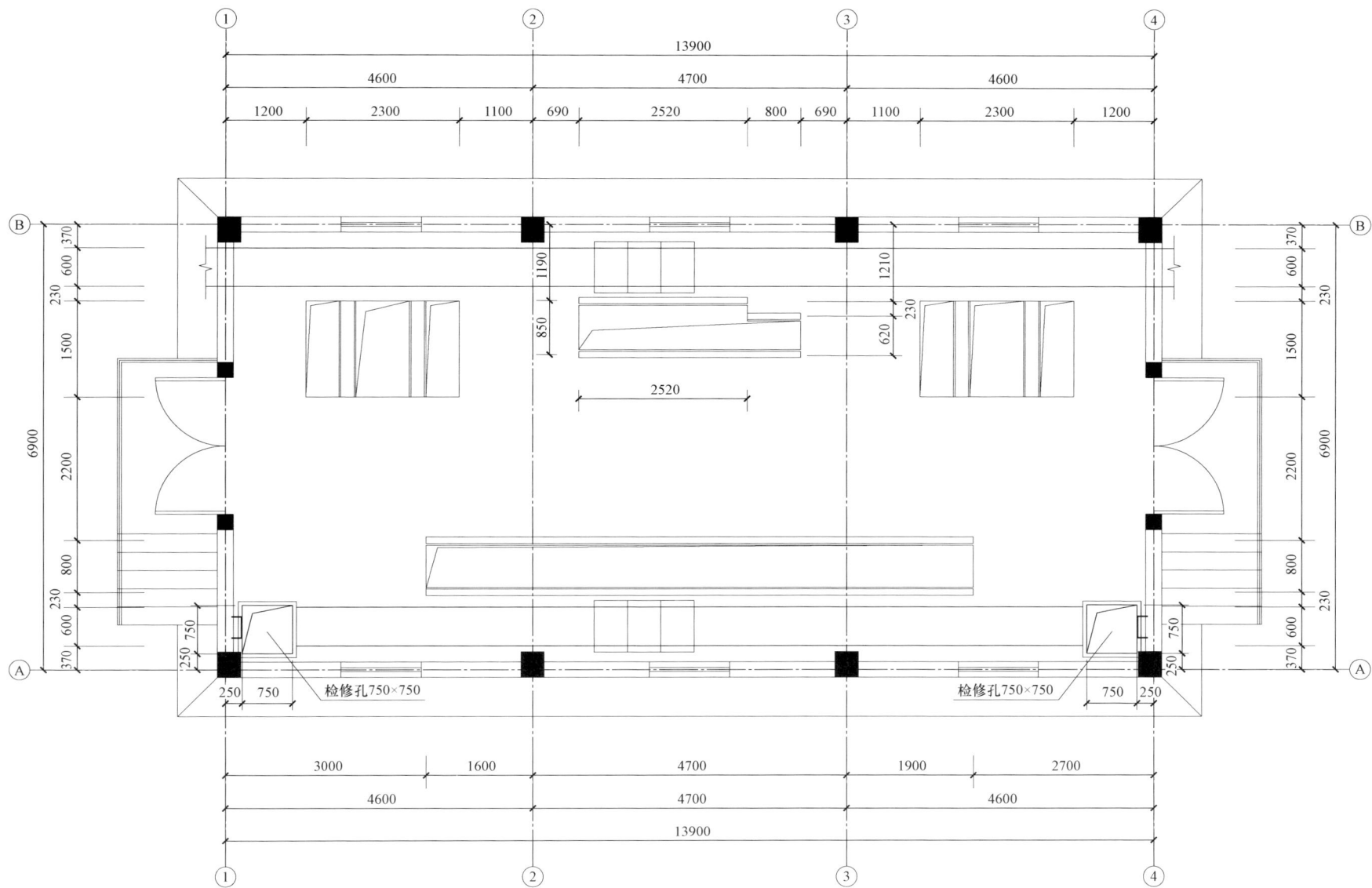

说明：本图按照电缆夹层方案设计，亦可采用电缆沟方案。

图 8－33　设备基础平面图　PB－2－T－04

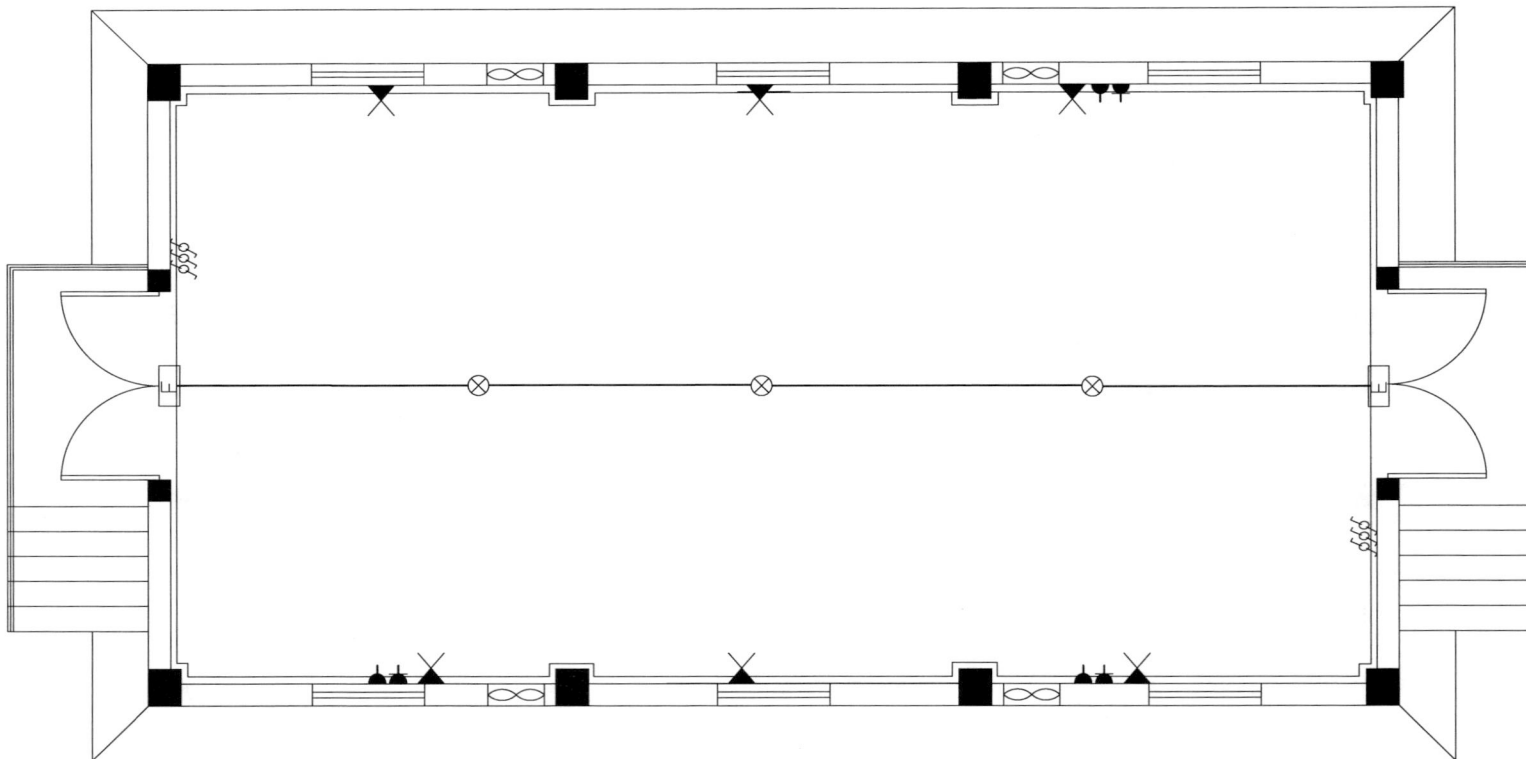

照 明 设 备 表

符号	名称	规格		数量	单位	备注
E	安全出口标志灯			2	套	
	壁开关（双联）	250V 16A		10	只	型号自选
⊗	节能灯	250V 18W		3	套	优先选用节能灯
	壁灯	250V 18W		6	只	优先选用节能灯管
	单相插座	250V 16A		3	套	型号自选
	单相（带接地）插座	250V 16A		3	套	型号自选
	照明端子箱			1	只	
	铜塑线	BV-0.5	6	200	m	以实际测量为准
	铜塑线	BV-0.5	4	200	m	以实际测量为准
	铜塑线	BV-0.5	2.5	300	m	以实际测量为准

说明：1. 灯座中心离地 2.5m，节能灯安装于顶部。

2. 插座中心离地 0.5m，安全出口标志灯离门 0.2m。

图 8－34　照明布置图　PB－2－T－05

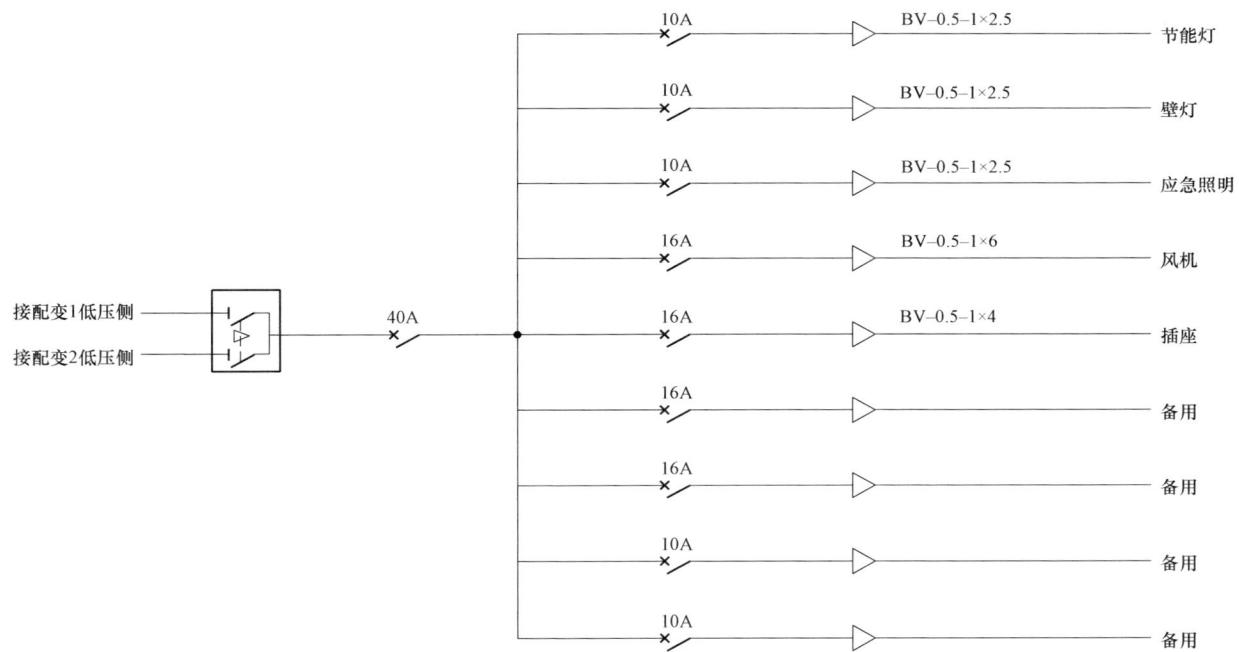

	10A	BV-0.5-1×2.5	节能灯
	10A	BV-0.5-1×2.5	壁灯
	10A	BV-0.5-1×2.5	应急照明
	16A	BV-0.5-1×6	风机
40A	16A	BV-0.5-1×4	插座
	16A		备用
	16A		备用
	10A		备用
	10A		备用

接配变1低压侧
接配变2低压侧

图 8－35　照明配电箱电气主接线图　**PB－2－T－06**

8.4 PB-3 方案说明

8.4.1 设计说明

8.4.1.1 总的部分

PB-3方案主要技术原则为配电设备均选用高原型产品，10kV选用环保气体绝缘断路器环网柜，采用电缆进出线，户内单列布置；0.4kV低压柜采用抽屉式或固定分隔式，进线总柜配置框架式断路器，出线柜一般采用塑壳断路器；0.4kV低压无功补偿采用自动补偿方式，补偿容量可根据实际情况按变压器容量的10%～30%作调整，按三相、单相混合补偿方式；变压器应选用二级能效及以上产品，可根据所供区域的负荷情况选用4台干式变压器，容量为1250kVA及以下。

1. 适用范围

（1）优先适用于A类供电区域。

（2）城市普通住宅小区、小高层、普通公寓等。

（3）配电室的站址应接近负荷中心，应满足低压供电半径要求。

2. 方案技术条件

PB-3方案根据总体说明中确定的预定条件开展设计，PB-3方案技术条件表见表8-11。

表8-11　　　　　　　PB-3方案技术条件表

序号	项目	内容
1	10kV变压器	二级能效及以上的干式变压器，容量为800kVA，本期4台
2	10kV进出线回路数	10kV 2（4）回进线、4回出线，全部采用电缆进出线
3	电气主接线	10kV采用单母线分段接线 0.4kV采用单母线分段接线
4	无功补偿	本方案0.4kV电容器容量按每台变压器容量的15%配置，可根据实际情况按变压器容量的10%～30%做调整；采用自动补偿方式，按三相、单相混合补偿方式，配置配变综合测控装置
5	设备短路电流水平	不小于20kA
6	主要设备选型	10kV选用环保气体绝缘断路器环网柜。 进出线柜配置三相电流互感器和零序电流互感器。 进线间隔配置1组金属氧化物避雷器，出线根据实际需要选配。 变压器按"节能型、环保型"原则选用；变压器容量为4×800kVA。 0.4kV低压采用抽屉式；进线总柜配置框架式断路器，出线柜开关一般采用塑壳断路器

序号	项目	内容
7	布置方式	10kV采用户内单列布置，0.4kV采用户内单列布置；出线间隔采用电缆引出至变压器；变压器低压引出采用铜排、密集型母线或封闭母线
8	土建部分	基础钢筋混凝土结构
9	通风	采用自然通风
10	消防	采用化学灭火器装置
11	站址基本条件	按地震动峰值加速度0.2g，设计风速30m/s，地基承载力特征值f_{ak}=150kPa，地下水无影响，非采暖区设计，假设场地为同一标高。按海拔5000m及以下，国标c、d级污秽区设计。 当海拔超过5000m时，按国家有关规范进行修正

8.4.1.2 电力系统部分

本通用设计按照给定的规模进行设计，在实际工程中，需要根据配电室所处系统情况具体设计。

本通用设计不涉及系统继电保护专业、系统通信专业、系统远动专业的具体内容，在实际工程中，需要根据配电室系统情况具体设计。

8.4.1.3 电气一次部分

1. 电气主接线

（1）10kV部分：单母线分段接线。

（2）0.4kV部分：单母线分段接线。

2. 短路电流及主要电气设备、导体选择

（1）10kV设备短路电流水平：不小于20kA。

（2）主要电气设备选择。

1）10kV环网柜：10kV环网柜选用气体绝缘环网柜。PB-3方案10kV环网柜主要设备选择见表8-12。

表8-12　　　PB-3方案10kV环网柜主要设备选择

设备名称	型式及主要参数	备注
断路器	进线回路：630A，20kA	
电流互感器	进线回路：600/1A，0.5S（5P10） 变压器回路：150/1A，0.5S 出线回路：300/1A，0.5S（5P10） 零序：100/1A，0.5（10P5）	
避雷器	17/45kV	
主母线	630A	

2）变压器：变压器应采用二级能效及以上的干式变压器。规格如下：

容量：800kVA；

接线组别：Dyn11；

电压额定变比：10（10.5）±2×2.5%/0.4kV；

阻抗电压：$U_k\% = 6.0$。

3）0.4kV 低压柜采用抽屉式或固定分隔式。

4）无功补偿电容器柜：无功补偿电容器柜采用自动补偿形式，低压电力电容器采用智能型模数化干式自愈式、免维护、无污染、环保型，补偿容量按变压器容量的 15%配置，可根据实际情况按变压器容量的 10%～30%做调整。

5）导体选择：根据短路电流水平为20kA，按发热及动稳定条件校验，10kV 主母线及进线间隔导体选择应满足额定电流需求；10kV 与变压器高压侧连接电缆须按发热及动稳定条件校验选用；低压母线最大工作电流按 2000A 考虑。

3．绝缘配合、过电压保护及接地

（1）绝缘配合。

1）电气设备的绝缘配合参照《交流电气装置的过电压保护和绝缘配合设计规范》（GB/T 50064）确定的原则进行。

2）氧化锌避雷器按《交流无间隙金属氧化物避雷器》（GB/T 11032）中的规定进行选择。采用交流无间隙金属氧化物避雷器进行过电压保护。

（2）过电压保护。防雷设计应满足《建筑物防雷设计规范》（GB 50057）的要求。过电压保护主要是考虑侵入雷电波及操作过电压对配电装置的影响。因此，在 10kV 母线上分别装设氧化锌避雷器作为配电装置的保护。

（3）接地。配电室交流电气装置的接地应符合《交流电气装置的接地设计规范》（GB/T 50065）要求。接地体的截面和材料选择应考虑热稳定和腐蚀的要求。接地体一般采用镀锌钢，腐蚀性高的地区宜采用铜包钢或者石墨。

配电室接地电阻、跨步电压和接触电压应满足《交流电气装置的接地设计规范》（GB/T 50065）要求。采用水平和垂直接地的混合接地网。具体工程中如接地电阻不能满足要求，则需要采取降阻措施。

4．电气设备布置

10kV 配电装置采用单列布置，低压配电装置采用双列布置方式，干式变压器与高低压柜共室。

5．站用电及照明

（1）站用电。由于 PB-3 方案 10kV 配电装置规模较小，故不设站用电柜，站用电源宜分别取自本站的两个不同低压母线。

（2）照明。工作照明采用荧光灯、LED 灯、节能灯，事故照明采用应急灯。

6．电缆设施及防护措施

电缆敷设通道应满足电缆转弯半径要求。

电缆敷设采用支架上敷设、穿管敷设方式，并满足防火要求；在柜下方及电缆沟进出口采用耐火材料封堵，电缆进出室内外，需考虑防水封堵措施。

7．10kV 配电室友好型不停电作业设计原则

（1）配电室每段 10kV 母线宜预留至少一个间隔供不停电作业使用。

（2）新建配电室低压进线柜应预留不停电作业接口，如是地下配电室需将低压不停电作业接口引至地面不停电作业接口箱，不停电作业接口箱应设置在应急电源车 50m 范围内，方便不停电作业开展。

（3）配电室环网柜存量改造优先利用原预留间隔或增加出线间隔，如不具备上述条件的，可更换带不停电作业接口的母线设备柜。

8.4.1.4　电气二次部分

1．二次设备布置

（1）采用集中式站所终端时，站所终端参考尺寸 600mm×400mm×1700mm（宽×深×高）。

（2）采用集中式站所终端时，站所终端采用组屏式结构。

（3）应满足防污秽、防凝露的要求。

2．电能计量

配电室可在 0.4kV 侧进线总柜加装计量装置和智能配电变压器终端，控制无功补偿，满足常规电参数采集和系统内线损计量考核。计量表计的装设执行国家电网有限公司计量规程规定，电能计量装置按以下原则配置：

（1）电能计量装置选用及配置应满足《电能计量装置技术管理规程》（DL/T 448）和《电力装置的电测量仪表装置设计规范》（GB/T 50063）规定。

（2）互感器采用专用计量二次绕组。

（3）计量二次回路不得接入与计量无关的设备。

3．保护及配电自动化配置原则

（1）选用能实现继电保护功能的站所终端，不单独配置继电保护装置。

（2）选用能实现就地隔离故障的站所终端，应实现过电流、速断、单相接地等保护功能。

（3）采用无线方式与主站通信时，通信设备由站所终端集成，采用其他通信方式时可单独配置通信箱。

（4）站所终端外部接口一般采用航空插头。

（5）站所终端为通信设备提供方 DC 24V 工作电源，为电动操作机构提供 DC 48V 操作电源，并布置在终端柜内。站所终端宜配置免维护阀控铅酸蓄电池，并可为站内保护等设备提供后备电源。

（6）站所终端需满足线损统计要求。

（7）应预留智能终端及配套设备的安装位置，满足配变运行监测要求。

4. 环境智能监控装置

可按需配置环境智能监控装置，对开关站内的溢水报警、风机、烟感、门禁、温湿度、噪声等信息进行监控。

8.4.1.5　土建部分

1. 站址场地概述

（1）站址应接近负荷中心，应满足低压供电半径要求。

（2）土建按最终规模设计。

2. 标示及警示

在具体工程设计时，按照国家电网有限公司相关规定制作悬挂标示及警示牌。

3. 主体建筑

（1）独立主体建筑。主体建筑设计要结合西藏地区建筑特色，建筑造型和立面色调要与周边人文地理环境协调统一；外观设计应简洁、稳重、实用。对于建筑物外立面避免使用较为特殊的装饰，如玻璃雨篷、通体玻璃幕墙、修饰性栏栅、半圆形房间等。

（2）非独立主体建筑。建筑设计要结合西藏地区建筑特色，外观设计应简洁、稳重、实用。应注意设备运输、进出线通道、防雷、外观等与主体建筑的配合与协调。

4. 平面布置

（1）独立主体建筑。工程总平面布置应满足生产工艺、运输、防火、防爆、环境保护和施工等方面的要求，应统筹安排，合理布置，工艺流程顺畅，并考虑机械作业通道和空间，方便检修维护，有利于施工。同时要考虑有效的防水、排水、通风、防潮与隔声等措施。

（2）非独立主体建筑。对于设于建筑本体内时，应设在地上一层，并应留有设备运输通道。不应设置在卫生间、浴室或其他经常积水场所的下方。

5. 排水、消防、通风、防潮除湿、环境保护

（1）排水。宜采用自流式有组织排水，设置集水井汇集雨水，经地下设置的排水暗管，有组织将水排至附近市政雨水管网中。

（2）消防。采用化学灭火方式。

（3）通风。宜采用自然通风，应设事故排风装置。

环保气体绝缘金属封闭开关柜如采用 C4、C5 等气体应装设强力通风装置。

（4）防潮除湿。可根据站址环境，在湿度较高的地区选择配置空调、工业级除湿机等防潮除湿装置。

（5）环境保护。噪声对周围环境影响应符合《声环境质量标准》（GB 3096）的规定和要求。

8.4.2　主要设备及材料清册

PB-3 方案主要设备材料见表 8-13。

表 8-13　　　　　　　　PB-3 方案主要设备材料表

序号	名称	型号及规格	单位	数量	备注
1	10kV 进线柜	高原型，断路器柜	面	4	以环保气体绝缘断路器柜为例
2	10kV 出线柜	高原型，断路器柜	面	4	以环保气体绝缘断路器柜为例
3	电压互感器柜	高原型	面	2	以环保气体绝缘断路器柜为例
4	10kV 分段柜	高原型	面	2	以环保气体绝缘断路器柜为例
5	变压器	高原型，干式变，800kVA，Dyn11，$U_{k\%}=6$	台	4	
6	0.4kV 出线柜	高原型，抽屉式	面	4	
7	0.4kV 出线柜	高原型，抽屉式	面	12	
8	0.4kV 分段柜	高原型，抽屉式	面	2	
9	0.4kV 电容补偿柜	高原型，120kvar	面	4	
10	热镀锌角钢	L50mm×5mm，$L=2500$mm	根	18	用于接地极
11	热镀锌扁钢	—50mm×5mm	m	400	水平接地体及引上线
12	临时接地柱		副	6	用于临时接地

8.4.3　使用说明

8.4.3.1　概述

PB-3 方案以 10kV 配电室的 10kV 配电装置、主变压器、0.4kV 配电装置

为基本模块，以 10kV 出线间隔、10kV 变压器、0.4kV 出线间隔为子模块，按不同的规模和配置进行拼接，以便在具体工程设计时使用。

在使用本通用设计时，要根据实际情况，在安全可靠、投资合理、标准统一、运行高效的设计原则下，形成符合实际要求的 10kV 配电室。

PB-3 方案主要对应内容为 10kV 采用单母线分段接线，0.4kV 采用单母分段线接线，设置 4 台变压器规模，可根据负荷情况分期建设；10kV 选用环保气体绝缘环网柜（实际可按需选择），选用干式变压器，低压柜采用抽屉式成套柜的组合方案；电容柜补偿容量按变压器容量可按变压器容量的 10%～30% 做调整，根据系统实际情况选择。

8.4.3.2 电气一次部分

1. 电气主接线

10kV 采用单母线分段接线，0.4kV 采用单母线分段接线。

2. 主设备选择

10kV 选用环保气体绝缘环网柜；变压器应采用二级能效及以上的干式变压器；低压柜采用抽屉式成套柜；电容柜补偿容量按变压器容量的 15% 配置，可根据系统实际情况选择。

3. 电气平面布置

10kV 采用户内单列布置，0.4kV 采用户内双列布置；干式变压器与高低压柜共室。

8.4.3.3 土建部分

1. 边界条件

站区地震动峰值加速度按 0.2g 考虑，地震作用按 8 度抗震设防烈度进行设计，地震特征周期为 0.45s，设计风速 30m/s，地基承载力特征值 f_{ak}=150kPa；地基土及地下水对钢材、混凝土无腐蚀作用；当具体工程实际情况有所变化时，应对有关项目做相应的调整。

PB-3 方案以海拔小于 5000m，国标 c、d 级污秽区设计；当海拔超过 5000m 时，按《导体和电器选择设计技术规定》（DL/T 5222）和《3～110kV 高压配电装置设计规范》（GB 50060）的有关规定进行修正。

PB-3 方案按环境温度为 -40～+35℃ 设计，当实际环境温度超过上述范围时，按《导体和电器选择设计技术规定》（DL/T 5222）的有关规定进行修正。

2. 标高

PB-3 方案以室内地坪高度为 ±0.00m，取相对标高。站内外高差 1m，站

内净高不应低于 3.6m，采用电缆夹层，高度不大于 2.2m。工程实际中，也可采用电缆沟，高度不应低于 1m，为便于敷设电缆，应设置与中低压开关柜等长的平行电缆沟。

3. 采暖、通风

一般低温环境下，不考虑采暖设施；极低温特殊情况下，可根据环境要求装设低温自启动的电采暖装置，确保二次设备正常运行。

采用自然通风，应设事故排风装置。

环保气体绝缘金属封闭开关柜如采用 C4、C5 等气体应装设强力通风装置。

8.4.4 设计图

PB-3 方案设计图清单见表 8-14，图中标高单位为 m，尺寸未注明者均为 mm。

表 8-14　　　　　　　　　PB-3 方案设计图清单

图序	图名	图纸编号
图 8-36	电气主接线图	PB-3-D1-01
图 8-37	10kV 系统配置图	PB-3-D1-02
图 8-38	0.4kV 系统配置图（一）	PB-3-D1-03
图 8-39	0.4kV 系统配置图（二）	PB-3-D1-04
图 8-40	电气平面布置图	PB-3-D1-05
图 8-41	电气断面图	PB-3-D1-06
图 8-42	接地装置布置图	PB-3-D1-07
图 8-43	DTU 柜交直流电源原理图	PB-3-D2-01
图 8-44	10kV 断路器柜二次图	PB-3-D2-02
图 8-45	DTU 柜外形尺寸图	PB-3-D2-03
图 8-46	航空插接线定义图	PB-3-D2-04
图 8-47	柜内通信联络图	PB-3-D2-05
图 8-48	DTU 柜控制回路图	PB-3-D2-06
图 8-49	建筑平面布置图	PB-3-T-01
图 8-50	建筑立面图	PB-3-T-02
图 8-51	建筑立面及剖面图	PB-3-T-03
图 8-52	设备基础平面图	PB-3-T-04
图 8-53	照明布置图	PB-3-T-05
图 8-54	照明配电箱电气主接线图	PB-3-T-06

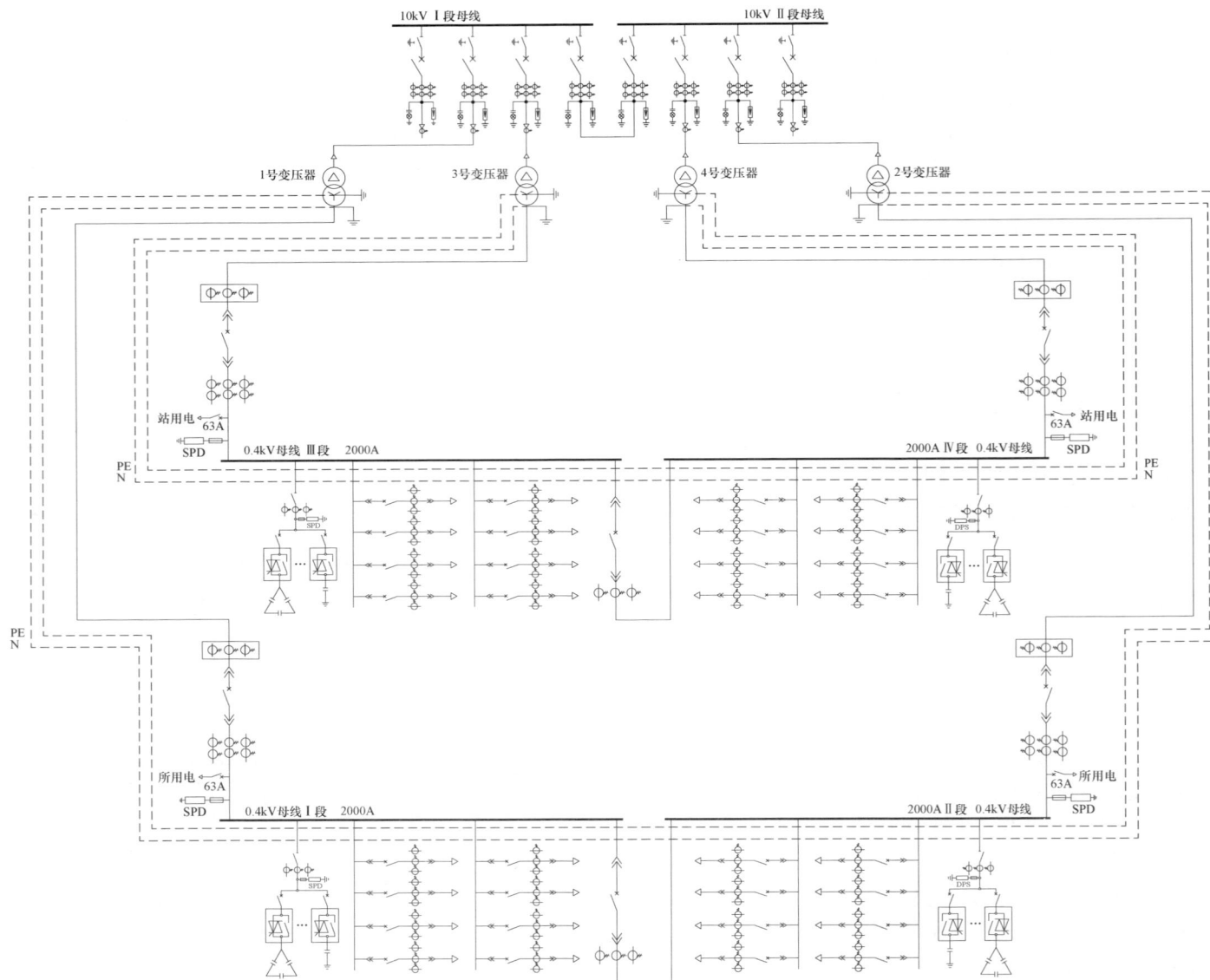

说明：1. 本设计方案 10kV 为环保气体绝缘断路器柜，采用单母线分段接线，4 台 800kVA 干式变压器，抽屉式低压柜的形式。

2. 变压器中心点与 PE 排之间实现一点接地。

3. 0.4kV 进线侧预留计量 TA 位置，供负控终端用，由营销部门提供。

4. 两路低压进线总开关和母联开关采用三锁二钥匙闭锁装置。

图 8-36　电气主接线图　PB-3-D1-01

主母线(630A)	10kV I 段母线				10kV II 段母线			
10kV 气体绝缘断路器柜接线图	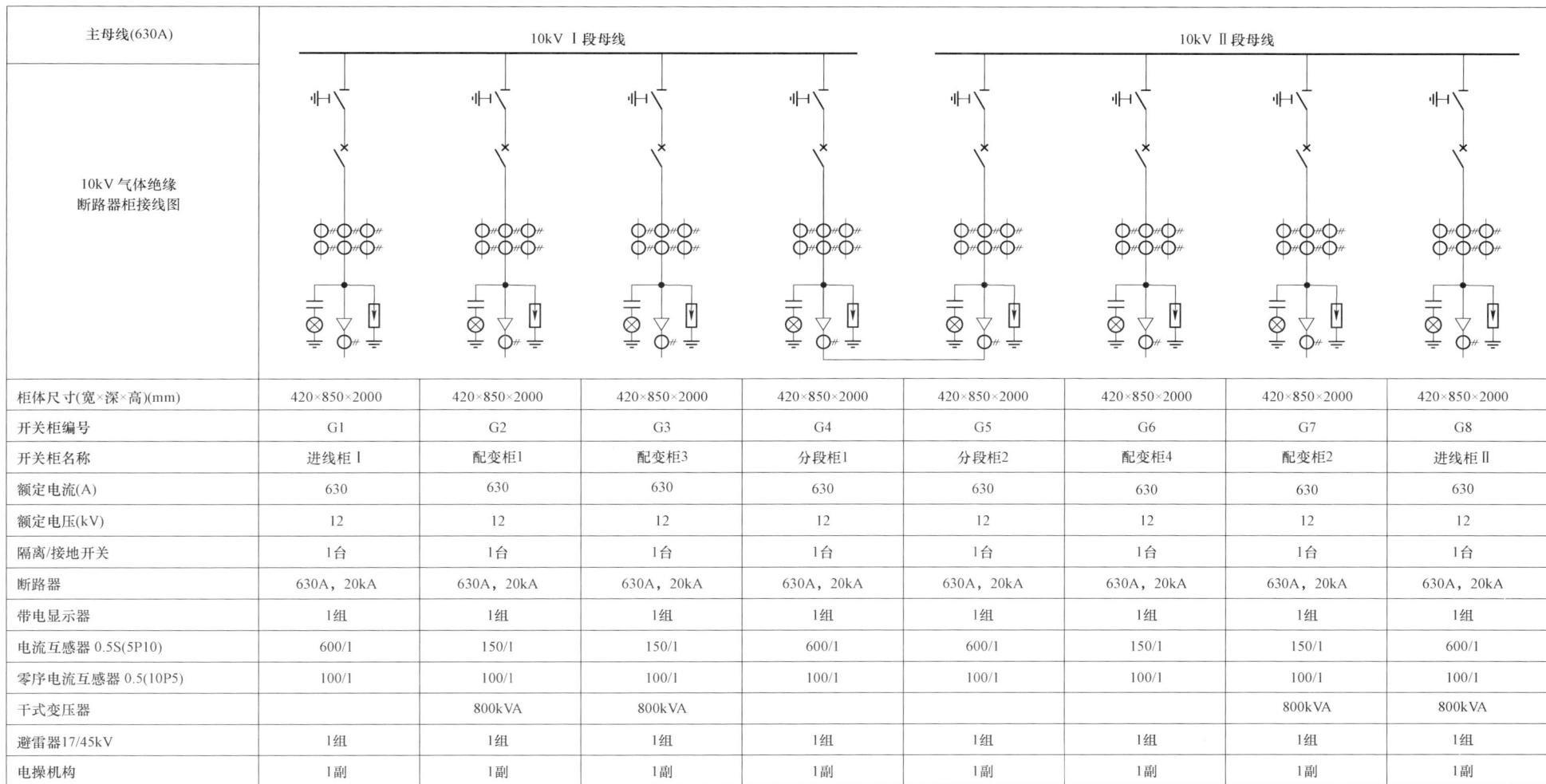							
柜体尺寸(宽×深×高)(mm)	420×850×2000	420×850×2000	420×850×2000	420×850×2000	420×850×2000	420×850×2000	420×850×2000	420×850×2000
开关柜编号	G1	G2	G3	G4	G5	G6	G7	G8
开关柜名称	进线柜 I	配变柜1	配变柜3	分段柜1	分段柜2	配变柜4	配变柜2	进线柜 II
额定电流(A)	630	630	630	630	630	630	630	630
额定电压(kV)	12	12	12	12	12	12	12	12
隔离/接地开关	1台	1台	1台	1台	1台	1台	1台	1台
断路器	630A，20kA	630A，20kA	630A，20kA	630A，20kA	630A，20kA	630A，20kA	630A，20kA	630A，20kA
带电显示器	1组	1组	1组	1组	1组	1组	1组	1组
电流互感器 0.5S(5P10)	600/1	150/1	150/1	600/1	600/1	150/1	150/1	600/1
零序电流互感器 0.5(10P5)	100/1	100/1	100/1	100/1	100/1	100/1	100/1	100/1
干式变压器		800kVA	800kVA				800kVA	800kVA
避雷器17/45kV	1组	1组	1组	1组	1组	1组	1组	1组
电操机构	1副	1副	1副	1副	1副	1副	1副	1副

图 8－37 10kV 系统配置图 PB－3－D1－02

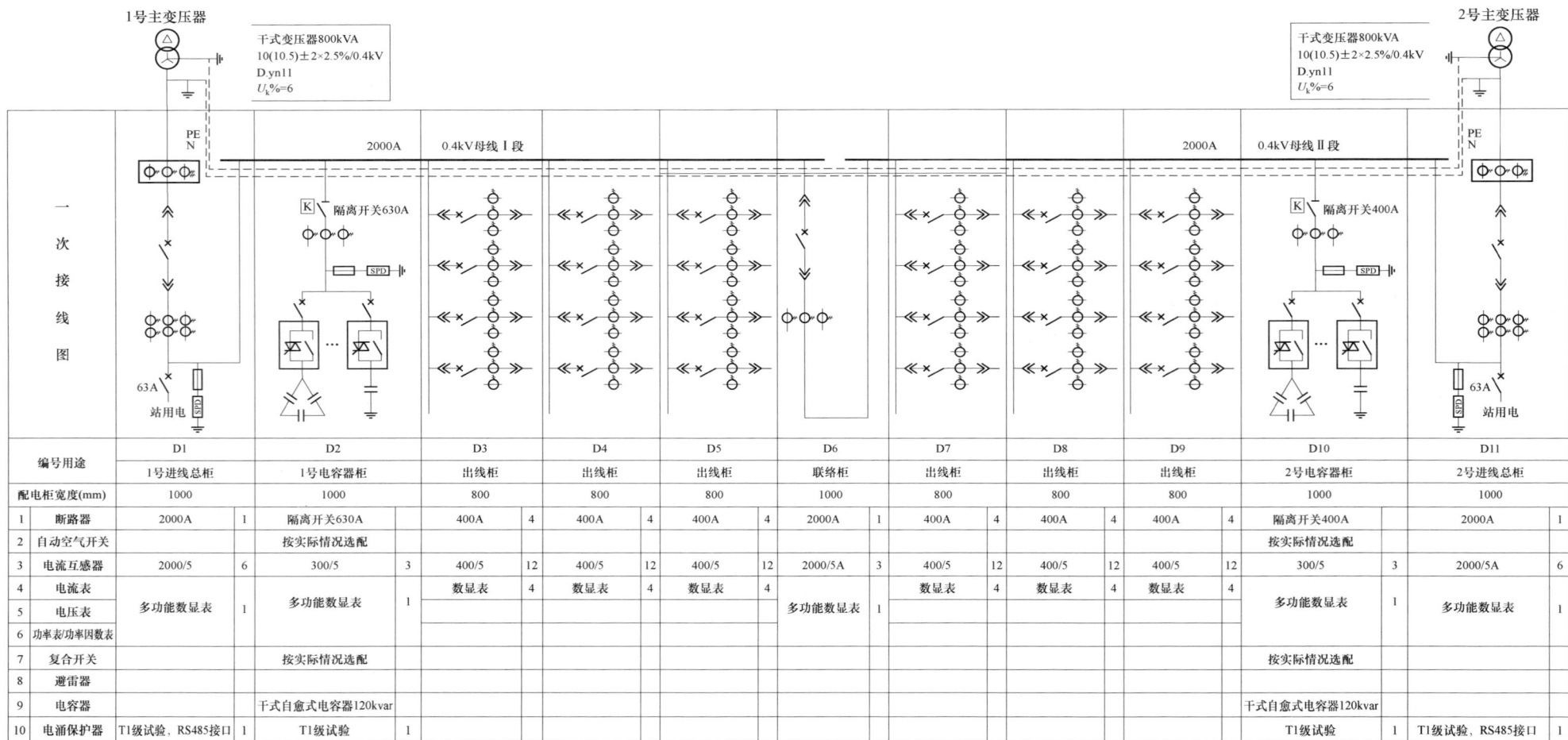

1号主变压器

干式变压器800kVA
10(10.5)±2×2.5%/0.4kV
D,yn11
$U_k\%=6$

2号主变压器

干式变压器800kVA
10(10.5)±2×2.5%/0.4kV
D,yn11
$U_k\%=6$

PEN

2000A 0.4kV母线Ⅰ段

2000A 0.4kV母线Ⅱ段

PEN

一次接线图

隔离开关630A

K 隔离开关400A

SPD

63A 站用电 SPD

SPD

SPD 63A 站用电

编号用途		D1		D2		D3		D4		D5		D6		D7		D8		D9		D10		D11	
		1号进线总柜		1号电容器柜		出线柜		出线柜		出线柜		联络柜		出线柜		出线柜		出线柜		2号电容器柜		2号进线总柜	
配电柜宽度(mm)		1000		1000		800		800		800		1000		800		800		800		1000		1000	
1	断路器	2000A	1	隔离开关630A		400A	4	400A	4	400A	4	2000A	1	400A	4	400A	4	400A	4	隔离开关400A		2000A	1
2	自动空气开关			按实际情况选配																按实际情况选配			
3	电流互感器	2000/5	6	300/5	3	400/5	12	400/5	12	400/5	12	2000/5A	3	400/5	12	400/5	12	400/5	12	300/5	3	2000/5A	6
4	电流表					数显表	4	数显表	4	数显表	4			数显表	4	数显表	4	数显表	4				
5	电压表	多功能数显表	1	多功能数显表	1							多功能数显表	1							多功能数显表	1	多功能数显表	1
6	功率表/功率因数表																						
7	复合开关			按实际情况选配																按实际情况选配			
8	避雷器																						
9	电容器			干式自愈式电容器120kvar																干式自愈式电容器120kvar			
10	电涌保护器	T1级试验，RS485接口	1	T1级试验	1															T1级试验	1	T1级试验，RS485接口	1

说明：1. 两路低压进线总开关和母联开关采用三锁二钥匙闭锁装置。

2. 变压器中性点与PE排之间实现一点接。

3. 本方案采用抽屉式低压柜，实际可按需选择固定分隔式低压柜。

4. 0.4kV进线侧预留计量TA位置，供负控终端用，由营销部门提供。

图 8-38 0.4kV 系统配置图（一） PB-3-D1-03

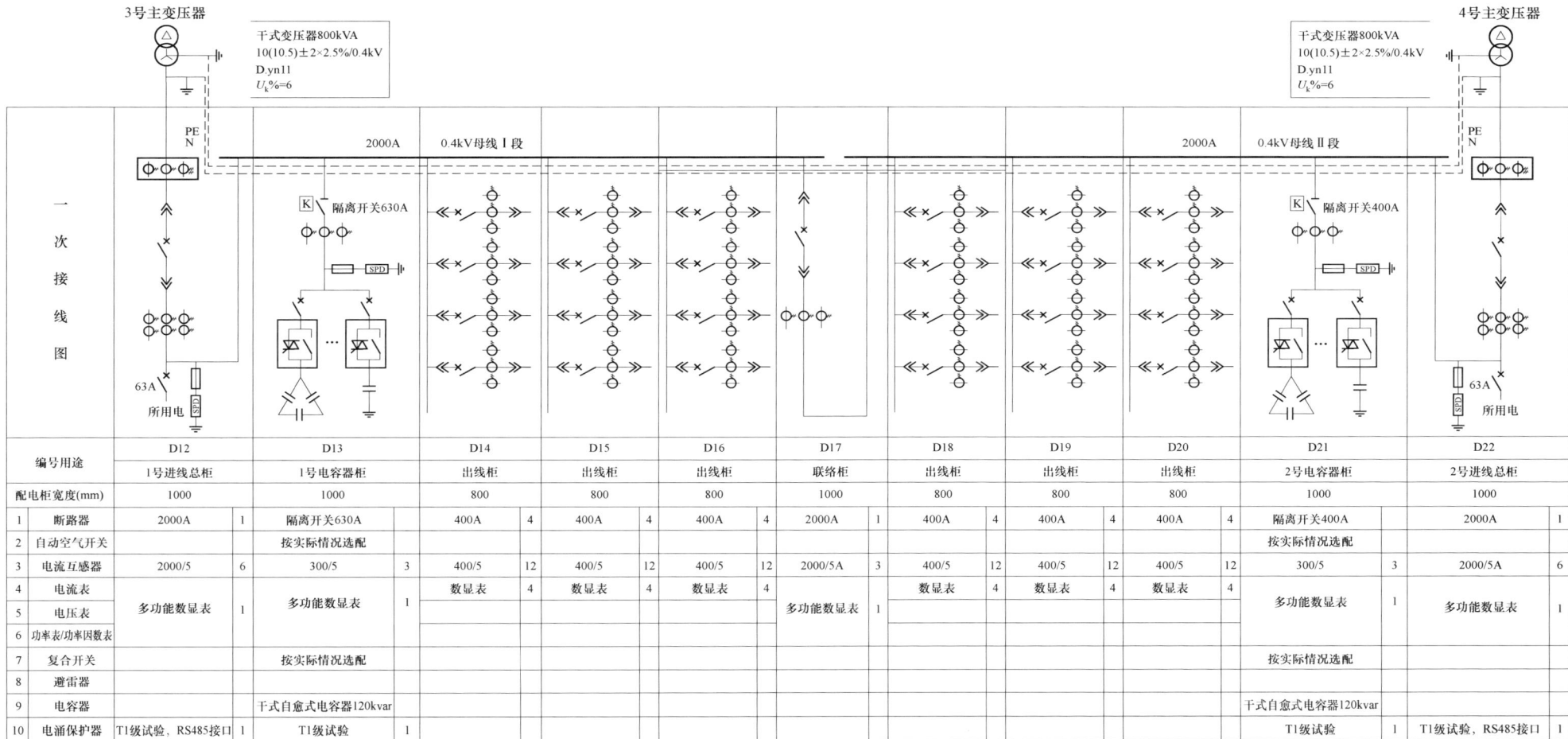

3号主变压器

干式变压器800kVA
10(10.5)±2×2.5%/0.4kV
D.yn11
$U_k\%=6$

4号主变压器

干式变压器800kVA
10(10.5)±2×2.5%/0.4kV
D.yn11
$U_k\%=6$

PE N

PE N

2000A 0.4kV母线Ⅰ段

2000A 0.4kV母线Ⅱ段

一次接线图

K 隔离开关630A

SPD

K 隔离开关400A

SPD

63A

所用电

63A

所用电

编号用途	D12		D13		D14		D15		D16		D17		D18		D19		D20		D21		D22	
	1号进线总柜		1号电容器柜		出线柜		出线柜		出线柜		联络柜		出线柜		出线柜		出线柜		2号电容器柜		2号进线总柜	
配电柜宽度(mm)	1000		1000		800		800		800		1000		800		800		800		1000		1000	
1	断路器	2000A	1	隔离开关630A		400A	4	400A	4	400A	4	2000A	1	400A	4	400A	4	400A	4	隔离开关400A		2000A	1
2	自动空气开关			按实际情况选配																按实际情况选配			
3	电流互感器	2000/5	6	300/5	3	400/5	12	400/5	12	400/5	12	2000/5A	3	400/5	12	400/5	12	400/5	12	300/5	3	2000/5A	6
4	电流表					数显表	4	数显表	4	数显表	4			数显表	4	数显表	4	数显表	4				
5	电压表	多功能数显表		多功能数显表	1							多功能数显表	1							多功能数显表	1	多功能数显表	1
6	功率表/功率因数表																						
7	复合开关			按实际情况选配																按实际情况选配			
8	避雷器																						
9	电容器			干式自愈式电容器120kvar																干式自愈式电容器120kvar			
10	电涌保护器	T1级试验，RS485接口	1	T1级试验	1															T1级试验	1	T1级试验，RS485接口	1

说明: 1. 两路低压进线总开关和母联开关采用三锁二钥匙闭锁装置。

2. 变压器中性点与 PE 排之间实现一点接。

3. 本方案采用抽屉式低压柜，实际可按需选择固定分隔式低压柜。

4. 0.4kV 进线侧预留计量 TA 位置，供负控终端用，由营销部门提供。

图 8－39 0.4kV 系统配置图（二） PB－3－D1－04

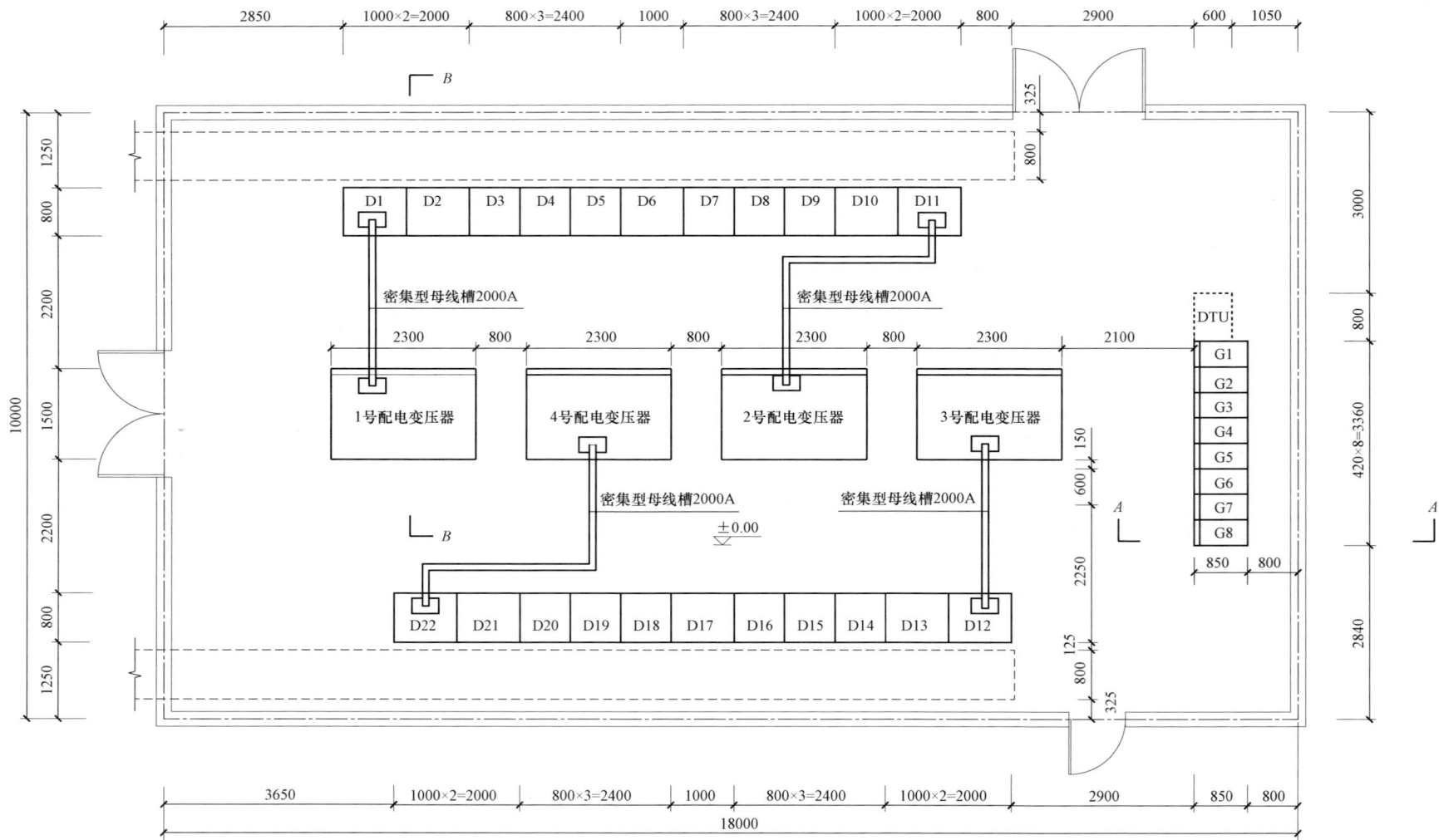

图 8-40 电气平面布置图 PB-3-D1-05

说明：本方案干式变压器按 800kVA 设置，配电室平面已考虑 1250kVA 干式变压器的安装位置。

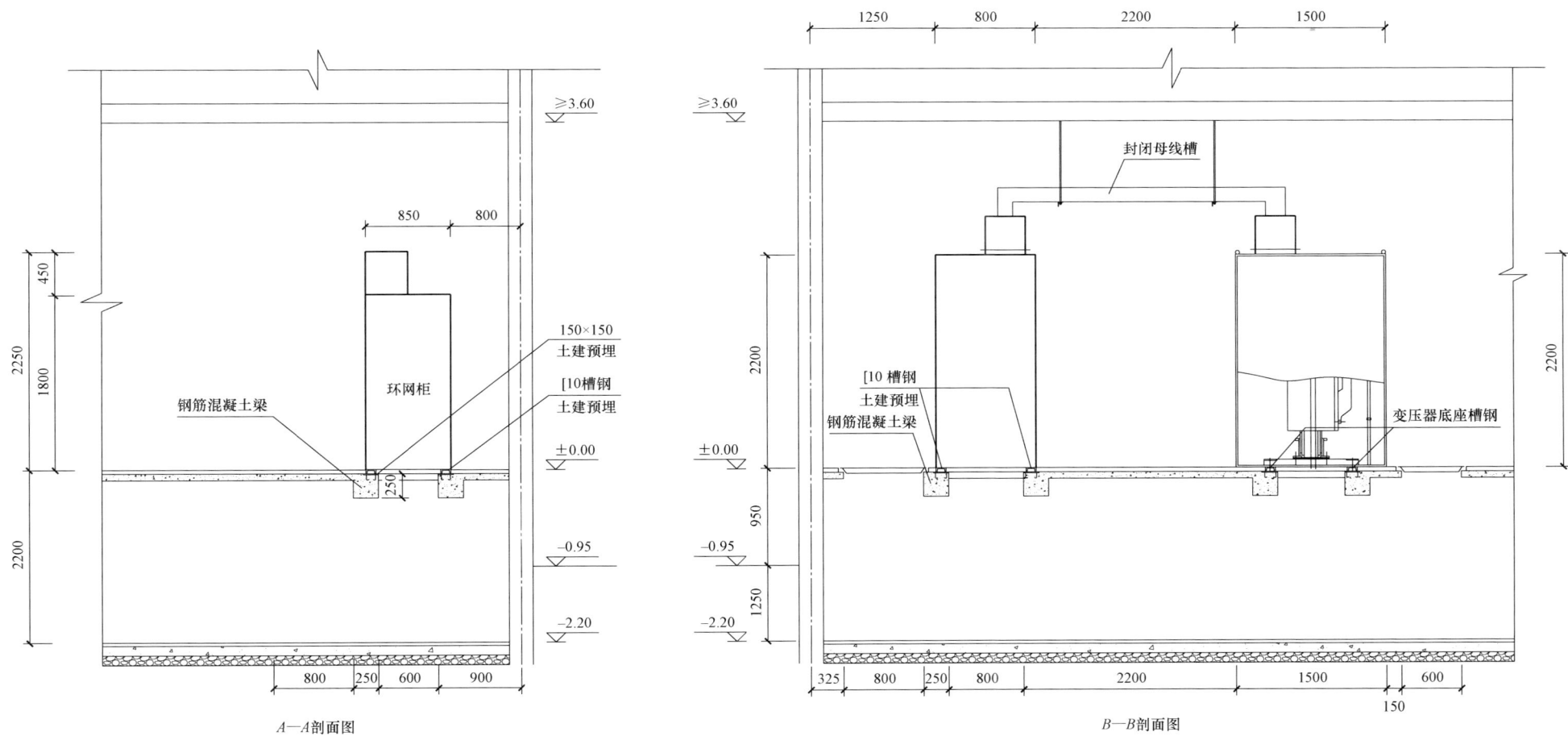

图 8-41 电气断面图 PB-3-D1-06

图例：

接地干线
电缆沟通长接地扁铁
- - - 工作接地带
○ 垂直接地极
● 接地交接点
⏚ 临时接地端子

变压器中性点接地电缆(穿ϕ50PVC管)
YJV–1.0–1×185

变压器中性点接地电缆(穿ϕ50PVC管)
YJV–1.0–1×185

变压器中性点接地电缆(穿ϕ50PVC管)
YJV–1.0–1×185

变压器中性点接地电缆(穿ϕ50PVC管)
YJV–1.0–1×185

说明9

接地极制作示意图

接地体入地示意图

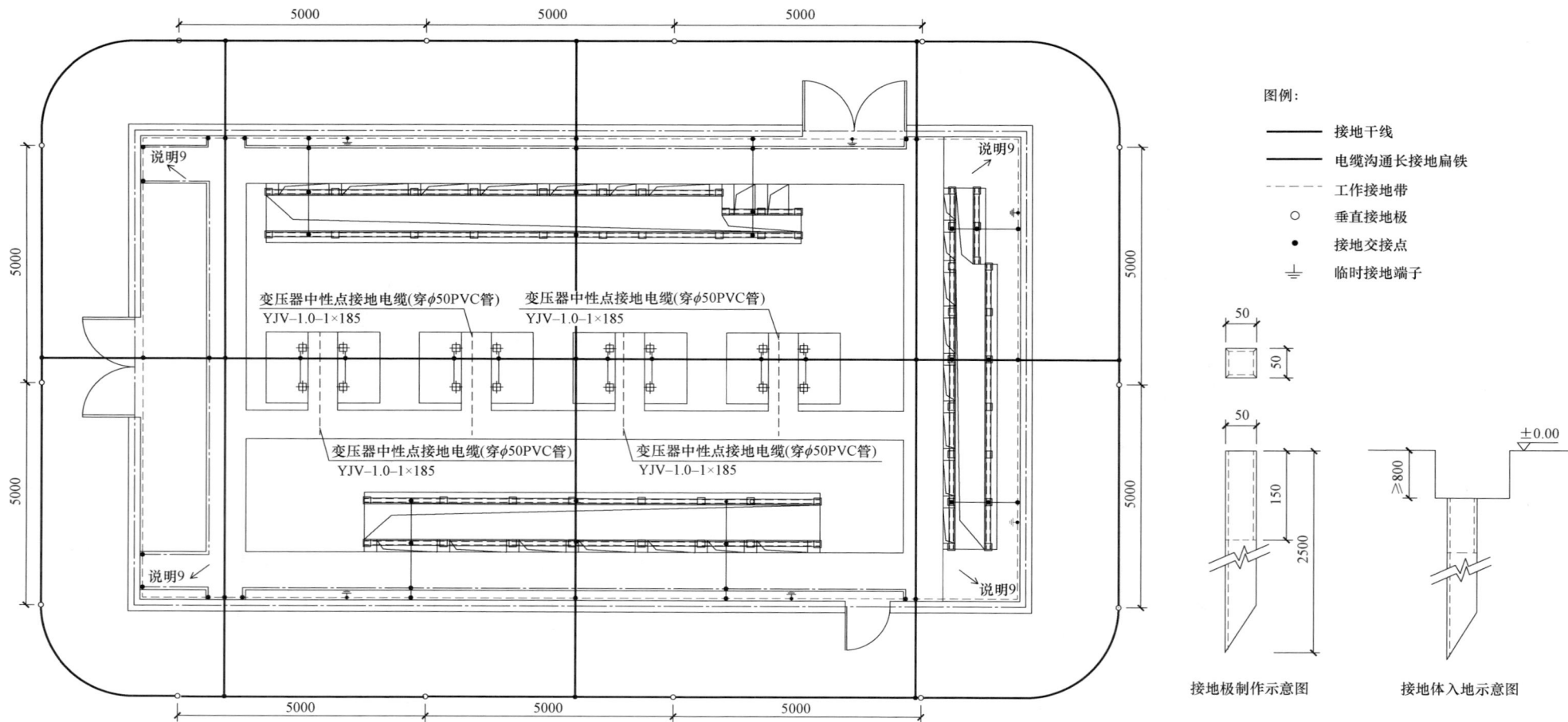

说明：
1. 水平接地采用—50mm×5mm 镀锌扁钢。
2. 电缆沟通长接地采用—50mm×5mm 镀锌扁钢。
3. 垂直接地极采用 L50mm×5mm 镀锌角钢制成，长度为 2500mm。
4. 配电装置室内工作接地带采用—50mm×5mm 镀锌扁钢延墙明敷一圈，距室内地坪+300mm，离墙间隙 20mm，过门入地暗敷两头上跷与延墙明敷接地连接。
5. 接地装置的接地电阻应≤4Ω，对于土壤电阻率高的地区，如电阻实测值不满足要求，应增加垂直接地极及水平接地体的长度，直到符合要求为止。如开关站采用建筑物的基础做接地极且主体建筑接地电阻<1Ω，可不另设人工接地。
6. 接地装置的施工应满足《电气装置安装工程接地装置施工及验收规范》（GB 50169）的规定。
7. 接地网、电缆支架、预埋钢管等所有铁件均需做镀锌处理。
8. 开关柜基础槽钢应不少于两点与主接地网连接。
9. 此处应与建筑物主筋电气连接。

主 要 材 料 表

序号	名称	规格	单位	数量
1	镀锌角钢	L50mm×5mm，$L=2500$mm	根	18
2	镀锌扁钢	—50mm×5mm	m	400
3	临时接地端子		个	6

图 8–42　接地装置布置图　PB–3–D1–07

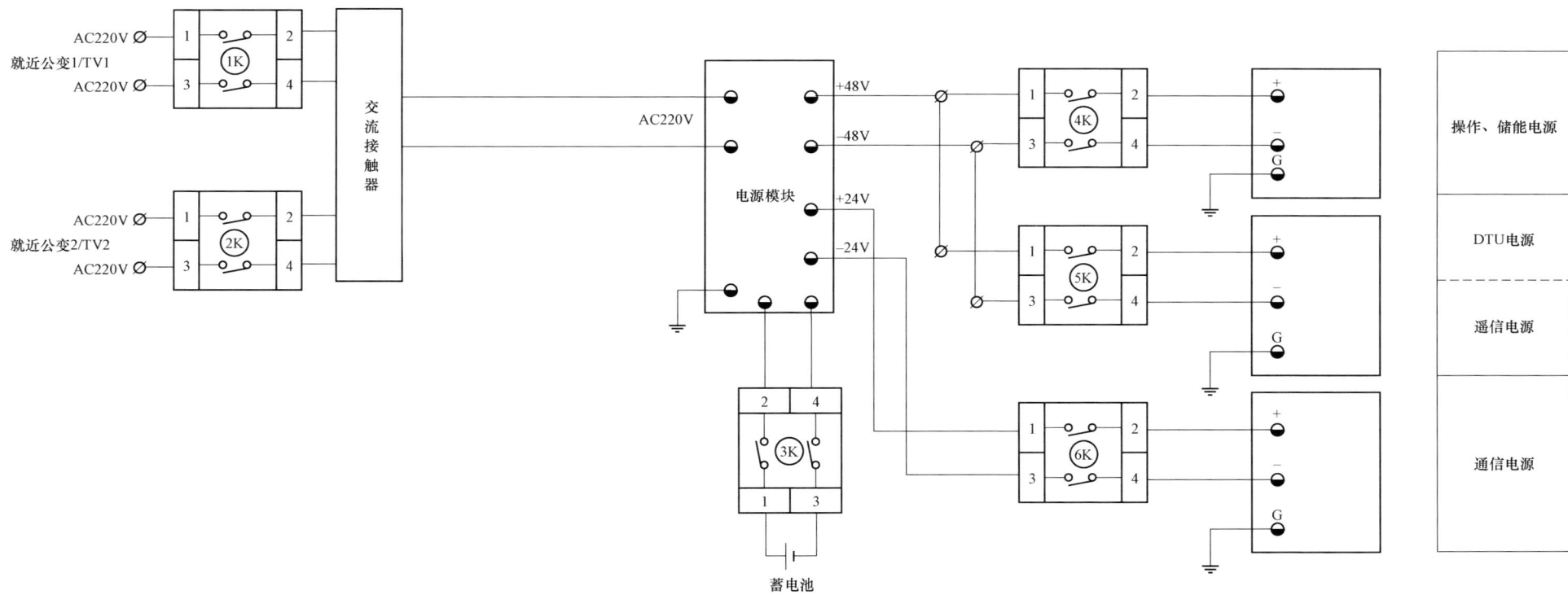

图 8 – 43　DTU 柜交直流电源原理图　PB – 3 – D2 – 01

说明：1. 对于二遥 DTU 操作电源可不提供。

　　　2. 蓄电池采用浮充方式运行。

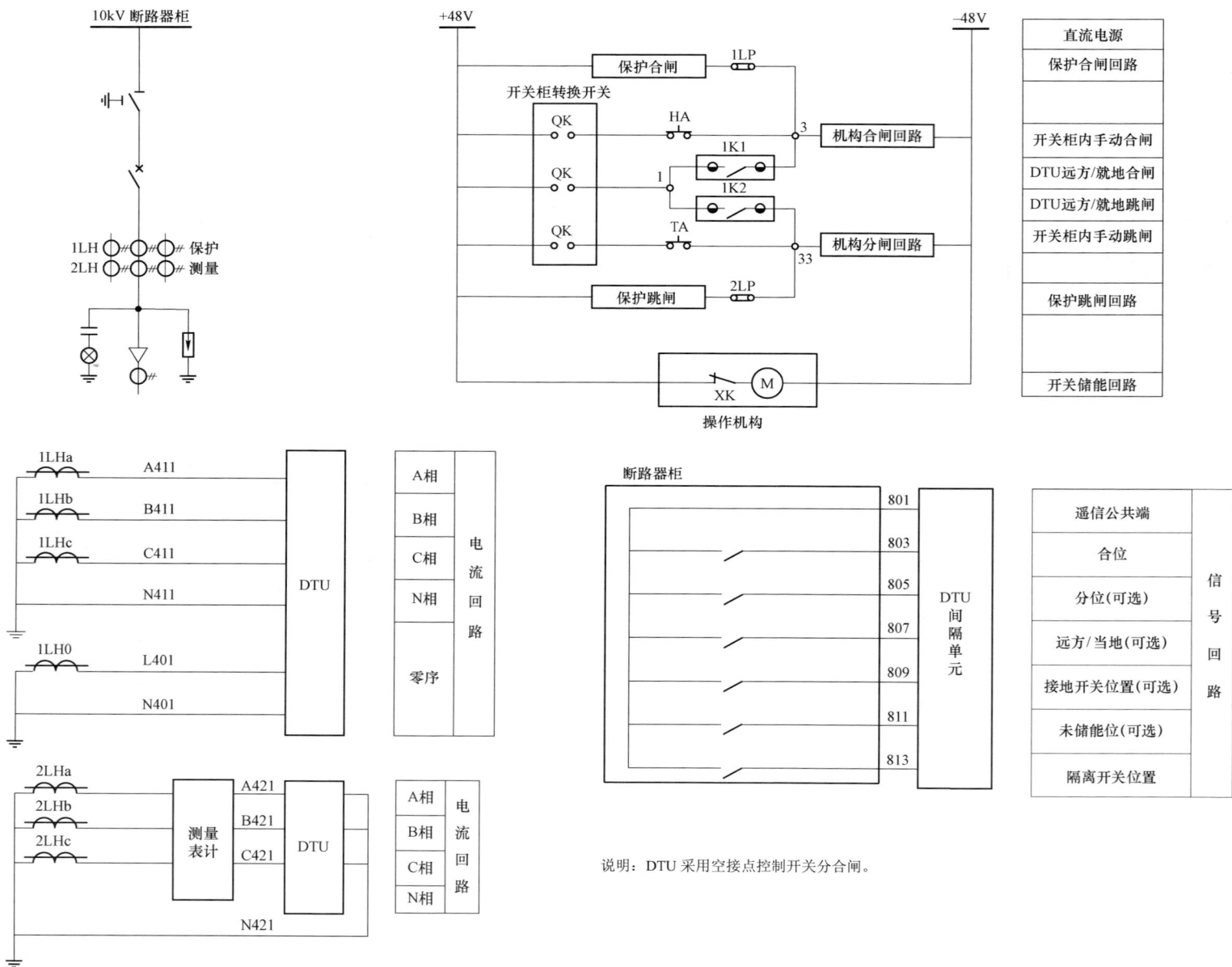

10kV 断路器柜

直流电源

保护合闸 1LP — 保护合闸回路

开关柜转换开关

QK HA 3 机构合闸回路 — 开关柜内手动合闸

1K1 — DTU 远方/就地合闸

QK 1 1K2 — DTU 远方/就地跳闸

QK TA 33 机构分闸回路 — 开关柜内手动跳闸

保护跳闸 2LP — 保护跳闸回路

XK M — 开关储能回路

操作机构

1LH 保护
2LH 测量

1LHa A411
1LHb B411
1LHc C411
N411
DTU

A相
B相
C相
N相
零序
电流回路

1LH0 L401
N401

断路器柜

801
803
805
807
809
811
813
DTU 间隔单元

遥信公共端
合位
分位(可选)
远方/当地(可选)
接地开关位置(可选)
未储能位(可选)
隔离开关位置
信号回路

2LHa A421
2LHb B421
2LHc C421
测量表计
DTU

A相
B相
C相
N相
电流回路

N421

说明:DTU 采用空接点控制开关分合闸。

图 8−44　10kV 断路器柜二次图　PB−3−D2−02

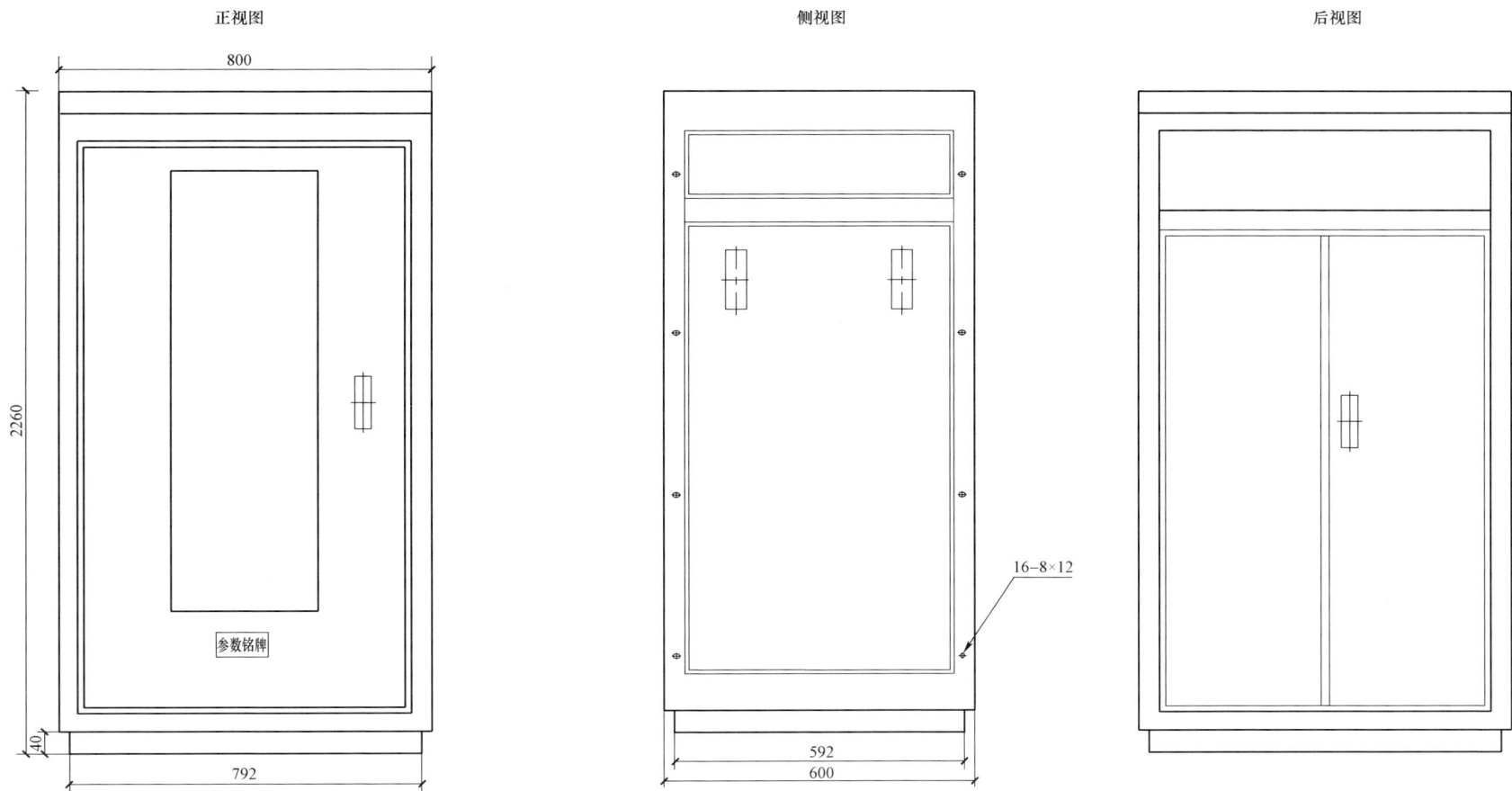

正视图　　　　　　　　　　　　　　　侧视图　　　　　　　　　　　　　　　后视图

800

2260

参数铭牌

40

792

592

600

16-8×12

图 8-45　DTU 柜外形尺寸图　PB-3-D2-03

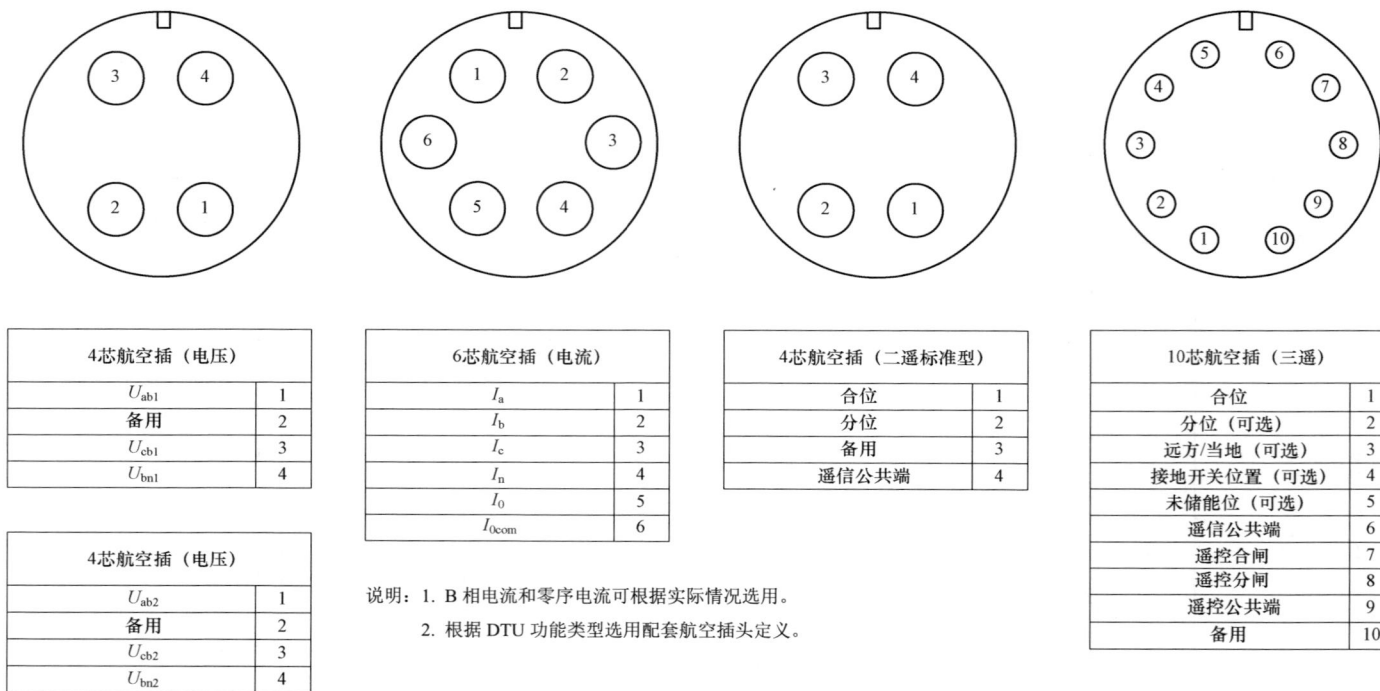

4芯航空插（电压）	
U_{ab1}	1
备用	2
U_{cb1}	3
U_{bn1}	4

4芯航空插（电压）	
U_{ab2}	1
备用	2
U_{cb2}	3
U_{bn2}	4

6芯航空插（电流）	
I_a	1
I_b	2
I_c	3
I_n	4
I_0	5
I_{0com}	6

说明：1. B 相电流和零序电流可根据实际情况选用。
　　　2. 根据 DTU 功能类型选用配套航空插头定义。

4芯航空插（二遥标准型）	
合位	1
分位	2
备用	3
遥信公共端	4

10芯航空插（三遥）	
合位	1
分位（可选）	2
远方/当地（可选）	3
接地开关位置（可选）	4
未储能位（可选）	5
遥信公共端	6
遥控合闸	7
遥控分闸	8
遥控公共端	9
备用	10

图 8－46　航空插接线定义图　PB－3－D2－04

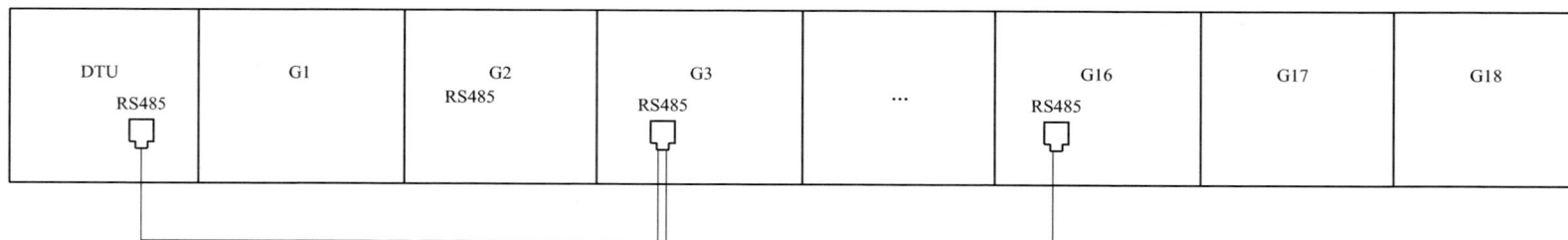

说明：馈线断路器保护信号上传至 DTU，也可选择上传装置信息。

图 8－47　柜内通信联络图　PB－3－D2－05

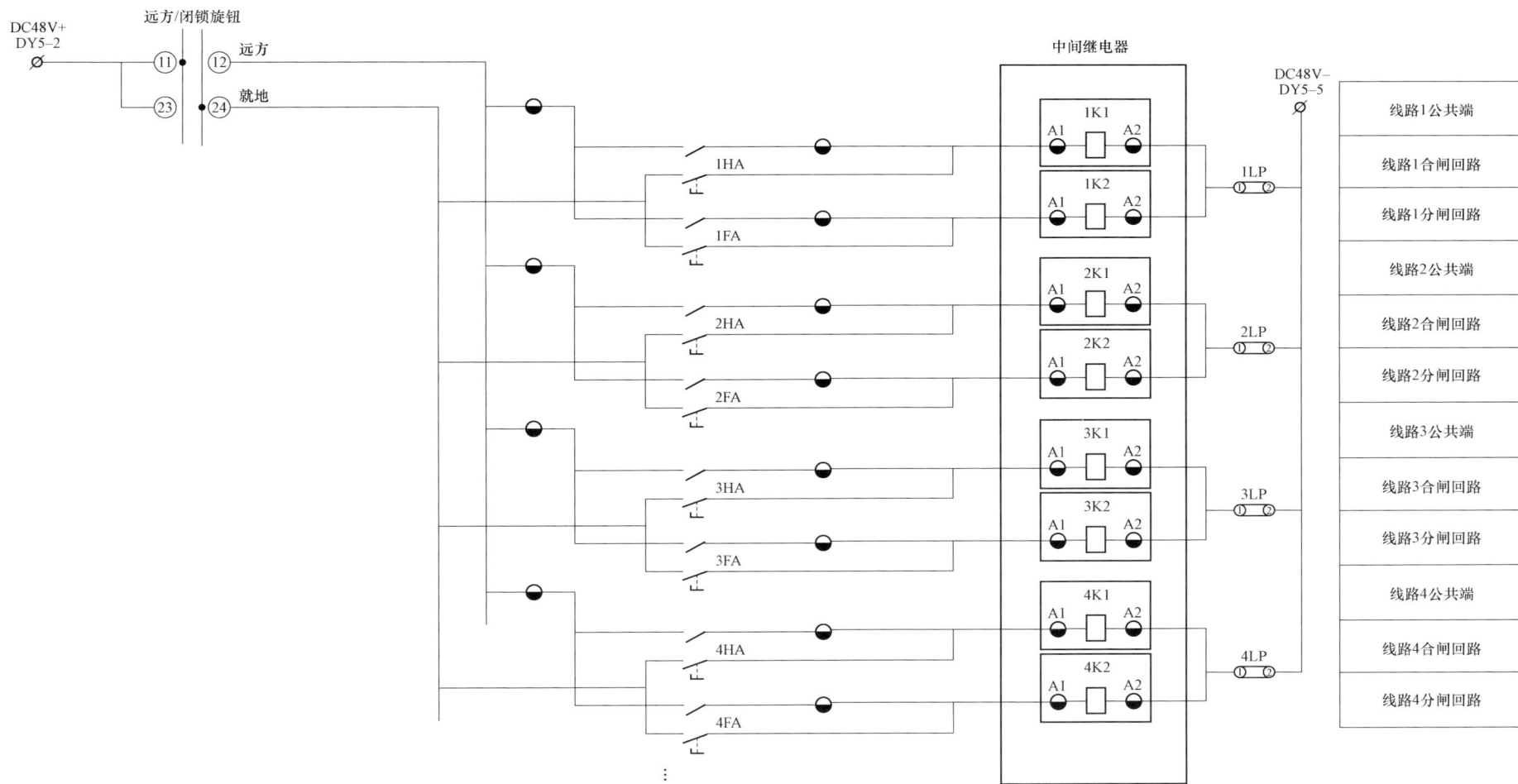

图 8-48　DTU 柜控制回路图　PB-3-D2-06

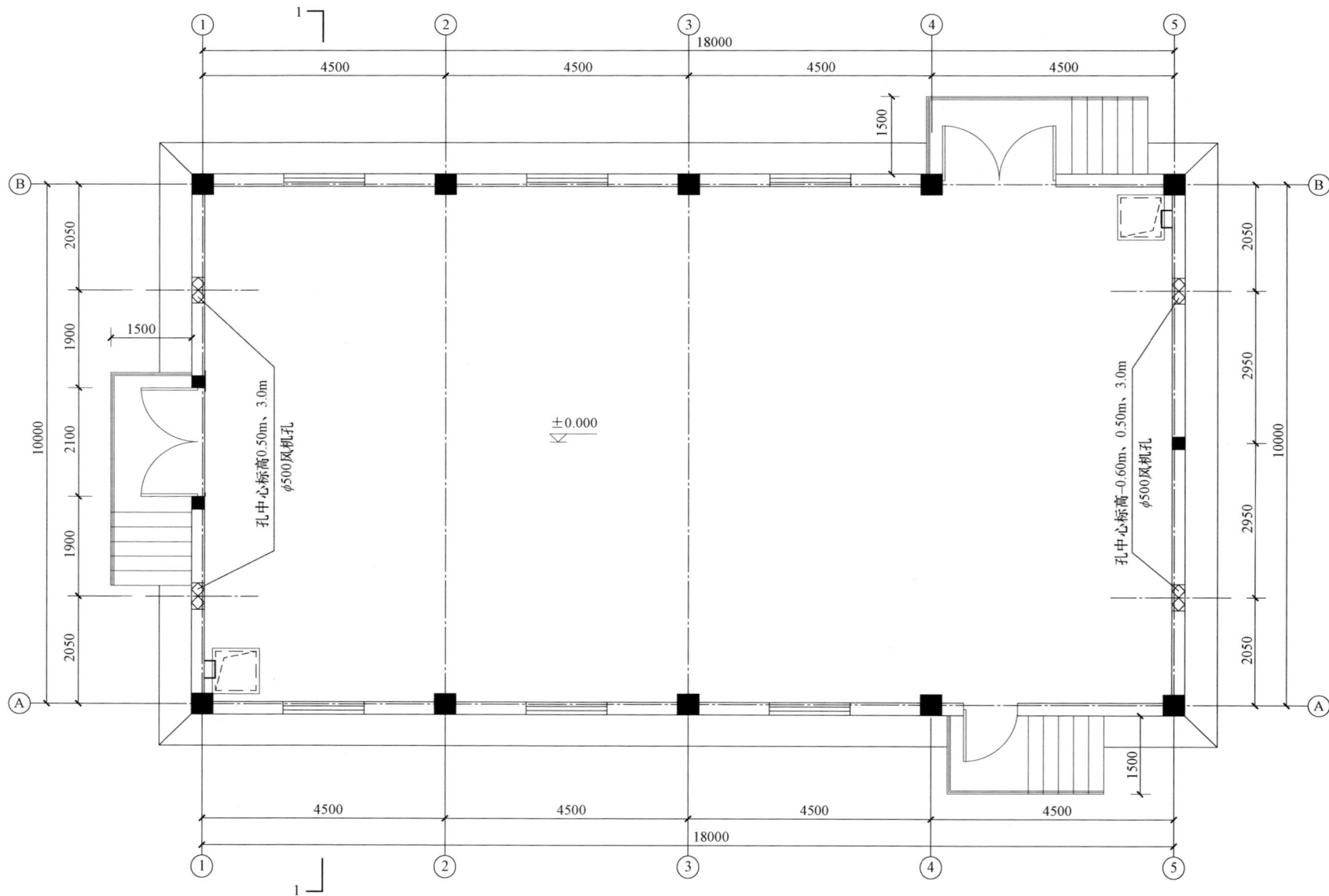

图 8-49　建筑平面布置图　PB-3-T-01

5.600(结构)

5.400

2.600

1.800

±0.000

−0.950

18000

①~⑤轴立面图

5.600(结构)

5.400

2.600

1.100

±0.000

−0.950

18000

⑤~①轴立面图

图 8−50 建筑立面图 PB−3−T−02

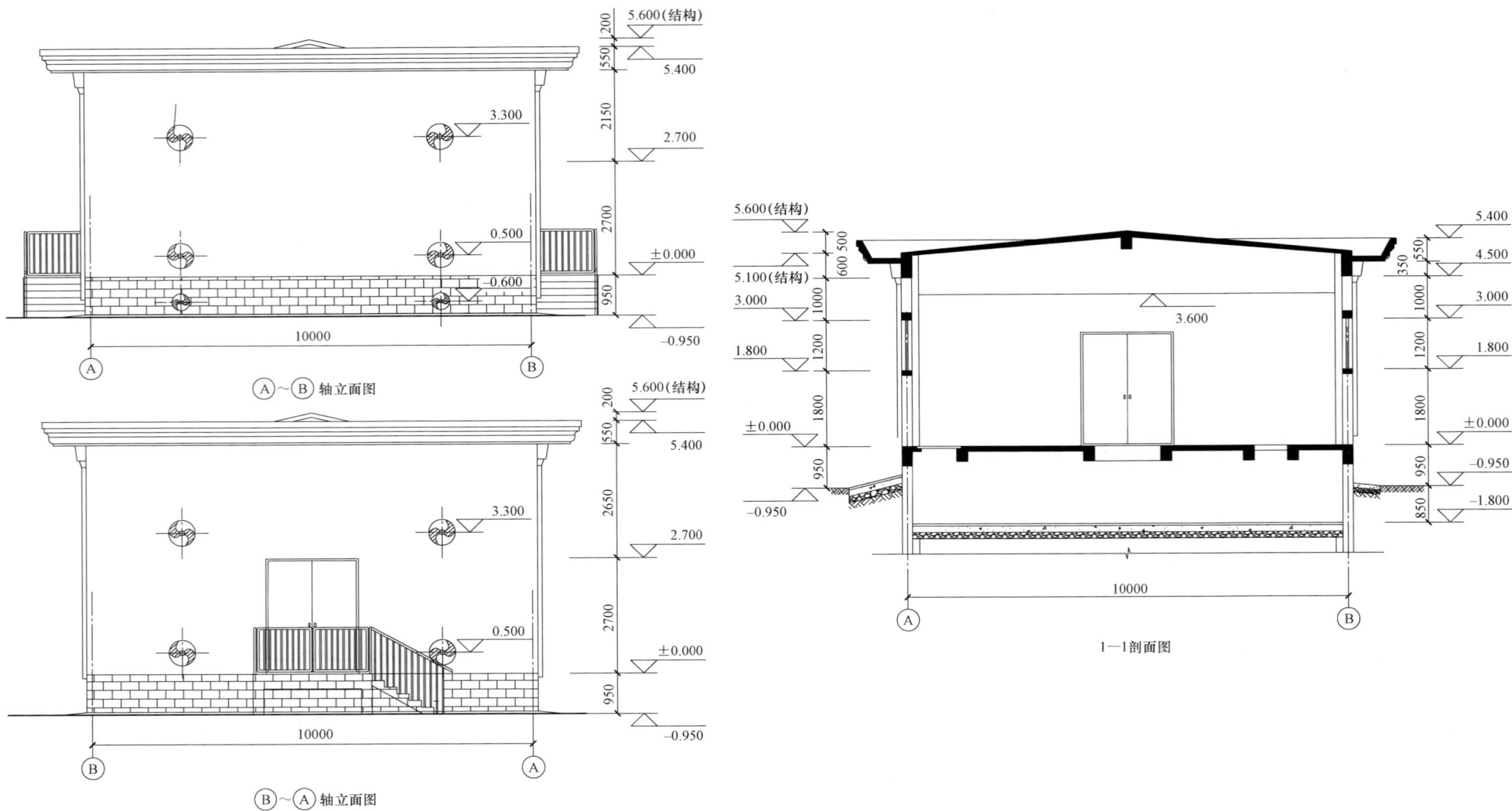

图 8-51 建筑立面及剖面图 PB-3-T-03

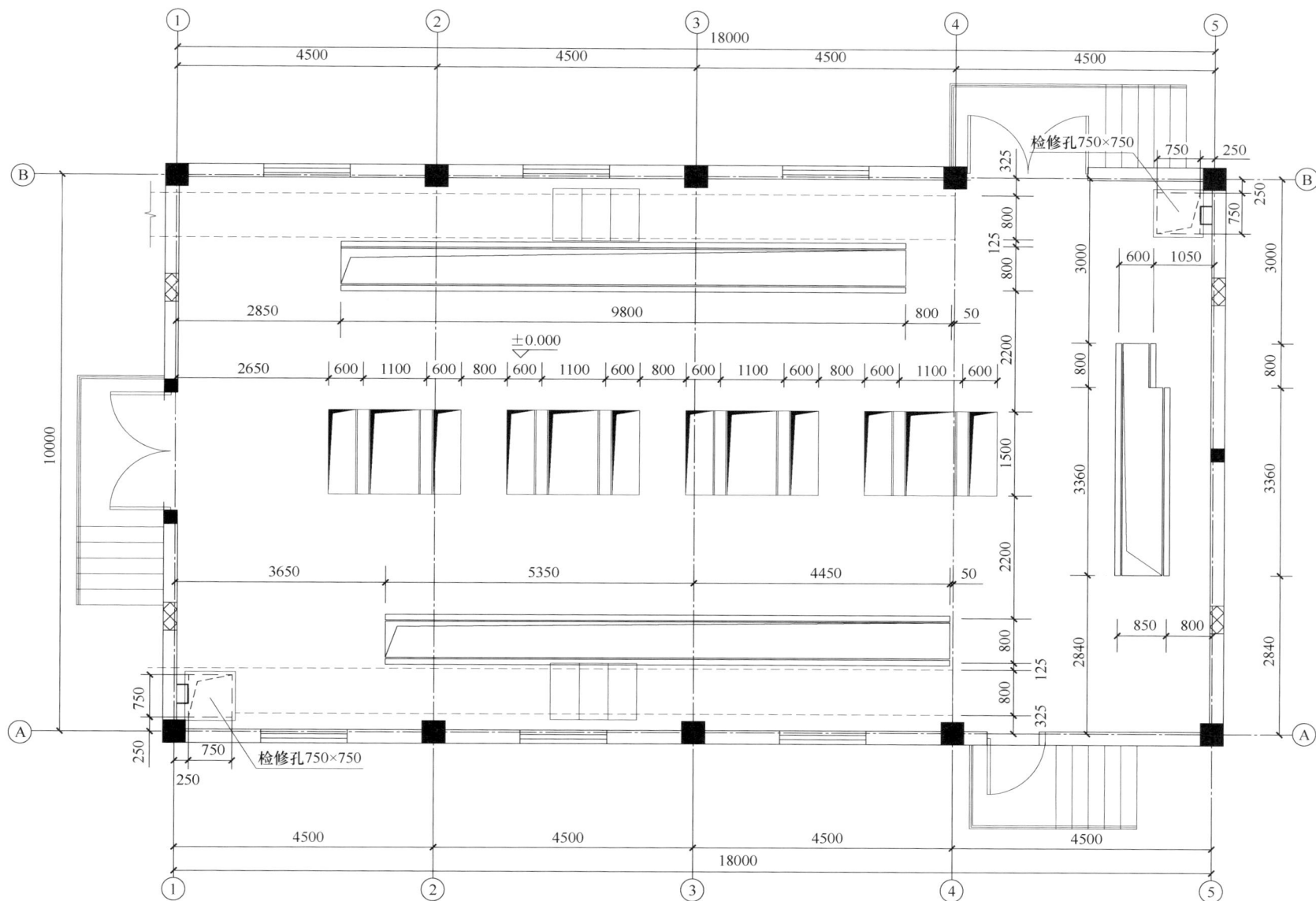

说明：本图按照电缆夹层方案设计，亦可采用电缆沟方案。

图 8-52 设备基础平面图 PB-3-T-04

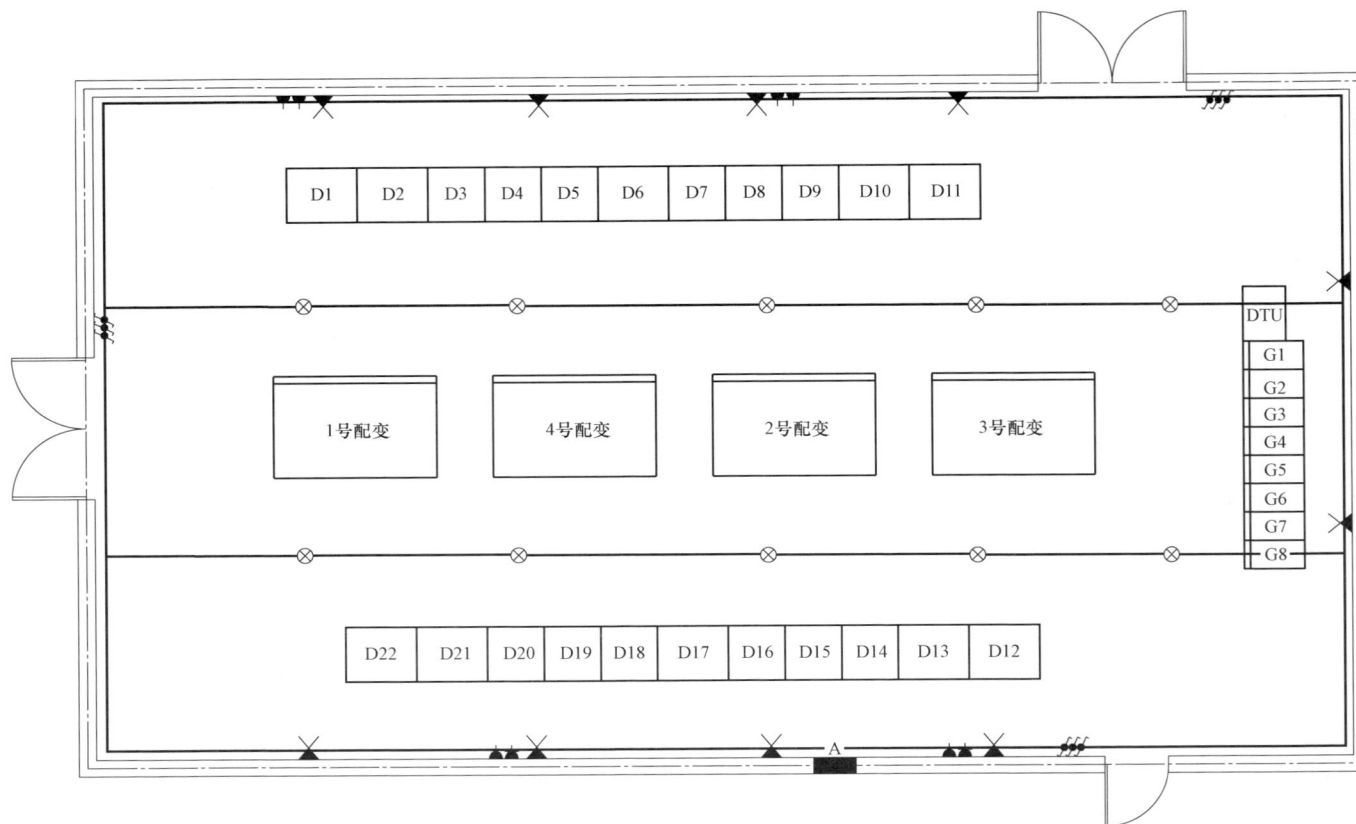

配电站房平面图，包含以下标注：

D1 | D2 | D3 | D4 | D5 | D6 | D7 | D8 | D9 | D10 | D11

DTU
G1 G2 G3 G4 G5 G6 G7 G8

1号配变　4号配变　2号配变　3号配变

D22 | D21 | D20 | D19 | D18 | D17 | D16 | D15 | D14 | D13 | D12

A

照 明 设 备 表

符号	名称	规格		数量	单位	备注
Ⓔ	安全出口标志灯			3	套	
	壁开关（双联）	250V 16A		10	只	型号自选
⊗	节能灯	250V 18W		8	套	优先选用节能灯
	壁灯	250V 18W		10	只	优先选用节能灯管
	单相插座	250V 16A		4	套	型号自选
	单相（带接地）插座	250V 16A		4	套	型号自选
	照明端子箱			1	只	
—	铜塑线	BV-0.5	6	200	m	以实际测量为准
—	铜塑线	BV-0.5	4	200	m	以实际测量为准
—	铜塑线	BV-0.5	2.5	300	m	以实际测量为准

说明：1. 灯座中心离地 2.5m，节能灯安装于顶部。

2. 插座中心离地 0.5m，安全出口标志灯离门 0.2m。

图 8－53　照明布置图　PB－3－T－05

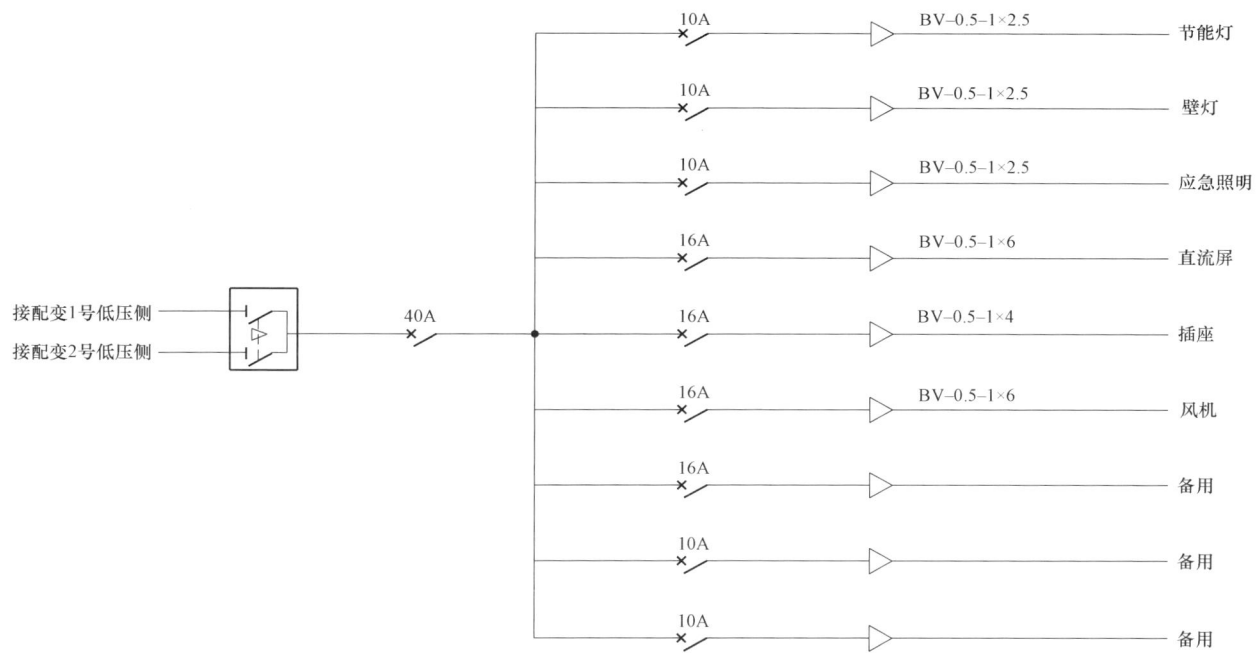

图 8－54　照明配电箱电气主接线图　**PB－3－T－06**

第 9 章　10kV 箱式变电站通用设计

9.1　总体说明

9.1.1　技术原则概述

9.1.1.1　设计对象

10kV 箱式变电站通用设计的设计对象为国网西藏电力有限公司系统内布置在户外的 10kV 箱式变电站,可分为标准型箱式变电站和紧凑型箱式变电站。

9.1.1.2　运行管理模式

10kV 箱式变电站通用设计按无人值守设计。

9.1.1.3　设计范围

10kV 箱式变电站通用设计的设计范围是 10kV 箱式变电站以内的电气及土建部分,与之有关的防火、通风、防洪、防潮、防尘、防毒、防小动物和降噪等设施。

9.1.1.4　设计深度

10kV 箱式变电站通用设计的设计深度为施工图深度。

9.1.1.5　假定条件

海拔:1000m＜H≤5000m;

环境温度:－40～+35℃;

最热月平均最高温度:15℃;

污秽等级:c、d 级;

日照强度(风速 0.5m/s):0.118W/cm²;

地震烈度:地震加速度为 0.2g,地震特征周期为 0.45s;

洪涝水位:站址标高高于 50 年一遇洪水水位和历史最高内涝水位,不考虑防洪措施;

设计土壤电阻率:不大于 100Ω/m;

相对湿度:在 25℃时,空气相对湿度不超过 90%,月平均不超过 90%;

地基:地基承载力特征值取 f_{ak}=150kPa,无地下水影响;

腐蚀:地基土及地下水对钢材、混凝土无腐蚀作用。

9.1.2　技术条件

10kV 箱式变电站通用设计一般用于施工用电、临时用电或架空线路入地

改造场合,以及现有配电室无法扩容改造的场所,宜小型化。10kV 箱式变电站通用设计技术条件见表 9-1。

表 9-1　　　　　10kV 箱式变电站通用设计技术条件

方案	变压器容量(kVA)	电气主接线和进出线回路数	10kV 设备短路电流水平(kA)	无功补偿	主要设备选择
紧凑型(XA-1)	400、630(2 级能效及以上油浸式变压器)	高压侧:单母线接线方式、1～2 回进线,1 回馈线;低压侧:4 回馈线	不小于 20kA	可按 10%～15%变压器容量补偿,并按无功需量自动投切	10kV 侧:断路器环网柜;变压器:2 级能效及以上油浸式;0.4kV 侧:不设进线主开关和出线隔离开关
标准型(XA-2)	400、630(2 级能效及以上油浸式变压器)	高压侧:单母线接线方式、1～2 回进线,1 回馈线;低压侧:4～6 回馈线	不小于 20kA	可按 10%～30%变压器容量补偿,并按无功需量自动投切	10kV 侧:断路器环网柜;变压器:2 级能效及以上油浸式;0.4kV 侧:空气断路器

9.1.3　电气一次部分

9.1.3.1　基本参数

高压侧:10kV;

低压侧:0.4kV;

高压侧设备最高电压:12kV。

9.1.3.2　主变压器容量

根据 10kV 箱式变电站结构特点及使用环境,本通用设计采用的主变压器容量为 400kVA 和 630kVA 两种形式。

9.1.3.3　电气主接线

10kV 侧采用单母线接线方式,0.4kV 侧采用单母线接线。

9.1.3.4　进出线规模

标准型箱式变电站:10kV 进线 1～2 回,出线 1 回;0.4kV 可相应设置 4～6 回出线。

紧凑型箱式变电站：10kV 进线 1～2 回，出线 1 回；0.4kV 可相应设置 4 回出线。

9.1.3.5 设备短路电流水平

10kV 电压等级设备短路电流水平为 20kA 及以上。

0.4kV 电压等级设备短路电流水平为 30kA 及以上。

9.1.3.6 主要电气设备选择

主要电气设备选择按照可用寿命期内综合优化原则，选择免检修、少维护、使用方便的电气设备，其性能应能满足高可靠性、技术先进的要求。

1. 主变压器

（1）选用 2 级能效及以上油浸式变压器，接线组别宜采用 Dyn11。

（2）630kVA 及以下箱变，距离变压器隔室 0.3m 处测量的噪声（声功率级）不大于 55dB。

（3）变压器应具备抗突发短路能力，能够通过突发短路试验。

2. 10kV 环网柜

箱式变电站采用断路器柜。根据绝缘介质不同可采用气体绝缘、固体绝缘。

（1）标准型箱式变电站采用环保气体绝缘、固体绝缘柜。

（2）紧凑型箱式变电站采用气体绝缘、固体绝缘柜。

10kV 断路器柜主要设备选择见表 9-2。

表 9-2　　　　　10kV 断路器柜主要设备选择

设备名称	型式及主要参数	备注
10kV 断路器	额定电压 12kV，额定电流 630A，热稳定电流 20kA	
电流互感器	进线回路：400（200）/1A　0.5S（5P10）	
零序电流互感器	100/1A　0.5（10P5）	
避雷器	根据中性点运行方式和需要确定参数	
主母线	额定电流 630A	

3. 导线选择

10kV 箱式变电站根据开关的类型选择导体，额定电流在 630A 及以下，应满足热稳定要求。

4. 0.4kV 配电装置

标准型箱式变电站设置 0.4kV 总进线断路器，应采用框架断路器，配电子脱扣器，电子脱扣器具备良好的电磁屏蔽性能和耐温性能，一般不设失压脱扣；紧凑型箱式变电站不设置 0.4kV 总进线开关。

出线采用空气断路器，空气断路器应根据使用环境配热磁脱扣或电子脱扣。低压进线侧宜装设 T1 级带 RS485 通信接口电涌保护器。

5. 无功补偿装置

标准型箱式变电站无功补偿容量可按照主变压器容量的 10%～30%进行配置。

紧凑型箱式变电站无功补偿容量可按照主变压器容量的 10%～15%进行配置。

9.1.3.7 设备布置

标准型箱式变电站采用目字形布置，两侧设置高、低压室，中间设置变压器室；其中断路器柜位置固定，应安装在靠近 DTU。

紧凑型箱式变电站采用目字形布置，断路器柜位置固定，安装在高压室右侧。

9.1.3.8 绝缘配合、过电压保护及接地

1. 绝缘配合

（1）电气设备的绝缘配合参照《交流电气装置的过电压保护和绝缘配合设计规范》（GB/T 50064）确定的原则进行。

（2）氧化锌避雷器按《交流无间隙金属氧化物避雷器》（GB/T 11032）中的规定进行选择。

2. 过电压保护

10kV 箱式变电站周围有较高的建筑物时，可不单独考虑防雷设施。若设置在较为空旷的区域，则要根据现场的实际情况考虑增加防雷设施。

当进出线电缆为从电线杆上进线或出线时，为防止线路侵入的雷电波过电压，需在 10kV 进线、馈线侧和 0.4kV 母线安装避雷器，避雷器宜装设在进出线线路电杆上。当进出线为全电缆时避雷器宜安装在上级馈线柜内。

3. 接地

（1）10kV 箱式变电站接地网以水平敷设的接地体为主，垂直接地极为辅，联合构成复合式人工接地装置。接地网建成后需实测总接地电阻值，应满足相关规程规范的要求，否则应采用措施，满足规程要求。箱体内所有电气设备外壳、电缆支架、预埋件均应与接地网可靠连接，凡焊接处均应作防腐处理。接地体一般采用镀锌钢，腐蚀性高的地区宜采用铜包钢或者石墨。

（2）箱式变电站应具备向低压网络提供 N 线和 PE 线的接入条件，以适应不同低压系统接地型式。

（3）箱变安装在冻土区域时，接地装置需埋设于冻土层下，接地电阻需满足相关要求。

9.1.3.9　其他要求

箱式变电站 10kV 进出线应加装接地短路故障指示器，有条件时还可实现远传。箱式变电站的设备应采用全绝缘、全封闭、防内部故障电弧外泄、防凝露等技术，外壳具有耐候、防腐蚀等性能，并与周围环境相协调。

9.1.4　电气二次部分

9.1.4.1　二次设备布置

（1）标准型箱式变电站预留站所终端安装位置，站所终端参考尺寸 600mm×400mm×1700mm（宽×深×高）。

（2）紧凑型箱式变电站预留自动化室，尺寸为 800mm×150mm×1500mm（宽×深×高）。

（3）配电变压器 0.4kV 侧进线总柜为智能配变终端预留安装位置。

（4）应满足防污秽、防凝露的要求。

9.1.4.2　电能计量

箱式变电站可在 0.4kV 侧进线总柜加装计量装置和配变终端，控制无功补偿，满足常规电参数采集和系统内线损计量考核。计量表计的装设执行国家电网公司计量规程规定，电能计量装置选用及配置应满足《电能计量装置技术管理规程》（DL/T 448）规定。

9.1.4.3　保护及配电自动化配置原则

（1）高压侧出线回路采用断路器开关柜，实现过电流保护功能。低压侧断路器采用自身保护，总进线断路器不设失压脱扣。

（2）选用含保护功能的配电自动化终端，实现过电流、速断、单相接地等保护功能，不单独配置继电保护装置。

（3）站所终端外部接口应采用航空插头。

（4）站所终端为通信设备提供 DC 24V 工作电源，为电动操作机构提供 DC 48V 操作电源，并布置在终端柜内。站所终端宜配置免维护阀控铅酸蓄电池，并可为站内保护等设备提供后备电源。

（5）站所终端需满足线损统计需求。

（6）低压侧应预留智能终端及配套设备的安装位置，满足配变运行监测要求。

9.1.5　土建部分

9.1.5.1　概述

1. 站址场地

（1）站址应接近负荷中心，满足低压供电半径要求。

（2）设定场地设计为同一标高。

（3）洪涝水位：站址标高高于 50 年一遇洪水水位和历史最高内涝水位，不考虑防洪措施。

2. 设计的原始资料

站区地震动峰值加速度按 0.2g 考虑，地震特征周期为 0.45s，地基承载力特征值 f_{ak}＝150kPa；地基土及地下水对钢材、混凝土无腐蚀作用；海拔 1000m ＜H≤5000m。

9.1.5.2　标示及警示

在具体工程设计时，按照国家电网有限公司相关规定制作悬挂标示及警示牌。

9.1.5.3　箱体外观

箱体外观要具备现代工业建筑气息，建筑造型和立面色调要与周边人文地理环境协调统一；外观设计应简洁、稳重、实用。

9.1.5.4　结构与基础

（1）设计基本地震加速度值为 0.2g，按 0.45s 考虑特征周期，不满足上述条件的地区，应根据所址所处地区地震烈度验算，设计基本地震加速度值，设计地震分组，进行必要的调整。

（2）基础一般高于地坪面 60cm。

（3）各地区地基承载力变化较大，具体工程应根据其地质报告完成基础设计，尽量考虑采用天然地基，必要时可结合当地经验采用人工地基。工程设计中应考虑地基抗液化措施。

（4）主要建筑材料。

1）混凝土：C25 用于一般现浇或预制钢筋混凝土结构及基础；C15 用于混凝土垫层。

2）钢筋：HPB300 级、HRB335 级、HRB400 级。

3）钢材：Q235B（3 号钢）、Q345B（16Mn 钢）。

4）螺栓：4.8 级、6.8 级、8.8 级。

5）基础浇筑时应预留进出线管道，管径根据电缆截面确定。

6）10kV 箱式变电站电缆进出口应使用防水和防火材料进行封堵，封堵应密实可靠。

9.1.5.5 排水、消防、通风、防潮除湿、环境保护

1. 排水

宜采用自流式有组织排水,设置集水井汇集雨水,经地下设置的排水暗管,有组织将水排至附近市政雨水管网中。

2. 消防

采用化学灭火方式。

3. 通风

采用自然通风。

4. 防潮除湿

可根据站址情况,土建基础设计应充分考虑防潮措施,在湿度较高的地区选择防潮除湿装置。底部电缆进出线孔洞需做好防潮气进入措施,必要时可采用阻水封堵模块,减少箱体内凝露量。

5. 环境保护

噪声对周围环境影响应符合《声环境质量标准》(GB 3096)的规定和要求。

9.2 XA-1 方案说明

9.2.1 设计说明

9.2.1.1 总的部分

XA-1 方案适用于紧凑型箱式变电站,主要技术原则为 10kV 采用环保气体绝缘、固体绝缘断路器柜;0.4kV 不设置总进线开关,出线采用空气断路器;可根据所供区域的负荷情况,选用 2 级能效及以上油浸式变压器,容量为 400、630kVA;采用电缆进出线。

1. 适用范围

(1)适用城镇区电缆区域。

(2)适宜防火间距不足、地势狭小对于现场改造空间受限,选址十分困难区域,可选紧凑型箱式变电站。

2. 方案技术条件

XA-1 方案根据总体说明中确定的预定条件开展设计,XA-1 方案技术条件表见表 9-3。

表 9-3   **XA-1 方案技术条件表**

序号	项目	内容
1	10kV 回路数	10 进线 1~2 回进线,电缆进出线
2	0.4kV 出线回路数	0.4kV 出线 4 回
3	电气主接线	10、0.4kV 侧采用单母线接线
4	10kV 设备短路电流水平	不小于 20kA
5	主要设备选型	10kV 选用环保气体绝缘、固体绝缘断路器环网柜。 0.4kV 进线不设置总开关;出线采用固定式塑壳式空气断路器。 配置具有检测短路和接地功能的显示器。 进出线间隔根据需要安装金属氧化物避雷器,根据中性点运行方式确定其参数。 变压器:2 级能效及以上油浸式,容量为 400、630kVA;Dyn11,$U_k\%=4$(4.5),10(10.5)$\pm2\times2.5\%$/0.4kV。 电容补偿:配置配电智能终端并控制无功补偿,无功补偿容量可按变压器容量 10%~15%考虑。 站用电:站用电具备照明、检修维护等功能
6	布置方式	目字形布置
7	土建部分	基础钢筋混凝土结构
8	排气通风	采用自然进出风
9	消防	配置化学灭火器
10	站址基本条件	耐受地震能力水平加速度按 0.2g,设计风速 30m/s,地基承载力特征值 $f_{ak}=150$kPa,地下水无影响,非采暖区设计,假设场地为同一标高

9.2.1.2 电力系统部分

本通用设计按照给定的规模进行设计,在实际工程中根据系统情况具体设计。

9.2.1.3 电气一次部分

1. 电气主接线

(1)10kV 部分:单母线接线。

(2)0.4kV 部分:单母线接线。

2. 短路电流及主要电气设备、导体选择

(1)设备短路电流。10kV 电压等级设备短路电流水平为不小于 20kA。0.4kV 电压等级设备短路电流水平为不小于 30kA。

(2)主要设备选择。主要电气设备选择按照可用寿命期内综合优化原则,选择免检修、少维护的电气设备,其性能应能满足高可靠性、技术先进、易扩展、模块化的要求。

1）10kV 环网柜：箱式变电站采用环保气体绝缘、固体绝缘断路器柜。XA-1 方案 10kV 环网柜主要设备选择见表 9-4。

表 9-4   XA-1 方案 10kV 环网柜主要设备选择

设备名称	型式及主要参数	备注
10kV 断路器	额定电压 12kV，额定电流 630A，短路电流 20kA	
电流互感器	进线回路：400（200）/1A，0.5S（5P10）	
零序电流互感器	100/1A 0.5（10P5）	
避雷器	根据中性点运行方式和需要确定参数与安装	
主母线	额定电流 630A	

2）变压器：2 级能效及以上油浸式变压器。规格如下：

电压额定变比：10（10.5）±2×2.5%/0.4kV；

额定容量：400kVA、630kVA；

阻抗电压：$U_k\%=4$（4.5）；

变压器接线组别：Dyn11。

3）电容补偿装置：可根据实际情况按变压器容量的 10%～15% 补偿，采用自动补偿方式，按三相、单相混合补偿，配置配变综合测控装置。

4）0.4kV 部分：0.4kV 出线断路器壳体额定电流 I_{nm}：630A；脱扣器额定电流 I_n：400A；断路器极数：3 极。不设失压保护。

3. 绝缘配合及过电压保护

（1）绝缘配合。电气设备的绝缘配合参照《交流电气装置的过电压保护绝缘配合》（GB/T 50064）确定的原则进行。

氧化锌避雷器按《交流无间隙金属氧化物避雷器》（GB/T 11032）中的规定进行选择。

（2）过电压保护。10kV 箱式变电站周围有较高的建筑物时，可不单独考虑防雷设施。若设置在较为空旷的区域，则要根据现场的实际情况考虑增加防雷设施。

当电缆从电线杆上进线或出线时，为防止线路侵入的雷电波过电压，需在 10kV 进、出线侧和 0.4kV 母线侧安装避雷器，避雷器宜装设在进出线线路电杆上。当进出线为全电缆时避雷器宜安装在上级出线柜内。

4. 接地

10kV 箱式变电站接地网以水平敷设的接地体为主，垂直接地极为辅，联合构成复合式人工接地装置。接地网建成后需实测总接地电阻值，应满足相关规程规范的要求，否则应采用措施，满足规程要求。箱体内所有电气设备外壳、电缆支架、预埋件均应与接地网可靠连接，凡焊接处均应作防腐处理。接地体一般采用镀锌钢，腐蚀性高的地区宜采用铜包钢或者石墨。

箱式变电站应具备向低压网络提供 N 线和 PE 线的接入条件，以适应不同低压系统接地型式。

5. 电气设备布置

10kV 紧凑型箱式变电站采用目字形布置，分别为变压器小室、10kV 小室和 0.4kV 小室，其中组合电容器柜（断路器柜）位置固定，安装在靠近 DTU 侧。低压元件安装方式统一采用柜式组屏安装。

6. 站用电及照明

站用电具备照明、检修维护、不停电电源等功能。

7. 电缆设施及防护措施

电缆敷设通道应满足电缆转弯半径要求。

电缆敷设采用支架上敷设、穿管敷设方式，并满足防火要求；在柜下方及电缆沟进出口采用耐火材料封堵，电缆进出室内外，需考虑防水封堵措施。

至变压器采用全屏蔽电缆终端，单芯电缆使用绝缘子固定。

9.2.1.4　电气二次部分

1. 二次设备布置

（1）紧凑型箱式变电站预留站所终端安装位置，站所终端参考尺寸 800mm×150mm×1500mm（宽×深×高）。

（2）配电变压器 0.4kV 侧进线总柜为智能配变终端预留安装位置。

（3）应满足防污秽、防凝露的要求。

2. 电能计量

箱式变电站可在 0.4kV 侧进线总柜加装计量装置和配变终端，控制无功补偿，满足常规电参数采集和系统内线损计量考核。计量表计的装设执行国家电网有限公司计量规程规定，电能计量装置选用及配置应满足《电能计量装置技术管理规程》（DL/T 448）规定。

3. 保护及配电自动化配置原则

（1）高压侧选用断路器柜时，需实现过电流保护，低压侧断路器采用自身保护，总进线断路器不设失压脱扣。

（2）选用含保护功能的配电自动化终端，实现过电流、速断、单相接地等保护功能，不单独配置继电保护装置。

（3）站所终端外部接口应采用航空插头。

（4）站所终端为通信设备提供 DC 24V 工作电源，为电操机构提供 DC 48V 操作电源，并布置在终端柜内。站所终端宜配置免维护阀控铅酸蓄电池，并可为站内保护等设备提供后备电源。

（5）站所终端需满足线损统计需求。

9.2.1.5　土建部分

1. 概述

（1）站址场地。

1）方向布置与周围建筑相协调；

2）毗邻运输道路；

3）满足供电半径要求；

4）满足水文气象条件和防火规范要求；

5）与区域规划和景观相协调；

6）按箱式变电站最终进出线规模进行设计；

7）场地标高为相对建筑标高。

（2）设计的原始资料。站区抗震设计地震动峰值加速度为 0.2g，地震特征周期为 0.45s，假设条件地基承载力特征值取 $f_{ak}=150$kPa，地下水对混凝土及钢筋无腐蚀性，海拔 5000m 及以下。

洪涝水位：站址标高高于 50 年一遇洪水水位和历史最高内涝水位，不考虑防洪措施。

（3）主要建筑材料。现浇或预制钢筋混凝土结构。混凝土：C25 用于一般现浇或预制钢筋混凝土结构及基础，C15 用于混凝土垫层。钢筋：HPB300 级、HRB335 级、HRB400 级。钢材：Q235B（3 号钢）、Q345B（16Mn 钢）。螺栓：4.8 级、6.8 级、8.8 级。

2. 建筑设计

（1）标示及警示：在具体工程设计时，按照国家电网有限公司相关规定制作悬挂标示及警示牌。

（2）箱体外观：10kV 箱式变电站采用金属材料或阻燃性非金属材料外壳，建筑造型和立面色调与周边人文地理环境协调统一。

3. 结构设计

建筑物的抗震类别按《建筑抗震设计规范》（GB 50011）执行。

站区耐受地震能力水平加速度为 0.2g。

主要建构筑物、基础采用框架或砖混结构。

4. 排水、消防、通风、环境保护、防潮除湿

（1）排水。宜采用自流式有组织排水，设置集水井汇集雨水，经地下设置的排水暗管，有组织将水排至附近市政雨水管网中。

（2）消防。采用化学灭火方式。

（3）通风。采用自然通风。

（4）环境保护。噪声对周围环境影响应符合《声环境质量标准》（GB 3096）的规定和要求。

（5）防潮除湿。可根据站址情况，土建基础设计应充分考虑防潮措施，在湿度较高的地区选择防潮除湿装置。底部电缆进出线孔洞需做好防潮气进入措施，必要时可采用阻水封堵模块，减少箱体内凝露量。

9.2.2　主要设备及材料清册

XA-1 方案主要设备材料清册见表 9-5。

表 9-5　　　　　　　　　　XA-1 方案主要设备材料清册

序号	名称	型号及规格	单位	数量	备注
1	箱式变电站	2 级能效及以上油浸式变压器，630kVA	台	1	容量可选用 400kVA

9.2.3　使用说明

9.2.3.1　概述

在使用本通用设计时，要根据实际情况，在安全可靠、投资合理、标准统一、运行高效的设计原则下，形成符合实际要求的 10kV 箱式变电站。

（1）10、0.4kV 采用单母线接线。

（2）设置 1 台油浸式变压器。

（3）10kV 进线 1～2 回，0.4kV 出线 4 回。

（4）电容器补偿容量可按变压器容量的 10%～15% 做调整，根据系统实际情况选择。

9.2.3.2　电气一次部分

1. 电气主接线

10、0.4kV 采用单母线接线。

2. 主要设备选择

主设备的短路水平、额定电流等电气参数按照规定的边界条件进行计算选择，具体工程应根据实际情况进行计算选择。

3. 电气平面布置

本通用设计方案采用目字形布置，低压开关采用柜式组屏安装。

9.2.3.3 电气二次部分

可在 0.4kV 侧加装计量装置和配变终端，控制无功补偿，满足常规电参数采集。

9.2.3.4 土建部分

1. 边界条件

站区地震动峰值加速度按 0.2g 考虑，地震特征周期为 0.45s，地基承载力特征值 $f_{ak}=150$kPa；地基土及地下水对钢材、混凝土无腐蚀作用；1000m＜H≤5000m。非采暖区设计。

2. 其他

（1）XA-1 方案以地基承载力特征值 $f_{ak}=150$kPa，地下水无影响，非采暖区设计，当具体工程中实际情况有所变化时，应对有关项目作相应的调整。

（2）各地的内涝水位、水文气象条件、设防标准不同，应按工程所在地工况条件修正。

9.2.4 设计图

XA-1 方案设计图清单见表 9-6，图中标高单位为 m，尺寸未注明单位者均为 mm。

表 9-6　　　　　　　　　XA-1 方案设计图清单

图序	图名	图纸编号
图 9-1	电气主接线图（环网型）	XA-1-D1-01
图 9-2	电气主接线图（终端型）	XA-1-D1-02
图 9-3	10kV 系统配置图（环网型）	XA-1-D1-03
图 9-4	10kV 系统配置图（终端型）	XA-1-D1-04
图 9-5	0.4kV 系统配置图	XA-1-D1-05
图 9-6	箱式变电站电气平断面布置图	XA-1-D1-06
图 9-7	箱式变电站接地装置布置图	XA-1-D1-07
图 9-8	DTU 柜交直流电源原理图	XA-1-D2-01
图 9-9	10kV 断路器柜二次图	XA-1-D2-02
图 9-10	DTU 柜控制回路图	XA-1-D2-03
图 9-11	DTU 柜端子排图	XA-1-D2-04
图 9-12	航空插接线定义图	XA-1-D2-05
图 9-13	箱式变电站设备基础平面图	XA-1-T-01
图 9-14	箱式变电站设备基础剖面图	XA-1-T-02

10kV母线630A

YJV$_{22}$–8.7/15–3×70

变压器
400kVA(630kVA)
10(10.5)±2×2.5%/0.4kV
DYn11 U_d%=4

0.4kV主母线800A(1250A), TMY–80×6(–80×10)
低压侧N排规格, TMY–80×6(–80×10)
低压侧PE排规格, TMY–60×6

N
PE

A、B、C

预留应急
电源接口

SPD

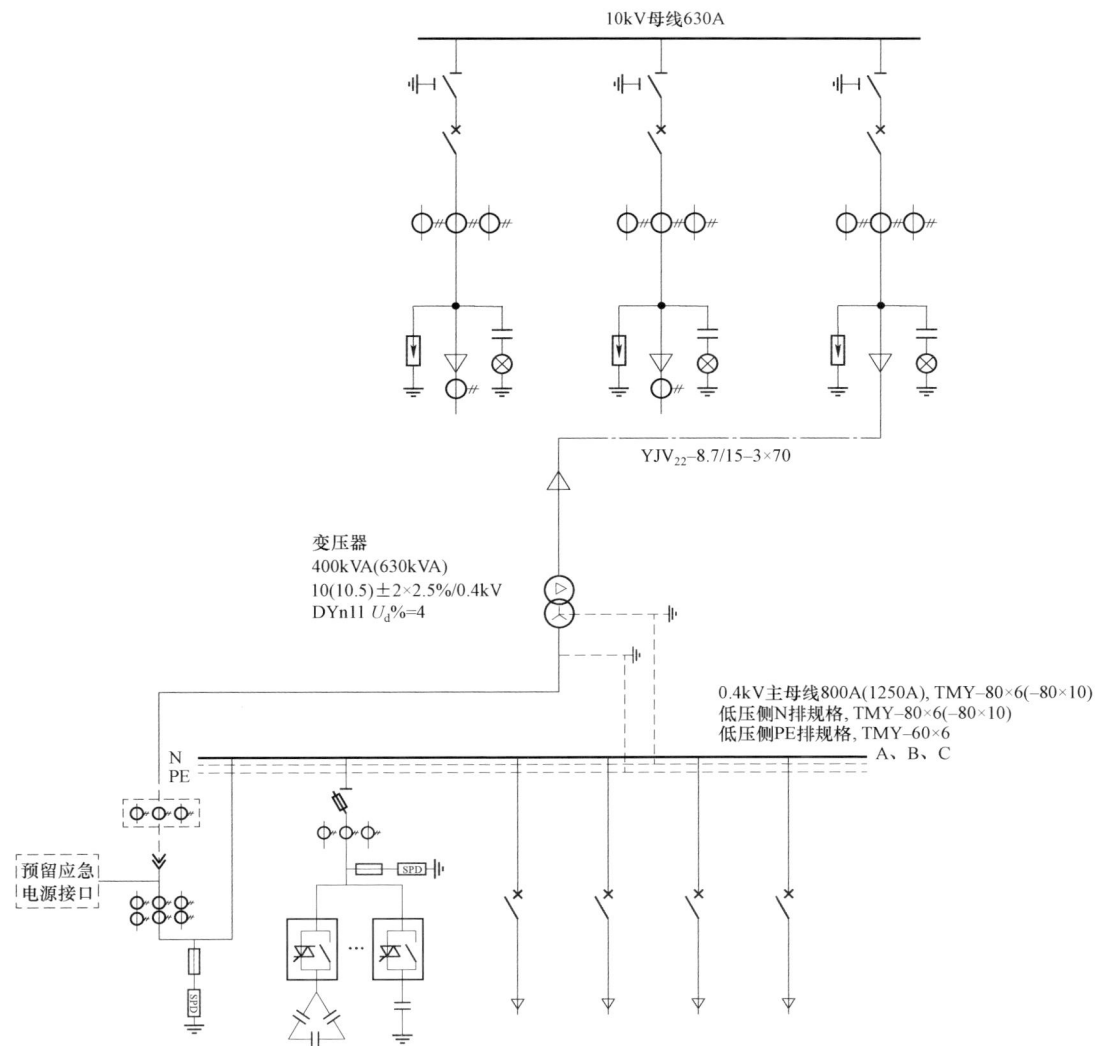

图 9–1　电气主接线图（环网型）　XA–1–D1–01

10kV母线630A

YJV$_{22}$–8.7/15–3×70

变压器
400kVA(630kVA)
10(10.5)±2×2.5%/0.4kV
DYn11 U_d%=4

0.4kV主母线800A(1250A), TMY–80×6(–80×10)
低压侧N排规格, TMY–80×6(–80×10)
低压侧PE排规格, TMY–60×6

A、B、C
N
PE

预留应急
电源接口

SPD

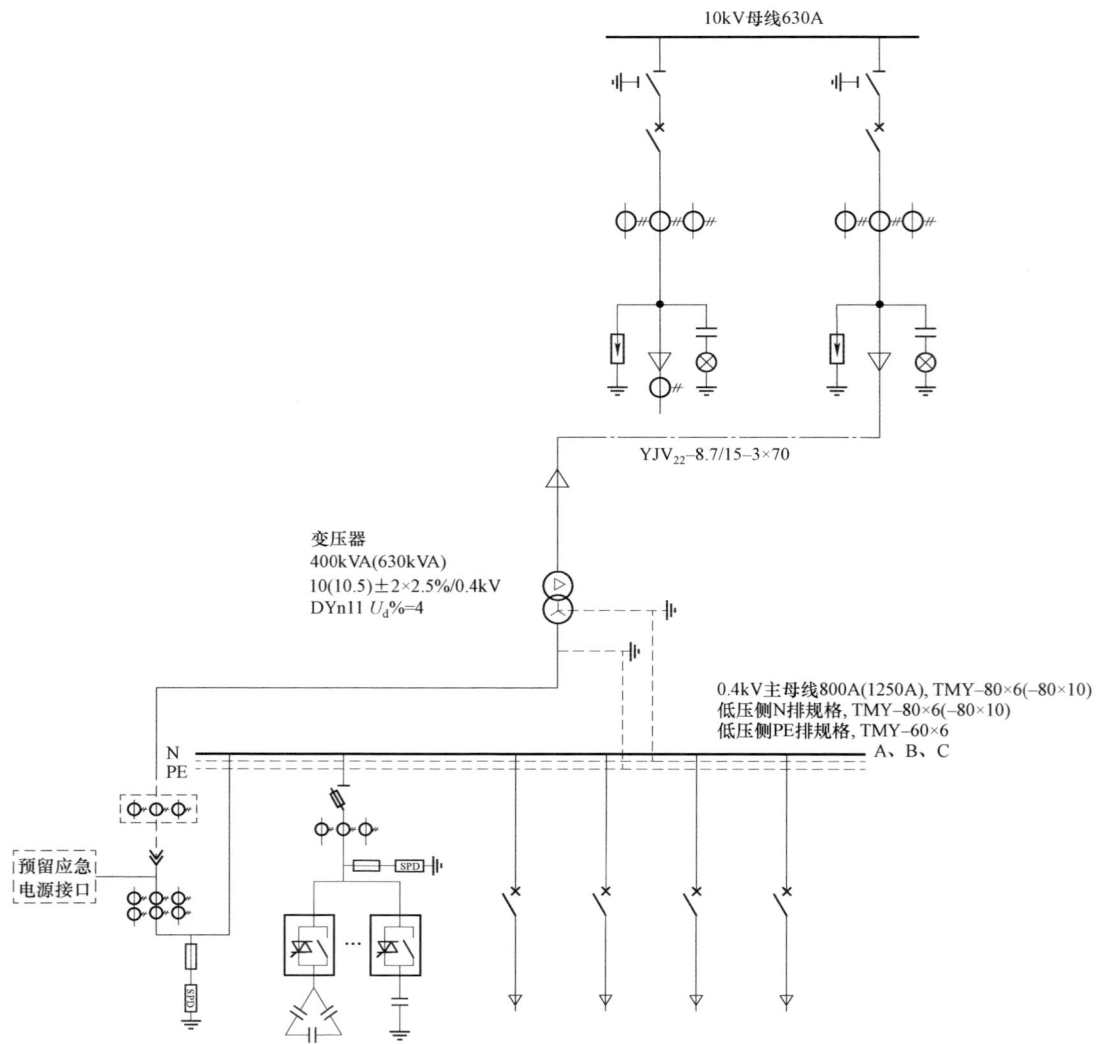

图 9–2　电气主接线图（终端型）　XA–1–D1–02

开关柜编号	1G	2G	3G
开关柜名称	环进柜	环出柜	变压器柜
10kV母线 630A	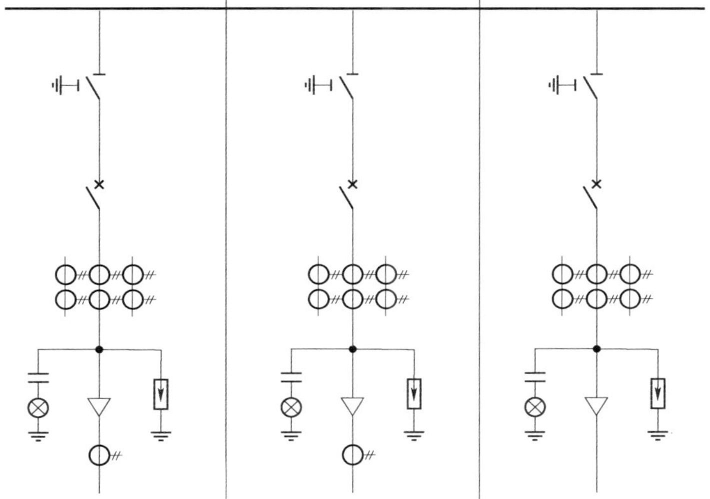		
10kV系统图			
额定电压	12kV	12kV	12kV
额定电流	630A	630A	630A
断路器	630A,20kA	630A,20kA	630A,20kA
接地开关	1组	1组	1组
微机保护装置	选配	选配	选配
气体压力表	1只		
电流互感器 0.5S(5P10)级	200/1	200/1	50/1
零序电流互感器 0.5(10P5)级	100/1	100/1	
避雷器 YH5WZ–17/45	1组	1组	1组
带电显示器	1组	1组	1组
电操机构	1套	1套	1套
数显表	1只	1只	1只

说明：1. 本方案柜型可采用环保气体绝缘，当选用其他柜型时设备基础尺寸需适当调整。

2. 柜内开关配置电动操作机构、辅助触点（6对动断、动合触点），满足配电网自动化要求。

3. 柜内电流互感器一次电流应根据具体工程的实际需求配置。

4. 变压器柜避雷器可根据工程情况选配。

图 9－3　10kV 系统配置图（环网型）　XA－1－D1－03

开关柜编号	1G	2G
开关柜名称	进线柜	变压器柜
10kV母线 630A	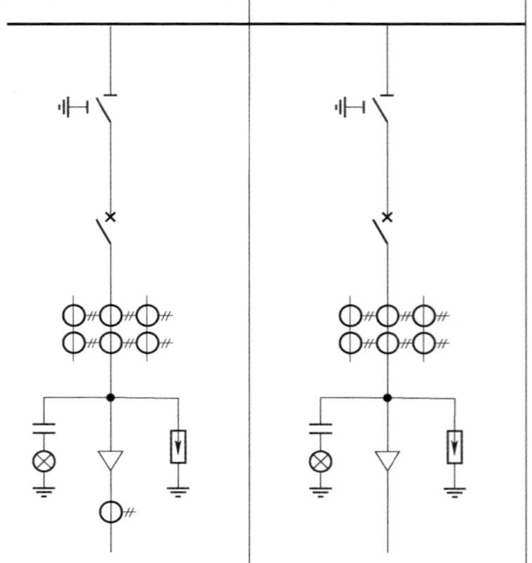	
10kV系统图		
额定电压	12kV	12kV
额定电流	630A	630A
断路器	630A,20kA	630A,20kA
接地开关	1 组	1 组
微机保护装置	选配	选配
气体压力表	1 只	
电流互感器 0.5S(5P10)级	200/1	50/1
零序电流互感器 0.5(10P5)级	100/1	
避雷器 YH5WZ–17/45	1 组	1 组
带电显示器	1 组	1 组
电操机构	1 套	1 套
数显表	1 只	1 只

说明：1. 本方案柜型可采用环保气体绝缘，当选用其他柜型时设备基础尺寸需适当调整。

2. 柜内开关配置电动操作机构、辅助触点（6 对动断、动合触点），满足配电网自动化要求。

3. 柜内电流互感器一次电流应根据具体工程的实际需求配置。

4. 变压器柜避雷器可根据工程情况选配。

图 9–4 10kV 系统配置图（终端型） XA–1–D1–04

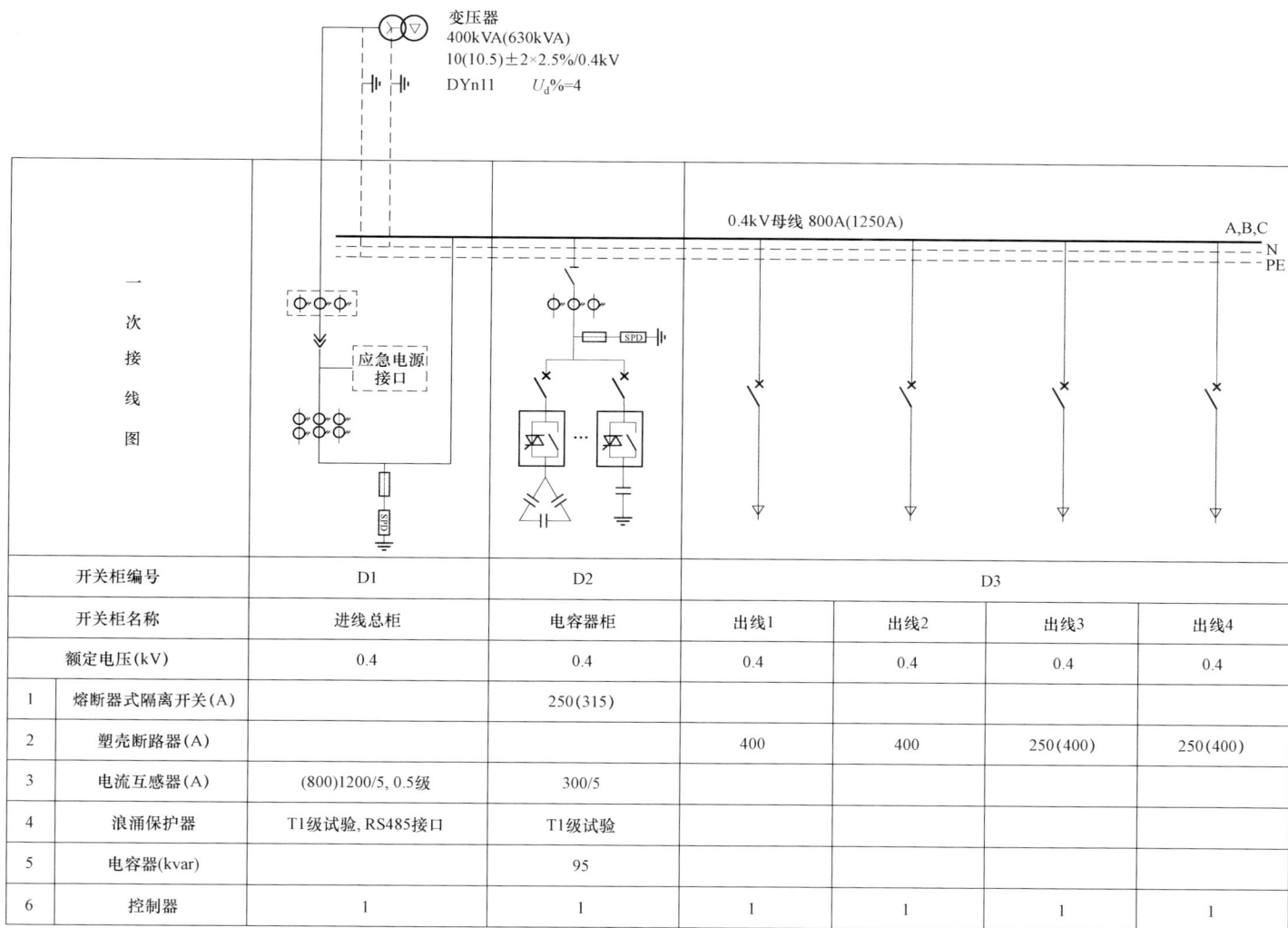

变压器
400kVA(630kVA)
10(10.5)±2×2.5%/0.4kV
DYn11 $U_d\%=4$

0.4kV母线 800A(1250A)   A,B,C
N
PE

一次接线图

应急电源接口

SPD

开关柜编号	D1	D2	D3			
开关柜名称	进线总柜	电容器柜	出线1	出线2	出线3	出线4
额定电压(kV)	0.4	0.4	0.4	0.4	0.4	0.4
1 熔断器式隔离开关(A)		250(315)				
2 塑壳断路器(A)			400	400	250(400)	250(400)
3 电流互感器(A)	(800)1200/5, 0.5级	300/5				
4 浪涌保护器	T1级试验, RS485接口	T1级试验				
5 电容器(kvar)		95				
6 控制器	1	1	1	1	1	1

说明：1. 0.4kV 出线保护：出线断路器脱扣器可选择电子式脱扣器，均不设失压保护。

2. 出线长延时脱扣可根据电缆长期允许电流和上下级配合要求进行调整。

3. 0.4kV 进线侧预留计量 TA 位置，供负控终端用，由营销部门提供。

4. 本方案无功补偿容量实际使用中可根据实际情况按变压器容量的 10%～15%作调整。

图 9-5　0.4kV 系统配置图　XA-1-D1-05

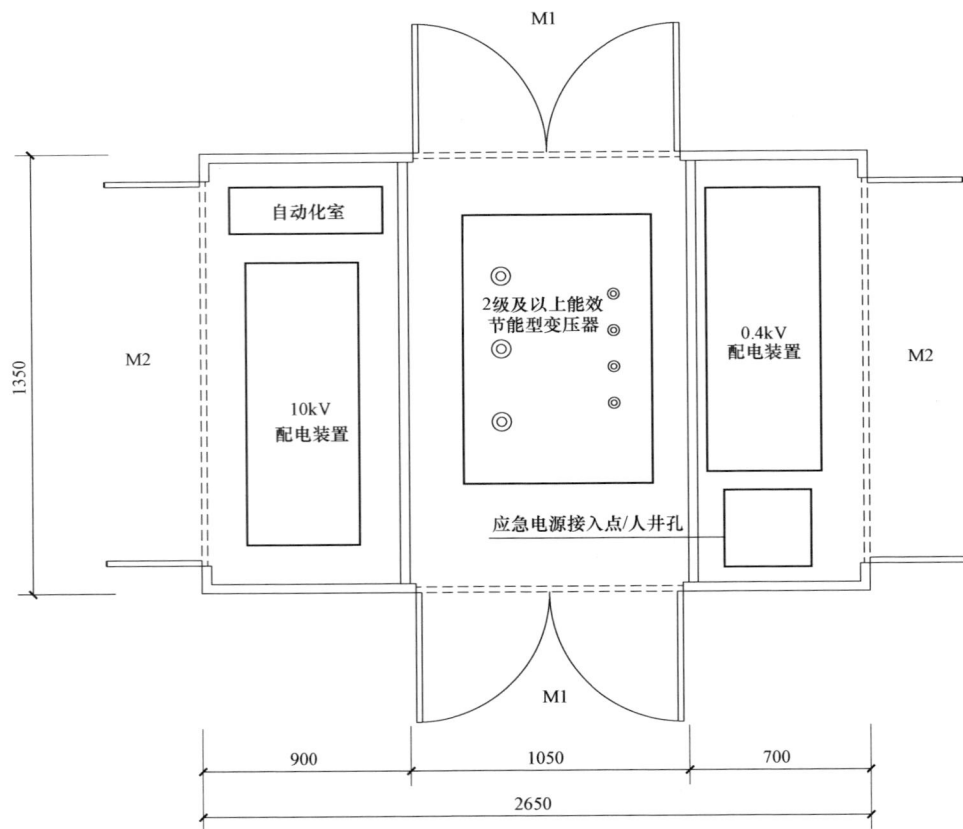

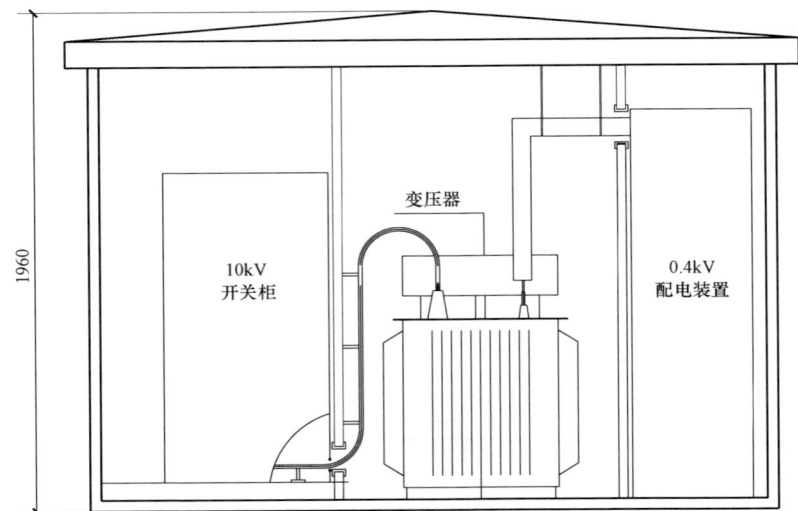

自动化室

2级及以上能效
节能型变压器

10kV
配电装置

0.4kV
配电装置

应急电源接入点/人井孔

M1

M2

M2

M1

1350

900

1050

700

2650

变压器

10kV
开关柜

0.4kV
配电装置

1960

说明：1. 箱变柜门需加斜加强筋，电缆出口处需加固定支架。

2. 本方案采用目字形布置，低压采用组屏安装。

3. 预装式变电站尺寸仅供参考，施工时以设备制造商提供的数据为准。

图 9-6 箱式变电站电气平断面布置图 XA-1-D1-06

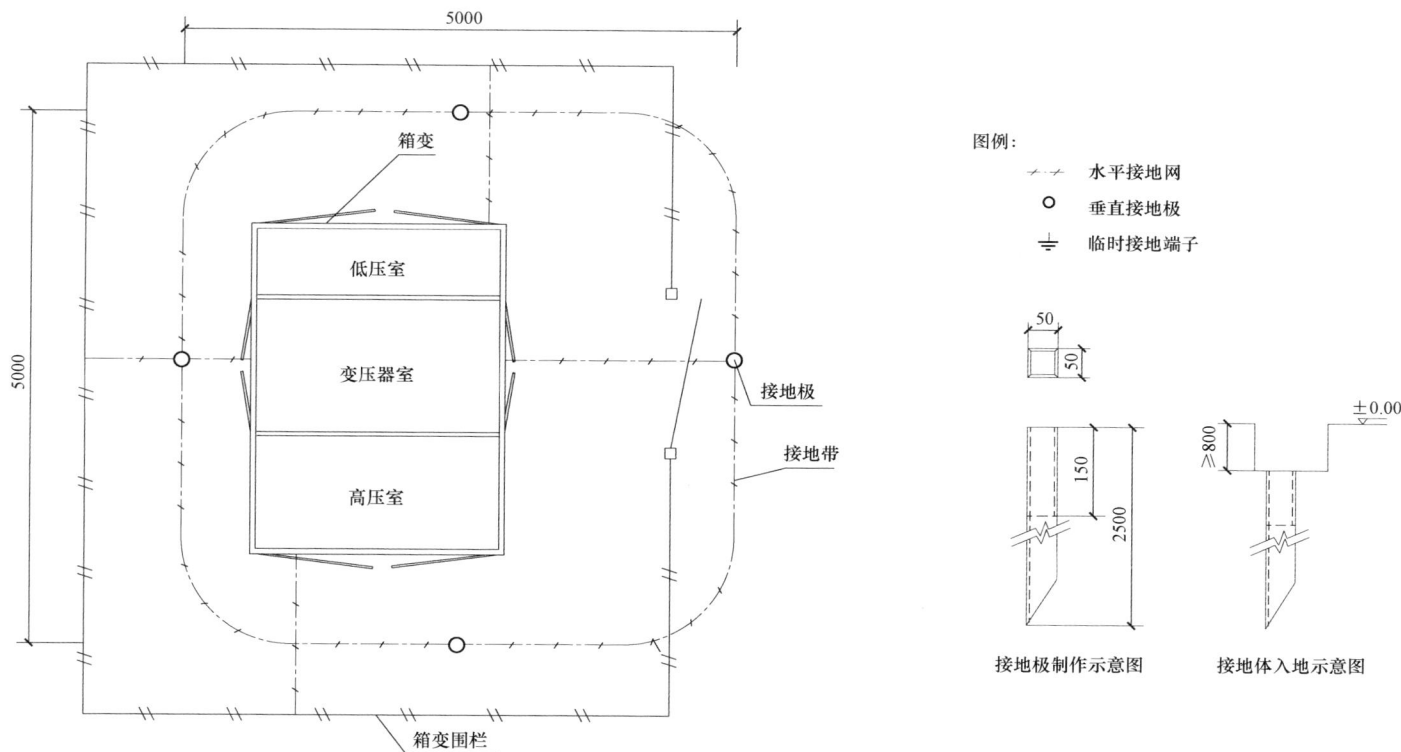

图例：
~~~ 水平接地网
○ 垂直接地极
⏚ 临时接地端子

接地极制作示意图

接地体入地示意图

说明：1. 箱变的接地网环绕箱变布置，接地极与接地带连接处焊接，并做防腐处理。设备外皮及主变压器中性点可靠接地。接地极顶端与接地带埋深距地面不少于0.6m。

2. 接地装置的接地电阻应≤4Ω，对于土壤电阻率高的地区，如电阻实测值不满足要求，应增加垂直接地极及水平接地体的长度，直到符合要求为止。如10kV为低电阻接地系统，除接地装置的接地电阻应≤4Ω，另外配变中性点的接地应与变压器的保护接地装置分开（距离≥10m），可采用电缆引至网外，其接地电阻应≤4Ω。当不能分开时，则配变保护接地的接地电阻应<0.5Ω。

材 料 表

序号	名称	型号	单位	数量	备注
1	接地极	∟50mm×5mm, L=2500mm	根	4	热镀锌
2	接地带	—50mm×5mm	m	40	热镀锌

图 9-7　箱式变电站接地装置布置图　XA-1-D1-07

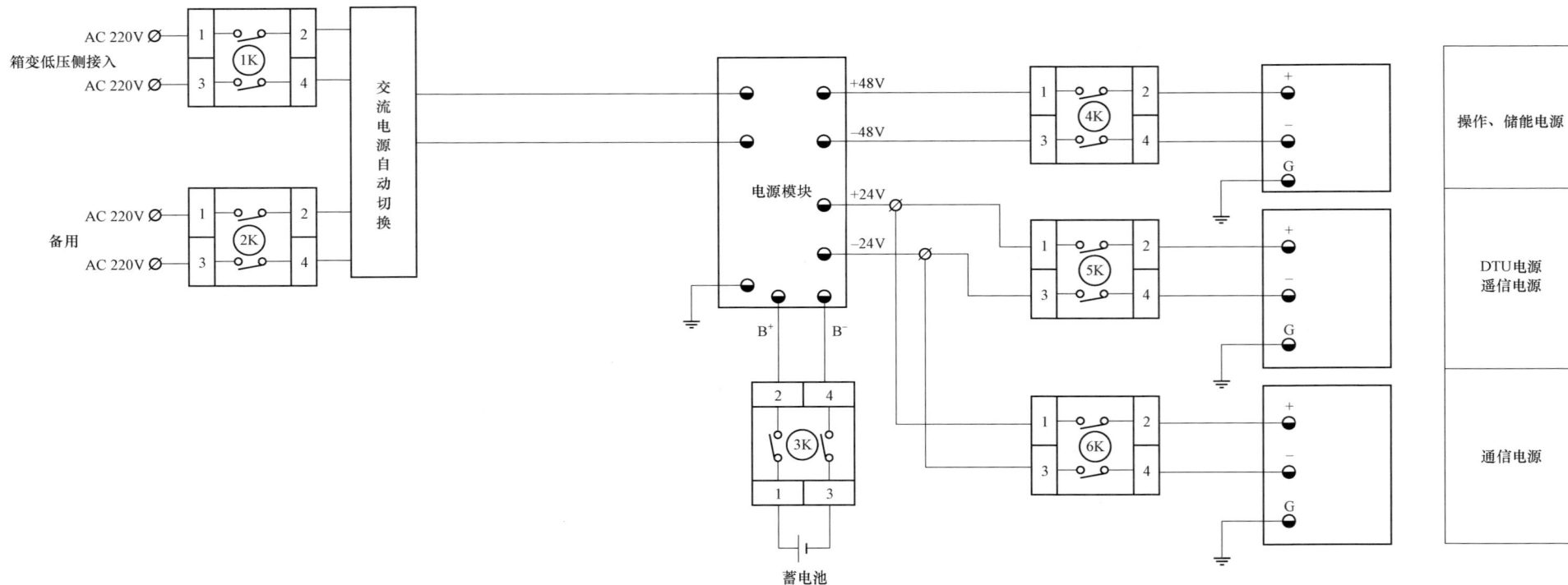

图 9-8　DTU 柜交直流电源原理图　XA-1-D2-01

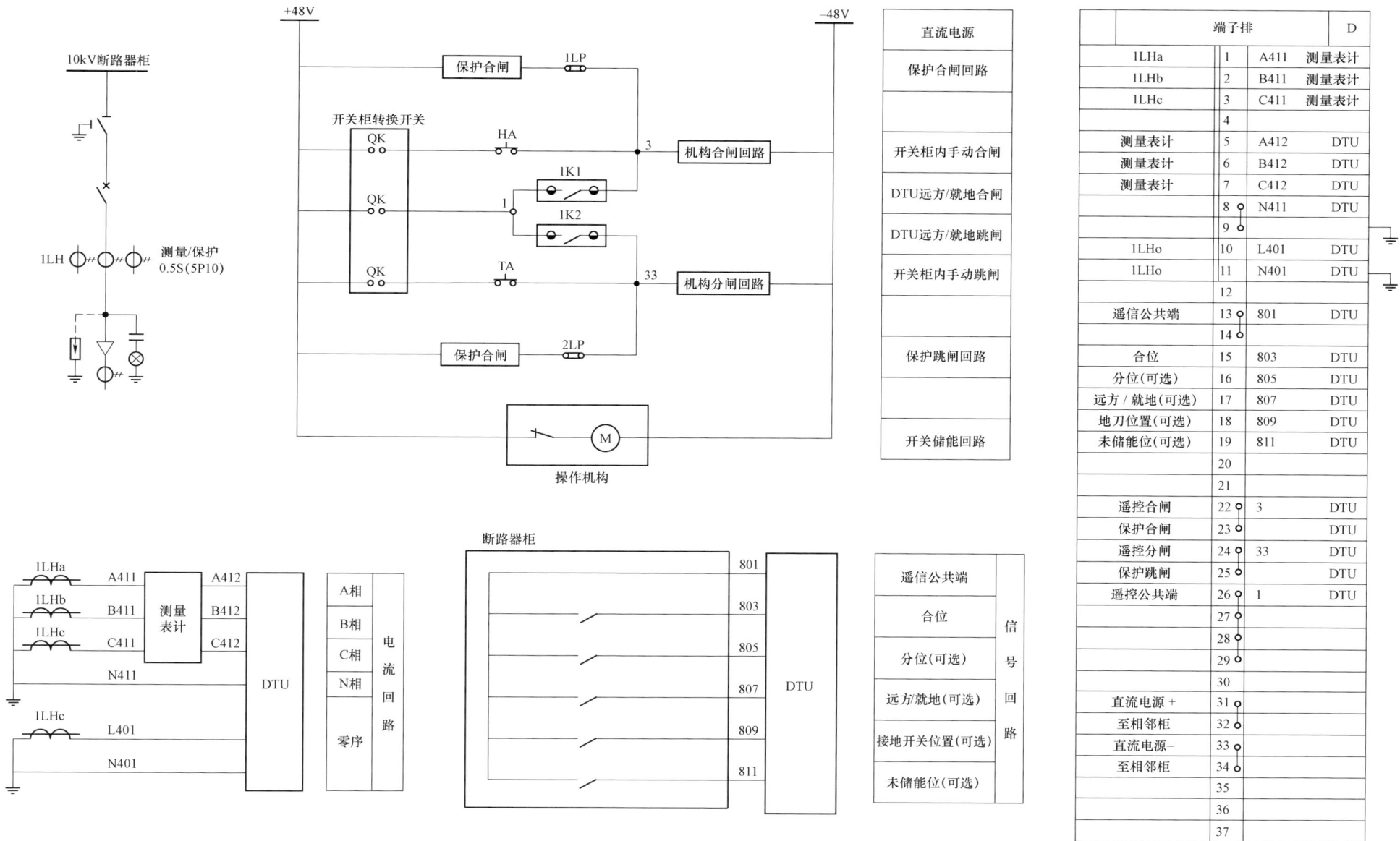

图 9-9 10kV 断路器柜二次图 XA-1-D2-02

直流电源回路表：

直流电源
保护合闸回路
开关柜内手动合闸
DTU远方/就地合闸
DTU远方/就地跳闸
开关柜内手动跳闸
保护跳闸回路
开关储能回路

信号回路表：

遥信公共端	信号回路
合位	
分位(可选)	
远方/就地(可选)	
接地开关位置(可选)	
未储能位(可选)	

端子排 D

1LHa	1	A411	测量表计
1LHb	2	B411	测量表计
1LHc	3	C411	测量表计
	4		
测量表计	5	A412	DTU
测量表计	6	B412	DTU
测量表计	7	C412	DTU
	8	N411	DTU
	9		
1LHo	10	L401	DTU
1LHo	11	N401	DTU
	12		
遥信公共端	13	801	DTU
	14		
合位	15	803	DTU
分位(可选)	16	805	DTU
远方/就地(可选)	17	807	DTU
地刀位置(可选)	18	809	DTU
未储能位(可选)	19	811	DTU
	20		
	21		
遥控合闸	22	3	DTU
保护合闸	23		DTU
遥控分闸	24	33	DTU
保护跳闸	25		DTU
遥控公共端	26	1	DTU
	27		
	28		
	29		
	30		
直流电源+	31		
至相邻柜	32		
直流电源-	33		
至相邻柜	34		
	35		
	36		
	37		

说明：DTU 采用空接点控制开关分合闸。

其他图中标注：
10kV断路器柜、+48V、-48V、保护合闸 1LP、开关柜转换开关 QK、HA、1K1、1K2、TA、机构合闸回路 3、机构分闸回路 33、保护合闸 2LP、操作机构 M、测量/保护 0.5S(5P10)、1LH、断路器柜、801、803、805、807、809、811、测量表计、A相、B相、C相、N相、零序、电流回路、DTU、1LHa A411 A412、1LHb B411 B412、1LHc C411 C412、N411、1LHc L401、N401

CK+

DC48V

DTU

CK+

远方就地旋钮

线路1公共端

远方
就地

⑤ ⑥

线路1

1HLP

⑦ ⑧

② ①

合闸线圈

线路1合闸回路

1HA

1TLP

② ①

分闸线圈

线路1分闸回路

1TA

电机

⑨ ⑩

线路2公共端

远方
就地

线路2

2HLP

⑪ ⑫

② ①

合闸线圈

线路2合闸回路

2HA

2TLP

② ①

分闸线圈

线路2分闸回路

2TA

电机

⑬ ⑭

线路3公共端

远方
就地

线路3

3HLP

⑮ ⑯

② ①

合闸线圈

线路3合闸回路

3HA

3TLP

② ①

分闸线圈

线路3分闸回路

3TA

电机

⑰ ⑱

线路4公共端

远方
就地

线路4

4HLP

⑲ ⑳

② ①

合闸线圈

线路4合闸回路

4HA

4TLP

② ①

分闸线圈

线路4分闸回路

4TA

电机

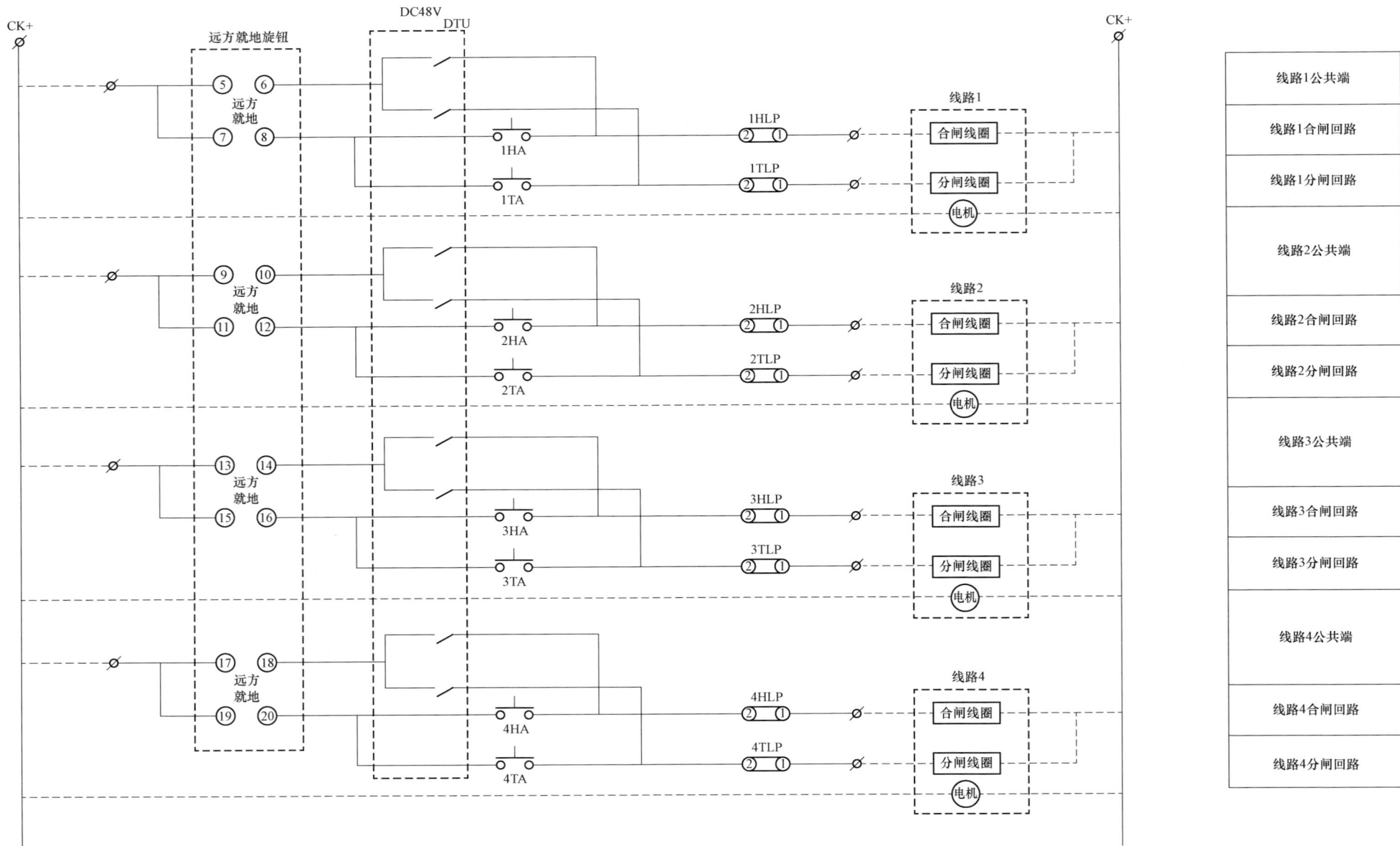

图 9-10　DTU 柜控制回路图　XA-1-D2-03

DY1 交流电源

端子	名称
1	1 L1 AC220
2	N1 AC220
3	2 L2 AC220
4	N2 AC220
5	蓄电池电源
6	蓄电池电源

DY2

端子	名称
1	DC 48V+
2	DC 48V+
3	DC 48V−
4	DC 48V−
5	
6	
7	测量蓄电池电压
8	测量蓄电池电压
9	

DY3 操作电源

端子	名称
1	DC 48V+
2	DC 48V+
3	DC 48V−
4	DC 48V−
5	

DY4 装置电源

端子	名称
1	DC 48V+
2	DC 48V+
3	DC 48V+
4	DC 48V−
5	DC 48V−
6	DC 48V−
7	

DY5 通信电源

端子	名称
1	DC24V+ 预留通信+
2	DC24V− 预留通信−
3	

DY6

端子	名称
1	遥信公共端
2	遥信电源正
3	遥信电源负
4	
5	
6	
7	
8	
9	

2XL 遥控回路 — 2XL1 线路1遥控

名称	端子	标号
公共端	1	1
	2	
	3	
	4	
遥控合闸回路	5	3
保护合闸回路	6	
遥控分闸回路	7	33
保护跳闸回路	8	

2XL4 线路4遥控

名称	端子	标号
公共端	1	1
	2	
	3	
	4	
遥控合闸回路	5	3
保护合闸回路	6	
遥控分闸回路	7	33
保护跳闸回路	8	

1XL 交流电流回路 — 1XL1 线路1开关交流电流

端子	符号	标号
1	IA	A412
2	IB	B412
3	IC	C412
4	IN	N412
5	I0	L401
6	N0	N401

1XL4 线路4开关交流电流

端子	符号	标号
1	IA	A412
2	IB	B412
3	IC	C412
4	IN	N412
5	I0	L401
6	N0	N401

3XL 遥信回路 — 3XL1 线路1开关遥信

端子	符号	名称
1	1HA+	线路1开关 合位
2	1FA+	线路1开关 分位
3		线路1 远方/就地
4		线路1 地刀位置
5		线路1 未储能位
6		线路1 备用

3XL6 线路6开关遥信

端子	符号	名称
1	6HA+	线路6开关 合位
2	6FA+	线路6开关 分位
3		线路6 备用
4		线路6 地刀位置
5		线路6 未储能位
6		线路6 备用

UD 采样电压

采样电压/母线	端子	符号
采样电压	1	Ua1
	2	Ub1
	3	Uc1
	4	Un1
	5	U1
	6	Un
母线	7	Ua2
	8	Ub2
	9	Uc2
	10	Un2
	11	U2
	12	Un

图 9−11　DTU 柜端子排图　XA−1−D2−04

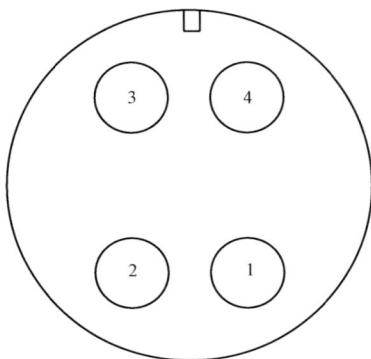

4芯航空插	
U_{l1}	1
U_{n1}	2
U_{l2}	3
U_{n2}	4

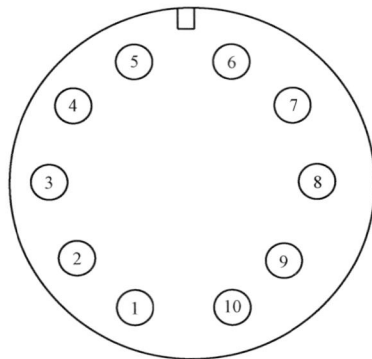

10芯航空插	
U_a	1
U_b	2
U_c	3
U_n	4
U_1	5
U_n	6
备用	7
备用	8
备用	9
备用	10

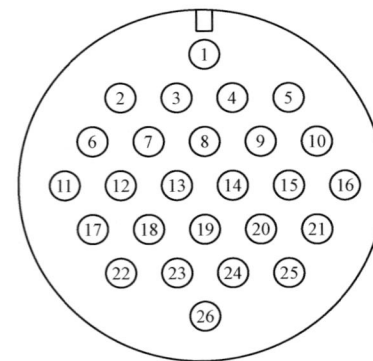

26芯航空插		26芯航空插	
I_a	1	保护跳闸−	14
I_b	2	储能+	15
I_c	3	储能−	16
I_n	4	备用	17
I_0	5	备用	18
I_{0com}	6	备用	19
遥控合闸+	7	备用	20
遥控合闸−	8	未储能位(可选)	21
遥控分闸+	9	接地开关位置(可选)	22
遥控分闸−	10	远方/就地(可选)	23
保护合闸+	11	分位(可选)	24
保护合闸−	12	合位	25
保护跳闸+	13	遥信公共端	26

图 9-12 航空插接线定义图 XA-1-D2-05

2Φ175MPP管（进线方向）
方向按实际情况而定

Φ150MPP管（出线方向）
数量和方向按实际情况而定

操作走廊

梯间距300

集水坑
Φ12@50钢筋网

通长槽钢

基础平面

入口

护栏图

Φ16@140

50×50方钢

70×70方钢

地坪

300×300×400 C20混凝土
顶中心预埋100×100×6钢板1块

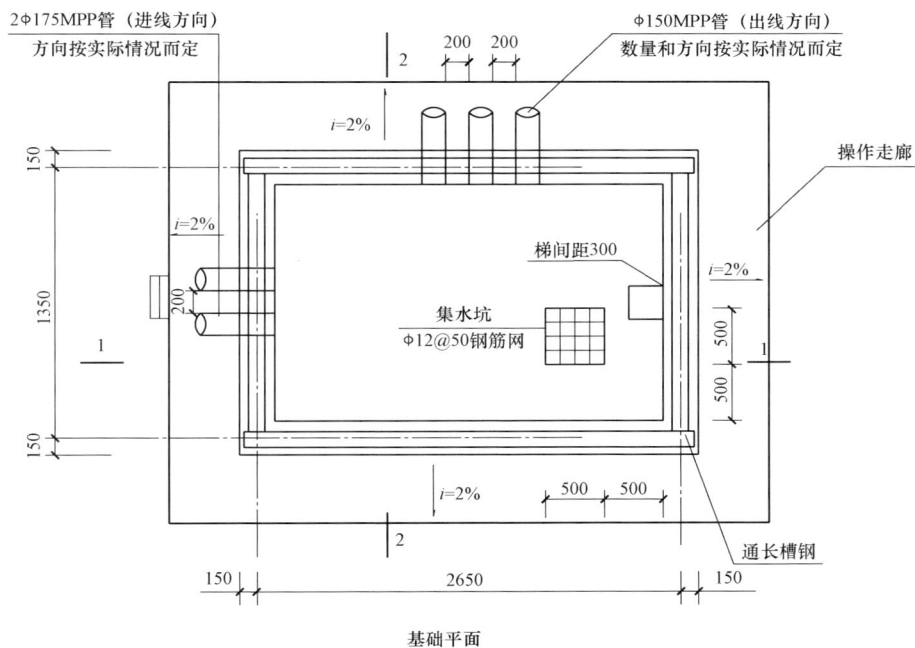

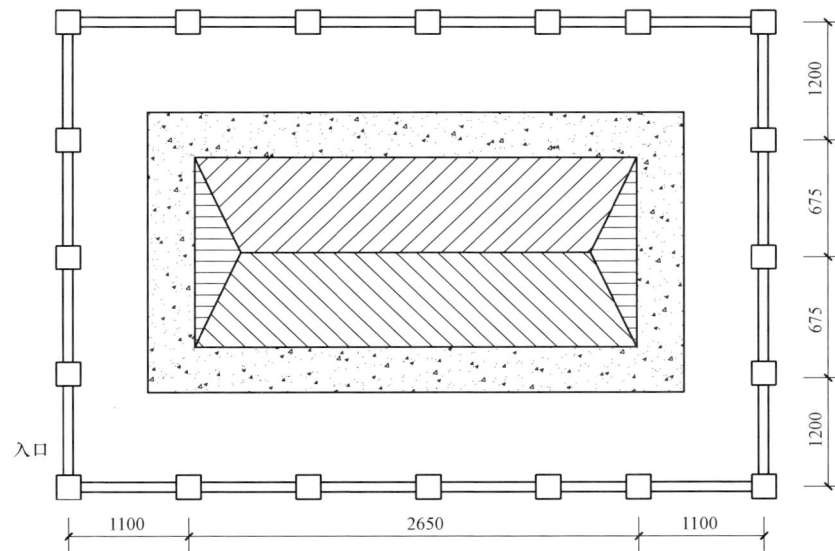

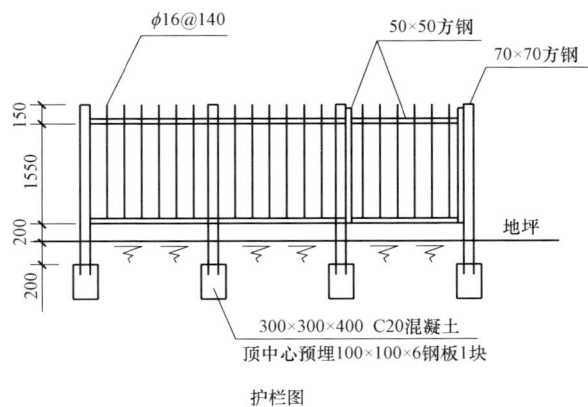

说明：1. 结构混凝土强度等级为C25，基础垫层混凝土强度等级为C15（厚度150mm）。外露部位贴瓷砖，规格、颜色与箱体配合协调。

2. 地基处理按实际情况采取措施。

3. 基础与围栏之间的地面铺设混凝土预制砖。

4. 电缆进出线埋管方向和数量应按实际情况确定。

5. 爬梯位置应根据供货厂家提供的活动底板位置确定，钢爬梯涂刷红丹两道、面漆两道。

6. 通风窗采用2mm厚钢板冲压百叶窗，百叶窗孔隙不大于10mm。百叶窗外框为25mm×25mm×4mm。

7. 护栏与箱体外壳间的距离确保箱体门打开≥90°。

8. 护栏门上加挂锁，并设防雨板，护栏现场焊接，钢护栏除锈后涂刷红丹两道、面漆料到，焊缝处做好防腐处理。

9. 基础与地板及箱体基础与操作走廊基础间设置10mm宽的贯通变形沉降缝，采用24号镀锌铁皮、聚苯泡沫、沥青麻丝、沥青砂浆、密封材料填充堵塞。

10. 所有线管穿混凝土结构处设置防水套管，套管与线管间填充沥青麻丝、防水材料密封。

图 9−13　箱式变电站设备基础平面图　XA−1−T−01

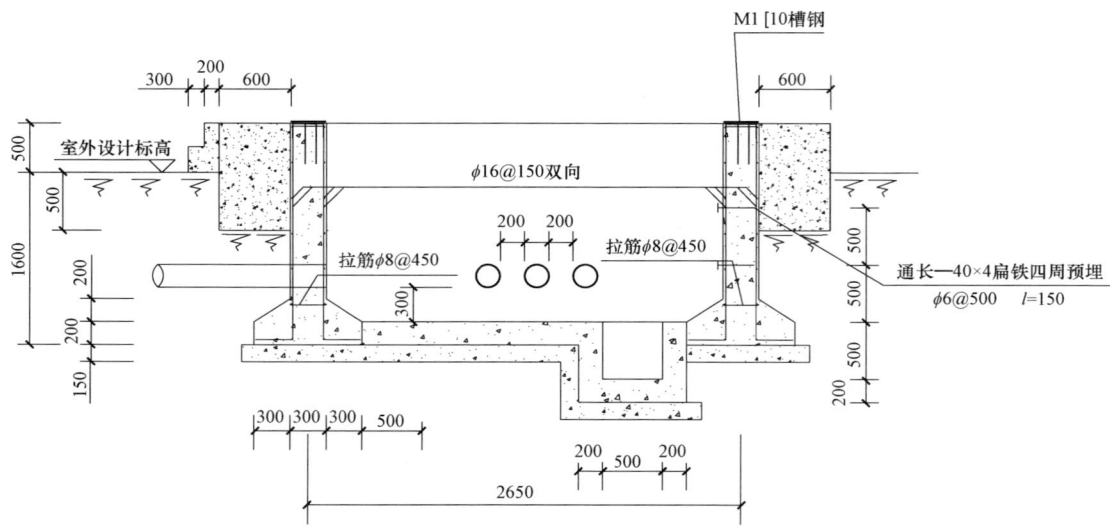

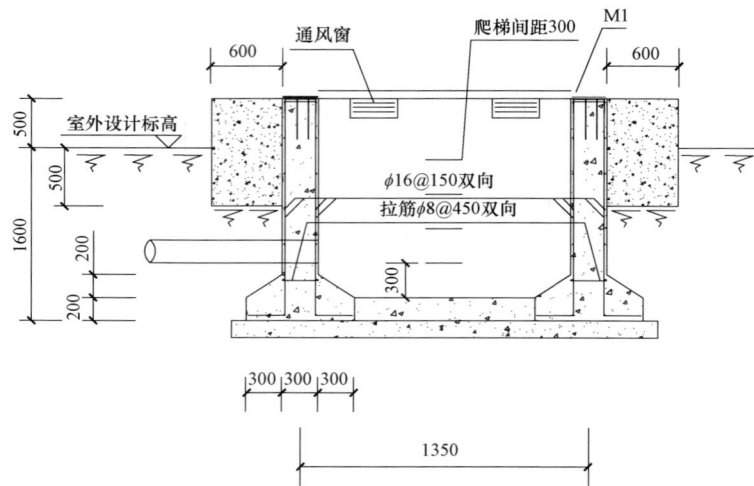

1—1

2—2

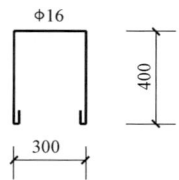

爬梯

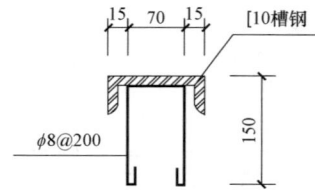

M1

图 9−14　箱式变电站设备基础剖面图　XA−1−T−02

9.3 XA-2 方案说明

9.3.1 设计说明

9.3.1.1 总的部分

XA-2 方案适用于标准型箱式变电站，主要技术原则为 10kV 采用环保气体绝缘、固体绝缘断路器柜；0.4kV 采用空气断路器；可根据所供区域的负荷情况，选用 2 级能效及以上油浸式变压器，容量为 400、630kVA；采用电缆进出线。

1. 适用范围

（1）适用城镇区电缆区域。

（2）适宜防火间距不足、地势狭小、选址困难区域。

2. 方案技术条件

XA-2 方案根据总体说明确定的预定条件开展设计，XA-2 方案技术条件表见表 9-7。

表 9-7　　　　　　　　XA-2 方案技术条件表

序号	项目	内容
1	10kV 回路数	10 进线 1~2 回进线，电缆进出线
2	0.4kV 出线回路数	0.4kV 出线 4~6 回
3	电气主接线	10、0.4kV 侧采用单母线接线
4	10kV 设备短路电流水平	不小于 20kA
5	主要设备选型	10kV 选用环保气体绝缘、固体绝缘断路器环网柜。 0.4kV 进线采用框架式空气断路器；出线采用固定式塑壳式空气断路器。 配置具有检测短路和接地功能的显示器。 进出线间隔根据需要安装金属氧化物避雷器，根据中性点运行方式确定其参数。 变压器：2 级能效及以上油浸式变压器，容量为 400、630kVA；Dyn11，$U_k\%=4$（4.5），10（10.5）$\pm2\times2.5\%$/0.4kV。 电容补偿：配置配电智能终端并控制无功补偿，无功补偿容量可按变压器容量 10%~30%考虑。 站用电：站用电具备照明、检修维护等功能
6	布置方式	目字形布置
7	土建部分	基础钢筋混凝土结构
8	排气通风	采用自然进出风
9	消防	配置化学灭火器
10	站址基本条件	耐受地震能力水平加速度按 0.2g，设计风速 30m/s，地基承载力特征值 $f_{ak}=150$kPa，地下水无影响，非采暖区设计，假设场地为同一标高

9.3.1.2 电力系统部分

本通用设计按照给定的规模进行设计，在实际工程中根据系统情况具体设计。

9.3.1.3 电气一次部分

1. 电气主接线

（1）10kV 部分：单母线接线。

（2）0.4kV 部分：单母线接线。

2. 短路电流及主要电气设备、导体选择

（1）设备短路电流。10kV 电压等级设备短路电流水平为不小于 20kA。0.4kV 电压等级设备短路电流水平为不小于 30kA。

（2）主要设备选择。主要电气设备选择按照可用寿命期内综合优化原则，选择免检修、少维护的电气设备，其性能应能满足高可靠性、技术先进、易扩展、模块化的要求。

1）10kV 环网柜：箱式变电站采用环保气体绝缘、固体绝缘断路器柜。

XA-2 方案 10kV 环网柜主要设备选择见表 9-8。

表 9-8　　　　XA-2 方案 10kV 环网柜主要设备选择

设备名称	型式及主要参数	备注
10kV 断路器	额定电压 12kV，额定电流 630A，短路电流 20kA	
电流互感器	进线回路：400（200）/1A，0.5S（5P10）	
零序电流互感器	100/1A　0.5（10P5）	
避雷器	根据中性点运行方式和需要确定参数与安装	
主母线	额定电流 630A	

2）变压器：2 级能效及以上油浸式变压器。规格如下：

电压额定变比：10（10.5）$\pm2\times2.5\%$/0.4kV；

额定容量：400kVA、630kVA；

阻抗电压：$U_k\%=4$（4.5）；

变压器接线组别：Dyn11。

3）电容补偿装置：可根据实际情况按变压器容量的 10%~30%补偿，采用自动补偿方式，按三相、单相混合补偿，配置配变综合测控装置。

4）0.4kV 部分：总断路器壳体额定电流 I_{nm}：2000A；脱扣器额定电流 I_n：800~1250A；出线断路器壳体额定电流 I_{nm}：630A；脱扣器额定电流 I_n：400A；

断路器极数：3 极。不设失压保护。

3. 绝缘配合及过电压保护

（1）绝缘配合。电气设备的绝缘配合参照《交流电气装置的过电压保护绝缘配合》（GB/T 50064）确定的原则进行。

氧化锌避雷器按《交流无间隙金属氧化物避雷器》（GB/T 11032）中的规定进行选择。

（2）过电压保护。10kV 箱式变电站周围有较高的建筑物时，可不单独考虑防雷设施。若设置在较为空旷的区域，则要根据现场的实际情况考虑增加防雷设施。

当电缆从电线杆上进线或出线时，为防止线路侵入的雷电波过电压，需在10kV 进、出线侧和 0.4kV 母线侧安装避雷器，避雷器宜装设在进出线线路电杆上。当进出线为全电缆时避雷器宜安装在上级出线柜内。

4. 接地

10kV 箱式变电站接地网以水平敷设的接地体为主，垂直接地极为辅，联合构成复合式人工接地装置。接地网建成后需实测总接地电阻值，应满足相关规程规范的要求，否则应采用措施，满足规程要求。箱体内所有电气设备外壳、电缆支架、预埋件均应与接地网可靠连接，凡焊接处均应作防腐处理。接地体一般采用镀锌钢，腐蚀性高的地区宜采用铜包钢或者石墨。

箱式变电站应具备向低压网络提供 N 线和 PE 线的接入条件，以适应不同低压系统接地型式。

5. 电气设备布置

10kV 标准型箱式变电站采用目字形布置，分别为变压器小室、10kV 小室和 0.4kV 小室，低压开关采用组屏式安装。

6. 站用电及照明

站用电具备照明、检修维护、不停电电源等功能。

7. 电缆设施及防护措施

电缆敷设通道应满足电缆转弯半径要求。

电缆敷设采用支架上敷设、穿管敷设方式，并满足防火要求；在柜下方及电缆沟进出口采用耐火材料封堵，电缆进出室内外，需考虑防水封堵措施。

至变压器采用全屏蔽电缆终端，单芯电缆使用绝缘子固定。

9.3.1.4 电气二次部分

1. 二次设备布置

（1）标准型箱式变电站预留站所终端安装位置，站所终端参考尺寸

600mm×400mm×1700mm（宽×深×高）。

（2）配电变压器 0.4kV 侧进线总柜为智能配变终端预留安装位置。

（3）应满足防污秽、防凝露的要求。

2. 电能计量

箱式变电站可在 0.4kV 侧进线总柜加装计量装置和配变终端，控制无功补偿，满足常规电参数采集和系统内线损计量考核。计量表计的装设执行国家电网有限公司计量规程规定，电能计量装置选用及配置应满足《电能计量装置技术管理规程》（DL/T 448）规定。

3. 保护及配电自动化配置原则

（1）高压侧选用断路器柜时，需实现过电流保护，低压侧断路器采用自身保护，总进线断路器不设失压脱扣。

（2）选用含保护功能的配电自动化终端，实现过电流、速断、单相接地等保护功能，不单独配置继电保护装置。

（3）站所终端外部接口应采用航空插头。

（4）站所终端为通信设备提供 DC 24V 工作电源，为电操机构提供 DC 48V 操作电源，并布置在终端柜内。站所终端宜配置免维护阀控铅酸蓄电池，并可为站内保护等设备提供后备电源。

（5）站所终端需满足线损统计需求。

9.3.1.5 土建部分

1. 概述

（1）站址场地概述。

1）方向布置与周围建筑相协调。

2）毗邻运输道路。

3）满足供电半径要求。

4）满足水文气象条件和防火规范要求。

5）与区域规划和景观相协调。

6）按箱式变电站最终进出线规模进行设计。

7）场地标高为相对建筑标高。

（2）设计的原始资料。站区抗震设计地震动峰值加速度为 0.2g，地震特征周期为 0.45s，假设条件地基承载力特征值取 $f_{ak}=150$kPa，地下水对混凝土及钢筋无腐蚀性，海拔 5000m 及以下。

洪涝水位：站址标高高于 50 年一遇洪水水位和历史最高内涝水位，不考虑防洪措施。

（3）主要建筑材料。现浇或预制钢筋混凝土结构。混凝土：C25 用于一般现浇或预制钢筋混凝土结构及基础，C15 用于混凝土垫层。钢筋：HPB300 级、HRB335 级、HRB400 级。钢材：Q235B（3 号钢）、Q345B（16Mn 钢）。螺栓：4.8 级、6.8 级、8.8 级。

2. 建筑设计

（1）标示及警示：在具体工程设计时，按照国家电网有限公司相关规定制作悬挂标示及警示牌。

（2）箱体外观：10kV 箱式变电站采用金属材料或阻燃性非金属材料外壳，建筑造型和立面色调与周边人文地理环境协调统一。

3. 结构

建筑物的抗震类别按《建筑抗震设计规范》（GB 50011）执行。

站区耐受地震能力水平加速度为 0.2g。

主要建构筑物、基础采用框架或砖混结构。

4. 排水、消防、通风、环境保护、防潮除湿

（1）排水。宜采用自流式有组织排水，设置集水井汇集雨水，经地下设置的排水暗管，有组织将水排至附近市政雨水管网中。

（2）消防。采用化学灭火方式。

（3）通风。采用自然通风。

（4）环境保护。噪声对周围环境影响应符合《声环境质量标准》（GB 3096）的规定和要求。

（5）防潮除湿。可根据站址情况，土建基础设计应充分考虑防潮措施，在湿度较高的地区选择防潮除湿装置。底部电缆进出线孔洞需做好防潮气进入措施，必要时可采用阻水封堵模块，减少箱体内凝露量。

9.3.2　主要设备及材料清册

XA－2 方案主要设备材料清册见表 9－9。

表 9－9　　　　　XA－2 方案主要设备材料清册

序号	名称	型号及规格	单位	数量	备注
1	箱式变电站	2 级能效及以上油浸式变压器，630kVA	台	1	容量可选用 400kVA

9.3.3　使用说明

9.3.3.1　概述

在使用本通用设计时，要根据实际情况，在安全可靠、投资合理、标准统一、运行高效的设计原则下，形成符合实际要求的 10kV 箱式变电站。

XA－2 方案主要对应内容为：

（1）10、0.4kV 采用单母线接线。

（2）设置 1 台油浸式变压器。

（3）10kV 进线 1～2 回，0.4kV 出线 4～6 回。

（4）10kV 选用气体绝缘环网柜，低压配电装置采用固定式空气断路器。

（5）电容器补偿容量可按变压器容量的 10%～30% 做调整，根据系统实际情况选择。

9.3.3.2　电气一次部分

1. 电气主接线

10、0.4kV 采用单母线接线。

2. 主要设备选择

主设备的短路水平、额定电流等电气参数按照规定的边界条件进行计算选择，具体工程应根据实际情况进行计算选择。

3. 电气平面布置

本通用设计方案采用目字形布置时，低压开关采用组屏安装。

9.3.3.3　电气二次部分

可在 0.4kV 侧加装计量装置和配变终端，控制无功补偿，满足常规电参数采集。

9.3.3.4　土建部分

1. 边界条件

站区地震动峰值加速度按 0.2g 考虑，地震特征周期为 0.45s，地基承载力特征值 f_{ak}＝150kPa；地基土及地下水对钢材、混凝土无腐蚀作用；1000m＜H≤5000m。非采暖区设计。

2. 其他

（1）XA－2 方案以地基承载力特征值 f_{ak}＝150kPa，地下水无影响，非采暖区设计，当具体工程中实际情况有所变化时，应对有关项目做相应的调整。

（2）各地的内涝水位、水文气象条件、设防标准不同，应按工程所在地工况条件修正。

9.3.4 设计图

XA-2方案设计图清单见表9-10，图中标高单位为 m，尺寸未注明单位者均为 mm。

表 9-10 **XA-2方案设计图清单**

图序	图名	图纸编号
图 9-15	电气主接线图（环网型）	XA-2-D1-01
图 9-16	电气主接线图（终端型）	XA-2-D1-02
图 9-17	10kV 系统配置图（环网型）	XA-2-D1-03
图 9-18	10kV 系统配置图（终端型）	XA-2-D1-04
图 9-19	0.4kV 系统配置图	XA-2-D1-05
图 9-20	箱式变电站电气平面布置图	XA-2-D1-06

图序	图名	图纸编号
图 9-21	箱式变电站接地装置布置图	XA-2-D1-07
图 9-22	DTU 柜交直流电源原理图	XA-2-D2-01
图 9-23	10kV 断路器柜二次图	XA-2-D2-02
图 9-24	DTU 柜外形尺寸图	XA-2-D2-03
图 9-25	DTU 柜控制回路图	XA-2-D2-04
图 9-26	DTU 柜端子排图	XA-2-D2-05
图 9-27	航空插接线定义图	XA-2-D2-06
图 9-28	箱式变电站设备基础平面图	XA-2-T-01
图 9-29	箱式变电站设备基础剖面图	XA-2-T-02

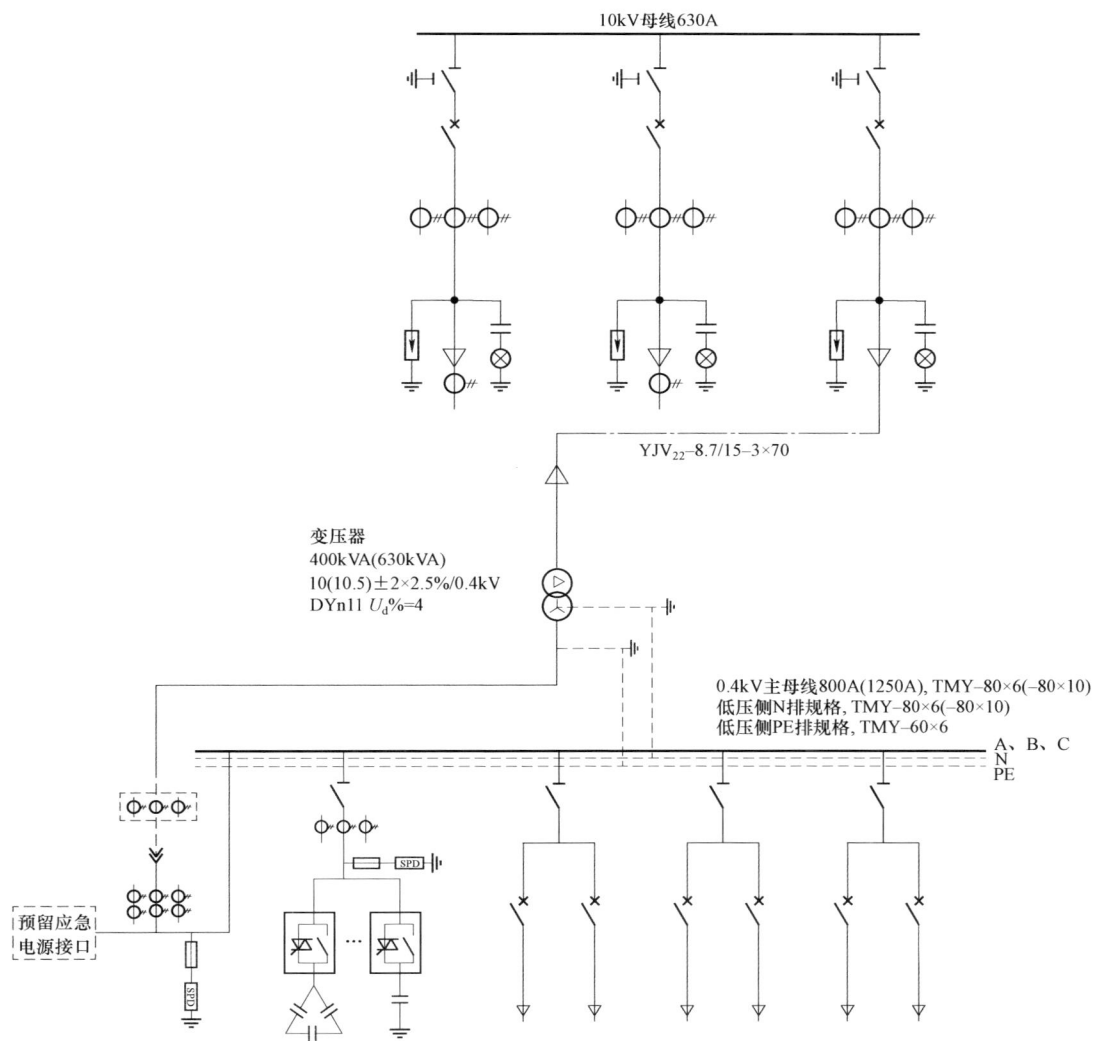

10kV母线630A

YJV$_{22}$-8.7/15-3×70

变压器
400kVA(630kVA)
10(10.5)±2×2.5%/0.4kV
DYn11 U_d%=4

0.4kV主母线800A(1250A), TMY-80×6(-80×10)
低压侧N排规格, TMY-80×6(-80×10)
低压侧PE排规格, TMY-60×6

A、B、C
N
PE

SPD

预留应急
电源接口

SPD

图 9-15　电气主接线图（环网型）　XA-2-D1-01

10kV母线630A

YJV₂₂–8.7/15–3×70

变压器
400kVA(630kVA)
10(10.5)±2×2.5%/0.4kV
DYn11 U_d%=4

0.4kV主母线800A(1250A), TMY–80×6(–80×10)
低压侧N排规格, TMY–80×6(–80×10)
低压侧PE排规格, TMY–60×6

A、B、C
N
PE

预留应急
电源接口

SPD

SPD

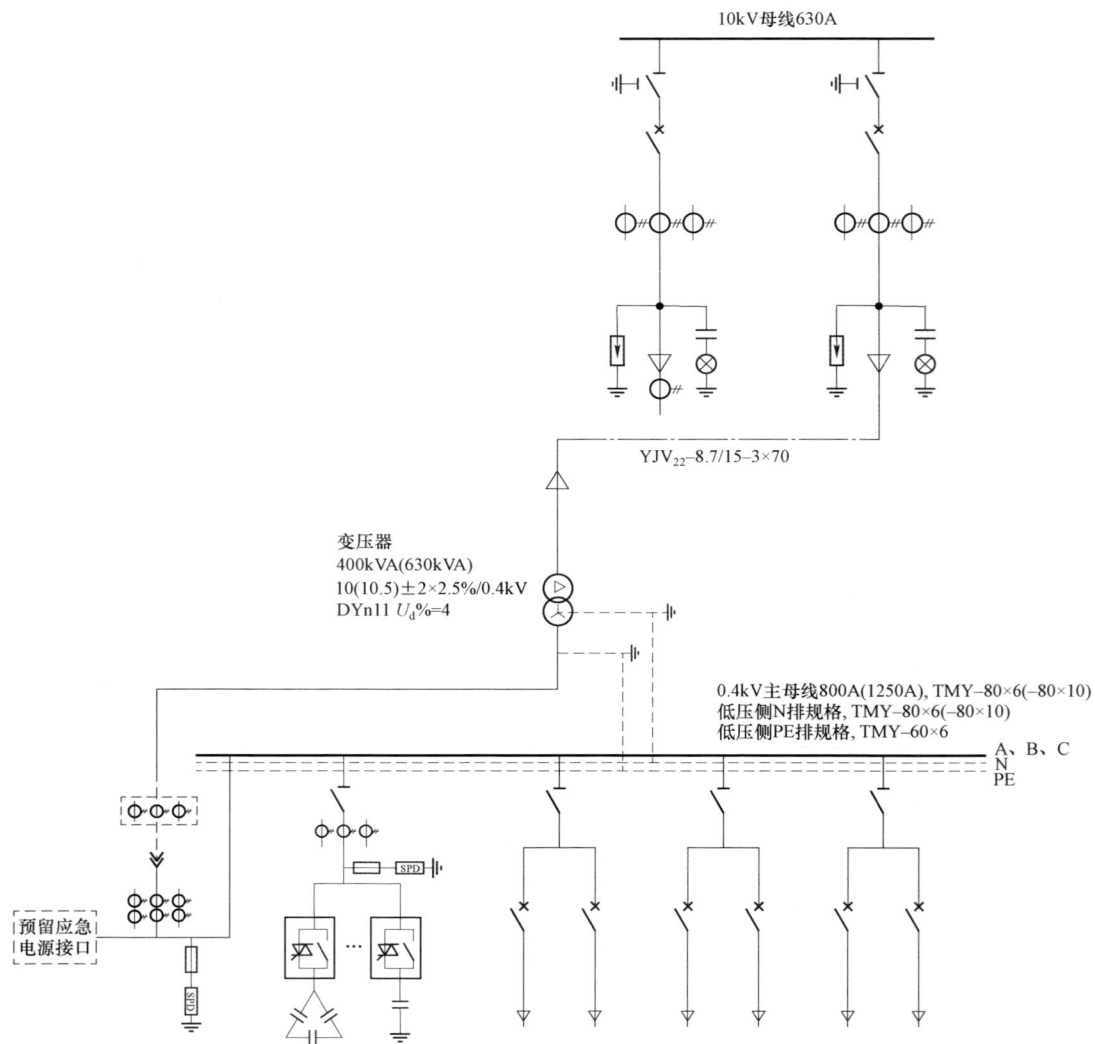

图 9–16 电气主接线图（终端型） XA–2–D1–02

开关柜编号	1G	2G	3G
开关柜名称	环进柜	环出柜	变压器柜
10kV母线 630A			
10kV 系统图			
额定电压	12kV	12kV	12kV
额定电流	630A	630A	630A
断路器	630A,20kA	630A,20kA	630A,20kA
接地开关	1组	1组	1组
微机保护装置	选配	选配	1套
气体压力表	1只		
电流互感器 0.5S(5P10)级	200/1	200/1	50/1
零序电流互感器 0.5(10P5)级	100/1	100/1	
避雷器 YH5WZ–17/45	1组	1组	1组
带电显示器	1组	1组	1组
电操机构	1套	1套	1套
数显表	1只	1只	1只

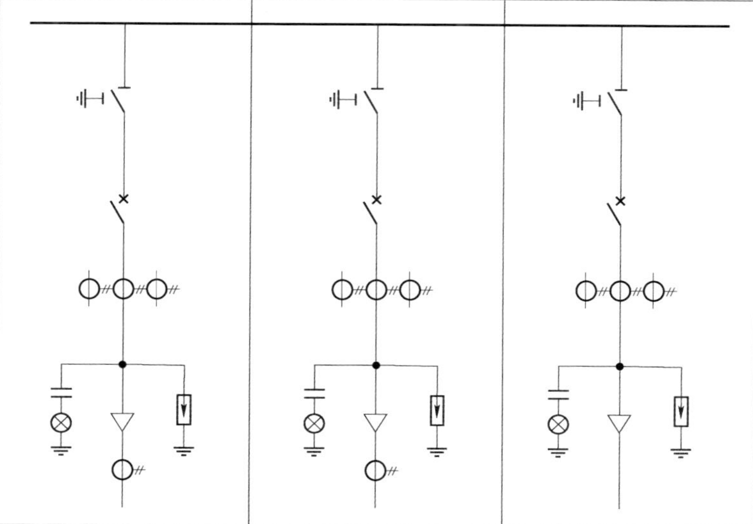

说明：1. 本方案柜型可采用环保气体绝缘，当选用其他柜型时设备基础尺寸需适当调整。

2. 柜内开关配置电动操作机构、辅助触点（6 对动断、动合触点），满足配电网自动化要求。

3. 柜内电流互感器一次电流应根据具体工程的实际需求配置。

4. 变压器柜避雷器、故障指示器可根据工程情况选配。

图 9–17　10kV 系统配置图（环网型）　XA–2–D1–03

开关柜编号	1G	2G
开关柜名称	进线柜	变压器柜
10kV母线 630A		
10kV 系统图	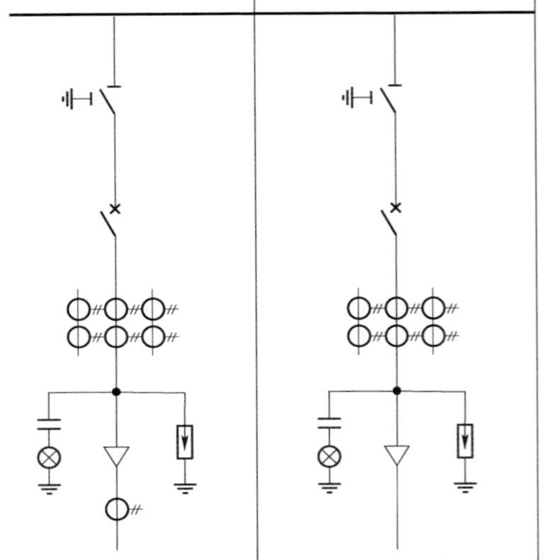	
额定电压	12kV	12kV
额定电流	630A	630A
断路器	630A,20kA	630A,20kA
接地开关	1 组	1 组
微机保护装置	选配	1 套
气体压力表	1 只	
电流互感器 0.5S(5P10)级	200/1	50/1
零序电流互感器 0.5(10P5)级	100/1	
避雷器 YH5WZ–17/45	1 组	1 组
带电显示器	1 组	1 组
电操机构	1 套	1 套
数显表	1 只	1 只

说明：1. 本方案柜型可采用环保气体绝缘，当选用其他柜型时设备基础尺寸需适当调整。

2. 柜内开关配置电动操作机构、辅助触点（6 对动断、动合触点），满足配电网自动化要求。

3. 柜内电流互感器一次电流应根据具体工程的实际需求配置。

4. 变压器柜避雷器、故障指示器可根据工程情况选配。

图 9–18　10kV 系统配置图（终端型）　XA–2–D1–04

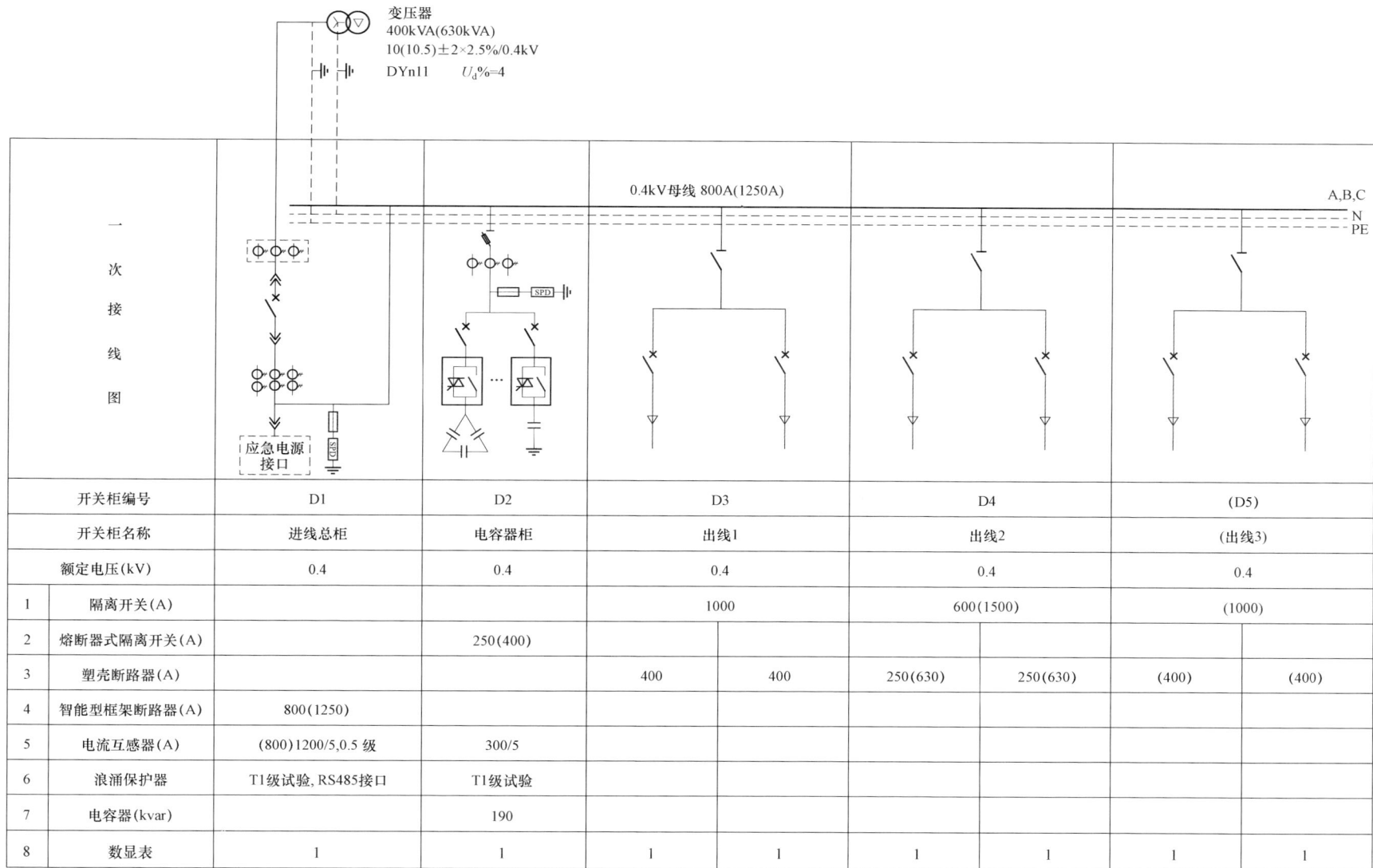

变压器
400kVA(630kVA)
10(10.5)±2×2.5%/0.4kV
DYn11 $U_d\%=4$

图 9-19   0.4kV 系统配置图   XA-2-D1-05

开关柜编号		D1	D2	D3		D4		(D5)	
开关柜名称		进线总柜	电容器柜	出线1		出线2		(出线3)	
额定电压(kV)		0.4	0.4	0.4		0.4		0.4	
1	隔离开关(A)			1000		600(1500)		(1000)	
2	熔断器式隔离开关(A)		250(400)						
3	塑壳断路器(A)			400	400	250(630)	250(630)	(400)	(400)
4	智能型框架断路器(A)	800(1250)							
5	电流互感器(A)	(800)1200/5,0.5 级	300/5						
6	浪涌保护器	T1级试验, RS485接口	T1级试验						
7	电容器(kvar)		190						
8	数显表	1	1	1	1	1	1	1	1

说明：1. 0.4kV 出线保护：出线断路器脱扣器可选择电子式脱扣器，均不设失压保护。

2. 出线长延时脱扣可根据电缆长期允许电流和上下级配合要求进行调整。

3. 0.4kV 进线侧预留计量 TA 位置，供负控终端用，由营销部门提供。

4. 本方案无功补偿容量实际使用中可根据实际情况按变压器容量的 10%～30%做调整。

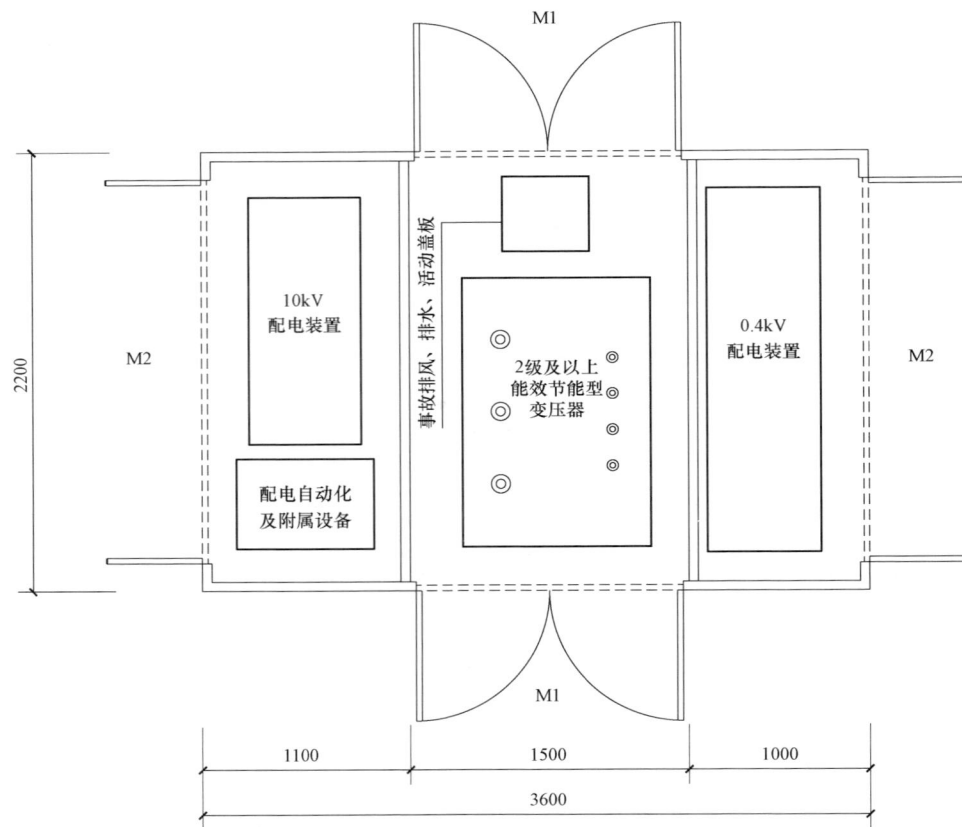

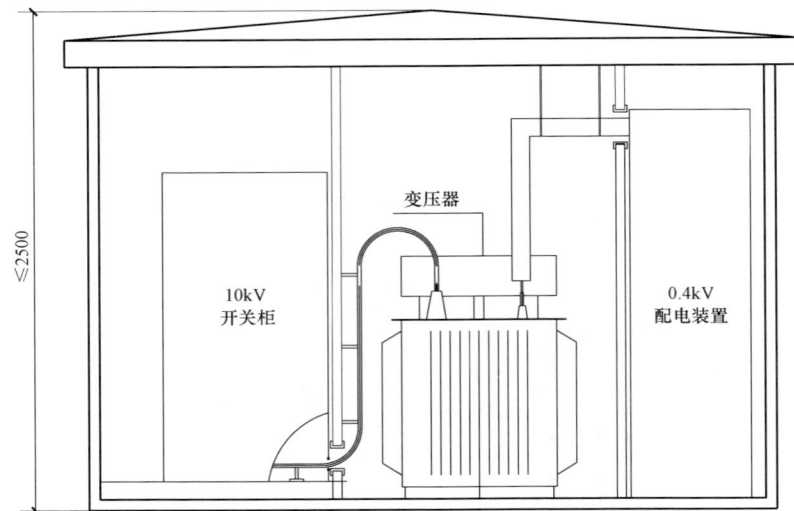

图 9-20　箱式变电站电气平面布置图　XA-2-D1-06

说明：1. 箱变柜门需加斜加强筋，电缆出口处需加固定支架。

2. 箱变采用非金属结构，门 M1、M2 外开不小于 90°。

3. 本方案采用目字形布置，低压采用低压柜组屏安装。

4. 预装式变电站尺寸仅供参考，施工时以设备制造商提供的数据为准。

图例：
~~ 水平接地网
○ 垂直接地极
⊥ 临时接地端子

接地极制作示意图

接地体入地示意图

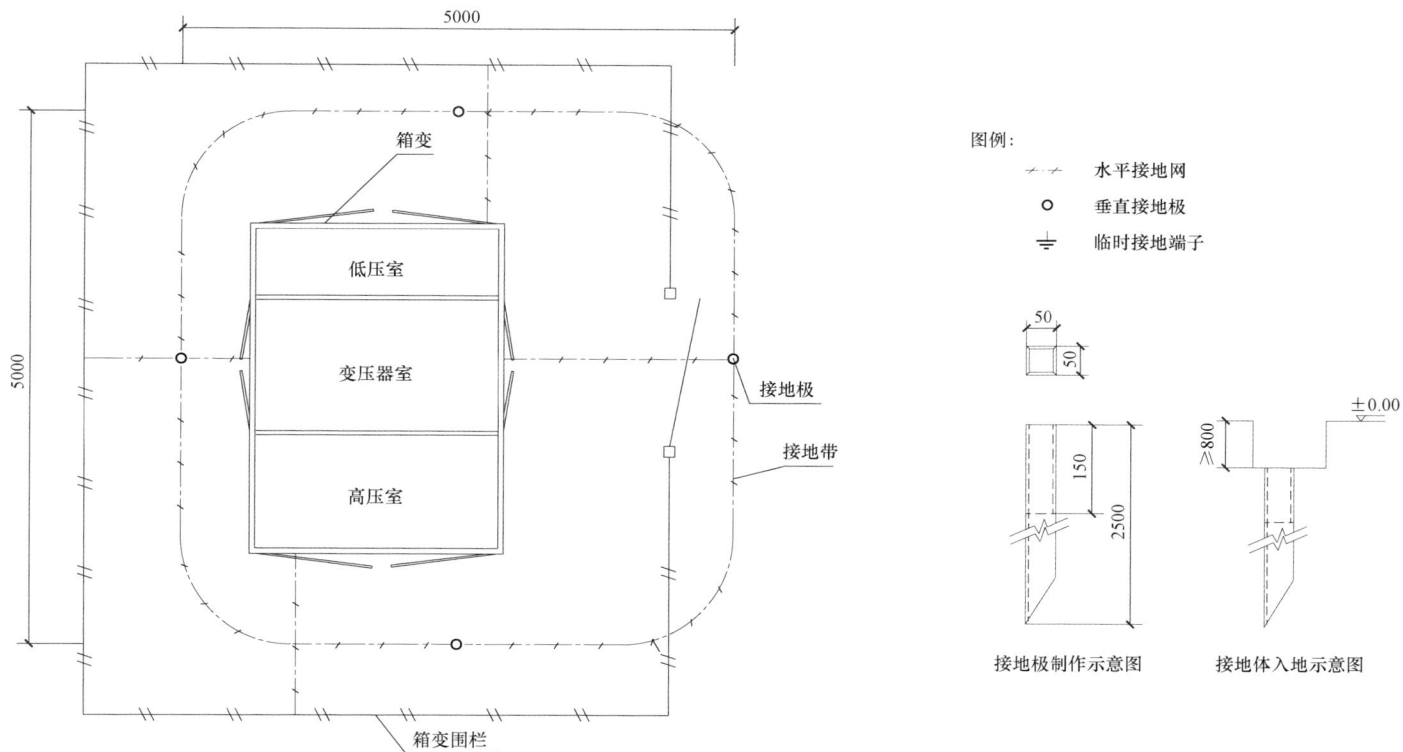

说明：1. 箱变的接地网环绕箱变布置，接地极与接地带连接处焊接，并做防腐处理。设备外皮及主变压器中性点可靠接地。接地极顶端与接地带埋深距地面不少于0.6m。

2. 接地装置的接地电阻应≤4Ω，对于土壤电阻率高的地区，如电阻实测值不满足要求，应增加垂直接地极及水平接地体的长度，直到符合要求为止。如10kV为低电阻接地系统，除接地装置的接地电阻应≤4Ω，另外配变中性点的接地应与变压器的保护接地装置分开（距离≥10m），可采用电缆引至网外，其接地电阻≤4Ω。当不能分开时，则配变保护接地的接地电阻应＜0.5Ω。

材 料 表

序号	名称	型号	单位	数量	备注
1	接地极	∟50mm×5mm，L=2500mm	根	4	热镀锌
2	接地带	—50mm×5mm	m	40	热镀锌

图 9-21　箱式变电站接地装置布置图　XA-2-D1-07

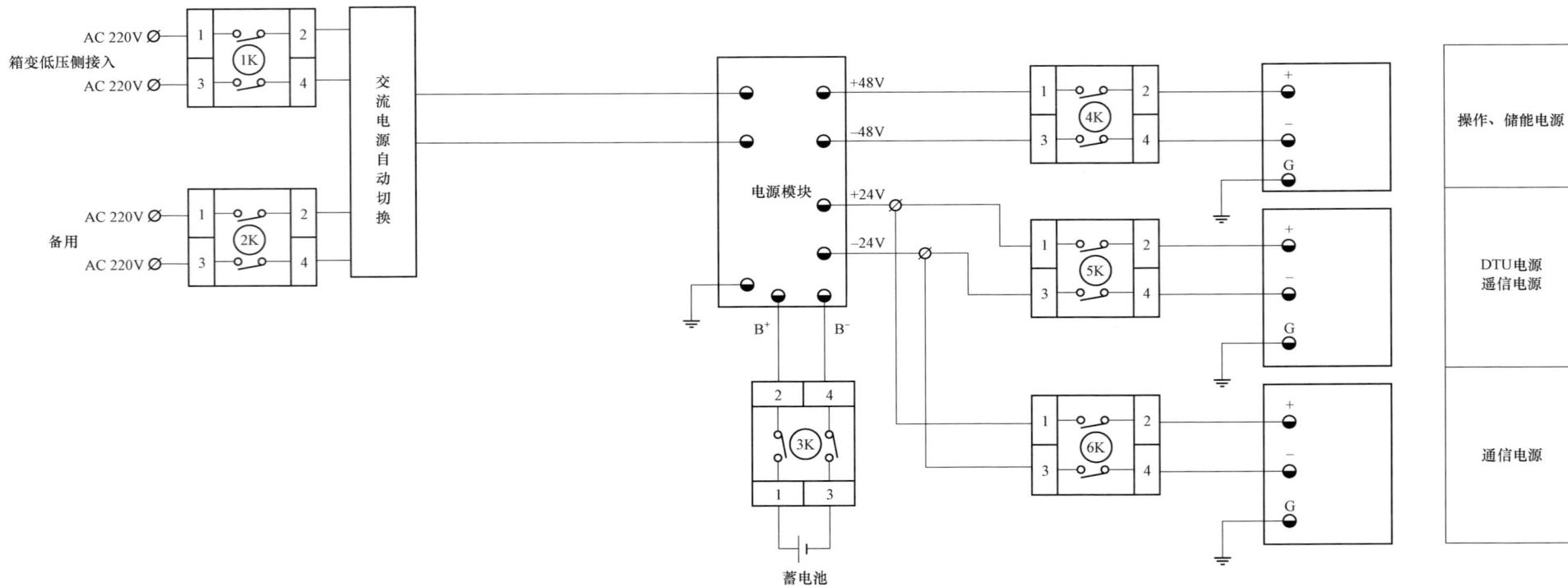

AC 220V Ø
箱变低压侧接入
AC 220V Ø

1K

交流电源自动切换

电源模块

+48V
-48V
+24V
-24V
B⁺ B⁻

4K

+
−
G

操作、储能电源

备用
AC 220V Ø
AC 220V Ø

2K

5K

+
−
G

DTU电源
通信电源

3K

蓄电池

6K

+
−
G

通信电源

说明：对于二遥标准型 DTU 操作电源可不提供。

图 9-22　DTU 柜交直流电源原理图　XA-2-D2-01

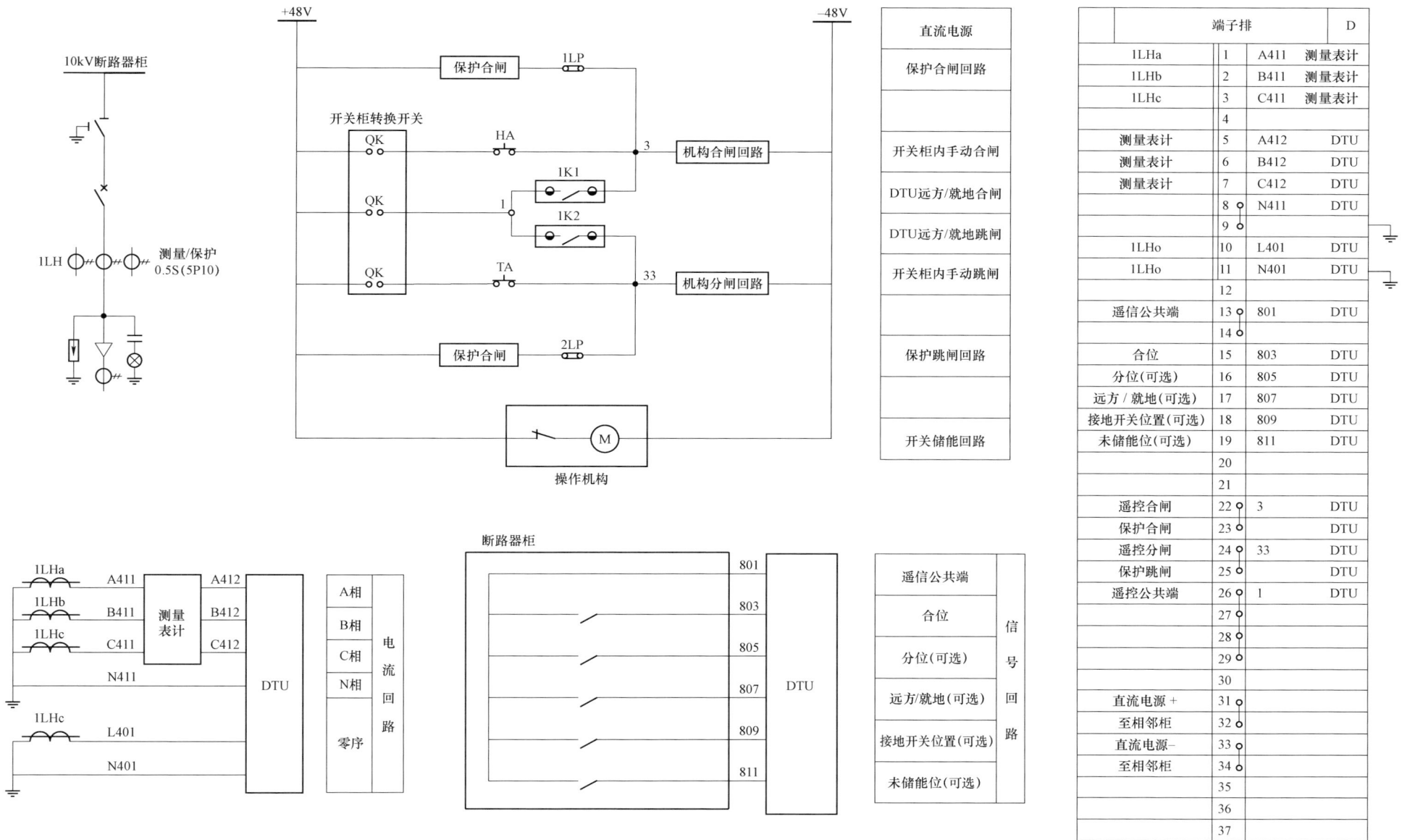

说明：DTU 采用空接点控制开关分合闸。

图 9-23　10kV 断路器柜二次图　XA-2-D2-02

		端子排		D
1LHa	1	A411	测量表计	
1LHb	2	B411	测量表计	
1LHc	3	C411	测量表计	
	4			
测量表计	5	A412	DTU	
测量表计	6	B412	DTU	
测量表计	7	C412	DTU	
	8	N411	DTU	
	9			
1LHo	10	L401	DTU	
1LHo	11	N401	DTU	
	12			
遥信公共端	13	801	DTU	
	14			
合位	15	803	DTU	
分位(可选)	16	805	DTU	
远方/就地(可选)	17	807	DTU	
接地开关位置(可选)	18	809	DTU	
未储能位(可选)	19	811	DTU	
	20			
	21			
遥控合闸	22	3	DTU	
保护合闸	23		DTU	
遥控分闸	24	33	DTU	
保护跳闸	25		DTU	
遥控公共端	26	1	DTU	
	27			
	28			
	29			
	30			
直流电源 +	31			
至相邻柜	32			
直流电源-	33			
至相邻柜	34			
	35			
	36			
	37			

正视图　　　　　　　　　　　　　　　　　侧视图　　　　　　　　　　　　　　　　　后视图

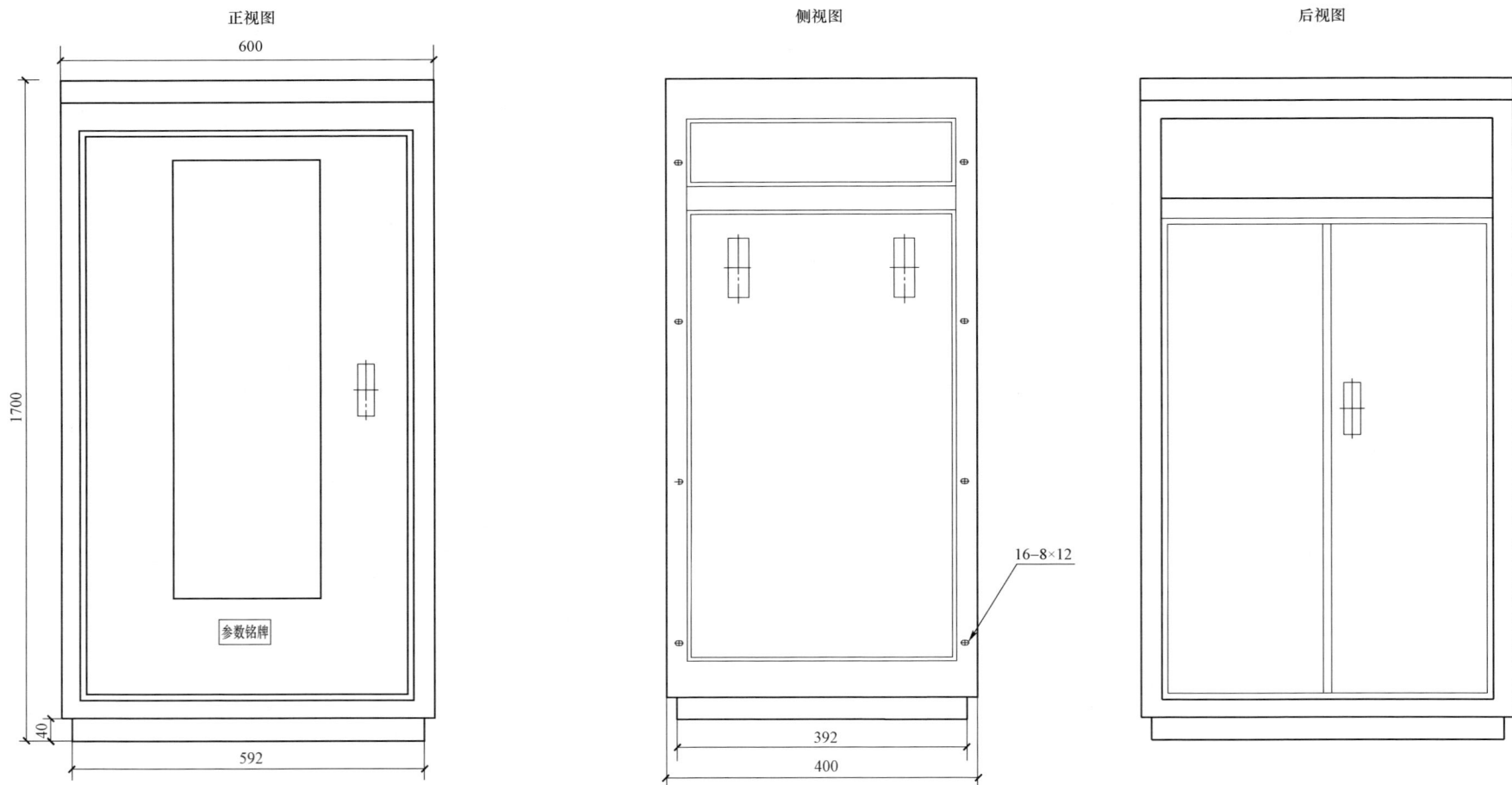

图 9-24　DTU 柜外形尺寸图　XA-2-D2-03

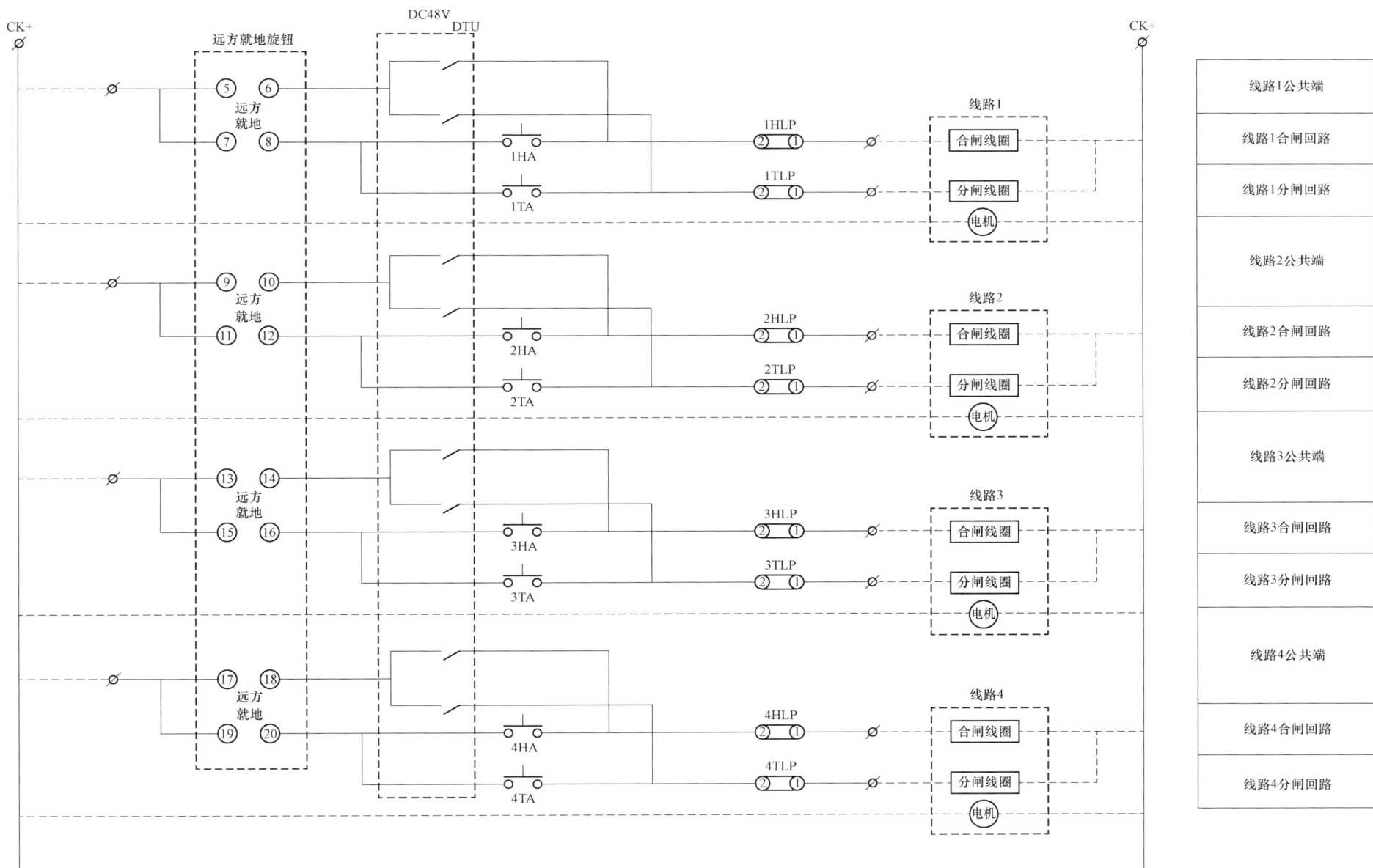

图9－25　DTU柜控制回路图　XA－2－D2－04

DY1 交流电源

DY1		交流电源
1	1	L1 AC220
2		
3		N1 AC220
4		
5	2	L2 AC220
6		N2 AC220

DY2 蓄电池电源

DY2	
1	DC 48V+
2	
3	DC 48V-
4	
5	
6	
7	测量蓄电池电压
8	
9	

DY3 操作电源

DY3	
1	DC 48V+
2	
3	
4	DC 48V-
5	

DY4 装置电源

DY4	
1	DC 48V+
2	
3	
4	DC 48V-
5	
6	
7	

DY5 通信电源

DY5		
1	DC 24V+	预留通信+
2	DC 24V-	预留通信-
3		

DY6 通信公共端

DY6	
1	通信公共端
2	
3	通信电源正
4	
5	
6	通信电源负
7	
8	
9	

2XL 遥控回路

2XL1	线路1遥控	
1	公共端	1
2		
3		
4		
5	遥控合闸回路	3
6	保护合闸回路	
7	遥控分闸回路	33
8	保护跳闸回路	

……

2XL4	线路4遥控	
1	公共端	1
2		
3		
4		
5	遥控合闸回路	3
6	保护合闸回路	
7	遥控分闸回路	33
8	保护跳闸回路	

1XL 交流电流回路

1XL1	线路1开关交流电流	
1	I_A	A412
2	I_B	B412
3	I_C	C412
4	I_N	N412
5	I_0	L401
6	N_0	N401

……

1XL4	线路4开关交流电流	
1	I_A	A412
2	I_B	B412
3	I_C	C412
4	I_N	N412
5	I_0	L401
6	N_0	N401

3XL 遥信回路

3XL1	线路1开关遥信	
1	线路1开关合位	1HA+
2	线路1开关分位	1FA+
3	线路1远方就地	
4	线路1地刀位置	
5	线路1未储能位	
6	线路1备用	

……

3XL6	线路6开关遥信	
1	线路6开关合位	6HA+
2	线路6开关分位	6FA+
3	线路6备用	
4	线路6地刀位置	
5	线路6未储能位	
6	线路6备用	

UD 采样电压

UD	母线
1	U_{a1}
2	U_{b1}
3	U_{c1}
4	U_{n1}
5	U_l
6	U_n
7	U_{a2}
8	U_{b2}
9	U_{c2}
10	U_{n2}
11	U_2
12	U_n

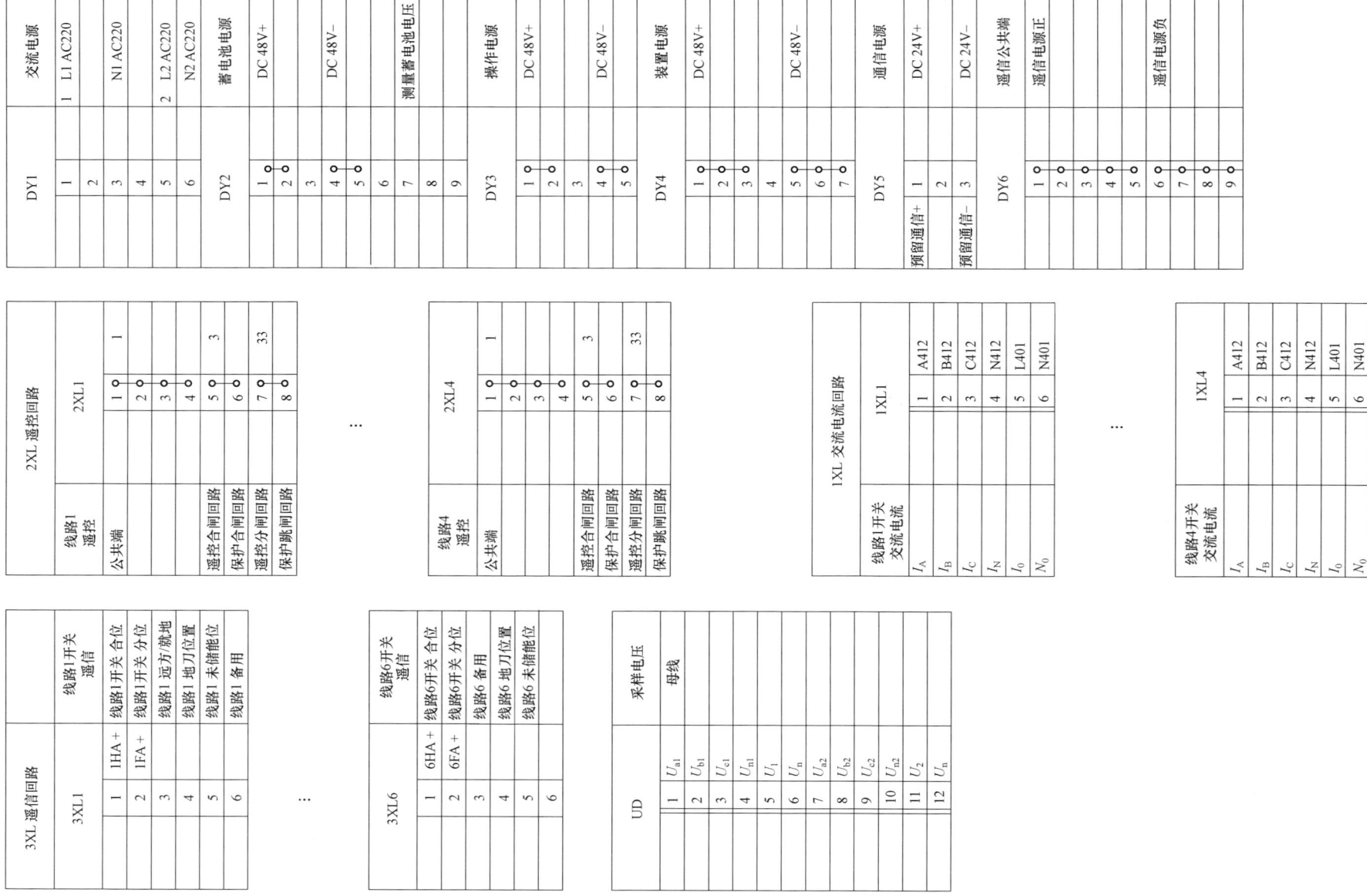

图9-26 DTU柜端子排图 XA-2-D2-05

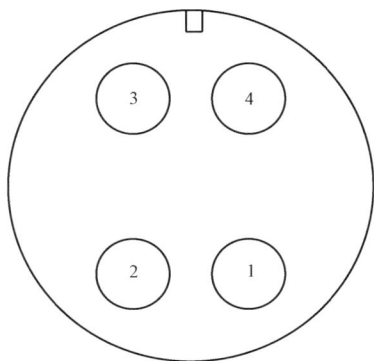

4芯航空插	
U_{l1}	1
U_{n1}	2
U_{l2}	3
U_{n2}	4

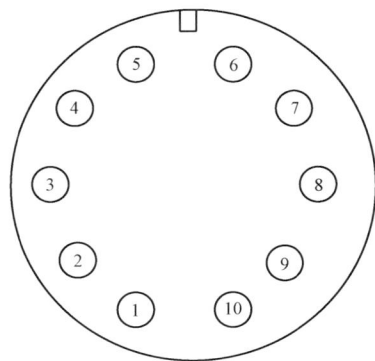

10芯航空插	
U_a	1
U_b	2
U_c	3
U_n	4
U_1	5
U_n	6
备用	7
备用	8
备用	9
备用	10

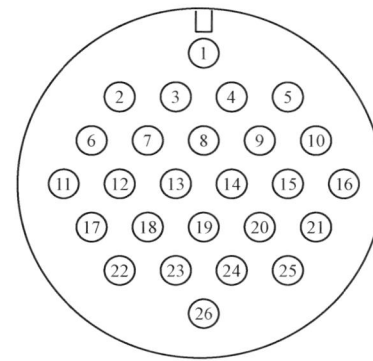

26芯航空插		26芯航空插	
I_a	1	保护跳闸-	14
I_b	2	储能+	15
I_c	3	储能-	16
I_n	4	备用	17
I_0	5	备用	18
I_{0com}	6	备用	19
遥控合闸+	7	备用	20
遥控合闸-	8	未储能位(可选)	21
遥控分闸+	9	接地开关位置(可选)	22
遥控分闸-	10	远方/就地(可选)	23
保护合闸+	11	分位(可选)	24
保护合闸-	12	合位	25
保护跳闸+	13	遥信公共端	26

图 9-27　航空插接线定义图　XA-2-D2-06

2Φ175MPP管（进线方向）
方向按实际情况而定

Φ150MPP管（出线方向）
数量和方向按实际情况而定

操作走廊

梯间距300

集水坑
Φ12@50钢筋网

通长槽钢

基础平面

φ16@140

50×50方钢

70×70方钢

地坪

300×300×400 C20混凝土

顶中心预埋100×100×6钢板1块

护栏图

入口

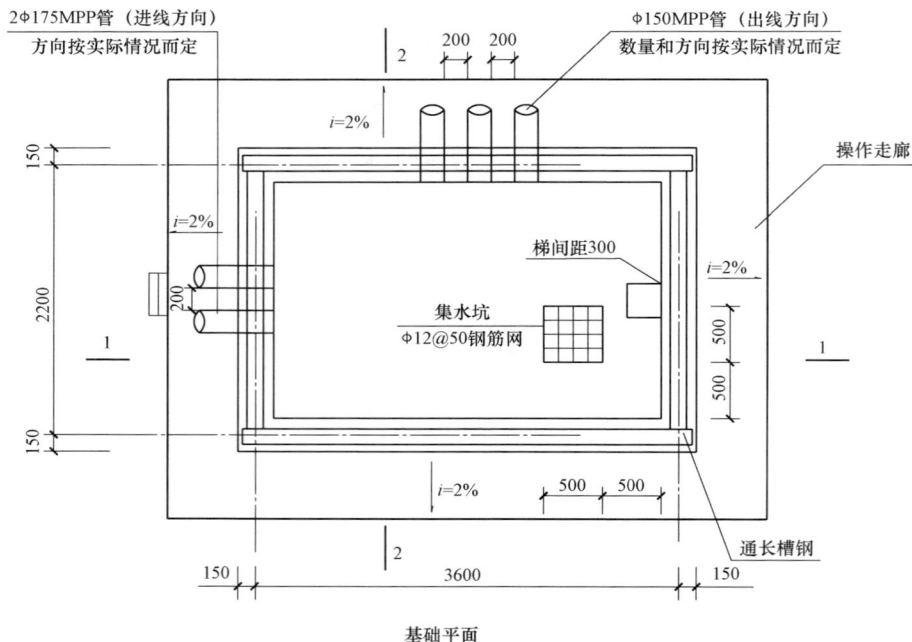

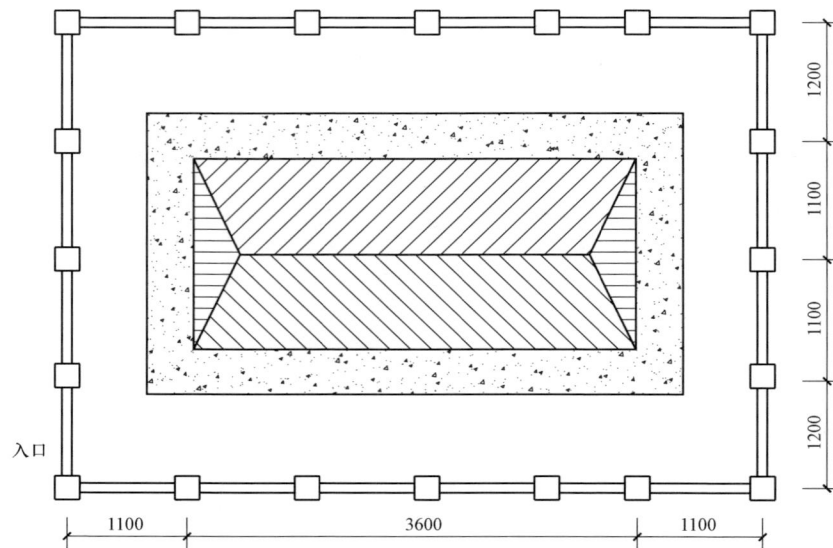

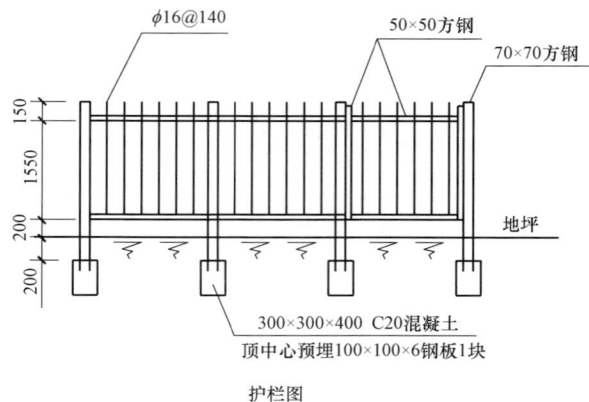

说明：1. 结构混凝土强度等级为 C25，基础垫层混凝土强度等级为 C15（厚度 150mm）。外露部位贴瓷砖，规格、颜色与箱体配合协调。

2. 地基处理按实际情况采取措施。

3. 基础与围栏之间的地面铺设混凝土预制砖。

4. 电缆进出线埋管方向和数量应按实际情况确定。

5. 爬梯位置应根据供货厂家提供的活动底板位置确定，钢爬梯涂刷红丹两道、面漆两道。

6. 通风窗采用 2mm 厚钢板冲压百叶窗，百叶窗孔隙不大于 10mm。百叶窗外框为 25mm×25mm×4mm。

7. 护栏与箱体外壳间的距离确保箱体门打开≥90°。

8. 护栏门上加挂锁，并设防雨板，护栏现场焊接，钢护栏除锈后涂刷红丹两道、面漆料到，焊缝处做好防腐处理。

9. 基础与地板及箱体基础与操作走廊基础间设置 10mm 宽的贯通变形沉降缝，采用 24 号镀锌铁皮、聚苯泡沫、沥青麻丝、沥青砂浆、密封材料填充封堵。

10. 所有线管穿混凝土结构处设置防水套管，套管与线管间填充沥青麻丝、防水材料密封。

图 9-28　箱式变电站设备基础平面图　XA-2-T-01

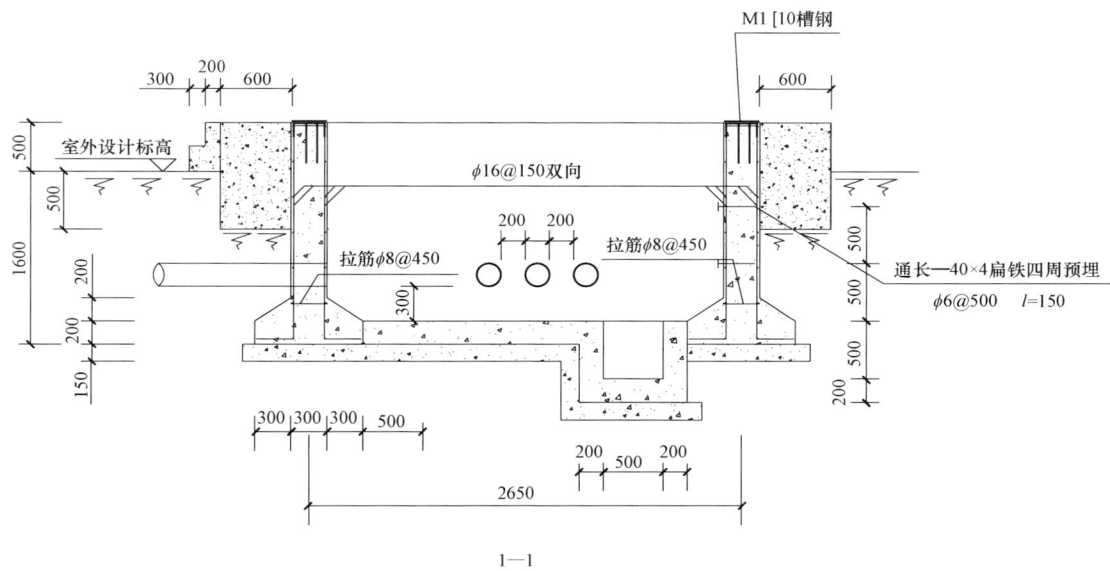

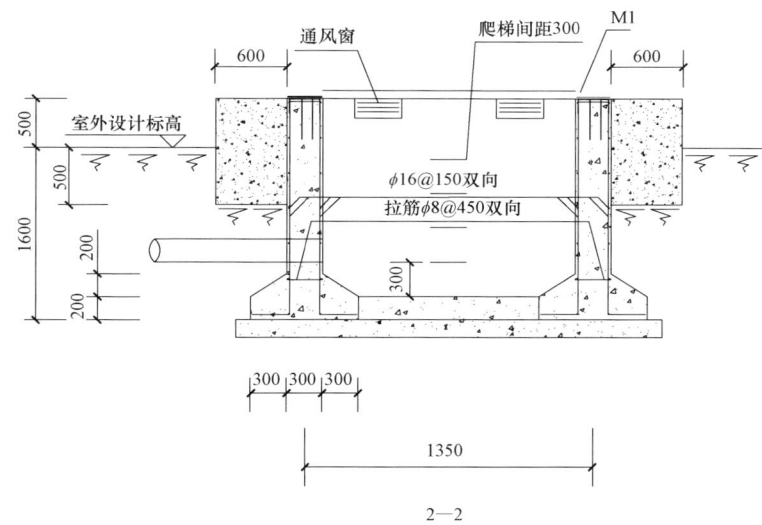

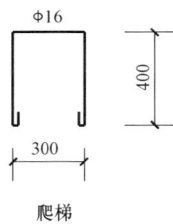

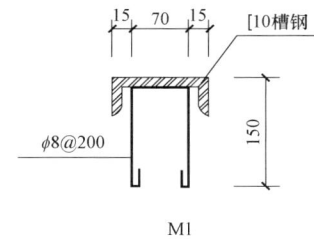

图 9−29　箱式变电站设备基础剖面图　XA−2−T−02

第10章 10kV配电变台通用设计

10.1 总体说明

10.1.1 技术原则概述

10.1.1.1 设计对象

10kV配电变台通用设计的设计对象为国网西藏电力有限公司系统内10kV柱上变压器、柱上线路调压器、柱上无功补偿装置的典型接线方式及安装形式。

（1）柱上变压器台通用设计方案仅涉及双杆1种安装方式，双杆柱上变压器台通用设计方案（ZA-1）。

（2）柱上线路调压器通用设计方案（ZA-2）。

（3）柱上无功补偿装置通用设计方案（ZA-31、ZA-32）。

10.1.1.2 适用范围

（1）10kV双杆柱上变压器台通用设计方案（ZA-1）适用于各类供电区域。

（2）柱上线路调压器通用设计方案（ZA-2）适用于功率因数满足要求，但电压波动大或压降大的10kV线路。

（3）柱上无功补偿装置通用设计方案（ZA-31、ZA-32）适用于供电距离远、功率因数低的10kV架空线路。

本通用设计方案按单回路线路安装进行设计，如安装于多回路线路，可根据实际情况做相应的调整。杆头部分装置型式依据架空线路分册通用设计中相应杆头型式进行灵活组合，能适应各种应用场景，便于带电作业，同时应考虑共享电杆的组合方式。

10.1.1.3 设计深度

按施工图设计内容深度要求开展工作。

10.1.1.4 环境条件

海拔：1000m＜H≤5000m；

环境温度：−40～+35℃；

最热月平均最高温度：15℃；

污秽等级：c、d级；

日照强度（风速0.5m/s）：0.118W/cm²；

地震烈度：地震加速度为0.2g，地震特征周期为0.45s。

10.1.2 技术条件

柱上变压器台及无功补偿装置应综合考虑操作简单、检修方便及节省投资等要求，按照主要设备和西藏地区常见安装要求，分为ZA-1、ZA-2、ZA-31、ZA-32四个方案，10kV配电变台通用设计技术条件见表10-1。

表10-1　　　　10kV配电变台通用设计技术条件

方案	变压器	主要设备安装要求	无功补偿	安装方式
ZA-1	50～400kVA柱上变（2级及以上节能型油浸式变压器）	变压器正装，10kV侧采用架空绝缘线正面引下，低压综合配电箱采用悬挂式安装，进线采用低压电缆引入，出线采用低压电缆引出	无功补偿不配置或按以下原则配置：200～400kVA变压器无功补偿不配置或按124kvar容量配置；200kVA以下变压器无功补偿不配置或按62kvar容量配置；实现无功需量自动投切；低压综合配电箱按需配置应急电源接口和配电智能终端	双杆等高
ZA-2	线路调压器	全密封、油浸式调压变，容量为1000～4000kVA；10kV侧：柱上真空断路器		台式
ZA-31	无功补偿装置	容量为100kvar及以下		单杆
ZA-32	无功补偿装置	容量为100～600kvar		双杆

10.1.3 电气一次部分

10.1.3.1 电气主接线

柱上变压器台及无功补偿装置电气主接线采用单母线接线。柱上变压器低压出线1～3回，进线选择高压熔断器，低压出线开关选用断路器或熔断器。线路调压器进线选择柱上断路器，无功补偿装置进线选择高压熔断器。

电气主接线应综合考虑供电可靠性、运行灵活性、操作检修方便、节省投资、便于过渡和扩建等要求。

10.1.3.2 主要设备选择

变压器电气主接线应根据变压器供电负荷、供电性质、设备特点等条件确定。

单向调压器容量根据安装点后用电负荷确定，双向调压器容量根据安装点前后用电负荷与电源容量确定。

无功补偿根据有功和补偿前后功率因数计算无功补偿容量，或依据局部电网配电变压器空载损耗和无功基荷选定无功补偿容量。

主要电气设备选择按照全寿命周期内综合优化原则，选择海拔适用能力级别的高原型专用免检修、少维护的电气设备，其性能应能满足高可靠性、技术先进、模块化的要求，并按海拔修正设备参数。

10.1.3.3　10kV 柱上变压器

1. 变压器选择

（1）柱上三相变压器容量选择不超过 400kVA，应有合理级差，容量规格不宜太多，容量选用 50、100、200、400kVA 四种规格。

（2）变压器选用 2 级能效及以上变压器，接线组别宜采用 Dyn11。

（3）三相变压器的变比在城区或供电半径较小地区采用 10.5 ± 5（2×2.5）%/0.4kV；郊区或供电半径较大、布置在线路末端的采用 10 ± 5（2×2.5）%/0.4kV；调容、有载调压变压器可参照柱上变压器台通用设计方案执行。

2. 低压综合配电箱

（1）柱上三相变压器低压综合配电箱按变压器容量分 2 档：200kVA 以下变压器按 200kVA 容量配置低压综合配电箱，配电箱外形尺寸选用 800mm×650mm×1200mm，空间满 200kVA 以下容量配变的 1 回进线、2 回馈线、计量、无功补偿、配电智能终端等功能模块安装要求；200～400kVA 变压器按 400kVA 容量配置低压综合配电箱，配电箱外形尺寸选用 1350mm×700mm×1200mm，空间满足 200～400kVA 容量配变的 1 回进线、3 回馈线、计量、无功补偿、配电智能终端等功能模块安装要求。箱体外壳优先选用不锈钢材料，也可选用纤维增强型不饱和聚酯树脂材料（SMC），外壳防护等级为 IP44。

（2）为满足低压不停电作业要求，配置应急电源接口接入，容量按照变压器选型。

（3）低压侧进线宜选带弹簧储能的熔断器式隔离开关，并配置栅式熔丝片和相间隔弧保护装置，出线采用断路器，并按需配置带通信接口的配电智能终端和 T1 级电涌保护器。城镇区域负荷密度较大，且仅供 1 回低压出线的情况下，可取消出线断路器。TT 系统的剩余电流动作保护器应根据《农村低压电网剩余电流工作保护器配置导则》（Q/GDW 11019—2013）要求进行安装，不锈钢综合配电箱外壳单独接地。

（4）低压综合配电箱：空间满足计量、配电智能终端等功能模块安装要求，配电智能终端需满足线损统计需求，实现双向有功、功率计算功能，根据选用的接地系统一般配置塑壳断路器或具备漏电保护功能的塑壳断路器、熔断器式隔离开关。

3. 熔断器

（1）10kV 选用跌落式熔断器。

（2）熔断器短路电流水平按 12.5kA 考虑，其他 10kV 设备短路电流水平均按 20kA 考虑。

10.1.3.4　10kV 线路调压器

（1）调压器选择。

1）调压器安装点的选择。10kV 线路调压器的安装点宜在线路电压上限或电压下限处；一般单向调压器的安装点在距线路首端 1/2 处或 2/3 处，双向调压器的安装点在距线路首端 1/3 处或 1/2 处。

2）调压器容量的选择：① 单向调压器容量根据装置安装点后用电负荷确定；② 双向调压器容量根据装置安装点前后用电负荷与电源容量确定；③ 考虑西藏地区适用性，容量宜选用 1000、2000、4000kVA 容量。

3）调压范围的选择。辐射型配电网中，调压器安装点电压在 8～10kV 之间波动时，选择调压范围为 0～20% 的单向调压器。调压器安装点电压在 8.66～10.66kV 之间波动时，选择调压范围为−5%～＋15% 的单向调压器；调压器安装点电压在 9～11kV 之间波动时，选择调压范围为−10%～＋10% 的单向调压器。

存在水电及分布式太阳能、风能等新能源接入的线路，一般选择调压范围为−20%～ ＋20% 的双向调压器。

使用单台调压器不能满足电压合格范围时，可在线路上安装多台调压器。

4）调压器的联结组标号为 YaO。

（2）一二次融合柱上断路器。设备应采用一二次融合柱上断路器，设备的短路电流水平按 20kA 考虑。

（3）避雷器选用交流无间隙金属氧化物避雷器。

（4）电源变压器容量应满足分接开关操作及采样需要，低压侧选用断路器或刀熔式开关。

10.1.3.5　10kV 线路无功补偿装置

1. 主要电气设备、短路电流及导体选择

（1）无功补偿适用范围的选择。供电距离远、功率因数低的 10kV 架空线路上，可适当安装无功补偿装置。

（2）无功补偿容量的选择。其容量一般按线路上配电变压器总容量 7%～10%配置（或经计算确定），但不应在低谷负荷时向系统倒送无功。

（3）无功补偿装置规格的选择。线路无功补偿装置规格较多，通常有以下几种选用规则：

1）原则上选用动态自动补偿型装置，单组动态补偿型选用容量不大于300kvar，两组动态补偿型总容量不大于 600kvar。

2）架空线路过长时，可 2 点配置无功补偿装置，不得超过 3 处。

3）配置多组电容的装置，应不等容量电容配置。

4）架空线路处于工业集中区、采茶区等，需配置串联 7%电抗器。

5）装置应考虑小水电、光伏发电等能源接入因素，控制逻辑要兼有按电压、无功电压、时间段、功率因数等多种投切控制方式。

6）控制器安装室单独设立，方便调试，须与高压空间隔离。

（4）10kV 选用跌落式熔断器。

（5）熔断器短路电流水平按 12.5kA 考虑，其他 10kV 设备短路电流水平均按 20kA 考虑。

（6）导体选择。无功补偿装置 10kV 引下线一般选择：主干线至高压熔断器上桩选用 JKLYJ–10kV–70mm² 架空绝缘导线，高压熔断器下桩至变压器选用 JKTRYJ–10/35mm² 导线；并根据实际情况对短路电流和热稳定进行校验。

（7）无功补偿装置台架容量为 50kvar 采用单杆方式，50kvar 以上采用等高杆方式，电杆采用非预应力混凝土杆，杆高原则上为 12、15m 两种。

（8）线路金具按"节能型、绝缘型"原则选用。

2. 基础

方案中所有混凝土杆的埋深及底盘的规格均按预定条件选定，若土质与设计条件差别较大可根据实际情况做适当调整。

3. 防雷、接地及过电压保护

电气设备的过电压及绝缘配合满足《交流电气装置的过电压保护和绝缘配合设计规范》（GB/T 50064）要求。

（1）采用交流无间隙金属氧化物避雷器进行过电压保护，金属氧化物避雷器按《交流无间隙金属氧化物避雷器》（GB 11032）中的规定进行选择，设备绝缘水平按标准要求执行。

（2）无功补偿装置均装设避雷器，并应尽量靠近无功补偿装置，其接地引下线应与无功补偿装置的金属外壳相连接。

（3）接地体宜敷设成围绕无功补偿装置的闭合环形，设 2 根及以上垂直接地极，接地体的埋深不应小于 0.8m，且不应接近煤气管道及输水管道。接地线与杆上需接地的部件必须接触良好。

10.2 ZA–1 方案说明

10.2.1 设计说明

10.2.1.1 总的部分

考虑操作检修方便、节省投资等要求，确定 ZA–1 方案主要技术原则为10kV 侧采用架空绝缘线引下，低压综合配电箱采用悬挂式安装，配电箱进线采用低压电缆引入、出线采用低压电缆引出；变压器选用正装、架空绝缘线正面引下方式，对应子方案编号为"ZA–1–ZX"。

1. 适用范围

一般宜选用柱上式变压器和低压综合配电箱方式，ZA–1–ZX 方案适用于西藏各类供电区域。

本设计方案为单回路线路，如果采用双回路，可根据实际情况做相应的调整。

2. 方案技术条件

ZA–1 方案根据总体说明中确定的预定条件开展设计，方案技术条件表见表 10–2。

表 10–2   ZA–1 方案技术条件表

序号	项目	内容
1	10kV 变压器	选用 2 级能效及以上变压器，容量选择以下四种规格：50、100、200、400kVA
2	低综合配电箱	低压综合配电箱按变压器容量分 2 档：200kVA 以下变压器按 200kVA 容量配置低压综合配电箱，配电箱外形尺寸选用 800mm×650mm×1200mm，空间满足200kVA 以下容量配变的 1 回进线、2 回馈线、计量、无功补偿、配电智能终端等功能模块安装要求；200～400kVA 变压器按 400kVA 容量配置低压综合配电箱，配电箱外形尺寸选用 1350mm×700mm×1200mm，空间满足 200～400kVA容量配变的 1 回进线、3 回馈线、计量、无功补偿、配电智能终端等功能模块安装要求。箱体外壳优先选用不锈钢材料，也可选用纤维增强型不饱和聚酯树脂材料（SMC），外壳防护等级为 IP44
3	主要设备型式	10kV 选用跌落式熔断器。0.4kV 进线选用弹簧储能的熔断器式隔离开关，出线采用断路器。熔断器短路电流水平按 12.5kA 考虑，其他 10kV 设备短路电流水平均按 20kA 考虑

10.2.1.2 电力系统部分

（1）本通用设计按照给定的变压器进行设计，在实际工程中，需要根据实地情况具体设计选择变压器容量。

（2）熔断器短路电流水平按 12.5kA 考虑，其他 10kV 设备短路电流水平均按 20kA 考虑。

（3）高压侧采用跌落式熔断器，低压侧进线选择弹簧储能的熔断器式隔离开关，出线开关选用断路器。

10.2.1.3 电气一次部分

1. 短路电流及主要电气设备、导体选择

（1）变压器。规格如下：

型式：选用 2 级能效及以上变压器；

容量：50、100、200、400kV；

阻抗电压：$U_k\%=4$；

额定电压：10（10.5）±5（2×2.5）%/0.4kV；

接线组别：Dyn11；

冷却方式：自冷式。

（2）10kV 侧选用跌落式熔断器，10kV 避雷器采用金属氧化物避雷器。

（3）低压综合配电箱。

1）低压综合配电箱外形尺寸选用 800mm×650mm×1200mm，空间满足 200kVA 以下容量配变的 1 回进线、2 回馈线、计量、无功补偿、配电智能终端等功能模块安装要求；外形尺寸选用 1350mm×700mm×1200mm，空间满足 200～400kVA 容量配变的 1 回进线、3 回馈线、计量、无功补偿、配电智能终端等功能模块安装要求。配电智能终端需满足线损统计需求，实现双向有功、功率计算功能。箱体外壳优先选用不锈钢材料，也可选用纤维增强型不饱和聚酯树脂材料（SMC），外壳防护等级为 IP44。

2）低压综合配电箱采用适度以大代小原则配置，200～400kVA 变压器按 400kVA 容量配置，无功补偿不配置或按 124kvar 配置，配置方式为共补 3×32+16kvar、分补 8+4kvar；200kVA 以下变压器按 200kVA 容量配置，无功补偿不配置或按 62kvar 配置，配置方式为共补 3×16kvar、分补 8+4+2kvar。实现无功需量自动投切，按需配置配电智能终端。

3）低压侧电气主接线采用单母线接线，出线 1～3 回。进线宜选择带弹簧储能的熔断器式隔离开关，并配置栅式熔丝片和相间隔弧保护装置，出线开关选用断路器，并按需配置带通信接口的配电智能终端和 T1 级电涌保护器。城镇区域负荷密度较大，且仅供 1 回低压出线的情况下，可取消出线断路器。TT

系统的剩余电流动作保护器应根据《农村低压电网剩余电流工作保护器配置导则》（Q/GDW 11020）要求进行安装，不锈钢综合配电箱外壳单独接地。

4）为满足低压不停电作业要求，低压综合配电箱配置应急电源接口接入，容量按照变压器选型。

5）低压综合配电箱：空间满足计量、配电智能终端等功能模块安装要求，配电智能终端需满足线损统计需求，实现双向有功、功率计算功能，根据选用的接地系统一般配置塑壳断路器或具备漏电保护功能的塑壳断路器、熔断器式隔离开关。

6）低压综合配电箱采取悬挂式安装，下沿距离地面不低于 2.0m，有防汛需求可适当加高。在农村、农牧区等 C、D、E 类供电区域，低压综合配电箱下沿离地高度可降低至 1.8m，变压器支架、避雷器、熔断器等安装高度应做同步调整，并宜在变压器台周围装设安全围栏。低压进线采用低压电缆，由配电箱侧面进线；低压出线采低压电缆，由配电箱侧面出线。电杆外侧敷设，低压出线优先选择副杆，使用电缆卡抱固定；采用电缆入地敷设时，由配电箱底部出线。

（4）导体选择。变压器 10kV 引下线一般选择：主干线至高压熔断器上桩选用 JKLYJ−10kV−70mm² 架空绝缘导线，高压熔断器下桩至变压器选用 JKTRYJ−10/35mm² 导线。变压器至低压综合配电箱出线选择：200kVA 以下变压器选用 ZC−YJV−0.6/1kV−1×150mm² 单芯电缆，200～400kVA 变压器选用 ZC−YJV−0.6/1kV−1×300mm² 单芯电缆。

低压综合配电箱出线电缆型号应结合变压器容量予以配置，推荐按如下原则进行选用：

1）50kVA 变压器配电箱出线单回，采用 ZC−YJV−0.6/1kV−4×70mm² 电缆出线。

2）100kVA 变压器配电箱出线双回，采用 ZC−YJV−0.6/1kV−4×120mm² 电缆出线。

3）200kVA 变压器配电箱出线双回，采用 ZC−YJV−0.6/1kV−4×150mm² 电缆出线。

4）400kVA 变压器配电箱出线双回，采用 ZC−YJV−0.6/1kV−4×240mm² 电缆出线。

（5）柱上变压器台架采用等高杆方式，电杆采用非预应力混凝土杆，杆高原则上一般选用为 12、15m 两种。

（6）线路金具按"节能型、绝缘型"原则选用。

（7）变压器台架承重力按照 400kVA 变压器及配套低压综合配电箱重量考虑设计。

2. 基础

方案中所有混凝土杆的埋深及底盘的规格均按预定条件选定，若土质与设计条件差别较大可根据实际情况做适当调整。

3. 防雷、接地及过电压保护

交流电气装置的接地应符合《交流电气装置的接地设计规范》（GB/T 50065）要求。电气装置过电压保护应满足《交流电气装置的过电压保护和绝缘配合设计规范》（GB/T 50064）要求。

（1）采用交流无间隙金属氧化物避雷器进行过电压保护，金属氧化物避雷器按《交流无间隙金属氧化物避雷器》（GB/T 11032）中的规定进行选择，设备绝缘水平按标准要求执行。

（2）配电变压器均装设避雷器，并应尽量靠近变压器，其接地引下线应与变压器二次侧中性点及变压器的金属外壳相连接。在多雷区宜在变压器二次侧装设避雷器，避雷器应尽量靠近被保护设备，连接引线尽可能短而直；柱上变压器台高压侧须安装金属氧化物避雷器。

（3）中性点直接接地的低压配电线路，其保护中性线（PEN 线）应在电源点接地，TN-C 系统在干线和分支线的终端处，应将 PEN 线重复接地，且接地点不应少于三处；TT 系统除变压器低压侧中性点直接接地外，中性线不得再重复接地，不锈钢综合配电箱外壳单独接地，剩余电流动作保护器另应根据《农村低压电网剩余电流动作保护器配置导则》（Q/GDW 11020）要求进行安装。接地体敷设成围绕变压器的闭合环形，设 2 根及以上垂直接地极，接地体的埋深不应小于 0.8m，且不应接近煤气管道及输水管道；接地线与杆上需接地的部件必须接触良好。

（4）低压综合配电箱防雷采用 T1 级浪涌保护器，壳体、浪涌保护器及避雷器应接地，接地引线与接地网可靠连接。

（5）设水平和垂直接地的复合接地网。接地体一般采用镀锌钢，腐蚀性高的地区宜采用铜包钢或者石墨。接地电阻、跨步电压和接触电压应满足有关规程要求。考虑防盗要求接地极汇合点设置在主杆 3.0m 处，分别与避雷器接地、变压器中性点接地、变压器外壳接地和不锈钢低压综合配电箱外壳进行有效连接；不锈钢综合配电箱外壳接地端口留在箱体上部。

（6）10kV 接地系统采用不接地、消弧线圈，保护接地和工作接地可共用接地装置；采用小电阻接地时，多台变压器台接地装置互联的总接地电阻不超过 0.5Ω 时，保护接地和工作接地可共用接地装置，单独接地的变压器台的保护接地和工作接地应分开设置，两组接地装置设置距离应满足规范要求。

（7）安装于冻土区域时，接地装置需埋设于冻土层下，接地电阻需满足相关要求。

10.2.1.4 电气二次部分

1. 电能计量装置配置原则

（1）电能计量装置选用及配置应满足《电能计量装置技术管理规程》（DL/T 448）和《电力装置电测量仪表装置设计规范》（GB/T 50063）规定。

（2）互感器采用专用计量二次绕组。

（3）计量二次回路不得接入与计量无关的设备。

2. 智能终端配置原则

（1）柱上变压器台的低压综合配电箱中应预留智能终端及配套设备的安装位置。

（2）智能终端及配套设备配置应遵循"标准化设计，差异化实施"原则。

（3）智能终端宜选用集柱上变压器台供用电信息采集、设备状态监测及通信组网、就地化分析决策、主站通信及协同计算等功能于一体的台区智能融合终端。台区智能融合终端功能、性能应满足《台区智能融合终端技术规范》《智慧物联体系建设方案》《配电物联网建设方案》的要求。

（4）应充分利用现有设备资源，因地制宜地做好通信配套建设，合理选择通信方式。智能终端与主站通信方式可选用无线公网、光纤专网、电力载波等，对下与多功能表、智能电表等通信方式应兼具宽带电力载波、微功率无线、串口等，具体通信建设方案应综合考虑施工、造价及运维成本等因素。

3. 继电保护配置原则

应按《继电保护和安全自动装置技术规程》（GB/T 14285）的要求配置继电保护，配电变压器宜采用熔断器保护。

10.2.1.5 其他

（1）标志标识。在台架两侧电杆上安装"禁止攀登，高压危险"警示牌，尺寸为 300×240，禁止标志牌长方形衬底色为白色，带斜杠的圆边框为红色，标志符号为黑色，辅助标志为红底白字、黑体字，字号根据标志牌尺寸、字数调整。

（2）设备外观颜色。柱上变压器、SMC 材质低压综合配电箱外观颜色采用海灰 B05，304 不锈钢材质低压综合配电箱采用亚光处理，热镀锌支架不再喷涂颜色。

（3）电杆选用非预应力混凝土杆，应符合《环形混凝土电杆》（GB/T 4623），电杆基础及埋深是根据国标，仅为参考，具体使用必须根据实际的地质情况进行调整。

（4）铁附件选用原则。

1）物料库中应采用统一的名称、规格，禁止同物不同名。

2）设计选择时应写明详细的型号代码，确保唯一性。

（5）绝缘子金具串选用原则。综合考虑强度、耐冲击性、耐用性、紧密性和转动灵活性选择绝缘子金具串，具体要求如下：

1）线路运行时，不应损坏导线，并应能起到保护导、地线的作用。

2）能承受安装、维修和运行时产生的各种机械载荷，并能经受设计工作电流（包括短路电流）、运行温度以及周围环境条件等各种情况的考验。

3）装配式金具的各部件应能有效锁紧，在运行中不松脱。

4）带电检修时，应考虑检修的安全性和操作的方便性。

5）与导线和地线表面直接接触的压接金具，其压缩面在安装前应保护好，防止污染，采用合适的材料及制造工艺防止产品脆变。

6）金具选材时应考虑材料的机械强度、耐磨性和耐腐蚀性等。应选择满足设计要求、经济合理、性能优良、环保节能的常用材料；为了减少线路运行中产生的磁滞损耗和涡流损耗，与导线直接接触的金具部件应采用铝质或铝合金材料。

7）金具串连接部位应按面接触进行选择连接金具、在满足转动灵活条件下宜采用数量最少的方案。

8）绝缘子金具串上的螺栓、弹簧销等的穿向按《电气装置安装工程 66kV 及以下架空电力线路施工及验收规范》（GB 50173）要求安装。

9）架空绝缘线路带电裸露部位均应进行绝缘防水封护。

（6）全绝缘要求。配电台区所有设备应安装绝缘罩，台区需达到全绝缘要求。

10.2.2 主要设备及材料清册

ZA-1 方案主要设备材料表见表 10-3。

表 10-3　　　　　　　　ZA-1 方案主要设备材料表

序号	名称	型号及规格	单位	数量	备注
1	2 级及以上节能型变压器	50kVA 或 100kVA 或 200kVA 或 400kVA；Dyn11；$U_k\%=4$	台	1	高原型
2	混凝土杆	$\phi190\times12m$ 或 $\phi190\times15m$（非预应力杆）	根	2	双杆等高
3	跌落式熔断器	100A	只	3	高原型，高压熔丝按变压器容量选择
4	避雷器	YH5WS5-17/50	台	3	高原型，普通避雷器（带绝缘罩）
5	低压综合配电箱	配电箱容量 200kVA，尺寸 800mm×650mm×1200mm	个	1	高原型按配置原则配置
		配电箱容量 400kVA，尺寸 1350mm×700mm×1200mm	个	1	
6	高压架空绝缘导线	JKLYJ-10kV-70mm²	m	25	可按实际尺寸调整（熔断器前使用）
7	高压架空绝缘导线	JKTRYJ-10/35mm²	m	8	熔断器后使用
8	综合箱进线	200～400kVA 配变选用：ZC-YJV-0.6/1kV-1×300mm² 200kVA 以下配变选用：ZC-YJV-0.6/1kV-1×150mm²	m	18	可按实际情况选配
9	综合箱出线	50kVA 配变选用：ZC-YJV-0.6/1kV-1×70mm² 100kVA 配变选用：ZC-YJV-0.6/1kV-1×120mm² 200kVA 配变选用：ZC-YJV-0.6/1kV-1×150mm² 400kVA 配变选用：ZC-YJV-0.6/1kV-1×240mm²	m	20	可按实际情况选配

10.2.3 使用说明

10.2.3.1 概述

1. 标准化台架设计

通过统一电杆、低压综合配电箱、低压出线和接地体安装要求，明确组件颜色、标识规格，建设技术标准统一、外观一致的标准化台架。

2. 变压器模块

变压器模块选取正装子模块；正装子模块包含变压器、低压综合配电箱进线、接地引下线及相应附件。

3. 熔断器模块

熔断器模块选取正装子模块，包含熔断器、熔丝、与安装方式相匹配的铁件及相应附件。

4. 高压引线模块

高压引线模块选取绝缘导线子模块，绝缘导线子模块采用正装方式。绝缘导线子模块包含高压引线（至变压器、熔断器）、金具、绝缘子、与安装方式相匹配的铁件及相应附件。

5. 避雷器模块

避雷器模块分为跌落式避雷器和普通式避雷器子模块，每个子模块均采用正装方式，均包含避雷器、接地引线、支架、与安装方式相匹配的铁件及相应附件。

10.2.3.2　基本方案说明

（1）柱上变压器台采用双杆等高布置方式。

（2）低压综合配电箱采用吊装方式，箱体外壳优先选用不锈钢材料，也可选用纤维增强型不饱和聚酯树脂材料（SMC），箱体尺寸分为 800mm×650mm×1200mm 和 1350mm×700mm×1200mm（宽×深×高）两种，以主杆为基准正面布置，便于运行维护。其底部距地面不小于 2.0m，变压器台架宜相应抬高。在农村、农牧区等 D、E 类供电区域，低压综合配电箱下沿离地高度可降低至 1.8m，变压器支架、避雷器、熔断器等安装高度应做同步调整，并宜在变压器台周围装设安全围栏。低压综合配电箱应配置带盖通用挂锁，有防止触电的警告标示并采取可靠的接地和防盗措施。

（3）低压综合配电箱电气主接线采用单母线接线，出线 1～3 回。进线开关选用熔断器式隔离开关，宜选择带弹簧储能的熔断器式隔离开关，并配置栅式熔丝片和相间隔弧保护装置，出线开关选择断路器（剩余电流保护器），配置相应的保护。城镇区域负荷密度较大，且仅供 1 回低压出线的情况下，可取消出线断路器。TT 系统的剩余电流动作保护器应根据《农村低压电网剩余电流动作保护器配置导则》（Q/GDW 11020）要求进行安装，不锈钢综合配电箱外壳单独接地。并按需配置带通信接口的配电智能终端和 T1 级浪涌保护器。

（4）低压综合配电箱内采用母排，全绝缘包封，进出线额定电流及无功补偿根据配电箱容量和出线回路数配置。进线采用低压电缆，其中 200kVA 以

下变压器选用 ZC－YJV－0.6/1kV－1×150mm² 单芯电缆，200～400kVA 变压器选用 ZC－YJV－0.6/1kV－1×300mm² 单芯电缆；配电箱出线选用低压电缆，出线电缆型号应结合变压器容量予以配置，推荐按如下原则进行选用：① 50kVA 变压器配电箱出线单回，采用 ZC－YJV－0.6/1kV－4×70mm² 电缆出线；② 100kVA 变压器配电箱出线双回，采用 ZC－YJV－0.6/1kV－4×120mm² 电缆出线；③ 200kVA 变压器配电箱出线双回，采用 ZC－YJV－0.6/1kV－4×150mm² 电缆出线；④ 400kVA 变压器配电箱出线双回，采用 ZC－YJV－0.6/1kV－4×240mm² 电缆出线。

10.2.3.3　其他

（1）本方案按国标 c、d 级污秽区设计。

（2）本方案以地基承载力特征值 $f_{ak}=150$kPa，地下水无影响，非采暖区设计，当具体工程中实际情况有所变化时，应对有关项目做相应调整。

（3）本次通用设计方案均按海拔（H）≤1000m 设计，用于 1000m＜H≤5000m 高海拔地区时，还应遵循以下内容：

1）当 1000m＜H≤5000m 时，各海拔的杆头电气距离、绝缘子选用、柱上设备的外绝缘水平均应满足《高海拔外绝缘配置技术规范》（Q/GDW 13001）相关内容要求。

2）根据《高海拔外绝缘配置技术规范》（Q/GDW 13001）的要求，非重冰区线路柱式瓷绝缘子配置表见表 10-4。

表 10-4　　　　　非重冰区线路柱式瓷绝缘子配置表

污区等级	H≤1000m	1000m＜H≤2500m	2500m＜H≤5000m
a、b、c	R5，ET105L125，283，360	R12.5，ET125N，160，305，400	R12.5，ET150N，170，336，534
d	R12.5，ET125N，160，305，400（R12.5，ET150N，170，336，534）	R12.5，ET125N，160，305，400（R12.5，ET150N，170，336，534）	R12.5，ET150N，170，336，534
e	R12.5，ET150N，170，336，534	R12.5，ET150N，170，336，534	R12.5，ET150N，170，336，534

注　1. 绝缘子配置按海拔分类范围值上限考虑。

　　2. 海拔 2500m 及以下、d 污区等级地区瓷绝缘单位爬电距离取 3.4～4.0 时选用括号内型号绝缘子。

3）海拔不超过 5000m 地区的线路相对地（导线与杆塔构件、拉线之间）、相间最小间隙见表 10-5 和表 10-6。

表 10-5 **10kV 架空线路导线与杆塔构件、拉线之间的最小间隙**

海拔（m）	最小间隙（m）
1000 及以下	0.200
1000～2000	0.226
2000～3000	0.256
3000～4000	0.288
4000～5000	0.327

表 10-6 **10kV 过引线、引下线与邻相导线之间的最小间隙**

海拔（m）	最小间隙（m）
1000 及以下	0.300
1000～2000	0.326
2000～3000	0.356
3000～4000	0.388
4000～5000	0.427

4）当加强绝缘时塔头空气间隙的雷电冲击放电电压 $U_{50}\%$ 可选为绝缘子串相应电压的 0.85 倍进行配合（污秽区该间隙可仍按 a 级污秽区配合）。

5）修正设备外绝缘水平。对于安装海拔高于 1000m 处的设备，外绝缘水平应根据《绝缘配合 第 1 部分：定义、原则、规则》（GB 311.1）进行修正，修正系数应考虑空气密度和温湿度对设备的影响。

6）其他。海拔超过 5000m 地区、重冰区、强紫外线地区等特殊气象环境下，线路外绝缘配置宜根据工程所在地试验结果或地区运行经验确定。

（4）本次设计中低压出线方案考虑避免低压线路穿越高压线路问题，在低压线路设计中合理布置低压线路方向。

10.2.4 设计图

ZA-1 方案设计图清单见表 10-7，图中标高单位为 m，尺寸未注明单位者均为 mm。

表 10-7 **ZA-1 方案设计图清单**

图序	图名	图纸编号	成套化采购方案编码
图 10-1	50kVA 配变电气主接线图	ZA-1-D1-01-01	
图 10-2	100kVA 配变电气主接线图	ZA-1-D1-01-02	
图 10-3	200kVA 配变电气主接线图	ZA-1-D1-01-03	
图 10-4	400kVA 配变电气主接线图	ZA-1-D1-01-04	
图 10-5	柱上变压器杆型图（15m 双杆）	ZA-1-ZX-D1-02-01	ZA-1-ZX-J15-T2-R5-Y6-B9
图 10-6	物料清单（15m 双杆）	ZA-1-ZX-D1-03-01	ZA-1-ZX-J15-T2-R5-Y6-B10
图 10-7	柱上变压器杆型图（12m 双杆）	ZA-1-ZX-D1-02-02	ZA-1-ZX-J12-T3-R6-Y7-B11
图 10-8	物料清单（12m 双杆）	ZA-1-ZX-D1-03-02	ZA-1-ZX-J12-T3-R6-Y7-B12
图 10-9	接地体加工图	ZA-1-D1-04	
图 10-10	200kVA 低压综合配电箱电气图	ZA-1-D1-05-01	
图 10-11	400kVA 低压综合配电箱电气图	ZA-1-D1-05-02	
图 10-12	200kVA 低压综合配电箱 2 回馈线布置加工图	ZA-1-D1-06-01	
图 10-13	400kVA 低压综合配电箱 3 回馈线布置加工图	ZA-1-D1-06-02	

10kV 三相柱上变压器台模块编码清单见表 10-8。

表 10-8 **10kV 三相柱上变压器台模块编码清单**

图序	模块名称	代码
图 10-14	标准化台架组装图（15m 双杆）	J15
图 10-15	标准化台架组装图（12m 双杆）	J12
图 10-16	变压器正装子模块（15m）	T2
图 10-17	变压器正装子模块（12m）	T3
图 10-18	熔断器正装子模块（15m）	R5
图 10-19	熔断器正装子模块（12m）	R6
图 10-20	高压引线正装绝缘导线子模块（15m）	Y6
图 10-21	高压引线正装绝缘导线子模块（12m）	Y7
图 10-22	避雷器正装子模块 a（普通避雷器，15m）	B9
图 10-23	避雷器正装子模块 b（普通避雷器，12m）	B10

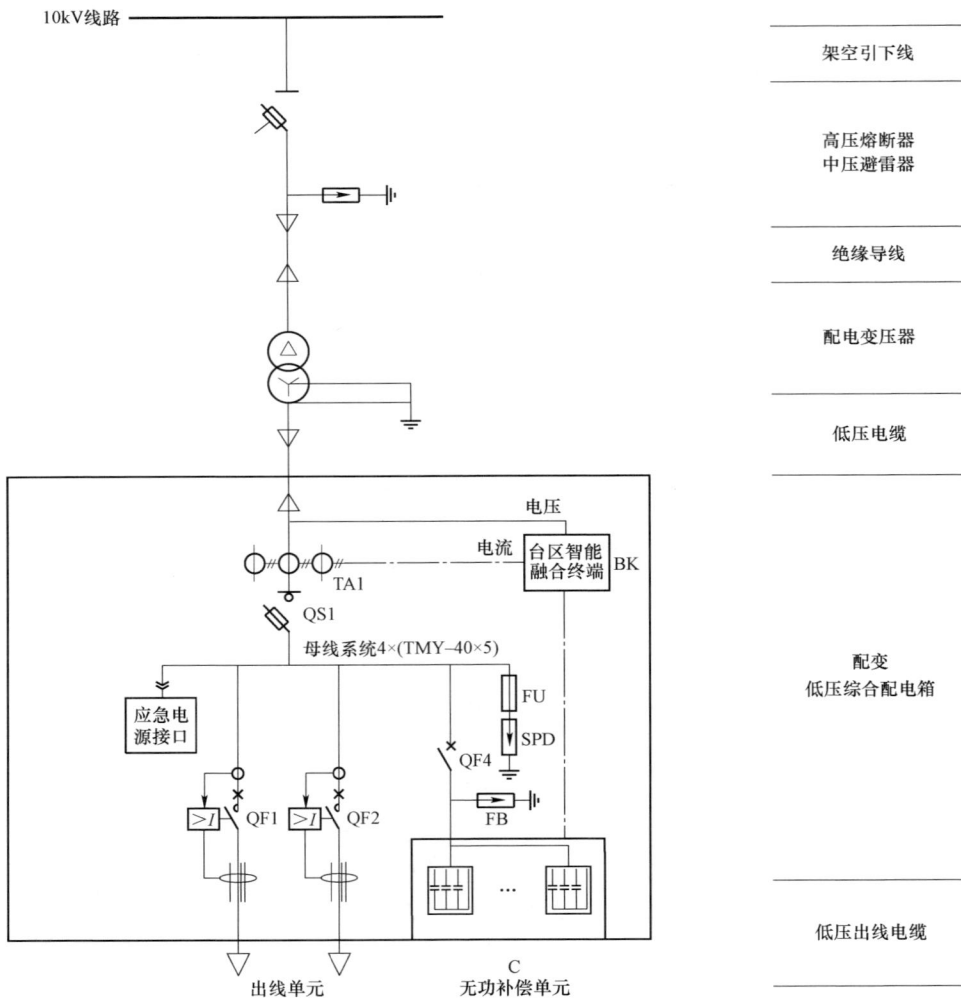

序号	名称	规格参数	单位	数量	备注
1	架空引下线	JKLYJ－10kV－70mm²	m	25	可按实际尺寸调整，熔断器前使用
2	高压熔断器	AC10kV	只	3	100A
		熔丝 5A	根	3	根据变压器容量选配
3	普通避雷器	HY5WS5－17/50	只	3	
4	绝缘导线	JKTRYJ－10/35mm²	m	8	熔断器后使用
5	配电变压器	2 级及以上节能型变压器 容量 50kVA	台	1	10（10.5）±2×2.5%（5%）/0.4kV Dyn11 U_k＝4.0%
6	变压器低压侧出线	ZC－YJV－0.6/1kV－ 1×150	m	18	规格参数按对应子模块具体物料选择
7	低压综合配电箱	配电箱，户外，3 回路 200kVA	台	1	按变压器容量选配
8	配电箱（柜）出线	YJV－0.6/1kV－4×70	m	10	按照实际需求长度配置

200kVA 低压综合配电箱出线

图 10－1 50kVA 配变电气主接线图 ZA－1－D1－01－01

· 234 · 国网西藏电力有限公司配电网工程通用设计 配电站房分册（2024 年版）

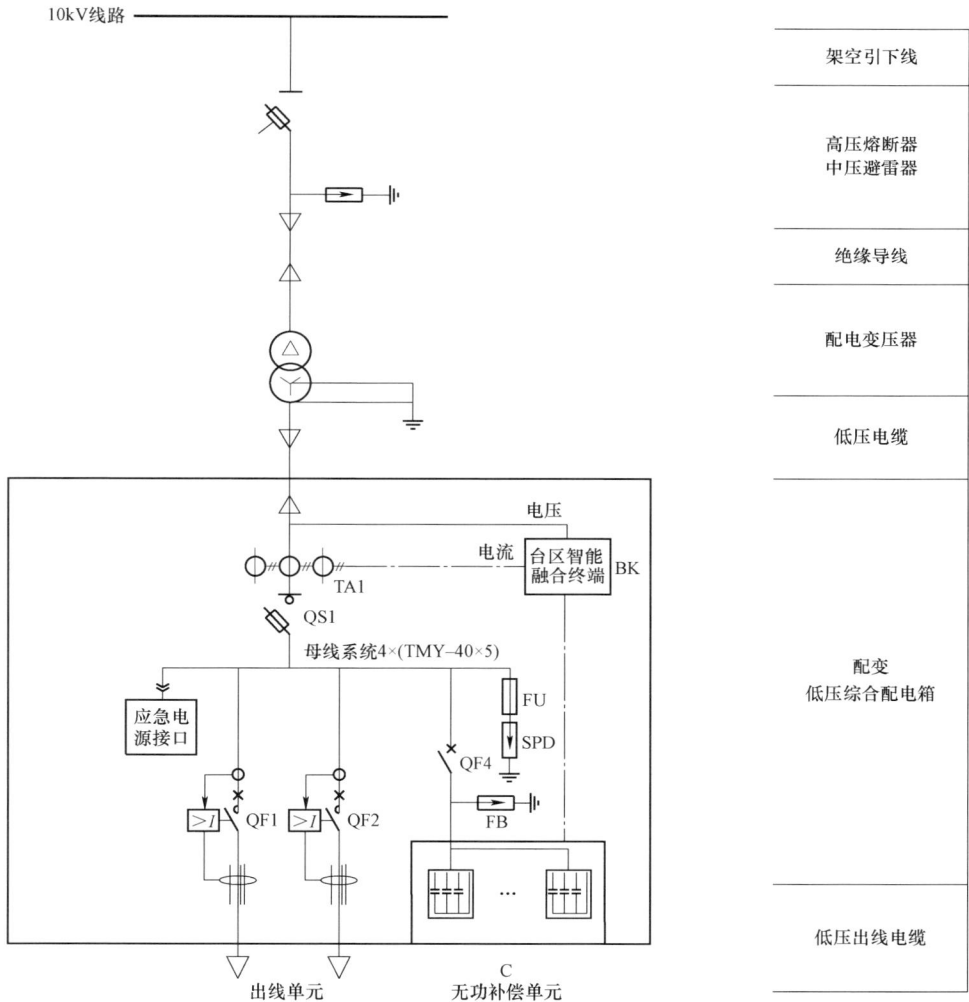

图 10－2　100kVA 配变电气主接线图　ZA－1－D1－01－02

200kVA 低压综合配电箱出线

序号	名称	规格参数	单位	数量	备注
1	架空引下线	JKLYJ－10kV－70mm²	m	25	可按实际尺寸调整，熔断器前使用
2	高压熔断器	AC10kV	只	3	100A
		熔丝 10A	根	3	根据变压器容量选配
3	普通避雷器	HY5WS5－17/50	只	3	
4	绝缘导线	JKTRYJ－10/35mm²	m	8	熔断器后使用
5	配电变压器	2 级及以上节能型变压器 容量 100kVA	台	1	10（10.5）±2×2.5%（5%）/0.4kV Dyn11 U_k＝4.0%
6	变压器低压侧出线	ZC－YJV－0.6/1kV－ 1×150	m	18	规格参数按对应子模块具体物料选择
7	低压综合配电箱	配电箱，户外，3 回路 200kVA	台	1	按变压器容量选配
8	配电箱（柜）出线	YJV－0.6/1kV－4×120	m	20	按照实际需求长度配置

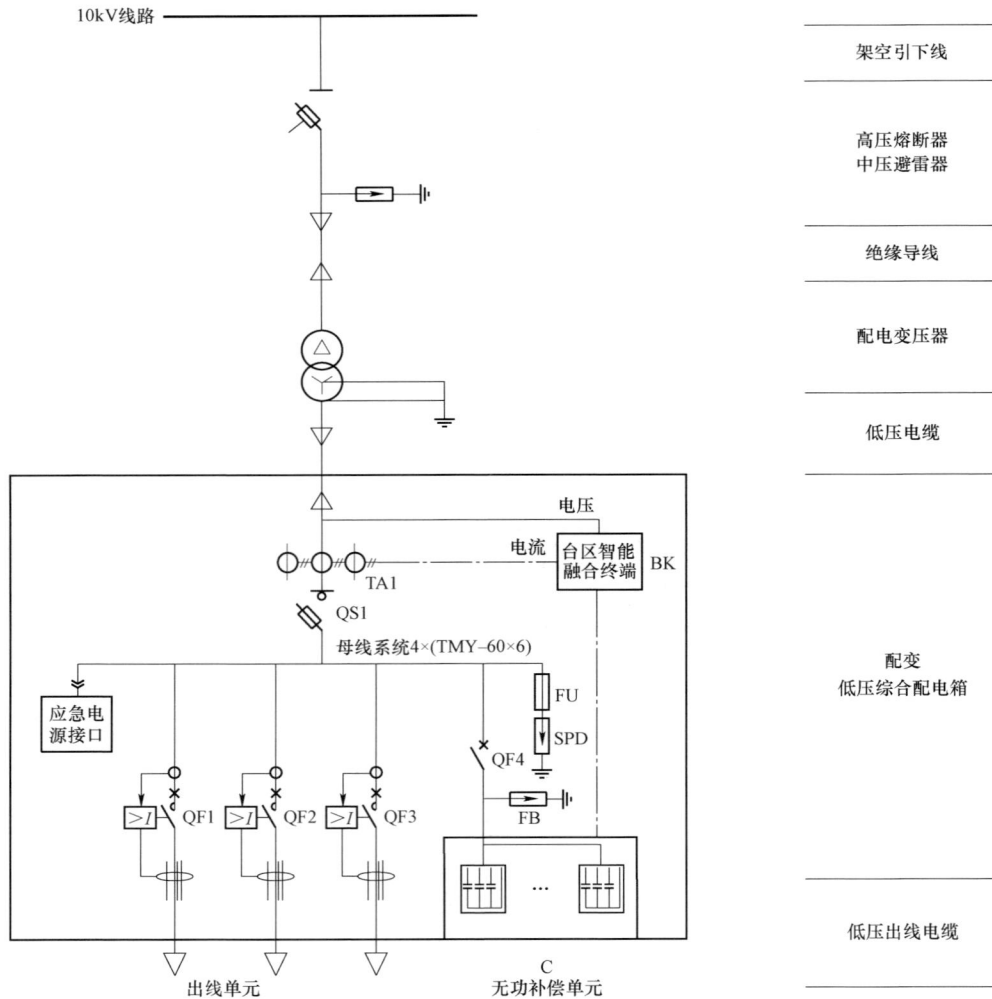

| 架空引下线 |
| 高压熔断器
中压避雷器 |
| 绝缘导线 |
| 配电变压器 |
| 低压电缆 |
| 配变
低压综合配电箱 |
| 低压出线电缆 |

400kVA 低压综合配电箱出线

序号	名称	规格参数	单位	数量	备注
1	架空引下线	JKLYJ–10kV–70mm²	m	25	可按实际尺寸调整，熔断器前使用
2	高压熔断器	AC10kV	只	3	100A
		熔丝 20A	根	3	根据变压器容量选配
3	普通避雷器	HY5WS5–17/50	只	3	
4	绝缘导线	JKTRYJ–10/35mm²	m	8	熔断器后使用、
5	配电变压器	2 级及以上节能型变压器 容量 200kVA	台	1	10（10.5）±2×2.5%（5%）/0.4kV Dyn11 U_k=4.0%
6	变压器低压侧出线	ZC–YJV–0.6/ 1kV–1×300	m	18	规格参数按对应子模块具体物料选择
7	低压综合配电箱	配电箱，户外，4 回路 400kVA	台	1	按变压器容量选配
8	配电箱（柜）出线	YJV–0.6/1kV–4×150	m	20	按照实际需求长度配置

图 10–3　200kVA 配变电气主接线图　ZA–1–D1–01–03

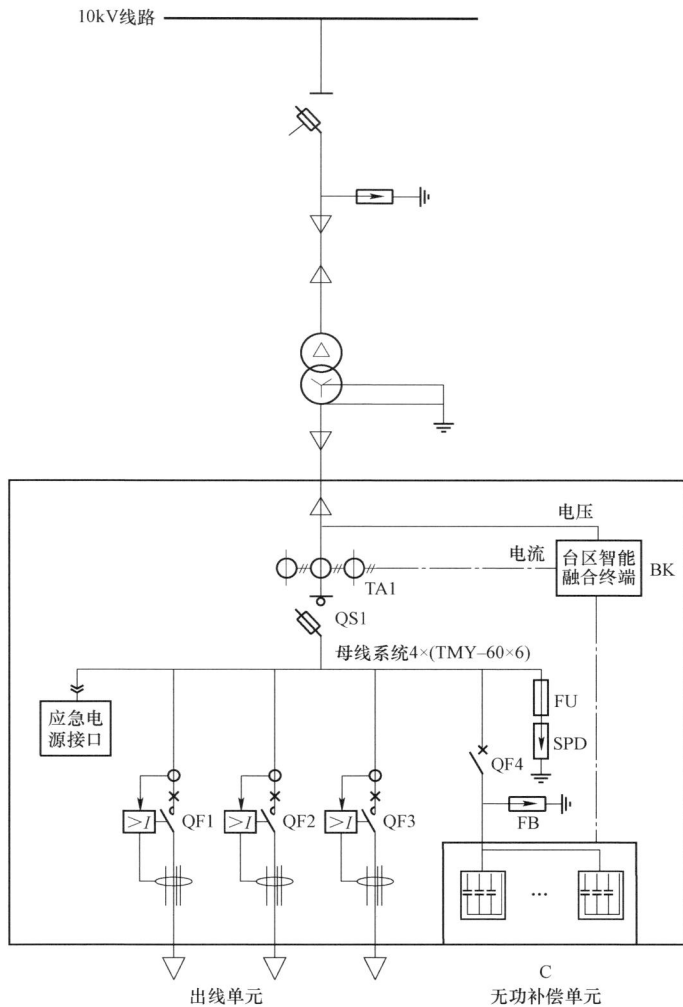

10kV线路

架空引下线

高压熔断器
中压避雷器

绝缘导线

配电变压器

低压电缆

电压

电流

台区智能
融合终端

TA1

QS1

母线系统4×(TMY-60×6)

应急电
源接口

FU

SPD

QF4

FB

QF1   QF2   QF3

C

出线单元   无功补偿单元

配变
低压综合配电箱

低压出线电缆

400kVA 低压综合配电箱出线

序号	名称	规格参数	单位	数量	备注
1	架空引下线	JKLYJ－10kV－70mm²	m	25	可按实际尺寸调整，熔断器前使用
2	高压熔断器	AC10kV	只	3	100A
		熔丝 40A	根	3	根据变压器容量选配
3	普通避雷器	HY5WS5－17/50	只	3	
4	绝缘导线	JKTRYJ－10/35mm²	m	8	熔断器后使用
5	配电变压器	2 级及以上节能型变压器 容量 400kVA	台	1	10（10.5）±2×2.5%（5%）/0.4kV Dyn11 U_k=4.0%
6	变压器低压侧出线	ZC－YJV－0.6/1kV－1× 300	m	18	规格参数按对应子模块具体物料选择
7	低压综合配电箱	配电箱，户外，4 回路 400kVA	台	1	按变压器容量选配
8	配电箱（柜）出线	YJV－0.6/1kV－4×240	m	20	按照实际需求长度配置

图 10-4　400kVA 配变电气主接线图　ZA-1-D1-01-04

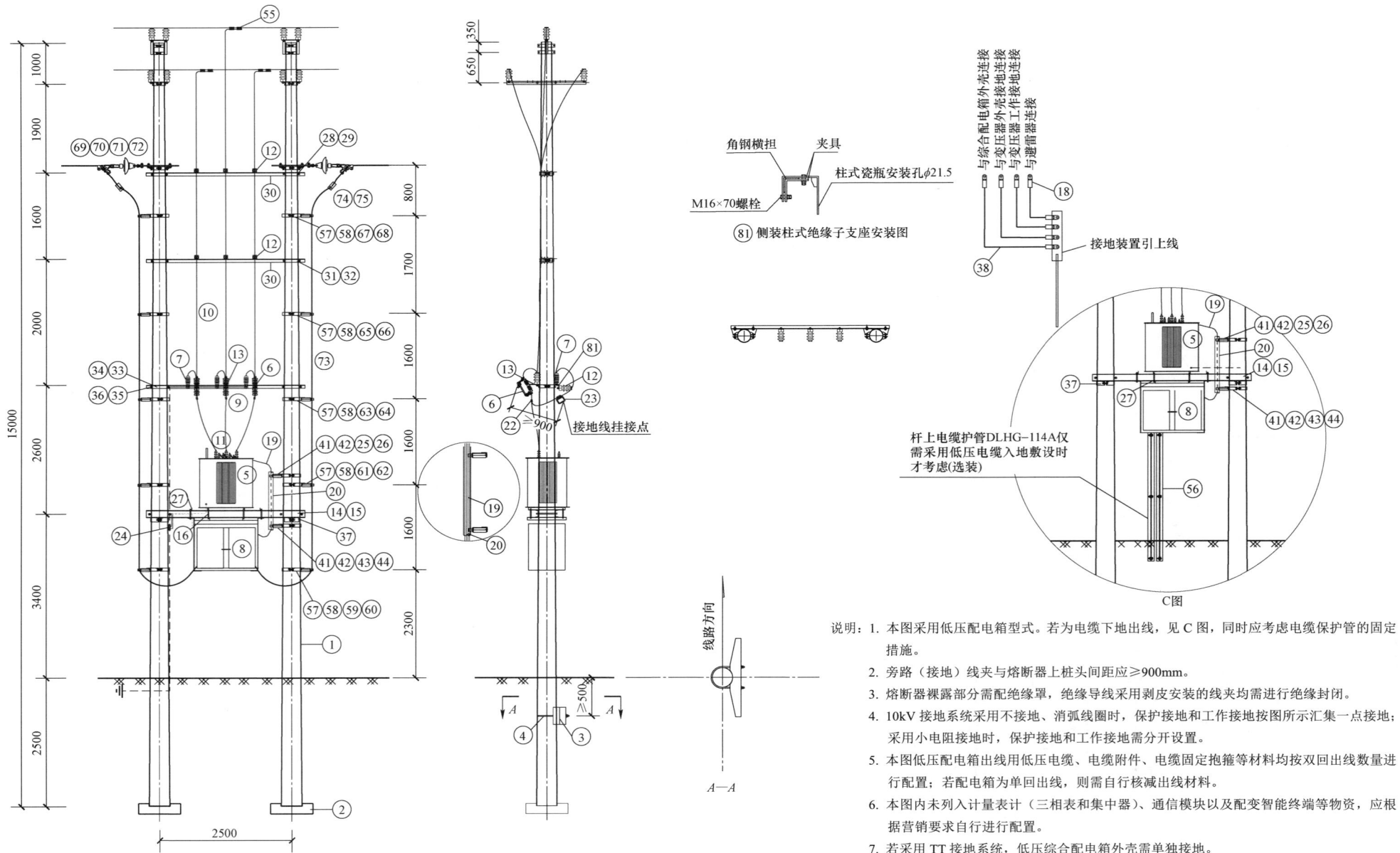

图 10−5　柱上变压器杆型图（15m 双杆）　ZA−1−ZX−D1−02−01

说明：
1. 本图采用低压配电箱型式。若为电缆下地出线，见 C 图，同时应考虑电缆保护管的固定措施。
2. 旁路（接地）线夹与熔断器上桩头间距应≥900mm。
3. 熔断器裸露部分需配绝缘罩，绝缘导线采用剥皮安装的线夹均需进行绝缘封闭。
4. 10kV 接地系统采用不接地、消弧线圈时，保护接地和工作接地按图所示汇集一点接地；采用小电阻接地时，保护接地和工作接地需分开设置。
5. 本图低压配电箱出线用低压电缆、电缆附件、电缆固定抱箍等材料均按双回出线数量进行配置；若配电箱为单回出线，则需自行核减出线材料。
6. 本图内未列入计量表计（三相表和集中器）、通信模块以及配变智能终端等物资，应根据营销要求自行进行配置。
7. 若采用 TT 接地系统，低压综合配电箱外壳需单独接地。

材料类别	编号	名称	型号	单位	数量	图号	备注	是否为成套变供应范围
电杆类	①	电杆	190×15m×M	根	2			单独配置，非成套范畴
	②	底盘	DP-10	块	2		可选	单独配置，非成套范畴
	③	卡盘	KP-10	块	2		可选	单独配置，非成套范畴
	④	卡盘U型抱箍	KBG22-7	只	2	TJ-ZJ-06	可选	单独配置，非成套范畴
设备类	⑤	变压器	50/100/200/400kVA	台	1		实际情况选用	成套变供应范畴
	⑥	跌落式熔断器	100A	只	3		熔丝按变压器容量配置，高原不选封闭型；带绝缘罩	成套变供应范畴
	⑦	普通避雷器（带绝缘罩）	YH5WS5-17/50	台	3			成套变供应范畴
JP柜	⑧	低压综合配电箱	200/400kVA	个	1		按配变容量进行配置	成套变供应范畴
成套附件类	⑨	高压绝缘线	JKTRYJ-10/35	m	8		熔断器后使用	成套变供应范畴
	⑩	高压绝缘线	JKLYJ-10/70	m	25		熔断器前使用	成套变供应范畴
	⑪	高压接线桩头	SBJ-1-M12	只	3			成套变供应范畴
	⑫	柱式绝缘子	R12.5ET150N	只	12			成套变供应范畴
	⑬	熔丝具安装架	RJ7-170	块	3	TJ-ZJ-01		成套变供应范畴
	⑭	变压器双杆支持架	[14-3000	副	1	TJ-ZJ-03		成套变供应范畴
	⑮	双头螺杆	M20×400	根	4	TJ-QT-01	配螺母垫片	成套变供应范畴
	⑯	双头螺杆	M16×200	根	4	TJ-QT-01	配双螺母垫片（可选防盗螺栓）	成套变供应范畴
	⑰	接线端子	DT-70（铜镀锡）	个	3			成套变供应范畴
	⑱	接线端子	DT-35（铜镀锡）	只	21			成套变供应范畴
	⑲	低压电缆	ZC-YJV-0.6/1kV-1×300	m	18		200kVA及以上配变使用	成套变供应范畴
		低压电缆	ZC-YJV-0.6/1kV-1×150	m	18		200kVA以下配变使用	成套变供应范畴
	⑳	绝缘保护管	内径100	m	1.5			成套变供应范畴
	㉑	低压电缆终端	1×300，户外终端，冷缩	套	8		YJV-0.6/1-1×300选用	成套变供应范畴
		低压电缆终端	1×150，户外终端，冷缩	套	8		YJV-0.6/1-1×150选用	成套变供应范畴
	㉒	异型并沟线夹	JBL-16-120	个	3		弹射楔型、并沟线夹、C型线夹等可选	成套变供应范畴

材料类别	编号	名称	型号	单位	数量	图号	备注	是否为成套变供应范围
成套附件类	㉓	绝缘穿刺接地线夹	10kV，240mm²，16mm²	副	3			成套变供应范畴
	㉔	接地装置		副	1			成套变供应范畴
	㉕	横担抱箍	HBG6-300	块	1	TJ-BG-04		成套变供应范畴
	㉖	抱箍	BG6-300	块	1	TJ-BG-02		成套变供应范畴
	㉗	压板	YB5-740J	块	4	TJ-LT-03		成套变供应范畴
	㉘	横担抱箍	HBG6-220	块	2	TJ-BG-04		成套变供应范畴
	㉙	抱箍	BG6-220	块	2	TJ-BG-02		成套变供应范畴
	㉚	双杆熔丝具架	SRJ6-3000	块	4	TJ-ZJ-04		成套变供应范畴
	㉛	横担抱箍	HBG6-260	块	2	TJ-BG-04		成套变供应范畴
	㉜	抱箍	BG6-260	块	2	TJ-BG-02		成套变供应范畴
	㉝	横担抱箍	HBG6-280	块	4	TJ-BG-04		成套变供应范畴
	㉞	螺栓	M18×70	件	4			成套变供应范畴
		垫圈	M18	个	8			成套变供应范畴
	㉟	螺栓	M14×40	件	24			成套变供应范畴
	㊱	垫圈	M14	个	48			成套变供应范畴
	㊲	抱箍	BG8-320	块	4	TJ-BG-03		成套变供应范畴
	㊳	布电线	BV-35	m	15			成套变供应范畴
	㊴	布电线	BV-95	m	5		400kVA变压器中性点接地引线	成套变供应范畴
	㊵	接线端子	DT-95（铜镀锡）	只	2		400kVA变压器中性点接地引线用	成套变供应范畴
	㊶	杆上电缆固定架	DLJ5-165	块	2	TJ-ZJ-02		成套变供应范畴
	㊷	电缆卡抱	KBG4-110	块	2	TJ-BG-01		成套变供应范畴
	㊸	横担抱箍	HBG6-320	块	1	TJ-BG-04	配螺母	成套变供应范畴
	㊹	抱箍	BG6-320	块	1	TJ-BG-02	配螺母	成套变供应范畴
	㊺	螺栓	M16×45	件	24			成套变供应范畴
	㊻	螺栓	M16×70	件	36			成套变供应范畴
	㊼	螺母	M16	个	36			成套变供应范畴
	㊽	垫圈	M16	个	72			成套变供应范畴
	㊾	螺栓	M14×40	件	4			成套变供应范畴
	㊿	垫圈	M14	个	8			成套变供应范畴
	51	螺栓	M18×70	件	4			成套变供应范畴
	52	垫圈	M18	个	8			成套变供应范畴
	53	螺母	M18	件	4			成套变供应范畴
	54	螺栓	M12×40	件	40			成套变供应范畴

图 10-6　物料清单（15m 双杆）　ZA-1-ZX-D1-03-01（一）

材料类别	编号	名称	型号	单位	数量	图号	备注	是否为成套变供应范围
其他类	⑤⑤	异型并沟线夹	JBL-16-120 或 JBL-50-240	副	6		弹射楔型、螺栓J、并沟线夹等可选线夹型号由T接主干线型号决定	单独配置，非成套范畴
	⑤⑥	杆上电缆护管	DLHG-114A	副	2	TJ-HG-01	仅存在低压电缆入地时才考虑配置（选装）	单独配置，非成套范畴
	⑤⑦	杆上电缆固定架	DLJ5-165	块	10	TJ-ZJ-02		单独配置，非成套范畴
	⑤⑧	电缆卡抱	KBG4-50	块	10	TJ-BG-01	150mm² 以下截面低压电缆使用	单独配置，非成套范畴
		电缆卡抱	KBG4-70	块	10	TJ-BG-01	150mm² 及以上截面低压电缆使用	单独配置，非成套范畴
	⑤⑨	横担抱箍	HBG6-320	块	2	TJ-BG-04		单独配置，非成套范畴
	⑥⓪	抱箍	BG6-320	块	2	TJ-BG-02		单独配置，非成套范畴
	⑥①	横担抱箍	HBG6-300	块	2	TJ-BG-04		单独配置，非成套范畴
	⑥②	抱箍	BG6-300	块	2	TJ-BG-02		单独配置，非成套范畴
	⑥③	横担抱箍	HBG6-280	块	2	TJ-BG-04		单独配置，非成套范畴
	⑥④	抱箍	BG6-280	块	2	TJ-BG-02		单独配置，非成套范畴
	⑥⑤	横担抱箍	HBG6-260	块	2	TJ-BG-04		单独配置，非成套范畴
	⑥⑥	抱箍	BG6-260	块	2	TJ-BG-02		单独配置，非成套范畴
	⑥⑦	横担抱箍	HBG6-240	块	2	TJ-BG-04		单独配置，非成套范畴
	⑥⑧	抱箍	BG6-240	块	2	TJ-BG-02		单独配置，非成套范畴
	⑥⑨	横担抱箍	HBG6-240	块	4	TJ-BG-04		单独配置，非成套范畴
	⑦⓪	横担	HD6-1500	块	4	TJ-HD-01		单独配置，非成套范畴
	⑦①	挂线联铁	LT7-580G	块	8	TJ-LT-01		单独配置，非成套范畴
	⑦②	低压耐张串	U70B/146 绝缘子串	串	8			单独配置，非成套范畴

材料类别	编号	名称	型号	单位	数量	图号	备注	是否为成套变供应范围
其他类	⑦③	低压电缆	YJV-0.6/1kV-4×70	m	20		50kVA 变压器用按出线双回考虑	单独配置，非成套范畴
		低压电缆	YJV-0.6/1kV-4×120	m	20		100kVA 变压器用按出线双回考虑	单独配置，非成套范畴
		低压电缆	YJV-0.6/1kV-4×150	m	20		200kVA 变压器用按出线双回考虑	单独配置，非成套范畴
		低压电缆	YJV-0.6/1kV-4×240	m	20		400kVA 变压器用按出线双回考虑	单独配置，非成套范畴
	⑦④	低压电缆终端	4×70，户外终端，冷缩	套	4		与4×70低压电缆配对数量按双回出线考虑	单独配置，非成套范畴
		低压电缆终端	4×120，户外终端，冷缩	套	4		与4×120低压电缆配对数量按双回出线考虑	单独配置，非成套范畴
		低压电缆终端	4×150，户外终端，冷缩	套	4		与4×150低压电缆配对数量按双回出线考虑	单独配置，非成套范畴
		低压电缆终端	4×240，户外终端，冷缩	套	4		与4×240低压电缆配对数量按双回出线考虑	单独配置，非成套范畴
	⑦⑤	设备线夹（配螺母）	SLG-2A	只	8		按4×70电缆头数量配置	单独配置，非成套范畴
		设备线夹（配螺母）	SLG-2A	只	8		按4×120电缆头数量配置	单独配置，非成套范畴
		设备线夹（配螺母）	SLG-3A	只	8		按4×150电缆头数量配置	单独配置，非成套范畴
		设备线夹（配螺母）	SLG-4A	只	8		按4×240电缆头数量配置	单独配置，非成套范畴
	⑦⑥	低压接线桩头	SBJ-1-M12/M14/M18/M20	只	3		依次与 50/100/200/400kVA 变压器配对	成套变供应范围
	⑦⑦	低压接线桩头	SBJ-1-M12	只	1		变压器 N 相用	成套变供应范围
	⑦⑧	螺栓	M16×70	件	24			成套变供应范围
	⑦⑨	螺母	M16	个	24			成套变供应范围
	⑧⓪	垫圈	M16	个	48			成套变供应范围
	⑧①	柱式绝缘子支座	夹具-8×86	副	3			单独配置，非成套范畴
成套附件类	⑧②	高压绝缘罩	10kV	只	3			成套变供应范围
	⑧③	低压绝缘罩	1kV	只	4			成套变供应范围

说明：1. 本物料清单内低压配电箱出线用低压电缆、电缆附件、电缆固定抱箍等材料均按双回出线数量进行配置；若配电箱为单回出线，则需自行核减出线材料。

2. 本次清单内未列入计量表计（三相表和集中器）、通信模块以及配变智能终端等物资，应根据营销要求自行进行配置。

图 10-6 物料清单（15m 双杆） ZA-1-ZX-D1-03-01（二）

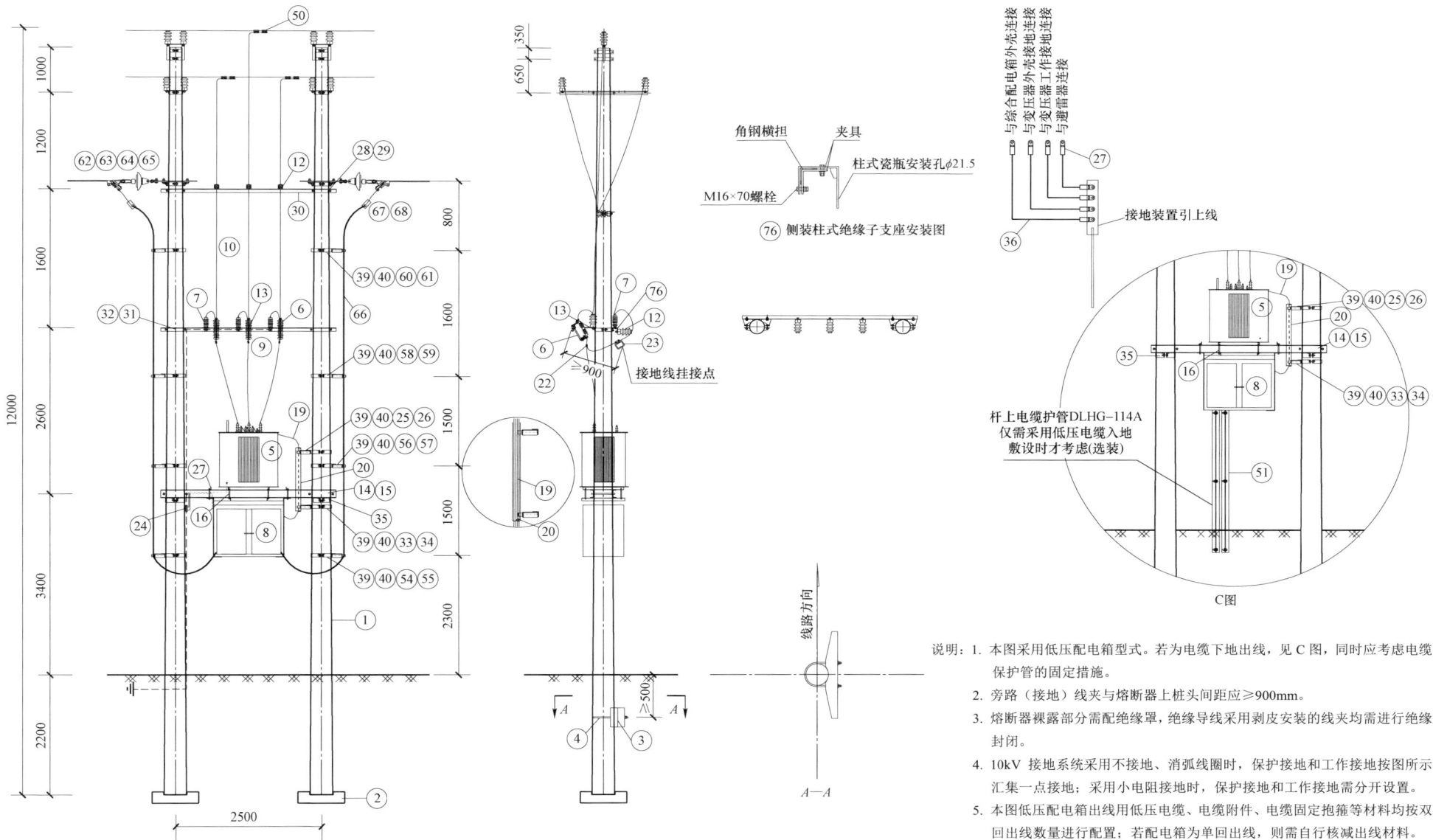

角钢横担　　夹具

柱式瓷瓶安装孔φ21.5

M16×70螺栓

⑦⑥ 侧装柱式绝缘子支座安装图

与综合配电箱外壳接地连接
与变压器外壳接地连接
与变压器工作接地连接
与避雷器连接

接地装置引上线

C图

线路方向

接地线挂接点

杆上电缆护管DLHG-114A
仅需采用低压电缆入地
敷设时才考虑(选装)

A—A

说明：1. 本图采用低压配电箱型式。若为电缆下地出线，见 C 图，同时应考虑电缆
　　　　保护管的固定措施。
　　　2. 旁路（接地）线夹与熔断器上桩头间距应≥900mm。
　　　3. 熔断器裸露部分需配绝缘罩，绝缘导线采用剥皮安装的线夹均需进行绝缘
　　　　封闭。
　　　4. 10kV 接地系统采用不接地、消弧线圈时，保护接地和工作接地按图所示
　　　　汇集一点接地；采用小电阻接地时，保护接地和工作接地需分开设置。
　　　5. 本图低压配电箱出线用低压电缆、电缆附件、电缆固定抱箍等材料均按双
　　　　回出线数量进行配置；若配电箱为单回出线，则需自行核减出线材料。
　　　6. 本图内未列入计量表计（三相表和集中器）、通信模块以及配变智能终端
　　　　等物资，应根据营销要求自行进行配置。
　　　7. 若采用 TT 接地系统，低压综合配电箱外壳需单独接地。

图 10-7　柱上变压器杆型图（12m 双杆）　ZA-1-ZX-D1-02-02

材料类别	编号	名称	型号	单位	数量	图号	备注	是否为成套变供应范围
电杆类	①	电杆	190×12m×M	根	2			单独配置,非成套范畴
	②	底盘	DP-10	块	2		可选	单独配置,非成套范畴
	③	卡盘	KP-10	块	2		可选	单独配置,非成套范畴
	④	卡盘U型抱箍	KBG22-7	只	2	TJ-ZJ-06	可选	单独配置,非成套范畴
设备类	⑤	变压器	50/100/200/400kVA	台	1		实际情况选用	成套变供应范畴
	⑥	跌落式熔断器	100A	只	3		熔丝按变压器容量配置,高原不选封闭型;带绝缘罩	成套变供应范畴
	⑦	普通避雷器（带绝缘罩）	YH5WS5-17/50	台	3			成套变供应范畴
JP柜	⑧	低压综合配电箱	200/400kVA	个	1		按配变容量配置	成套变供应范畴
成套附件类	⑨	高压绝缘线	JKTRYJ-10/35	m	8		熔断器后使用	成套变供应范畴
	⑩	高压绝缘线	JKLYJ-10/70	m	16		熔断器前使用	成套变供应范畴
	⑪	高压接线桩头	SBJ-1-M12	只	3			成套变供应范畴
	⑫	柱式绝缘子	R12.5ET150N	只	9			成套变供应范畴
	⑬	熔丝具安装架	RJ7-170	块	3	TJ-ZJ-01		成套变供应范畴
	⑭	变压器双杆支持架	[14-3000	副	1	TJ-ZJ-03		成套变供应范畴
	⑮	双头螺杆	M20×400	根	4	TJ-QT-01	配螺母垫片	成套变供应范畴
	⑯	双头螺杆	M16×200	根	4	TJ-QT-01	配双螺母垫片（可选防盗螺栓）	成套变供应范畴
	⑰	接线端子	DT-70（铜镀锡）	个	3			成套变供应范畴
	⑱	接线端子	DT-35（铜镀锡）	只	21			成套变供应范畴
	⑲	低压电缆	ZC-YJV-0.6/1kV-1×300	m	18		200kVA及以上配变使用	成套变供应范畴
		低压电缆	ZC-YJV-0.6/1kV-1×150	m	18		200kVA以下配变使用	成套变供应范畴
	⑳	绝缘保护管	内径100	m	1.5			成套变供应范畴
	㉑	低压电缆终端	1×300,户外终端,冷缩	套	8		YJV-0.6/1-1×300选用	成套变供应范畴
		低压电缆终端	1×150,户外终端,冷缩	套	8		YJV-0.6/1-1×150选用	成套变供应范畴

材料类别	编号	名称	型号	单位	数量	图号	备注	是否为成套变供应范围
成套附件类	㉒	异型并沟线夹	JBL-16-120	个	3		弹射楔型、并沟线夹、C型线夹等可选	成套变供应范畴
	㉓	绝缘穿刺接地线夹	10kV,240mm²,16mm²	副	3		并沟线夹可选	成套变供应范畴
	㉔	接地装置		副	1			成套变供应范畴
	㉕	横担抱箍	HBG6-280	块	1	TJ-BG-04		成套变供应范畴
	㉖	抱箍	BG6-280	块	1	TJ-BG-02		成套变供应范畴
	㉗	压板	YB5-740J	块	4	TJ-LT-03		成套变供应范畴
	㉘	横担抱箍	HBG6-220	块	2	TJ-BG-04		成套变供应范畴
	㉙	抱箍	BG6-220	块	2	TJ-BG-02		成套变供应范畴
	㉚	双杆熔丝具架	SRJ6-3000	块	3	TJ-ZJ-04		成套变供应范畴
	㉛	横担抱箍	HBG6-260	块	4	TJ-BG-04		成套变供应范畴
	㉜	螺栓	M18×70	件	4			成套变供应范畴
		垫圈	M18	个	8			成套变供应范畴
	㉝	横担抱箍	HBG6-280	块	1	TJ-BG-04		成套变供应范畴
	㉞	抱箍	BG6-280	块	1	TJ-BG-02		成套变供应范畴
	㉟	抱箍	BG8-280	块	4	TJ-BG-03		成套变供应范畴
	㊱	布电线	BV-35	m	15			成套变供应范畴
	㊲	布电线	BV-95	m	5		400kVA变压器中性点接地引线	成套变供应范畴
	㊳	接线端子	DT-95（铜镀锡）	只	2		400kVA变压器中性点接地引线用	成套变供应范畴
	㊴	杆上电缆固定架	DLJ5-165	块	2	TJ-ZJ-02		成套变供应范畴
	㊵	电缆卡抱	KBG4-110	块	2	TJ-BG-01		成套变供应范畴
	㊶	螺栓	M16×70	件	36			成套变供应范畴
	㊷	螺母	M16	个	36			成套变供应范畴
	㊸	垫圈	M16	个	72			成套变供应范畴
	㊹	螺栓	M14×40	件	4			成套变供应范畴
	㊺	垫圈	M14	个	8			成套变供应范畴
	㊻	螺栓	M18×70	件	4			成套变供应范畴
	㊼	垫圈	M18	个	8			成套变供应范畴
	㊽	螺母	M18	件	4			成套变供应范畴
	㊾	螺栓	M12×40	件	40			成套变供应范畴

图 10-8　物料清单（12m 双杆）　ZA-1-ZX-D1-03-02（一）

材料类别	编号	名称	型号	单位	数量	图号	备注	是否为成套变供应范围
其他类	㊿	异型并沟线夹	JBL－16－120 或 JBL－50－240	副	6		弹射楔型、螺栓J、并沟线夹等可选线夹型号由T接主干线型号决定	单独配置，非成套范畴
	51	杆上电缆护管	DLHG－114A	副	2	TJ－HG－01	仅存在低压电缆入地时才考虑配置（选装）	单独配置，非成套范畴
	52	杆上电缆固定架	DLJ5－165	块	8	TJ－ZJ－02		单独配置，非成套范畴
	53	电缆卡抱	KBG4－50	块	8	TJ－BG－01	150mm²以下截面低压电缆使用	单独配置，非成套范畴
		电缆卡抱	KBG4－70	块	8	TJ－BG－01	150mm²以上截面低压电缆使用	单独配置，非成套范畴
	54	横担抱箍	HBG6－300	块	2	TJ－BG－04		单独配置，非成套范畴
	55	抱箍	BG6－300	块	2	TJ－BG－02		单独配置，非成套范畴
	56	横担抱箍	HBG6－280	块	2	TJ－BG－04		单独配置，非成套范畴
	57	抱箍	BG6－280	块	2	TJ－BG－02		单独配置，非成套范畴
	58	横担抱箍	HBG6－260	块	2	TJ－BG－04		单独配置，非成套范畴
	59	抱箍	BG6－260	块	2	TJ－BG－02		单独配置，非成套范畴
	60	横担抱箍	HBG6－240	块	2	TJ－BG－04		单独配置，非成套范畴
	61	抱箍	BG6－240	块	2	TJ－BG－02		单独配置，非成套范畴
	62	横担抱箍	HBG6－220	块	4	TJ－BG－04		单独配置，非成套范畴
	63	横担	HD6－1500	块	4	TJ－HD－01		单独配置，非成套范畴
	64	挂线联铁	LT7－580G	块	8	TJ－LT－01		单独配置，非成套范畴
	65	低压耐张串	U70B/146 绝缘子串	串	8			单独配置，非成套范畴

材料类别	编号	名称	型号	单位	数量	图号	备注	是否为成套变供应范围
其他类	66	低压电缆	YJV－0.6/1kV－4×70	m	20		50kVA 变压器用按出线双回考虑	单独配置，非成套范畴
		低压电缆	YJV－0.6/1kV－4×120	m	20		100kVA 变压器用按出线双回考虑	单独配置，非成套范畴
		低压电缆	YJV－0.6/1kV－4×150	m	20		200kVA 变压器用按出线双回考虑	单独配置，非成套范畴
		低压电缆	YJV－0.6/1kV－4×240	m	20		400kVA 变压器用按出线双回考虑	单独配置，非成套范畴
	67	低压电缆终端	4×70，户外终端，冷缩	套	4		与4×70低压电缆配对数量按双回电缆出线考虑	单独配置，非成套范畴
		低压电缆终端	4×120，户外终端，冷缩	套	4		与4×120低压电缆配对数量按双回电缆出线考虑	单独配置，非成套范畴
		低压电缆终端	4×150，户外终端，冷缩	套	4		与4×150低压电缆配对数量按双回电缆出线考虑	单独配置，非成套范畴
		低压电缆终端	4×240，户外终端，冷缩	套	4		与4×240低压电缆配对数量按双回电缆出线考虑	单独配置，非成套范畴
	68	设备线夹（配螺母）	SLG－2A	只	8		按4×70电缆头数量配置	单独配置，非成套范畴
		设备线夹（配螺母）	SLG－2A	只	8		按4×120电缆头数量配置	单独配置，非成套范畴
		设备线夹（配螺母）	SLG－3A	只	8		按4×150电缆头数量配置	单独配置，非成套范畴
		设备线夹（配螺母）	SLG－4A	只	8		按4×240电缆头数量配置	单独配置，非成套范畴
	69	低压接线桩头	SBJ－1－M12/M14/M18/M20	只	3		依次与50/100/200/400kVA变压器配对	成套变供应范畴
	70	低压接线桩头	SBJ－1－M12	只	1		变压器N相用	成套变供应范畴
	71	螺栓	M16×70	件	24			成套变供应范畴
	72	螺母	M16	个	24			成套变供应范畴
	73	垫圈	M16	个	48			成套变供应范畴
	74	螺栓	M14×40	件	24			成套变供应范畴
	75	垫圈	M14	个	48			成套变供应范畴
	76	柱式绝缘子支座	夹具－8×86	副	3			单独配置，非成套范畴
成套附件类	77	高压绝缘罩	10kV	只	3			成套变供应范畴
	78	低压绝缘罩	1kV	只	4			成套变供应范畴

说明：1. 本物料清单内低压配电箱出线用低压电缆、电缆附件、电缆固定抱箍等材料均按双回出线数量进行配置；若配电箱为单回出线，则需自行核减出线材料。

2. 本次清单内未列入计量表计（三相表和集中器）、通信模块以及配变智能终端等物资，应根据营销要求自行进行配置。

图10－8　物料清单（12m 双杆）　ZA－1－ZX－D1－03－02（二）

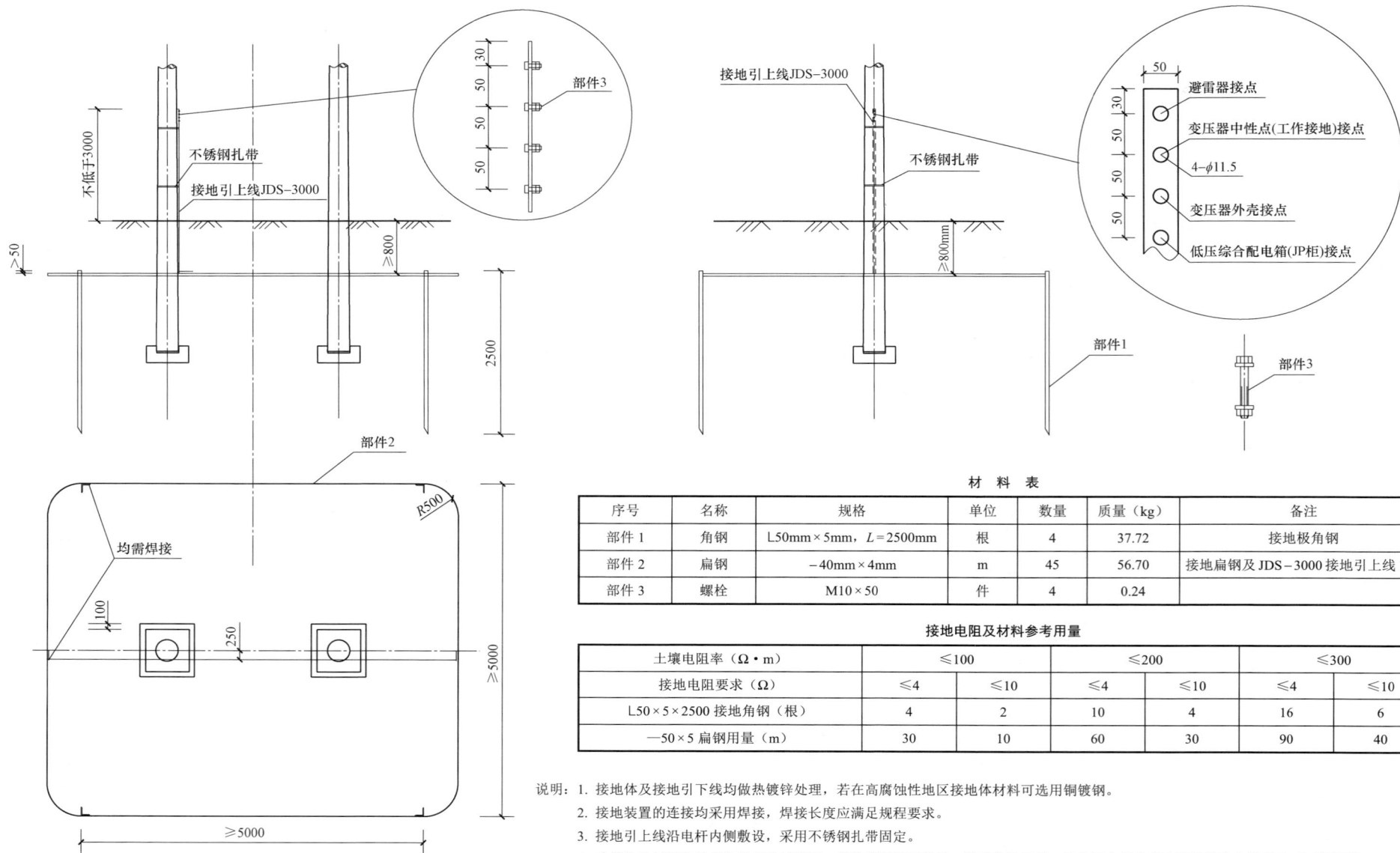

材 料 表						
序号	名称	规格	单位	数量	质量（kg）	备注
部件 1	角钢	L50mm×5mm，L=2500mm	根	4	37.72	接地极角钢
部件 2	扁钢	−40mm×4mm	m	45	56.70	接地扁钢及JDS−3000接地引上线1副
部件 3	螺栓	M10×50	件	4	0.24	

接地电阻及材料参考用量

土壤电阻率（Ω·m）	≤100		≤200		≤300	
接地电阻要求（Ω）	≤4	≤10	≤4	≤10	≤4	≤10
L50×5×2500 接地角钢（根）	4	2	10	4	16	6
—50×5 扁钢用量（m）	30	10	60	30	90	40

说明：1. 接地体及接地引下线均做热镀锌处理，若在高腐蚀性地区接地材料可选用铜镀钢。
2. 接地装置的连接均采用焊接，焊接长度应满足规程要求。
3. 接地引上线沿电杆内侧敷设，采用不锈钢扎带固定。
4. 此接地体材料及工作量根据地域差别，接地极长度和数量、接地扁铁长度，接地引上线长度在满足接地电阻条件下可做调整。
5. 一般情况下宜考虑要求水平接地体敷设成围绕变压器的环型，后再呈放射型敷设，如实际条件受限，可根据实际情况适当调整。
6. 水平接地体的敷设深度不宜小于 0.8m。

图 10-9 接地体加工图 ZA-1-D1-04

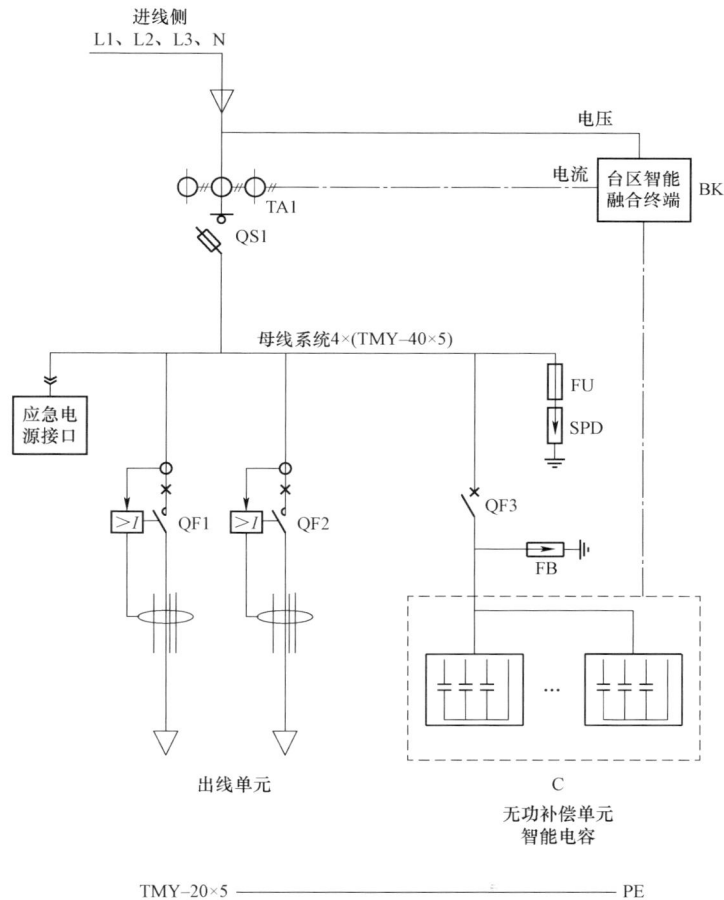

序号	符号	元器件名称	规格型号	数量	单位	备注
1	TA1	电流互感器	400/5，0.2S级	3	只	
2	QS1	熔断器式隔离开关	400A/400A	1	个	3P
3	QF1	一体式剩余电流保护塑壳断路器	400A/400A/3P+N	1	只	3P+N
4	QF2	一体式剩余电流保护塑壳断路器	250A/250A/3P+N	1	只	3P+N
5	BK	台区智能融合终端	通信、采集四遥一体	1	只	须采集断路器状态以及电流等信息
6	QF3	塑壳断路器	160A/160A	1	只	
7	C	智能电容组	分补	1	组	（3×16）＋（8+4+2）
8	SPD	浪涌保护器	T1级	1	套	
9	FU	熔断器	125A	3	只	
10	FB	避雷器		3	只	
11		母线系统	4×（40×5）	1	组	
12		应急电源接口		1	套	

说明：1. 无功补充单元按62kvar配置，共补配置（3×16）kvar，分补配置（8+4+2）kvar。

2. 需配置应急电源接口。

图 10-10 200kVA 低压综合配电箱电气图 ZA-1-D1-05-01

进线侧
L1、L2、L3、N

电压

电流 台区智能
融合终端 BK

TA1

QS1

母线系统4×(TMY–40×5)

FU

SPD

应急电
源接口

>I QF1   >I QF2   >I QF3   QF4

FB

C

无功补偿单元
智能电容

TMY–40×5 ————————————————— PE

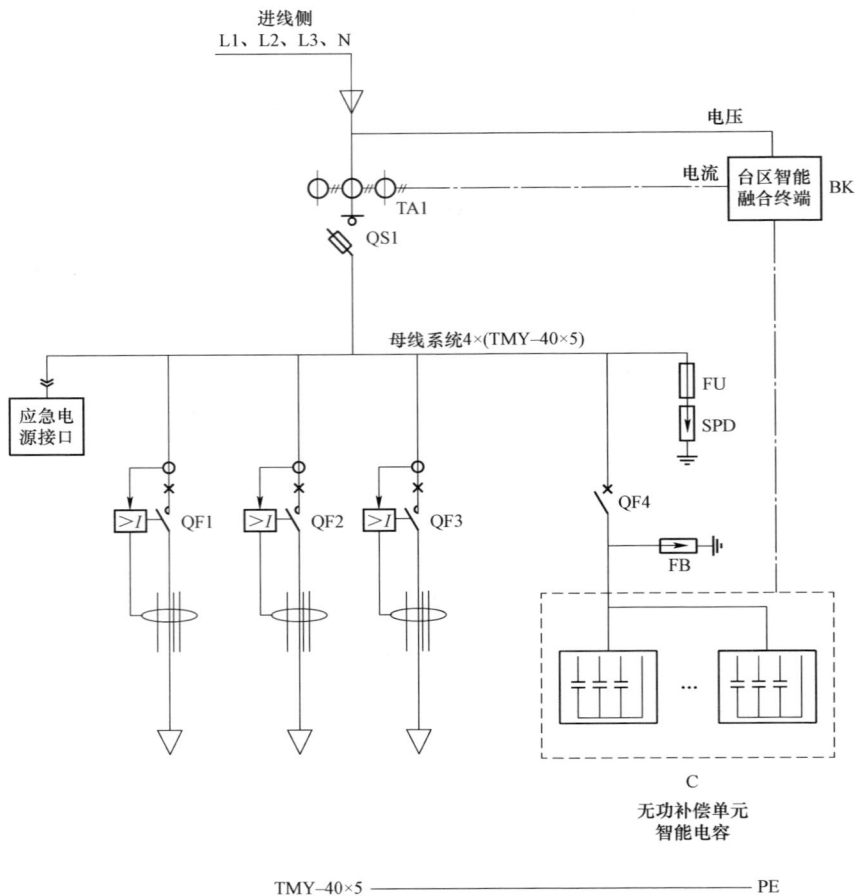

序号	符号	元器件名称	规格型号	数量	单位	备注
1	TA1	电流互感器	600/5，0.2S 级	3	只	
2	QS1	熔断器式隔离开关	630A/630A	1	个	3P
3	QF1	一体式剩余电流保护塑壳断路器	630A/630A/3P＋N	1	只	3P＋N
4	QF2～3	一体式剩余电流保护塑壳断路器	400A/400A/3P＋N	2	只	3P＋N
5	BK	台区智能融合终端	通讯、采集四遥一体	1	只	须采集断路器状态以及电流等信息
6	QF4	塑壳断路器	250A/250A	1	只	
7	C	智能电容组	分补	1	组	(3×32＋16)＋(8＋4)
8	SPD	浪涌保护器	T1 级	1	套	
9	FU	熔断器	125A	3	只	
10	FB	避雷器		3	只	
11		母线系统	4×（60×6）	1	组	
12		应急电源接口		1	套	

说明：1. 无功补充单元按 124kvar 配置，共补配置（3×32＋16）kvar，分补配置（8＋4）kvar。

2. 需配置应急电源接口。

图 10-11　400kVA 低压综合配电箱电气图　　ZA–1–D1–05–02

右视图

150

165

ϕ120

ϕ120

120

150

正视图

900

1200

800

左视图

ϕ120

150

120

650

轴测图

单元间隔

无功补偿单元	进出线单元 应急电源单元
	台区智能融合终端单元

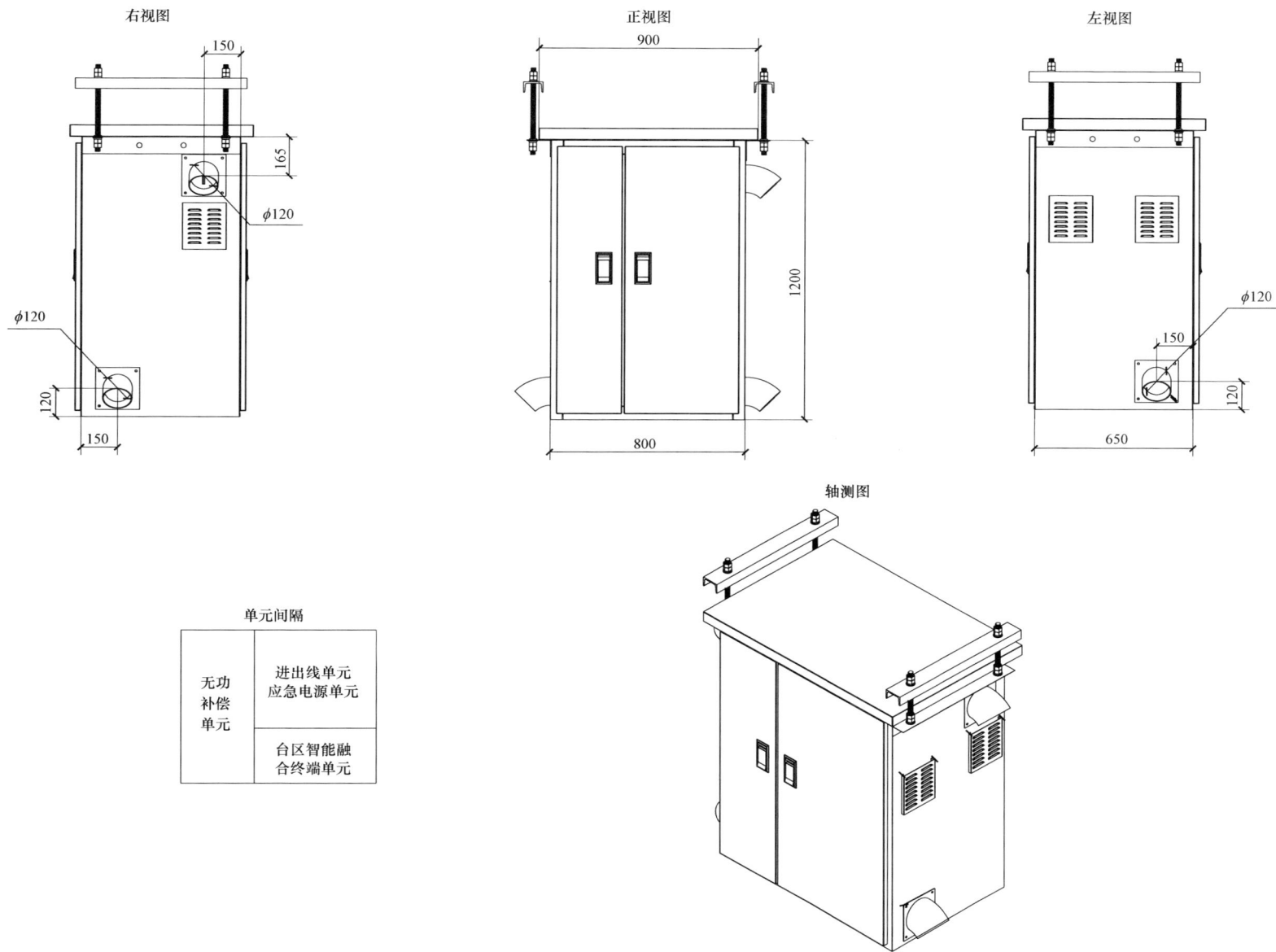

图 10-12　200kVA 低压综合配电箱 2 回馈线布置加工图　ZA-1-D1-06-01

左视

正视

右视

后视

550

1460

800

550

240

350

1145

450

450

450

450

450

450

1145

1200

450

450

450

250

785

200

350

700

825

460

460

405

390

1350

单元间隔

俯视

428

414

508

325

台区智能融
合终端单元

进线单元
应急电源单元

无功补偿单元

700

出线单元

842

508

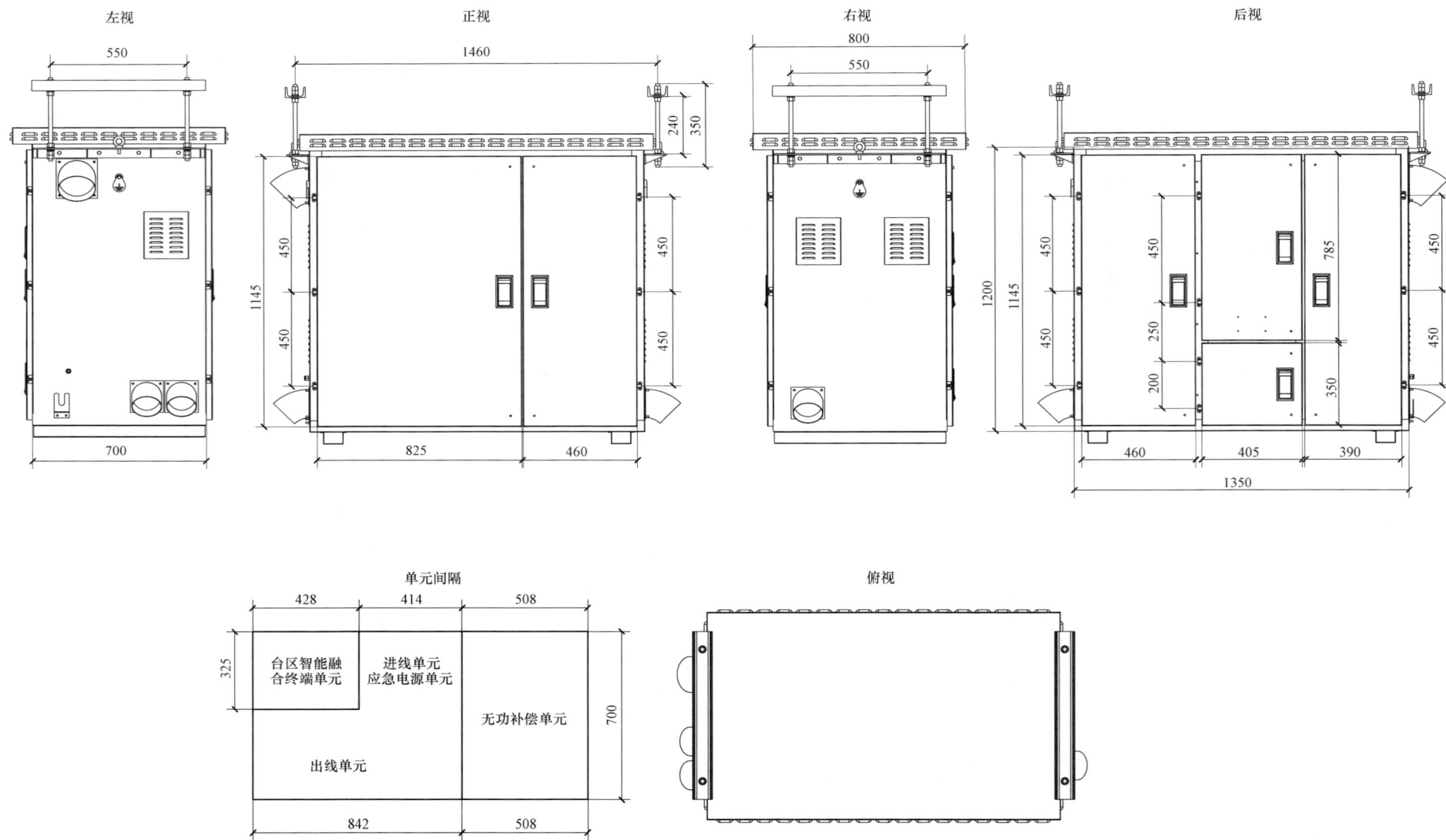

图 10-13 400kVA 低压综合配电箱 3 回馈线布置加工图 ZA-1-D1-06-02

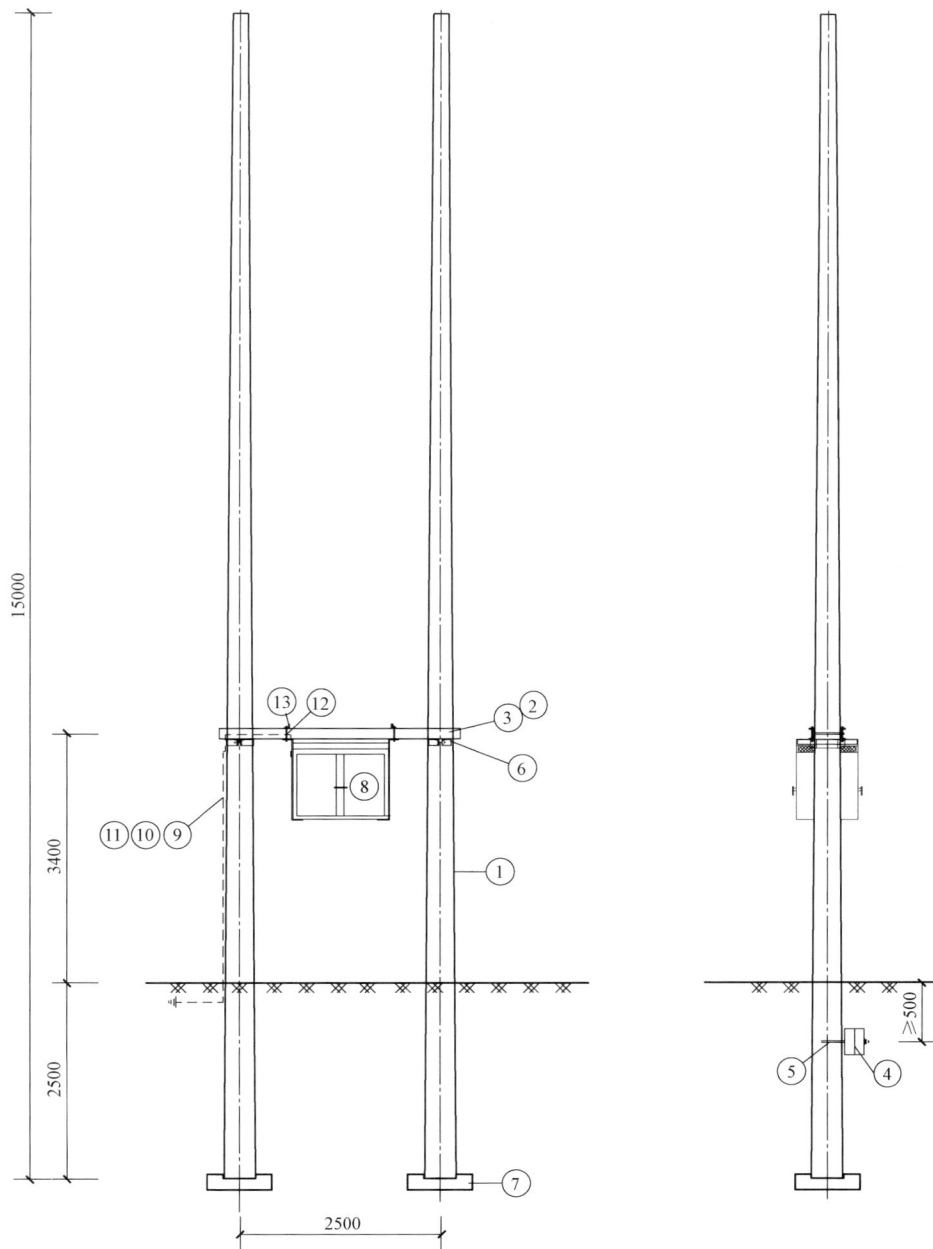

J15：15m 双杆标准化台架							
编号	名称	型号	单位	数量	图号	物料编码	备注
①	电杆	190×15m×M	根	2			
②	双头螺杆	M20×400	根	4	TJ－QT－01		配螺母垫片
③	变压器双杆支持架	［14－3000	副	1	TJ－ZJ－03		
④	卡盘	KP－10	块	2		500052205	可选
⑤	卡盘 U 型抱箍	KBG22－7	只	2	TJ－ZJ－06		可选
⑥	抱箍	BG8－320	块	4	TJ－BG－03		
⑦	底盘	DP－10	块	2		500061575	可选
⑧	低压综合配电箱	200/400kVA	个	1			按通用设计原则配置
⑨	接地装置		副	1			
⑩	接线端子	DT－35	只	2		500021862	
⑪	布电线	BV－35	m	6.5		500014856	
⑫	双头螺杆	M20×200	只	4	TJ－QT－01		配螺母垫片
⑬	压板	YB5－740J	块	2	TJ－LT－03		

图 10－14 标准化台架组装图（15m 双杆） J15

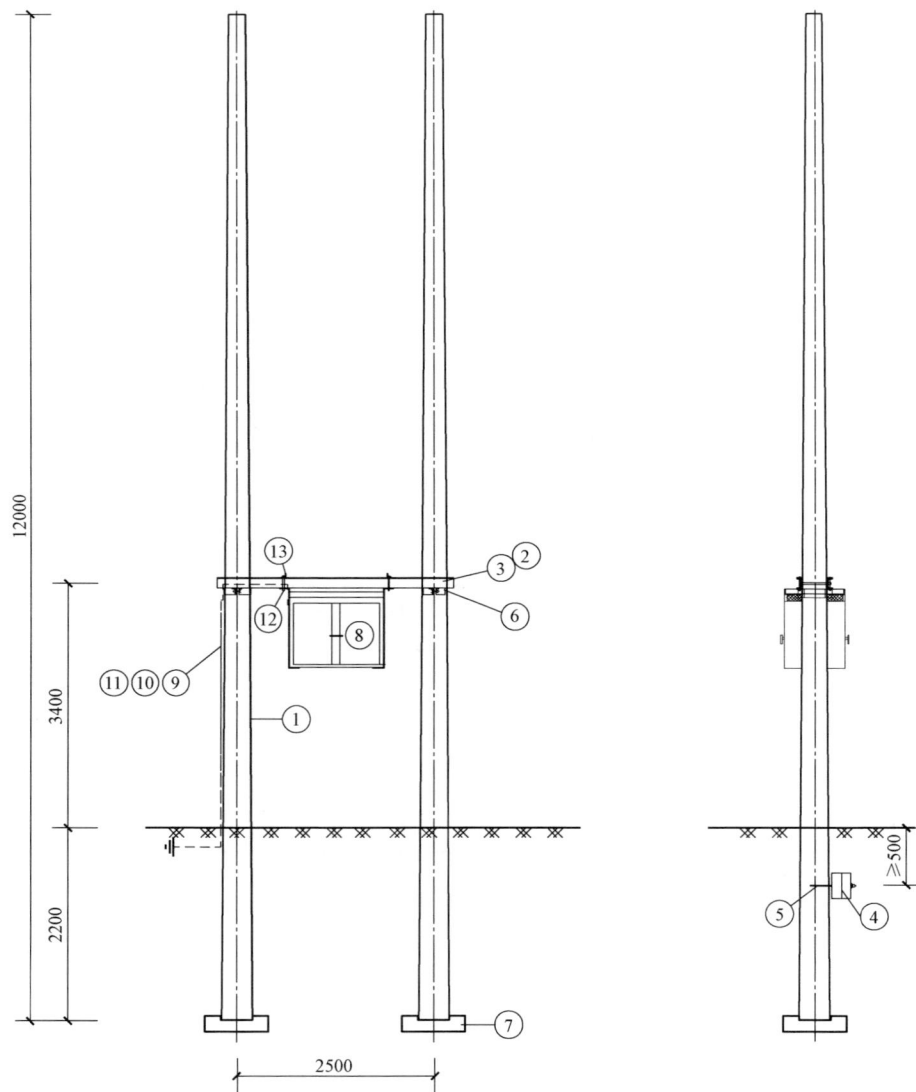

J12：12m 双杆标准化台架							
编号	名称	型号	单位	数量	图号	物料编码	备注
①	电杆	190×12m×M	根	2			
②	双头螺杆	M20×400	根	4	TJ－QT－01		配螺母垫片
③	变压器双杆支持架	[14－3000	副	1	TJ－ZJ－03		
④	卡盘	KP－10	块	2		500052205	可选
⑤	卡盘 U 型抱箍	KBG22－7	只	2	TJ－ZJ－06		可选
⑥	抱箍	BG8－300	块	4	TJ－BG－03		
⑦	底盘	DP－10	块	2		500061575	可选
⑧	低压综合配电箱	200/400kVA	个	1			按通用设计原则配置
⑨	接地装置		副	1			
⑩	接线端子	DT－35	只	2			
⑪	布电线	BV－35	m	6.5		500014856	
⑫	双头螺杆	M20×200	只	4	TJ－QT－01		配螺母垫片
⑬	压板	YB5－740J	块	2	TJ－LT－03		

图 10－15　标准化台架组装图（12m 双杆）　J12

T2：变压器正装子模块（15m）

编号	名称	型号	单位	数量	图号	物料编码	备注
①	变压器	50/100/200/400kVA	台	1			按实际情况选用
②	压板	YB5－740J	块	4	TJ－LT－03		
③	接线端子	DT－35	只	4			
④	布电线	BV－35	m	6.5		500014856	
⑤	高压绝缘罩	10kV	只	3			
⑥	低压绝缘罩	1kV	只	4			
⑦	低压电缆	ZC－YJV－0.6/1kV－1×300	m	18		500132752	200kVA 及以上配变使用
⑦	低压电缆	ZC－YJV－0.6/1kV－1×150	m	18		500113168	200kVA 以下配变使用
⑧	横担抱箍	HBG6－300	块	2	TJ－BG－04		
⑨	抱箍	BG6－300	块	2	TJ－BG－02		
⑩	横担抱箍	HBG6－320	块	2	TJ－BG－04		
⑪	抱箍	BG6－320	块	2	TJ－BG－02		
⑫	双头螺杆	M16×200	根	4	TJ－QT－01		配双螺母垫片（可选防盗螺栓）
⑬	低压接线桩头	SBJ－1－M12/M14/M18/M20	只	3			依次与50/100/200/400kVA 变压器配对
⑭	低压接线桩头	SBJ－1－M12	只	1		500020843	
⑮	杆上电缆固定架	DLJ5－165	块	2	TJ－ZJ－02		
⑯	电缆卡抱	KBG4－110	块	2	TJ－BG－01		
⑰	低压电缆终端	1×300，户外终端，冷缩	个	8		500130992	YJV－0.6/1kV－1×300 电缆选用
⑰	低压电缆终端	1×150，户外终端，冷缩	个	8		500126073	YJV－0.6/1kV－1×150 电缆选用
⑱	螺母	M16	个	24			
⑲	垫圈	M16	个	24			
⑳	螺栓	M18×70	件	4			
㉑	螺栓	M16×45	件	8			
㉒	螺母	M18	个	4			
㉓	垫圈	M18	个	4			
㉔	接线端子	DT－95	只	2			400kVA 变压器中性点接地线用
㉕	布电线	BV－95	m	5		500014857	400kVA 变压器中性点接地线

图 10－16　变压器正装子模块（15m）　T2

T3：变压器正装子模块（12m）

编号	名称	型号	单位	数量	图号	物料编码	备注
①	变压器	50/100/200/400kVA	台	1			按实际情况选用
②	压板	YB5－740J	块	4	TJ－LT－03		
③	接线端子	DT－35	只	4			
④	布电线	BV－35	m	6.5		500014856	
⑤	高压绝缘罩	10kV	只	3			
⑥	低压绝缘罩	1kV	只	4			
⑦	低压电缆	ZC－YJV－0.6/1kV－1×300	m	18		500132752	200kVA 及以上配变使用
⑦	低压电缆	ZC－YJV－0.6/1kV－1×150	m	18		500113168	200kVA 以下配变使用
⑧	横担抱箍	HBG6－300	块	2	TJ－BG－04		
⑨	抱箍	BG6－300	块	2	TJ－BG－02		
⑩	横担抱箍	HBG6－280	块	2	TJ－BG－04		
⑪	抱箍	BG6－280	块	2	TJ－BG－02		
⑫	双头螺杆	M16×200	根	4	TJ－QT－01		配双螺母垫片（可选防盗螺栓）
⑬	低压接线桩头	SBJ－1－M12/M14/M18/M20	只	3			依次与50/100/200/400kV 变压器配对
⑭	低压接线桩头	SBJ－1－M12	只	1		500020843	
⑮	杆上电缆固定架	DLJ5－165	块	2	TJ－ZJ－02		
⑯	电缆卡抱	KBG4－110	块	2	TJ－BG－01		按实际情况选用
⑰	低压电缆终端	1×300，户外终端，冷缩	个	8		500130992	YJV－0.6/1kV－1×300 电缆选
⑰	低压电缆终端	1×150，户外终端，冷缩	个	8		500126073	YJV－0.6/1kV－1×150 电缆选
⑱	螺母	M16	个	24			
⑲	垫圈	M16	个	24			
⑳	螺栓	M18×70	件	4			
㉑	螺栓	M16×45	件	8			
㉒	螺母	M18	个	4			
㉓	垫圈	M18	个	4			
㉔	接线端子	DT－95	只	2			400kVA 变压器中性点接地线用
㉕	布电线	BV－95	m	5		500014857	400kVA 变压器中性点接地线

图 10－17　变压器正装子模块（12m）　T3

R5：熔断器正装子模块（15m）								
编号	名称	型号	单位	数量	图号	物料编码	备注	
①	双杆熔丝具架	SRJ6－3000	块	2	TJ－ZJ－04			
②	螺栓	HBG6－280	块	4	TJ－BG－04			
③	熔断器安装架	RJ7－170	块	3	TJ－ZJ－01			
④	跌落式熔断器	100A	只	3		500007914	熔丝按变压器容量配置，可选封闭型；带绝缘罩	
⑤	柱式瓷瓶	R12.5ET150N	只	3		500122541		
⑥	螺母	M16	个	4				
⑦	垫圈	M16	个	4				
⑧	螺栓	M16×70	件	4				
⑨	螺栓	M18×70	件	8				
⑩	螺母	M18	个	8				
⑪	垫圈	M18	个	8				

图 10－18　熔断器正装子模块（15m）　R5

R6：熔断器正装子模块（12m）								
编号	名称	型号	单位	数量	图号	物料编码	备注	
①	双杆熔丝具架	SRJ6－3000	块	2	TJ－ZJ－04			
②	横担抱箍	HBG6－260	块	4	TJ－BG－04			
③	熔断器安装架	RJ7－170	块	3	TJ－ZJ－01			
④	跌落式熔断器	100A	只	3		500007914	熔丝按变压器容量配置，可选封闭型；带绝缘罩	
⑤	柱式瓷瓶	R12.5ET150N	只	3		500122541		
⑥	螺母	M16	个	4				
⑦	垫圈	M16	个	4				
⑧	螺栓	M16×70	件	4				
⑨	螺栓	M18×70	件	8				
⑩	螺母	M18	个	8				
⑪	垫圈	M18	个	8				

图 10－19　熔断器正装子模块（12m）　R6

Y6：高压引线正装绝缘导线子模块（15m）

编号	名称	型号	单位	数量	图号	物料编码	备注
①	横担抱箍	HBG6－220	块	2	TJ－BG－04		
②	抱箍	BG6－220	块	2	TJ－BG－02		
③	双杆熔丝具架	SRJ6－3000	块	2	TJ－ZJ－04		
④	柱式绝缘子	R12.5ET150N	只	6		500122541	
⑤	横担抱箍	HBG6－260	块	2	TJ－BG－04		
⑥	抱箍	BG6－260	块	2	TJ－BG－02		
⑦	异型并沟线夹	JBL－16－120 或 JBL－50－240	副	6		500028226 或 500028227	异型并沟线夹型号由T接主干线型号决定
⑧	高压绝缘线	JKLYJ－10/70	m	25		500014664	熔断器前使用
⑨	高压绝缘线	JKTRYJ－10/35	m	8		500143417	熔断器后使用
⑩	螺母	M16	个	8			
⑪	垫圈	M16	个	8			
⑫	螺栓	M16×45	件	8			
⑬	螺栓	M18×70	件	8			
⑭	螺母	M18	个	8			
⑮	垫圈	M18	个	8			
⑯	高压接线桩头	SBJ－1－M12	只	3		500020843	
⑰	接线端子	DT－70（铜镀锡）	个	3		500021864	
⑱	接线端子	DT－35（铜镀锡）	个	9		500050546	
⑲	并沟线夹	JBL－16－120	个	3		500028226	弹射楔型、并沟线夹、C型线夹等可选

图 10－20　高压引线正装绝缘导线子模块（15m）　Y6

Y7：高压引线正装绝缘导线子模块（12m）

编号	名称	型号	单位	数量	图号	物料编码	备注
①	横担抱箍	HBG6－220	块	2	TJ－BG－04		
②	抱箍	BG6－220	块	2	TJ－BG－02		
③	双杆熔丝具架	SRJ6－3000	块	1	TJ－ZJ－04		
④	柱式绝缘子	R12.5ET150N	只	3		500122541	
⑤	异型并沟线夹	JBL－16－120 或 JBL－50－240	副	6		500028226 或 500028227	异型并沟线夹型号由T接主干线型号决定
⑥	高压绝缘线	JKLYJ－10/70	m	16		500014664	熔断器前使用
⑦	高压绝缘线	JKTRYJ－10/35	m	8		500143417	熔断器后使用
⑧	螺母	M16	个	4			
⑨	垫圈	M16	个	4			
⑩	螺栓	M16×45	件	4			
⑪	螺栓	M18×70	件	4			
⑫	螺母	M18	个	4			
⑬	垫圈	M18	个	4			
⑭	高压接线桩头	SBJ－1－M12	只	3		500020843	
⑮	接线端子	DT－70（铜镀锡）	个	3		500021864	
⑯	接线端子	DT－35（铜镀锡）	个	9		500050546	
⑰	并沟线夹	JBL－16－120	个	3		500028226	弹射楔型、并沟线夹、C型线夹等可选

图 10－21　高压引线正装绝缘导线子模块（12m）　Y7

		B9：避雷器正装子模块 a（普通避雷器，15m）						
编号	名称	型号	单位	数量	图号	物料编码	备注
①	柱式瓷瓶	R12.5ET150N	只	3		500122541	
②	普通避雷器	YH5WS5－17/50	台	3		500027151	带绝缘罩
③	绝缘穿刺接地线夹	10kV，240mm²，16mm²	副	3		500032474	并沟线夹可选
④	布电线	BV－35	m	5		500014856	
⑤	螺母	M16	个	4			
⑥	垫圈	M16	个	4			
⑦	螺栓	M16×45	件	4			
⑧	螺栓	M18×70	件	4			
⑨	螺母	M18	个	4			
⑩	垫圈	M18	个	4			
⑪	接线端子	DT－35（铜镀锡）	只	6		500050546	

图 10－22　避雷器正装子模块 a（普通避雷器，15m）　B9

		B10：避雷器正装子模块 b（普通避雷器，12m）						
编号	名称	型号	单位	数量	图号	物料编码	备注
①	柱式瓷瓶	R12.5ET150N	只	3		500122541	
②	普通避雷器	YH5WS5－17/50	台	3		500027151	带绝缘罩
③	绝缘穿刺接地线夹	10kV，240mm²，16mm²	副	3		500032474	并沟线夹可选
④	布电线	BV－35	m	5		500014856	
⑤	螺母	M16	个	4			
⑥	垫圈	M16	个	4			
⑦	螺栓	M16×45	件	4			
⑧	螺栓	M18×70	件	4			
⑨	螺母	M18	个	4			
⑩	垫圈	M18	个	4			
⑪	接线端子	DT－35（铜镀锡）		6		500050546	

图 10－23　避雷器正装子模块 b（普通避雷器，12m）　B10

10.2.5 10kV柱上三相变压器台铁附件加工

10.2.5.1 铁附件选用一般要求

（1）铁附件加工的型钢质量及尺寸应符合《热轧型钢》（GB/T 706）中的要求。选用的钢材强度除图纸中标注外，一般选用 Q235。

（2）铁附件加工完成后都有应按照图纸型号打上标识，标识用钢字模压印，标识的钢印应排列整齐，字形不得有缺陷，钢印深度为 0.5～1.0mm。

（3）型钢下料长度允许偏差±1mm，切断处高于 0.3mm 毛刺应清除。角钢端部垂直度小于等于 $3t/100$，且不大于 3.0mm（t 为角钢厚度）。

（4）型钢加工准距要求偏差±1.0mm，排间距要求偏差±1.0mm，端距要求偏差±2.0mm。孔直径允许偏差+1.0mm，孔锥度允许偏差 +0.5mm 或 −0.2mm，垂直度允许偏差小于等于 $0.03T$ 且小于等于 2.0mm（T 为钢材厚度）。同组内相邻两孔允许偏差±0.5mm，同组内不相邻两孔允许偏差±1.0mm；相邻两组孔距允许偏差±1mm，不相邻两组孔允许偏差±1.5mm。制孔表面不得有明显的凹陷，高于 0.5mm 的毛刺应清除。制孔错误修补后，零件的修补位置不得有裂纹、飞溅等缺陷。

（5）型钢制弯后，火曲线边缘的孔不得有变形，包铁和主材不能出现摆头、扭曲，曲线（点）位置不得有明显的凹面、折皱、划痕和损伤。制弯的角度允许偏差±0.5°。制弯边缘应圆滑过度，最薄处不得小于钢材厚度的 70%，需开口才能制弯的包铁（主材），须在开口处先坡口后再施焊，焊材选用相应于钢材材质的焊条（焊丝），并处理飞溅、电弧擦伤等表面缺陷，不保留焊接痕迹。

（6）型钢切角的尺寸允许偏差+2mm，切断处大于 0.5mm 毛刺清除。切角边距：直径 $\phi17.5$mm，边距≥23mm；直径 $\phi21.5$mm，边距≥28mm；直径 $\phi25.5$mm，边距≥33mm。切断处应圆滑过度，不允许有多余的切角（如切错角后不修复，重新切角）。

（7）开合角：允许偏差为±1°，开合角后不准有弯曲、扭曲现象。打扁：打扁处的角钢背不得有裂纹、弯曲，通孔后毛刺应清除，通孔后的孔径应与打扁处孔径相清符。

10.2.5.2 铁附件图纸编号原则

铁附件图纸编号由三个字段字符组成，规则为 1−2−3。其中：

1—TJ：铁附件加工模块。

2—HD：横担；BG：抱箍；LT：联铁；DDM：单杆顶帽；SDB：双杆顶抱箍；QT：双头螺杆；ZJ：支架；HG：护管。

3—图纸序号，01、02、03 等。

10kV 三相柱上变压器台铁附件加工设计图清单见表 10−9。

表 10−9 10kV 三相柱上变压器台铁附件加工设计图清单

图序	图名	图纸编号
图 10−24	KP8（1−5）～KP12（1−5）卡盘制造图	JC−YZ−01
图 10−25	KBG4 电缆卡抱箍制造图	TJ−BG−01
图 10−26	BG6 半圆抱箍制造图	TJ−BG−02
图 10−27	BG8 半圆抱箍制造图	TJ−BG−03
图 10−28	HBG6 半圆横担抱箍制造图	TJ−BG−04
图 10−29	SDM6 双杆顶瓷瓶架加工图	JC−YZ−01
图 10−30	HD16−C23 四线横担制造图	TJ−HD−01
图 10−31	DLHG−A 杆上电缆保护管制造图	TJ−HG−01
图 10−32	LT7−G 挂线连铁制造图	TJ−LT−01
图 10−33	LT6−P 扁钢连铁制造图	TJ−LT−02
图 10−34	YB5−740J 压板制造图	TJ−LT−03
图 10−35	双头螺杆（对销）制造图	TJ−QT−01
图 10−36	RJ7−170 熔丝具安装架制造图	TJ−ZJ−01
图 10−37	DLJ5−165 杆上电缆固定架制造图	TJ−ZJ−02
图 10−38	SPJ14−3000 变压器双杆支持架加工图	TJ−ZJ−03
图 10−39	SRJ6−3000 双杆熔丝具架加工图	TJ−ZJ−04
图 10−40	DLJ6−400 杆上电缆头安装架加工图	TJ−ZJ−05
图 10−41	KBG 卡盘抱箍加工图	TJ−ZJ−06
图 10−42	JDS 接地引上线加工图	TJ−ZJ−07
图 10−43	JDZ 垂直接地铁加工图	TJ−ZJ−08
图 10−44	JDP 水平接地铁加工图	TJ−ZJ−09
图 10−45	夹具－8×86 加工图	TJ−ZJ−10

材 料 表

型号	序号	名称	规格	长度（mm）	单位	数量	质量（kg）一件	质量（kg）小计	合计
LP－6	1	主筋 565	Φ8	640	根	4	0.25	1.00	钢材 5.96
	2	主筋 240	Φ6	315	根	5	0.07	0.40	
	3	短钢筋	Φ6	130	根	2	0.03	0.06	
	4	拉环	Φ24	568	副	1	2.02	2.02	
	5								C30
	6	加劲板	—45×6	45	块	4	0.10	0.40	混凝土
	7	加强短筋	Φ16	95	根	1	0.14	0.14	0.032m³
	8	钢板	—120×10	200	块	1	1.94	1.94	
LP－8	1	主筋 740	Φ8	840	根	6	0.33	1.98	钢材 6.99
	2	主筋 340	Φ6	415	根	5	0.09	0.45	
	3	短钢筋	Φ6	130	根	2	0.03	0.06	
	4	拉环	Φ24	568	副	1	2.02	2.02	
	5								C30
	6	加劲板	—45×6	45	块	4	0.10	0.40	混凝土
	7	加强短筋	Φ16	95	根	1	0.14	0.14	0.054m³
	8	钢板	—120×10	200	块	1	1.94	1.94	
LP－10	1	主筋 940	Φ10	1065	根	6	0.66	3.96	钢材 10.97
	2	主筋 440	Φ6	515	根	7	0.12	0.84	
	3	短钢筋	Φ6	130	根	2	0.03	0.06	C30
	4	拉环	Φ28	580	副	1	2.80	2.80	
	5	吊环	Φ6	420	个	2	0.09	0.18	混凝土
	6	加劲板	—45×6	45	块	4	0.10	0.40	
	7	加强短筋	Φ20	100	根	1	0.25	0.25	0.083m³
	8	钢板	—120×12	220	块	1	2.48	2.48	
LP－12	1	主筋 1140	Φ10	1265	根	8	0.78	6.24	钢材 13.67
	2	主筋 540	Φ6	615	根	9	0.14	1.26	
	3	短钢筋	Φ6	130	根	2	0.03	0.06	C30
	4	拉环	Φ28	580	副	1	2.80	2.80	
	5	吊环	Φ6	420	个	2	0.09	0.18	混凝土
	6	加劲板	—45×6	45	块	4	0.10	0.40	
	7	加强短筋	Φ20	100	根	1	0.25	0.25	0.120m³
	8	钢板	—120×12	220	块	1	2.48	2.48	
LP－14	1	主筋 1340	Φ12	1490	根	8	1.32	10.56	钢材 20.76
	2	主筋 640	Φ6	715	根	11	0.16	1.76	
	3	短钢筋	Φ6	130	根	2	0.03	0.06	C30
	4	拉环	Φ32	592	副	1	3.75	3.75	
	5	吊环	Φ6	420	个	2	0.09	0.18	混凝土
	6	加劲板	—50×6	50	块	4	0.12	0.48	
	7	加强短筋	Φ24	105	根	1	0.37	0.37	0.165m³
	8	钢板	—140×14	240	块	1	3.70	3.70	
LP－16	1	主筋 1540	Φ14	1715	根	8	2.07	16.56	钢材 27.44
	2	主筋 740	Φ6	815	根	13	0.18	2.34	
	3	短钢筋	Φ6	130	根	2	0.03	0.06	
	4	拉环	Φ32	592	副	1	3.75	3.75	
	5	吊环	Φ6	420	个	2	0.09	0.18	C30
	6	加劲板	—50×6	50	块	4	0.12	0.48	混凝土
	7	加强短筋	Φ24	105	根	1	0.37	0.37	0.216m³
	8	钢板	—140×14	240	块	1	3.70	3.70	

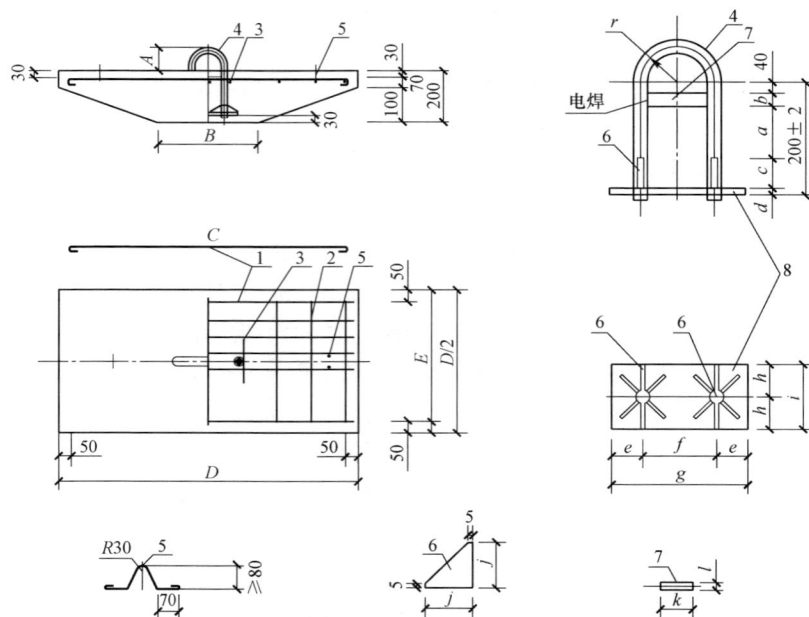

选 用 表

型号	拉线盘尺寸（mm） A	B	C	D	E	a	b	c	d	e	f	g	h	i	j	k	l	r
LP－6	102±5	300	540	600	3×70	89	16	45	10	40	130	200	60	120	45	35	16	50±2
LP－8	102±5	300	740	800	5×62	89	16	45	10	40	130	200	60	120	45	35	16	50±2
LP－10	109±5	300	940	1000	5×82	83	20	45	12	45	130	220	60	120	45	100	20	65±2
LP－12	109±5	400	1140	1200	7×73	83	20	45	12	45	130	220	60	120	45	100	20	65±2
LP－14	121±5	500	1340	1400	7×81	72	24	50	14	50	140	240	70	140	50	105	24	70±2
LP－16	121±5	600	1540	1600	7×101.5	72	24	50	14	50	140	240	70	140	50	105	24	70±2

说明：1. 在浇制混凝土以前，用铁丝将拉环与短钢筋扎牢。

2. 吊环必须与主钢筋钩好后扎牢，E 为绑扎钢筋距离。

图 10－24　KP8（1－5）～KP12（1－5）卡盘制造图　JC－YZ－01

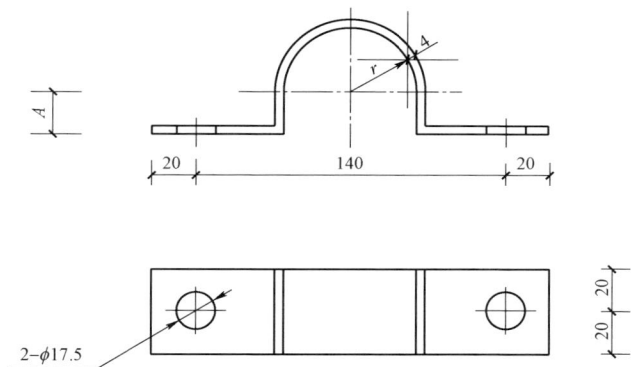

A

20 140 20

20 20

$2-\phi17.5$

选 用 表

型号	r（mm）	A	规格	长度（mm）	数量（块）	质量（kg）
KBG4-20	10	10	-4×40	212	1	0.28
KBG4-50	25	15	-4×40	239	1	0.31
KBG4-70	35	25	-4×40	270	1	0.34
KBG4-90	45	35	-4×40	302	1	0.38
KBG4-100	50	40	-4×40	317	1	0.40
KBG4-110	55	45	-4×40	333	1	0.42

说明：1. 所有构件均须热镀锌防腐。

2. 所有构件材料材质均为 Q355。

图 10-25 KBG4 电缆卡抱制造图 TJ-BG-01

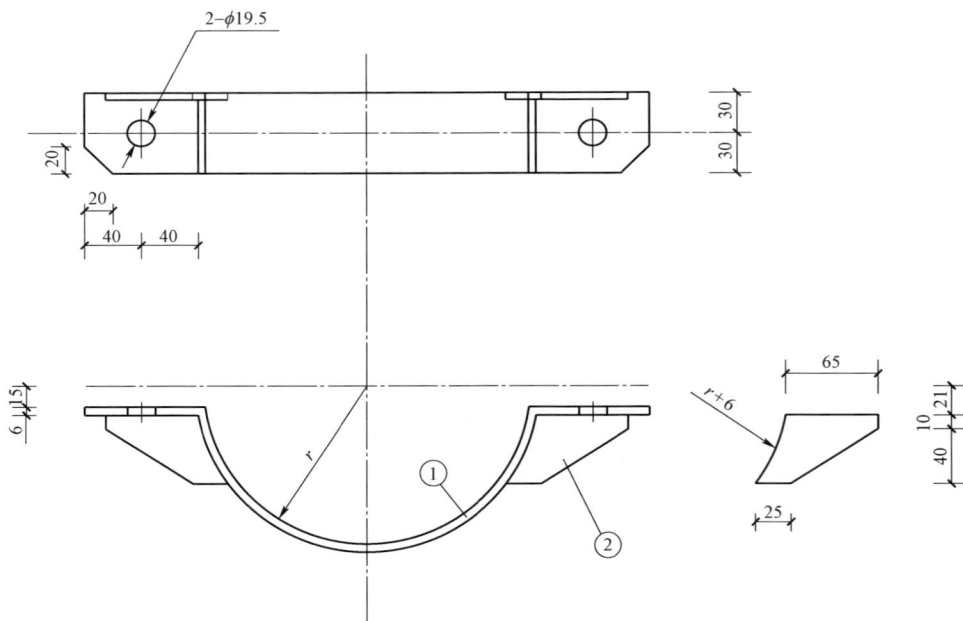

型号	r（mm）	下料长度（mm）	质量（kg）	数量（块）	总质量（kg）
BG6-160	80	390	1.10	1	1.50
BG6-200	100	457	1.29	1	1.69
BG6-210	105	470	1.33	1	1.73
BG6-220	110	484	1.37	1	1.77
BG6-240	120	514	1.45	1	1.85
BG6-260	130	545	1.54	1	1.94
BG6-280	140	576	1.63	1	2.03
BG6-300	150	608	1.72	1	2.12
BG6-320	160	638	1.81	1	2.21
BG6-340	170	670	1.90	1	2.30
BG6-360	180	701	1.98	1	2.38
BG6-380	190	733	2.07	1	2.47
BG6-400	200	764	2.16	1	2.56
BG6-420	210	796	2.25	1	2.65
BG6-440	220	827	2.34	1	2.74
BG6-460	230	859	2.43	1	2.83
BG6-480	240	890	2.52	1	2.92
BG6-500	250	921	2.61	1	3.01

材 料 表

编号	名称	规格	单位	数量	质量（kg）	备注
①	扁钢	—6×60×L	块	1	见上表	
②	加劲板	—5×50×100	块	2	0.4	

说明：1. 所有构件均须热镀锌防腐。

2. 所有构件材料材质均为 Q355。

图 10-26 BG6 半圆抱箍制造图 TJ-BG-02

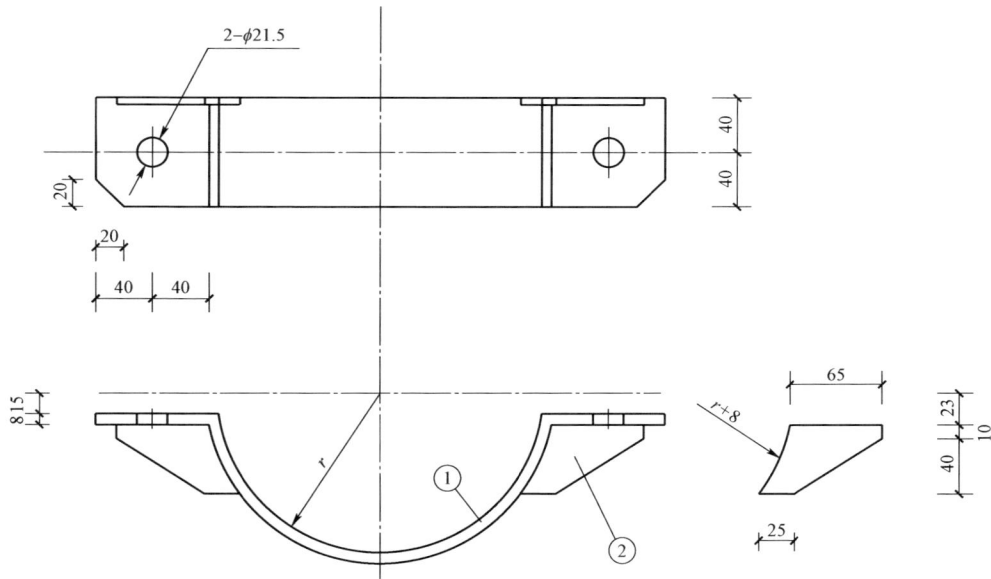

型号	r（mm）	下料长度（mm）	质量（kg）	数量（块）	总质量（kg）
BG8－200	100	457	2.29	1	2.69
BG8－210	105	470	2.36	1	2.76
BG8－220	110	484	2.43	1	2.83
BG8－240	120	514	2.58	1	2.98
BG8－260	130	545	2.74	1	3.14
BG8－280	140	576	2.89	1	3.29
BG8－300	150	608	3.05	1	3.45
BG8－320	160	638	3.20	1	3.60
BG8－340	170	670	3.36	1	3.76
BG8－360	180	701	3.52	1	3.92
BG8－380	190	733	3.68	1	4.08
BG8－400	200	764	3.84	1	4.24
BG8－420	210	796	4.00	1	4.40
BG8－440	220	827	4.15	1	4.55
BG8－460	230	859	4.31	1	4.71
BG8－480	240	890	4.47	1	4.87

选　用　表

材　料　表

编号	名称	规格	单位	数量	质量（kg）	备注
①	扁钢	—10×100×L	块	1	见上表	
②	加劲板	—5×50×100	块	2	0.4	

说明：1. 所有构件均须热镀锌防腐。

2. 所有构件材料材质均为 Q355。

图 10－27　BG8 半圆抱箍制造图　TJ－BG－03

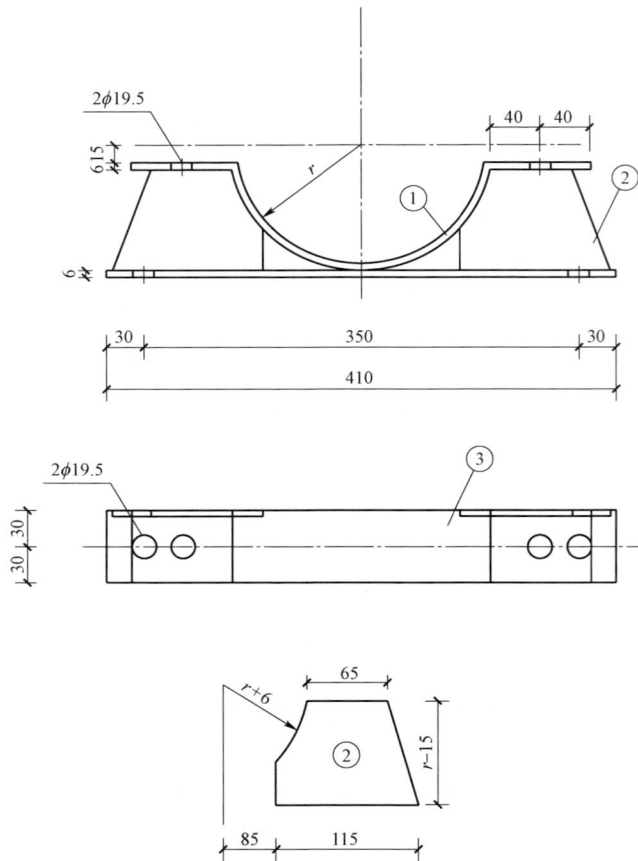

选 用 表

型号	r（mm）	下料长度（mm）	质量（kg）	数量（块）	总质量（kg）
HBG6－160	80	390	1.10	1	3.06
HBG6－200	100	457	1.29	1	3.25
HBG6－210	105	470	1.33	1	3.34
HBG6－220	110	484	1.37	1	3.42
HBG6－240	120	514	1.45	1	3.60
HBG6－260	130	545	1.54	1	3.78
HBG6－280	140	576	1.63	1	3.97
HBG6－300	150	608	1.72	1	4.15
HBG6－320	160	638	1.81	1	4.34
HBG6－340	170	670	1.90	1	4.52
HBG6－360	180	701	1.98	1	4.69
HBG6－380	190	733	2.07	1	4.88
HBG6－400	200	764	2.16	1	5.06
HBG6－420	210	796	2.25	1	5.25

材 料 表

编号	名称	规格	单位	数量	质量（kg）	备注
①	扁钢	一6×60×L	块	1	见上表	
②	加劲板	一5×120×（$r-15$）	块	2		
③	扁钢	一6×60×410	块	1	1.16	

说明：1. 所有构件均须热镀锌防腐。

　　　2. 所有构件材料材质均为 Q355。

图 10－28　HBG6 半圆横担抱箍制造图　TJ－BG－04

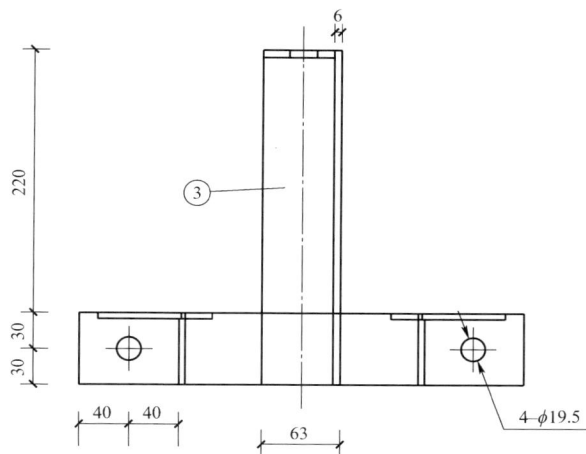

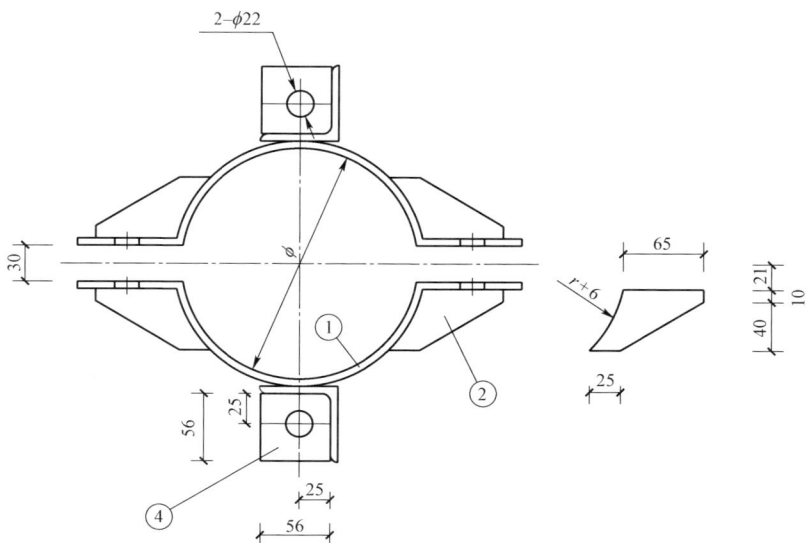

选 用 表

物料编码	型号	ϕ（mm）	下料长度（mm）	质量（kg）	数量（1903：副）	总质量（kg）
500019167	SDM6－190	190	444	1.26	1	6.82
500019169	SDM6－230	230	504	1.43	1	7.16

材 料 表

编号	名称	规格	单位	数量	质量（kg）	备注
①	扁钢	$-60 \times 6 \times L$	块	2	见上表	
②	加劲板	$-50 \times 5 \times 100$	块	4	0.8	
③	角钢	$L63 \times 6 \times 280$	块	2	3.20	
④	扁钢	$-56 \times 6 \times 56$	块	2	0.3	

说明： 1. 所有构件均须热镀锌防腐。

2. 所有构件材料材质均为 Q355。

图 10－29　SDM6 双杆顶瓷瓶架加工图　JC－YZ－01

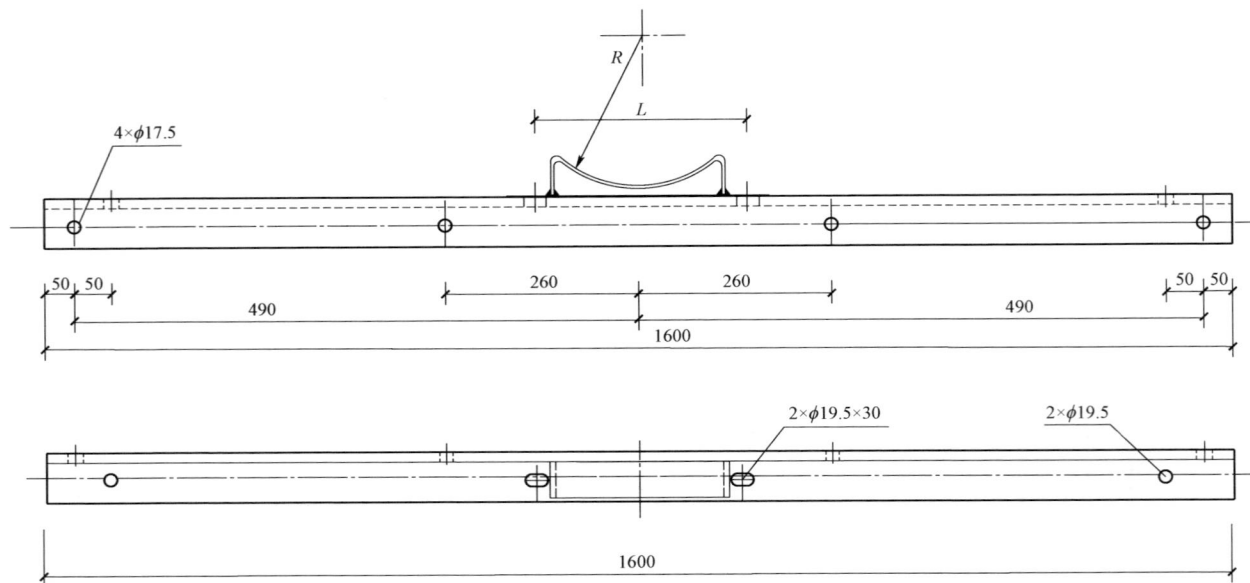

材 料 及 适 用 表

型号	角钢		垫铁		总质重（kg）	R（mm）	L（mm）	适用主杆直径（mm）
	规格（mm）	质量（kg）	规格	质量（kg）				
HD16－A15	L63×6×1600	9.15	—50×5	0.90	10.05	80	190	150～175
HD16－A19	L63×6×1600	9.15	—50×5	1.00	10.15	100	230	190～215
HD16－B19	L70×7×1600	11.84	—50×5	1.00	12.84	100	230	190～215
HD16－C19	L75×8×1600	14.45	—50×5	1.00	15.45	100	230	190～215
HD16－C23	L75×8×1600	14.45	—50×5	1.10	15.55	110	250	220～245
HD16－D19	L80×8×1600	15.45	—50×5	1.00	16.45	100	230	190～215
HD16－E19	L90×8×1600	17.51	—50×5	1.00	18.51	180	230	190～215
HD16－E26	L90×8×1600	17.51	—50×5	2.00	19.51	180	310	260～285
HD16－E35	L90×8×1600	17.51	—50×5	2.50	20.01	200	410	350～375

说明：1. 铁件均需热镀锌，材料表中的角钢材料为 Q235。

2. 如同一根杆中使用双侧横担，加工孔时应镜像加工。

3. 图中 R 的尺寸是根据横担安装位置不同确定。

4. 垫铁使用—50×5 扁钢制造。

5. 所有构件均须热镀锌防腐。

6. 所有构件材料材质均为 Q355。

图 10-30　HD16-C23 四线横担制造图　TJ-HD-01

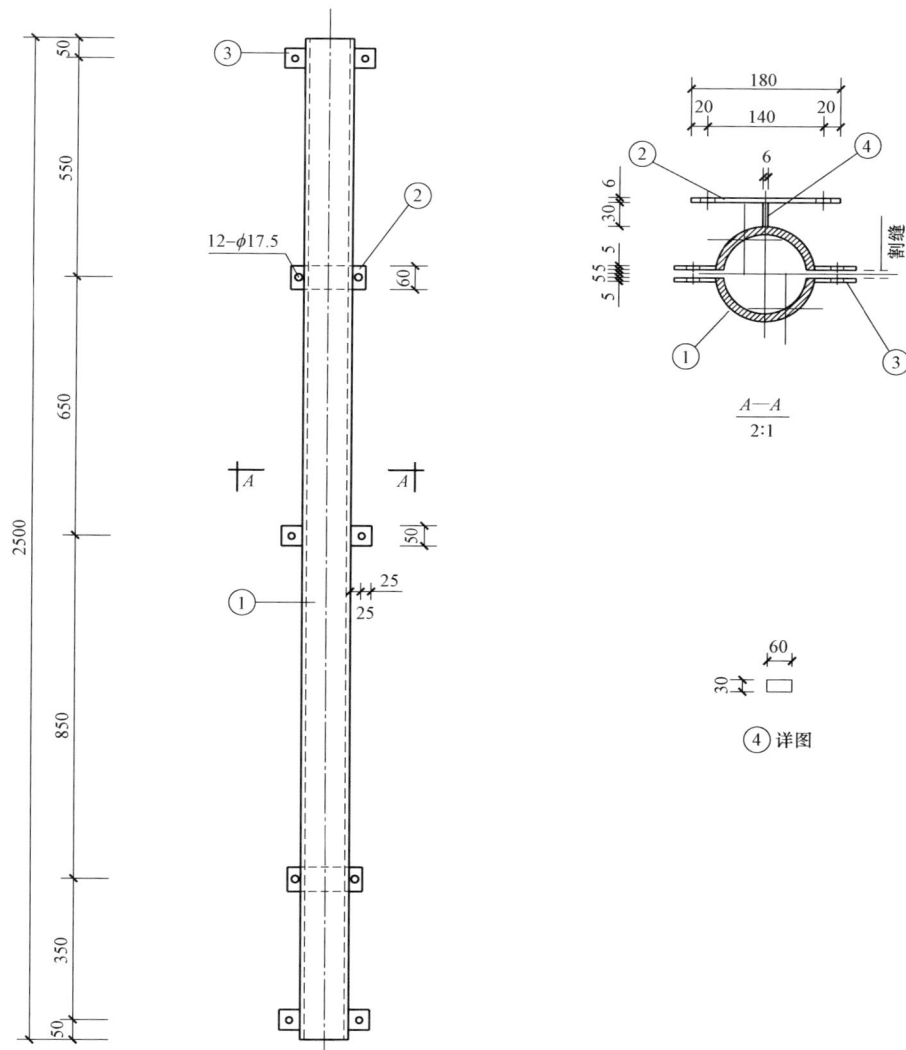

选 用 表

型号	外径×壁厚×长度（mm）	质量（kg）	数量（副）	总质量（kg）
DLHG-114A	114×3.2×2500	21.85	1	23.63
DLHG-140A	140×3.5×2500	29.45	1	31.23
DLHG-168A	168×4.0×2500	39.75	1	41.53

材 料 表

编号	名称	规格	单位	数量	质量（kg）	备注
①	钢管	见上表	根	1	见上表	
②	扁钢	—60×6×180	块	2	1.02	
③	扁钢	—5×50×50	块	12	1.18	
④	扁钢	—6×60×30	块	2	0.17	

说明：1. 所有构件均须热镀锌防腐。

2. 所有构件材料材质均为 Q355。

$\dfrac{A-A}{2:1}$

④详图

图 10-31　DLHG-A 杆上电缆保护管制造图　TJ-HG-01

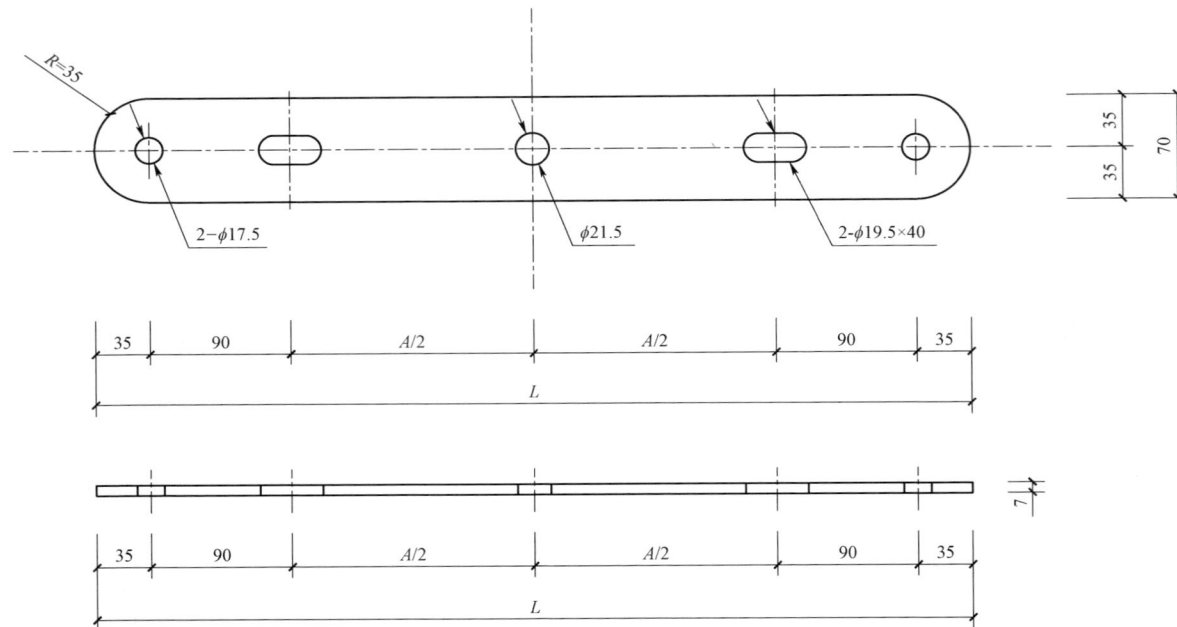

选 用 表

型号	规格	A（mm）	L（mm）	数量（块）	质量（kg）
LT7-520G	—7×70	270	520	1	2.00
LT7-540G	—7×70	290	540	1	2.08
LT7-560G	—7×70	310	560	1	2.16
LT7-580G	—7×70	330	580	1	2.23
LT7-600G	—7×70	350	600	1	2.31
LT7-620G	—7×70	370	620	1	2.39
LT7-640G	—7×70	390	640	1	2.46

说明：1. 所有构件均须热镀锌防腐。

2. 所有构件材料材质均为 Q355。

图 10-32 LT7-G 挂线连铁制造图 TJ-LT-01

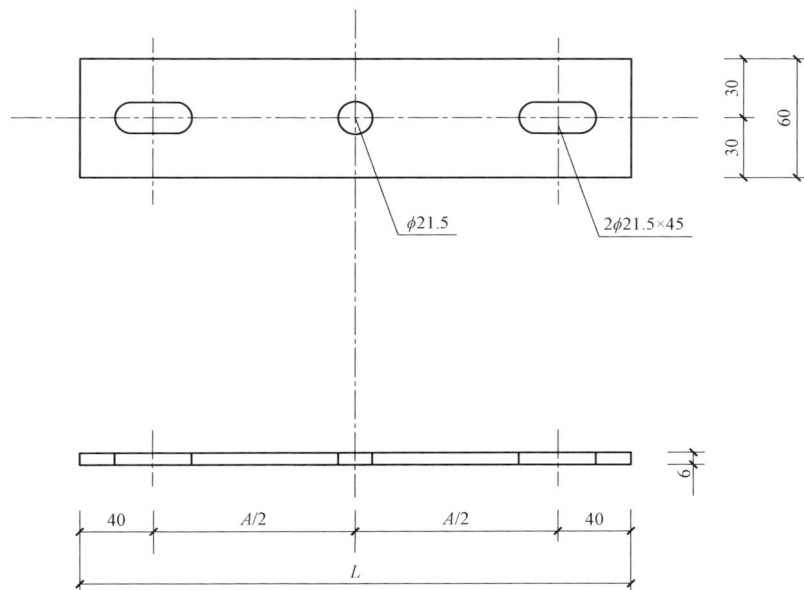

$\phi21.5$

$2\phi21.5\times45$

| 30 |
| 30 |
| 60 |

40 A/2 A/2 40

L

6

选 用 表

型号	规格	A（mm）	L（mm）	数量（块）	质量（kg）
LT6－350P	一60×6	270	350	1	0.99
LT6－380P	一60×6	300	380	1	1.07
LT6－400P	一60×6	320	400	1	1.12
LT6－420P	一60×6	340	420	1	1.18

说明：1. 所有构件均须热镀锌防腐。

2. 所有构件材料材质均为 Q355。

图 10－33　LT6－P 扁钢连铁制造图　TJ－LT－02

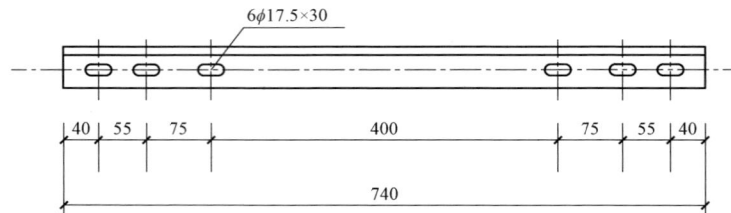

6φ17.5×30

40 | 55 | 75 | 400 | 75 | 55 | 40

740

选 用 表

型号	规格	L（mm）	数量（块）	质量（kg）
YB5-740J	L50×5	740	1	2.79

说明：1. 所有构件均须热镀锌防腐。

2. 所有构件材料材质均为 Q355。

图 10-34　YB5-740J 压板制造图　TJ-LT-03

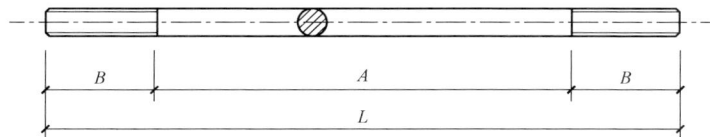

选 用 表

型号	规格	A（mm）	B（mm）	L（mm）	数量（根）	质量（kg）
M16×85	Φ16	25	30	85	1	0.14
M18×90	Φ18	30	30	90	1	0.18
M16×200	Φ16	80	60	200	1	0.31
M16×300	Φ16	180	60	300	1	0.47
M16×350	Φ16	230	60	350	1	0.55
M16×400	Φ16	280	60	400	1	0.64
M18×300	Φ18	180	60	300	1	0.60
M18×350	Φ18	230	60	350	1	0.70
M18×400	Φ18	280	60	400	1	0.80
M20×350	Φ20	230	60	350	1	0.87
M20×400	Φ20	280	60	400	1	1.00

说明：1. 所有构件均须热镀锌防腐。

　　　 2. 所有构件材料材质均为 Q355。

图 10-35　双头螺杆（对销）制造图　TJ-QT-01

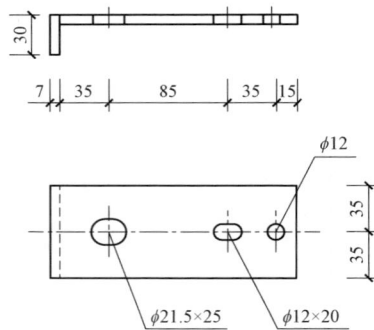

选 用 表

型号	适用范围	数量（副）	质量（kg）	备注
RJ7−170	熔丝具安装架	1	0.72	

材 料 表

序号	名称	规格	单位	数量	质量（kg）	备注
1	扁钢	—70×7×200	块	1	0.72	

说明：1. 所有构件均须热镀锌防腐。

2. 所有构件材料材质均为Q355。

图 10−36　RJ7−170 熔丝具安装架制造图　TJ−ZJ−01

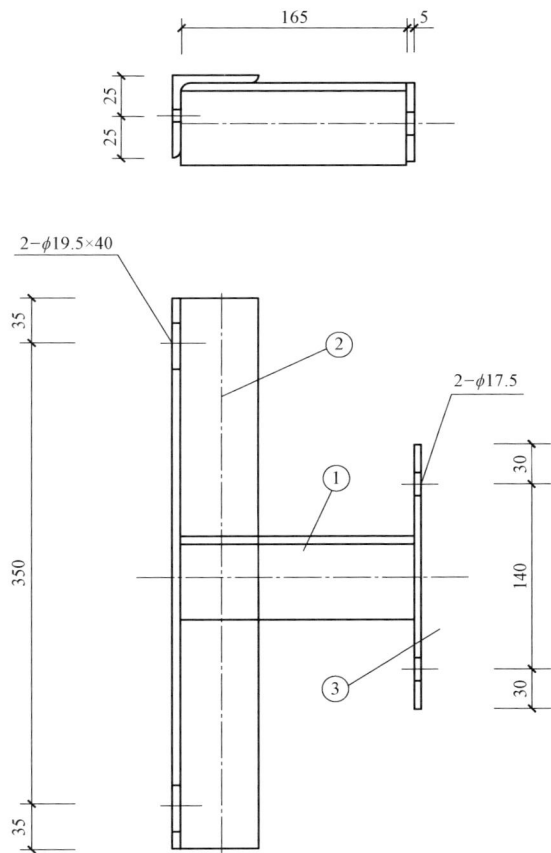

選 用 表

型号	适用范围	数量（副）	质量（kg）	备注
DLJ5−165	杆上电缆固定架	1	2.60	

材 料 表

编号	名称	规格	单位	数量	质量（kg）	备注
①	角钢	L50×5×165	块	1	0.62	
②	角钢	L50×5×420	块	1	1.58	
③	扁钢	—50×5×200	块	1	0.40	

说明：1. 所有构件均须热镀锌防腐。

2. 所有构件材料材质均为 Q355。

图 10−37　DLJ5−165 杆上电缆固定架制造图　TJ−ZJ−02

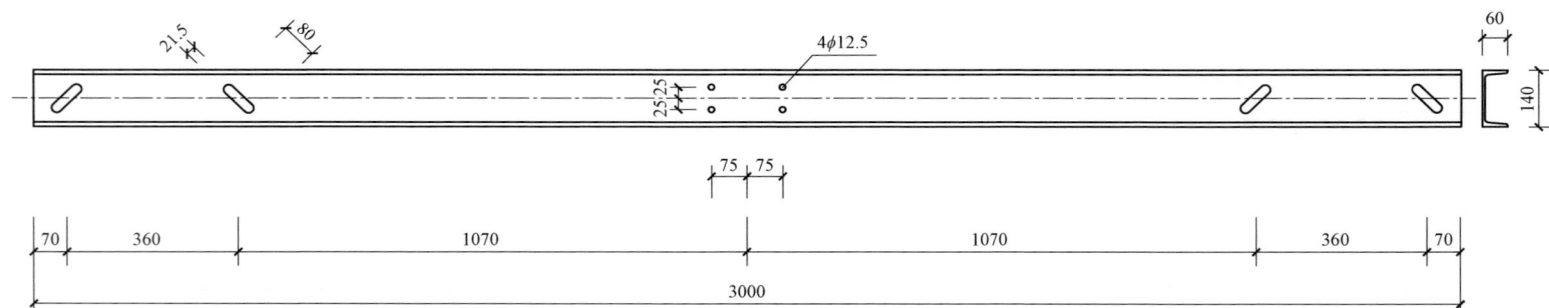

选 用 表

型号	名称	单位	数量	质量（kg）	备注
[14－3000	变压器台架	副	1	101.04	

材 料 表

序号	名称	规格	单位	数量	质量（kg）	备注
1	槽钢	[14－3000	块	2	100.24	
2	方垫片	—50×5×50	块	8	0.8	中心开孔ϕ21.5

说明：1. 对销螺栓 M20×350（400）为选配件每副配对销螺栓四支。

2. 所有构件均须热镀锌防腐。

3. 所有构件材料材质均为 Q355。

图 10－38　SPJ14－3000 变压器双杆支持架加工图　TJ－ZJ－03

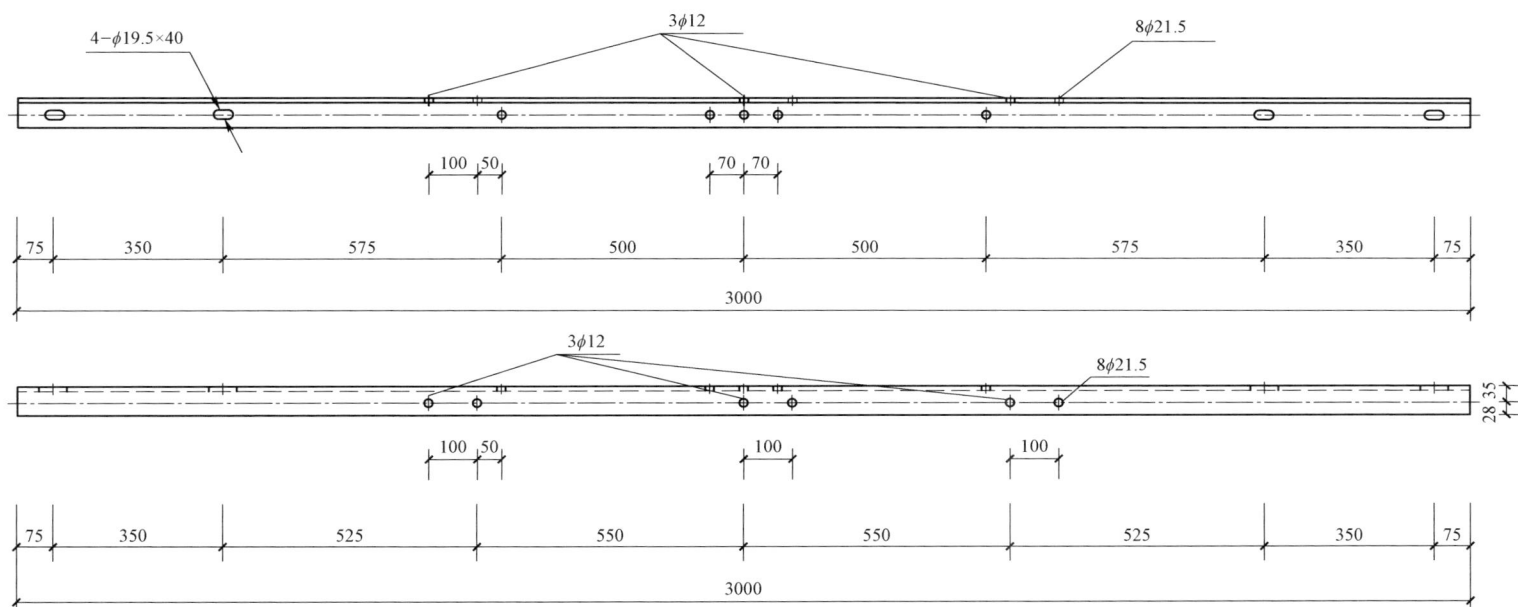

选 用 表

型号	名称	单位	数量	质量（kg）	备注
SRJ6－3000	双杆熔丝具架	块	1	17.16	双杆避雷器、引线担

材 料 表

序号	名称	规格	单位	数量	质量（kg）	备注
1	角钢	L63×6×3000	块	1	17.16	

说明：1. 所有构件均须热镀锌防腐。

2. 所有构件材料材质均为 Q355。

图 10－39　SRJ6－3000 双杆熔丝具架加工图　TJ－ZJ－04

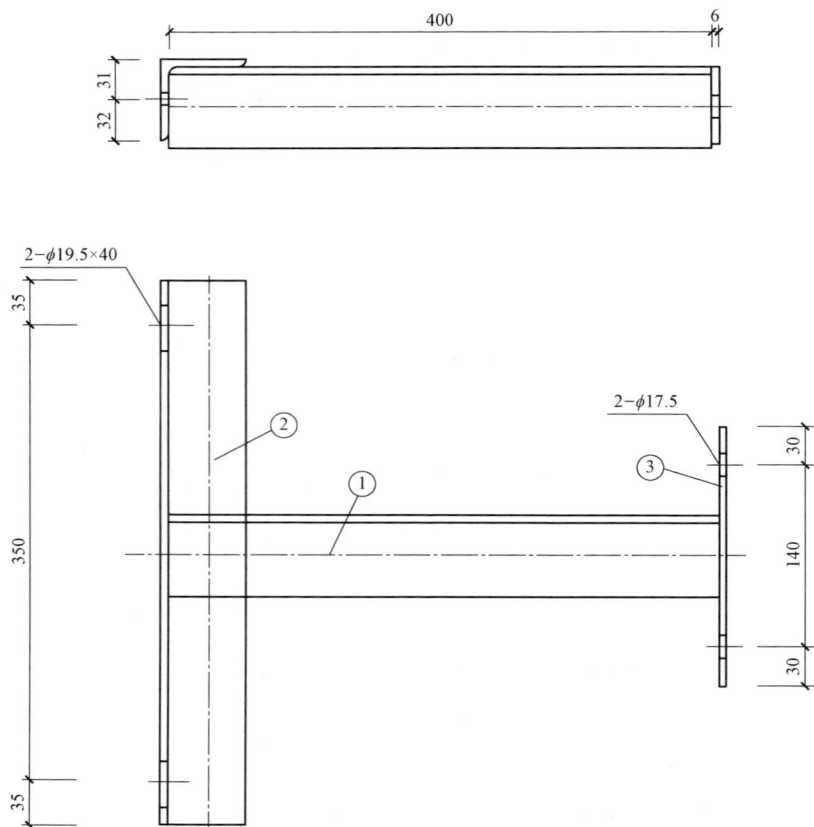

选 用 表

型号	适用范围	数量（副）	质量（kg）
DLJ6-400A	杆上电缆头安装架	1	5.26

材 料 表

编号	名称	规格	单位	数量	质量（kg）	备注
①	角钢	L63×6×400	块	1	2.29	
②	角钢	L63×6×420	块	1	2.40	
③	扁钢	—60×6×200	块	1	0.57	

说明：1. 所有构件均须热镀锌防腐。

2. 所有构件材料材质均为 Q355。

图 10-40　DLJ6-400 杆上电缆头安装架制造图　TJ-ZJ-05

材 料 表

型号	序号	名称	规格	长度（mm）	单位	数量	质量（kg）一件	质量（kg）小计	合计
KBG18-1	1	圆钢	Φ18	1314	根	1	2.62	2.62	钢材 3.32
	2	螺母	AM18		个	4	0.04	0.16	
	3	钢板	—65×8	65	块	2	0.27	0.54	
KBG18-2	1	圆钢	Φ18	1509	根	1	3.01	3.01	钢材 3.71
	2	螺母	AM18		个	4	0.04	0.16	
	3	钢板	—65×8	65	块	2	0.27	0.54	
KBG18-3	1	圆钢	Φ18	1611	根	1	3.22	3.22	钢材 3.92
	2	螺母	AM18		个	4	0.04	0.16	
	3	钢板	—65×8	65	块	2	0.27	0.54	
KBG18-4	1	圆钢	Φ18	1713	根	1	3.42	3.42	钢材 4.12
	2	螺母	AM18		个	4	0.04	0.16	
	3	钢板	—65×8	65	块	2	0.27	0.54	
KBG18-5	1	圆钢	Φ18	1813	根	1	3.62	3.62	钢材 4.32
	2	螺母	AM18		个	4	0.04	0.16	
	3	钢板	—65×8	65	块	2	0.27	0.54	
KBG22-6	1	圆钢	Φ22	1354	根	1	4.04	4.04	钢材 4.86
	2	螺母	AM22		个	4	0.07	0.28	
	3	钢板	—65×8	65	块	2	0.27	0.54	
KBG22-7	1	圆钢	Φ22	1549	根	1	4.62	4.62	钢材 5.44
	2	螺母	AM22		个	4	0.07	0.28	
	3	钢板	—65×8	65	块	2	0.27	0.54	
KBG22-8	1	圆钢	Φ22	1651	根	1	4.93	4.93	钢材 5.75
	2	螺母	AM22		个	4	0.07	0.28	
	3	钢板	—65×8	65	块	2	0.27	0.54	
KBG22-9	1	圆钢	Φ22	1753	根	1	5.24	5.24	钢材 6.06
	2	螺母	AM22		个	4	0.07	0.28	
	3	钢板	—65×8	65	块	2	0.27	0.54	
KBG22-10	1	圆钢	Φ22	1857	根	1	5.55	5.55	钢材 6.37
	2	螺母	AM22		个	4	0.07	0.28	
	3	钢板	—65×8	65	块	2	0.27	0.54	

选 用 表

型号	抱箍尺寸（mm）				
	A	B	r	L	抱箍处主杆直径
KBG18-1	18	$\phi20$	150	1314	300
KBG18-2	18	$\phi20$	188	1509	364～388
KBG18-3	18	$\phi20$	208	1611	404～428
KBG18-4	18	$\phi20$	228	1713	444～468
KBG18-5	18	$\phi20$	248	1817	484～508
KBG22-6	22	$\phi24$	150	1354	300
KBG22-7	22	$\phi24$	188	1549	364～388
KBG22-8	22	$\phi24$	208	1651	404～428
KBG22-9	22	$\phi24$	228	1753	444～468
KBG22-10	22	$\phi24$	248	1857	484～508

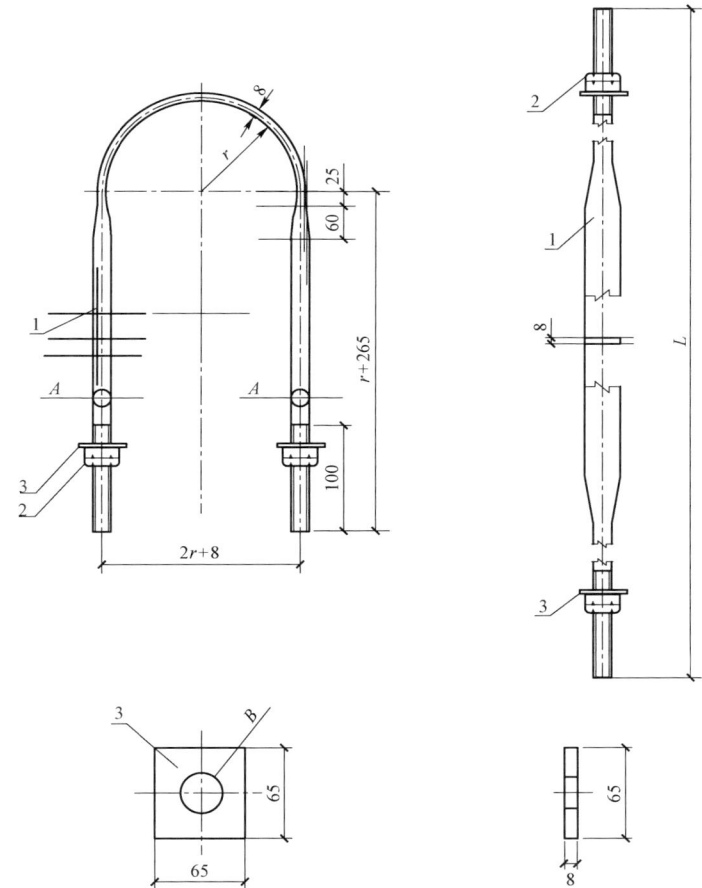

说明：1. 所有构件均须热镀锌防腐。

2. 所有构件材料材质均为 Q355。

图 10-41 KBG 卡盘抱箍加工图 TJ-ZJ-06

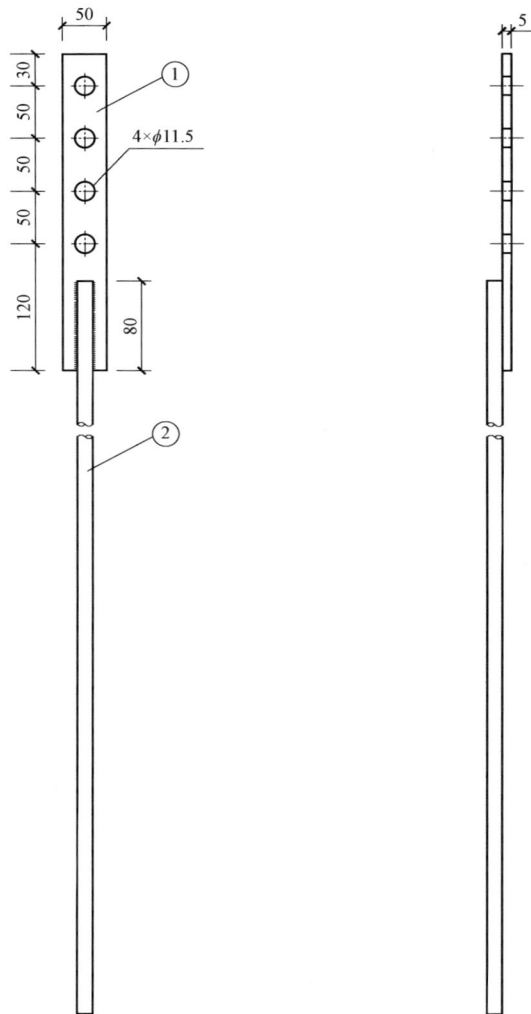

选 用 表

编号	名称	型号	编号	规格	单位	数量	质量（kg）		备注
							单件	小计	
①	接地引上线	JDS－3000	①	—5×50×400	副	1	0.40	3.06	
			②	$\phi 12 \times 3000$		1	2.66		
②	接地引上线	JDS－5000	①	—5×50×400	副	1	0.40	4.84	
			②	$\phi 12 \times 5000$		1	4.44		

说明：1. 所有构件均须热镀锌防腐。

2. 所有构件材料材质均为 Q355。

图 10-42　JDS 接地引上线加工图　TJ-ZJ-07

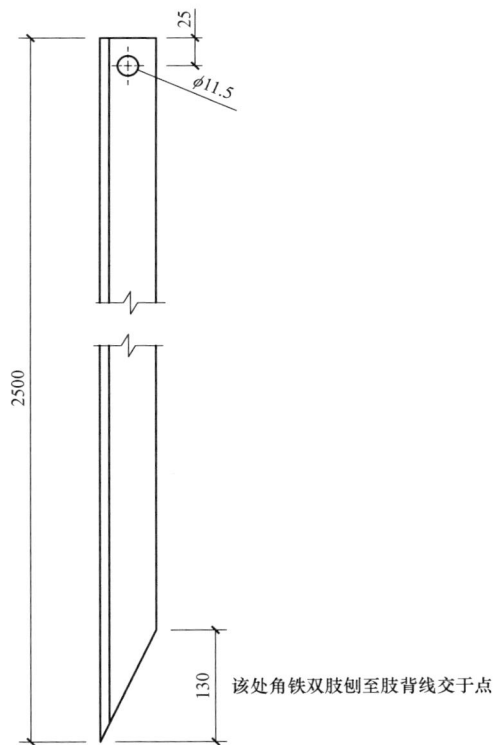

25

ϕ11.5

2500

130 该处角铁双肢刨至肢背线交于点

序号	名称	型号	规格	单位	数量	质量（kg）		备注
						单件	小计	
1	垂直接地铁	JDZ－2500	L50×5×2500	副	1	9.43	9.43	

说明：1. 所有构件均须热镀锌防腐。
　　　2. 所有构件材料材质均为 Q355。

图 10-43　JDZ 垂直接地铁加工图　TJ-ZJ-08

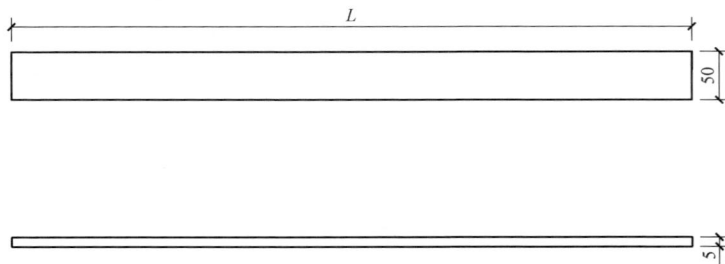

选 用 表

序号	名称	型号	规格	单位	数量	质量（kg）		备注
						单件	小计	
1	水平接地铁	JDP－5m	一5×50×5000	副	1	9.81	9.81	L＝5000，5m 一件
2	水平接地铁	JDP－10m	一5×50×10000	副	1	9.81	19.62	L＝10000，5m 一件
3	水平接地铁	JDP－20m	一5×50×20000	副	1	9.81	39.24	L＝20000，5m 一件

说明： 1. 所有构件均须热镀锌防腐。

2. 所有构件材料材质均为 Q355。

图 10-44 JDP 水平接地铁加工图 TJ-ZJ-09

名称	型号	单位	数量	质量（kg）	备注
柱式绝缘子支座	夹具，—8×86	副	1	4.61	

材 料 表

序号	名称	型号	编号	规格	单位	数量	质量（kg） 单件	小计	备注
1	柱式绝缘子支座	夹具，—8×86	①	扁钢，—8×86×244	块	1	1.32	4.61	
			②	扁钢，—8×86×487	块	1	2.63		
			③	扁钢，—8×30×50	块	2	0.19		
			④	螺栓，M16×70	套	2	0.47		配双帽双垫圈

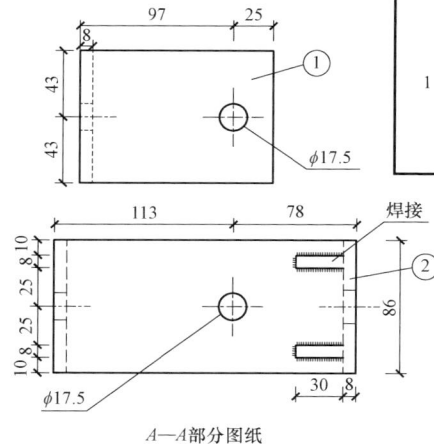

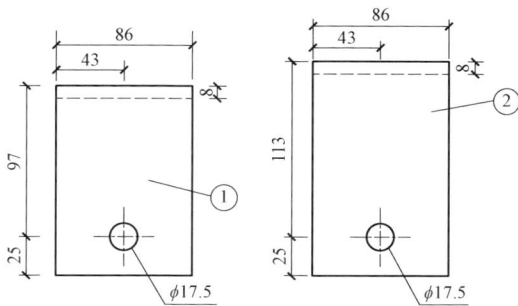

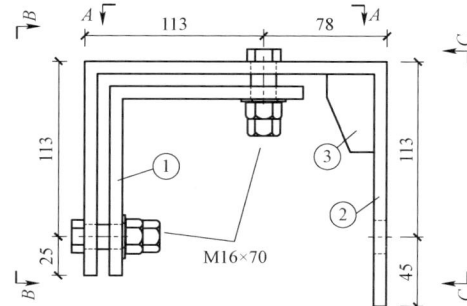

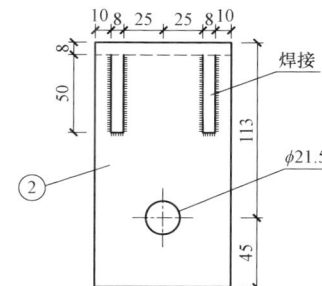

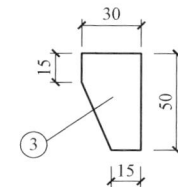

A—A 部分图纸

B—B 部分图纸

C—C 部分图纸

加劲板图纸

说明：1. 所有构件均须热镀锌防腐。
　　　2. 所有构件材料材质均为 Q355。

图 10—45　夹具—8×86 加工图　TJ—ZJ—10

10.3 ZA-2 方案说明

10.3.1 设计说明

10.3.1.1 总的部分

ZA-2 方案主要技术原则为 10kV 采用 10kV 架空绝缘线侧面引下至水泥台上调压器，高压断路器与线路方向一致安装。

1. 适用范围

10kV 线路调压器对输入电压进行自动调节，适用于电压波动大或压降大的线路。将调压器安装在 10kV 线路中，在一定范围内对线路电压进行调整，保证用户的供电电压，减少线路的线损；此外，该设备也适用于主变压器不具备调压能力的变电站，将这种调压器安装在变电站变压器出线侧，保证出线侧母线电压合格。

辐射型配电网中，调压器安装点电压在 8～10kV 之间波动时，选择调压范围为 0～20% 的单向调压器；调压器安装点电压在 8.66～10.66kV 之间波动时，选择调压范围为 −5%～+15% 的单向调压器；调压器安装点电压在 9～11kV 之间波动时，选择调压范围为 −10%～+10% 的单向调压器。

存在光伏等新能源接入的多电源线路，一般选择调压范围为 −20%～+20% 的双向调压器。

使用单台调压器不能满足电压合格范围时，可在线路上安装多台调压器。

2. 方案技术条件

ZA-2 方案根据总体说明中确定的预定条件开展设计，方案技术条件表见表 10-10。

表 10-10　　　　ZA-2 方案技术条件表

序号	项目	内容
1	10kV 调压器	全密闭、油浸式调压器，容量为 1000～4000kVA
2	主要设备	10kV 选用一二次融合柱上断路器、隔离开关、TV 电源变
3	设备短路电流水平	一二次融合柱上断路器短路电流水平按 20kA 考虑
4	土建部分	基础混凝土结构
5	站址基本条件	按海拔 1000m＜H≤5000m；环境温度：−40～+35℃；最热月平均最高温度 15℃；国标 c、d 级污秽区设计；日照强度（风速 0.5m/s）0.118W/cm²；地震烈度按 7 度设计，地震加速度为 0.2g，地震特征周期为 0.45s；站址标高高于 50 年一遇洪水水位和历史最高内涝水位，不考虑防洪措施；设计土壤电阻率为不大于 100Ω·m；地基承载力特征值 f_{ak}=150kPa，无地下水无影响；地基土和地下水对钢材、混凝土无腐蚀作用

10.3.1.2 电力系统部分

（1）本通用设计按照给定的线路调压器进行设计，在实际工程中，需要根据实地情况具体设计选择电杆高度。

本通用设计不涉及系统继电保护专业、系统通信专业、系统远动专业的具体内容，在实际工程中，根据需要具体设计。

（2）10kV 设备短路电流水平按 20kA 考虑。

（3）高压侧采用一二次融合柱上断路器。

10.3.1.3 电气一次部分

1. 短路电流及主要电气设备、导体选择

（1）线路调压器。规格如下：

型式：三相油浸式有载调压；

容量：1000～4000kVA；

阻抗电压：U_k%＜0.9；

额定电压：10kV；

接线组别：YaO；

冷却方式：油浸自冷式。

（2）10kV 进线侧选用一二次融合柱上断路器，设备的短路电流水平按 20kA 考虑。技术参数满足安装点处电气要求，其中电流互感器保护定值按照线路调压器额定电流 1.5 倍选择，延时 300ms（延时时间可调）。

（3）10kV 侧选用金属氧化物避雷器。

（4）10kV 出线侧选用户外防污隔离开关。

（5）电源变压器容量应满足分接开关操作及采样需要，低压侧选用断路器或刀熔式开关。

（6）导体选择。根据短路电流水平为 20kA，按发热条件校验，10kV 架空导线选用原则载流量不小于所在线路载流量，如果为 10kV 架空导线则保持与原线路导线截面相同即可。

（7）电杆采用混凝土杆，杆高原则上选择 15m，也可根据现场实际情况选择电杆高度。

（8）线路金具按"节能型、绝缘型"原则选用。

2. 基础

（1）线路调压器水泥台承载力按照调压器重量设计。

（2）方案中所有混凝土杆的埋深及底盘的规格均按预定条件选定，若土质与设计条件不符，应根据实际情况校验并做适当调整。

3. 防雷、接地及过电压保护

电气设备的过电压及绝缘配合满足《交流电气装置的过电压保护和绝缘配合设计规范》（GB/T 50064）要求。

（1）采用交流无间隙金属氧化物避雷器进行过电压保护，金属氧化物避雷器按《交流无间隙金属氧化物避雷器》（GB/T 11032）中的规定进行选择，设备绝缘水平按标准要求执行。

（2）线路调压器进出线两侧均装设避雷器，并应尽量靠近调压器，其接地引下线应与调压器二次侧中性点及调压器的金属外壳相连接。

（3）接地体宜敷设成围绕调压器的闭合环形，设 2 根及以上垂直接地极，接地体的埋深不应小于 0.8m，且不应接近煤气管道及输水管道。接地线与杆上需接地的部件必须接触良好。

4. 电气设备布置

电气平面布置力求紧凑合理，出线方便，减少占地面积，节省投资，根据本方案的建设规模，线路调压器及其配套电器设备安装在两根预应力混凝土杆上，两根杆的内间距为 3m，调压器安装支架与地面距离不小于 2.5m。

10.3.1.4 土建部分

1. 概述

（1）站址场地概述。

1）土建按最终规模设计。

2）设定场地设计为同一标高。

3）洪涝水位：站址标高高于 50 年一遇洪水水位和历史最高内涝水位，不考虑防洪措施。

（2）设计的原始资料。站区地震动峰值加速度按 0.2g 考虑，地震作用按 7 度抗震设防烈度进行设计，地震特征周期为 0.45s，地基承载力特征值 $f_{ak}=150$kPa；地基土及地下水对钢材、混凝土无腐蚀作用；海拔 1000m$<H\leqslant$ 5000m。

2. 建筑设计

（1）标示及警示。在具体工程设计时，按照国家电网有限公司相关规定制作悬挂标示及警示牌。

（2）水泥台外观设计应简洁、稳重、实用。

（3）总平面布置。现场安装平面布置根据生产工艺、运输、防火、防爆、

环境保护和施工等方面要求，应进行统筹安排，合理布置，工艺流程顺畅，考虑作业通道和空间，检修维护方便，有利于施工。

（4）结构设计。建筑物的抗震设防类别按《220kV～750kV 变电所设计技术规程》（DL/T 5218）执行；安全等级采用二级，结构重要性系数为 1.0。设计基本加速度为 0.2g，按 7 度抗震设防烈度进行设计，地震特征周期为 0.45s。水泥台采用混凝土结构，混凝土强度等级采用 C30，钢材采用 HPB235、HRB335 级钢，结构满足抗震要求。

（5）其他。

1）标志标识：在调压器散热片上安装"禁止攀登、高压危险"警示牌，尺寸为 300mm×240mm，禁止标志牌长方形衬底色为白色，带斜杠的圆边框为红色，标志符号为黑色，辅助标志为红底白色、黑体字，字号根据标志牌尺寸、字数调整。

2）电杆选用非预应力混凝土杆，应符合《环形混凝土电杆》（GB/T 4623），电杆基础及埋深根据国标确定，仅为参考，具体使用必须根据实际的地质情况进行调整。

10.3.2 主要设备及材料清册

ZA－2 方案主要设备材料表见表 10－11。

表 10－11　　　　　　ZA－2 方案主要设备材料表

序号	名称	型号及规格	单位	数量	备注
1	混凝土杆	ϕ190×15m（非预应力杆）	根	2	双杆等高
2	10kV 架空绝缘导线	JKLYJ－10kV－240mm^2	m	90	根据杆高及导线型号调整
3	调压器	1000kVA 或 2000kVA 或 4000kVA；YaO；U_k%＜0.9	台	1	
4	一二次融合柱上断路器	一二次融合成套柱上断路器，AC10kV，630A，20kA，户外	台	2	内置隔刀
5	避雷器	YH5WS5－17/50	台	12	普通避雷器（带绝缘罩）
6	隔离开关	10kV 三相隔离开关，630A，20kA，手动双柱立开式，不接地	组	1	
7	PT 电源变		台	1	
8	高压熔断器	高压熔断器，AC 10kV，跌落式，100A	只	6	选用跌落式熔断器
9	调压器基础	C30 钢筋混凝土	座	1	

10.3.3 使用说明

10.3.3.1 概述

ZA-2 方案以一个标准化台架和调压器、真空断路器等装置组件模块按最优方式进行组合拼接，以便在具体工程设计的使用。

1. 方案简述及模块的说明

ZA-2 方案主要对应内容为 10kV 线路调压器串联于线路中，10kV 侧采用进线侧面引下，调压器与线路平行安装，本方案的铁附件图参考设计图。

2. 基本方案及模块说明

（1）采用双杆等高布置。

（2）10kV 油浸式线路调压器 1 台，容量为 1000kVA 或 2000kVA 或 4000kVA，采用线路调压器组接线。

10.3.3.2 其他

（1）本方案国标 c、d 级污秽区设计。

（2）本方案以地基承载力特征值 $f_{ak}=150$kPa，地下水无影响，非采暖区设计，当具体工程中实际情况有所变化时，应对有关项目做相应调整。

（3）本次通用设计方案均按海拔（H）≤1000m 设计，用于 1000m<H≤5000m 高海拔地区时，还应遵循以下内容：

1）当海拔 1000m<H≤5000m 时，各海拔的杆头电气距离、绝缘子选用、柱上设备的外绝缘水平均应满足《高海拔外绝缘配置技术规范》（Q/GDW 13001）相关内容要求。

2）根据《高海拔外绝缘配置技术规范》（Q/GDW 13001）的要求，非重冰区线路柱式瓷绝缘子配置表见表 10-12。

表 10-12　　　　非重冰区线路柱式瓷绝缘子配置表

污区等级	$H\leq1000$m	1000m<$H\leq2500$m	2500m<$H\leq5000$m
a、b、c	R5，ET105L125，283，360	R12.5，ET125N，160，305，400	R12.5，ET150N，170，336，534
d	R12.5，ET125N，160，305，400（R12.5，ET150N，170，336，534）	R12.5，ET125N，160，305，400（R12.5，ET150N，170，336，534）	R12.5，ET150N，170，336，534
e	R12.5，ET150N，170，336，534	R12.5，ET150N，170，336，534	R12.5，ET150N，170，336，534

说明：1. 绝缘子配置按海拔分类范围值上限考虑。

　　　2. 海拔 2500m 及以下、d 污区等级地区瓷绝缘单位爬电距离取 3.4～4.0 时选用括号内型号绝缘子。

3）海拔不超过 5000m 地区的线路相对地（导线与杆塔构件、拉线之间）、相间最小空气间隙见表 10-13 和表 10-14。

表 10-13　　10kV 架空线路导线与杆塔构件、拉线之间的最小间隙

海拔（m）	最小间隙（m）
1000 及以下	0.200
1000～2000	0.226
2000～3000	0.256
3000～4000	0.288
4000～5000	0.327

表 10-14　　10kV 过引线、引下线与邻相导线之间的最小间隙

海拔（m）	最小间隙（m）
1000 及以下	0.300
1000～2000	0.326
2000～3000	0.356
3000～4000	0.388
4000～5000	0.427

4）当加强绝缘时塔头空气间隙的雷电冲击放电电压 U_{50}%可选为绝缘子串相应电压的 0.85 倍进行配合（污秽区该间隙可仍按 a 级污秽区配合）。

5）修正设备外绝缘水平。对于安装海拔高于 1000m 处的设备，外绝缘水平应根据《绝缘配合　第 1 部分：定义、原则、规则》（GB 311.1）进行修正，修正系数应考虑空气密度和温湿度对设备的影响。

6）其他。海拔超过 5000m 地区、重冰区、强紫外线地区等特殊气象环境下，线路外绝缘配置宜根据工程所在地试验结果或地区运行经验确定。

10.3.4 设计图

ZA-2 方案设计图清单见表 10-15，图中标高单位为 m，尺寸未注明单位者均为 mm。

表 10-15　　　　　ZA-2 方案设计图清单

图序	图名	图纸编号
图 10-46	电气主接线图	ZA-2-D1-01
图 10-47	线路调压器安装图（15m 双杆）	ZA-2-D1-02
图 10-48	物料清单（15m 双杆）	ZA-2-D1-03
图 10-49	接地布置图	ZA-2-D1-04
图 10-50	基础立面及剖面图	ZA-2-T-01

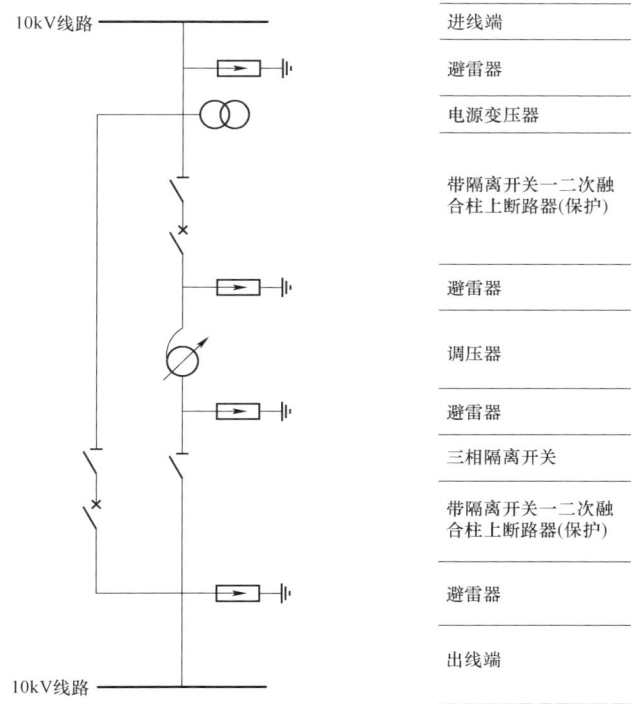

序号	名称	规格参数	单位	数量	备注
1	调压器	（B）SVR－容量/电压－档位	台	1	高原地区使用，设备需进行海拔修正
2	真空断路器	一二次融合柱上断路器，带隔刀	台	2	高原地区使用，设备需进行海拔修正
3	氧化锌避雷器	HY5WS－17/50	台	12	高原地区使用，设备需进行海拔修正
4	三相隔离开关	10kV 三相隔离开关，GW9－10/630	组	1	高原地区使用，设备需进行海拔修正
5	电源变压器	DG－10	台	1	高原地区使用，设备需进行海拔修正
6	架空绝缘线		m	90	根据杆高及线路导线型号选择

图 10－46　电气主接线图　ZA－2－D1－01

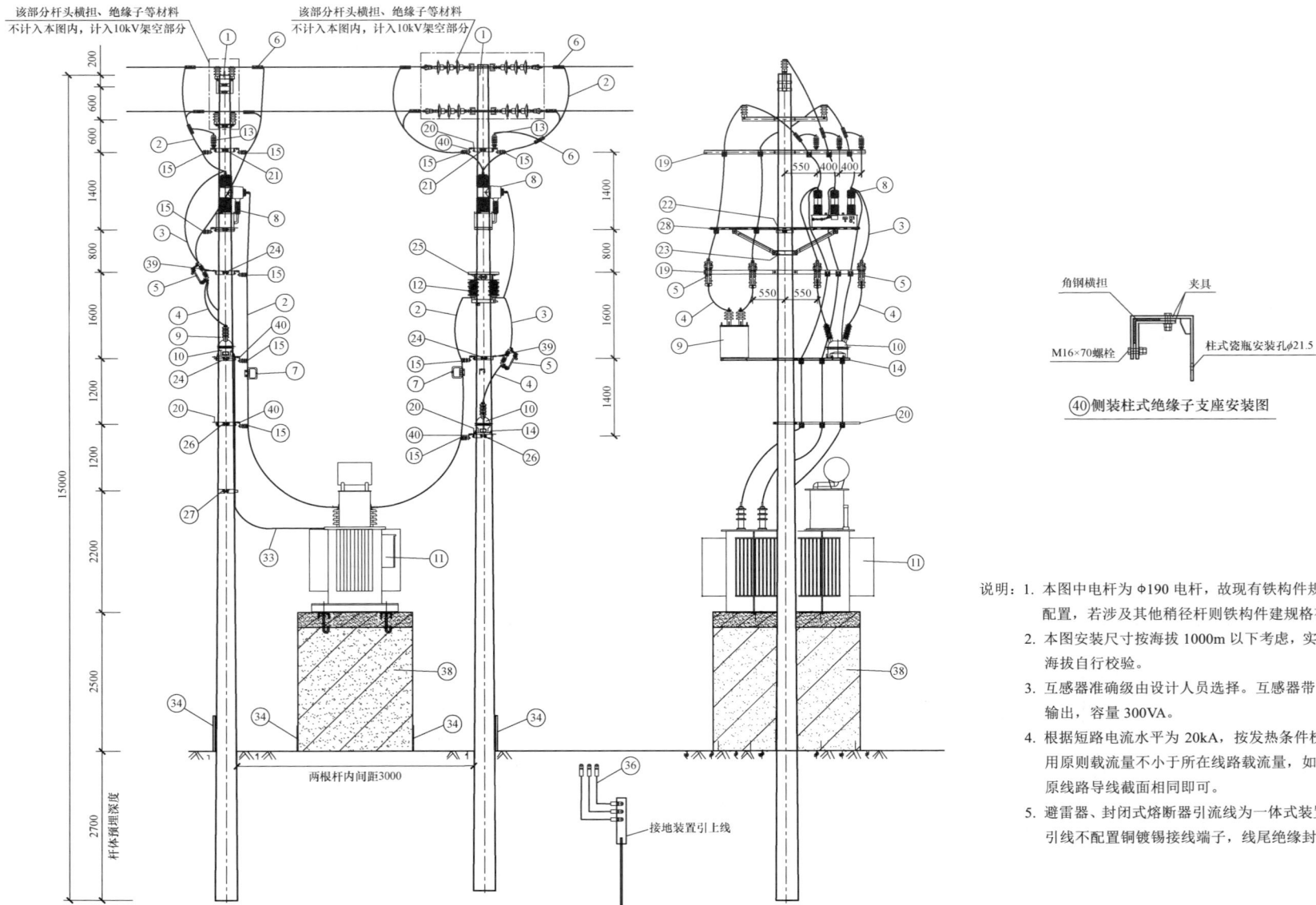

图中文字标注：

左上角：
该部分杆头横担、绝缘子等材料
不计入本图内，计入10kV架空部分

中上部：
该部分杆头横担、绝缘子等材料
不计入本图内，计入10kV架空部分

右侧装配图：
角钢横担　　夹具
M16×70螺栓　　柱式瓷瓶安装孔φ21.5

㊵ 侧装柱式绝缘子支座安装图

底部标注：
两根杆内间距3000
接地装置引上线
杆体预埋深度

说明：1. 本图中电杆为 φ190 电杆，故现有铁构件规格均按 φ190 电杆进行
配置，若涉及其他稍径杆则铁构件建规格有设计自行确定。

2. 本图安装尺寸按海拔 1000m 以下考虑，实际使用时应根据各工程
海拔自行校验。

3. 互感器准确级由设计人员选择。互感器带 10kV/0.22kV 供电绕组
输出，容量 300VA。

4. 根据短路电流水平为 20kA，按发热条件校验，10kV 架空电缆选
用原则载流量不小于所在线路载流量，如果为 10kV 架空导线与
原线路导线截面相同即可。

5. 避雷器、封闭式熔断器引流线为一体式装置，每根长度设计确定。
引线不配置铜镀锡接线端子，线尾绝缘封闭。

图 10-47　线路调压器安装图（15m 双杆）　ZA-2-D1-02

编号	名称	型号	单位	数量	物料编码	备注	编号	名称	型号	单位	数量	物料编码	备注
①	电杆	$\phi190\times15m\times M\times G$	根	2	500033701		㉑	横担抱箍	HBG8－210	副	4		
②	10kV 架空绝缘导线	JKLYJ－10/240	m	90	500014663	根据杆高及线路导线型号调整	㉒	横担抱箍	HBG6－230	副	4		
③	绝缘线	JKLYJ－10/70	m	12	500014664	熔断器前端使用	㉓	横担抱箍	HBG6－240	副	2		
④	绝缘线	JKTRYJ－10/35	m	12	500143417	熔断器后端使用，电源变、压变引线	㉔	横担抱箍	HBG8－260	副	4		
⑤	跌落式熔断器	AC10kV，100A	只	6	500007914		㉕	隔离开关联铁	联铁，—80×8D=240	块	3		
⑥	异型并沟线夹	JBL－50－240	副	30	500028227		㉖	横担抱箍	HBG8－280	副	4		
⑦	绝缘穿刺接地线夹	10kV，240mm²，16mm²	只	6	500032474		㉗	横担抱箍	HBG6－290	副	2		
⑧	开关类设备	一、二次融合柱上断路器	台	2	500138347	内隔离，单（双）PT	㉘	开关支架	KZJ－G－C	套	3		
⑨	电源变压器		台	1			㉙	螺栓	M12×40	件	12		
⑩	压变		台	2		带 10kV/0.22kV 供电绕组输出，容量 300VA	㉚	螺母	M16×70	个	26		
⑪	10kV 线路调压器	SVR－1000 或 2000 或 4000kVA	台	1		容量根据需求自选，配绝缘罩	㉛	螺栓	M16×45	件	46		
⑫	隔离开关	10kV 三相隔离开关，GW9－10/630	组	1	500002150		㉜	螺母	M16	个	6		
⑬	普通避雷器	YH5WS5－17/50	台	6	500007914	配绝缘罩	㉝	控制线	控制电缆	m	10		
⑭	单 PT 支架	DPTZJ－900	副	9			㉞	接地引线	JDS－5000	副	4		
⑮	柱式瓷绝缘子	R12.5ET150N	只	28	500122541	引下线固定用	㉟	接地装置		套	1		
⑯	铜镀锡接线端子	DT－240（铜镀锡）	只	24	500021953		㊱	接地引下线	BV－50	m	30	500014852	
⑰	铜镀锡接线端子	DT－35（铜镀锡）	只	12	500050546		㊲	铜镀锡接线端子	DT－50（铜镀锡）	只	24	500021938	
⑱	铜镀锡接线端子	DT－70（铜镀锡）	只	12	500021956		㊳	调压器基础	C30 钢筋混凝土	座	1		
⑲	横担	HD7－2800	块	4			㊴	熔丝具安装架	RJ7－170	块	3		
⑳	横担	HD8－1500DS	块	6			㊵	柱式绝缘子支座	夹具－8×86	副	28		

图 10－48　物料清单（15m 双杆）　ZA－2－D1－03

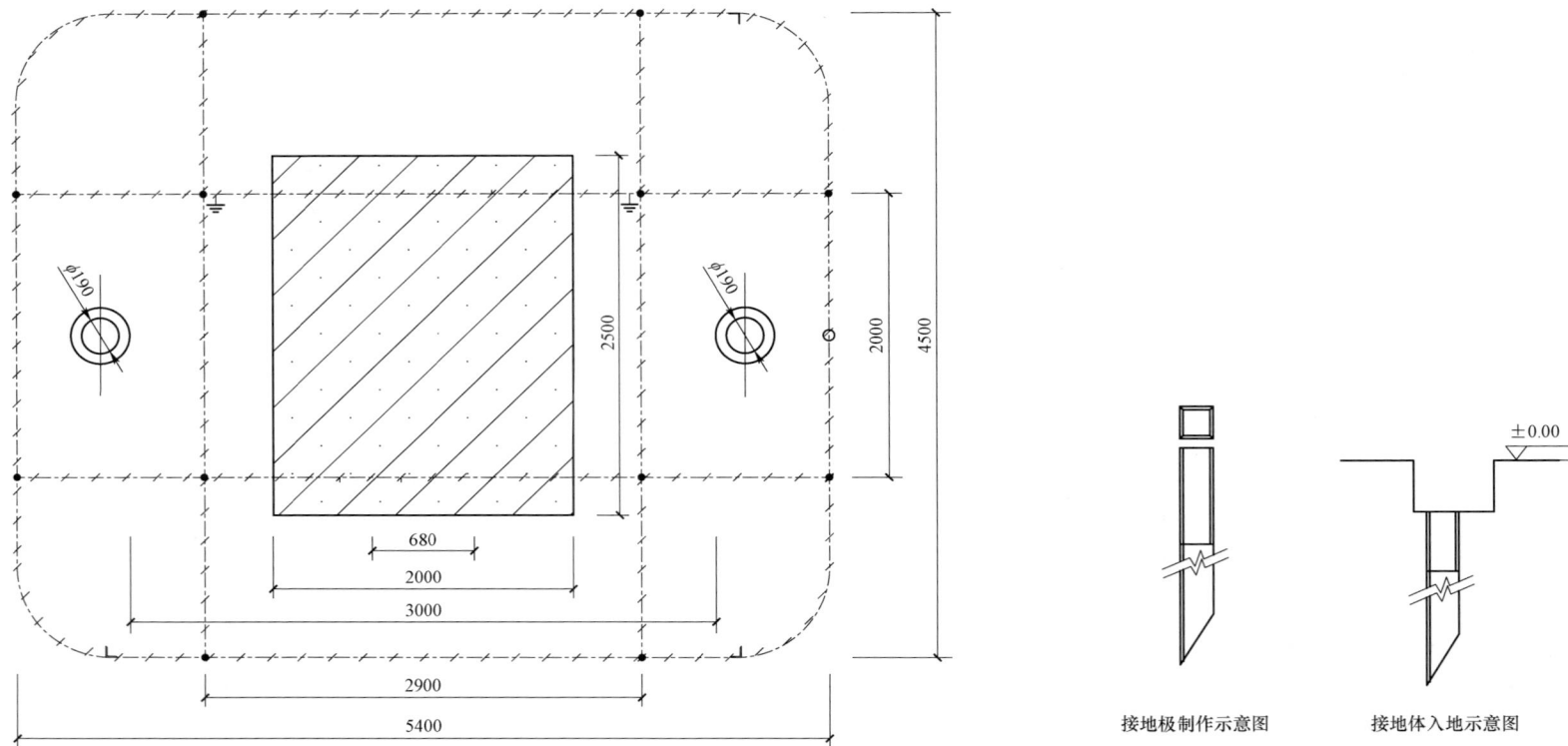

接地极制作示意图　　　接地体入地示意图

图例：

　　⊥⊥　水平接地网

　　○　　垂直接地极

　　●　　接地交接点

　　⏚　　临时接地端子

说明：1. 水平接地采用—50mm×5mm镀锌扁钢，长约130m，在高腐蚀地区采用铜镀钢。

　　　2. 垂直接地极采用L50mm×5mm镀锌角钢制成，长度为2.5m。

　　　3. 接地装置的接地电阻应≤4Ω，对于土壤电阻率高的地区，如电阻实测值不满足要求，应增加垂直接地极及水平接地体的长度，直到符合要求为止。

　　　4. 接地装置的施工应满足《电气装置安装工程接地装置施工及验收规范》（GB 50169）的规定。

　　　5. 接地网、预埋钢管等所有铁件均需作镀锌处理。

　　　6. 调压器基础槽钢应不少于两点与主接地网连接。

图 10-49　接地布置图　ZA-2-D1-04

钢筋混凝土墙体
φ10@150双层双向钢筋

俯视图

中心素土夯实

基础底部凸出部分

2.500m平面图

±0.000平面图

250厚C30混凝土板，
配φ10@100双层双向钢筋

素土夯实

[12，高出
基础顶面5mm

Φ8@300,L=200

2—2

C30钢筋混凝土侧墙

基础立面图

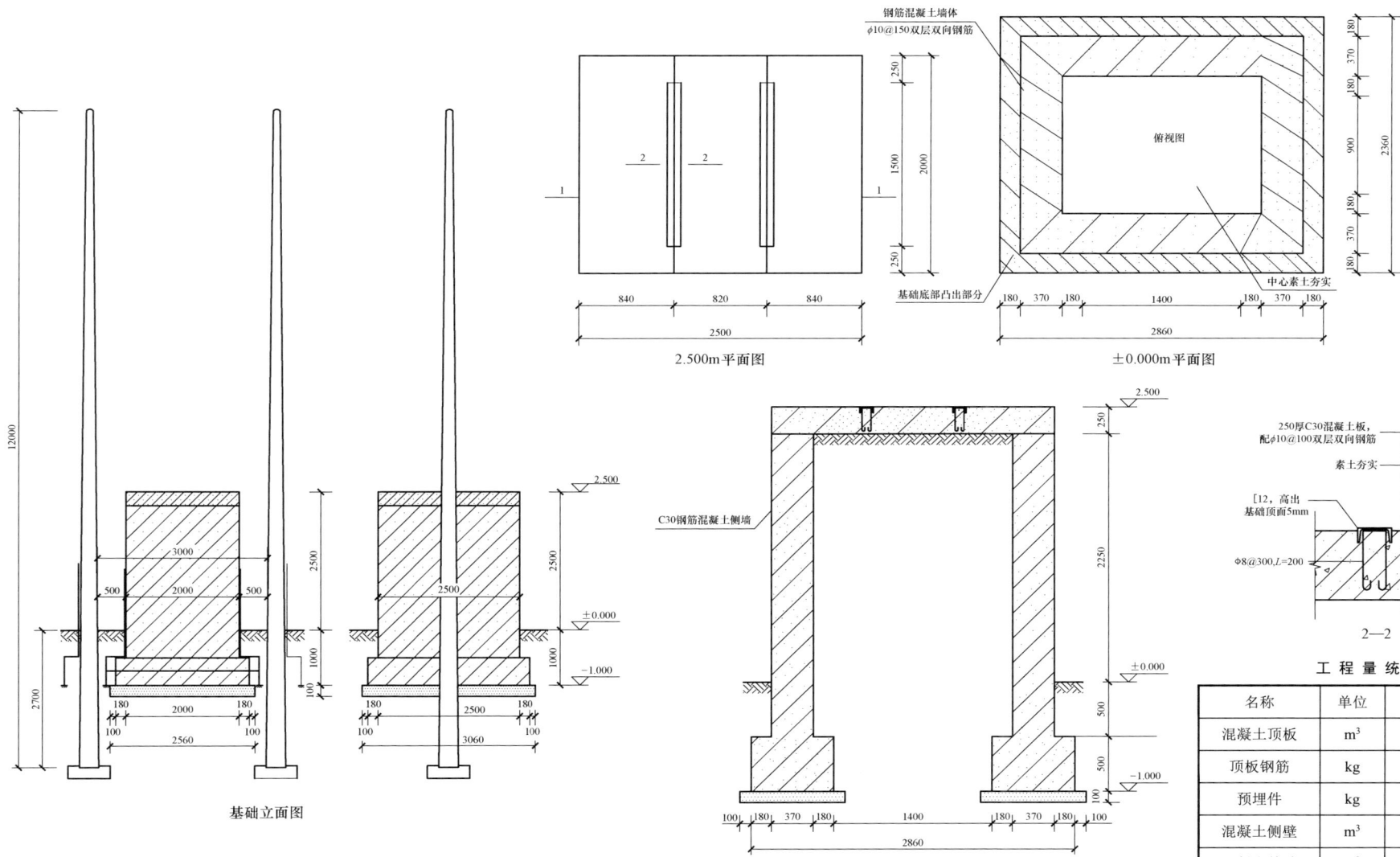

工 程 量 统 计 表

名称	单位	数量	备注
混凝土顶板	m³	1.250	C30
顶板钢筋	kg	124	Φ10
预埋件	kg	37	Q235B
混凝土侧壁	m³	7.652	C30
混凝土基础	m³	2.745	C30
侧壁及基础钢筋	kg	340	Φ10
混凝土垫层	m³	0.700	C15

图 10−50 基础立面及剖面图 ZA−2−T−01

10.3.5 10kV 三相调压器台铁附件加工

10.3.5.1 铁附件选用一般要求

（1）铁附件加工的型钢质量及尺寸应符合《热轧型钢》（GB/T 706）中的要求。选用的钢材强度除图纸中标注外，一般选用 Q235。

（2）铁附件加工完成后都有应按照图纸型号打上标识，标识用钢字模压印，标识的钢印应排列整齐，字形不得有缺陷，钢印深度为 0.5~1.0mm。

（3）型钢下料长度允许偏差 ±1mm，切断处高于 0.3mm 毛刺应清除。角钢端部垂直度小于等于 $3t/100$，且不大于 3.0mm（t 为角钢厚度）。

（4）型钢加工准距要求偏差 ±1.0mm，排间距要求偏差 ±1.0mm，端距要求偏差 ±2.0mm。孔直径允许偏差 +1.0mm，孔锥度允许偏差 +0.5mm 或 −0.2mm，垂直度允许偏差小于等于 $0.03T$ 且小于等于 2.0mm（T 为钢材厚度）。同组内相邻两孔允许偏差 ±0.5mm，同组内不相邻两孔允许偏差 ±1.0mm；相邻两组孔距允许偏差 ±1mm，不相邻两组孔允许偏差 ±1.5mm。制孔表面不得有明显的凹陷，高于 0.5mm 的毛刺应清除。制孔错误修补后，零件的修补位置不得有裂纹、飞溅等缺陷。

（5）型钢制弯后，火曲线边缘的孔不得有变形，包铁和主材不能出现摆头、扭曲，曲线（点）位置不得有明显的凹面、折皱、划痕和损伤。制弯的角度允许偏差 ±0.5°。制弯边缘应圆滑过度，最薄处不得小于钢材厚度的 70%，需开口才能制弯的包铁（主材），须在开口处先坡口后再施焊，焊材选用相应于钢材材质的焊条（焊丝），并处理飞溅、电弧擦伤等表面缺陷，不保留焊接痕迹。

（6）型钢切角的尺寸允许偏差 +2mm，切断处大于 0.5mm 毛刺清除。切角边距：直径 ϕ17.5mm，边距 ≥23mm；直径 ϕ21.5mm，边距 ≥28mm；直径 ϕ25.5mm，边距 ≥33mm。切断处应圆滑过度，不允许有多余的切角（如切错角后不修复，重新切角）。

（7）开合角：允许偏差为 ±1°，开合角后不准有弯曲、扭曲现象。打扁处的角钢背不得有裂纹、弯曲，通孔后毛刺应清除，通孔后的孔径应与打扁处孔径相清符。

10.3.5.2 铁附件图纸编号原则

铁附件图纸编号由三个字符组成，规则为 1−2−3，其中：

1—TJ：铁附件加工模块。

2—HD：横担；BG：抱箍；LT：联铁；DDM：单杆顶帽；SDB：双杆顶抱箍；QT：双头螺杆；ZJ：支架；HG：护管。

3—图纸序号，01、02、03 等。

10kV 三相调压器台铁附件加工设计图清单见表 10−16。

表 10−16　　10kV 三相调压器台铁附件加工设计图清单

图序	图名	图纸编号
图 10−51	HD7−2800 横担加工图	TJ−HD−01
图 10−52	HD8−1500DS 单侧双横担加工图	TJ−HD−02
图 10−53	一80×8 隔离开关联铁加工图	TJ−LT−01
图 10−54	HBG6 半圆横担抱箍制造图	TJ−BG−01
图 10−55	HBG8 半圆横担抱箍制造图	TJ−BG−02
图 10−56	KZJ−G−C 柱上开关支架加工图	TJ−ZJ−01
图 10−57	CT6−1100 支撑铁加工图	TJ−ZJ−02
图 10−58	DPTZJ−900 柱上单 TV 支架加工图	TJ−ZJ−03
图 10−59	RJ7−170 熔丝具安装架制造图	TJ−ZJ−04
图 10−60	JDS 接地引上线加工图	TJ−ZJ−05
图 10−61	JDZ 垂直接地铁加工图	TJ−ZJ−06
图 10−62	JDP 水平接地铁加工图	TJ−ZJ−07
图 10−63	夹具一8×86 加工图	TJ−ZJ−08

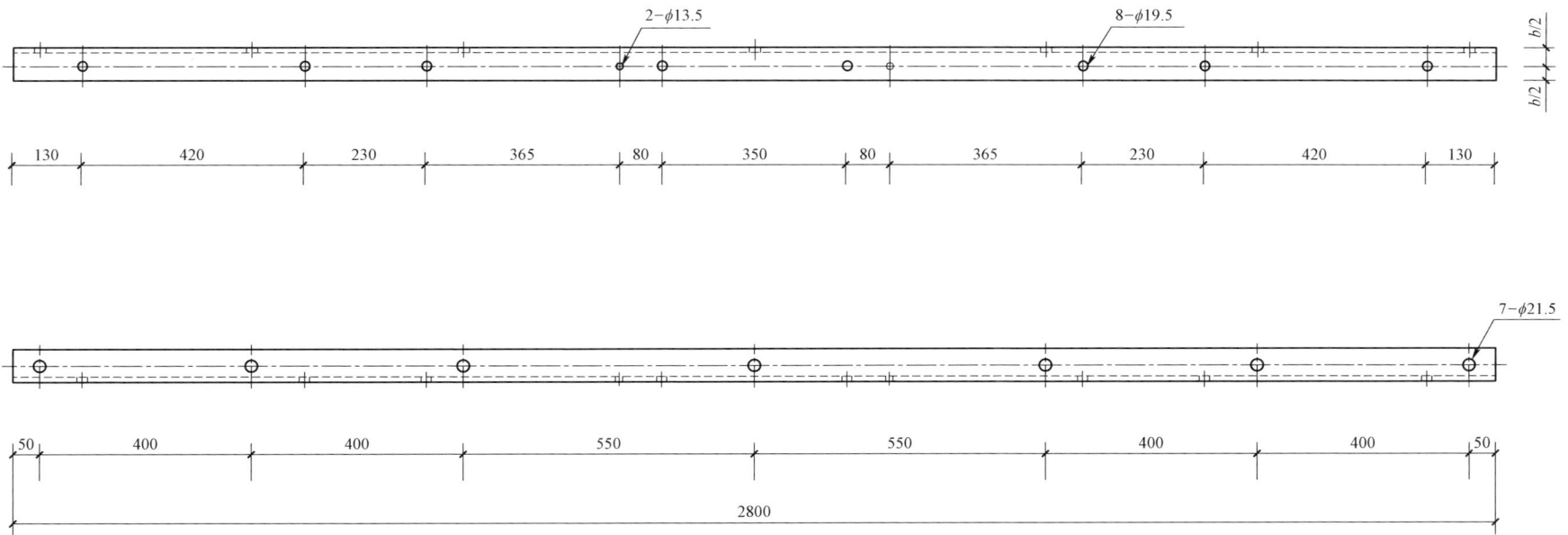

測量尺寸（上部）：2−φ13.5　8−φ19.5

130　420　230　365　80　350　80　365　230　420　130

7−φ21.5

50　400　400　550　550　400　400　50

2800

选 型 表

名称	规格	长度（mm）	数量（块）	单重（kg）
HD6−2800	L63×6	2800	1	16.05
HD7−2800	L70×7	2800	1	21.65
HD8−2800	L80×8	2800	1	27.07
HD9−2800	L90×8	2800	1	30.65

说明：1. 所有构件均须热镀锌防腐。

2. 所有构件材料材质均为 Q355。

图 10−51　HD7−2800 横担加工图　TJ−HD−01

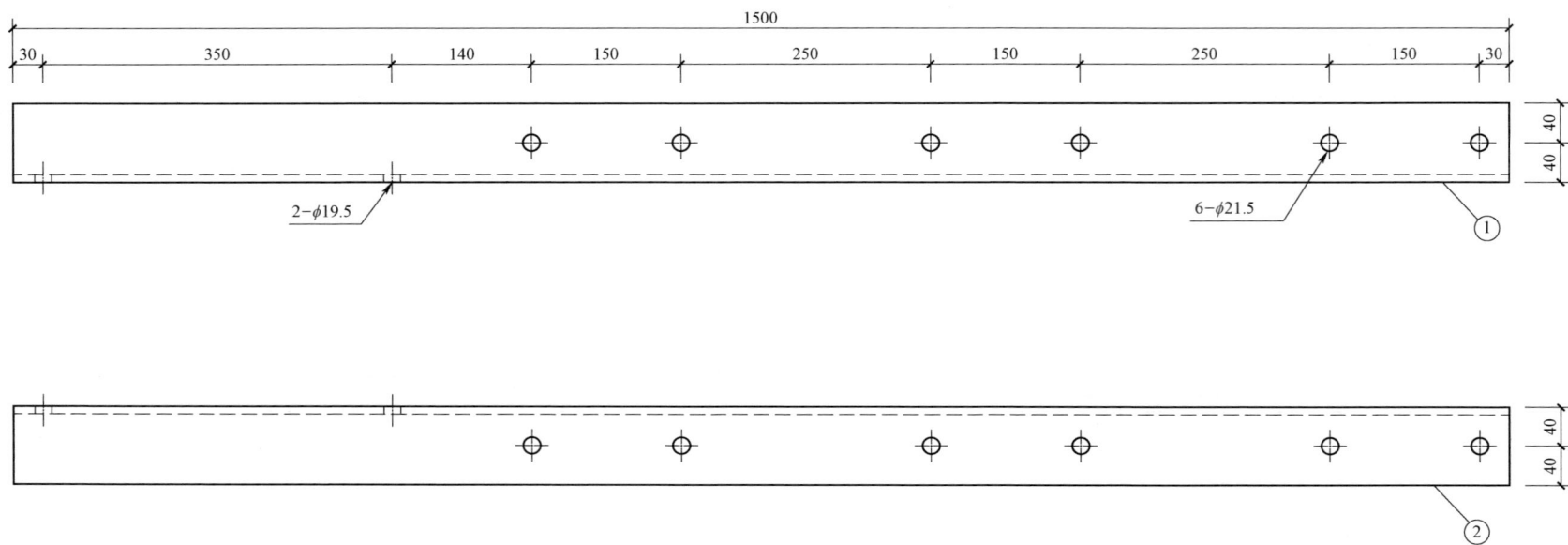

尺寸标注：
1500
30　350　140　150　250　150　250　150　30
40　40　40

2-φ19.5

6-φ21.5

①

②

选 型 表

名称	型号	数量（副）	质量（kg）
单侧双横担	HD8-1500DS	1	28.98

材 料 表

序号	编号	名称	规格	单位	数量	质量（kg）	备注
1	①	角钢	L80×8×1500	块	1	14.49	
2	②	角钢	L80×8×1500	块	1	14.49	

说明：1. 所有构件均须热镀锌防腐。

2. 所有构件材料材质均为 Q355。

3. ①②对称加工。

图 10-52　HD8-1500DS 单侧双横担加工图　TJ-HD-02

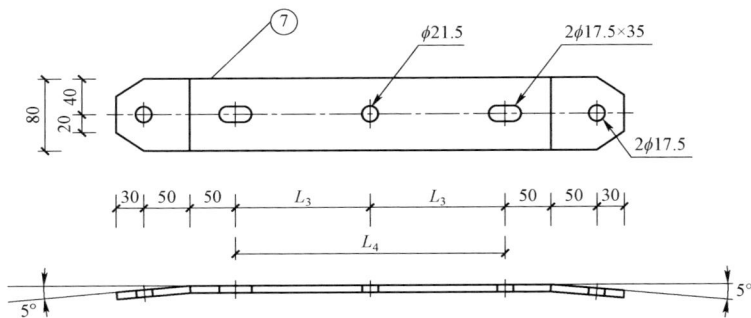

联铁加工图

材 料 表

杆径（mm）	编号	材料名称	规格（mm）	单位	数量	质量（kg）	
						一件	小计
190	⑦	扁钢	—80×8×549	块	1	2.75	2.75
205	⑦	扁钢	—80×8×564	块	1	2.83	2.83
220	⑦	扁钢	—80×8×579	块	1	2.91	2.91
230	⑦	扁钢	—80×8×589	块	1	2.96	2.96
235	⑦	扁钢	—80×8×594	块	1	2.98	2.98
240	⑦	扁钢	—80×8×599	块	1	3.01	3.01
250	⑦	扁钢	—80×8×609	块	1	3.06	3.06

说明：1. 所有构件均须热镀锌防腐。

2. 所有构件材料材质均为 Q355。

图 10-53 —80×8 隔离开关联铁加工图 TJ-LT-01

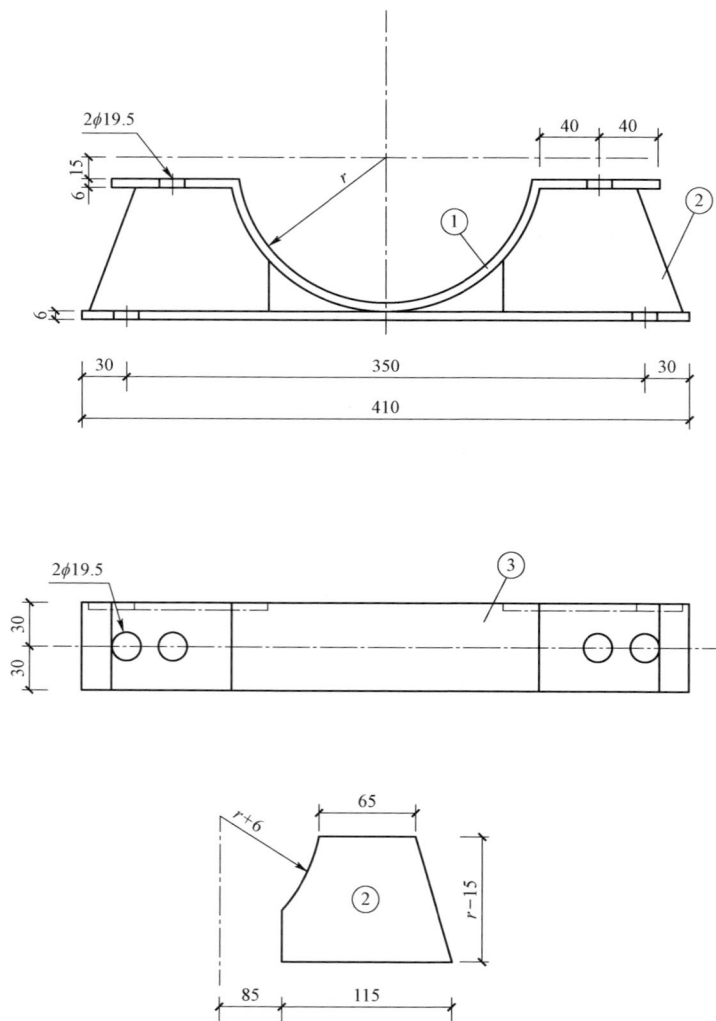

选 用 表

型号	r（mm）	下料长度（mm）	质量（kg）	数量（块）	总量（kg）
HBG6－160	80	390	1.10	1	3.06
HBG6－200	100	457	1.29	1	3.25
HBG6－210	105	470	1.33	1	3.34
HBG6－220	110	484	1.37	1	3.42
HBG6－240	120	514	1.45	1	3.60
HBG6－260	130	545	1.54	1	3.78
HBG6－280	140	576	1.63	1	3.97
HBG6－300	150	608	1.72	1	4.15
HBG6－320	160	638	1.81	1	4.34
HBG6－340	170	670	1.90	1	4.52
HBG6－360	180	701	1.98	1	4.69
HBG6－380	190	733	2.07	1	4.88
HBG6－400	200	764	2.16	1	5.06
HBG6－420	210	796	2.25	1	5.25

材 料 表

编号	名称	规格	单位	数量	质量（kg）	备注
①	扁钢	一6×60×L	块	1	见上表	
②	加劲板	一5×120×（r－15）	块	2		
③	扁钢	一6×60×410	块	1	1.16	

说明：1. 所有构件均须热镀锌防腐。

2. 所有构件材料材质均为 Q355。

图 10－54　HBG6 半圆横担抱箍制造图　TJ－BG－01

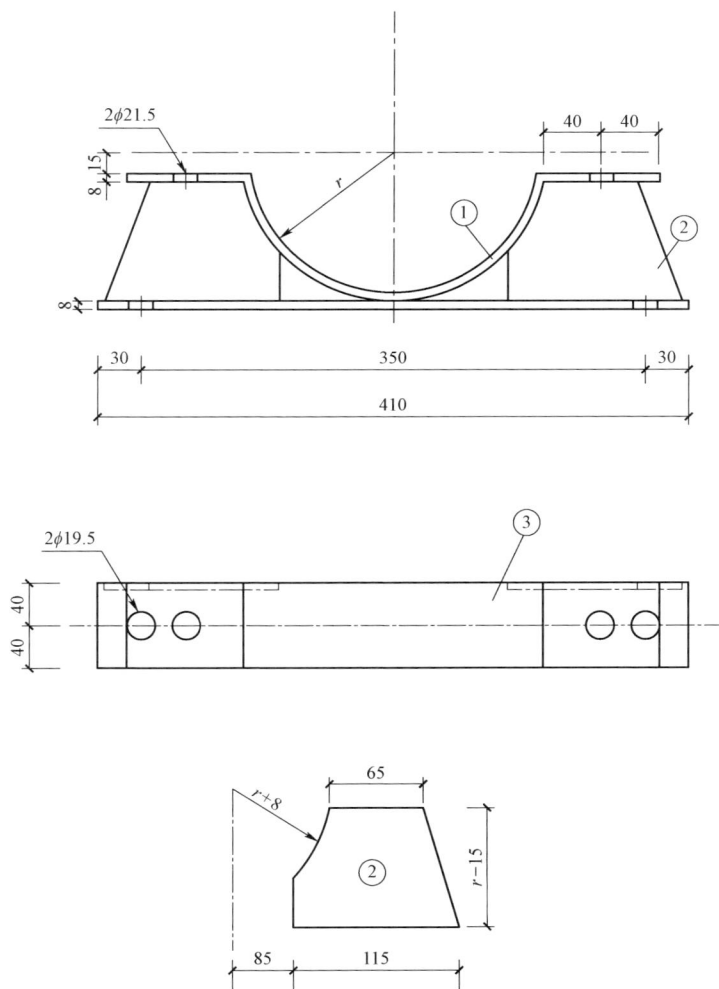

选 用 表

型号	r（mm）	下料长度（mm）	质量（kg）	数量（块）	总重（kg）
HBG8－190	95	441	2.22	1	5.04
HBG8－200	100	457	2.29	1	5.15
HBG8－210	105	470	2.36	1	5.27
HBG8－220	110	484	2.43	1	5.39
HBG8－240	120	514	2.58	1	5.63
HBG8－260	130	545	2.74	1	5.88
HBG8－280	140	576	2.89	1	6.13

材 料 表

编号	名称	规格	单位	数量	质量（kg）	备注
①	扁钢	—8×80×L	块	1	见上表	
②	加劲板	—5×120×（r－15）	块	2		
③	扁钢	—8×80×410	块	1	2.06	

说明：1. 所有构件均须热镀锌防腐。

2. 所有构件材料材质均为 Q355。

图 10－55　HBG8 半圆横担抱箍制造图　TJ－BG－02

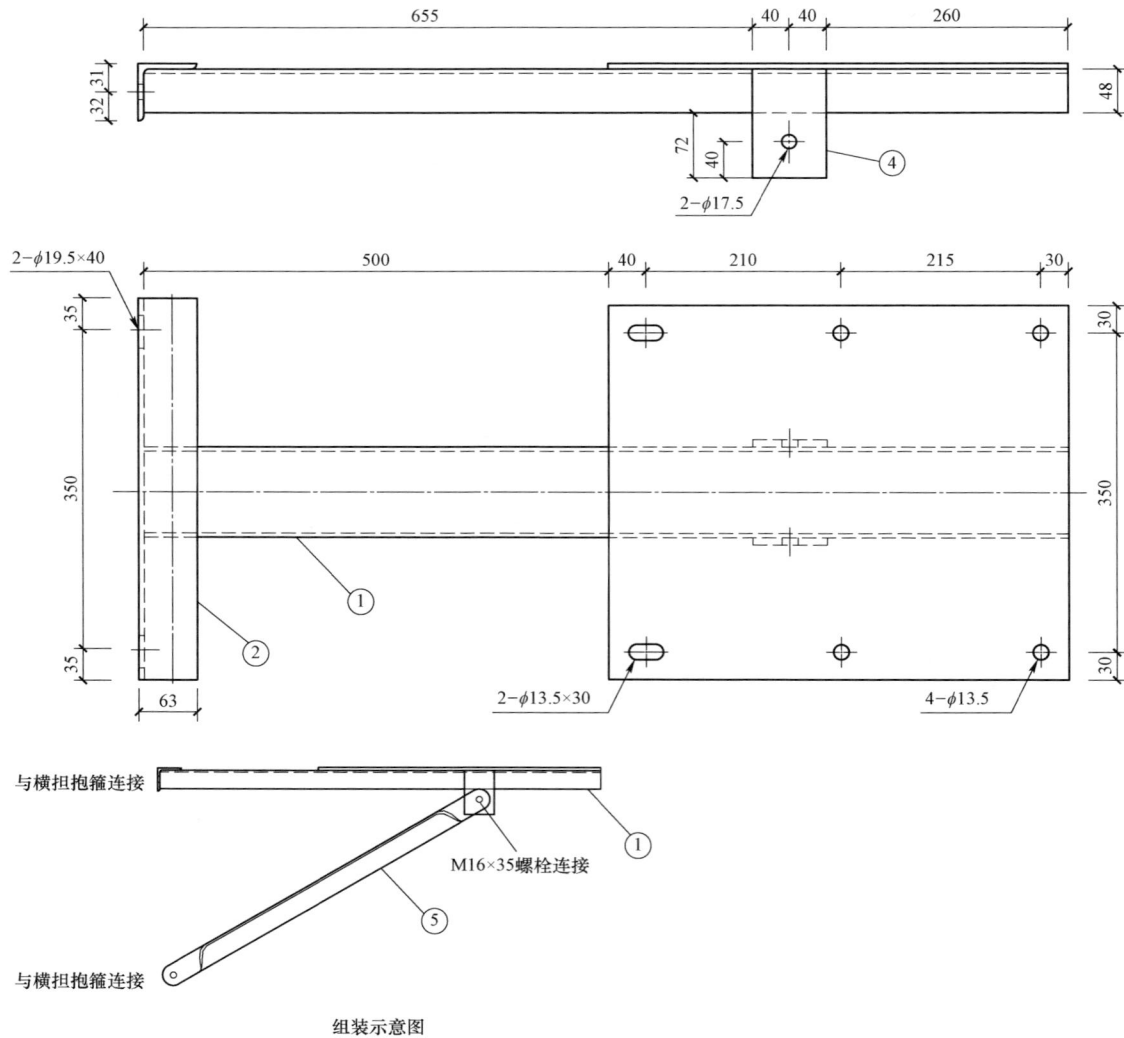

选 型 表

名称	型号	数量（副）	质量（kg）
柱上开关支架	KZJ–G–C	1	35.75

材 料 表

序号	编号	名称	规格	单位	数量	质量（kg）	备注
1	①	槽钢	[10×995	块	1	9.96	
2	②	角钢	L63×6×420	块	1	2.40	
3	③	钢板	—6×410×495	块	1	9.57	
4	④	扁钢	—8×80×120	块	2	1.22	
5	⑤	支撑铁	CT6–1100	块	2	12.6	

说明：1. 所有构件均须热镀锌防腐。

2. 所有构件材料材质均为 Q355。

3. ①②③④构件之间连接采用四面焊接，且焊缝高度为 6mm。

与横担抱箍连接

M16×35螺栓连接

与横担抱箍连接

组装示意图

图 10–56　KZJ–G–C 柱上开关支架加工图　TJ–ZJ–01

2−φ21.5

32
31

70　　　　　　　　　　　　　70

30　　　　　L−60　　　　　30

L

打扁打弯3°

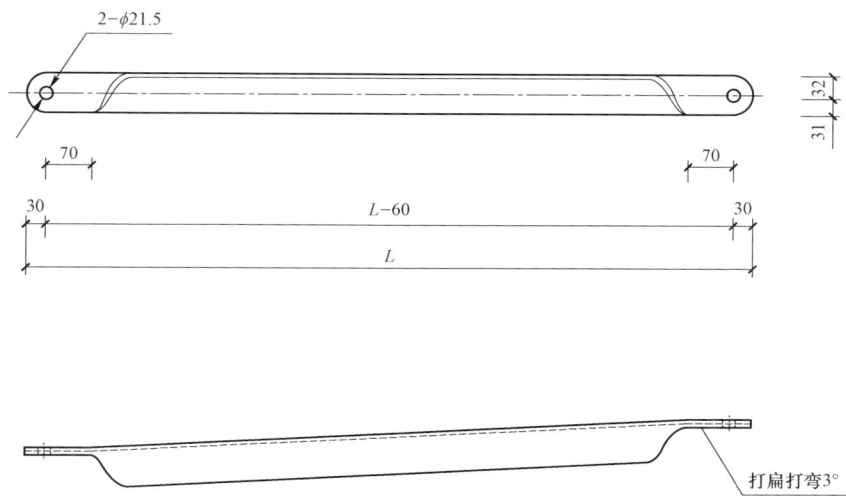

每组对称制作两块

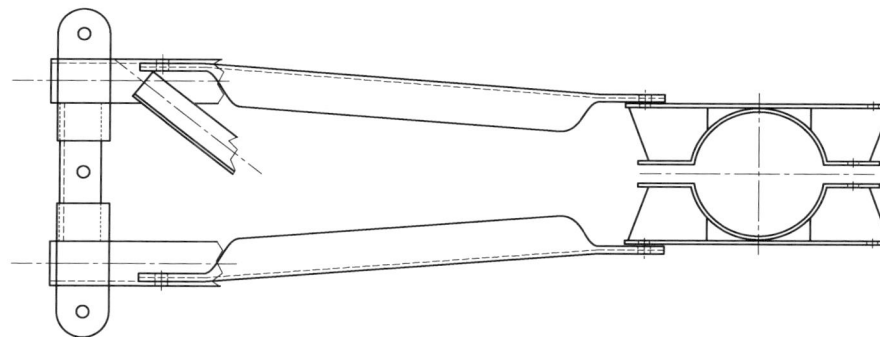

安装示意图

选　型　表

名称	规格	单位	数量	质量（kg）	备注
CT6−1100	L63×6×1100	块	1	6.30	HD−4100B 用（横担下 760）

说明：1. 所有构件均须热镀锌防腐。
　　　2. 所有构件材料材质均为 Q355。

图 10−57　CT6−1100 支撑铁加工图　TJ−ZJ−02

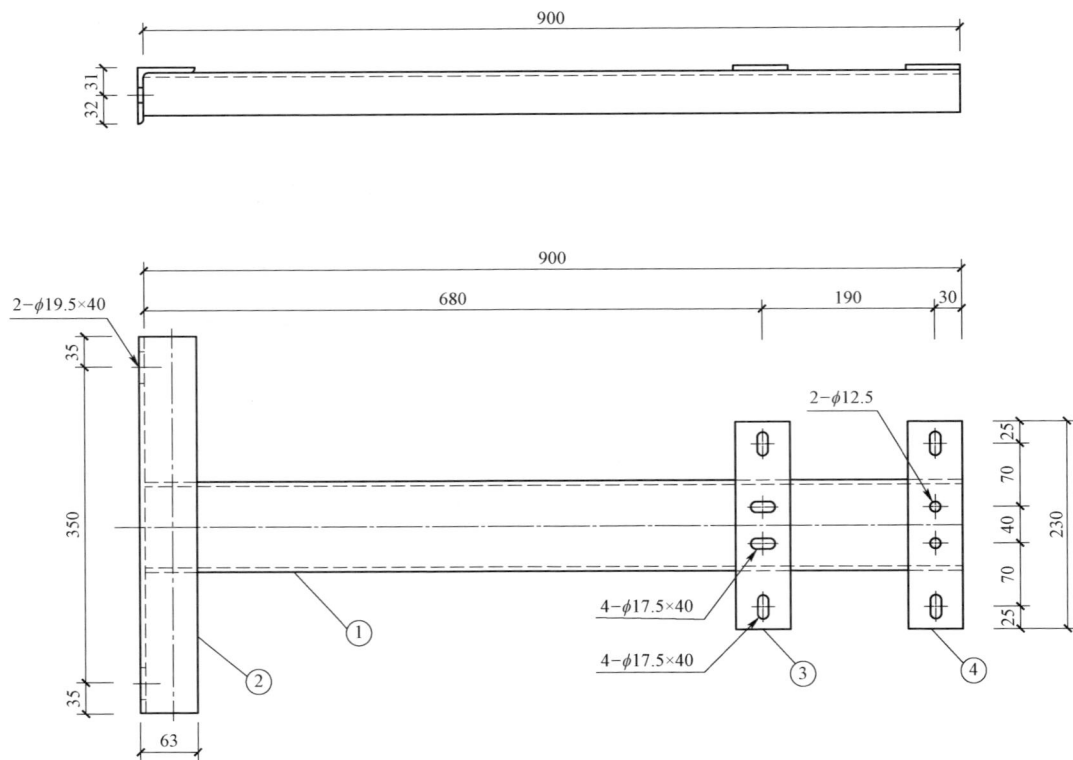

选型表

名称	型号	数量（副）	质量（kg）
柱上单 TV 支架	DPTZJ-900	1	12.7

材料表

序号	编号	名称	规格	单位	数量	质量（kg）	备注
1	①	槽钢	〔10×900	块	1	9.00	
2	②	角钢	L63×6×420	块	1	2.40	
3	③	扁钢	—6×60×230	块	1	0.65	
4	④	扁钢	—6×60×230	块	2	0.65	

说明：1. 所有构件均须热镀锌防腐。

2. 所有构件材料材质均为 Q355。

3. ①②③④构件之间连接采用四面焊接，且焊缝高度为 6mm。

图 10-58　DPTZJ-900 柱上单 TV 支架加工图　TJ-ZJ-03

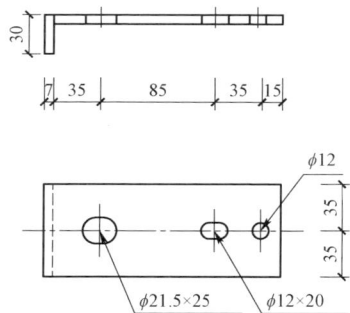

选 用 表

型号	适用范围	数量（副）	质量（kg）	备注
RJ7－170	熔丝具安装架	1	0.72	

材 料 表

序号	名称	规格	单位	数量	质量（kg）	备注
1	扁钢	—70×7×200	块	1	0.72	

说明：1. 所有构件均须热镀锌防腐。

2. 所有构件材料材质均为 Q355。

图 10－59　RJ7－170 熔丝具安装架制造图　TJ－ZJ－04

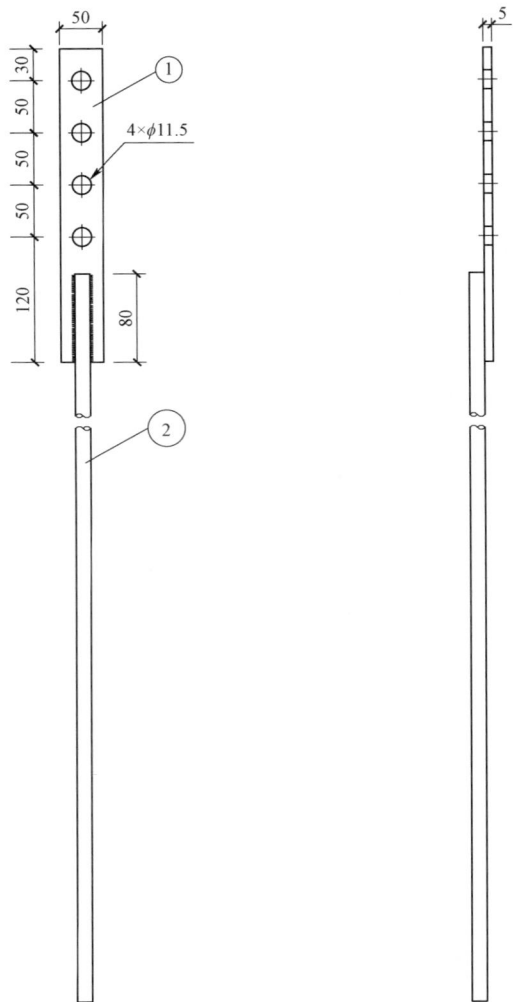

选 用 表

编号	名称	型号	编号	规格	单位	数量	质量（kg）		备注
							单件	小计	
①	接地引上线	JDS-3000	①	—5×50×400	副	1	0.40	3.06	
			②	φ12×3000		1	2.66		
②	接地引上线	JDS-5000	①	—5×50×400	副	1	0.40	4.84	
			②	φ12×5000		1	4.44		

说明：1. 所有构件均须热镀锌防腐。

2. 所有构件材料材质均为 Q355。

图 10-60　JDS 接地引上线加工图　　TJ-ZJ-05

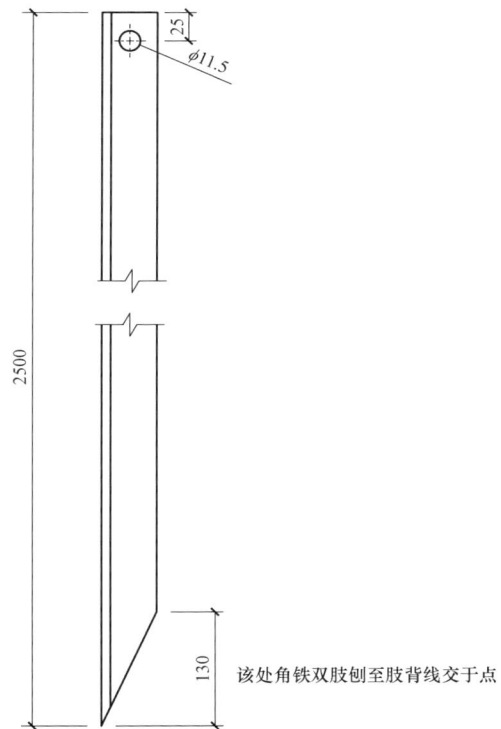

ø11.5

25

2500

130

该处角铁双肢刨至肢背线交于点

选 用 表

序号	名称	型号	规格	单位	数量	质量（kg）		备注
						单件	小计	
1	垂直接地铁	JDZ－2500	L50×5×2500	副	1	9.43	9.43	

说明：1. 所有构件均须热镀锌防腐。
　　　2. 所有构件材料材质均为 Q355。

图 10－61　JDZ 垂直接地铁加工图　TJ－ZJ－06

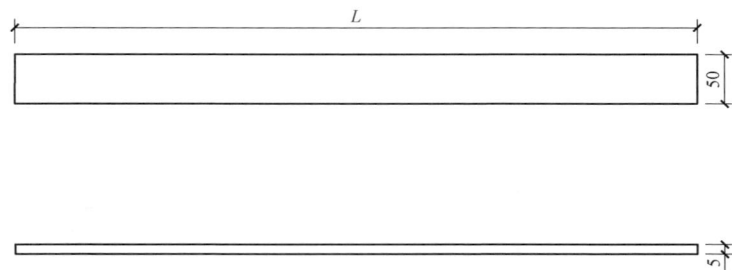

选 用 表

序号	名称	型号	规格	单位	数量	质量（kg）		备注
						单件	小计	
1	水平接地铁	JDP－5m	一5×50×5000	副	1	9.81	9.81	$L=5000$，5m 一件
2	水平接地铁	JDP－10m	一5×50×10000	副	1	9.81	19.62	$L=10000$，5m 一件
3	水平接地铁	JDP－20m	一5×50×20000	副	1	9.81	39.24	$L=20000$，5m 一件

说明：1. 所有构件均须热镀锌防腐。

2. 所有构件材料材质均为 Q355。

图 10－62　JDP 水平接地铁加工图　TJ－ZJ－07

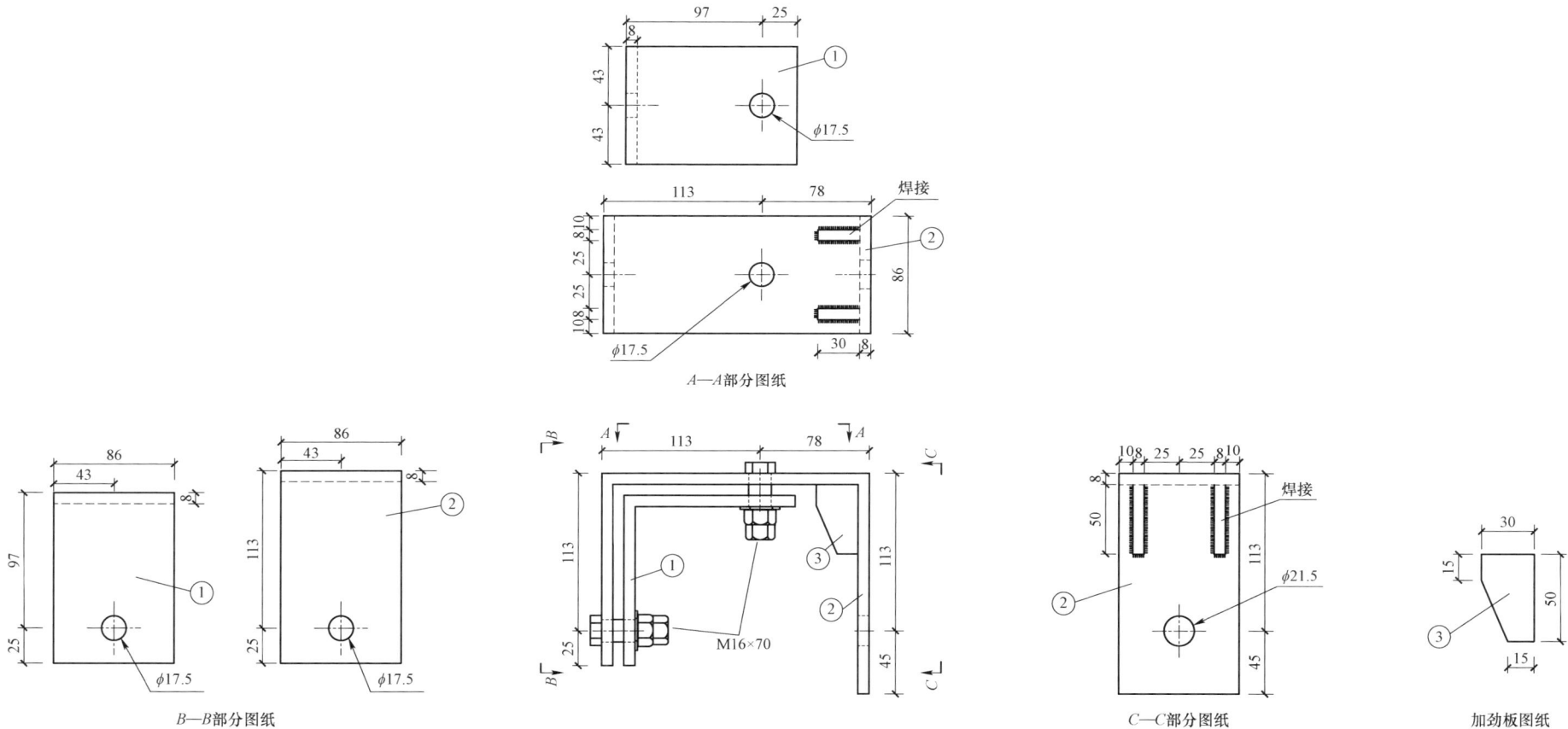

图中标注：

97　25
8
43
43
φ17.5
①

113　78
焊接
8 10
8
25
25
25
25
108
86
②
φ17.5
30　8

A—A部分图纸

86
43
8
113
97
25
φ17.5
①
②
φ17.5

B—B部分图纸

B
A　113　78　A
C
113
①
③
②
M16×70
25
113
45
B
C

108　25　25　8 10
8
焊接
50
②
φ21.5
113
45

C—C部分图纸

30
15
15
50
③
15

加劲板图纸

选 用 表

名称	型号	单位	数量	质量（kg）	备注
柱式绝缘子支座	夹具，—8×86	副	1	4.61	

材 料 表

序号	名称	型号	编号	规格	单位	数量	质量（kg） 单件	小计	备注
1	柱式绝缘子支座	夹具，—8×86	①	扁钢，—8×86×244	块	1	1.32	4.61	
			②	扁钢，—8×86×487	块	1	2.63		
			③	扁钢，—8×30×50	块	2	0.19		
			④	螺栓，M16×70	套	2	0.47		配双帽双垫圈

说明：1. 所有构件均须热镀锌防腐。
2. 所有构件材料材质均为 Q355。

图 10-63　夹具—8×86 加工图　TJ-ZJ-08

10.4 柱上无功补偿装置

10.4.1 设计说明

1. 概述

本章节提供柱上无功补偿装置的典型接线方式及安装形式,按不同的电气设备配置进行组合,以便在具体工程设计的使用。

2. 方案简述的说明

柱上 10kV 无功补偿装置主要对应内容为 10kV 侧采用架空绝缘线引下,单杆安装容量为 100kvar 以下,双杆等高安装容量为 100～600kvar。

3. 基本方案说明

柱上无功补偿装置采用单杆或双杆等高布置,10kV 无功补偿装置 1 台,容量为 600kvar 及以下,采用线路无功补偿装置组接线。

4. 高海拔及严寒地区技术要求

本次通用设计方案在海拔的杆头电气距离、绝缘子选用、柱上设备的外绝缘水平均应满足《高海拔外绝缘配置技术规范》(Q/GDW 13001)相关内容要求。具体参照通用设计中杆头部分内容。

5. 适用范围

对于供电距离远、功率因数低的 10kV 架空线路上,可以适当安装无功补偿装置,提升电网功率因数。

10kV 线路无功补偿,其容量一般按线路上配电变压器总容量 7%～10%配置,使用时必须按照计算配置,但不应在低谷负荷时向系统倒送无功。

应当优先在用户侧就地进行无功补偿,线路上的无功补偿装置仅解决线路的整体无功问题。

10.4.2 设计图

柱上无功补偿装置设计图清单见表 10−17。

表 10−17   柱上无功补偿装置设计图清单

图序	图名	图纸编号
图 10−64	ZA−31 柱上无功补偿电气一次主接线图(单杆)	ZA−31−D1−01
图 10−65	ZA−31 柱上无功补偿安装图(单杆)	ZA−31−D1−02
图 10−66	ZA−32 柱上无功补偿电气一次主接线图(双杆)	ZA−32−D1−01
图 10−67	ZA−32 柱上无功补偿安装图(双杆)	ZA−32−D1−02

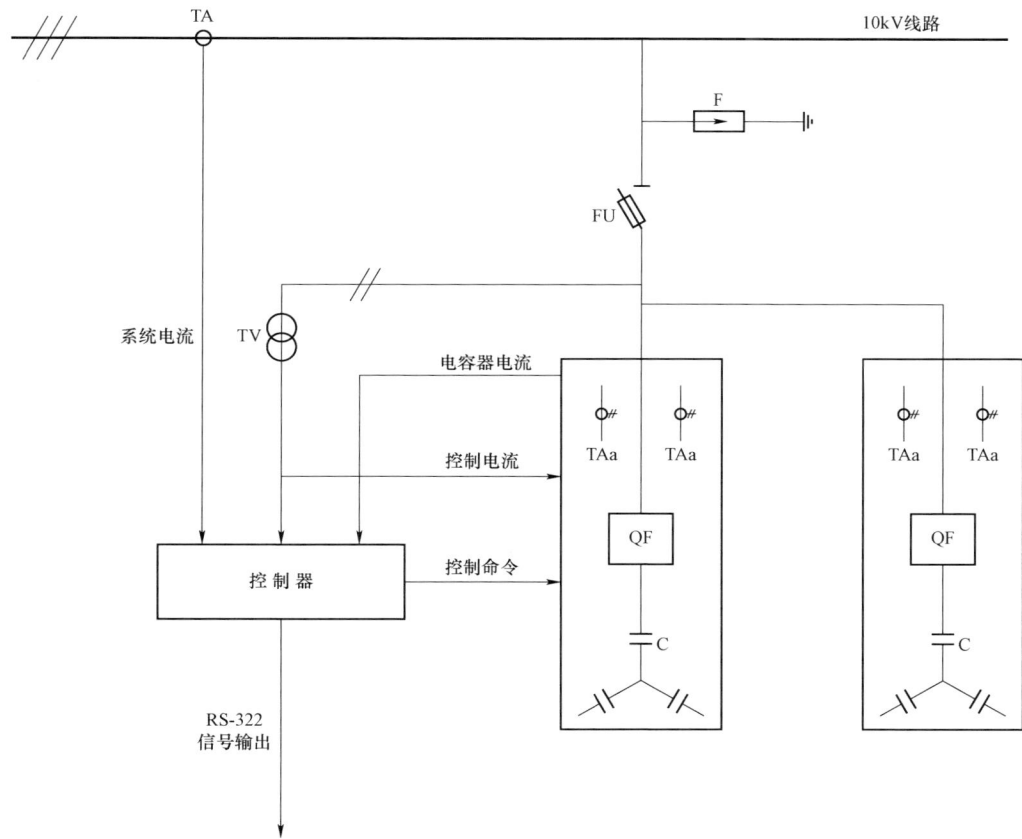

图 10-64　ZA-31 柱上无功补偿电气一次主接线图（单杆）　ZA-31-D1-01

主 要 材 料 表

编号	材料名称	规格型号	单位	数量	备注
①	电容器		台	1	设计选型
②	电容器安装支架		套	1	
③	导线引线	JKLYJ-10/70	m	30	
④	接地引下线	BV-50	m	15	
⑤	避雷器	YH5(10)WS-17/45TL	只	3	带引线
⑥A	高压熔断器	AC10kV，跌落式	只	3	设计选型
⑥B	高压熔断器	AC10kV，封闭型	只	3	设计选型
⑦	熔断器安装支架	L70×7×2200	套	1	
⑧	避雷器安装支架	L60×6×2200	套	1	
⑨	引流线夹	JTXG-50-240/35-150	只	3	设计选型
⑩	绝缘穿刺线夹	JBC10-□/□	只	3	
⑪	旁路（接地）线夹	JDLH10-50-240	只	3	
⑫	铜镀锡接线端子	DT-70	只	3	
⑬	铜镀锡接线端子	DT-50	只	4	
⑭	螺栓	M12×45	件	6	
⑮	螺母	M12	个	6	
⑯	螺栓	M16×75	件	8	
⑰	螺栓	M16×45	件	16	
⑱	螺母	M16	个	24	

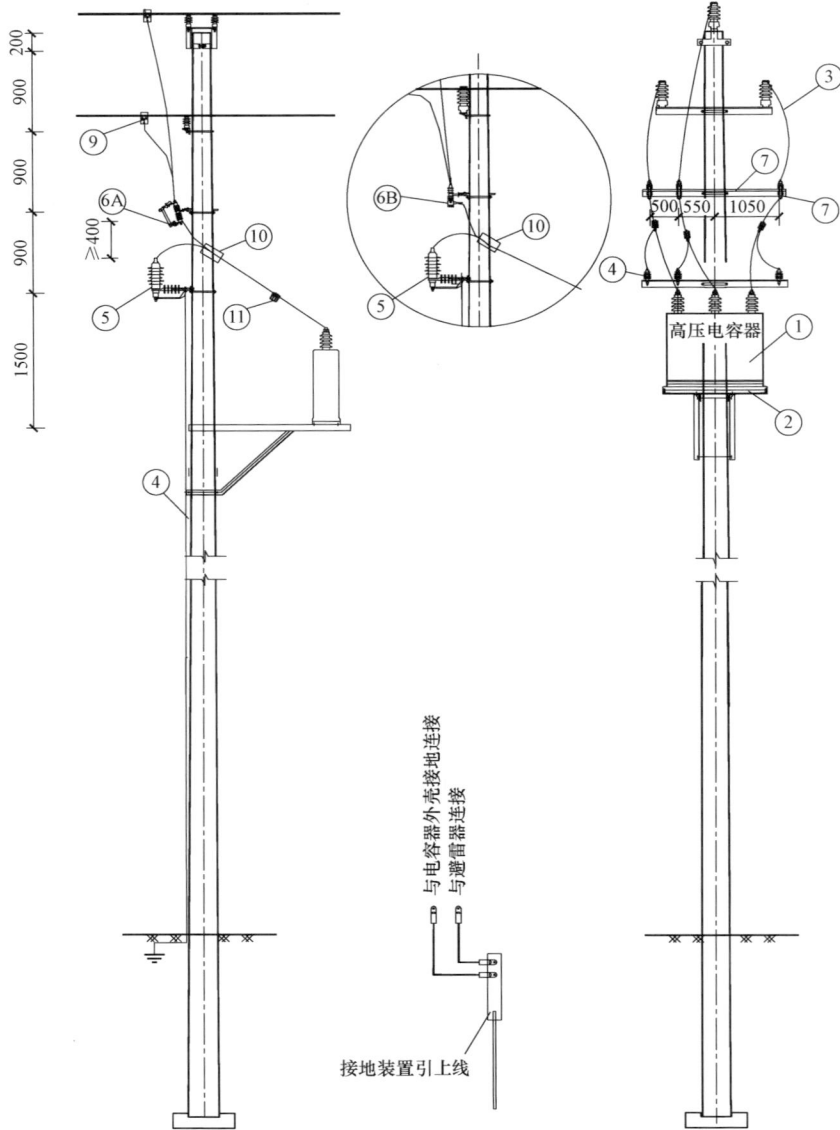

说明：1. 本图为柱上无功补偿装置组装示意图，各设备、材料的具体型号、规格由工程设计确定。

2. 接地引下线应采取防腐措施，且接地装置的接地电阻不应大于 10Ω，同时应满足《交流电气装置的接地设计规范》（GB/T 50065）中关于接触电压及跨步电压的要求。

3. 采集终端箱、高压计量箱等相匹配的安装铁件等配套材料由生产厂家提供。

4. 选用带隔离刀负荷开关或断路器时，可不安装带电显示器。

5. 本图中铁件规格均按照 φ190 电杆配置，在其他梢径杆上安装时，由设计另行选择。

6. 本图安装尺寸按海拔 1000m 以下考虑，在高海拔地区安装时，需另行计算安装尺寸。

7. 互感器准确级根据工程实际需要由设计人员选择。互感器带 10kV/0.22kV 供电绕组输出，容量 300VA。

8. 避雷器、封闭式熔断器引流线为一体式装置，每根长度设计确定。引线不配置铜镀锡接线端子及 JLG 螺栓型挂钩引流线夹，线尾绝缘封闭。

图 10-65 ZA-31 柱上无功补偿安装图（单杆）ZA-31-D1-02

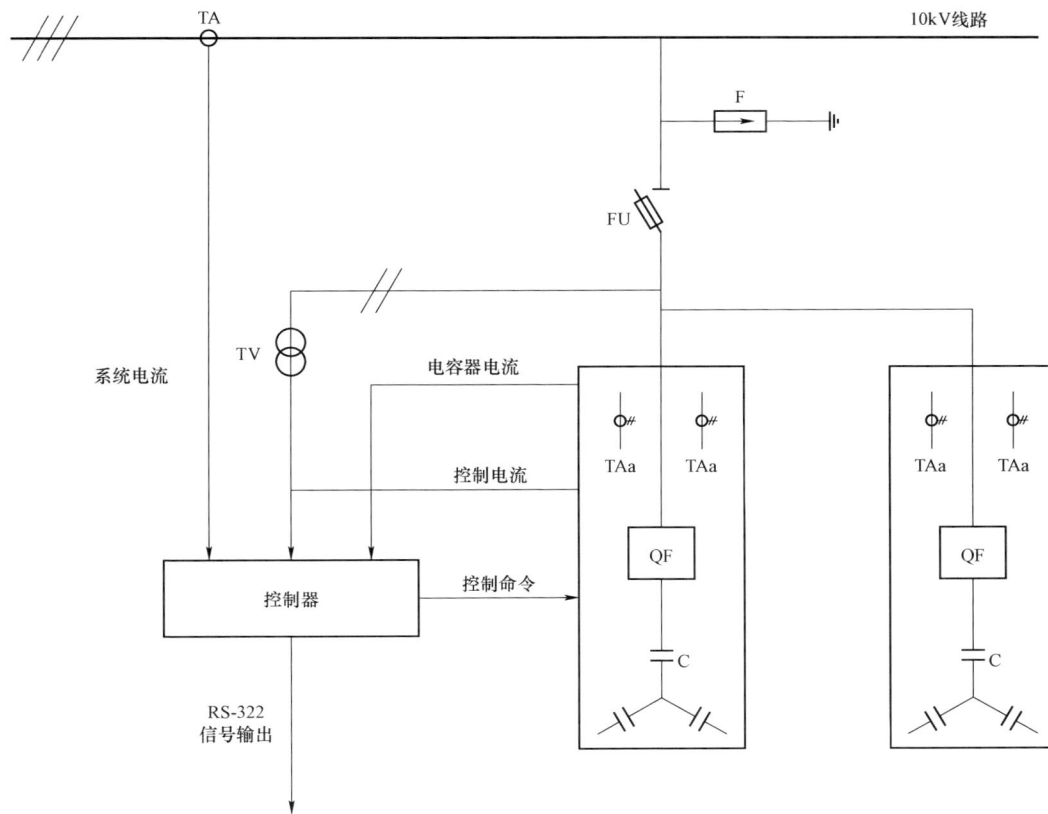

图 10-66　ZA-32 柱上无功补偿电气一次主接线图（双杆）　ZA-32-D1-01

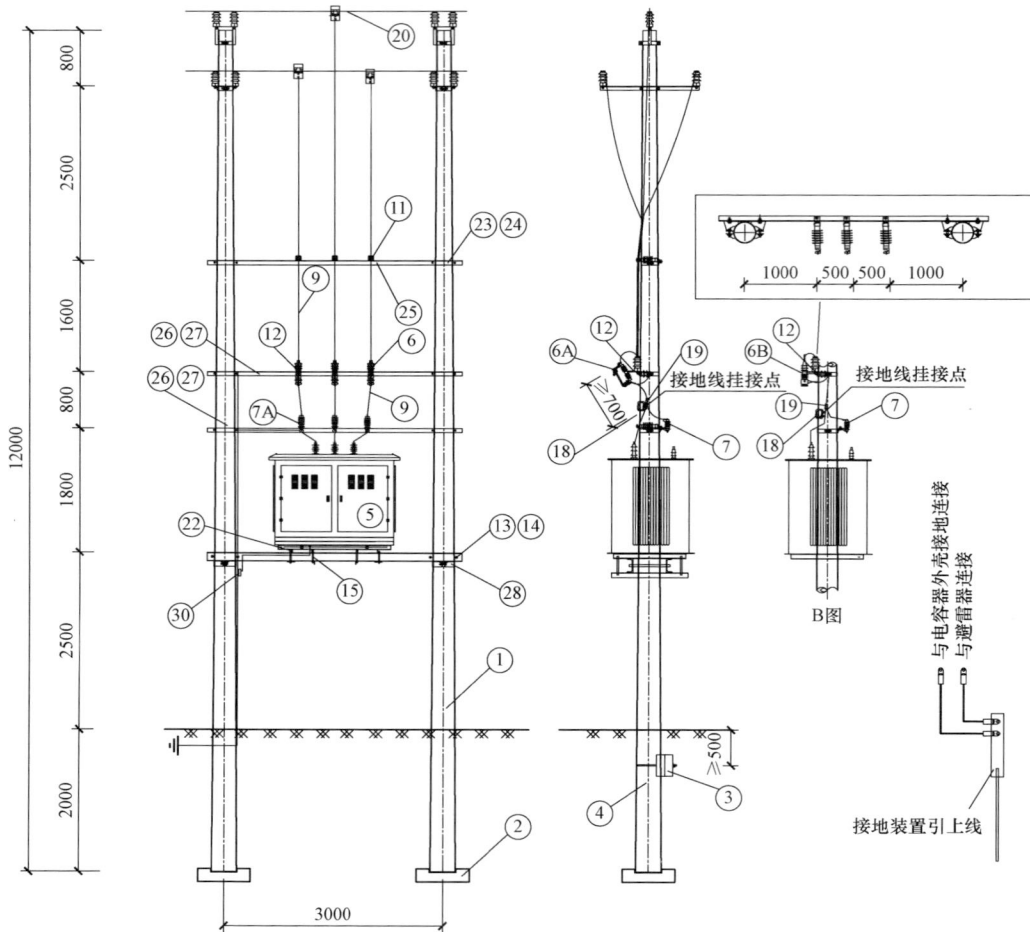

主 要 材 料 表

材料类别	编号	材料名称	型号	单位	数量	备注
电杆类	①	电杆	Φ190×12m×M×G	根	2	设计选型
	②	底盘	DP－6	块	2	设计选型
	③	卡盘	KP12	块	2	设计选型
	④	卡盘U型抱箍	U20	只	2	
设备类	⑤	无功补偿装置		台	1	电容器
	⑥A	高压熔断器	AC10kV，跌落式	只	3	熔丝按电容器容量配置，带绝缘罩
	⑥B	高压熔断器	AC10kV，封闭型	只	3	B图
	⑦	避雷器	YH5（10）WS－17/45TL	台	3	设计选型
成套附件类	⑧	布电线	BV－50	m	15	
	⑨	高压绝缘线	JKYJ－10/70	m	30	
	⑩	高压接线桩头	SBJ－1－M12	只	3	
	⑪	复合横担绝缘子	FS－10/3.5	只	12	
	⑫	熔丝具安装架	RJ7－170	块	3	
	⑬	变压器双杆支持架	[14－3500	副	1	
	⑭	双头螺杆	M20×400	根	4	配螺母垫片
	⑮	双头螺杆	M16×200	根	4	配双螺母垫片
	⑯	铜镀锡接线端子	DT－50	只	9	
	⑰	铜镀锡接线端子	DT－70	只	6	
	⑱	旁路（接地）线夹	JDLH10－50－240	只	3	设计选型
	⑲	绝缘穿刺线夹	JBC10－□/□	只	3	设计选型
	⑳	引流线夹	JTXG－50－240/35－150	只	6	
	㉒	压板	YB5－740J	块	4	
	㉓	横担抱箍	HBG6－230	块	2	
	㉔	抱箍	BG6－230	块	2	
	㉕	双杆熔丝架	SRJ6－3500	块	3	
	㉖	横担抱箍	HBG6－260	块	4	
	㉗	抱箍	BG6－260	块	4	
	㉘	抱箍	BG8－290	块	4	
	㉙	高压绝缘罩	10kV	只	3	
	㉚	接地装置		副	1	
成套附件类	㉜	螺栓	M16×70	件	36	配螺母
	㉝	螺母	M16	个	36	
	㉞	垫圈	M16	个	72	
	㉟	螺栓	M14×40	件	4	
	㊱	垫圈	M14	个	8	
	㊲	螺栓	M18×70	件	4	
	㊳	垫圈	M18	个	8	
	㊴	螺母	M18	件	4	
	㊵	螺栓	M12×40	件	40	

说明：1. 本图中铁件规格均按照Φ190电杆配置，在其他梢径杆上安装时，由设计另行选择。

2. 本图安装尺寸按海拔1000m以下考虑，在高海拔地区安装时，需另行计算安装尺寸。

3. 避雷器、封闭式熔断器引流线为一体式装置，每根长度设计确定。引线不配置铜镀锡接线端子及JLG螺栓型挂钩引流线夹，线尾绝缘封闭。

图 10－67 ZA－32柱上无功补偿安装图（双杆） ZA－32－D1－02

第 11 章　用 户 专 变 通 用 设 计

11.1　总体说明

11.1.1　技术原则概述

11.1.1.1　设计对象

用户专变通用设计的设计对象为国网西藏电力有限公司系统内 10kV 用户专变，具体包括 10kV 柱上三相变压器台、10kV 欧式箱式变压器。适用于 10kV 高压侧供电，变压器资产归属用户。用户用电需用变压器容量在 160kVA 及以下，应以公变方式供电；用户用电需用变压器容量在 200kVA 及以上，应专变方式供电。

11.1.1.2　方案适用原则

西藏地区典型业扩方案采用主线 T 接分支，并在分支增加分支开关，采用组合互感器设备，通过架空裸导线引接至用户侧，采用变台或箱式变压器。10kV 用户变扩建原理见图 11－1。

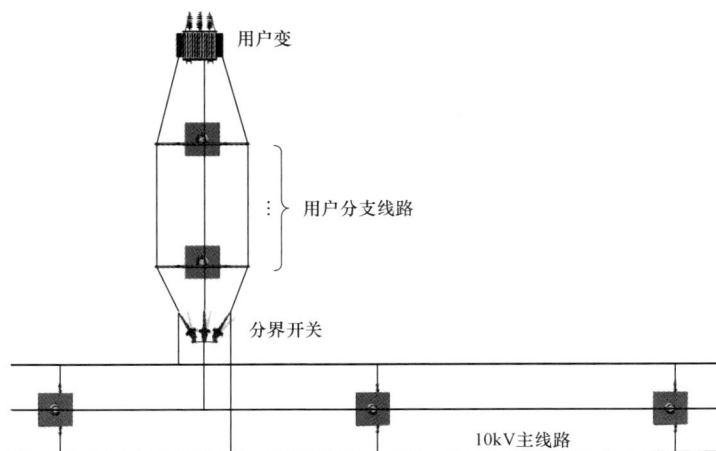

图 11－1　10kV 用户变扩建原理

11.1.1.3　设计范围

用户专变通用设计的设计范围是从高压引下线至用户侧变压器及相关电气设备，和与之有关的土建、电气二次等设施。

11.1.1.4　设计深度

用户专变通用设计深度是施工图深度，可用于实际工程可行性研究、初步设计、施工图设计阶段。

11.1.1.5　环境条件

海拔：1000m＜H≤5000m；

环境温度：－40～＋35℃；

最热月平均最高温度：15℃；

污秽等级：c、d 级；

日照强度（风速 0.5m/s）：0.118W/cm²；

地震烈度：按 8 度设计，地震加速度为 0.2g，地震特征周期为 0.45s；

洪涝水位：站址标高高于 50 年一遇洪水水位和历史最高内涝水位，不考虑防洪措施；

设计土壤电阻率：不大于 100Ω/m；

相对湿度：在 10℃时，空气相对湿度不超过 90%；

地基：地基承载力特征值取 f_{ak}＝150kPa，无地下水影响；

腐蚀：地基土及地下水对钢材、混凝土无腐蚀作用。

11.1.2　技术条件

用户专变通用设计共 2 个方案，技术条件见表 11－1，Y 表示用户专用变压器，ZA 代表柱上变压器方案，XA 代表箱式变压器方案。

表 11－1　用户专变通用设计技术条件

方案	名称	主要设备安装要求	无功补偿	安装方式
Y－ZA－1	200～400kVA 柱上变压器（2 级及以上节能型油浸式变压器）	变压器正装，10kV 侧采用架空绝缘线正面引下，低压综合配电箱采用悬挂式安装，进线采用低压电缆引入，出线采用低压电缆引出	无功补偿不配置或按以下原则配置：200～400kVA 变压器无功补偿不配置或按 124kvar 容量配置；实现无功需量自动投切；低压综合配电箱配置应急电源接口和按需配置配电智能终端	双杆等高

方案	名称	主要设备安装要求	无功补偿	安装方式
Y−XA−2	400～630kVA 箱式变压器（2级及以上节能型油浸式变压器）	高压侧：线路变压器组接线方式：1～2 回进线；低压侧：4～6 回出线。高压侧：真空断路器；变压器，低损耗、全密封、油浸式；低压侧：空气断路器	按 10%～30%变压器容量补偿，按无功需量自动投切	台式

11.1.3 电气一次部分

11.1.3.1 基本参数

高压侧：10kV；

低压侧：0.4kV；

高压侧设备最高电压：12kV。

11.1.3.2 电气主接线

用户专变采用柱上变压器台方案时，电气主接线采用单母线接线，出线1～2 回。进线选择弹簧储能的熔断器式隔离开关，出线开关选用断路器。

用户专变采用箱式变压器时，箱式变压器采用欧式型式，电气主接线高压侧宜采用线变组或单母线接线。0.4kV 侧全部采用单母线接线。

采用欧式箱变时：10kV 进线 1～2 回，出线 0～1 回，根据主变压器容量，0.4kV 可相应设置 4～8 回出线。

11.1.3.3 柱上变压器选择

柱上变压器台容量不宜超过 400kVA。应有合理级差，容量规格不宜太多，一般选用 200kVA 及 400kVA。

变压器选用 2 级能效及以上变压器，接线组别宜采用 Dyn11。

三相变压器的变比在城区或供电半径较小地区采用 10.5±5（2×2.5）%/0.4kV；郊区或供电半径较大、布置在线路末端的采用 10±5（2×2.5）%/0.4kV。

低压综合配电箱：200～400kVA 变压器按 400kVA 容量配置低压综合配电箱，外形尺寸选用 1350mm×700mm×1200mm，空间满足 200～400kVA 及以下容量配变的 1 回进线、3 回馈线、计量、无功补偿、配电智能终端等功能模块安装要求；配电智能终端需满足线损统计需求，实现双向有功、功率计算功能。箱体外壳优先选用不锈钢材料，也可选用纤维增强型不饱和聚酯树脂材料（SMC），外壳防护等级为 IP44。

10kV 选用跌落式熔断器，短路电流水平按 12.5kA 考虑。

0.4kV 进线宜选择带弹簧储能的熔断器式隔离开关，并配置栅式熔丝片和相间隔弧保护装置，出线开关选用断路器。

11.1.3.4 箱式变压器选择

1. 主变压器

根据 10kV 箱式变电站结构特点及使用环境，采用的主变压器容量为 630kVA，其中欧式主要为 400、500、630kVA 三种形式。

（1）变压器选用低损耗、全密封、油浸式变压器，接线组别宜采用 Dyn11。

（2）630kVA 及以下箱变，距离变压器隔室 0.3m 处测量的噪声（声功率级）不大于 50dB。

（3）变压器选用 2 级能效及以上变压器，接线组别宜采用 Dyn11，容量一般不超过 630kVA。

2. 10kV 真空断路器

10kV 箱式变电站（欧式）进（馈）线采用高压真空断路器开关柜；至变压器单元采用 10kV 高压真空断路器开关柜，并根据使用情况配置速断、过负荷等保护。

3. 电缆附件

10kV 箱式变电站（欧式）根据负荷开关的类型选择电缆附件，额定电流在 630A 及以下，应满足热稳定要求。

4. 0.4kV 配电装置

10kV 箱式变电站应设置 0.4kV 总进线断路器，宜采用框架式，配电子脱扣器，电子脱扣器具备良好的电磁屏蔽性能和耐温性能，一般不设失压脱扣。

10kV 箱式变电站出线采用空气断路器、挂接开关或低压柜组屏，空气断路器应根据使用环境配热磁脱扣或电子脱扣。低压进线侧宜装设 T1 级带 RS485 通信接口电涌保护器。

5. 无功补偿装置

无功补偿容量可按照主变压器容量的 10%～30%进行配置。

6. 设备布置

10kV 箱式变电站（欧式）：品字形或目字形。

品字形结构正前方设置高、低压室，后方设置变压器室。目字形结构两侧设置高、低压室中间设置变压器室。

7. 绝缘配合及过电压保护

（1）绝缘配合。

1）电气设备的绝缘配合参照《交流电气装置的过电压保护绝缘配合》

（GB/T 50064）确定的原则进行。

2）氧化锌避雷器按《交流无间隙金属氧化物避雷器》（GB 11032）中的规定进行选择。

（2）过电压保护。10kV 箱式变电站周围有较高的建筑物时，可不单独考虑防雷设施。若设置在较为空旷的区域，则要根据现场的实际情况考虑增加防雷设施。

当进出线电缆为从电线杆上进线或出线时，为防止线路侵入的雷电波过电压，需在 10kV 进、馈线侧和 0.4kV 母线安装避雷器，避雷器宜装设在进出线线路电杆上。当进出线为全电缆时避雷器宜安装在上级馈线柜内。

（3）接地。10kV 箱式变电站接地网以水平敷设的接地体为主，垂直接地极为辅，联合构成复合式人工接地装置。接地网建成后需实测总接地电阻值，应满足相关规程规范的要求，否则应采用措施，使之达到规程要求。箱中所有电气设备外壳、电缆支架、预埋件均应与接地网可靠连接，凡焊接处均应作防腐处理。接地体一般采用镀锌钢，腐蚀性高的地区宜采用铜包钢或者石墨。

8. 其他要求

箱式变电站 10kV 进出线应加装接地及短路故障指示器，有条件时还可实现远传。箱式变电站的设备应采用全绝缘、全封闭、防内部故障电弧外泄、防凝露等技术，外壳具有耐候、防腐蚀等性能，并与周围环境相协调。

11.1.4 电气二次部分

11.1.4.1 电能计量配置

电能计量装置按如下原则配置：

（1）电能计量装置选用及配置应满足《电能计量装置技术管理规程》（DL/T 448）和《电力装置的电测量仪表装置设计规范》（GB/T 50063）规定的新型智能电能表。

（2）互感器采用专用计量二次绕组。

（3）计量二次回路不得接入与计量无关的设备。

（4）箱式变电站可在 0.4kV 侧进线总柜加装计量装置和配变终端，控制无功补偿，满足常规电参数采集和系统内线损计量考核。计量表计的装设执行国家电网有限公司计量规程规定。

11.1.4.2 保护及自动终端配置

（1）配电自动化配置应遵循"标准化设计，差异化实施"原则。

（2）配电自动化终端与主站通信方式可选用无线公网、电力载波等，具体

通信建设设计方案应综合考虑施工难易、造价及运维成本等因素。

（3）柱上变压器台按照低压侧配置配电变压器智能终端 TTU，实现对配电变压器的监测，自动化装置需满足线损统计需求，实现双向有功、功率计算功能，设置于低压综合配电箱内。

（4）有配电自动化需求的箱式变电站，应配置配电自动化远方终端（DTU 装置）或预留其安装位置，统一布置于箱式变电内。满足防污秽、防凝露的要求，可安装温湿度控制器及除湿装置。

11.1.5 高海拔电气间隙修正

根据《电力变压器绝缘水平、绝缘试验、外绝缘空气间隙》（GB 1094.3）、《国家电网有限公司物资采购标准高海拔外绝缘配置技术规范》（Q/GDW 13001）及《特殊环境条件高原电工电子产品 第 1 部分：通用技术要求》（GB/T 20626.1）相关规定，配电变台通用设计考虑高海拔电气间隙修正情况如下：

（1）10kV 户外配电设备在海拔 3000m 环境条件下，其电气间隙宜不低于 256mm（相对地及相间），10kV 配电变台每相的过引线、引下线与邻相的过引线、引线下之间的净空距离，宜不小于 384mm。

（2）10kV 户外配电设备在海拔 4000m 环境条件下，其电气间隙宜不低于 288mm（相对地及相间），10kV 配电变台每相的过引线、引下线与邻相的过引线、引线下之间的净空距离，宜不小于 432mm。

（3）10kV 户外配电设备在海拔 5000m 环境条件下，其电气间隙宜不低于 327mm（相对地及相间），10kV 配电变台每相的过引线、引下线与邻相的过引线、引线下之间的净空距离，宜不小于 490mm。

（4）海拔超过 5000m 时，应根据运行经验和试验参数适当增加相对地、相间距。

（5）低压以空气为绝缘的产品，按照《低压成套开关设备和控制设备 第 1 部分：总则》（GB 7251.1）要求为基数进行修正。

1）10kV 户外配电设备在海拔 3000m 环境条件下时，以 0 海拔为基准的产品，在海拔修正系数取 1.45，以 1000m 海拔为基准的产品，修正系数取 1.28，以 2000m 海拔为基准的产品，修正系数取 1.13。

2）10kV 户外配电设备在海拔 4000m 环境条件下时，以 0 海拔为基准的产品，在海拔修正系数取 1.64，以 1000m 海拔为基准的产品，修正系数取 1.46，以 2000m 海拔为基准的产品，修正系数取 1.29。

3）10kV 户外配电设备在海拔 5000m 环境条件下时，以 0 海拔为基准的

产品，在海拔修正系数取 1.85，以 1000m 海拔为基准的产品，修正系数取 1.64，以 2000m 海拔为基准的产品，修正系数取 1.45。

11.2 Y-ZA-1 方案说明

11.2.1 设计说明

11.2.1.1 总的部分

本通用设计选用 10kV 配电变台分册"中对应的"10kV 柱上三相变压器台通用设计"部分，方案编号为"Y-ZA-1"。

根据西藏地区适用场景，确定方案 Y-ZA-1 主要技术原则为：10kV 侧采用架空绝缘线引下，低压综合配电箱采用悬挂式安装，配电箱进线采用单芯电缆引入、出线采用四芯电缆引出；变压器选用正装、架空绝缘线正面引下方式。

1. 适用范围

适用于西藏地区 C、D、E 类供电区域。

2. 方案技术条件

Y-ZA-1 方案根据总体说明中确定的预定条件开展设计，方案 Y-ZA-1 方案技术条件表见表 11-2。

表 11-2　　　　　　　　　Y-ZA-1 方案技术条件表

序号	项目	内容
1	10kV 变压器	选用变压器选用 2 级能效及以上变压器，容量选择以下两种规格：200、400kVA
2	低压综合配电箱	200～400kVA 变压器按 400kVA 容量配置低压综合配电箱，配电箱外形尺寸选用 1350mm×700mm×1200mm，空间满足 200～400kVA 容量配变的 1 回进线、3 回馈线、计量、无功补偿、配电智能终端等功能模块安装要求。箱体外壳优先选用不锈钢材料，也可选用纤维增强型不饱和聚酯树脂材料（SMC），外壳防护等级为 IP44。低压综合配电箱按需配置应急电源接口和配电智能终端
3	主要设备型式	10kV 选用跌落式熔断器，熔断器短路电流水平按 12.5kA 考虑。0.4kV 进线选用弹簧储能的熔断器式隔离开关，出线采用断路器

11.2.1.2 电力系统部分

本通用设计按照给定的变压器进行设计，在实际工程中，需要根据实地情况具体设计选择变压器容量。

熔断器短路电流水平按 12.5kA 考虑。

高压侧采用跌落式熔断器，低压侧进线选择弹簧储能的熔断器式隔离开

关，出线选用断路器，额定运行短路分断能力不低于 35kA。

11.2.1.3 电气一次部分

1. 主要电气设备、导体选择

配电设备选用海拔适应能力为 G3～G5 的高原型设备。

（1）变压器。

1）型式：选用 2 级能效及以上变压器，接线组别宜采用 Dyn11。

2）容量：200kVA、400kVA；阻抗电压：$U_k\%=4$。

3）额定电压：10（10.5）±5（2×2.5）%/0.4kV。

4）冷却方式：自冷式。

（2）10kV 侧选用跌落式熔断器，10kV 避雷器采用金属氧化物避雷器。

（3）低压综合配电箱。

1）低压综合配电箱外形尺寸按照 1350mm×700mm×1200mm 设计，空间满足 200～400kVA 容量配变的 1 回进线、3 回馈线、计量、无功补偿、配电智能终端等功能模块安装要求。箱体外壳优先选用不锈钢材料，也可选用纤维增强型不饱和聚酯树脂材料（SMC），外壳防护等级为 IP44。

2）低压综合配电箱采用适度以大代小原则配置，200～400kVA 变压器按 400kVA 容量配置，无功补偿不配置或按 124kvar 配置，配置方式为共补 3×32+16kvar、分补 8+4kvar。

3）低压侧电气主接线采用单母线接线，出线 1～3 回。进线宜选择带弹簧储能的熔断器式隔离开关，并配置栅式熔丝片和相间隔弧保护装置，出线开关选用断路器，并按需配置带通信接口的配电智能终端和 T1 级电涌保护器。城镇区域负荷密度较大，且仅供 1 回低压出线的情况下，可取消出线断路器。TT 系统的剩余电流动作保护器应根据《农村低压电网剩余电流工作保护器配置导则》（Q/GDW 11020）要求进行安装，不锈钢综合配电箱外壳单独接地。

4）为满足低压不停电作业要求，低压综合配电箱配置应急电源接口接入，容量按照变压器选型。

5）低压综合配电箱：空间满足计量、配电智能终端等功能模块安装要求，配电智能终端需满足线损统计需求，实现双向有功、功率计算功能，根据选用的接地系统一般配置塑壳断路器或具备漏电保护功能的塑壳断路器、熔断器式隔离开关。

6）低压综合配电箱采取悬挂式安装，安装方式参考"配电变台通用设计"方案。

（4）导体选择。柱上变压器台架及出线宜按最终容量一次建成，进出线宜采用交联聚乙烯软绝缘导线或柔性电力电缆。

变压器 10kV 引下线一般选择：主干线至高压熔断器上桩选用 JKLYJ−10kV−70mm² 架空绝缘导线，高压熔断器下桩至变压器选用 JKTRYJ−10/35mm² 导线；变压器至低压综合配电箱出线选择：200～400kVA 变压器选用 ZC−YJV−0.6/1kV−1×300mm² 单芯电缆。

低压综合配电箱出线电缆型号应结合变压器容量予以配置，推荐按如下原则进行选用：

1）200kVA 变压器配电箱出线双回，采用 ZC−YJV−0.6/1kV−4×150mm² 电缆出线；

2）400kVA 变压器配电箱出线双回，采用 ZC−YJV−0.6/1kV−4×240mm² 电缆出线。

柱上变压器台架采用等高杆方式，电杆采用非预应力混凝土杆，杆高选用 12m、15m 两种，变台杆应有明显的埋深标识。

（5）线路金具按"节能型、绝缘型"原则选用。

（6）变压器台架承重力按照 400kVA 变压器及配套低压综合配电箱质量考虑设计。

2. 基础

方案中所有混凝土杆的埋深及底盘的规格均按预定条件选定，若土质与设计条件差别较大可根据实际情况做适当调整。

3. 防雷、接地及过电压保护

交流电气装置的接地应符合《交流电气装置的接地设计规范》（GB/T 50065）要求。电气装置过电压保护应满足《交流电气装置的过电压保护和绝缘配合设计规范》（GB/T 50064）要求。

（1）采用交流无间隙金属氧化物避雷器进行过电压保护，金属氧化物避雷器按《交流无间隙金属氧化物避雷器》（GB 11032）中的规定进行选择，设备绝缘水平按国标要求执行。

（2）配电变压器均装设避雷器，并应尽量靠近变压器，其接地引下线应与变压器二次侧中性点及变压器的金属外壳相连接。在多雷区宜在变压器二次侧装设避雷器，避雷器应尽量靠近被保护设备，连接引线尽可能短而直。

柱上变压器台高压侧须安装金属氧化物避雷器。

（3）中性点直接接地的低压配电线路，其保护中性线（PEN 线）应在电源点接地，TN−C 系统在干线和分支线的终端处，应将 PEN 线重复接地，且接地点不应少于三处；TT 系统除变压器低压侧中性点直接接地外，中性线不得再重复接地，不锈钢综合配电箱外壳单独接地，剩余电流动作保护器另应根据《农村低压电网剩余电流工作保护器配置导则》（Q/GDW 11020）要求进行安装。接地体敷设成围绕变压器的闭合环形，设 2 根及以上垂直接地极，接地体的埋深不应小于 0.8m，且不应接近煤气管道及输水管道。接地线与杆上需接地的部件必须接触良好。

（4）低压综合配电箱防雷采用 T1 级浪涌保护器，壳体、浪涌保护器及避雷器应接地，接地引线与接地网可靠连接。

（5）设水平和垂直接地的复合接地网。接地体一般采用镀锌钢，腐蚀性高的地区宜采用铜包钢或者石墨。接地电阻、跨步电压和接触电压应满足有关规程要求。考虑防盗要求接地极汇合点设置在主杆 3.0m 处，分别与避雷器接地、变压器中性点接地、变压器外壳接地和不锈钢低压综合配电箱外壳进行有效连接。不锈钢综合配电箱外壳接地端口留在箱体上部。

（6）在永冻土地区，可将接地网敷设在溶化地带或溶化地带的水池或水坑中，或在接地极周围人工处理土壤，降低冻结温度和土壤电阻率。

（7）10kV 接地系统采用不接地、消弧线圈，保护接地和工作接地可共用接地装置；采用小电阻接地时，多台变压器台接地装置互联的总接地电阻不超过 0.5Ω 时，保护接地和工作接地可共用接地装置，单独接地的变压器台的保护接地和工作接地应分开设置，两组接地装置设置距离应满足规范要求。

11.2.1.4　电气二次部分

1. 电能计量

（1）新建居民小区应配置智能电表，居民用户进线开关应与智能电表配合，并预留可接入水、气、热计量数据的接口转换器安装位置。

（2）电能表箱应安装在表前线 T 接箱的单侧或两侧，表箱内每只电能计量表后应安装具有过电压、限流保护功能的断路器（漏电保护器设在位于计量下口的居民住宅室内配电箱）。

（3）未配置计量柜（箱）的，其互感器二次回路的所有接线端子、试验端子应能实施铅封。

（4）互感器二次回路的连接导线应采用铜质单芯绝缘线。对电流二次回路，连接导线截面积应按电流互感器的额定二次负荷计算确定，至少应不小于 4mm²。对电压二次回路，连接导线截面积应按允许的电压降计算确定，至少应不小于 2.5mm²。

（5）互感器实际二次负荷应在 25%～100%额定二次负荷范围内；电流互感器额定二次负荷的功率因数应为 0.8～1.0；电压互感器额定二次功率因数应与实际二次负荷的功率因数接近。

（6）电流互感器额定一次电流的确定，应保证其在正常运行中的实际负荷电流达到额定值的 60%左右，至少应不小于 30%。否则应选用高动热稳定电流互感器以减小变比。

（7）为提高低负荷计量的准确性，应选用过载 4 倍及以上的电能表。

（8）经电流互感器接入的电能表，其标定电流宜不超过电流互感器额定二次电流的 30%，其额定最大电流应为电流互感器额定二次电流的 120%左右。直接接入式电能表的标定电流应按正常运行负荷电流的 30%左右进行选择。

（9）带有数据通信接口的电能表，其通信规约应符合 698（新通信协议）的要求。

（10）具有正、反向送电的计量点应装设计量正向和反向有功电量以及四象限无功电量的电能表。

2. 保护及自动装置配置

（1）配电自动化配置应遵循"标准化设计，差异化实施"原则。

（2）配电自动化终端应充分利用现有设备资源，因地制宜地做好通信配套建设，合理选择通信方式。智能终端与主站通信方式可选用无线公网、光纤专网、电力载波等，对下与多功能表、智能电表等通信方式应兼具宽带电力载波、微功率无线、串口等，具体通信建设方案应综合考虑施工、造价及运维成本等因素。

（3）智能终端宜选用集柱上变压器台供用电信息采集、设备状态监测及通信组网、就地化分析决策、主站通信及协同计算等功能于一体的台区智能融合终端。台区智能融合终端功能、性能应满足《台区智能融合 终端技术规范》和《智慧物联体系建设方案》《配电物联网建设方案》的要求。

（4）应按《继电保护和安全自动装置技术规程》（GB/T 14285）的要求配置继电保护，配电变压器宜采用熔断器保护。

11.2.1.5 其他

（1）标志标识。在台架两侧电杆上安装"禁止攀登，高压危险"警示牌，同时标志注明"用户资产"，警示牌尺寸为 300mm×240mm，禁止标志牌长方

形衬底色为白色，带斜杠的圆边框为红色，标志符号为黑色，辅助标志为红底白字、黑体字，字号根据标志牌尺寸、字数调整。

（2）设备外观颜色。柱上变压器、SMC 材质低压综合配电箱外观颜色采用海灰 B05，不锈钢材质低压综合配电箱采用亚光处理，热镀锌支架不再喷涂颜色。

（3）电杆选用非预应力混凝土杆，应符合《环形钢筋混凝土电杆》（GB/T 4623），电杆基础及埋深仅供参考，具体使用必须根据实际的地质情况进行调整。

（4）铁附件选用原则。

1）物料库中应采用统一的名称、规格，禁止同物不同名。

2）设计选择时应写明详细的型号代码，确保唯一性。

（5）绝缘子金具串选用原则。综合考虑强度、耐冲击性、耐用性、紧密性和转动灵活性选择绝缘子金具串，具体要求如下：

1）线路运行时，不应损坏导线，并应能起到保护导、地线的作用。

2）能承受安装、维修和运行时产生的各种机械载荷，并能经受设计工作电流（包括短路电流）、运行温度以及周围环境条件等各种情况的考验。

3）装配式金具的各部件应能有效锁紧，在运行中不松脱。

4）带电检修时，应考虑检修的安全性和操作的方便性。

5）与导线和地线表面直接接触的压接金具，其压缩面在安装前应保护好，防止污染，采用合适的材料及制造工艺防止产品脆变。

6）金具选材时应考虑材料的机械强度、耐磨性和耐腐蚀性等。应选择满足设计要求、经济合理、性能优良、环保节能的常用材料；为了减少线路运行中产生的磁滞损耗和涡流损耗，与导线直接接触的金具部件应采用铝质或铝合金材料。

7）金具串连接部位应按面接触进行选择连接金具、在满足转动灵活条件下宜采用数量最少的方案。

8）绝缘子金具串上的螺栓、弹簧销等的穿向按《电气装置安装工程 66kV及以下架空线路施工及验收规范》（GB 50173）要求安装。

9）架空绝缘线路带电裸露部位均应进行绝缘防水封护。

11.2.2 主要设备及材料清册

Y-ZA-1 方案选用成套变台设备，其主要设备材料表见表 11-3。

表 11-3　主要设备材料表

序号	名称	型号及规格	单位	数量	备注
1	2 级及以上节能型变压器	200kVA 或 400kVA；Dyn11；$U_k\%=4$	台	1	高原型
2	混凝土杆	$\phi190\times12m$ 或 $\phi190\times15m$（非预应力杆）	根	2	双杆等高
3	跌落式熔断器	100A	只	3	高原型，高压熔丝按变压器容量选择
4	避雷器	YH5WS5－17/50	台	3	高原型，普通避雷器（带绝缘罩）
5	低压综合配电箱	配电箱容量 400kVA，尺寸 1350mm×700mm×1200mm	个	1	高原型按配置原则配置
6	高压架空绝缘导线	JKLYJ－10kV－70mm²	m	25	可按实际尺寸调整（熔断器前使用）
7	高压架空绝缘导线	JKTRYJ－10/35mm²	m	8	（熔断器后使用）
8	综合箱进线	200～400kVA 配变选用：ZC－YJV－0.6/1kV－1×300mm²	m	18	可按实际情况选配
9	综合箱出线	200kVA 配变选用：ZC－YJV－0.6/1kV－1×150mm²、400kVA 配变选用：ZC－YJV－0.6/1kV－1×240mm²	m	20	可按实际情况选配

11.2.3　使用说明

11.2.3.1　概述

（1）对于有低压三相或单相供电负荷需求的 D～E 类供电区域，选用柱上三相变压器。

（2）根据供电负荷、不同供电区域的低压供电半径要求及安装地点的实际条件，合理设置配变布点，选用适用型号及容量的配变。

（3）实际工程中，柱上变压器杆的杆头布置形式应与安装地点的架空线路杆头布置保持一致，并综合考虑低压出线方向，通过合理布置低压线路出线，或采用电缆入地敷设至相邻电杆方式，避免低压线路穿越 10kV 线路引下线。

（4）选择柱上三相变压器安装电杆时，应注意以下类型电杆不宜装设变压器台：转角分支电杆、设有接户线或电缆头的电杆、设有线路开关设备的电杆、交叉路口的电杆、低压接户线较多的电杆、人员易于触及或人员密集地段的电杆、有严重污秽地段的电杆。

（5）10kV 柱上三相变压器台宜根据方案编号、变压器容量、杆长、低压

配电箱不同配置，选用成套设备。10kV 柱上三相变压器成套设备物料目录见表 11－4。

表 11－4　10kV 柱上三相变压器台成套设备物料目录

物料编码	物料描述
500134515	10kV 柱上变压器台成套设备，Y－ZA－1－ZX，200kVA，12m
500134512	10kV 柱上变压器台成套设备，Y－ZA－1－ZX，200kVA，15m
500134505	10kV 柱上变压器台成套设备，Y－ZA－1－ZX，400kVA，12m
500134497	10kV 柱上变压器台成套设备，Y－ZA－1－ZX，400kVA，15m

11.2.3.2　方案简述

Y－ZA－1 方案主要对应内容为 10kV 侧采用架空绝缘线引下，低压综合配电箱采用悬挂式安装。10kV 变压器为 200～400kVA 的组合方案。适用于变台周围通道宽裕，变压器侧装距离充足的区域；Y－ZA－1 方案采用变压器正装、架空绝缘线正面引下方式，适用于变台周围通道狭窄，变压器、熔断器侧装带电距离不足的区域。

11.2.3.3　基本方案说明

（1）柱上变压器台采用双杆等高布置方式。

（2）低压综合配电箱采用吊装方式，箱体外壳优先选用不锈钢材料，也可选用纤维增强型不饱和聚酯树脂材料（SMC），外壳防护等级为 IP44。箱体尺寸为 1350mm×700mm×1200mm（宽×深×高），其底部距地面不小于 2.0m。在农村 D 类供电区域，低压综合配电箱下沿离地高度可降低至 1.8m，变压器支架、避雷器、熔断器等安装高度应作同步调整，并宜在变压器台周围装设安全围栏。低压综合配电箱应配置带盖通用挂锁，有防止触电的警告标示并采取可靠的接地和防盗措施。

（3）低压综合配电箱电气主接线采用单母线接线，出线 1～2 回。进线开关选用熔断器式隔离开关，宜选择带弹簧储能的熔断器式隔离开关，并配置栅式熔丝片和相间隔弧保护装置，出线开关选用断路器（选配剩余电流保护器），配置相应的保护。城镇区域负荷密度较大，且仅供 1 回低压出线的情况下，可取消出线断路器。TT 系统的剩余电流动作保护器应根据《农村低压电网剩余电流工作保护器配置导则》（Q/GDW 11020）要求进行安装，不锈钢综合配电箱外壳单独接地。并按需配置带通信接口的配电智能终端和 T1 级浪涌保护器。

（4）低压综合配电箱内采用母排，全绝缘包封，进出线额定电流及无功补偿根据配电箱容量和出线回路数配置。进线采用低压电缆，其中 200～400kVA 变压器选用 ZC-YJV-0.6/1kV-1×300mm² 单芯电缆；配电箱出线选用低压电缆，出线电缆型号应结合变压器容量予以配置，推荐按如下原则进行选用：

200kVA 变压器配电箱出线双回，采用 ZC-YJV-0.6/1kV-4×150mm² 电缆出线；400kVA 变压器配电箱出线双回，采用 ZC-YJV-0.6/1kV-4×240mm² 电缆出线。

11.2.4 设计图

10kV 用户专变通用设计（Y-ZA-1 方案）设计图纸参照本通用设计第 10 章中配电变台通用设计（ZA-1 方案）图纸执行。

11.3 Y-XA-2 方案说明

11.3.1 设计说明

11.3.1.1 总的部分

Y-XA-2 方案适用于欧式箱变在 A、B 类供电区域优先采用。Y-XA-2 方案主要技术原则为 10kV 采用高压开关柜；0.4kV 采用空气断路器；可根据所供区域的负荷情况，选用 400～630kVA 环保、节能型油浸式变压器；采用电缆进出线。

    1. 适用范围

（1）适用城镇区电缆区域。

（2）适宜防火间距不足、地势狭小、选址困难区域。

    2. 方案技术条件

Y-XA-2 方案根据总体说明中确定的预定条件开展设计，Y-XA-2 方案技术条件表见表 11-5。

表 11-5　　　　　Y-XA-2 方案技术条件表

序号	项目	内容
1	10kV 进线回路数	10kV 进线 1～2 回，电缆进出线
2	0.4kV 出线回路数	0.4kV 出线 4～6 回
3	电气主接线	10kV 选用单母线接线，0.4kV 侧选用单母线接线
4	设备短路电流水平	不小于 20kA
5	主要设备选择	10kV 选用真空断路器。

续表

序号	项目	内容
5	主要设备选择	0.4kV 进线采用框架式空气断路器；出线采用固定式塑壳式空气断路器。 配置具有检测短路和接地功能的显示器。 进出线间隔根据需要可配置电流互感器。 进出线间隔根据需要安装金属氧化物避雷器，根据中性点运行方式确定其参数。 变压器：环保、节能型油浸式变压器，容量为 400、500、630kVA；Dyn11，$U_k\%=4$（4.5），10（10.5）±2×2.5%/0.4kV。 电容补偿：配置配电智能终端并控制无功补偿，无功补偿容量可按变压器容量 10%～30% 考虑。 站用电：站用电具备照明、检修维护等功能
6	布置方式	目字或品字形布置
7	土建部分	基础钢筋混凝土结构
8	排气通风	采用自然进风，自然出风
9	消防	配置化学灭火器 1 只
10	站址基本条件	按地震动峰值加速度 0.2g，设计风速 30m/s，地基承载力特征值 f_{ak}=150kPa，地下水无影响，非采暖区设计，假设场地为同一标高。 国标 c、d 级污秽区设计。 当海拔超过 1000m 时，按国家有关规范进行修正

11.3.1.2 电力系统部分

本通用设计按照给定的规模进行设计，在实际工程中根据系统情况具体设计。

本通用设计不涉及系统继电保护专业、系统通信专业、系统远动专业的具体内容，在实际工程中根据系统情况具体设计。

11.3.1.3 电气一次部分

    1. 电气主接线

（1）10kV 部分：单母线接线或线变组。

（2）0.4kV 部分：单母线接线。

    2. 短路电流及主要电气设备、导体选择

（1）设备短路电流。10kV 电压等级设备短路电流水平为不小于 20kA。10kV 真空断路器额定短路开断电流为不小于 20kA。

（2）主要设备选择。主要电气设备选择按照可用寿命期内综合优化原则，选择免检修、少维护、好使用的电气设备，其性能应能满足高可靠性、技术先进、易扩展、模块化的要求。

1）10kV 环网柜。10kV 选用真空断路器。10kV 环网柜主要设备选择见表 11－6。

表 11－6   **10kV 环网柜主要设备选择**

设备名称	型式及主要参数	备注
10kV 真空断路器	进出线回路：额定电压 12kV 额定电流 630A 热稳定电流 20kA	
	变压器回路：额定电压 12kV 额定电流 630A 开断电流不小于 20kA	
电流互感器	进线回路：2×200/5，0.5 级	按实际配置
避雷器	根据中性点运行方式和需要确定参数与安装	
主母线	630A	

2）变压器。选用节能环保型、全密封、油浸式变压器。规格如下：

电压额定变比：10（10.5）±2×2.5%/0.4kV；

额定容量：400kVA、500kVA、630kVA；

阻抗电压：$U_k\% = 4$（4.5）；

变压器接线组别：Dyn11。

3）电容补偿装置。可根据实际情况按变压器容量的 10%～30% 补偿，采用自动补偿方式，按三相、单相混合补偿，配置配变综合测控装置。

4）0.4kV 部分。总断路器壳体额定电流 I_{nm}：2000A；脱扣器额定电流 I_n：800～1250A；出线断路器壳体额定电流 I_{nm}：630A；脱扣器额定电流 I_n：400A；断路器极数：3 极，不设失压保护。

3. 绝缘配合及过电压保护

（1）接地。本类型配电站接地按有关技术规程的要求设计，接地装置采用水平接地体与垂直接地体组成。接地网接地电阻应符合《交流电气装置的接地设计规范》（GB 50065）的规定。

具体工程中需按短路电流校验接地引下线及接地体截面，接地电阻、跨步电压和接触电压应满足有关规程要求；如接地电阻不能满足要求，则需要采取降阻措施。接地体一般采用镀锌钢，腐蚀性高的地区宜采用铜包钢或者石墨。

（2）过电压保护。电气设备的绝缘配合，参照《交流电气装置的过电压保护和绝缘配合》（GB/T 50064）确定的原则进行。金属氧化物避雷器按《交流无间隙金属氧化物避雷器》（GB 11032）的规定进行选择。采用金属氧化物避雷器作为雷电侵入波及内部过电压保护装置，施工图设计时根据中性点运行方式和需要，确定其参数和安装。

4. 电气设备布置

10kV 箱式变电站（欧式）采用品字形或目字形布置，分别为变压器小室、10kV 小室和 0.4kV 小室。采用品字形布置时，低压开关采用挂接型式；采用目字形布置时，低压开关采用组屏式。

5. 站用电及照明

站用电具备照明、检修维护、不停电电源等功能。

6. 电缆设施及防护措施

电缆敷设通道应满足电缆转弯半径要求。

电缆敷设采用支架上敷设、穿管敷设方式，并满足防火要求；在柜下方及电缆沟进出口采用耐火材料封堵，电缆进出室内外，需考虑防水封堵措施。负荷开关熔断器组合电器至变压器采用全屏蔽电缆终端，单芯电缆使用绝缘子固定。

11.3.1.4 电气二次部分

1. 二次设备布置

（1）有配电自动化需求的箱式变电站，应配置配电自动化远方终端（DTU 装置）或预留其安装位置，统一布置于箱式变电内。

（2）满足防污秽、防凝露的要求，可安装温湿度控制器及除湿装置。

2. "五防"

10kV 箱式变电站的高压侧和低压侧均应装门，门上应有把手、锁、暗闩，门的开启角不得小于 90°。在无电压信号指示时，方能对带电部分进行检修。

高低压侧门打开后，宜设照明装置，确保操作检修的安全。

3. 电能计量

箱式变电站可在 0.4kV 侧进线总柜加装计量装置和配变终端，控制无功补偿，满足常规电参数采集和系统内线损计量考核。计量表计的装设执行国家电网有限公司计量规程规定。

4. 保护和配电自动化配置原则

（1）保护配置。10kV 箱式变电站（欧式）高压侧采用真空断路器开关柜，实现速断、过流保护。

低压侧断路器采用自身保护，总进线断路器不设失压脱扣。

（2）配电自动化配置。10kV 箱式变电站（欧式）根据所在供电区域类别、《配电自动化规划设计技术导则》要求配置组屏式"三遥"DTU 或"二遥"标准型 DTU。

"三遥"DTU 柜内预留通信设备安装位置，"三遥"DTU 参考尺寸 800mm×600mm×2260mm（宽×深×高）。"二遥"标准型 DTU 参考尺寸 400mm×300mm×600mm（宽×深×高），采用无线方式与主站通信时，通信设备由 DTU 终端集成，采用其他通信方式可单独配置通信箱。

组屏式"三遥"站所终端外部接口宜采用航空插头形式。

DTU 为通信设备提供 DC 24V 工作电源，为电操机构提供 DC 48V 操作电源，并布置在终端柜内。DTU 宜配置免维护阀控铅酸蓄电池，并可为站内保护等设备提供后备电源。组屏式"三遥"DTU 与电源通信装置分别组屏。

11.3.1.5　土建部分

1. 概述

（1）站址场地概述。

1）方向布置与周围建筑相协调。

2）毗邻运输道路。

3）满足供电半径要求。

4）满足水文气象条件和防火规范要求。

5）与区域规划和景观相协调。

6）按箱式变电站最终进出线规模进行设计。

7）场地标高为相对建筑标高。

（2）设计的原始资料。站区抗震设计地震动峰值加速度为 0.2g，地震特征周期为 0.45s，假设条件地基承载力特征值取 $f_{ak}=150$kPa，设计风速 30m/s，地下水对混凝土及钢筋无腐蚀性，海拔 3000～5000m。

洪涝水位：站址标高高于 50 年一遇洪水水位和历史最高内涝水位，不考虑防洪措施。

（3）主要建筑材料。现浇钢筋混凝土结构。混凝土：C20、C15、C10。钢筋：HPB235 级、HRB335 级。砌体结构：实心页岩砖：MU10。钢结构：钢材：Q235B（3 号钢）、Q345B（16Mn 钢）；螺栓：4.8 级、6.8 级。

2. 建筑设计

（1）标示及警示：在具体工程设计时，按照国家电网有限公司相关规定制作悬挂标示及警示牌，同时应在警示牌上标识"用户资产"。

（2）箱体外观：10kV 箱式变电站采用玻纤水泥外壳，建筑造型和立面色调与周边人文地理环境协调统一。

3. 结构

建筑物的抗震类别按《建筑抗震设计规范》（GB 50011）执行。站区抗震设计地震动峰值加速度为 0.2g，地震特征周期为 0.45s。主要建构筑物、基础采用框架或砖混结构。

4. 排水、消防、通风、环境保护及其他

（1）排水。宜采用自流式渗流或有组织排水。

（2）消防。与其他建筑物接近距离应满足防火规范要求，室外根据规范要求设置消火栓，站内设置灭火器。

（3）通风。采用自然通风，维护或事故抢修时采用强迫排风。

（4）噪声。选用吸声的非金属环保材料外壳，满足《声环境质量标准》（GB 3096）要求。

11.3.2　主要设备及材料清册

Y-XA-2 方案主要设备材料清册分别见表 11-7。

表 11-7　方案 Y-XA-2 主要设备材料清册

序号	名称	型号及规格	单位	数量	备注
1	10kV 进线柜	真空断路器柜	面	1	
2	10kV 馈线柜	真空断路器柜	面	1	
3	变压器	S13-M-630/10，Dyn11，U_k=4.5%，符合《电力变压器能效限定值及能效等级》（GB 20052）3 级及以上能效规定	台	1	容量可选用 400kVA、630kVA
4	0.4kV 进线柜		面	1	
5	0.4kV 出线		路	6	
6	0.4kV 电容柜		面	1	
7	热镀锌角钢	L50mm×5mm，L=2500mm	根	10	用于垂直接地极
8	热镀锌扁钢	—50mm×5mm	m	45	水平接地体及引上线

11.3.3　使用说明

11.3.3.1　概述

在使用本通用设计时，要根据实际情况，在安全可靠、投资合理、标准统一、运行高效的设计原则下，形成符合实际要求的 10kV 箱式变电站。Y-XA-2

方案主要对应内容为：

（1）10kV 采用单母线接线，0.4kV 采用单母线接线。

（2）设置 1 台油浸式变压器。

（3）10kV 选用真空断路器开关柜。

（4）配置配变终端并控制无功补偿，配置配电自动化设备。

（5）站用电具备照明、检修维护不停电电源等功能。

（6）低压配电装置采用固定式空气断路器。

11.3.3.2　电气一次部分

1. 电气主接线

10kV 采用单母线接线，0.4kV 采用单母线接线。

2. 主要设备选择

主设备的短路水平、额定电流等电气参数按照规定的边界条件进行计算选择，具体工程应根据实际情况进行计算选择。

3. 电气平面布置

本通用设计方案采用品字形布置时，低压开关采用挂接型式；采用目字形布置时，低压开关采用组屏式。

11.3.3.3　电气二次部分

可在 0.4kV 侧加装计量装置和配变终端，控制无功补偿，满足常规电参数采集和系统内线损计量考核。

11.3.3.4　土建部分

1. 边界条件

10kV 箱式变电站的抗震设防按 0.2g 加速度设防，周期按 0.45s 考虑，并应根据所址所处地区地震烈度验算，设计基本地震加速度值，设计地震分组，进行必要的调整。非采暖区设计。

2. 其他

（1）本方案以海拔 3000～5000m，国标 c、d 级污秽区设计，按《导体和电器选择设计技术规定》（DL/T 5222）和《3～110kV 高压配电装置设计规范》（GB 50060）的有关规定进行修正。而充气柜还需调整柜内气压。

（2）本方案以地基承载力特征值 f_{ak}＝150kPa，地下水无影响，非采暖区设计，当具体工程中实际情况有所变化时，应对有关项目做相应的调整。

（3）各地的内涝水位、水文气象条件、设防标准不同，应按工程所在地工况条件修正。

11.3.4　设计图

10kV 用户专变通用设计（Y−XA−2 方案）设计图纸参照本通用设计第 9 章中 ZA−2 方案的图纸执行。

第12章　35kV简易变通用设计

12.1　设计说明

12.1.1　总的部分

35kV简易变通用设计主要技术原则为35kV侧采用绝缘导线引下至35kV一二次融合断路器处，再引至水泥台上35kV变压器，10kV侧采用电缆沿水泥台引入地下电缆通道，电缆上杆后再采用架空送出。

12.1.1.1　适用范围

35kV简易变通用设计适用于10kV线路供电半径较远，采用10kV线路供电电能质量无法满足要求，附近有35kV线路的供电区域。

12.1.1.2　方案技术条件

35kV简易变方案技术条件表见表12-1。

表12-1　　　　　35kV简易变方案技术条件表

序号	项目	内容
1	35/10kV变压器	变压器采用低损耗、全密封、油浸式变压器，容量为200～1000kVA
2	主要设备	35kV变压器选用三相双绕组油浸式变压器。 35kV高压断路器采用一二次融合断路器。 10kV选用一二次融合真空断路器、10kV三相隔离开关和10kV跌落式熔断器
3	设备短路电流水平	35kV设备短路电流不小于25kA。 10kV设备短路电流不小于20kA
4	防雷接地	接地网电阻不超过4Ω；变压器高压侧和低压侧均需安装避雷器；接地体采用热镀锌钢钢；接地电阻、跨步电压和接触电压应满足有关规程要求
5	土建部分	基础混凝土结构
6	站址基本条件	按海拔5000m；环境温度：-40～+35℃；最热月平均最高温度15℃；国标c、d级污秽区设计；日照强度（风速0.5m/s）0.118W/cm²；地震加速度为0.2g，地震特征周期为0.45s；设计风速30m/s；站址标高高于50年一遇洪水水位和历史最高内涝水位，不考虑防洪措施；设计土壤电阻率为不大于100Ω·m；地基承载力特征值$f_{ak}=150$kPa，无地下水无影响；地基土及地下水对钢材、混凝土无腐蚀作用

12.1.2　电力系统部分

（1）本通用设计按照给定的变压器进行设计，在实际工程中，需要根据实际情况具体设计选择变压器容量。

本通用设计不涉及系统继电保护专业、系统通信专业、系统远动专业的具体内容，在实际工程中，根据需要具体设计。

（2）35kV设备短路电流水平按25kA考虑，10kV设备短路电流水平按20kA考虑。

（3）35kV侧采用35kV一二次融合断路器，10kV侧采用10kV一二次融合真空断路器，10kV三相隔离开关和10kV跌落式熔断器，并同时在10kV侧加装高压计量装置1套。

12.1.3　电气一次部分

12.1.3.1　短路电流及主要电气设备、导体选择

（1）变压器。规格如下：

型式：选用三相双绕组油浸式变压器；

容量：200～1000kVA；

阻抗电压：$U_d\%=6.5$；

额定电压：35kV；

接线组别：Yd11；

冷却方式：油浸自冷式。

（2）35kV侧选用一二次融合断路器，35kV避雷器采用金属氧化物避雷器。

（3）10kV侧选用一二次融合真空断路器，10kV隔离开关选用三相隔离开关，10kV避雷器采用金属氧化物避雷器，计量组合互感器。

（4）导体选择。根据短路电流水平为按发热条件校验，35kV导线选用原则载流量不小于35kV变压器高压侧最大电流，或与原线路导线截面相同即可。

10kV电缆截面根据直降变容量进行选择，原则上不宜小于70mm²。

（5）电杆采用混凝土杆，杆高原则上为15m，也可根据现场实际情况选择电杆高度。

（6）线路金具按"节能型、绝缘型"原则选用。

12.1.3.2　基础

（1）变压器水泥台承载力按照35kV变压器质量设计，实际使用时需根据变压器质量自行校核设计。

（2）方案中所有混凝土杆的埋深及底盘的规格均按预定条件选定，若土质

与设计条件不符，应根据实际情况校验并做适当调整。

12.1.3.3 绝缘配合及过电压保护

1. 绝缘配合

（1）35kV 避雷器选择。35kV 氧化锌避雷器按通用设备选型，作为 35kV 绝缘配合的基准，其主要技术参数见表 12—2。

表 12—2   **35kV 氧化锌避雷器主要技术参数**

名称	参数
额定电压（kV，有效值）	51
持续运行电压（kV，有效值）	40.8
直流 1mA 参考电压（kV）	73
操作冲击 0.25kA 残压（kV，峰值）	114
雷电冲击 5kA 残压（kV，峰值）	134
陡坡冲击 5kA 残压（kV，峰值）	154

（2）35kV 电气设备的绝缘水平。35kV 系统以雷电过电压决定设备的绝缘水平，在此条件下一般都能耐受操作过电压的作用。所以，在绝缘配合中不考虑操作波试验电压的配合。35kV 电气设备的绝缘水平见表 12—3。

表 12—3   **35kV 电气设备的绝缘水平**

设备名称	设备耐受电压值				
	雷电冲击耐压（kV，峰值）			1min 工频耐压（kV，有效值）	
	全波		截波		
	内绝缘	外绝缘*		内绝缘	外绝缘*
主变压器	200	325/325/325/325/330	220	85	115/140/140/140/140
其他电器	185	250/325/325/325/330		95	140/140/140/185/185

* 五个数值分别为海拔 3000、3500、4000、4500、5000m 时的参考值，实际工程应根据工程具体条件进行校验。

（3）10kV 避雷器选择。10kV 氧化锌避雷器按通用设备选型，作为 10kV 绝缘配合的基准，其主要技术参数见表 12—4。

表 12—4   **10kV 氧化避雷器主要技术参数**

名称	参数
额定电压（kV，有效值）	17

续表

名称	参数
持续运行电压（kV，有效值）	13.6
直流 1mA 参考电压（kV）	24
操作冲击 0.25kA 残压（kV，峰值）	38.3
雷电冲击 5kA 残压（kV，峰值）	45
陡坡冲击 5kA 残压（kV，峰值）	51.8

（4）10kV 电气设备的耐受电压。10kV 电气设备的耐受电压见表 12—5。

表 12—5   **10kV 电气设备的耐受电压**

设备名称	设备耐受电压值				
	雷电冲击耐压（kV，峰值）			1min 工频耐压（kV，有效值）	
	全波		截波		
	内绝缘	外绝缘*		内绝缘	外绝缘*
主变压器	75	125/125/125/125/140	75	35	50/50/70/70/95
其他电器	75	125/125/125/125/140		42	70/70/70/70/70

* 五个数值分别为海拔 3000、3500、4000、4500、5000m 时的参考值，实际工程应根据工程具体条件进行校验。

2. 雷过电压保护

电气装置过电压保护应满足《交流电气装置的过电压保护和绝缘配合设计规范》（GB/T 50064）要求。

采用交流无间隙金属氧化物避雷器进行过电压保护，金属氧化物避雷器按《交流无间隙金属氧化物避雷器》（GB/T 11032）中的规定进行选择，设备绝缘水平按标准要求执行。

3. 配电装置最小安全净距

根据相关规程规范，海拔超过 1000m 的地区，需对配电装置的最小安全净距进行海拔修正。海拔 4000m 内根据 DL/T 5352 选取，超过 4000m 以上按 10、35kV 配电装置雷电冲击绝缘配合可采用 GB/T 50064 中的确定性法，10、35kV 高海拔配电装置空气间隙宜由公式 $d = \dfrac{U_{50}}{530}$ 计算确定。

综合考虑后推荐通用设计的配电装置最小安全净距见表 12—6 和表 12—7，

实际工程应根据工程具体条件进行校验。

表 12-6　　　10~35kV 配电装置的最小安全距离　　　（mm）

变量符号	35kV	10kV
A1	600	300
A2	600	300
B1	1350	1050
B2	700	400
C	3100	2800
D	2600	2300

注　海拔 4000m，采用 GB/T 50064 中的确定性法。

表 12-7　　　10~35kV 配电装置的最小安全距离　　　（mm）

变量符号	35kV	10kV
A1	700	300
A2	700	300
B1	1450	1050
B2	800	400
C	3200	2800
D	2700	2300

注　海拔 5000m，采用 GB/T 50064 中的确定性法。

12.1.3.4　防雷及接地

交流电气装置的接地应符合《交流电气装置的接地设计规范》（GB/T 50065）要求。

（1）变压器进出线两侧均装设避雷器，并应尽量靠近变压器，其接地引下线应与变压器金属外壳相连接。

（2）接地体宜敷设成围绕调压器的闭合环形，设 2 根及以上垂直接地极，接地体的埋深不应小于 0.8m，且不应接近煤气管道及输水管道。接地线与杆上需接地的部件必须接触良好。接地电阻设计值应满足 GB/T 50065 要求。

（3）设水平和垂直接地的复合接地网。接地体一般采用镀锌钢，腐蚀性高的地区宜采用铜包钢或者石墨。接地电阻、跨步电压和接触电压应满足有关规程要求。

（4）为保证人身安全，所有电气设备均应接地。

12.1.3.5　电气设备布置

电气平面布置力求紧凑合理，出线方便，减少占地面积，节省投资，根据本方案的建设规模，35kV 变压器安装在设备基础上，35kV 避雷器和 35kV 一二次融合断路器安装在两根预应力混凝土杆上，两根杆的间距为 4m。10kV 出线按双杆布置，两根杆的间距为 2.5m，10kV 断路器和 10kV 隔离开关安装在 10kV 出线杆上。

12.1.4　电气二次部分

12.1.4.1　电能计量

电能计量装置按如下原则配置：

（1）在 10kV 出线杆上安装 1 套高压计量装置，对 10kV 供电线路进行总表计量。

（2）电能计量装置选用及配置应满足《电能计量装置技术管理规程》（DL/T 448）和《电力装置电测量仪表装置设计规范》（GB/T 50063）规定。

（3）互感器采用专用计量二次绕组。

（4）计量二次回路不得接入与计量无关的设备。

12.1.4.2　保护及自动装置配置

（1）35kV 侧设一二次融合柱上断路器，事故状态下断路器跳闸。

（2）10kV 侧设一二次融合真空断路器。

（3）配电自动化配置应遵循"标准化设计，差异化实施"原则。

（4）配电自动化终端配置应在一次网架设备的基础上，根据负荷水平和供电可靠性需求、地区需求合理配置集中或就地式自动化终端，力求功能实用、技术先进、运行可靠。

（5）应充分利用现有设备资源，因地制宜地做好通信配套建设，合理选择通信方式，35kV 自动化终端优先采用光纤通信或无线通信，10kV 侧自动化终端采用无线通信。

12.1.5　土建部分

12.1.5.1　概述

1. 站址场地概述

（1）土建按最终规模设计。

（2）设定场地设计为同一标高。

（3）洪涝水位：站址标高高于 50 年一遇洪水水位和历史最高内涝水位。

不考虑防洪措施。

2. 设计的原始资料

站区地震动峰值加速度按 0.2g 考虑，地震特征周期为 0.45s，设计风速 30m/s，地基承载力特征值 $f_{ak}=150$kPa；地基土及地下水对钢材、混凝土无腐蚀作用；海拔 5000m。

12.1.5.2 建筑设计

（1）标示及警示：在具体工程设计时，按照国家电网有限公司相关规定制作悬挂标示及警示牌。

（2）水泥台外观设计应简洁、稳重、实用。

12.1.5.3 总平面布置

现场安装平面布置根据生产工艺、运输、防火、防爆、环境保护和施工等方面要求，应进行统筹安排，合理布置，工艺流程顺畅，考虑作业通道和空间，检修维护方便，有利于施工。

12.1.5.4 结构设计

建筑物的抗震设防类别按《220kV～750kV 变电所设计技术规程》（DL/T 5218）执行；安全等级采用二级，结构重要性系数为 1.0。

设计基本加速度为 0.2g，地震特征周期为 0.45s。

水泥台采用混凝土结构，混凝土强度等级采用 C25，钢材采用 HPB300、HRB400 级钢。

结构满足抗震要求。

12.1.5.5 其他

（1）标志标识：在调压器散热片上安装"禁止攀登、高压危险"警示牌，尺寸为 300mm×240mm，禁止标志牌长方形衬底色为白色，带斜杠的圆边框为红色，标志符号为黑色，辅助标志为红底白色、黑体字，字号根据标志牌尺寸、字数调整。

（2）电杆选用非预应力混凝土杆，应符合《环形混凝土电杆》（GB/T 4623），电杆基础及埋深根据标准确定，仅为参考，具体使用必须根据实际的地质情况进行调整。

（3）噪声对周围环境影响应符合《声环境质量标准》（GB 3096）的规定和要求。

12.2 设计图

简易变设计图清单见表 12-8。

表 12-8　　　　　　简 易 变 设 计 图 清 单

图序	图名
图 12-1	35/10kV 简易变安装示意图
图 12-2	35kV 侧安装示意图
图 12-3	10kV 侧安装示意图
图 12-4	接地装置布置图
图 12-5	电缆直埋敷设断面图
图 12-6	基础立面及剖面图
图 12-7	电缆卡抱制造图（KBG4）
图 12-8	半圆抱箍制造图（BG6）
图 12-9	半圆抱箍制造图（BG8）
图 12-10	半圆横担抱箍制造图（HBG6）
图 12-11	半圆横担抱箍制造图（HBG8）
图 12-12	双头螺杆（对销）制造图
图 12-13	杆上电缆固定架制造图（DLJ5-165）
图 12-14	LT8-G 挂线连铁制造图
图 12-15	QZ-120 绝缘子支座加工图
图 12-16	SZJ6-300 双杆支架加工图
图 12-17	DPTZJ-900 柱上单 TV 支架加工图
图 12-18	HD6-2000 横担加工图

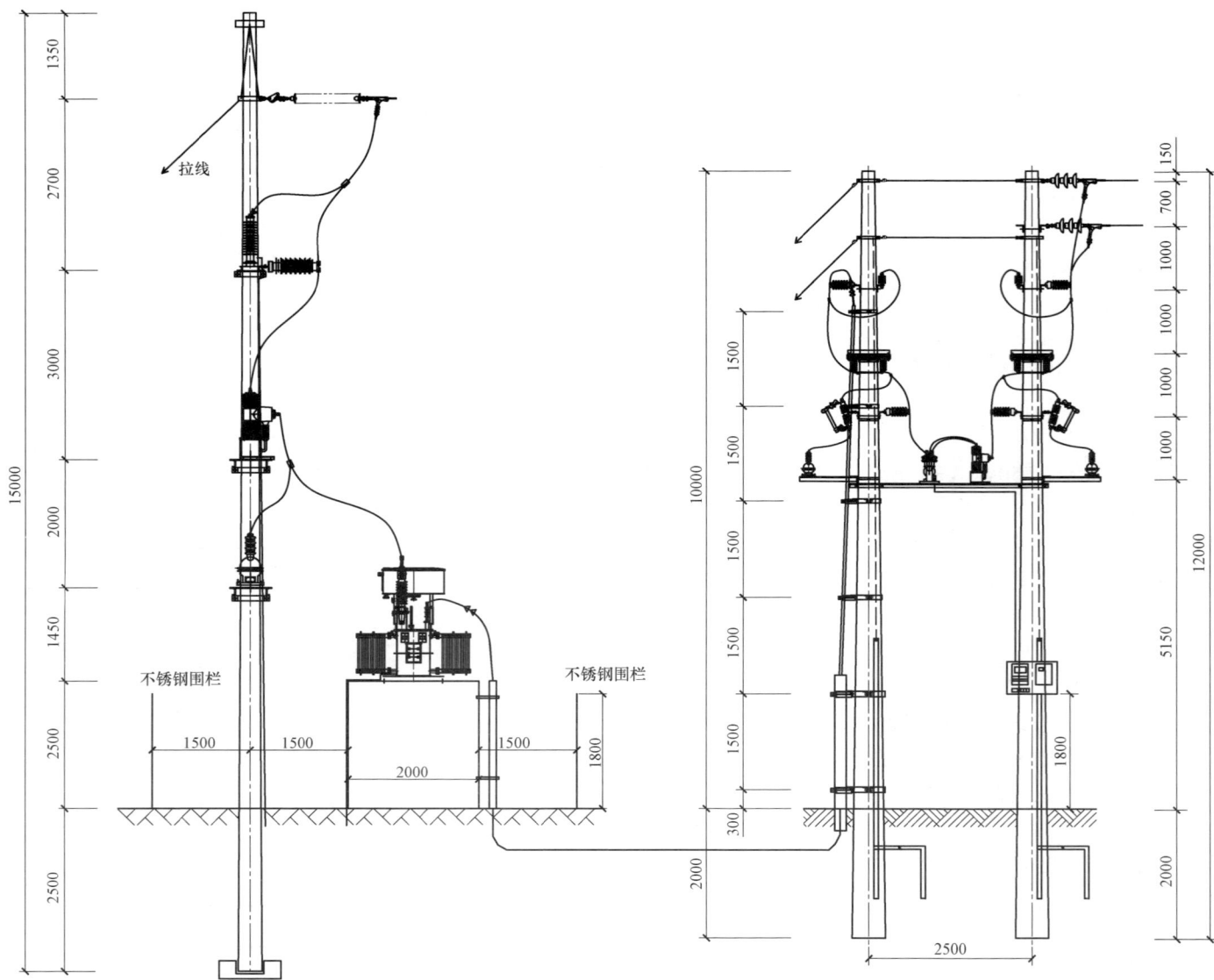

图 12-1　35/10kV 简易变安装示意图

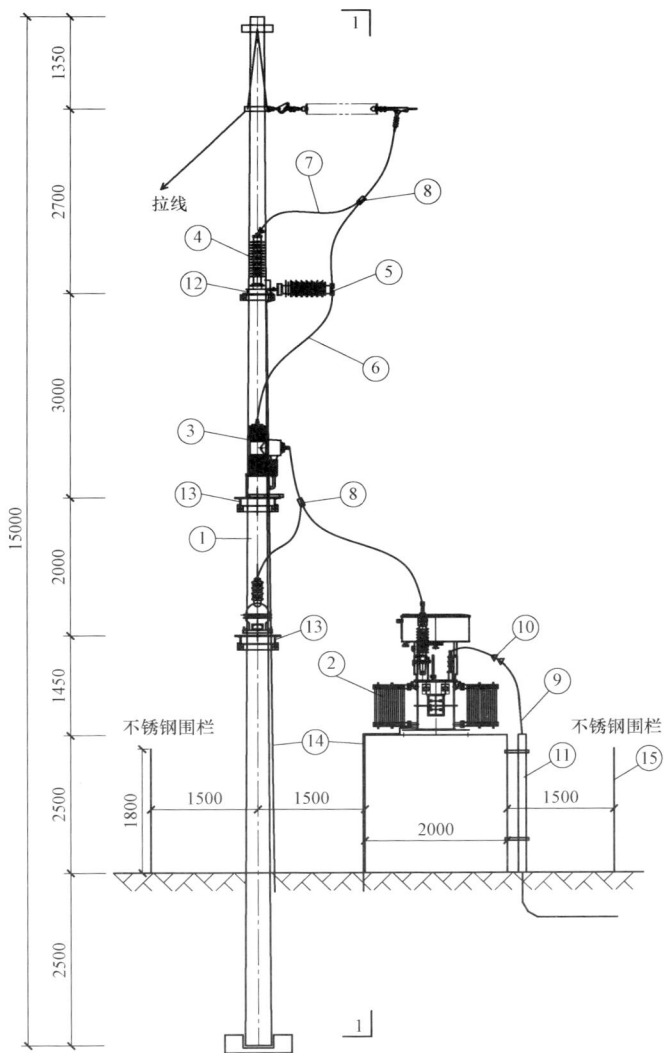

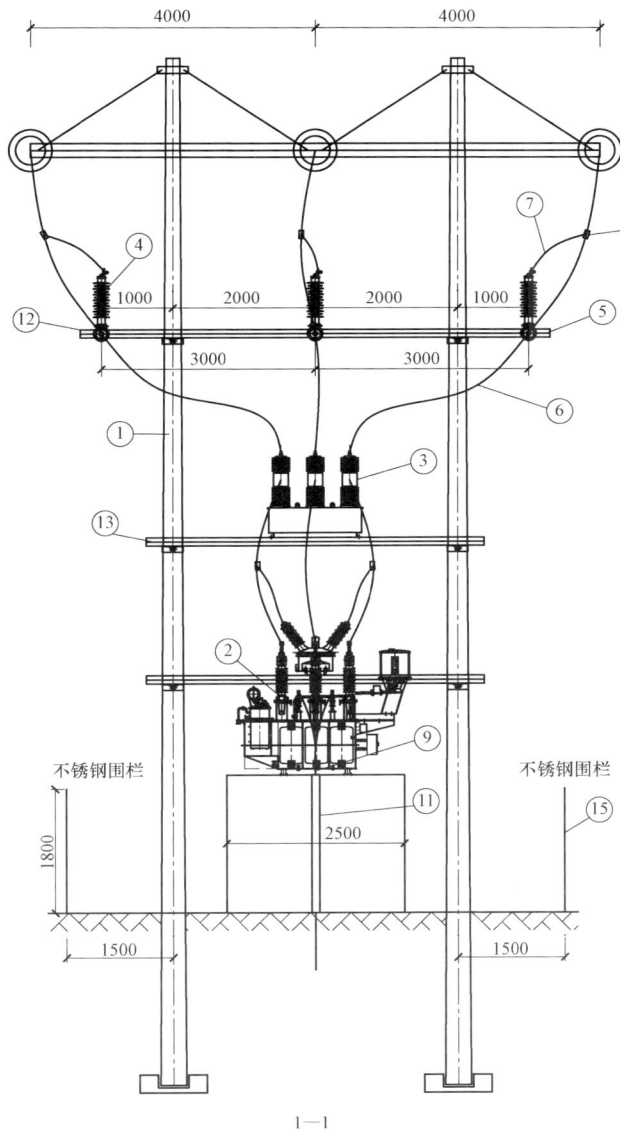

35kV 架空线路带电部分与杆塔构件、拉线、脚钉的最小距离

（m）

海拔	雷电过电压	内部过电压	运行电压
1000 及以下	0.45	0.25	0.1
1000～2000	0.50	0.28	0.11
2000～3000	0.54	0.30	0.12
3000～4000	0.59	0.33	0.13
4000～5000	0.63	0.35	0.14

主 要 设 备 材 料 表

编号	名称	型号及规格	单位	数量	备注
①	水泥杆	非预应力，法兰组装杆，15m，190mm，M	根	2	
②	35kV 电力变压器	S20-×××/35（GY），35±2×2.5%/0.4kV	台	1	容量根据实际选用
③	35kV 断路器	ZW32-40.5F/1250-31.5	台	1	一二次融合断路器（带隔离开关和 TV）
④	35kV 避雷器	Y5W1-51/134W	只	3	
⑤	35kV 复合横担绝缘	FS-35/8	只	3	
⑥	35kV 绝缘导线	架空绝缘导线，AC35kV，JKRYJ，120	m	60	型号按实际选用，长度供参考
⑦	避雷器上引线	架空绝缘导线，AC35kV，JKRYJ，120	m	9	型号按实际选用，长度供参考
⑧	T 型线夹	TY-120	只	6	型号按实际选用
⑨	10kV 电缆	ZC-YJV22-8.7/15 3×70	m	30	型号按实际选用，长度供参考
⑩	10kV 电缆终端	3×70，户外终端，冷缩，铜	套	2	型号按实际选用
⑪	电缆保护管	钢管，φ160，3000mm	根	1	
⑫	避雷器横担		套	1	根据实际情况加工
⑬	断路器和 TV 横担		套	2	根据实际情况加工
⑭	接地装置		套	1	
⑮	围栏	不锈钢围栏	m²	50	供参考

说明：1. 接地引下线应采取防腐措施，且接地装置的接地电阻不应大于 4Ω，同时应满足《交流电气装置的接地设计规范》（GB/T 50065）中关于接触电压及跨步电压的要求。

2. 主线引线时禁止在主线引搭，应在线尾部分搭接，特殊情况除外。

3. 导线引线型号根据实际工程负荷大小选型，避雷器引线型号需根据工程实际情况调整。

4. 导线与设备连接用接线端子或设备线夹未列入，工程中根据实际情况选用。

5. 本材料表中不含主杆 35kV 架空线路断连材料，不含 35kV 横担、金具绝缘子串和拉线等材料。

6. 图中尺寸可根据中标设备尺寸适当调整。

7. 本图设备布置及尺寸仅为示意，实际使用时设计单位需根据现场实际情况和设备尺寸大小，自行校验电气间隙、调整设备间距，需满足相关规程规范要求。

8. 35kV 侧铁附件仅为示意，设计单位需根据实际布置情况、设备大小、质量等自行设计。

图 12-2 35kV 侧安装示意图

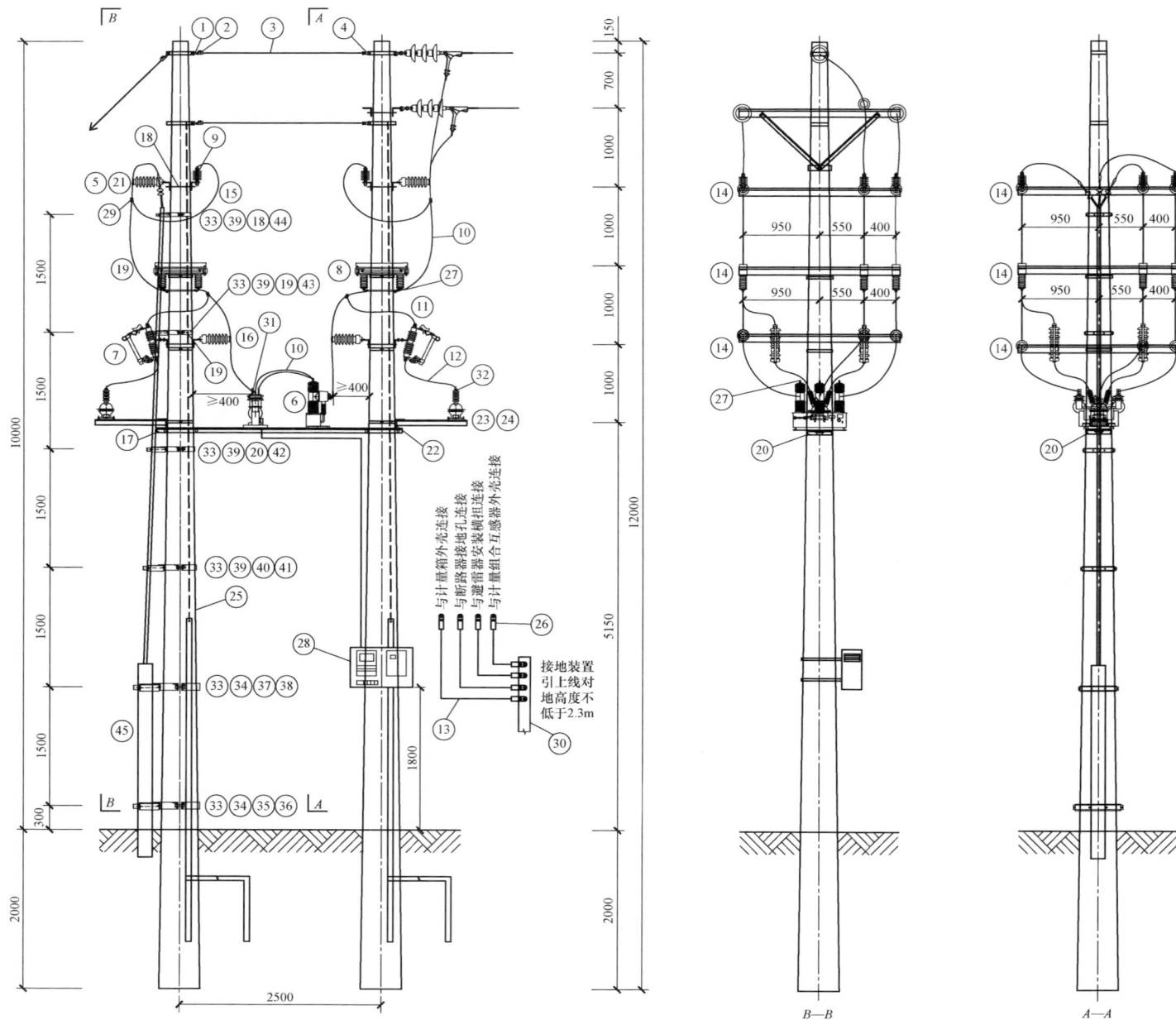

与计量箱箱外壳连接
与断路器接地孔连接
与避雷器安装横担连接
与计量组合互感器外壳连接

接地装置
引上线对
地高度不
低于2.3m

图 12-3　10kV 侧安装示意图（一）

B—B

A—A

编号	材料名称	型号规格	单位	数量	备注
①	平行挂板	PD－10	只	2	
②	楔形线夹	NX－2	只	2	
③	镀锌钢绞线	GJ－50	kg	2.5	
④	UT 型线夹	NUT－2	只	2	
⑤	复合横担绝缘子	FS－10/3.5	只	14	
⑥	开关类设备	一二次融合柱上断路器	台	1	内隔离，单（双）PT
⑦	高压熔断器	AC10kV	只	4	设计选型
⑧	隔离开关	HGW10－12/630	只	6	
⑨	避雷器	YH5（10）WS－17/45TL	只	6	
⑩	绝缘导线	JKLYJ－10/70	m	35	
⑪	绝级导线	JKLYJ－10/50	m	6	设备引流线
⑫	绝缘导线	JKTRYJ－10/35	m	4	PT 引流线
⑬	布电线	BV－50	m	45	接地引线
⑭	角铁横担	HD6－2000	根	12	
⑮	挂线连铁	LT8－560G	块	6	
⑯	挂线连铁	LT8－580G	块	4	
⑰	双杆支架	SZJ6－3000	块	2	
⑱	横担抱箍	HBG6－220	套	5	
⑲	横担抱箍	HBG6－240	套	9	
⑳	横担抱箍	HBG6－260	套	5	
㉑	绝缘子支座	QZ－120	块	14	
㉒	半圆抱箍	BG8－260	只	2	
㉓	横担抱箍	HBG8－260	只	2	
㉔	柱上单 PT 支架	DPTZJ－900	副	2	
㉕	控制电缆	KVV22－8×4	m	10	
㉖	铜接线端子	DT－50（镀锡）	只	14	
㉗	铜接线端子	DT－70（镀锡，双孔）	只	24	
㉘	计量箱		套	1	厂家配套提供
㉙	绝缘穿刺线夹	JBC10－50/240	只	10	
㉚	接地装置	按接地装置模块选择	组	2	装置1组引上线2组
㉛	计量组合互感器		套	1	
㉜	铜接线端子	DT－35（镀锡）	只	4	PT 引流线用
㉝	杆上电缆固定架	DLJ5－165	副	2	
㉞	电缆卡抱	KBG4－100	副	2	

编号	材料名称	型号规格	单位	数量	备注
㉟	横担抱箍	HBG6－320	副	1	
㊱	抱箍	BG6－320	副	1	
㊲	横担抱箍	HBG6－300	副	1	
㊳	抱箍	BG6－300	副	1	
㊴	电缆卡抱	KBG4－60	副	4	与 10kV 电缆外径匹配
㊵	横担抱箍	HBG6－280	副	1	
㊶	抱箍	BG6－280	副	1	
㊷	抱箍	BG6－260	副	1	
㊸	抱箍	BG6－240	副	1	
㊹	抱箍	BG6－220	副	1	
㊺	电缆保护管	钢管，φ100	m	2.5	
㊻	螺栓	M18×90	只	20	
㊼	螺栓	M18×45	只	56	
㊽	螺栓	M16×45	只	18	
㊾	螺栓	M10×45	只	10	
㊿	螺栓	M 口×45（（导线端子用）	只	24	按端子孔径选择

10kV 架空线路导线与杆塔构件、拉线之间的最小距离；10kV 过引线、引下线与相邻导线之间的最小距离

（m）

海拔	10kV 架空线路导线与杆塔构建、拉线之间的最小距离	10kV 过引线、引下线与相邻导线之间的最小距离
1000 及以下	0.200	0.300
1000～2000	0.226	0.326
2000～3000	0.256	0.356
3000～4000	0.288	0.388
4000～5000	0.327	0.427

说明：1. 采集终端箱、高压计量箱等相匹配的安装铁件等配套材料由生产厂家提供。

2. 本图中铁件规格均按照 φ190 电杆配置，在其他梢径杆上安装时，由设计另行选择。

3. 避雷器引流线为一体式装置，每根长度为 1m。引线不配置接线端子及 JLG 螺栓型挂钩引流线夹，线尾绝缘封闭。

4. 绝缘导线采用剥皮安装的线夹均需进行绝缘封闭。1. 接地引下线应采取防腐措施，且接地装置的接地电阻不应大于 10Ω，同时应满足《交流电气装置的接地设计规范》（GB/T 50065）中关于接触电压及跨步电压的要求。

5. 主线引线时禁止在主线引搭，应在线尾部分搭接，特殊情况除外。

6. 导线与设备连接用接线端子或设备线夹未列入，工程中根据实际情况选用。

7. 本材料表中不含主杆 10kV 架空线路断连材料，不含 10kV 横担、金具绝缘子串和拉线等材料。

8. 本方案 10kV 出线杆安装 10kV 高压计量装置一套。

图 12－3　10kV 侧安装示意图（二）

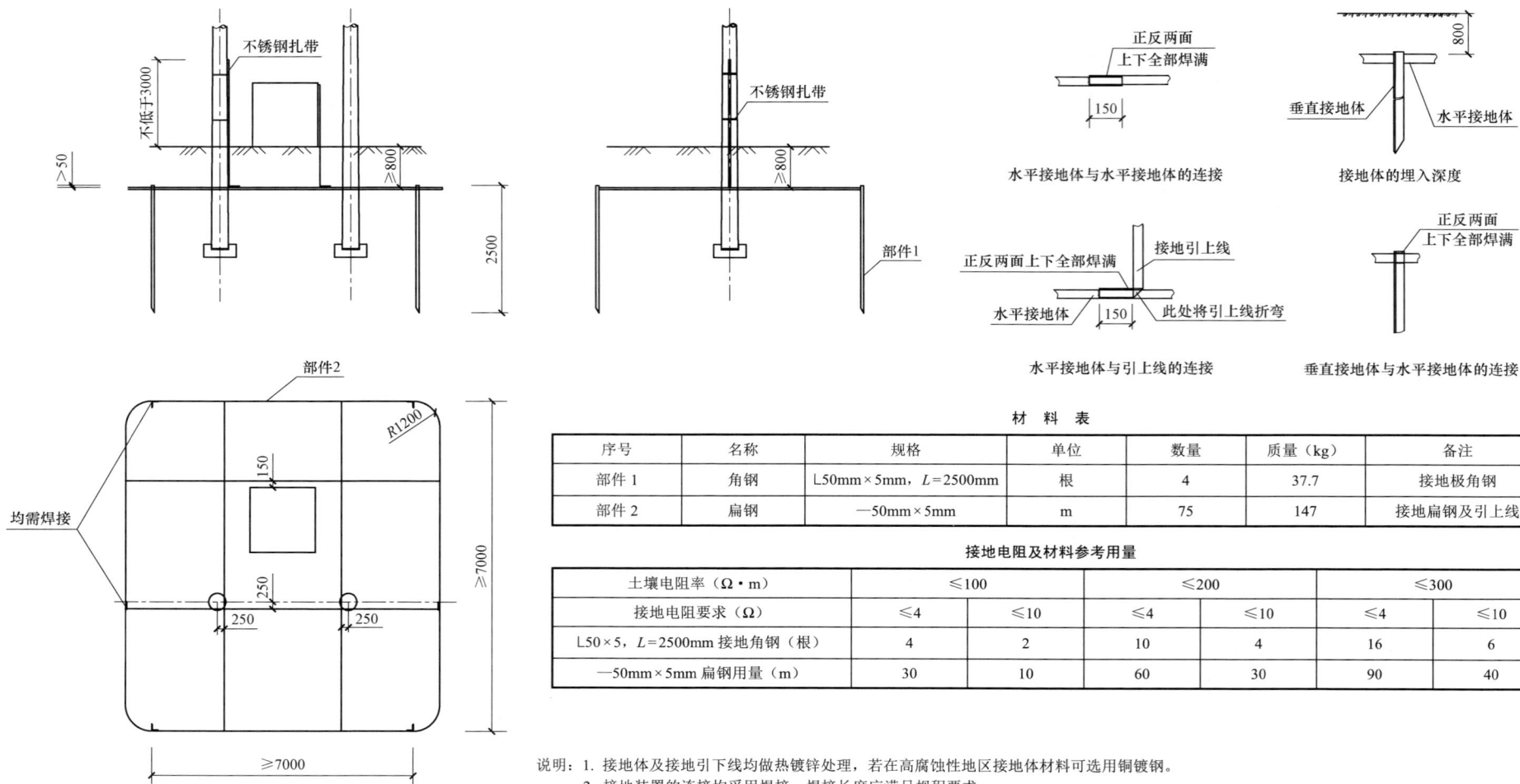

材 料 表

序号	名称	规格	单位	数量	质量（kg）	备注
部件 1	角钢	L50mm×5mm，L=2500mm	根	4	37.7	接地极角钢
部件 2	扁钢	—50mm×5mm	m	75	147	接地扁钢及引上线

接地电阻及材料参考用量

土壤电阻率（Ω·m）	≤100		≤200		≤300	
接地电阻要求（Ω）	≤4	≤10	≤4	≤10	≤4	≤10
L50×5，L=2500mm 接地角钢（根）	4	2	10	4	16	6
—50mm×5mm 扁钢用量（m）	30	10	60	30	90	40

说明：1. 接地体及接地引下线均做热镀锌处理，若在高腐蚀性地区接地体材料可选用铜镀钢。
2. 接地装置的连接均采用焊接，焊接长度应满足规程要求。
3. 接地引上线沿电杆内侧敷设，采用不锈钢扎带固定。
4. 此接地体材料及工作量根据地域差别，接地极长度和数量，接地扁铁长度，接地引上线长度在满足接地电阻条件下可做调整。
5. 一般情况下宜考虑要求水平接地体敷设成围绕变压器的环型，后再呈放射型敷设，如实际条件受限，可根据实际情况适当调整。
6. 水平接地体的敷设深度不宜小于 0.8m。

图 12-4 接地装置布置图

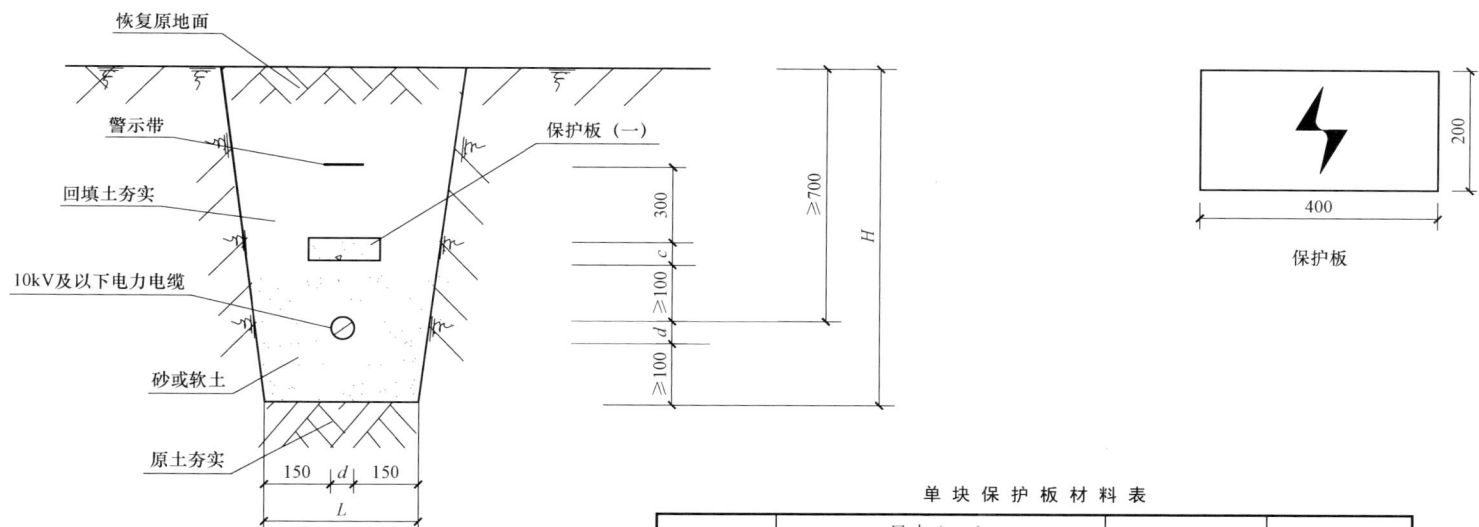

单 块 保 护 板 材 料 表

类型	尺寸（mm）			混凝土 C20（m³）	构件质量（kg）
	长	宽	厚		
保护板	400	200	35	0.0028	6.2

说明：1. L、H 为电缆壕沟的宽度和深度，应根据电缆外径确定。

2. d 为电缆外径，c 为保护板厚度。

3. 电缆穿越农田时的最小埋深为 1000mm。

4. 保护板采用 C20 细石混凝土制。

5. 符号 ⚡ 采用红油漆绘出。

图 12－5　电缆直埋敷设断面图

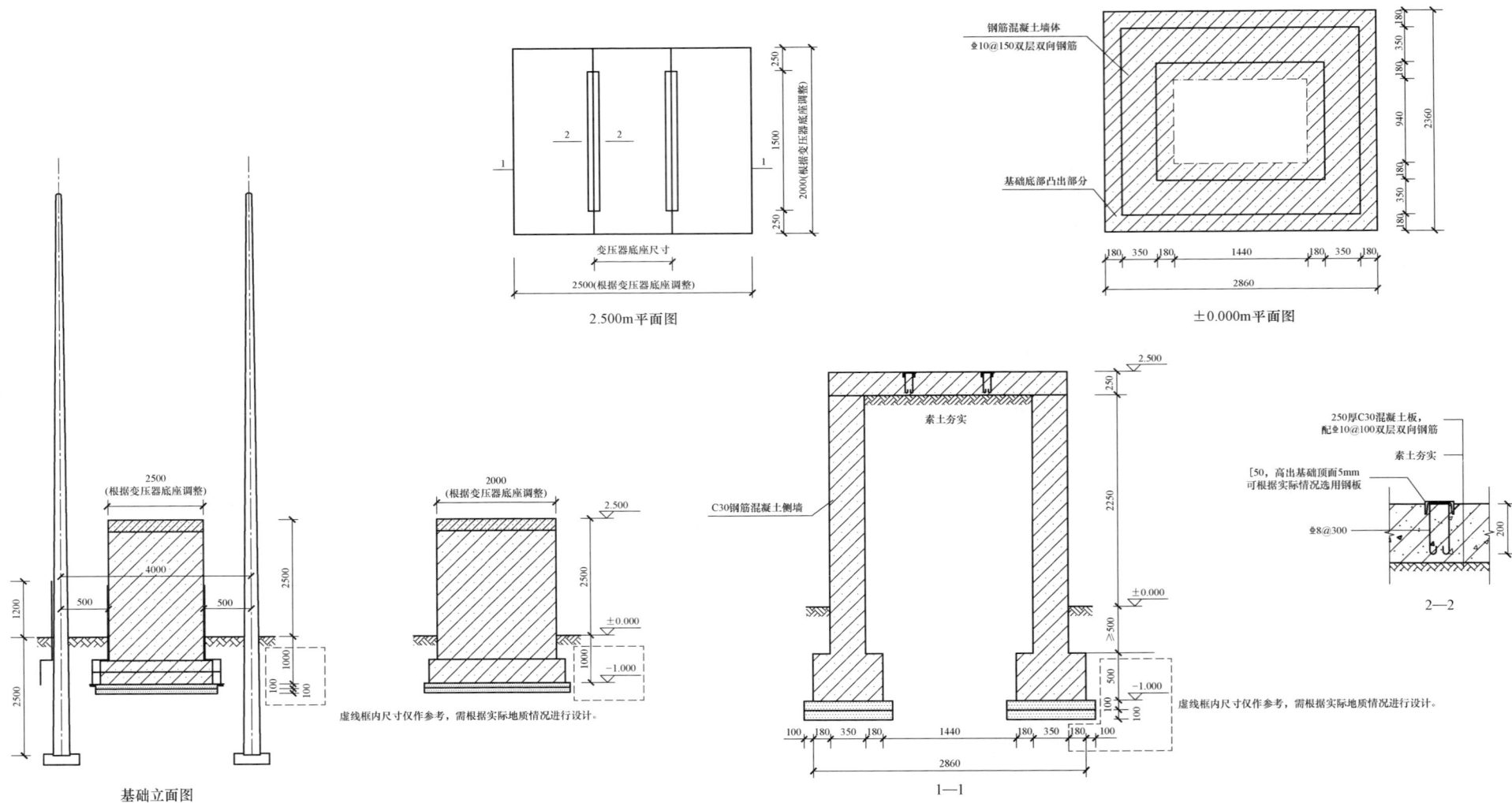

图 12-6　基础立面及剖面图

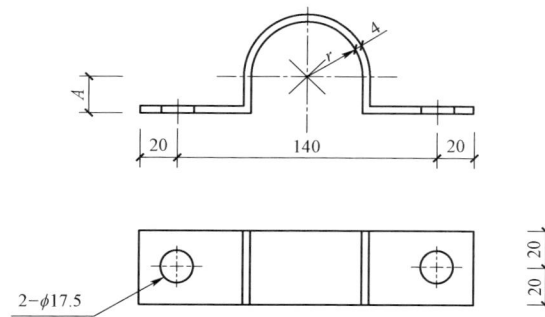

选 用 表

型号	r（mm）	A	规格	长度（mm）	数量（块）	质量（kg）
KBG4－20	10	10	一40×4	212	1	0.28
KBG4－50	25	15	一40×4	239	1	0.31
KBG4－70	35	25	一40×4	270	1	0.34
KBG4－90	45	35	一40×4	302	1	0.38
KBG4－100	50	40	一40×4	317	1	0.40
KBG4－110	55	45	一40×4	333	1	0.42

图 12－7　电缆卡抱制造图（KBG4）

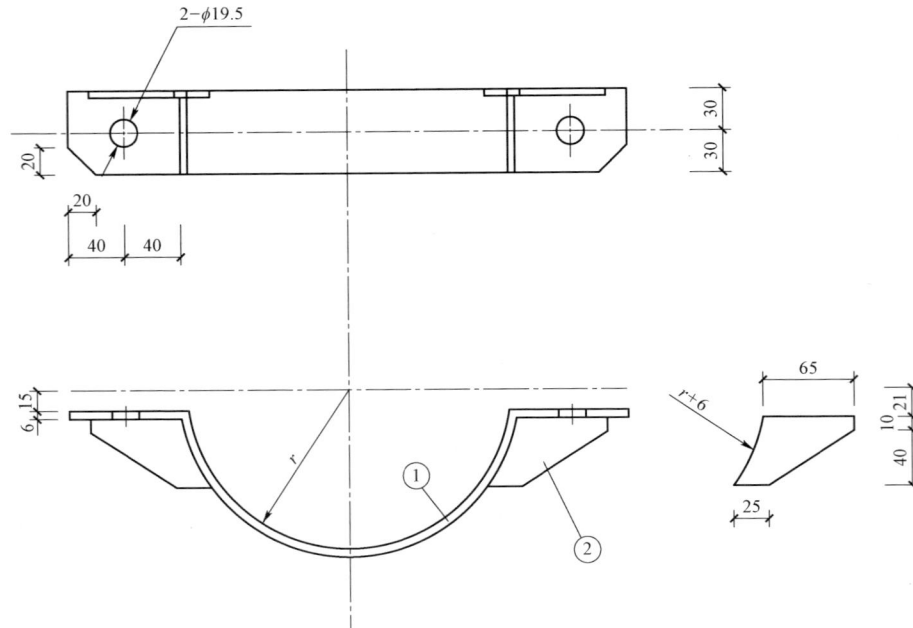

<table>
</table>

选 用 表

型号	r（mm）	下料长度（mm）	质量（kg）	数量（块）	总质量（kg）
BG6－160	80	390	1.10	1	1.50
BG6－200	100	457	1.29	1	1.69
BG6－210	105	470	1.33	1	1.73
BG6－220	110	484	1.37	1	1.77
BG6－240	120	514	1.45	1	1.85
BG6－260	130	545	1.54	1	1.94
BG6－280	140	576	1.63	1	2.03
BG6－300	150	608	1.72	1	2.12
BG6－320	160	638	1.81	1	2.21
BG6－340	170	670	1.90	1	2.30
BG6－360	180	701	1.98	1	2.38
BG6－380	190	733	2.07	1	2.47
BG6－400	200	764	2.16	1	2.56
BG6－420	210	796	2.25	1	2.65
BG6－440	220	827	2.34	1	2.74
BG6－460	230	859	2.43	1	2.83
BG6－480	240	890	2.52	1	2.92
BG6－500	250	921	2.61	1	3.01

材 料 表

编号	名称	规格	单位	数量	质量（kg）	备注
①	扁钢	—60×6×L	块	1	见左表	
②	加劲板	—50×5×100	块	2	0.4	

图 12－8　半圆抱箍制造图（BG6）

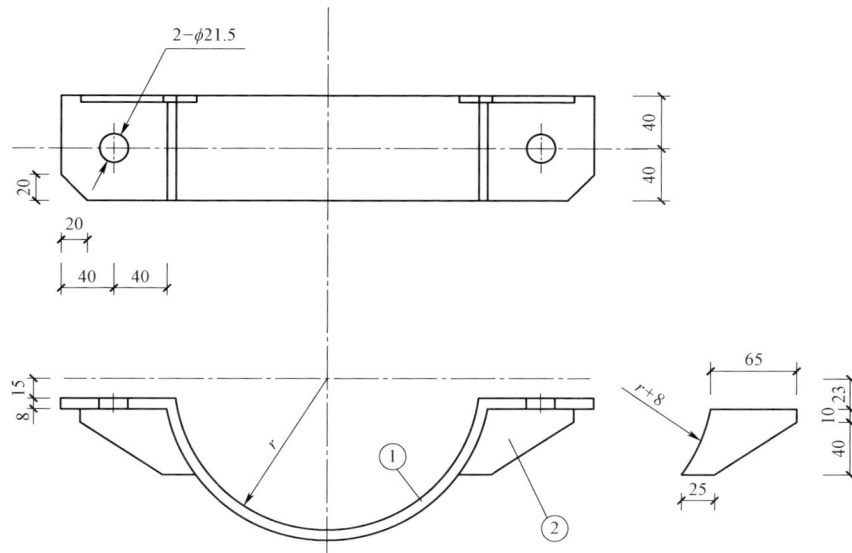

选 用 表

型号	r（mm）	下料长度（mm）	质量（kg）	数量（块）	总质量（kg）
BG8－200	100	457	2.29	1	2.69
BG8－210	105	470	2.36	1	2.76
BG8－220	110	484	2.43	1	2.83
BG8－240	120	514	2.58	1	2.98
BG8－260	130	545	2.74	1	3.14
BG8－280	140	576	2.89	1	3.29
BG8－300	150	608	3.05	1	3.45
BG8－320	160	638	3.20	1	3.60
BG8－340	170	670	3.36	1	3.76
BG8－360	180	701	3.52	1	3.92
BG8－380	190	733	3.68	1	4.08
BG8－400	200	764	3.84	1	4.24
BG8－420	210	796	4.00	1	4.40
BG8－440	220	827	4.15	1	4.55
BG8－460	230	859	4.31	1	4.71
BG8－480	240	890	4.47	1	4.87

材 料 表

编号	名称	规格	单位	数量	质量（kg）	备注
①	扁钢	一100×10×L	块	1	见左表	
②	加劲板	一50×5×100	块	2	0.4	

图 12－9 半圆抱箍制造图（BG8）

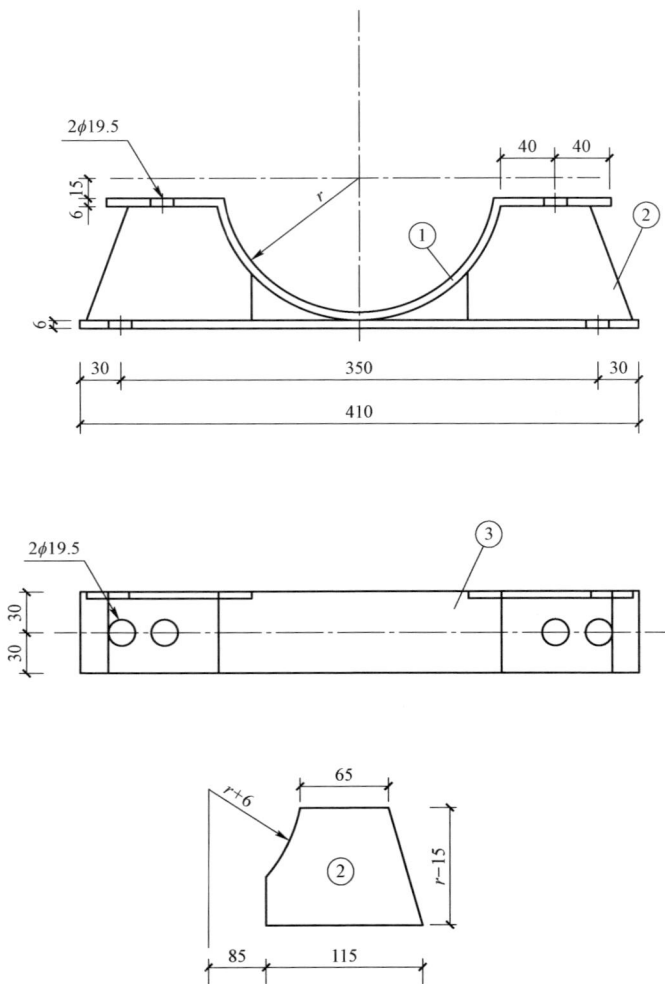

选 用 表

型号	r（mm）	下料长度（mm）	质量（kg）	数量（块）	总质量（kg）
HBG6-160	80	390	1.10	1	3.06
HBG6-200	100	457	1.29	1	3.25
HBG6-210	105	470	1.33	1	3.34
HBG6-220	110	484	1.37	1	3.42
HBG6-240	120	514	1.45	1	3.60
HBG6-260	130	545	1.54	1	3.78
HBG6-280	140	576	1.63	1	3.97
HBG6-300	150	608	1.72	1	4.15
HBG6-320	160	638	1.81	1	4.34
HBG6-340	170	670	1.90	1	4.52
HBG6-360	180	701	1.98	1	4.69
HBG6-380	190	733	2.07	1	4.88
HBG6-400	200	764	2.16	1	5.06
HBG6-420	210	796	2.25	1	5.25

材 料 表

编号	名称	规格	单位	数量	质量（kg）	备注
①	扁钢	—60×6×L	块	1	见上表	
②	加劲板	—120×5×（r-15）	块	2		
③	扁钢	—60×6×410	块	1	1.16	

图 12-10　半圆横担抱箍制造图（HBG6）

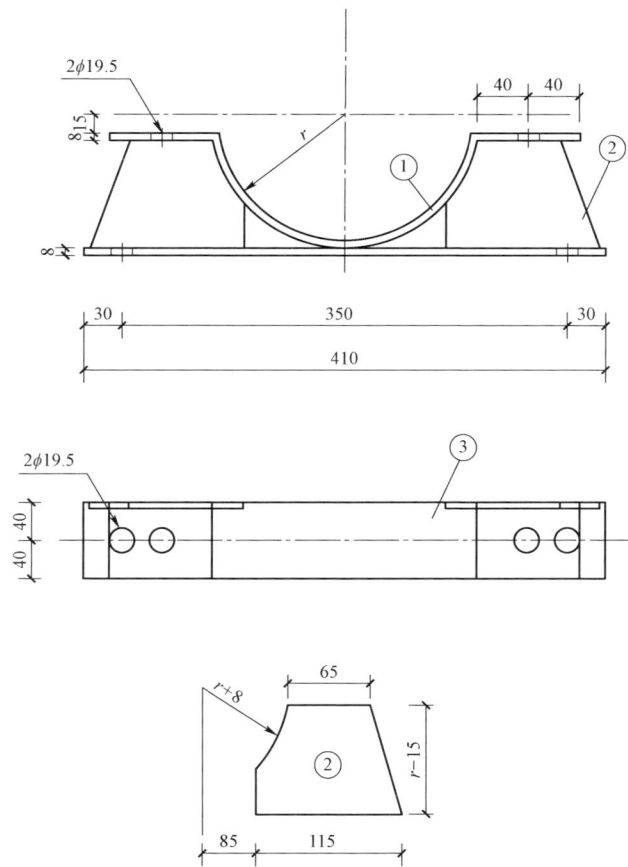

選 用 表

型号	r (mm)	下料长度（mm）	质量（kg）	数量（块）	总质量（kg）
HBG8-190	95	441	2.22	1	5.04
HBG8-200	100	457	2.29	1	5.15
HBG8-210	105	470	2.36	1	5.27
HBG8-220	110	484	2.43	1	5.39
HBG8-240	120	514	2.58	1	5.63
HBG8-260	130	545	2.74	1	5.88
HBG8-280	140	576	2.89	1	6.13

材 料 表

编号	名称	规格	单位	数量	质量（kg）	备注
①	扁钢	—8×80×L	块	1	见上表	
②	加劲板	—5×120×（r−15）	块	2		
③	扁钢	—8×80×410	块	1	2.06	

图 12－11 半圆横担抱箍制造图（HBG8）

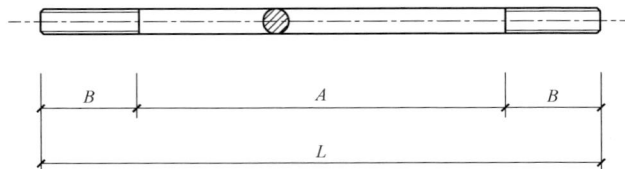

选 用 表

型号	规格	A（mm）	B（mm）	L（mm）	数量（根）	质量（kg）
M16×85	Φ16	25	30	85	1	0.14
M18×90	Φ18	30	30	90	1	0.18
M16×200	Φ16	80	60	200	1	0.31
M16×300	Φ16	180	60	300	1	0.47
M16×350	Φ16	230	60	350	1	0.55
M16×400	Φ16	280	60	400	1	0.64
M18×300	Φ18	180	60	300	1	0.60
M18×350	Φ18	230	60	350	1	0.70
M18×400	Φ18	280	60	400	1	0.80
M20×350	Φ20	230	60	350	1	0.87
M20×400	Φ20	280	60	400	1	1.00

图 12-12　双头螺杆（对销）制造图

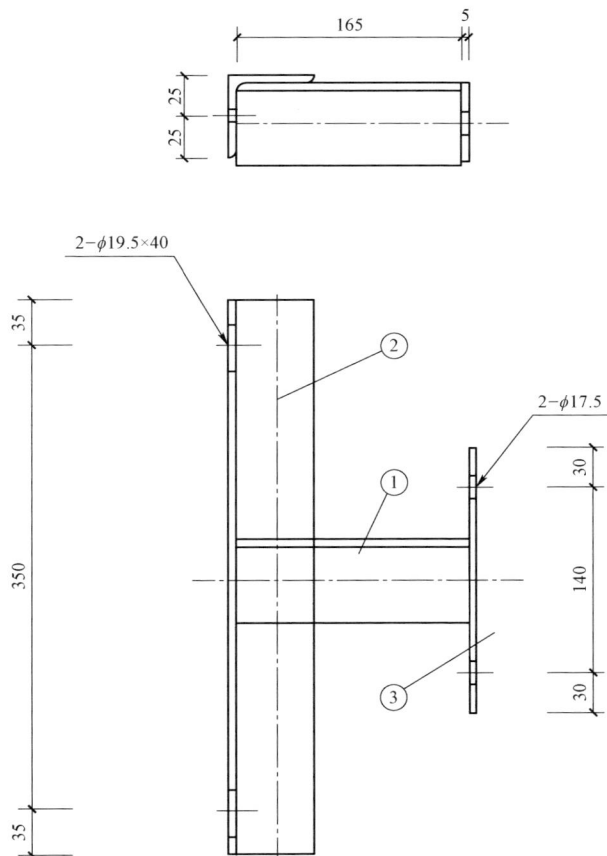

選 用 表

物料编码	型号	适用范围	数量（副）	质量（kg）
500055071	DLJ5－165	杆上电缆固定架	1	2.60

材 料 表

编号	名称	规格	单位	数量	质量（kg）	备注
①	角钢	L50×5×165	块	1	0.62	
②	角钢	L50×5×420	块	1	1.58	
③	扁钢	—50×5×200	块	1	0.40	

图 12－13　杆上电缆固定架制造图（DLJ5－165）

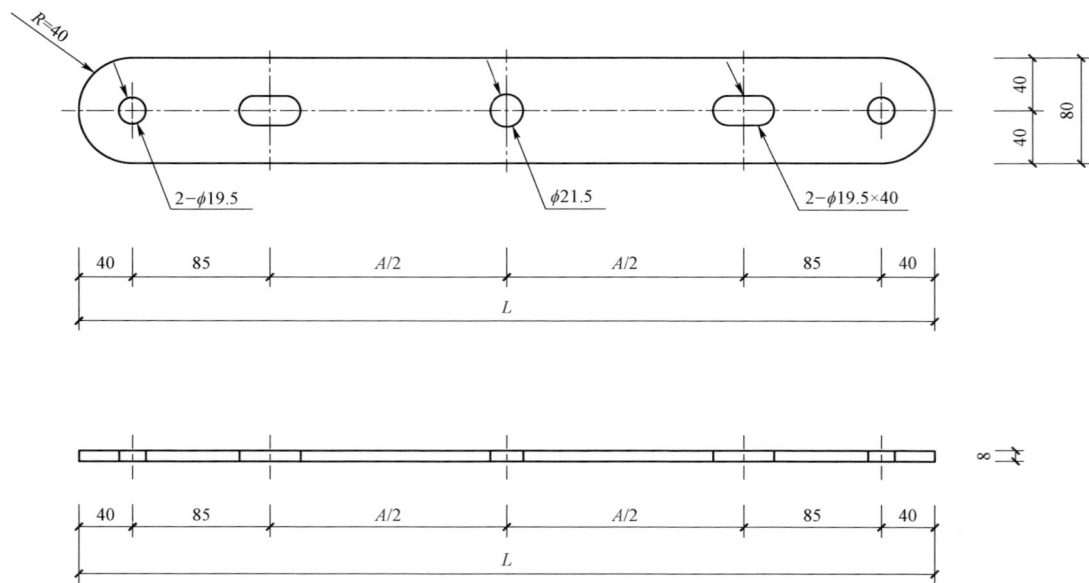

R=40

2-φ19.5

φ21.5

2-φ19.5×40

40 40 80

40 | 85 | A/2 | A/2 | 85 | 40

L

8

40 | 85 | A/2 | A/2 | 85 | 40

L

选　用　表

型号	规格	A（mm）	长度 L（mm）	数量（块）	质量（kg）
LT8-560G	一80×8	310	560	1	2.81
LT8-580G	一80×8	330	580	1	2.91
LT8-600G	一80×8	350	600	1	3.01

图 12-14　LT8-G 挂线连铁制造图

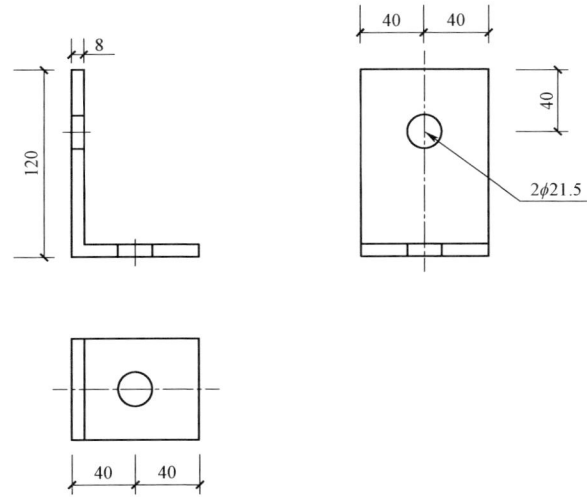

选 型 表

型号	名称	规格	落料长度（mm）	单位	数量	质量（kg）		
						一件	小计	合计
QZ－120	扁钢	—8×80	200	块	1	1.66	1.66	1.66

图 12－15　QZ－120绝缘子支座加工图

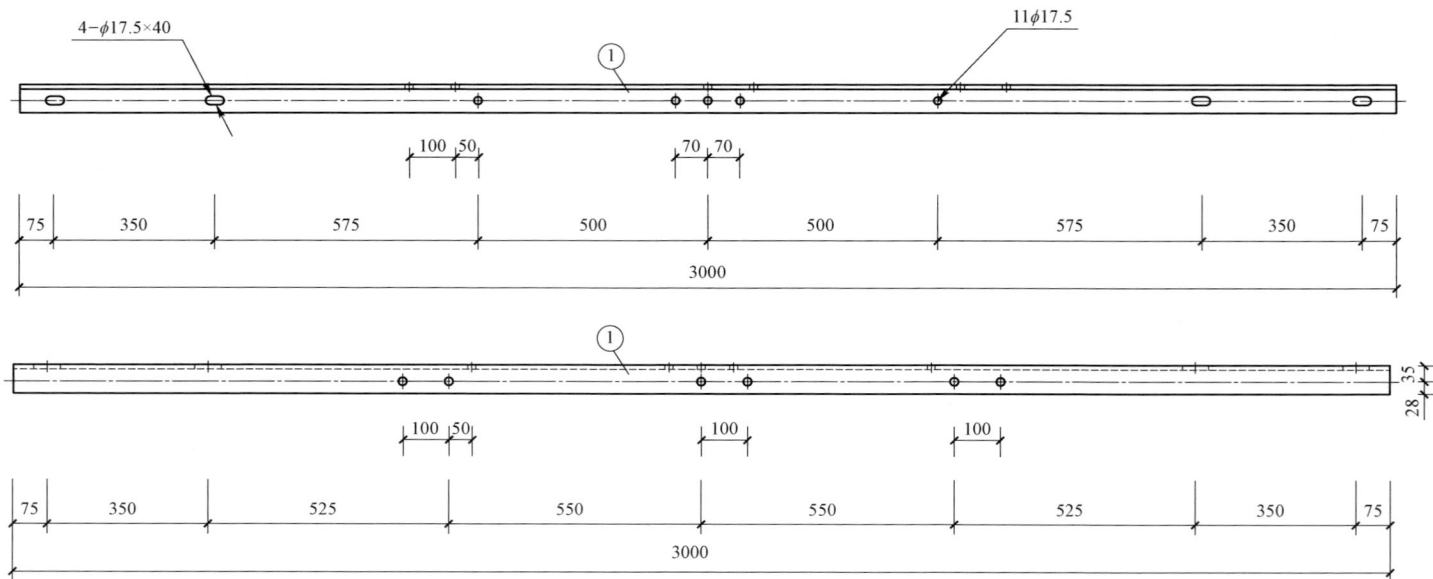

选 型 表

型号	名称	单位	数量	质量（kg）	备注
SZJ6-3000	双杆支架	块	1	17.16	

材 料 表

序号	编号	名称	规格	单位	数量	质量（kg）	备注
1	①	角钢	L63×6×3000	块	1	17.16	

图 12-16　SZJ6-300 双杆支架加工图

·336·国网西藏电力有限公司配电网工程通用设计　配电站房分册（2024 年版）

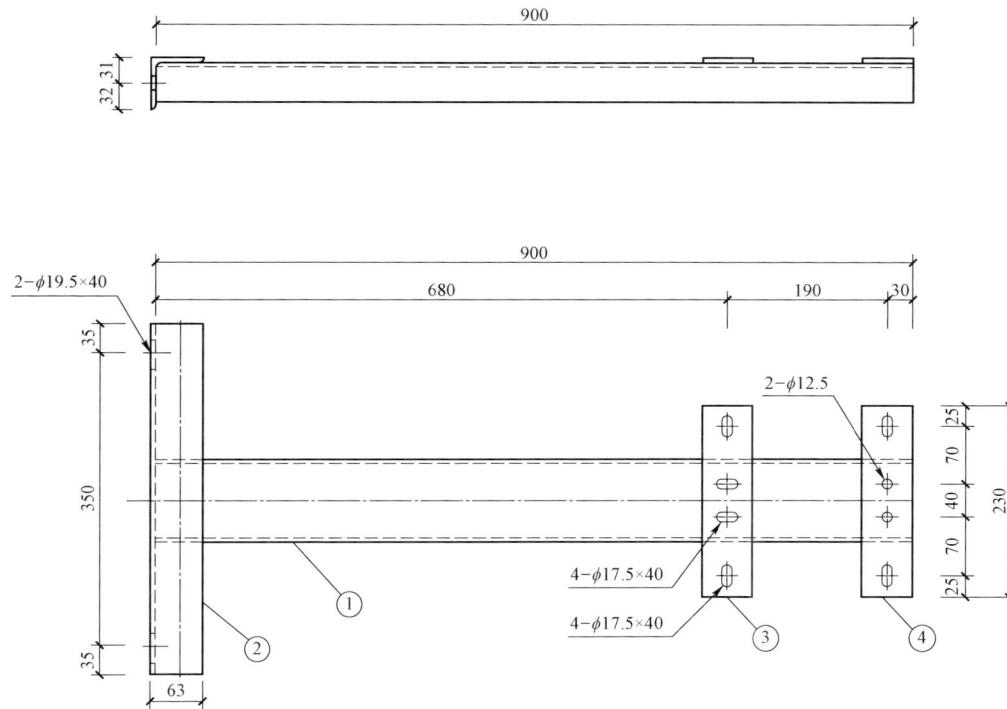

选 型 表

名称	型号	数量（副）	质量（kg）
柱上单 PT 支架	DPTZJ－900	1	12.7

材 料 表

序号	编号	名称	规格	单位	数量	质量（kg）	备注
1	①	槽钢	[10×900	块	1	9.00	
2	②	角钢	L63×6×420	块	1	2.40	
3	③	扁钢	一6×60×230	块	1	0.65	
4	④	扁钢	一6×60×230	块	1	0.65	

注：1. ①②③④构件之间连接采用四面焊接，且焊缝高度为 6mm。
    2. 所有构件均须热镀锌防腐。
    3. 所有构件材料材质均为 Q355。

图 12－17　DPTZJ－900 柱上单 TV 支架加工图

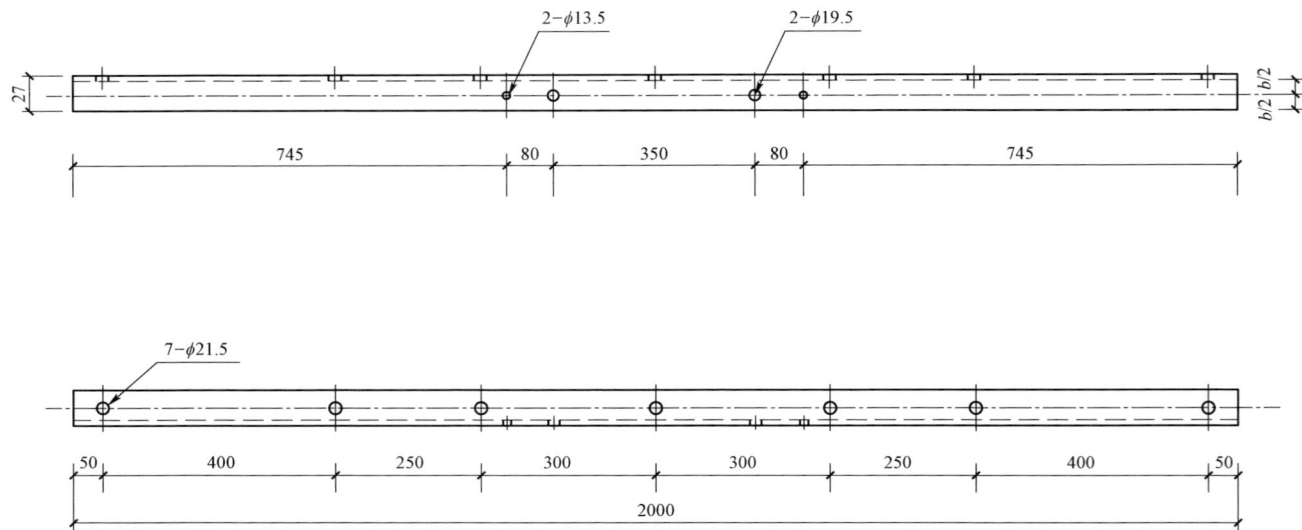

選 型 表

名称	规格	长度（mm）	数量（块）	单重（kg）
HD6－2000	L63×6	2000	1	11.47
HD7－2000	L70×7	2000	1	15.47
HD8－2000	L80×8	2000	1	19.33
HD9－2000	L90×8	2000	1	21.89

图 12－18　HD6－2000 横担加工图

第13章 35kV直降变通用设计

13.1 设计说明

13.1.1 总的部分

35kV 直降变通用设计主要技术原则为 35kV 侧采用绝缘导线引下至 35kV 一二次融合断路器处，再引至水泥台上 35kV 变压器，0.4kV 侧采用电缆沿水泥台引入地下电缆通道，电缆上杆后再采用架空送出。

13.1.1.1 适用范围

35kV 直降变通用设计适用于 10kV 线路供电半径较远，或者附近没有 10kV 电源点，而附近有 35kV 线路的供电区域。

13.1.1.2 方案技术条件

35kV 简易变方案技术条件表见表 13−1。

表 13−1　　　　　35kV 简易变方案技术条件表

序号	项目	内容
1	35/0.4kV 变压器	变压器采用低损耗、全密封、油浸式变压器，容量为 200～400kVA
2	主要设备	35kV 变压器选用三相双绕组油浸式变压器。 35kV 高压断路器选用一二次融合断路器。 0.4kV 选用柱上综合配电箱
3	设备短路电流水平	35kV 设备短路电流不小于 25kA。 综合配电箱内熔断器开断能力≥100kA 铜母线，塑壳断路器额定运行分断能力≥31.5kA
4	防雷接地	接地网电阻不超过 4Ω；变压器高压侧和低压侧均需安装避雷器；接地体采用热镀锌扁钢；接地电阻、跨步电压和接触电压应满足有关规程要求
5	土建部分	基础混凝土结构
6	站址基本条件	按海拔 5000m；环境温度：−40～+35℃；最热月平均最高温度 15℃；国标 c、d 级污秽区设计；日照强度（风速 0.5m/s）0.118W/cm²；地震加速度为 0.2g，地震特征周期为 0.45s；设计风速 30m/s，站址标高高于 50 年一遇洪水水位和历史最高内涝水位，不考虑防洪措施；设计土壤电阻率为不大于 100Ω·m；地基承载力特征值 f_{ak}=150kPa，无地下水无影响；地基土及地下水对钢材、混凝土无腐蚀作用

13.1.2 电力系统部分

（1）本通用设计按照给定的变压器进行设计，在实际工程中，需要根据实际情况具体设计选择变压器容量。

本通用设计不涉及系统继电保护专业、系统通信专业、系统远动专业的具体内容，在实际工程中，根据需要具体设计。

（2）35kV 设备短路电流水平按 25kA 考虑，综合配电箱内熔断器开断能力≥100kA 铜母线，塑壳断路器额定运行分断能力≥31.5kA。

（3）35kV 侧采用 35kV 一二次融合断路器，0.4kV 侧采用柱上综合配电箱。

13.1.3 电气一次部分

13.1.3.1 短路电流及主要电气设备、导体选择

（1）变压器。规格如下：

型式：选用三相双绕组油浸式变压器；

容量：200～400kVA；

阻抗电压：U_d%=6；

额定电压：35kV；

接线组别：Dyn11；

冷却方式：油浸自冷式。

（2）35kV 侧选用一二次融合柱上断路器，35kV 避雷器采用金属氧化物避雷器。

（3）柱上综合配电箱。柱上综合配电箱容量根据 35kV 变压器容量选择配置。

采用单母线接线，出线 2～3 回。进线宜配置熔断器式隔离开关，出线配置塑壳断路器（或带剩余电流动作保护器）。

按需配置带通信接口的配电智能终端和 T1 级电涌保护器。TT 系统的剩余电流动作保护器应根据《农村低压电网剩余电流工作保护器配置导则》（Q/GDW 11020）要求进行安装，若选用不锈钢综合配电箱，外壳须单独接地。柱上综合配电箱主要设备选型见表 13−2。

表 13−2　　　　　柱上综合配电箱主要设备选型

单元名称	设备型式及技术参数	备注
进线单元	熔断器式隔离开关 630A 熔断器开断能力≥100kA 铜母线，额定电流 630A	

单元名称	设备型式及技术参数	备注
出线单元	塑壳断路器额定电流 630、400、250A 额定运行分断能力≥31.5kA	
无功补偿单元	智能电容器组和/或 SVG	也可采用负荷开关、电容器方案
计量单元	预留互感器、配电终端安装位置	按营销计量要求配置

续表（右上角标注）

1）标识：配电箱应按国家电网有限公司相关要求统一安装安全警示线标识。

2）箱壳材料：箱体外壳优先选用不锈钢材料，也可选用纤维增强型不饱和聚酯树脂材料（SMC），外壳防护等级为 IP44。在薄弱位置应增加加强筋，箱壳挂点应有足够的机械强度，在起吊、运输、安装中不得变形或损伤。

3）SMC 材质低压综合配电箱外观颜色采用海灰 B05，不锈钢材质低压综合配电箱采用亚光处理，热镀锌支架不再喷涂颜色。

4）配电箱采用吊装，出线电缆按 2 回设计。

（4）导体选择。根据短路电流水平为按发热条件校验，35kV 导线选用原则载流量不小于 35kV 变压器高压侧最大电流，或与原线路导线截面相同即可。

0.4kV 电缆截面根据 35kV 变压器容量进行选择，原则上不宜小于 70mm²。

（5）电杆采用混凝土杆，35kV 侧电杆高原则上为 15m，0.4kV 侧电杆高原则上为 12m，也可根据现场实际情况选择电杆高度。

（6）线路金具按"节能型、绝缘型"原则选用。

13.1.3.2 基础

（1）变压器水泥台承载力按照 35kV 变压器质量设计，实际使用时需根据变压器质量自行校核设计。

（2）方案中所有混凝土杆的埋深及底盘的规格均按预定条件选定，若土质与设计条件不符，应根据实际情况校验并做适当调整。

13.1.3.3 绝缘配合及过电压保护

1. 绝缘配合

（1）35kV 避雷器选择。35kV 氧化锌避雷器按通用设备选型，作为 35kV 绝缘配合的基准，其主要技术参数见表 13-3。

（2）35kV 电气设备的绝缘水平。35kV 系统以雷电过电压决定设备的绝缘水平，在此条件下一般都能耐受操作过电压的作用。所以，在绝缘配合中不考虑操作波试验电压的配合。35kV 电气设备的绝缘水平见表 13-4。

表 13-3　35kV 氧化锌避雷器主要技术参数

名称	参数
额定电压（kV，有效值）	51
持续运行电压（kV，有效值）	40.8
直流 1mA 参考电压（kV）	73
操作冲击 0.25kA 残压（kV，峰值）	114
雷电冲击 5kA 残压（kV，峰值）	134
陡坡冲击 5kA 残压（kV，峰值）	154

表 13-4　35kV 电气设备的绝缘水平

设备名称	设备耐受电压值				
	雷电冲击耐压（kV，峰值）			1min 工频耐压（kV，有效值）	
	全波		截波		
	内绝缘	外绝缘*		内绝缘	外绝缘*
主变压器	200	325/325/325/325/330	220	85	115/140/140/140/140
其他电器	185	250/325/325/325/330	95		140/140/140/185/185

* 五个数值分别为海拔 3000、3500、4000、4500、5000m 时的参考值，实际工程应根据工程具体条件进行校验。

2. 雷过电压保护

电气装置过电压保护应满足《交流电气装置的过电压保护和绝缘配合设计规范》（GB/T 50064）要求。

采用交流无间隙金属氧化物避雷器进行过电压保护，金属氧化物避雷器按《交流无间隙金属氧化物避雷器》（GB/T 11032）中的规定进行选择，设备绝缘水平按国标要求执行。

3. 配电装置最小安全净距

根据相关规程规范，海拔超过 1000m 的地区，需对配电装置的最小安全净距进行海拔修正。海拔 4000m 内根据 DL/T 5352 选取，超过 4000m 以上按 10、35kV 配电装置雷电冲击绝缘配合可采用 GB/T 50064 中的确定性法，10、35kV 高海拔配电装置空气间隙宜由公式 $d = \dfrac{U_{50}}{530}$ 计算确定。

综合考虑后推荐通用设计的配电装置最小安全净距见表 13-5 和表 13-6，

实际工程应根据工程具体条件进行校验。

表 13-5

表 13-5　　　　35kV 配电装置的最小安全距离　　　　（mm）

变量符号	35kV
A1	600
A2	600
B1	1350
B2	700
C	3100
D	2600

注　海拔 4000m，采用 GB/T 50064 中的确定性法。

表 13-6　　　　35kV 配电装置的最小安全距离　　　　（mm）

变量符号	35kV
A1	700
A2	700
B1	1450
B2	800
C	3200
D	2700

注　海拔 5000m，采用 GB/T 50064 中的确定性法。

13.1.3.4　防雷及接地

交流电气装置的接地应符合《交流电气装置的接地设计规范》（GB/T 50065）要求。

（1）变压器进出线两侧均装设避雷器，并应尽量靠近变压器，其接地引下线应与变压器金属外壳相连接。

（2）低压柱上综合配电箱防雷采用 T1 级浪涌保护器，壳体、浪涌保护器及避雷器应接地，接地引线与接地网可靠连接。

（3）接地体宜敷设成围绕调压器的闭合环形，设 2 根及以上垂直接地极，接地体的埋深不应小于 0.8m，且不应接近煤气管道及输水管道。接地线与杆上需接地的部件必须接触良好。接地电阻设计值应满足 GB/T 50065 要求。

（4）设水平和垂直接地的复合接地网。接地体一般采用镀锌钢，腐蚀性高的地区宜采用铜包钢或者石墨。接地电阻、跨步电压和接触电压应满足有关规

程要求。

（5）为保证人身安全，所有电气设备均应接地。

13.1.3.5　电气设备布置

电气平面布置力求紧凑合理，出线方便，减少占地面积，节省投资，根据本方案的建设规模，35kV 变压器安装在设备基础上，35kV 避雷器和 35kV 一二次融合断路器安装在两根预应力混凝土杆上，两根杆的间距为 4m。低压综合配电箱采用柱上变压器台架吊装方式，两根杆的间距为 2.5m，进出线开关水平排列在箱体内，进出线电缆采用上进下出并预留下出线孔。

13.1.4　电气二次部分

13.1.4.1　电能计量

电能计量装置按如下原则配置：

（1）低压综合配电箱内预留计量表计、智能融合终端安装位置，按营销要求配置。

（2）电能计量装置选用及配置应满足《电能计量装置技术管理规程》（DL/T 448）和《电力装置电测量仪表装置设计规范》（GB/T 50063）规定。

（3）互感器采用专用计量二次绕组。

（4）计量二次回路不得接入与计量无关的设备。

13.1.4.2　保护及自动装置配置

（1）35kV 侧设一二次融合柱上断路器，事故状态下断路器跳闸。

（2）配电自动化配置应遵循"标准化设计，差异化实施"原则。

（3）配电自动化终端配置应在一次网架设备的基础上，根据负荷水平和供电可靠性需求、地区需求合理配置集中或就地式自动化终端，力求功能实用、技术先进、运行可靠。

（4）应充分利用现有设备资源，因地制宜地做好通信配套建设，合理选择通信方式，35kV 侧一二次融合柱上断路器优先采用光纤通信。

（5）低压综合配电箱中已预留配电自动化位置，自动化装置需满足线损统计需求，实现双向有功、功率计算功能。

（6）35kV 侧自动化终端优先采用光纤通信或无线通信，低压综合配电箱内安装的自动化终端采用无线通信。

13.1.5　土建部分

13.1.5.1　概述

1. 站址场地概述

（1）土建按最终规模设计。

（2）设定场地设计为同一标高。

（3）洪涝水位：站址标高高于 50 年一遇洪水水位和历史最高内涝水位，不考虑防洪措施。

2. 设计的原始资料

站区地震动峰值加速度按 0.2g 考虑，地震特征周期为 0.45s，设计风速 30m/s，地基承载力特征值 f_{ak}=150kPa；地基土及地下水对钢材、混凝土无腐蚀作用；海拔 5000m。

13.1.5.2 建筑设计

（1）标示及警示：在具体工程设计时，按照国家电网有限公司相关规定制作悬挂标示及警示牌。

（2）水泥台外观设计应简洁、稳重、实用。

13.1.5.3 总平面布置

现场安装平面布置根据生产工艺、运输、防火、防爆、环境保护和施工等方面要求，应进行统筹安排，合理布置，工艺流程顺畅，考虑作业通道和空间，检修维护方便，有利于施工。

13.1.5.4 结构设计

建筑物的抗震设防类别按《220kV～750kV 变电所设计技术规程》（DL/T 5218）执行。安全等级采用二级，结构重要性系数为 1.0。

设计基本加速度为 0.2g，地震特征周期为 0.45s。

水泥台采用混凝土结构，混凝土强度等级采用 C25，钢材采用 HPB300、HRB400 级钢。

结构满足抗震要求。

13.1.5.5 其他

（1）标志标识：在调压器散热片上安装"禁止攀登、高压危险"警示牌，尺寸为 300mm×240mm，禁止标志牌长方形衬底色为白色，带斜杠的圆边框为红色，标志符号为黑色，辅助标志为红底白色、黑体字，字号根据标志牌尺寸、字数调整。

（2）电杆选用非预应力混凝土杆，应符合《环形混凝土电杆》（GB/T 4623），

电杆基础及埋深根据国标确定，仅为参考，具体使用必须根据实际的地质情况进行调整。

（3）噪声对周围环境影响应符合《声环境质量标准》（GB 3096）的规定和要求。

13.2 设计图

直降变设计图清单见表 13-7。

表 13-7 直 降 变 设 计 图 清 单

图序	图名
图 13-1	35/0.4kV 直降变安装示意图
图 13-2	35kV 侧安装示意图
图 13-3	0.4kV 侧安装示意图
图 13-4	接地装置布置图
图 13-5	电缆直埋敷设断面图
图 13-6	低压柱上综合配电箱电气系统图（一）（200～400kVA）
图 13-7	低压柱上综合配电箱电气系统图（二）（200kVA 以下）
图 13-8	基础立面及剖面图
图 13-9	电缆卡抱制造图（KBG4）
图 13-10	半圆抱箍制造图（BG6）
图 13-11	半圆抱箍制造图（BG8）
图 13-12	半圆横担抱箍制造图（HBG6）
图 13-13	压板制造图（YB5-740J）
图 13-14	双头螺杆（对销）制造图
图 13-15	杆上电缆固定架制造图（DLJ5-165）
图 13-16	变压器双杆支持架加工图（SPJ14-3000）

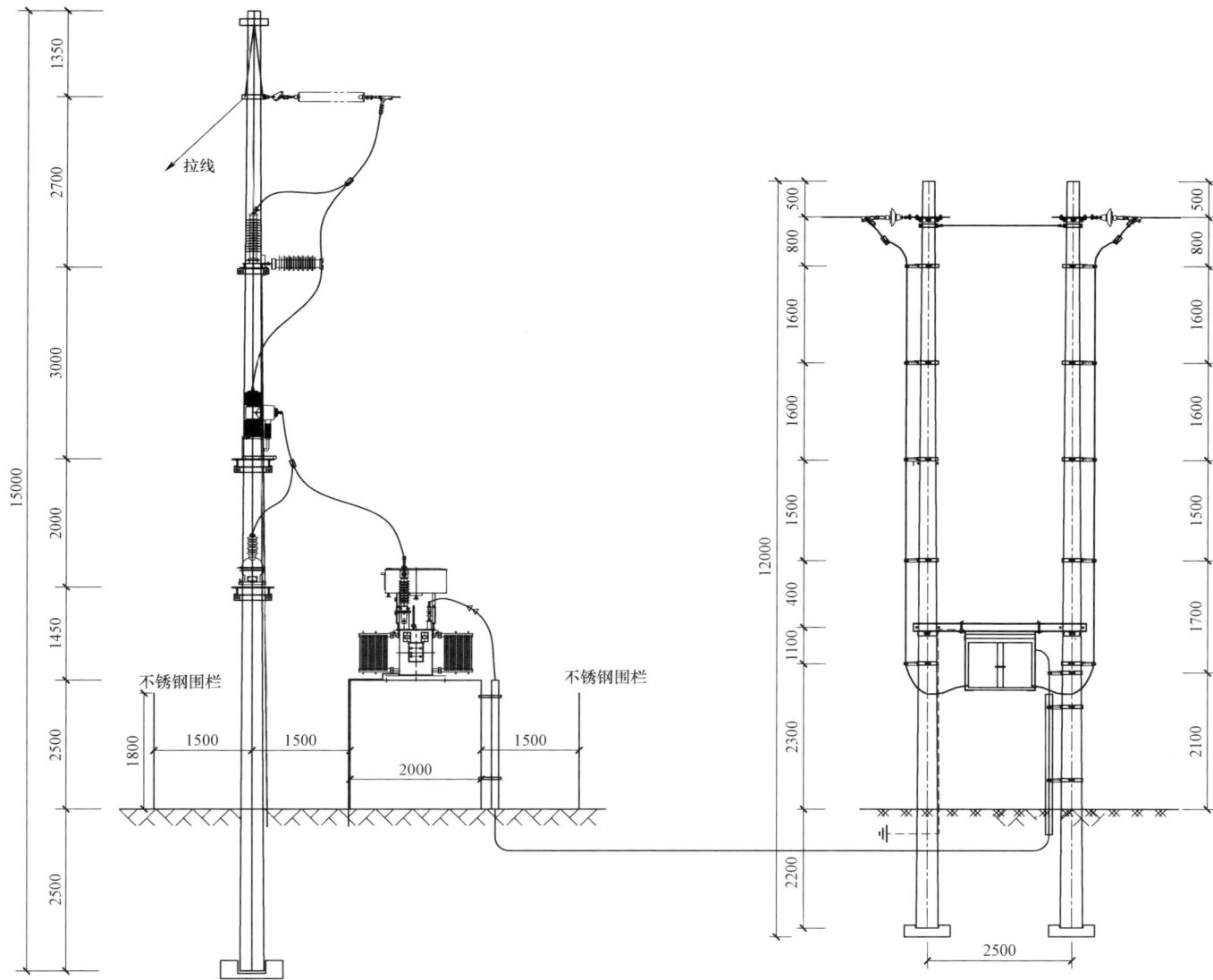

图 13－1　35/0.4kV 直降变安装示意图

不锈钢围栏

拉线

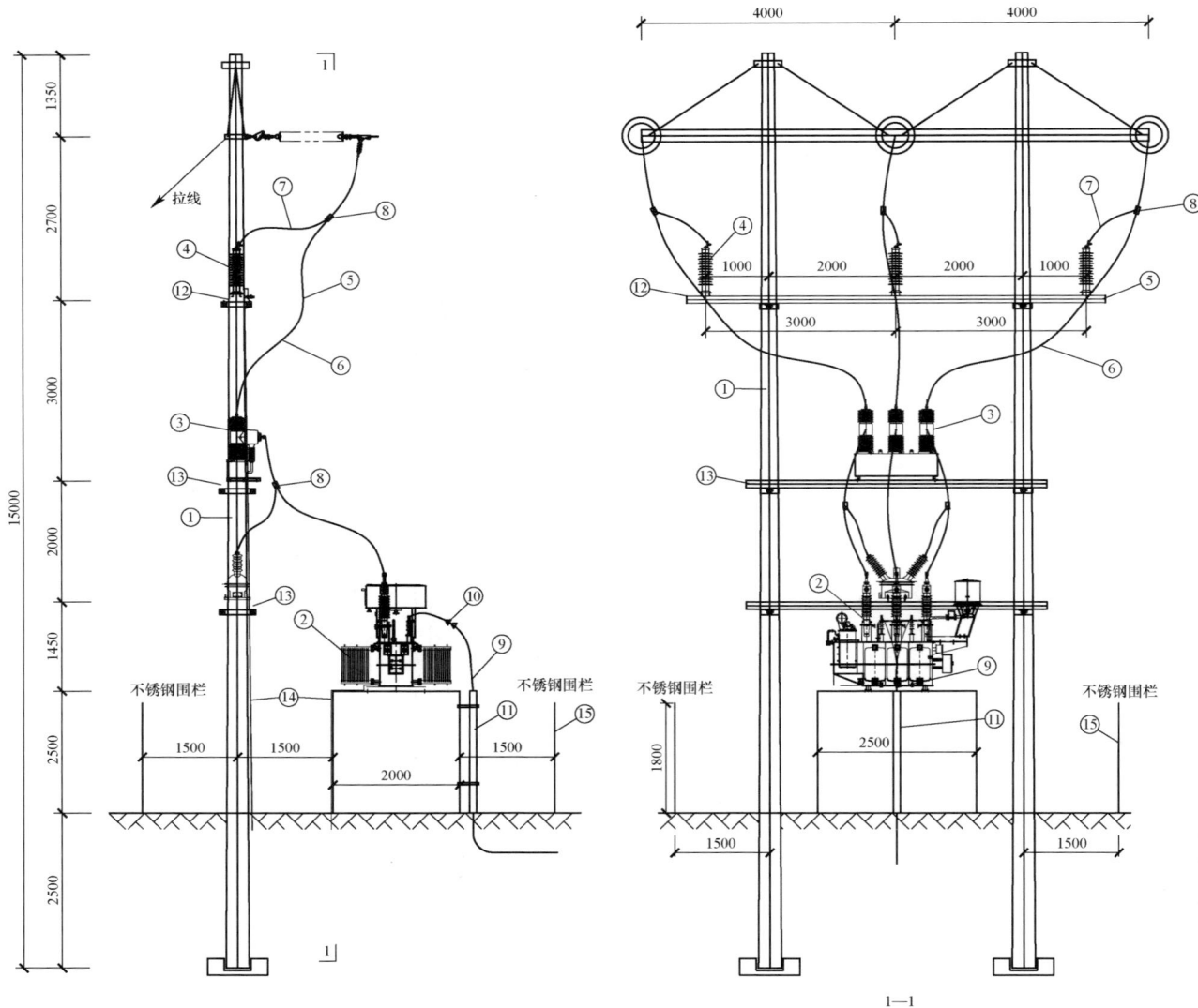

35kV 架空线路带电部分与杆塔构件、拉线、脚钉的最小距离

（m）

海拔	雷电过电压	内部过电压	运行电压
1000 及以下	0.45	0.25	0.1
1000～2000	0.50	0.28	0.11
2000～3000	0.54	0.30	0.12
3000～4000	0.59	0.33	0.13
4000～5000	0.63	0.35	0.14

主 要 设 备 材 料 表

编号	名称	型号及规格	单位	数量	备注
①	水泥杆	非预应力，法兰组装杆，15m，190mm，M	根	2	
②	35kV 电力变压器	S20－×××/35（GY），35±2×2.5%/0.4kV	台	1	容量根据实际选用
③	35kV 断路器	ZW32－40.5F/1250－31.5	台	1	一二次融合断路器（带隔离开关和TV）
④	35kV 避雷器	Y5W1－51/134W	只	3	
⑤	35kV 复合横担绝缘	FS－35/8	只	3	
⑥	35kV 绝缘导线	架空绝缘导线，AC35kV，JKRYJ，120	m	60	型号按实际选用，长度供参考
⑦	避雷器上引线	架空绝缘导线，AC35kV，JKRYJ，120	m	9	型号按实际选用，长度供参考
⑧	T 型线夹	TY－120	只	6	型号按实际选用
⑨	0.4kV 电缆	ZC－YJV－1kV－1×300	m	100	型号按实际选用，长度供参考
⑩	0.4kV 电缆终端	1×300，户外终端，冷缩，铜	套	8	型号按实际选用
⑪	电缆保护管	钢管，ϕ160，3000mm	根	4	
⑫	避雷器横担		套	1	根据实际情况加工
⑬	断路器和TV横担		套	2	根据实际情况加工
⑭	接地装置		套	1	
⑮	围栏	不锈钢围栏	m²	50	供参考

说明：1. 接地引下线应采取防腐措施，且接地装置的接地电阻不应大于4Ω，同时应满足《交流电气装置的接地设计规范》（GB/T 50065）中关于接触电压及跨步电压的要求。
2. 主线引线时禁止在主线引搭，应在线尾部分搭接，特殊情况除外。
3. 导线引线型号根据实际工程负荷大小选型，避雷器引线型号需根据工程实际情况调整。
4. 导线与设备连接用接线端子或设备线夹未列入，工程中根据实际情况选用。
5. 本材料表中不含主杆35kV架空线路断连材料，不含35kV横担、金具绝缘子串和拉线等材料。
6. 本图设备布置及尺寸仅为示意，实际使用时设计单位需根据现场实际情况和设备尺寸大小，自行校验电气间隙、调整设备间距，需满足相关规程规范要求。
7. 35kV侧铁附件仅为示意，设计单位需根据实际布置情况、设备大小、质量等自行设计。
8. 本方案0.4kV低压电缆采用单芯电缆，可根据工程实际情况选用4芯低压电缆。

图 13－2 35kV 侧安装示意图

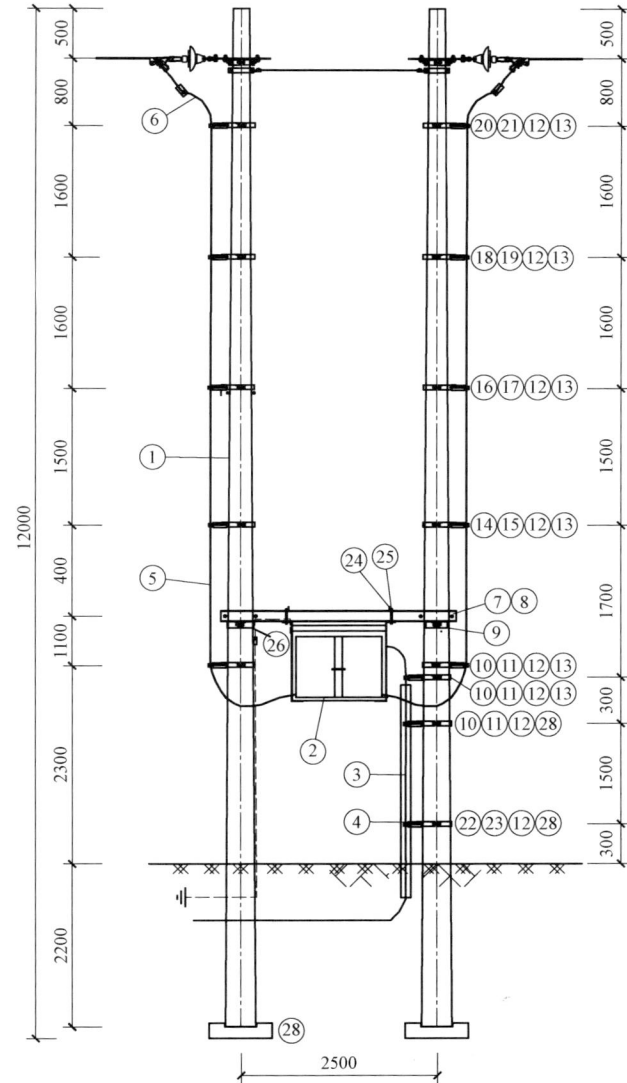

主 要 设 备 材 料 表

编号	名称	型号及规格	单位	数量	备注
①	水泥杆	非预应力，法兰组装杆，12m，190mm，M	根	2	
②	低压柱上综合配电箱	配电箱，户外，4回路 400kVA	台	1	型号供参考，按变压器容量选取
③	低压电力电缆	ZC−YJV−1kV−1×300	m	100	型号和长度供参考，根据实际选用
④	电缆保护管	钢管，ϕ160	m	2.5	
⑤	低压电力电缆	ZC−YJV−0.6/1kV−4×240	m	20	型号和长度供参考，根据实际选用
⑥	0.4kV 电缆终端	ZC−YJV−0.6/1kV−4×240	套	4	型号和数量供参考，根据实际选用
⑦	配电箱双杆支持架	[14−3000	副	1	
⑧	双头螺栓	M20×400	副	4	含双帽双垫
⑨	抱箍	BG8−280	副	4	
⑩	横担抱箍	HBG6−300	副	4	
⑪	抱箍	BG6−300	副	4	
⑫	杆上电缆固定架	DLJ5−165	副	13	
⑬	电缆卡抱	KBG4−90	副	11	型号供参考，根据低压电缆外径选用
⑭	横担抱箍	HBG6−280	副	2	
⑮	抱箍	BG6−280	副	2	
⑯	横担抱箍	HBG6−260	副	2	
⑰	抱箍	BG6−260	副	2	
⑱	横担抱箍	HBG6−240	副	2	
⑲	抱箍	BG6−240	副	2	
⑳	横担抱箍	HBG6−210	副	2	
㉑	抱箍	BG6−210	副	2	
㉒	横担抱箍	HBG6−320	副	2	
㉓	抱箍	BG6−320	副	2	
㉔	压板	YB5−740J	副	2	
㉕	双头螺栓	M16×200	副	4	含双帽双垫
㉖	布电线	BV−35	m	4	
㉗	接线端子	DT−35	只	2	
㉘	底盘	DP−10	块	2	
㉙	电缆卡抱	KBG4−160	副	2	

说明：1. 接地引下线应采取防腐措施，且接地装置的接地电阻不应大于 10Ω，同时应满足《交流电气装置的接地设计规范》(GB/T 50065) 中关于接触电压及跨步电压的要求。

2. 主线引线时禁止在主线引搭，应在线尾部分搭接，特殊情况除外。

3. 本材料表中不含主杆 0.4kV 架空线路断连材料，不含 0.4kV 横担、金具绝缘子串和拉线等材料。

4. 图中尺寸可根据中标设备尺寸适当调整。

图 13−3 0.4kV 侧安装示意图

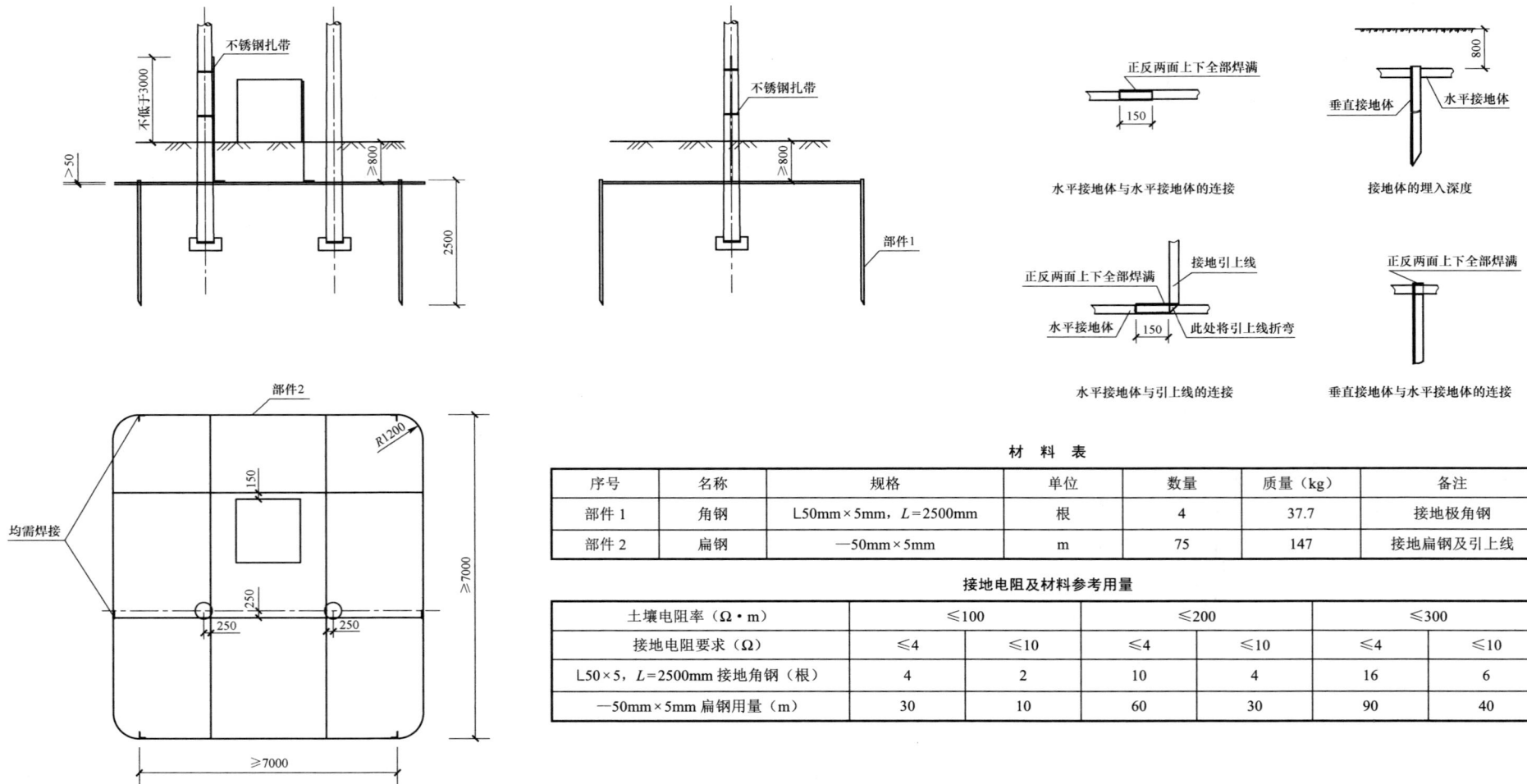

正反两面上下全部焊满

水平接地体与水平接地体的连接

接地体的埋入深度

正反两面上下全部焊满

接地引上线

水平接地体

此处将引上线折弯

水平接地体与引上线的连接

正反两面上下全部焊满

垂直接地体与水平接地体的连接

材　料　表

序号	名称	规格	单位	数量	质量（kg）	备注
部件1	角钢	L50mm×5mm，L=2500mm	根	4	37.7	接地极角钢
部件2	扁钢	—50mm×5mm	m	75	147	接地扁钢及引上线

接地电阻及材料参考用量

土壤电阻率（Ω·m）	≤100		≤200		≤300	
接地电阻要求（Ω）	≤4	≤10	≤4	≤10	≤4	≤10
L50×5，L=2500mm 接地角钢（根）	4	2	10	4	16	6
—50mm×5mm 扁钢用量（m）	30	10	60	30	90	40

说明：1. 接地体及接地引下线均做热镀锌处理，若在高腐蚀性地区接地体材料可选用铜镀钢。

2. 接地装置的连接均采用焊接，焊接长度应满足规程要求。

3. 接地引上线沿电杆内侧敷设，采用不锈钢扎带固定。

4. 此接地体材料及工作量根据地域差别，接地极长度和数量、接地扁铁长度，接地引上线长度在满足接地电阻条件下可做调整。

5. 一般情况下宜考虑要求水平接地体敷设成围绕变压器的环型，后再呈放射型敷设，如实际条件受限，可根据实际情况适当调整。

6. 水平接地体的敷设深度不宜小于 0.8m。

图 13-4　接地装置布置图

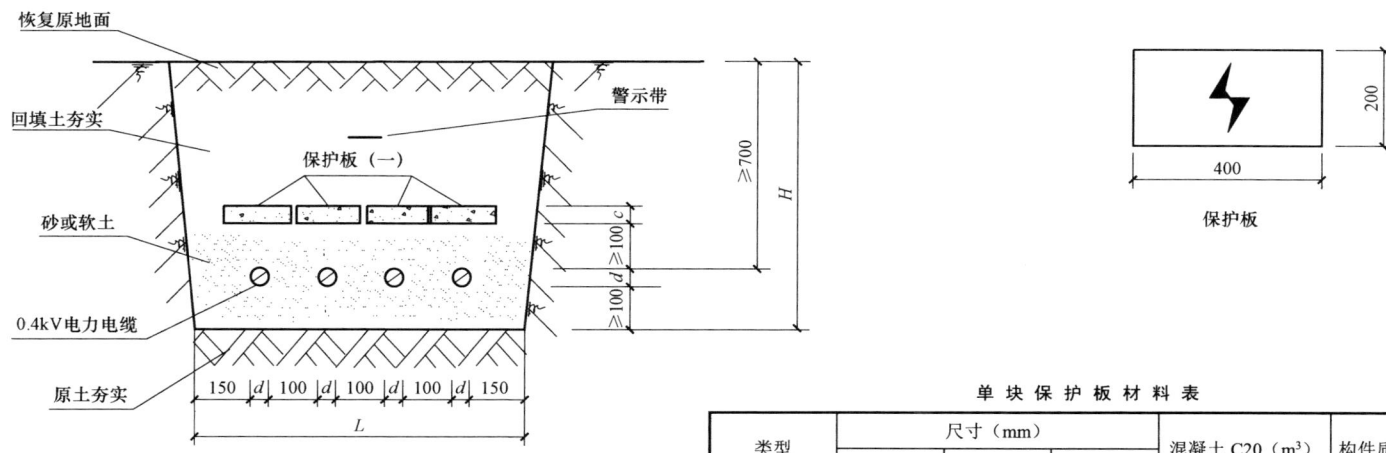

恢复原地面

回填土夯实

保护板（一）

警示带

砂或软土

0.4kV电力电缆

原土夯实

150 d 100 d 100 d 100 d 150

L

H

≥700

c

≥100 d ≥100

保护板

单 块 保 护 板 材 料 表

类型	尺寸（mm）			混凝土 C20（m³）	构件质量（kg）
	长	宽	厚		
保护板	400	200	35	0.0028	6.2

说明：1. L、H 为电缆壕沟的宽度和深度，应根据电缆外径确定。

2. d 为电缆外径，c 为保护板厚度。

3. 电缆穿越农田时的最小埋深为 1000mm。

4. 保护板采用 C20 细石混凝土制。

5. 符号 ⚡ 采用红油漆绘出。

图 13-5 电缆直埋敷设断面图

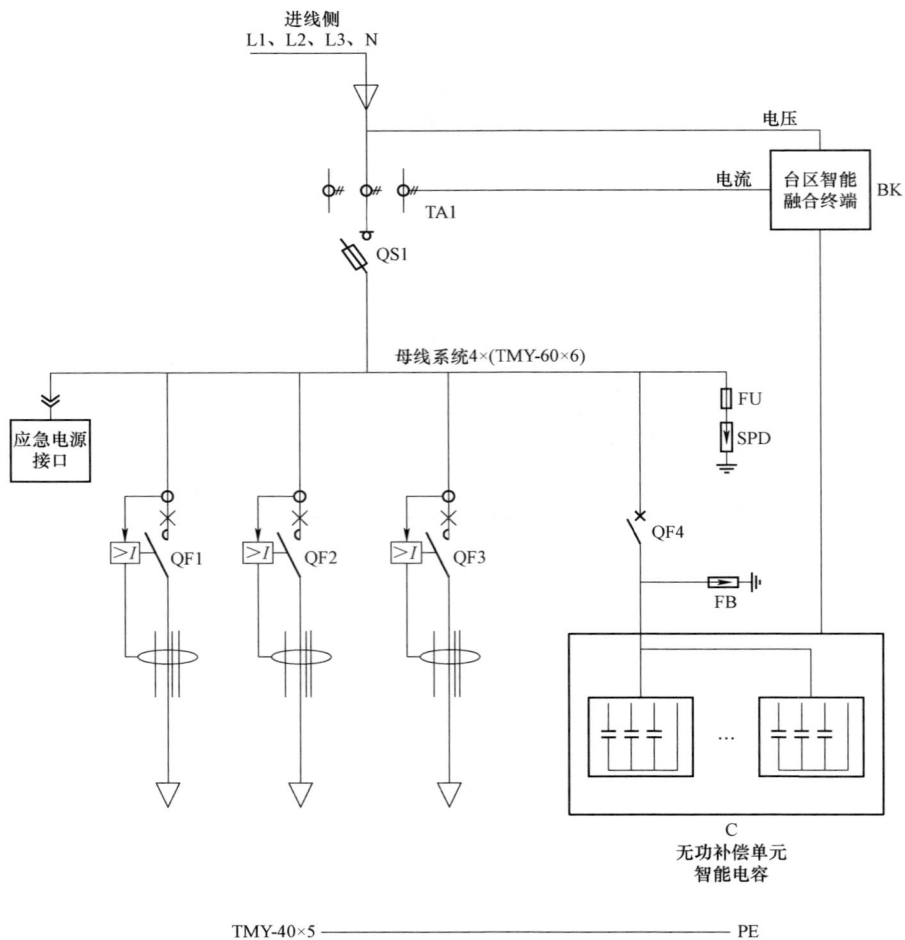

序号	符号	元器件名称	规格型号	数量	单位	备注
1	TA1	电流互感器	600/5，0.2S 级	3	只	
2	QS1	熔断器式隔离开关	630A/630A	1	个	3P
3	QF1	一体式剩余电流保护塑壳断路器	630A/630A/3P＋N	1	只	3P＋N
4	QF2～3	一体式剩余电流保护塑壳断路器	400A/400A/3P＋N	2	只	3P＋N
5	BK	台区智能融合终端	通信、采集四遥一体	1	只	须采集断路器状态以及电流等信息
6	QF4	塑壳断路器	250A/250A	1	只	
7	C	智能电容组	分补	1	组	（3×32＋16）＋（8＋4）
8	SPD	浪涌保护器	T1 级	1	套	
9	FU	熔断器	125A	3	只	
10	FB	避雷器		3	只	
11		母线系统	4×（60×6）	1	组	
12		应急电源接口		1	套	

说明：1. 无功补充单元按 124kvar 配置，共补配置（3×32＋16）kvar，分补配置（8＋4）kvar。

2. 需配置应急电源接口。

图 13－6　低压柱上综合配电箱电气系统图（一）（200～400kVA）

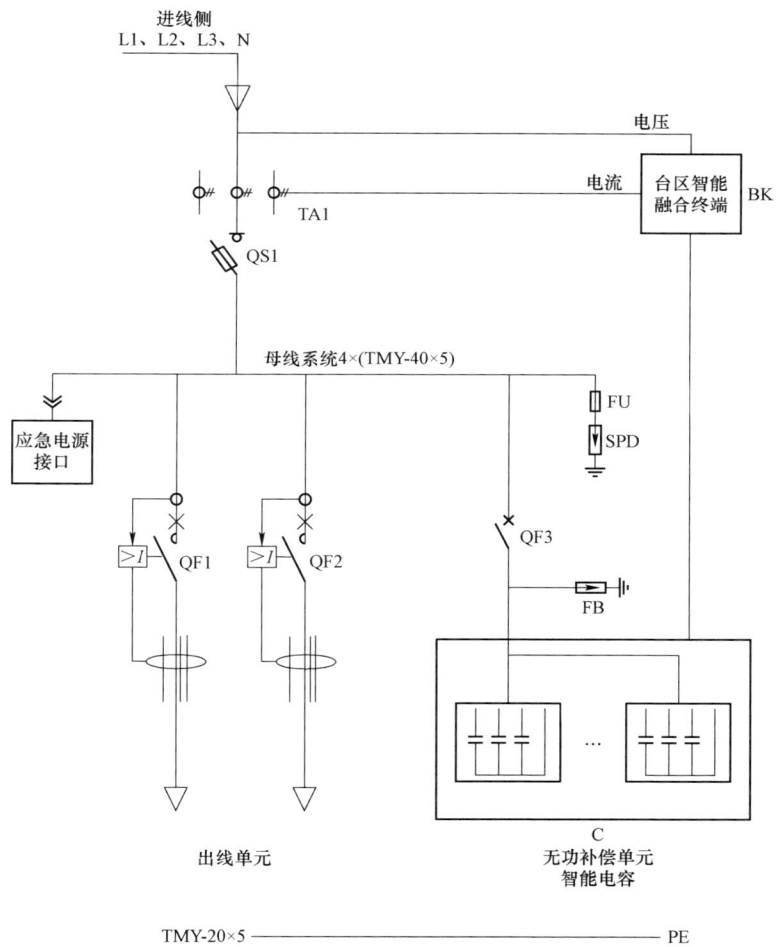

序号	符号	元器件名称	规格型号	数量	单位	备注
1	TA1	电流互感器	400/5，0.2S 级	3	只	
2	QS1	熔断器式隔离开关	400A/400A	1	个	3P
3	QF1	一体式剩余电流保护塑壳断路器	400A/400A/3P+N	1	只	3P+N
4	QF2	一体式剩余电流保护塑壳断路器	250A/250A/3P+N	1	只	3P+N
5	BK	台区智能融合终端	通信、采集四遥一体	1	只	须采集断路器状态以及电流等信息
6	QF3	塑壳断路器	160A/160A	1	只	
7	C	智能电容组	分补	1	组	（3×16）+（8+4+2）
8	SPD	浪涌保护器	T1 级	1	套	
9	FU	熔断器	125A	3	只	
10	FB	避雷器		3	只	
11		母线系统	4×（40×5）	1	组	
12		应急电源接口		1	套	

说明：1. 无功补充单元按 62kvar 配置，共补配置（3×16）kvar，分补配置（8+4+2）kvar。

2. 需配置应急电源接口。

图 13－7　低压柱上综合配电箱电气系统图（二）（200kVA 以下）

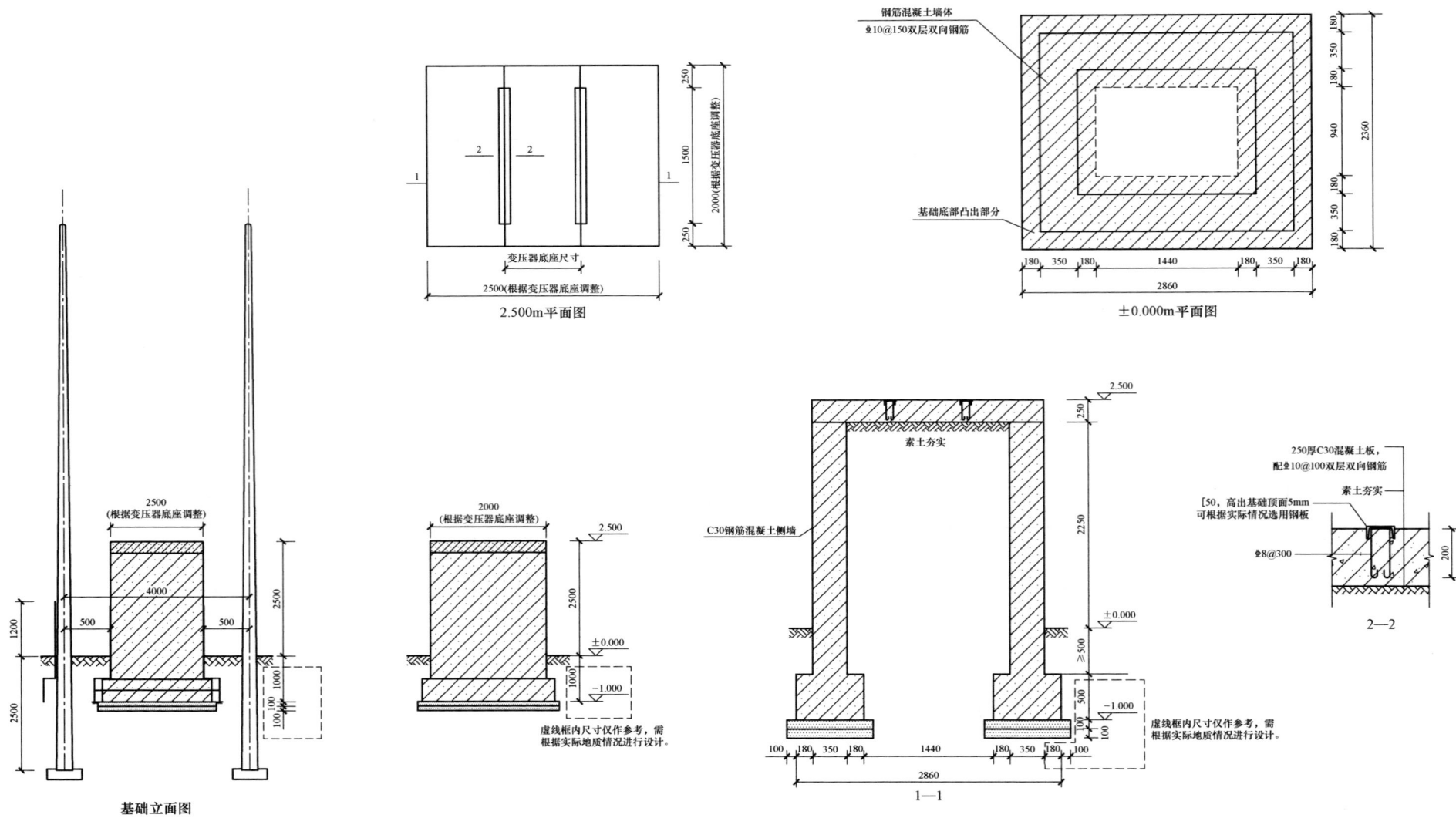

钢筋混凝土墙体
φ10@150双层双向钢筋

基础底部凸出部分

2.500m平面图

±0.000m平面图

变压器底座尺寸
2500(根据变压器底座调整)

2500(根据变压器底座调整)
2000(根据变压器底座调整)

2500
(根据变压器底座调整)

2000
(根据变压器底座调整)

素土夯实

250厚C30混凝土板,
配φ10@100双层双向钢筋
素土夯实

[50,高出基础顶面5mm
可根据实际情况选用钢板

φ8@300

C30钢筋混凝土侧墙

4000

基础立面图

虚线框内尺寸仅作参考,需
根据实际地质情况进行设计。

2—2

1—1

虚线框内尺寸仅作参考,需
根据实际地质情况进行设计。

图 13－8　基础立面及剖面图

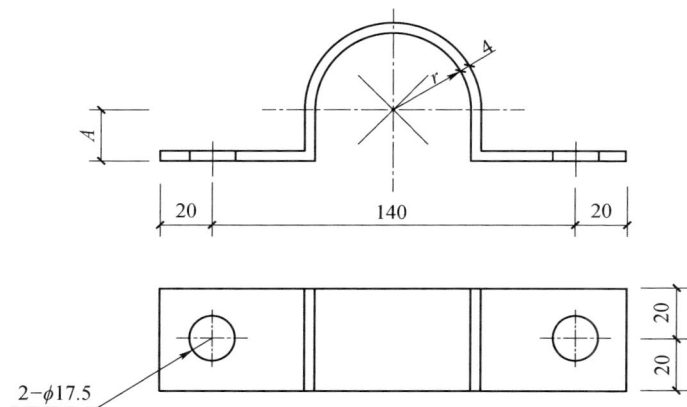

选 用 表

型号	r（mm）	A	规格	长度（mm）	数量（块）	质量（kg）
KBG4－20	10	10	—40×4	212	1	0.28
KBG4－50	25	15	—40×4	239	1	0.31
KBG4－70	35	25	—40×4	270	1	0.34
KBG4－90	45	35	—40×4	302	1	0.38
KBG4－100	50	40	—40×4	317	1	0.40
KBG4－110	55	45	—40×4	333	1	0.42

图 13－9　电缆卡抱制造图（KBG4）

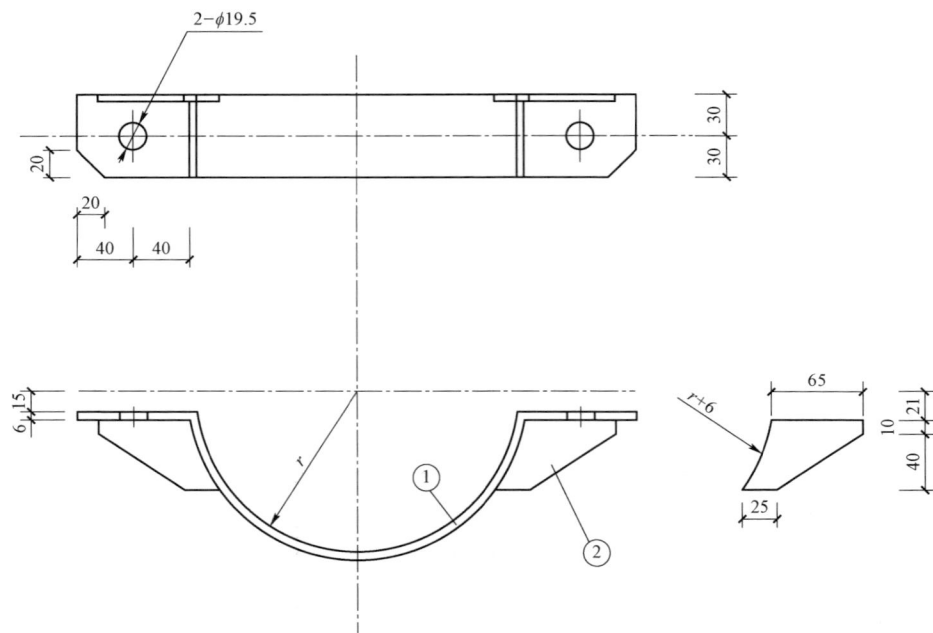

选 用 表

型号	r（mm）	下料长度（mm）	质量（kg）	数量（块）	总质量（kg）
BG6－160	80	390	1.10	1	1.50
BG6－200	100	457	1.29	1	1.69
BG6－210	105	470	1.33	1	1.73
BG6－220	110	484	1.37	1	1.77
BG6－240	120	514	1.45	1	1.85
BG6－260	130	545	1.54	1	1.94
BG6－280	140	576	1.63	1	2.03
BG6－300	150	608	1.72	1	2.12
BG6－320	160	638	1.81	1	2.21
BG6－340	170	670	1.90	1	2.30
BG6－360	180	701	1.98	1	2.38
BG6－380	190	733	2.07	1	2.47
BG6－400	200	764	2.16	1	2.56
BG6－420	210	796	2.25	1	2.65
BG6－440	220	827	2.34	1	2.74
BG6－460	230	859	2.43	1	2.83
BG6－480	240	890	2.52	1	2.92
BG6－500	250	921	2.61	1	3.01

材 料 表

编号	名称	规格	单位	数量	质量（kg）	备注
①	扁钢	—60×6×L	块	1	见上表	
②	加劲板	—50×5×100	块	2	0.4	

图 13－10　半圆抱箍制造图（BG6）

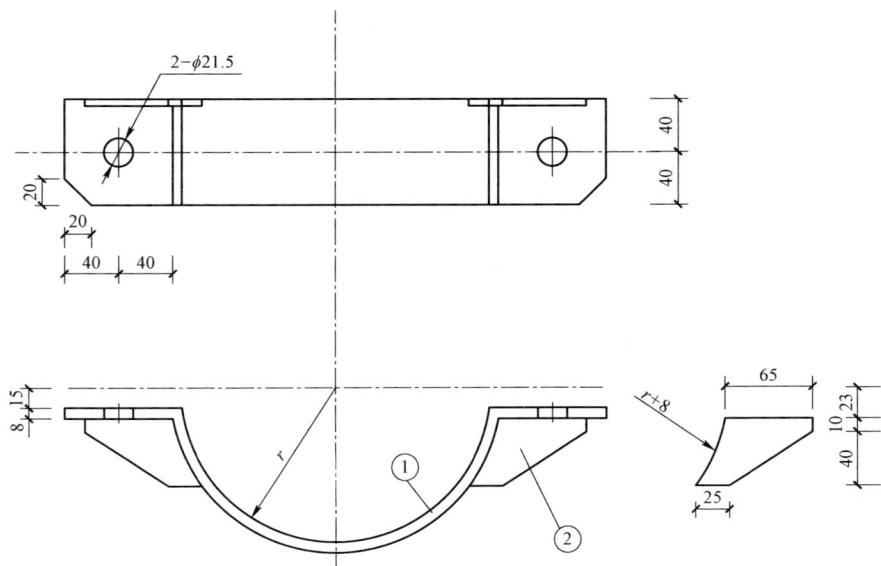

型号	r（mm）	下料长度（mm）	质量（kg）	数量（块）	总质量（kg）
BG8－200	100	457	2.29	1	2.69
BG8－210	105	470	2.36	1	2.76
BG8－220	110	484	2.43	1	2.83
BG8－240	120	514	2.58	1	2.98
BG8－260	130	545	2.74	1	3.14
BG8－280	140	576	2.89	1	3.29
BG8－300	150	608	3.05	1	3.45
BG8－320	160	638	3.20	1	3.60
BG8－340	170	670	3.36	1	3.76
BG8－360	180	701	3.52	1	3.92
BG8－380	190	733	3.68	1	4.08
BG8－400	200	764	3.84	1	4.24
BG8－420	210	796	4.00	1	4.40
BG8－440	220	827	4.15	1	4.55
BG8－460	230	859	4.31	1	4.71
BG8－480	240	890	4.47	1	4.87

材 料 表

编号	名称	规格	单位	数量	质量（kg）	备注
①	扁钢	—100×10×L	块	1	见上表	
②	加劲板	—50×5×100	块	2	0.4	

图 13－11　半圆抱箍制造图（BG8）

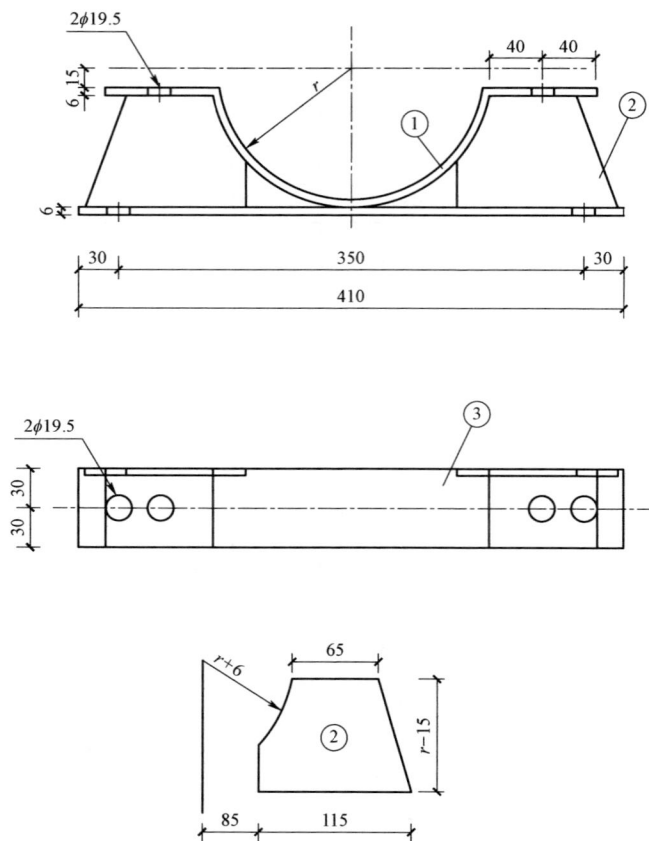

选 用 表

型号	r（mm）	下料长度（mm）	质量（kg）	数量（块）	总质量（kg）
HBG6－160	80	390	1.10	1	3.06
HBG6－200	100	457	1.29	1	3.25
HBG6－210	105	470	1.33	1	3.34
HBG6－220	110	484	1.37	1	3.42
HBG6－240	120	514	1.45	1	3.60
HBG6－260	130	545	1.54	1	3.78
HBG6－280	140	576	1.63	1	3.97
HBG6－300	150	608	1.72	1	4.15
HBG6－320	160	638	1.81	1	4.34
HBG6－340	170	670	1.90	1	4.52
HBG6－360	180	701	1.98	1	4.69
HBG6－380	190	733	2.07	1	4.88
HBG6－400	200	764	2.16	1	5.06
HBG6－420	210	796	2.25	1	5.25

材 料 表

编号	名称	规格	单位	数量	质量（kg）	备注
①	扁钢	—60×6×L	块	1	见上表	
②	加劲板	—120×5×（r−15）	块	2		
③	扁钢	—60×6×410	块	1	1.16	

图 13-12 半圆横担抱箍制造图（HBG6）

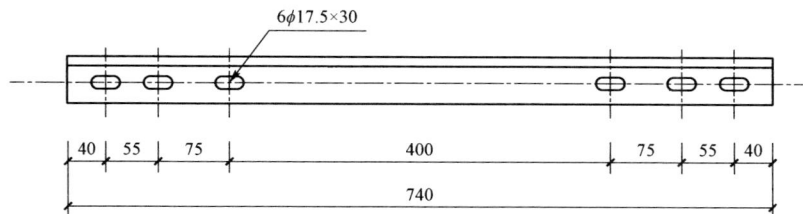

选 用 表

物料编码	型号	规格	长度（mm）	单位（块）	质量（kg）
500126963	YB5-740J	L50×5	740	1	2.79

图 13-13 压板制造图（YB5-740J）

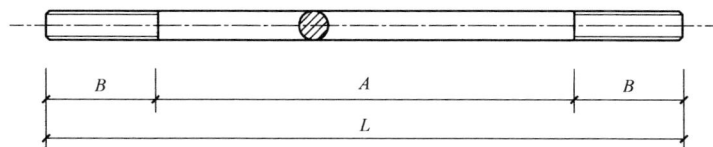

选 用 表

型号	规格	A（mm）	B（mm）	L（mm）	数量（根）	质量（kg）
M16×85	Φ16	25	30	85	1	0.14
M18×90	Φ18	30	30	90	1	0.18
M16×200	Φ16	80	60	200	1	0.31
M16×300	Φ16	180	60	300	1	0.47
M16×350	Φ16	230	60	350	1	0.55
M16×400	Φ16	280	60	400	1	0.64
M18×300	Φ18	180	60	300	1	0.60
M18×350	Φ18	230	60	350	1	0.70
M18×400	Φ18	280	60	400	1	0.80
M20×350	Φ20	230	60	350	1	0.87
M20×400	Φ20	280	60	400	1	1.00

图 13-14 双头螺杆（对销）制造图

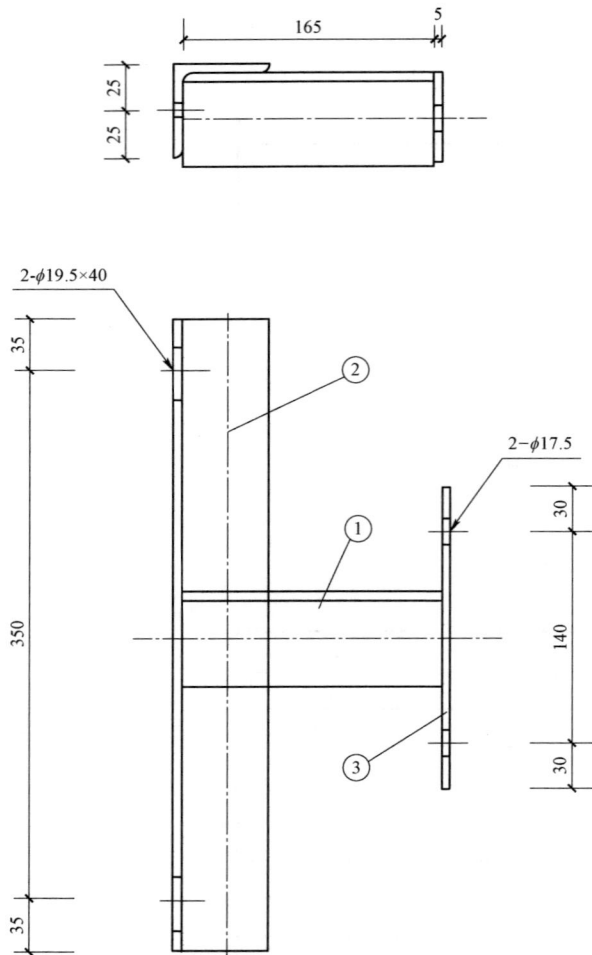

选 用 表

物料编码	型号	适用范围	数量（副）	质量（kg）
500055071	DLJ5－165	杆上电缆固定架	1	2.60

材 料 表

编号	名称	规格	单位	数量	质量（kg）	备注
①	角钢	L50×5×165	块	1	0.62	
②	角钢	L50×5×420	块	1	1.58	
③	扁钢	—50×5×200	块	1	0.40	

图 13－15　杆上电缆固定架制造图（DLJ5－165）

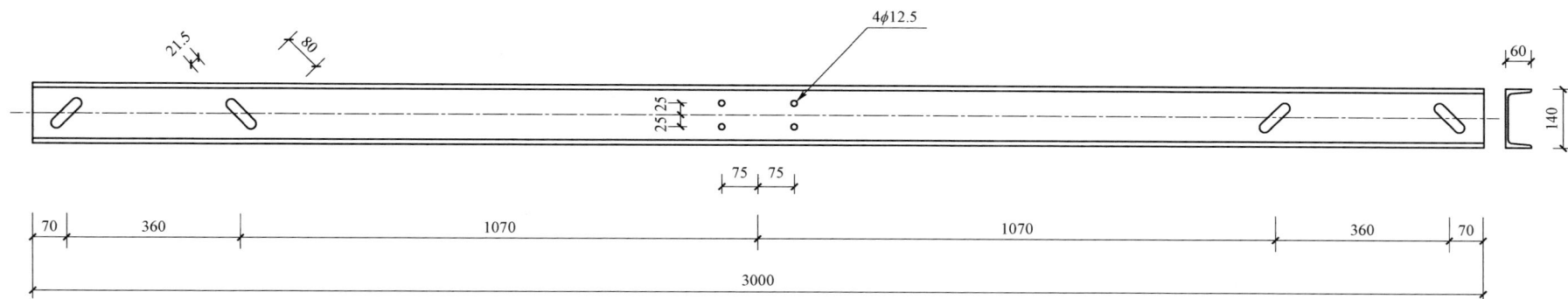

图 13－16　变压器双杆支持架加工图（SPJ14－3000）

选　用　表

型号	名称	单位	数量	质量（kg）	备注
［14－3000	变压器台架	副	1	101.04	

材　料　表

序号	名称	规格	单位	数量	质量（kg）	备注
1	槽钢	［14－3000	块	2	100.24	
2	方垫片	—50×5×50	块	8	0.8	中心开孔ϕ21.5

说明：对销螺栓 M20×350（400）为选配件，每副配对销螺栓四支。